技工院校实训基地人才培养一体化模块教材

维修电工实训
（高级模块）

人力资源和社会保障部教材办公室组织编写

中国劳动社会保障出版社

简　介

本书主要内容有：继电控制电路的测绘、装调与检修，可编程控制系统的设计、装调与检修，直流传动系统的装调与检修，交流传动系统的装调与检修，电子线路的装调与检修，电力电子线路的装调与维修，职业技能鉴定维修电工高级考核模拟试卷。

图书在版编目（CIP）数据

维修电工实训：高级模块/肖俊主编．—北京：中国劳动社会保障出版社，2014
技工院校实训基地人才培养一体化模块教材
ISBN 978-7-5167-1474-4

Ⅰ.①维…　Ⅱ.①肖…　Ⅲ.①电工-维修-技工学校-教材　Ⅳ.①TM07

中国版本图书馆 CIP 数据核字（2014）第 274247 号

中国劳动社会保障出版社出版发行
（北京市惠新东街 1 号　邮政编码：100029）
*
河北鹏盛贤印刷有限公司印刷装订　　新华书店经销
787 毫米×1092 毫米　16 开本　29 印张　649 千字
2014 年 12 月第 1 版　　2025 年 6 月第 9 次印刷
定价：51.00 元

营销中心电话：400-606-6496
出版社网址：http://www.class.com.cn
http://jg.class.com.cn

技工院校实训基地人才培养一体化模块教材编委会名单

编审委员会（按姓氏笔画排序）

王国海　冯跃虹　吕成鹰　刘海光　孙大俊
冷耀明　张　林　胡恒庆　龚　安

编审人员

本书主编：肖　俊
本书参编：朱　伟　郑　午　张　猛　朱　力　何文燕　李　静
本书主审：孙艳乔

前言

Preface

为了进一步发挥技工院校在技能人才培养方面的作用，切实满足企业对技能型人才的需求，人力资源和社会保障部教材办公室组织有关学校的骨干教师和行业、企业专家，在充分调研技工院校实训基地人才培养和培训模式以及企业技能人才需求的基础上，吸收和借鉴当前较为成熟的人才培养理念，编写了技工院校实训基地人才培养一体化模块教材。

使用说明

本套教材分为基础模块和专业核心模块（见下图）。其中专业核心模块教材根据国家职业技能鉴定标准中的初级、中级和高级要求设计有相对应的初级模块教材、中级模块教材和高级模块教材。实训基地可根据需要按照“基础模块＋专业核心模块”组合模式选择相应的教材。

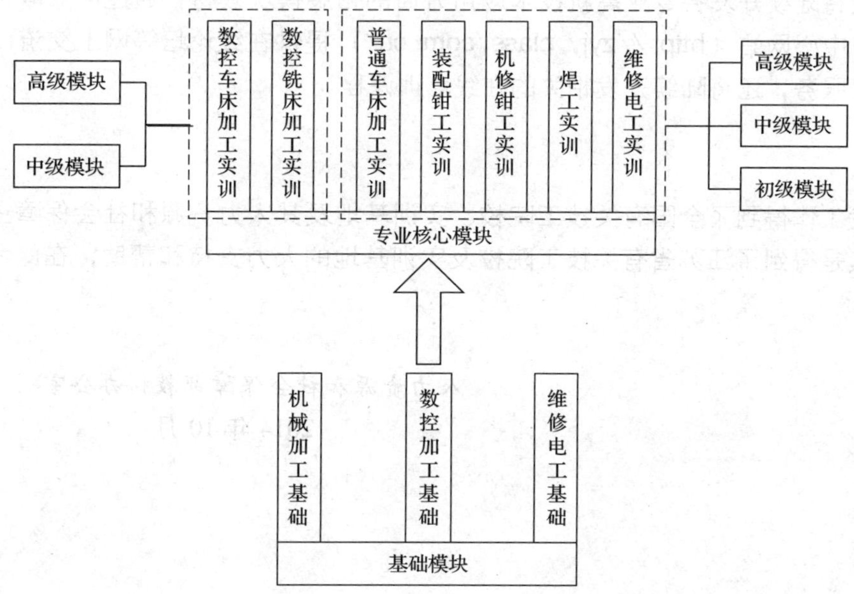

编写特色

◆与职业技能鉴定接轨

教材的编写以车工、数控车工、数控铣工、装配钳工、机修钳工、焊工、维修电工等国家职业技能标准为依据，涵盖国家职业技能标准（初、中、高级）的知识和技能要求，内容具有权威性。为了帮助学员熟悉职业技能鉴定考核形式及考题类型，每种专业核心模块教材均附有3～5套职业技能鉴定模拟试卷（包含理论知识试卷和技能操作试卷），并配有相应的参考答案。

◆与企业需求接轨

教材在编写中充分考虑企业的培训和用人需求，尽量选取企业真实的、有代表性的操作案例，整合相应的知识和技能，构建一体化教学模块，实现理论与操作技能的统一，既符合职业教育和职业培训的基本规律，又有利于培养学员分析问题和解决问题的综合职业能力。

◆保证先进性和规范性

教材根据相关专业领域的最新发展，编入了新知识、新技术、新设备、新材料等方面的内容，保证教材的先进性。同时采用最新的国家技术标准，使教材更加科学和规范。

读者对象

本套教材既可作为技工院校实训基地技能人才培养和培训用书，还可作为企业、社会培训机构的技能培训用书以及职业技术院校师生的专业用书。

后续拓展

作为补充，我们将陆续开发各专业高新技术应用方面的拓展模块教材，通过职业教育教学资源和数字学习中心网站（http://zyjy.class.com.cn/）提供在线论坛等网上交流以及相关教学资源下载服务，还将陆续开发相关的在线培训课程。

致谢

本套教材的开发工作得到了全国有关技工院校、实训基地及其人力资源和社会保障主管部门的支持，尤其是得到了江苏省有关技工院校及实训基地的大力支持和帮助，在此我们表示诚挚的谢意。

人力资源和社会保障部教材办公室
2014 年 10 月

目 录
CONTENTS

模块五 电子线路的装调与检修

模块六 电力电子线路的装调与维修

模块七 职业技能鉴定维修电工高级考核模拟试卷

模块一 继电控制电路的测绘、装调与检修

不同的生产机械，要求电动机有不同的运转方式。要使电动机按照生产机械的要求正常运转，必须配备一定的电器，并组成一定的控制线路。将继电器、接触器、按钮等电气元件按一定的接线方式组成的控制电路称为继电—接触器控制电路。

本模块将介绍多台三相交流电动机控制方案的设计、选择，控制电路的安装、调试以及测绘方法。列举了工矿企业的典型生产设备，如 X62W 型万能铣床电气控制电路、T68 型镗床电气控制电路等，并介绍了分析、检修知识，以达到正确安装、分析、测绘、调试、检修和维护的目的。

课题 1　继电—接触器控制电路的分析、测绘和装调

学习目标

1. 掌握识读电气原理图和安装图的方法。

2. 能根据负载选择相应的低压电器及导线，了解相关电气线路的安装工艺。

3. 掌握电气控制线路的基本绘制规则，会正确绘制电气控制线路。

4. 熟悉电气线路控制的基本环节，掌握电气线路的保护方法。

一、继电—接触器控制电路方案的分析、设计和选择

生产机械种类繁多，根据生产性质和生产工艺的不同，对电动机提出的控制要求也不相同，从而构成的电气控制线路也不一样。

1. 电气控制电路设计的主要内容

由于电气控制电路是为整个机械设备和生产工艺过程服务的，所以设计时要考虑电气控制原理和生产工艺两个方面的要求。

设计的内容主要包括：

(1) 拟定电气设计任务书。电气设计任务书主要是根据生产工艺的要求、机械设备的性质等提出控制方式和实施方案，以及总体的技术性指标和经济性指标等，是电气控制系

统设计和竣工验收的依据。

（2）确定电力拖动方案和控制方案。根据机械设备驱动力矩或功率的要求，合理选择电动机的类型和参数。在制定电力拖动方案时，要考虑到电动机的启动、制动及换向的方法和调速的方式等要求。

（3）设备选型。选择电动机的容量、转速和类型，最后通过电动机手册选择具体型号。

（4）设计电气控制原理图。电气控制原理图主要由电源电路、电动机主电路、电动机控制电路和辅助电路等组成。要正确确定各部分之间的关系，在进行设计时，注意利用一些基本控制电路或在已有成熟的设计上进行修改。

（5）根据电气原理图，设计并绘制电气设备安装图和电气安装连接图。图中应反映出电动机、执行器、电气控制柜各部组件及控制台的布置情况，以及电源、检测元件的分布和各部分之间的接线关系与连接方式。

（6）计算主要参数。选择具体元器件的型号，确定所需数量，并编制设计所需要的电气元件目录清单。

（7）编写设计说明书和使用操作说明书。

2. 电气控制电路设计的基本原则

电气控制电路在设计过程中，应遵循以下基本原则：

（1）最大限度地满足生产机械和生产工艺对电气控制的要求，这是电气控制设计的依据。

（2）设计方案要合理。在满足控制要求的前提下，设计方案应力求简单、经济、便于操作和维修，不要盲目追求高指标和自动化。

（3）正确、合理地选择电气元件，保证元器件工作的可靠性。同时，要考虑技术进步和造型美观的要求。

（4）为适应生产的发展和工艺要求的改进，在选择控制设备时，设备空间和指标应留有适当余量。

3. 电力拖动方案的确定和电动机的选择

（1）电力拖动方案的确定

选择电力拖动方案是电气设计的主要内容之一，也是非常重要的一步工作，它是后续设计的基础和条件。

首先要根据生产工艺对机械设备的要求确定电动机的类型、数量、传动方式，并且拟定电动机启动、运行、调速、转向、制动等控制要求。其次要注意使电动机的调速性质与生产机械的负载特性相适应，以使电动机得到充分、合理的利用。在选择电力拖动方案之前，要仔细做好调查与分析工作，注意借鉴已经获得成功、且经过生产考验的类似设备或生产工艺，列出几种可能的方案，并根据自己的条件和工艺要求进行比较分析，最后做出决定。

（2）电动机的选择

在电力拖动方案选择与确定后，就要选择电动机。电动机选择的主要内容包括：类型、数量、结构形式、容量、额定电压与额定转速等。其基本原则为：

1）除非有特殊的调速要求，否则应尽量选用三相交流异步电动机。交流异步电动机结构简单、价格便宜、便于维护，但启动和调速性能不如直流电动机。随着电力电子技术的发展，交流调速技术不断成熟，价格逐步下降，使用越来越多。在需要补偿电网功率因数及稳定的工作速度时，可以考虑使用同步电动机。

2）电动机的机械特性要与生产机械所带负载特性相适应，以保证在生产过程中运行稳定并具有一定的调速范围与良好的启动、制动性能。

3）正确合理地选择电动机的容量。电动机在工作过程中，其功率要被充分利用，即温升应达到国家标准规定的数值。

4）电动机的结构形式应适合周围环境的条件。例如，在粉尘较多的场所宜用封闭式电动机，潮湿环境应选用湿热带型电动机，在有爆炸危险和腐蚀性气体的场所应选择防爆型及防腐型电动机，露天场所可选择户外型电动机等。

4．电气控制电路设计方法

生产机械电气控制电路图的设计方法有经验设计法和逻辑设计法两种。

（1）经验设计法

经验设计法也称分析设计法，是根据生产工艺的要求去选择适当的基本控制环节或经过考验的成熟电路，按各部分的联锁条件组合起来并加以补充和修改，将其综合成满足控制要求的完整电路。这种方法是在熟练掌握各种基本电气控制电路，且具有一定的阅读分析电气控制电路能力的基础上进行的，对具有一定电气技术工作经验的人员来说，采用这一方法能够较快地完成设计任务。因此，这种方法常常用于设计简单电路。但是采用这种方法设计出来的方案不一定是最佳的，需要反复审核与推敲甚至进行模拟试验，以确保设计方案准确无误。

（2）逻辑设计法

逻辑设计法是从生产机械工艺资料出发，根据控制电路中的逻辑关系并经过逻辑函数式的化简，设计出相应的电路图。

继电—接触器控制电路的元件只有两种状态。按钮、行程开关、继电器、接触器的触点不是接通状态，就是断开状态；继电器、接触器的线圈不是通电状态，就是断电状态，均只有“通”和“断”两种状态。因此，继电—接触式电路的基本规律符合逻辑代数运算规律，可以用逻辑代数的方法加以分析。为将电路状态和逻辑代数之间建立联系，通常对电气元件的逻辑做如下规定：

1）线圈状态：$KA=1$ 表示线圈处于通电状态；$KA=0$ 表示线圈处于断电状态。

2）触点状态：KA 表示继电器触点处于常开状态；$\overline{KA}$表示继电器触点处于常闭状态。SB 表示按钮触点处于常开状态；$\overline{SB}$表示按钮触点处于常闭状态。

电路状态的逻辑表示是：电路中的触点串联用逻辑关系“与”表示；触点并联用逻辑关系“或”表示；同一电器的常开触点与常闭触点关系就是逻辑“非”的关系。

由于继电—接触器控制电路符合逻辑规律，所以一个控制线路以执行元件作输出逻辑变量，以检测信号及中间元件作输入逻辑变量，则可以写出相应的逻辑函数表达式。

如图 1—1 所示是具有过载保护的电动机正转控制电路。其逻辑函数表达式可写为：

$$f(KM)=\overline{KH}\cdot\overline{SB_1}\cdot(SB_2+KM)$$

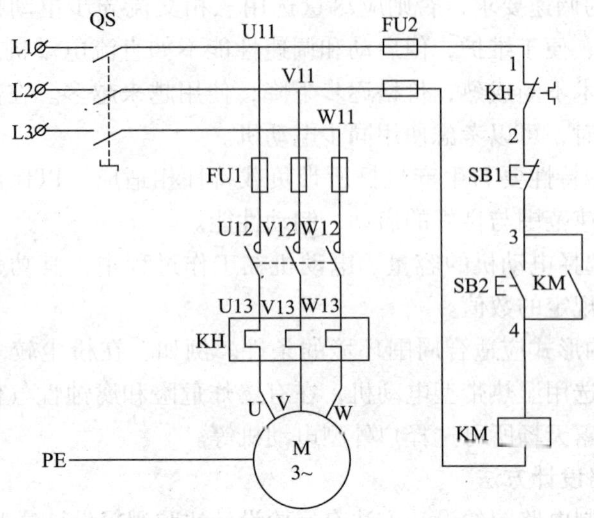

图 1—1　具有过载保护的电动机正转控制电路

使用逻辑设计法，首先要根据设计要求列出控制元件与执行元件的动作状态表；其次，根据状态表写出执行元件的逻辑代数表达式；然后利用公式或卡诺图等方法对表达式进行化简；最后根据简化的逻辑关系式绘制出控制电路。这种方法一般在设计较复杂电路时比较常用。

5. 电气控制电路设计步骤

（1）分析所设计设备的总体要求及工作过程，明确设备生产工艺对电气控制电路的总体要求。

（2）通过技术分析，确定电力拖动方案和控制方式。电力拖动方案主要包括启动、制动、正反转和传动的调速方式等；电气控制方案主要有继电—接触器控制系统、可编程控制器控制系统、数控装置及微机控制系统等；控制方式的选择主要有时间控制、速度控制、电流控制及行程控制等。

（3）按照电气控制要求、保护要求，绘制主电路原理图。

（4）设计控制电路，并将设计好的主电路与控制电路合并成一个完整的电气控制电路。

（5）合理选择电气原理图中的每个电气元件，并制定出元器件目录清单。

（6）检查与完善。对初步设计的电路进行模拟试验，验证控制电路能否满足设计要求，对不符合控制要求的地方做进一步的完善和修改，直至完全符合控制要求为止，以确保电路的正确性和实用性。

6. 电气控制电路设计注意事项

设计具体电路时，为了使电路设计得简单且准确可靠，应注意以下几个问题。

（1）尽量减少连接的导线

设计控制电路时，应考虑各电气元件的实际位置，尽可能地减少配线时的连接导线。如图 1—2a 所示的电路图，其接线是不合理的。因为按钮一般安装在操作台上，而接触器安装在电气柜内，这样接线就需要从电气柜两次引出连接线到操作台上，所以一般都将启动按钮和停止按钮直接连接，这样可以减少一次引出线，如图 1—2b 所示。

（2）正确连接电器的线圈

在交流控制电路的一条支路中，交流电压线圈通常是不能串联使用的，如图 1—3a 所示。由于它们的阻抗不尽相同，会造成两个线圈上的电压分配不均。即使外加电压是同型号线圈的额定电压之和，也是不允许的。因为电器动作总有先后，当有一个接触器先动作时，则其线圈阻抗增大，该线圈上的电压降也增大，致使另一个接触器不能吸合。当两个电器需要同时动作时，其线圈应该并联。如图 1—3b 所示。

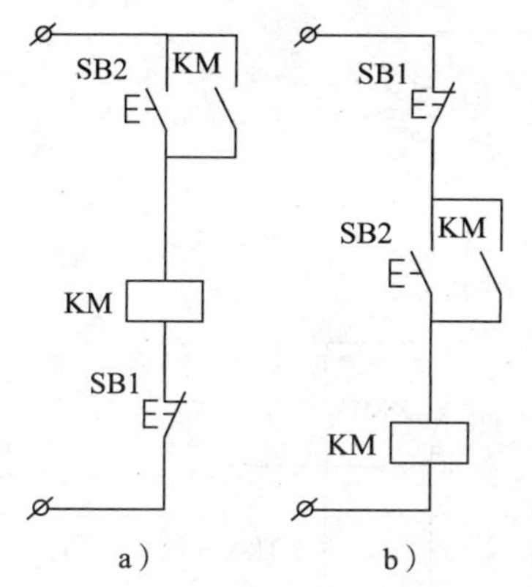

图 1—2　减少电气元件间的接线
a）不合理　b）合理

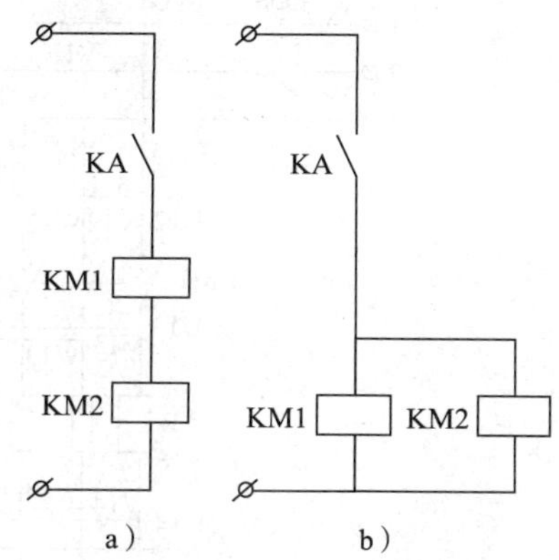

图 1—3　电器线圈不能串联
a）不合理　b）合理

（3）正确连接电器的触点

设计时应使分布在线路不同位置的同一电器的触点尽可能接到同一极或同一相上，以避免在电器触点上引起短路。如图 1—4a 所示，行程开关 SQ 的常开触点与常闭触点靠得很近，且在电路中分别接在不同相上，当触点断开产生电弧时，很可能在两对触点间形成飞弧而造成电源短路。若将其改接成如图 1—4b 所示的连接，即两触点电位相同，就不会造成电源短路。

（4）尽量减少电器的数量，采用标准件和尽可能选用相同型号的电器

尽量减少不必要的触点以简化电路，提高电路的可靠性。把如图 1—5a 所示电路改接成如图 1—5b 所示电路后，可减少一个触点。

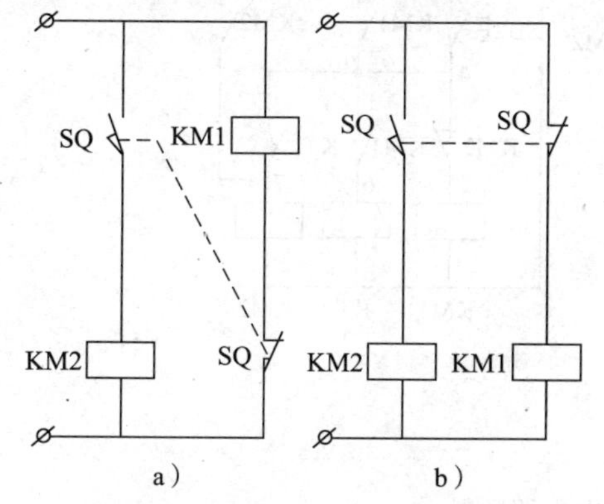

图 1—4　正确连接电器的触点
a）不合理　b）合理

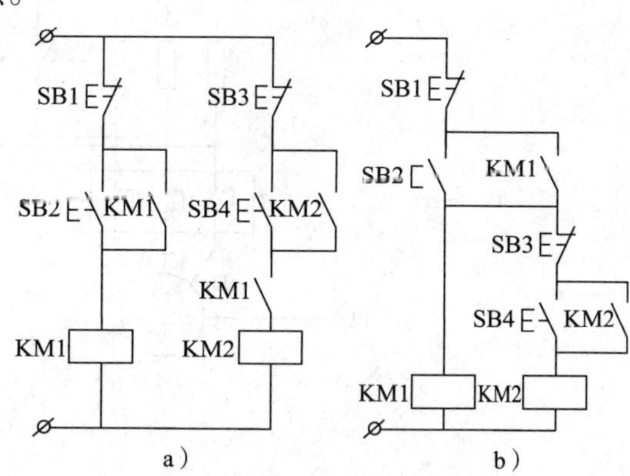

图 1—5　简化电路可减少触点
a）不合理　b）合理

（5）在满足控制要求的情况下，应尽量减少通电电器的数量

如图 1—6 所示的电路是三相异步电动机串联电阻降压启动的控制电路。在如图 1—6a 所示的电路中，电动机启动后，接触器 KM1 和时间继电器 KT 就失去作用了，但仍通着电，从而使能耗增加，也缩短了电器的使用寿命。而采用如图 1—6b 所示的电路，就可以在电动机启动后切断 KM1 和 KT 的电源，既节约了电能，又延长了电器的使用寿命。

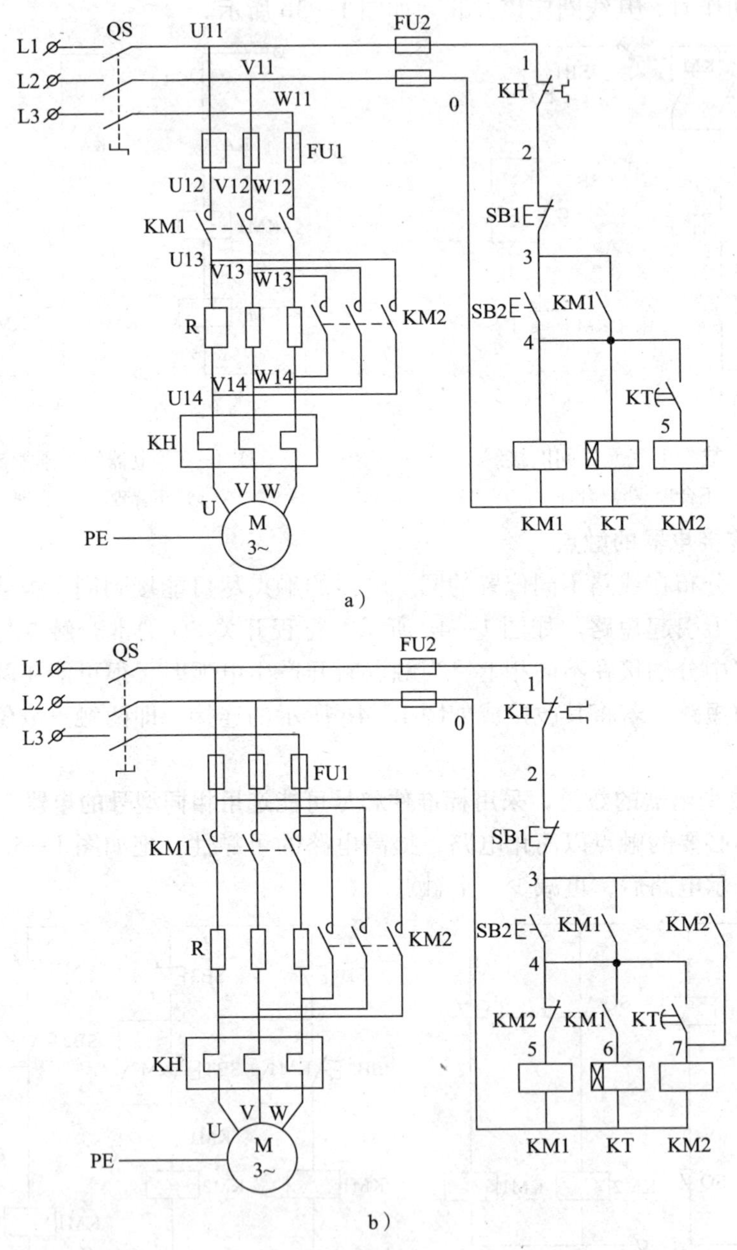

图 1—6　尽量减少通电电器数量

a）不合理　b）合理

（6）多个电器的依次动作问题

在线路中应尽量避免采用许多电器依次动作才能接通另一个电器的控制电路。在如图1—7a、图1—7b所示电路中，中间继电器KA1得电动作后，KA2才动作，而后KA3才能得电动作。KA3的得电动作要通过KA1和KA2两个电器的动作来完成。若接成如图1—7c所示电路，KA3的得电动作只需KA1电器动作，而且只需要经过一对触点，工作更为可靠。

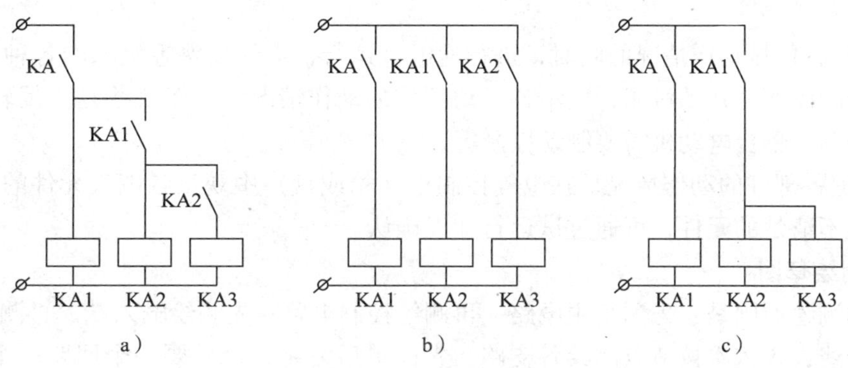

图1—7 触点的合理使用
a）不合理 b）不合理 c）合理

（7）控制电路中应避免出现寄生回路

寄生回路是电路动作过程中非正常接通的电路。如图1—8所示是一个具有指示灯HL和过载保护的正反转控制电路。正常工作时，能完成正反转启动、停止和信号指示。当热继电器KH动作时，线路就出现了寄生回路，如图中虚线所示，使正向接触器KM1不能有效释放，起不了保护作用；反转时亦然。

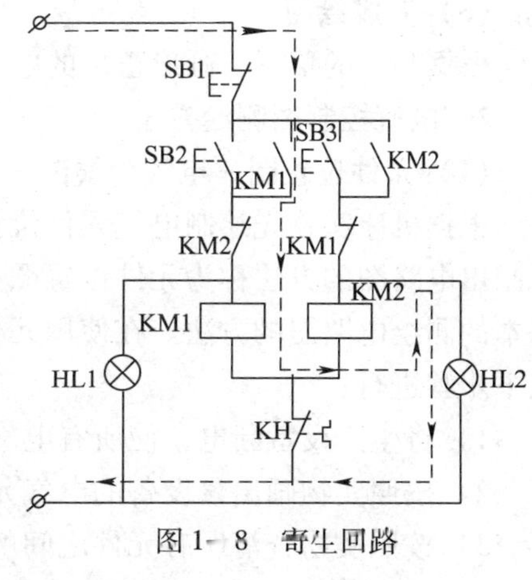

图1—8 寄生回路

（8）要有完善的保护措施

在电气控制电路中，为保证操作人员、电气设备及生产机械的安全，必须有必要的保护环节，保证即使在误操作的情况下也不致造成事故。常用的保护环节有漏电流、短路、过载、过流、过压及失压、欠压等，必要时还应设有合闸、断开、事故和安全等必需的指示信号。

二、继电—接触器控制电路的测绘

机械设备的电气控制原理图是安装、调试、使用、检修和维护电气设备的重要依据。维修人员在工作中有时会遇到原有机床的电气线路图遗失或损坏的情况，这样会对电气设备及电气控制线路的检修带来很多不便。有时也会遇到不熟悉的机械设备需要进行修理或电气改造的工作，所以掌握根据实物测绘机床设备电气线路的方法就显得非常必要了。

根据机械设备电气部分的实际安装和接线位置绘制出其电路原理图、元器件位置图和电气接线图的方法统称为电路的测绘。

1. 电气控制图测绘步骤

（1）测绘前的调查

1）全面了解设备的基本结构及运动形式，并清楚有哪些运动是属于电气控制的，有哪些运动是属于机械传动的，有哪些运动是属于液压传动的，液压传动时的电磁阀动作情况又如何。另外，还需清楚电气控制中哪些部分需要联锁、限位控制，以及需要哪些电气保护等。

2）在熟悉机械动作情况的同时，进行通电试运行，进一步熟悉机床的各种运动情况。通过让机床的操作者开动机床，展示各运动部件的动作情况，了解哪些是正反转控制，哪些是顺序控制，哪台电动机需要制动控制等。

3）根据各部件的动作情况，在电气控制柜（箱或盘）中观察各电气元件的动作情况。对某些功能不清楚的元件，可通过试运行加以确认。

（2）测绘草图

草图的测绘原则是：先测绘主电路，再测绘控制电路；先测绘输入端，再测绘输出端；先测绘主干线，再依次按节点测绘各支路。先简单后复杂，最后要一个回路一个回路地进行校验。

校验时，要根据绘制好的控制电路图对照实物进行实际操作，检查绘制的电气控制电路图的操作控制与实际操作的电器动作情况是否相符。如果与实际操作情况相符，则完成了电气控制电路图的绘制。否则须进行修改，直到与实际动作相符为止。

（3）完成绘图

根据测绘的草图，画出正规的电气安装接线图和控制电路图。

2. 电气控制图测绘方法

（1）元件位置图—电气接线图—电路图测绘法

根据机床实物先绘制电气元件位置图，再绘制电气接线图，最后根据位置图和接线图绘制出电路图的方法称为元件位置图—电气接线图—电路图测绘法，这是最常用，也是最基本的测绘电路图的方法。在使用元件位置图—电气接线图—电路图测绘法时，一般按照以下步骤进行：

1）将生产设备断电，使所有电气元件处于正常状态，即不通电、不受外力的状态。

2）按照实物画出该设备的电气元件位置图。

3）按照实物查清所有元件之间的连线走向和线号，并标注在图上，画出其电气安装接线草图。

4）根据按照实物画电气接线图和绘制电路图的规定原则，画出其电路图。

5）画出的电路图要对照实物进行仔细复查，特别注意线号和走线的方向，并对照实物进行实际操作，检查实际操作的电气动作情况与电气控制线路的工作原理是否相符。

（2）查对法

在调查了解的基础上，分析判断生产设备控制线路中采用的基本控制环节，并画出电路草图，再与实际控制电路进行查对，对不正确的地方加以修改，最后绘制出完整的电气控制电路图，这种方法称为查对法。

采用这种方法需要绘制者有一定的基础，既要熟悉各种电气元件在系统中的作用及连接方法，又要对系统中各种典型环节的画法有比较清楚的了解。

(3) 综合法

根据对生产设备中所用电动机的控制要求及各环节的作用，采用上述两种方法相结合的方式进行绘制，这种方法称为综合法。例如先用查对法画出草图，再按实物测绘检查、核对、修改，画出完整的电气控制线路图。

3. 电气控制图测绘注意事项

(1) 电气控制线路根据电路通过的电流大小可分为主电路和控制电路。主电路为从电源到电动机的电路，是大电流通过的部分，用粗线条画在原理图的左边。控制电路是通过小电流的电路，一般由按钮、电气元件的线圈、辅助触点等组成，用细线条画在原理图的右边。按照新的国家标准规定，一般用竖直画法。

(2) 电路图中的连接线、设备或元件的图形符号轮廓线都用实线绘制。屏蔽线、机械联动线、不可见轮廓线等用虚线绘制，分界线、结构图框线、分组图框线等用点画线绘制。其线宽可根据图形的大小在0.25、0.35、0.5、0.7、1.0和1.4 mm中选取。一般在同一图中，用同一线宽绘制。

(3) 在电气原理图中，所有电气元件的图形、文字符号需采用新的国家标准。

(4) 采用电气元件展开图的画法。同一电气元件的各部件可以不画在一起，但需用同一文字符号和同一数字表示。若有多个同一种类的电气元件，可在文字符号后加上数字序号，如KM1和KM2等。

(5) 所有开关、触点的状态，均按没有外力作用或没有通电时的状态画出。

(6) 控制电路的分支线路，原则上按照动作的先后顺序排列，两线交叉连接时的电气连接点需用黑点标出。

各种机械设备使用的电气元件不尽相同，尤其是电气产品不断更新换代，因此，测绘工作实际上也是一个学习和掌握新知识、新技能的过程。所以，了解和掌握新的电气元件，以及平时熟悉电气安装图对测绘工作是大有好处的。

三、继电—接触器控制电路的装调

在进行多台三相异步电动机控制电路安装时，若电气控制比较简单，则控制电器可以附装在生产机械内部，若控制系统比较复杂或生产环境及操作有特殊需要，则通常都带有单独的电气控制柜，以利于制造、使用、维护和升级改造。下面将从多台三相异步电动机控制电路安装与调试的一般要求、安装步骤、安装配线和通电调试四个方面进行介绍。

1. 安装与调试的一般要求

多台电动机控制电路的安装，一般要符合以下几个要求：

(1) 电路必须满足电气控制要求。

(2) 控制电路的动作应准确无误，动作顺序和安装位置要合理。对于电气元件，既要求其动作正确，又要求其惯性滞后影响小，并且导线和个别电气元件的损坏不应对电路的工作顺序造成影响。安装时，安装位置既要紧凑又要留有足够的空间。电路应能够迅速从一种控制形式转换到另一种控制形式，以便于操作人员操作。

（3）电路有一定的保护环节。为防止电气设备发生故障时，造成人身伤害和设备损坏，电路各环节之间应具有必要的互锁功能，及防止各种事故发生的完善的保护措施和预警信号。

（4）电路的安装成本要低。在保证电气线路能够安全、可靠工作的前提下，应尽量简化电路，采用标准的电气元件，且电气元件的选用要合理，容量要适当，尽可能减少电气元件的数量、型号；所使用的导线截面积选择要合理，不宜过小，也不宜过大；排线、布线要经济合理。

（5）电气检修方便。在安装电气元件和电气控制电路时，应考虑到检修时的安全及方便。

2. 电动机控制电路的安装步骤及要求

根据电气原理图制作电动机控制电路时，必须按照一定的步骤进行。下面介绍电气线路安装的基本步骤和要求。

（1）安装前的准备工作

1）熟悉电气控制电路的原理图

电气控制电路是由一些电气元件按照一定的控制关系连接而成的，这种控制关系反映在电气原理图上。为了能够顺利地安装接线、检查调试以及故障排除，在安装调试前，必须认真阅读电气原理图。在阅读时，需要了解以下几个方面的内容：

①明确电气元件的数目、种类和规格。

②要看懂电路中各电气元件之间的控制关系及连接顺序。

③分析电路控制动作的顺序，以便确定检查电路的步骤方法。

④对于比较复杂的电路，还应看懂电路是由哪些基本环节组成的，并分析这些环节之间的逻辑关系。

2）标注线号

为了方便电路投入运行后的日常维修和排除故障，必须按规定给电气原理图标注线号。标注线号时，应注意将主电路和控制电路分开标注，各自从电源端起，各相线分开，依次标注到负荷端；标注时，应做到每段导线均有线号，并且一线一号，不得重复。线号的标注方法如下：

①主电路，三相电源进线按相序，自上而下编号为 L1、L2、L3。主电路中的导线编号为 U、V、W 与两位阿拉伯数字的组合。经过电源开关后，在出线端子上按相序依次编号为 U11、V11、W11。主电路中各支路的编号，应从上至下、从左至右，每经过一个电气元件的连接点，其编号都要递增，如 U11、V11、W11、U12、V12、W12……如果主电路中有多台电动机，为了不引起误解和混淆，可在字母前冠以数字来区别，如 1U、1V、1W、2U、2V、2W 等。如图 1—9 所示。

②对控制电路、照明和指示电路，从熔断器之后开始，以一位阿拉伯数字开始标注。离接触器线圈距离最近的那个熔断器，线号为 0。另外一个熔断器之后的线号为 1，然后按照从上至下、从左至右，逐行用数字依次编号，每经过一个电气元件的接线端子编号要依次递增。如图 1—9 所示。如果控制电路中有辅助部分，则辅助电路依次递增 100 作起始数字，如照明电路编号从 101 开始，信号电路编号从 201 开始等。如图 1—10 所示。

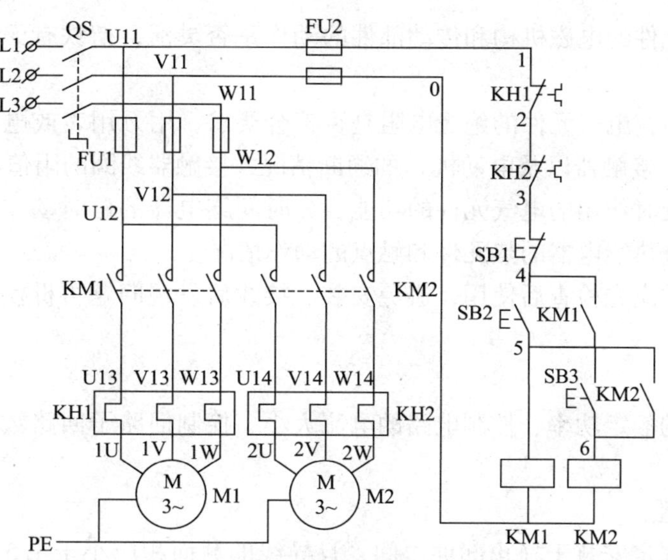

图 1—9　主电路及控制电路线号标注方法

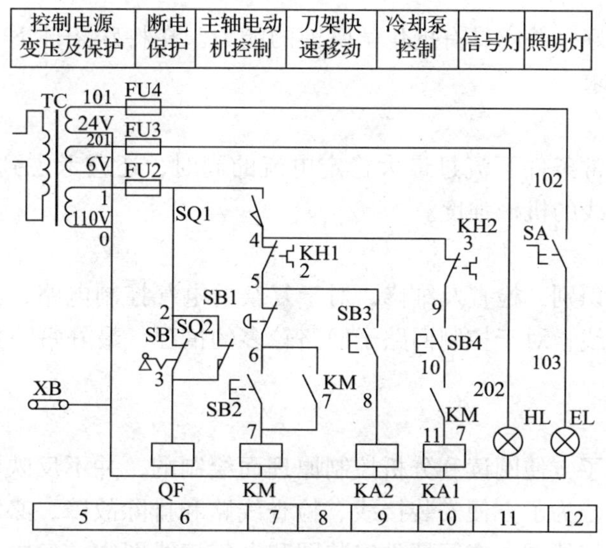

图 1—10　照明、指示电路线号标注方法

3）检查电气元件

在安装前，要对所有使用的电气元件进行逐一检查，以避免电气元件故障与电路错接、漏接造成的故障混在一起。对电气元件的检查内容，主要包括以下几个方面：

①对照元器件明细表，检查元器件的数量和规格是否符合设计要求，不符合要求的应更换或调整。

②检查每个元器件的外观是否清洁、完整，外壳有无破裂，各接线端子及紧固件有无缺损、生锈等现象。

③检查各电气元件的触点是否光滑，接触面是否良好，有无熔焊粘连、变形、严重氧化锈蚀等现象，触点的分断、闭合动作是否灵活，接触压力弹簧是否正常。

④检查电气元件的电磁机构和传动部件的动作是否灵活，衔铁有无卡住，吸合位置是否正常。

⑤用兆欧表检查电气元件的绝缘电阻是否符合要求，用万用表或电桥检查所有电磁线圈（包括继电器、接触器以及电动机）的通断情况，接触器线圈的阻值约为1.8 kΩ。

⑥检查具有延时作用的电气元件的功能，如时间继电器的延时动作、延时范围及整定机构的作用；检查热继电器的热元件和触点的动作情况。

所有电气元件应先检查后使用，避免安装、接线后发现问题再拆换，提高电路安装的工作效率。

4）选择导线

根据电动机的额定功率、控制电路的电流大小、控制回路子回路数以及配线方式选择连接导线。

①导线的类型

硬导线只能固定安装于静止部件之间，且导线的截面积应小于1.5 mm^2。若在有可能出现振动的场合或导线的截面积大于1.5 mm^2时，则应采用软导线。

②导线的绝缘

导线必须绝缘良好，并应具有抗化学腐蚀的能力。在特殊条件下工作的导线，必须同时满足使用条件的要求。

③导线的截面积

在必须能承受正常条件下流过最大稳定电流的同时，还应考虑到线路允许的电压降、与熔断器相配合和导线的机械强度。

④导线的颜色

为了便于安装、识别、检查及维修，对于复杂的电气控制电路，其主电路与控制电路应选择不同颜色的导线；对于控制回路子回路较多的情况，最好每一控制子回路选配一种颜色的导线。

5）绘制接线图

电气原理图是为了方便阅读和分析控制原理而绘制的，并不反映电气元件的结构、体积和实际安装的位置。为了方便安装接线、检查线路和排除故障，必须根据原理图，绘制元器件安装图和电气接线图。在元器件安装图和电气接线图中，各电气元件都要按照在安装板（或电气控制箱、控制柜）中的实际安装位置绘出，布局要合理。总的原则是：连接导线最短，导线交叉最少。绘制好的电气接线图应对照原理图仔细核对，标上线号，防止错画、漏画，避免给线路安装和通电试运行造成不必要的麻烦。

（2）准备好安装工具和电工测量仪表

安装用的主要电工工具有十字旋具、一字旋具、尖嘴钳、钢丝钳、剥线钳、电工刀、扳手、手电钻等。在安装多股导线时，还需使用压接钳。

常用的电工测量仪表有万用表、兆欧表、钳形电流表、电桥等。

（3）电气控制电路的安装

1）安装电气元件

按照元器件安装图的布局，将电气元件固定在安装底板上。元器件之间的距离要适当，既要节省板面又要方便走线和投入运行后的检修。固定元器件时，应按以下步骤进行。

①底板选料和剪裁

底板可选用2.5～5 mm厚的钢板或5 mm厚的压层板等。根据电气元件的数量和大小，摆放位置及安装接线图，确定板面的尺寸。剪裁时，钢板要求用剪板机剪裁，且四角要成直角，四边必须去毛刺并倒角。裁剪好的底板要求板面平整，不得起翘或凹凸不平。

②电气元件的定位

将电气元件摆放在确定好的位置，用尖锥在安装孔中心做好记号。电气元件应排列整齐，以保证连接导线做得横平竖直、整齐美观，尽量减少弯折，方便敷设导线，提高工作效率。若采用导轨安装电气元件，则只需确定其导轨固定孔的中心点。对于线槽配线，还要确定线槽安装孔的位置。

③钻孔

用手电钻在做好的记号处打孔，孔径应略大于固定螺钉的直径。用钻头先对准中心样进行冲眼试钻，试钻出来的浅坑应保持在中心位置，否则应予以校正。

④固定

板上所有的安装孔均打好后，用螺钉将电气元件固定在安装底板上。固定电气元件时，应注意在螺钉上加装平垫圈。紧固螺钉时将弹簧垫圈压平，不要用力过大，应对角逐步拧紧，以免将元器件的塑料底板压裂造成损坏。对导轨式安装的电气元件，只需按要求把电气元件插入导轨即可。

2）电气元件之间导线的安装

接线时，必须按照电气接线图规定的走线方位进行。一般按照先主电路再控制电路的顺序。

①导线的敷设

所有导线从一个端子到另一个端子的走线必须是连续的，中间不得有接头。有接头的地方应加装接线盒。接线盒的位置应便于安装与检修，而且必须加盖，盒内导线必须留有足够的长度，以便于拆线和接线。敷设导线时，对明敷导线必须符合平直、整齐、走线合理等要求。

②接线方法

在任何情况下，连接器件都必须与连接的导线截面积和材料性质相适应。原则上是一个端子只接一根导线，最多接两根导线。有些端子不适合连接软导线时，可在导线端头上采用针形、叉形等冷压端了。如果采用专门设计的端了，可以连接两根或多根导线，但导线的连接方式必须是工艺上成熟的方式。如夹紧、压接、焊接、绕接等。这些连接工艺应严格按照工序要求进行。导线的接头除必须采用焊接方法外，所有导线应当采用冷压端子。如果电气设备在正常运行期间承受的振动很大，则不能采用焊接的接头。所有的导线接好后必须确保牢固，不得松动。

③导线的标志

在控制板上安装电气元件，导线的线号标志应与电气控制原理图和电气安装接线图相一致。必须在每一根连接导线的线头上套上标有线号的套管，位置应接近端子处。在遇到6和9或16和91这类倒顺都能读数的号码时，必须作记号加以区分，以免造成线号混淆。

所有线号要用不易褪色的墨水，并用印刷体书写清楚。

在进行导线连接时，导线的颜色也是有规定的，具体见表1—1。

表1—1　　电工成套装置中的导线颜色

导线工作区域	导线颜色
保护导线（PE）	绿/黄双色
动力电路的中性线（N）和中间线（M）	浅蓝色
交流或直流动力电路	黑色
交流控制电路	红色
直流控制电路	蓝色
与保护导线连接的电路	白色
与电网直接连接的联锁电路	橘黄色或黄色

④导线连接的一般步骤

接线时必须按接线图所规定的走向和路径进行，走线时应尽量避免交叉、重叠。通常从电源端起按接线号顺序进行，先主电路，后控制电路。选取导线时，先按电气接线图规定的走向和路径，在固定好的电气元件之间测量所需要的长度，选取长度适当的导线，其长度应满足连接需要，再将导线理直，弯向所需要的方向。做线时，要用尖嘴钳将导线朝所需要的方向弯折，拐角要做成90°的慢弯，并与相应的边保持平行，沿底板排列的导线应紧贴底板。将成型好的导线用电工刀或剥线钳剥去两端的绝缘皮，套上与原理图对应的号码管套，并用尖嘴钳把剥去绝缘的线端弯成羊角圈压进接线端子，拧紧螺钉。最后，当所有导线连接好后，要对导线进行整理。

接线时要注意，所有导线走线时必须贴着安装板，不得架空（短距离除外），导线应紧挨着集中密排，不得在板面交叉。导线应做到横平竖直，拐直角弯，导线之间相互平行，导线并行较多时，可以用线卡进行固定。导线连接不能够露铜、反圈、压导线绝缘皮等。

3. 电动机控制电路的配线

电动机控制线路的配线有柜内配线和柜外配线两种。柜内配线有明配线、暗配线和线槽配线等，柜外配线常用线管配线。

(1) 明配线

明配线又称板前配线，其特点是导线走向清楚，检查故障方便，但工艺要求高，配线速度较慢，适用于电路比较简单、电气元件较少的设备。采用明配线时应注意以下几个方面：

1）明配线一般选用BV型的单股塑料硬线作连接导线。

2）线路应整齐美观、横平竖直。导线不交叉、不重叠，转弯处应为直角，成束的导线用线束固定。导线的敷设以不影响电气元件的拆卸为原则。

3）导线与接线端子应保证可靠的电气连接，线端应弯成羊角圈。对不同截面的导线在同一接线端子上连接时，应大截面导线在下，小截面导线在上，且每个接线端子原则上不超过两根导线。

（2）暗配线

暗配线又称板后配线，其特点是板面整齐美观，配线速度较快，但检查电气线路故障时较困难。暗配线应注意下面几点：

1）电气元件的安装孔、导线穿线孔的位置要准确，孔的大小要合适。

2）板面与电气元件的连接线要接触可靠，穿板的导线应与板面垂直。

3）配电盘固定时，为便于检查维修，应使安装电气元件的一面朝向控制柜的门，且板与安装面之间要留有一定的间隙。

（3）线槽配线

线槽配线综合了明配线和暗配线安装的优点，不仅安装施工迅速简便，而且外观整齐美观，检查、维修及改装方便，是目前使用较为广泛的一种配线形式，特别适用于电气线路复杂、电气元件多的电气设备安装。线槽一般由槽底和盖板组成，其两侧留有导线的进出口，槽中容纳导线（一般使用塑料多股软导线），视线槽的长短用螺钉固定在底板上。

（4）线管配线

把绝缘导线穿入保护管内敷设，称为线管配线。对不在电气控制柜内的所有导线都应穿管，线管配线具有耐潮、耐腐、导线不易遭受机械损伤的特点，常用于需要承受一定压力的地方。在进行线管配线时，要注意以下几个方面：

1）尽量取最短的距离进行敷设线管，并且管路要尽量少弯曲，若不得不弯曲时，其弯曲半径不应小于线管外径的4～6倍。管子弯曲后不得有裂缝、凹凸现象，管口不能有毛刺。若管路需引出地面，离地面应有一定的高度，一般不小于0.2 m。

2）明敷线管时，其布置应横平竖直、排列整齐美观。电线管的弯曲处及长管路，一般每隔0.8～1 m用管夹固定。多排线管的弯曲度应保持一致。埋设线管与明设线管的连接处，应装设接线盒。

3）根据使用的场合、导线截面积和导线根数选择线管的类型和管径，且管内应留有40%的余地。不同电压、不同回路的导线不得穿在一个管内，除直流回路导线和接地导线外，管内不允许穿单根导线。管内的导线不准有接头，也不准有绝缘破损之后修补的导线。

4）线管埋入混凝土内敷设时，管子外径不应超过混凝土厚度的1/2，管子与混凝土模板间应有20 mm的间距。并列敷设在混凝土内的管子，应保证管子外皮间有20 mm以上的间距。

5）线管穿线前，应先清除管内杂物和水分，管口塞上木塞。对于较长的管路穿线时，可以采用直径1.2 mm的钢丝作引线。送线时需两人配合，一人送线，一人拉钢丝，拉力不可过大，以保证顺利穿线。放线时应量好长度，用手或放线架逆着导线在线轴上绕，使线盘旋转，将导线放开。应防止导线扭动、打扣或互相缠绕。

6）线管应可靠地保护接地和接零。

（5）金属软管配线

金属软管配线只适用于电气设备与铁管之间的连接或铁管施工有困难的个别线段。在使用金属软管配线时，应根据穿管导线总截面的截面积选择金属软管的规格。对有脱节、凹陷的金属软管不能使用。金属软管两头应有接头连接，中间部分用管卡固定。对移动的金属软管应采用合适的固定方式且保证有足够的余量。

(6）配线时的注意事项

1）在配线时，要根据负载的大小、配线方式及电路的不同，选择导线的规格、型号和颜色，并考虑导线的走向。

2）从主电路开始配线，然后再对控制电路配线。

3）电气控制柜内配线应整齐美观、横平竖直，转角处成直角，成束的导线应用钢筋扎头固定；控制柜与外部连接的导线在柜内的线端应穿塑料管或用线绳、布带、塑料带绑扎。敷设导线时，尽量减少交叉或架空线，且不能妨碍电气元件的拆换。

4）导线端部应套上标有线号的套管。

5）导线与接线端子连接时，线头必须弯成羊角圈，安装时必须与压紧螺钉的旋紧方向一致。

6）配线完毕后应根据图样检查接线是否正确，确认无误后紧固所有紧压件。

4. 电动机控制电路的调试

电气电路全部安装完毕后，必须经过认真细致的检查、试运行与调整，方可正式投入生产使用。

(1）调试前的准备工作

1）调试前，必须熟悉电气设备与电气系统的性能，掌握调试的方法和步骤。

2）清理控制电路内及周围的环境。

3）做好调试前的检查工作。

安装完毕的每个控制电路，必须经过认真检查后，才能通电试运行，以防止错接、漏接造成不能实现控制功能或短路事故。检查的主要内容如下：

①对照原理图、电气接线图，从电源端开始检查各电气元件的代号、标志是否与原理图上的一致，是否齐全；各电气元件安装是否正确和牢靠，外观是否整洁、美观；重点检查接线是否正确、牢固，主电路有无漏接、错接及控制电路中容易接错之处是否连接正确，连接线截面积的选择是否合适；检查线号、端子号有无错误；所有电气元件的触点接触是否良好；电动机有无卡壳现象；各种操作机构、复位机构是否灵活、可靠；各种安全保护措施是否可靠；保护电气的整定值是否符合要求；指示和信号装置能否按要求正确发出信号。

②用万用表检查电路的通断情况。可先断开控制电路，用万用表电阻挡检查主电路有无短路现象。然后再断开主电路，检查控制电路有无开路或短路现象，以及自锁、联锁装置的动作和可靠性。

③进行绝缘检查。用兆欧表对电动机和连接导线进行绝缘电阻检查。用兆欧表测得的电阻值，应分别符合各自的绝缘电阻要求，如连接导线的绝缘电阻不小于 7 MΩ，电动机的绝缘电阻不小于 0.5 MΩ 等。

④检查各开关、按钮、行程开关等电气元件是否处于原始位置；调速装置的手柄是否处于最低速位置。

(2）电动机控制电路的通电调试

在完成上述准备工作且确认无误后，方可进行通电试运行和调整工作。为保证人身安全，在通电试运行时，应认真执行安全操作规程的有关规定，一人监护，一人操作。试运行前应检查与通电试运行有关的电气设备是否有不安全的因素存在，若有应立即整改，之后方能进行通电试运行。

通电试运行的顺序如下：

1）空操作试运行

断开主电路，接通电源，使控制电路不带负载（电动机）通电运行，以检查控制电路工作是否正常。例如操作各控制按钮，检查它们对接触器、继电器的控制作用以及自锁、联锁等功能是否符合要求，特别要验证急停器件的动作是否正确；若有行程开关，可用带绝缘手柄的工具操作行程开关，检查它们的行程控制或限位控制作用等；若有时间继电器，应检查并调整其延迟时间，使其符合控制要求。此外，还要观察各电器操作动作的灵活性，注意有无卡住或阻滞等不正常现象，细听电器动作时有无过大的振动噪声，检查有无线圈过热等现象，若有异常情况，必须立即切断电源查明原因。

2）空载试运行

控制电路经过数次空操作试运行动作无误后，可切断电源，接通主电路，进行空载试运行。首先以点动控制方式检查各电动机的转向是否正确，转速是否符合要求；然后调整好保护电器的整定值，检查各指示信号和照明灯是否完好。

3）带负载试运行

若在空操作试运行和空载试运行操作之后，电路都正常，则可进行带负载试运行。在正常负荷下连续运行时，要验证电气设备所有部分运行的正确性，特别要验证电气设备在电源中断和恢复时是否会对人身安全和设备造成伤害及其损坏程度。此时，要进一步观察机械机构和电气元件的动作是否符合原始工艺要求；进一步调整行程开关和撞块的相对位置；对各种电气元件的整定值作进一步调整。

(3) 通电试运行的注意事项

1）调试人员在调试前必须熟悉生产机械的结构、操作规程和电气系统的工作要求。

2）通电时，应先接通主电源，切断时的操作顺序与之相反。

3）通电后，要注意观察各种现象，随时做好停机准备，防止发生意外事故。如有异常现象，应立即停机，待查明原因之后再继续进行试运行，未查明原因前不得强行送电。

四、实训操作

三台电动机顺序启动、逆序停止控制电路原理如图 1—11 所示，请按图进行电路的安装和调试。

1. 工具、仪表及器材

(1) 工具：测电笔、旋具、尖嘴钳、斜口钳、剥线钳、电工刀等。

(2) 仪表：万用表、兆欧表、钳形电流表等。

(3) 器材：控制板、走线槽、各种规格的导线和紧固件、金属软管、号码管等。

2. 实训步骤

(1) 按照表 1—2 配齐电气设备和元件，并逐个检验其规格和质量。

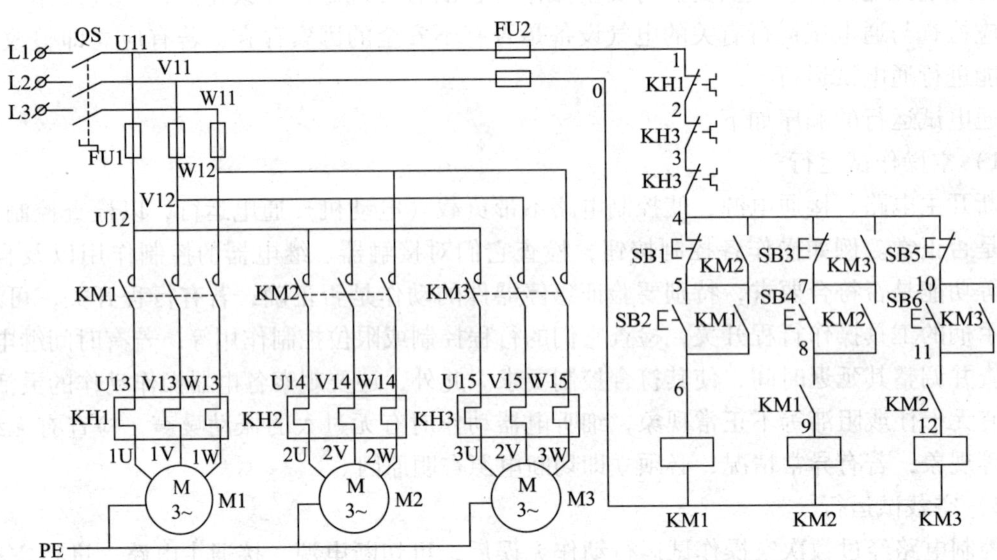

图 1—11　三台电动机顺序启动、逆序停止控制电路原理图

表 1—2　　　　三台电动机顺序启动、逆序停止控制电路元件明细表

代号	名称	型号	规格	数量
M1	三相交流异步电动机	Y112M－4	4 kW、380 V、8.8 A、△接法、1 440 r/min	1
M2	三相交流异步电动机	Y90S－2	1.5 kW、380 V、3.4 A、Y 接法、2 845 r/min	1
M3	三相交流异步电动机	Y112M－4	4 kW、380 V、8.8 A、△接法、1 440 r/min	1
QS	电源开关	DZ5－20/330	三极复式脱扣器、380 V、20 A	1
FU1	熔断器	RL1－60/25	500 V、60 A、配熔体 25 A	3
FU2	熔断器	RL1－15/2	500 V、15 A、配熔体 5 A	2
KM1	交流接触器	CJT1－20	20 A、线圈电压 380 V	1
KM2	交流接触器	CJT1－10	10 A、线圈电压 380 V	1
KM3	交流接触器	CJT1－20	20 A、线圈电压 380 V	1
KH1	热继电器	JR36－20/3	三极、20 A、整定电流 8.8 A	1
KH2	热继电器	JR36－20/3	三极、20 A、整定电流 3.4 A	1
KH3	热继电器	JR36－20/3	三极、20 A、整定电流 8.8 A	1
SB1－SB6	按钮	LA4－2H	保护式、按钮数 2	2

（2）根据电路原理图绘制电气安装接线图。

（3）在控制板上按元件布置图安装走线槽和所有电气元件，并贴上醒目的文字符号。

（4）在控制板上进行板前线槽布线，并在导线端部套编码套管和冷压接线头。

（5）安装电动机。

（6）连接电动机和电气元件金属外壳的保护接地线。

（7）连接控制板外部的导线。

（8）自检。

（9）自检无误后通电试运行。

3. 注意事项

（1）通电试运行前，应熟悉电路的操作顺序，即先合上电源开关 QS，然后按下 SB2 后依次按下 SB4、SB6 顺序启动，按下 SB5 后再依次按下 SB3、SB1 逆序停止。

（2）通电试运行时，注意观察电动机、各电气元件及线路各部分工作是否正常。若发现异常情况，必须立即切断电源开关 QS，而不是按下 SB1，因为此时停止按钮 SB1 可能已失去作用。

（3）通电试运行必须在教师的监督下进行，必须严格遵守安全操作规程。

课题 2　X62W 型万能铣床电气控制电路的测绘、装调与检修

学习目标

1. 了解 X62W 型万能铣床的用途，掌握其电气控制的要求。

2. 识读 X62W 型万能铣床电气控制线路图，掌握电气控制线路的工作原理。

3. 正确测绘 X62W 型万能铣床的电气控制电路接线图。

4. 熟练掌握 X62W 型万能铣床电气控制电路故障分析与检修的一般方法和步骤，能分析、检测电气控制电路的故障并排除。

铣床是一种高效率的加工机床，它可以用圆柱铣刀、圆片铣刀、成型铣刀及端面铣刀等工具对各种零件进行平面、斜面、螺旋面及成形表面的加工，还可以加装铣头、分度头和利用圆工作台等机床附件来扩大加工范围。

常用的万能铣床有两种：一种是 X62W 型卧式万能铣床，铣头水平方向放置；另一种是 X52K 型立式万能铣床，铣头垂直方向放置。这两种铣床结构上大体相似，工作台进给方式、主轴变速等都一样，电气控制线路经过系列化以后也基本一样，其差别在于铣头的放置方向不同。如图 1—12 所示。

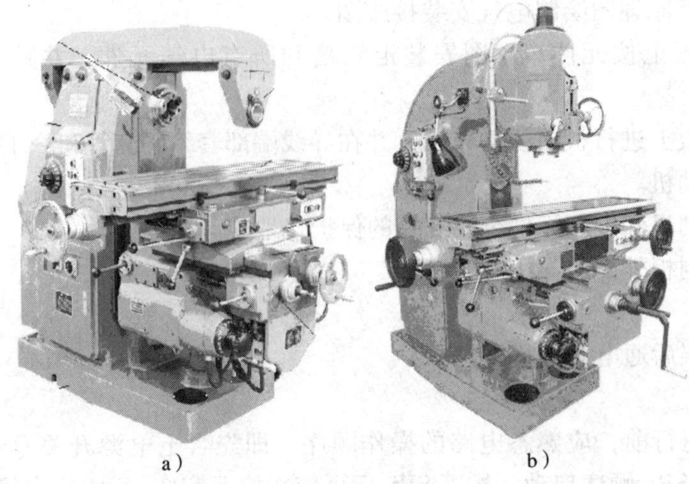

图 1—12　常用的万能铣床

a）X62W 型卧式万能铣床　b）X52K 型立式万能铣床

本文以 X62W 型卧式万能铣床为例，进行万能铣床电气控制电路测绘和检修的介绍。其型号意义如下：

```
           X   6   2   W
铣床 ──────┘   │   │   └────── 万能
卧式 ──────────┘   └────────── 2号工作台
                              （用以表示工作台台面宽度）
```

一、X62W 型万能铣床分析

1．X62W 型万能铣床主要结构

X62W 型万能铣床主要由床身、主轴、刀杆、横梁、工作台、回转盘、横溜板和升降台等部分组成，如图 1—13 所示。

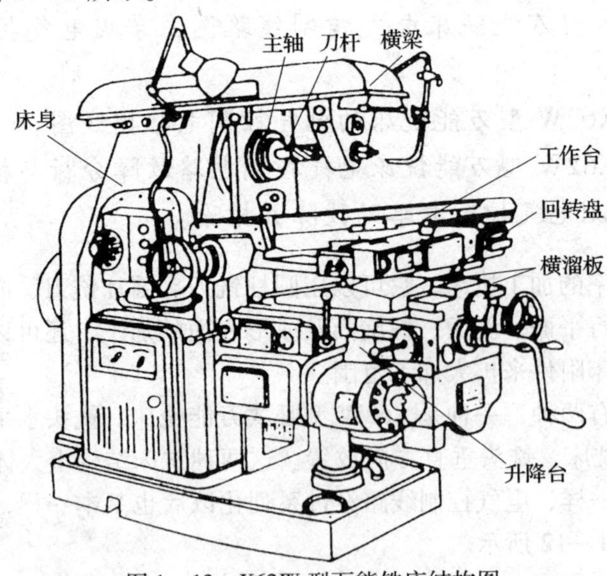

图 1—13　X62W 型万能铣床结构图

2. X62W 型万能铣床运动形式和控制要求

X62W 型万能铣床的主要运动形式和控制要求见表 1—3。

表 1—3　X62W 型万能铣床的主要运动形式和控制要求

运动种类	运动形式	控制要求
主运动	主轴带动铣刀的旋转运动	主轴电动机选用三相笼型异步电动机，采用组合开关控制主轴电动机的正反转； 主轴电动机采用电磁离合器制动的方式实现准确停机； 主轴电动机的调速，通过改变齿轮传动箱的传动比来实现
进给运动	工作台在前后、左右、上下六个方向上的运动，以及椭圆形工作台的旋转运动	由进给电动机拖动，需要正反转； 为保证安全，在任何时刻工作台都只有一个方向的进给运动，采用机械手柄和行程开关配合实现联锁； 主轴电动机启动后，进给电动机才能启动；进给电动机停止后，主轴电动机才能停止
辅助运动	工作台的快速运动	在前后、左右、上下六个方向上的快速移动，是通过电磁离合器的吸合，改变传动机构的传动比来实现的
	主轴和进给的变速冲动	电动机做瞬时点动，即变速冲动

3. X62W 型万能铣床电气控制分析

(1) X62W 型万能铣床电气控制电路原理图

X62W 型万能铣床电气原理图是由主电路、控制电路和照明电路三部分组成。如图 1—14 所示。

(2) X62W 型万能铣床主电路分析

X62W 型万能铣床主电路有三台电动机，M1 是主轴电动机；M2 是进给电动机；M3 是冷却泵电动机。如图 1—15 所示。

1）主轴电动机 M1，通过换相开关 SA5 与接触器 KM1 配合，进行正反转控制；而通过与接触器 KM2、制动电阻器 R 及速度继电器 KS 的配合，实现串电阻瞬时冲动和正反转反接制动控制，并能通过机械进行变速。

2）进给电动机 M2，能进行正反转控制，通过接触器 KM3 和 KM4 与行程开关 SQ1－6 及接触器 KM5、牵引电磁铁 YA 配合，实现进给变速时的瞬时冲动、六个方向的常速进给和快速进给控制。

3）冷却泵电动机 M3，只能正转，由 SA3 和接触器 KM6 控制。

4）熔断器 FU1 作为机床总短路保护，也兼作 M1 的短路保护；FU2 作为 M2、M3 及控制变压器 TC、照明灯 EL 的短路保护；热继电器 KH1、KH2、KH3 分别作为 M1、M2、M3 的过载保护。

(3) X62W 型万能铣床控制电路分析

控制电路由控制变压器 T1 输出 220 V 电压供电。

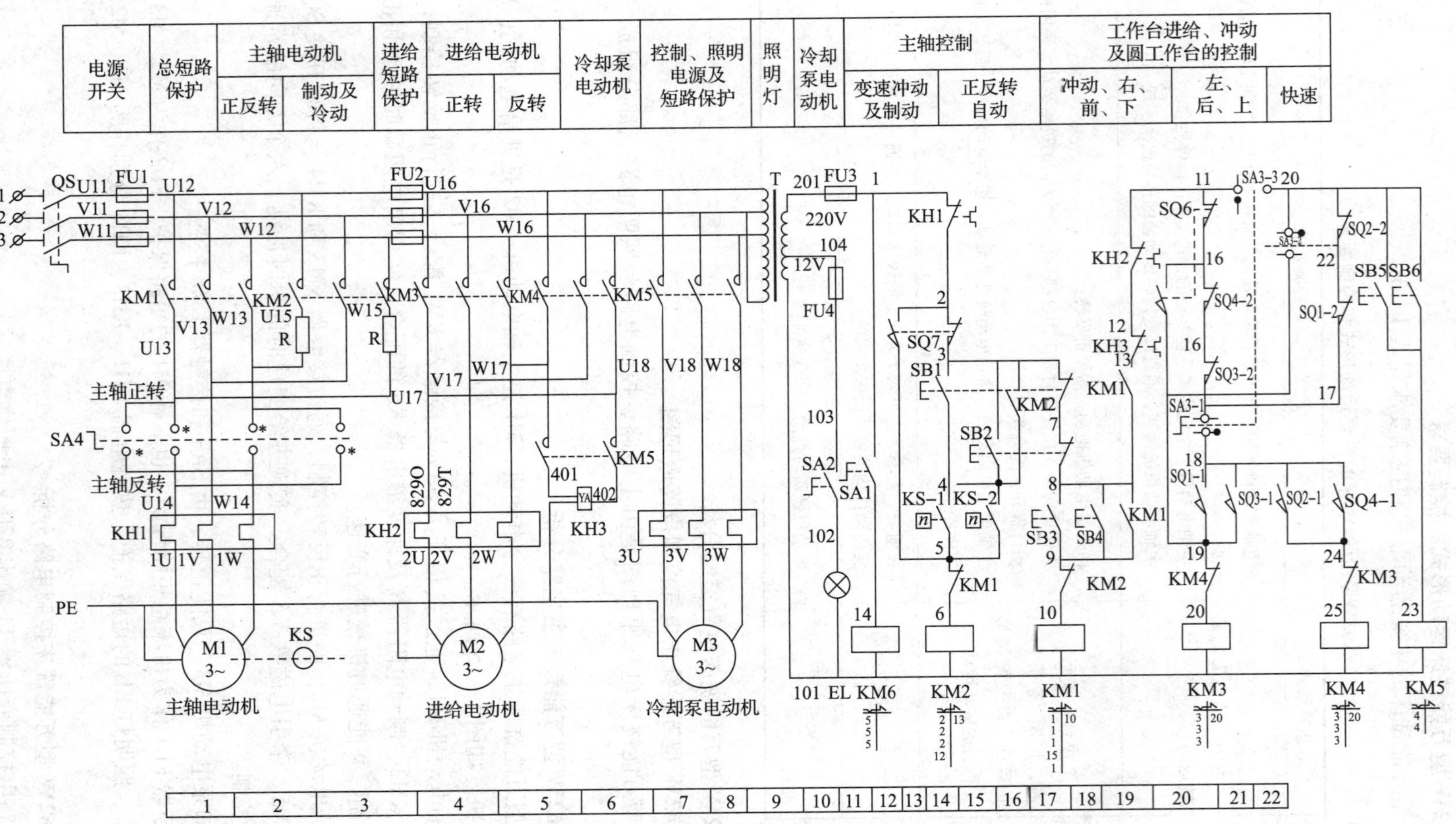

图1—14 X62W型万能铣床电气控制原理图

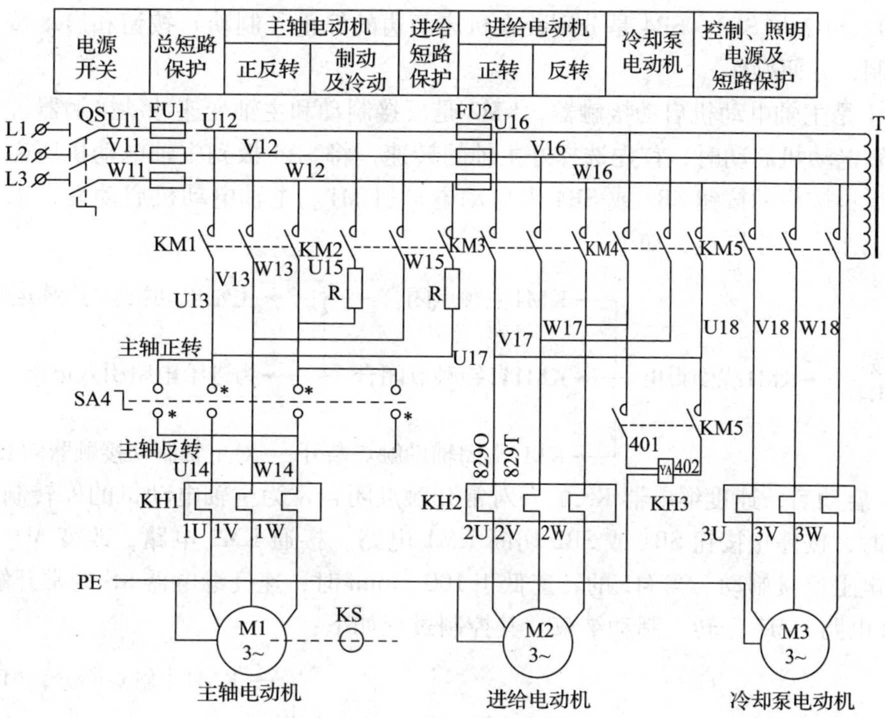

图 1—15　X62W 型万能铣床主电路原理图

1）主轴电动机 M1 的控制

主轴电动机 M1 的控制电路原理如图 1—16 所示。

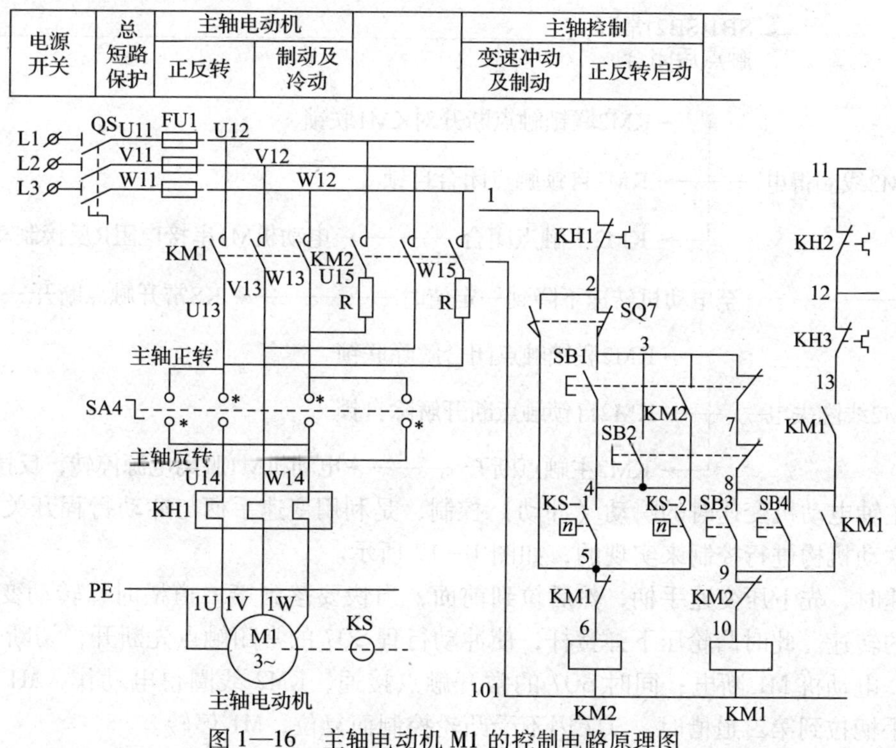

图 1—16　主轴电动机 M1 的控制电路原理图

①SB1、SB2 与 SB3、SB4 是分别装在机床两边的停止（制动）按钮和启动按钮，实现了两地控制，方便操作。

②KM1 是主轴电动机启动接触器，KM2 是反接制动和主轴变速冲动接触器。

③主轴电动机启动时，首先选择好主轴的转速，将 SA4 扳到主轴电动机所需要的旋转方向，然后再按启动按钮 SB3 或 SB4 来启动电动机 M1。主轴电动机启动后，工作台进给电路才能工作。其控制过程如下：

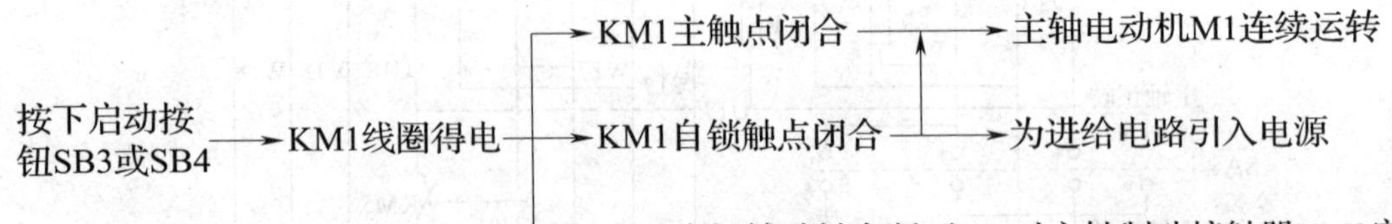

④M1 启动后，速度继电器 KS 的一对常开触点闭合，为主轴电动机的停转制动做好准备。停车时，按停止按钮 SB1 或 SB2 切断 KM1 电路，接通 KM2 电路，改变 M1 的电源相序进行串电阻反接制动。当 M1 的转速低于 100 r/min 时，速度继电器 KS 的常开触点复位，切断 KM2 电路，M1 停转，制动结束。其控制过程如下：

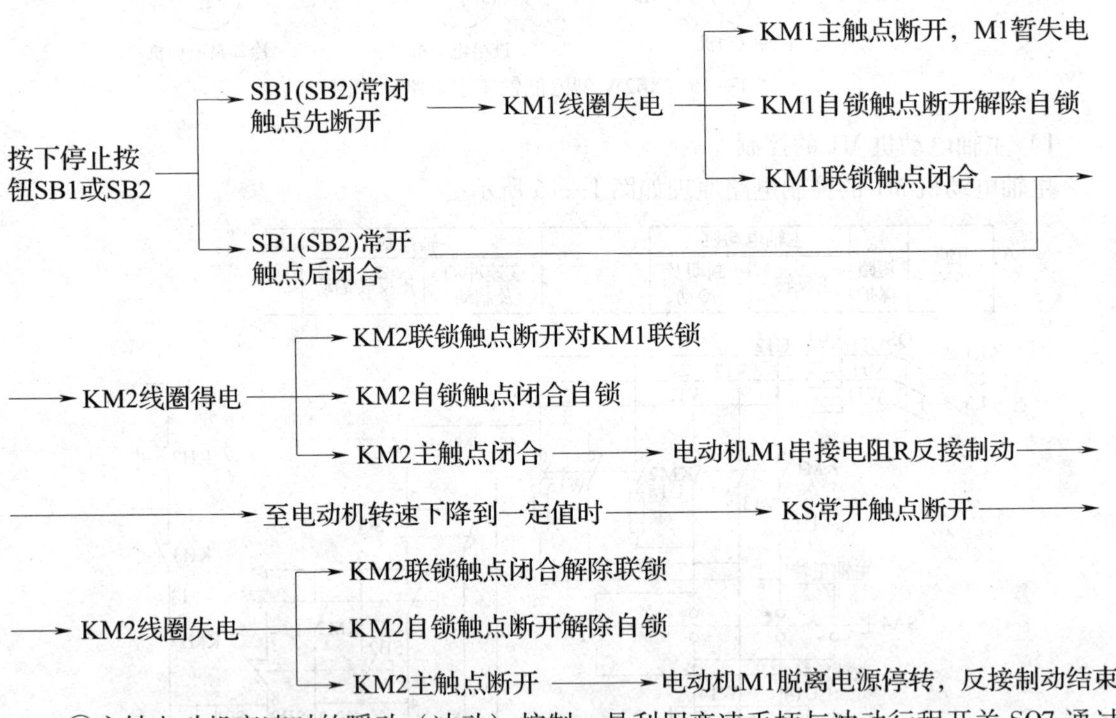

⑤主轴电动机变速时的瞬动（冲动）控制，是利用变速手柄与冲动行程开关 SQ7 通过机械上联动机构进行控制来实现的，如图 1—17 所示。

变速时，先下压变速手柄，然后拉到前面，当快要落到第二道槽时，转动变速盘，选择需要的转速。此时凸轮压下弹簧杆，使冲动行程 SQ7 的常闭触点先断开，切断 KM1 线圈的电路，电动机 M1 断电；同时 SQ7 的常开触点接通，KM2 线圈得电动作，M1 被反接制动。当手柄拉到第二道槽时，SQ7 因不受凸轮控制而复位，M1 停转。

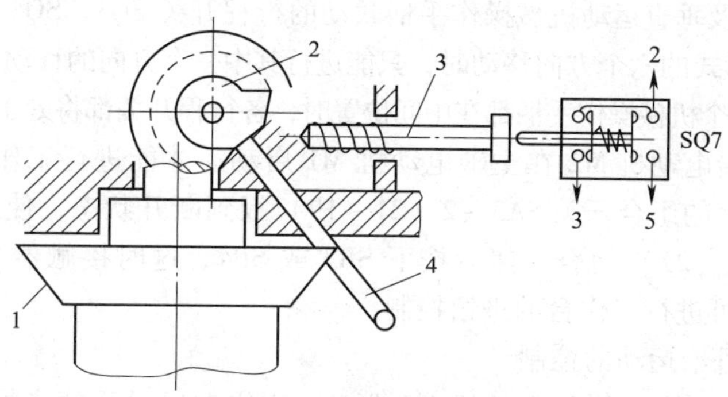

图 1—17 主轴变速冲动

1—变速盘 2—凸轮 3—弹簧杆 4—主轴变速操作手柄

接着把手柄从第二道槽推回原始位置时，凸轮又瞬时压动行程开关 SQ7，使 M1 反向瞬时冲动一下，以利于变速后的齿轮啮合。

但要注意，不论是开车还是停车时，都应以较快的速度把手柄推回原始位置，以免通电时间过长，引起 M1 转速过高而打坏齿轮。

2）工作台进给电动机 M2 的控制

工作台进给电动机 M2 的控制电路原理如图 1—18 所示。

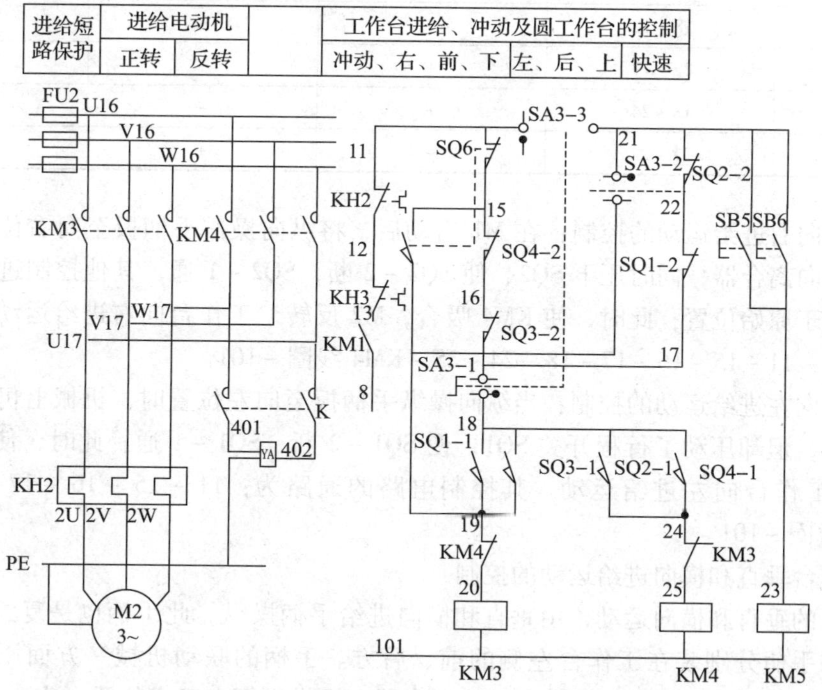

图 1—18 工作台进给电动机 M2 的控制电路原理图

工作台的纵向、横向和垂直运动都由进给电动机 M2 驱动，接触器 KM3 和 KM4 使 M2 实现正反转，以改变进给运动方向。控制电路采用了与纵向运动机械操作手柄联动的行程开关

SQ1、SQ2 和与横向及垂直运动机械操作手柄联动的行程开关 SQ3、SQ4 组成复合联锁控制。即在选择三种运动形式的六个方向移动时，只能进行其中一个方向的移动，以确保操作设备和人身的安全。当这两个机械操作手柄都在中间位置时，各行程开关都将处于未压合的原始常态。

分析可知，进给电动机 M2 在主轴电动机 M1 启动后才能进行工作。在机床接通电源后，将控制圆工作台的组合开关 SA3－2（21－19）扳到断开状态，使触点 SA3－1（17－18）和 SA3－3（11－21）闭合，然后按下 SB3 或 SB4，这时接触器 KM1 吸合，使 KM1（8－12）闭合，就可进行工作台的进给控制。

①工作台纵向进给运动的控制

工作台的纵向运动是由进给电动机 M2 驱动，由纵向操纵手柄来控制。此手柄是复式的，一个安装在工作台底座的顶面中央部位，另一个安装在工作台底座的左下方。手柄有三个位置：向左运动、向右运动、零位。当手柄扳到向右或向左运动方向时，手柄的联动机构压下行程 SQ2 或 SQ1，使接触器 KM4 或 KM3 动作，控制进给电动机 M2 的转向。工作台左右运动的行程，可通过调整安装在工作台两端的撞铁位置来实现。当工作台纵向运动到极限位置时，撞铁撞动纵向操纵手柄，使它回到零位，M2 停转，工作台停止运动，从而实现了纵向终端保护。工作台左右（纵向）进给的行程开关说明见表 1—4。

表 1—4　　工作台的左右（纵向）进给行程开关说明

触点		位置		
		向左	停止	向右
SQ1－1	18－19	－	－	+
SQ1－2	22－17	+	+	－
SQ2－1	18－24	+	－	－
SQ2－2	21－22	－	+	+

工作台向右进给运动的控制：在 M1 启动后，将纵向操作手柄扳至向右位置，一方面机械接通纵向离合器，同时压下 SQ2，使 SQ2－2 断，SQ2－1 通，其他控制进给运动的行程开关都处于原始位置；此时，使 KM4 吸合，M2 反转，工作台向右进给运动。其控制电路的通路为：11－15－16－17－18－24－25－KM4 线圈－101。

工作台向左进给运动的控制：当纵向操纵手柄扳至向左位置时，机械上仍然接通纵向进给离合器，但却压动了行程开关 SQ1，使 SQ1－2 断，SQ1－1 通；此时，使 KM3 吸合，M2 正转，工作台向左进给运动。其控制电路的通路为：11－15－16－17－18－19－20－KM3 线圈－101。

②工作台垂直和横向进给运动的控制

工作台的垂直和横向运动，由垂直和横向进给手柄操纵。此手柄也是复式的，有两个完全相同的手柄分别装在工作台左侧的前、后方。手柄的联动机械一方面压下行程开关 SQ3 或 SQ4，同时能接通垂直或横向进给离合器。操纵手柄有五个位置（上、下、前、后、中间），并且是联锁的，工作台上下和前后的终端保护是利用装在床身导轨旁与工作台座上的撞铁，将操纵十字手柄撞到中间位置，使 M2 断电停转来实现的。工作台横向及升降进给的行程开关说明见表 1—5。

表 1—5　　工作台的横向及升降进给行程开关说明

触点		位置		
		向前、向下	停止	向后、向上
SQ3 - 1	18 - 19	+	-	-
SQ3 - 2	16 - 17	-	+	+
SQ4 - 1	18 - 24	-	-	+
SQ4 - 2	15 - 16	+	+	-

工作台向后（或者向上）运动的控制：将十字操纵手柄扳至向后（或者向上）位置时，机械上接通横向进给（或者垂直进给）离合器，同时压下 SQ3，使 SQ3 - 2 断，SQ3 - 1 通；此时，使 KM3 吸合，M2 正转，工作台向后（或者向上）运动。其控制电路的通路为：11 - 21 - 22 - 17 - 18 - 19 - 20 - KM3 线圈 - 101。

工作台向前（或者向下）运动的控制：将十字操纵手柄扳至向前（或者向下）位置时，机械上接通横向进给（或者垂直进给）离合器，同时压下 SQ4，使 SQ4 - 2 断，SQ4 - 1 通；此时，使 KM4 吸合，M2 反转，工作台向前（或者向下）运动。其控制电路的通路为：11 - 21 - 22 - 17 - 18 - 24 - 25 - KM4 线圈 - 101。

③进给电动机变速时的瞬动（冲动）控制

变速时，为使齿轮易于啮合，进给变速与主轴变速一样，设有变速冲动环节。当需要进行进给变速时，应将转速盘的蘑菇形手轮向外拉出并转动转速盘，把所需进给量的标尺数字对准箭头，然后再把蘑菇形手轮用力向外拉到极限位置并随即推向原位。就在一次操纵手轮的同时，其连杆机构二次瞬时压下行程开关 SQ6，使 KM3 瞬时吸合，M2 作正向瞬动。其控制电路的通路为：11 - 21 - 22 - 17 - 16 - 15 - 19 - 20 - KM3 线圈 - 101。

由于进给变速瞬时冲动的通电回路要经过 SQ1 ~ SQ4 四个行程开关的常闭触点，因此，只有当进给运动的操作手柄都在中间（停止）位置时，才能实现进给变速冲动控制，以保证操作时的安全。同时，与主轴变速时冲动控制一样，进给电动机 M2 的通电时间不能太长，以防止转速过高，在变速时打坏齿轮。

④工作台的快速进给控制

为提高劳动生产率，要求铣床在不做铣切加工时，工作台能快速移动。

工作台快速进给也是由进给电动机 M2 来驱动的，在纵向、横向和垂直三种运动形式的六个方向上都可以实现快速进给控制。

主轴电动机 M1 启动后，将进给操纵手柄扳到所需位置。当工作台按照选定的速度和方向做常速进给移动时，再按下快速进给按钮 SB5（或 SB6），使接触器 KM5 通电吸合，接通牵引电磁铁 YA；电磁铁通过杠杆使摩擦离合器合上，减少中间传动装置，使工作台按运动方向做快速进给运动。当松开快速进给按钮时，电磁铁 YA 断电，摩擦离合器断开，快速进给运动停止，工作台仍按原常速进给时的速度继续运动。

3）圆工作台运动的控制

铣床如需铣削螺旋槽、弧形槽等曲线时，可在工作台上安装圆形工作台及其传动机械，圆形工作台的回转运动也是由进给电动机 M2 传动机构驱动的。

SA3是圆工作台选择开关，设有“接通”和“断开”两个位置，三对触点的通断情况见表1—6。其中“+”表示触点闭合，“-”表示触点断开（下同）。当不需要圆工作台工作时，将SA3置于“断开”位置，否则，置于“接通”位置。

表1—6　　圆工作台选择开关工作状态

触点		位置	
		接通	断开
SA3-1	17-18	-	+
SA3-2	21-19	+	-
SA3-3	11-21	-	+

圆工作台工作时，应先将进给操作手柄都扳到中间（停止）位置，然后将圆工作台组合开关SA3扳到圆工作台接通位置。此时，SA3-1断，SA3-3断，SA3-2通。准备就绪后，按下主轴启动按钮SB3或SB4，则接触器KM1与KM3相继吸合。主轴电动机M1与进给电动机M2相继启动并运转，进给电动机仅以正转方向带动圆工作台做定向回转运动。其控制电路的通路为：11-15-16-17-22-21-19-20-KM3线圈-101。由上可知，圆工作台与工作台进给有互锁，即当圆工作台工作时，不允许工作台在纵向、横向或垂直方向上有任何运动。若因误操作而扳动进给运动操纵手柄（即压下SQ1~SQ4、SQ6中的任一个），M2即停转。

4）冷却泵电动机M3和照明灯的控制

冷却泵电动机M3和照明灯的控制电路原理如图1—19所示。

①冷却泵电动机M3的控制

冷却泵电动机M3由转换开关SA1控制，当SA1接通后，KM6吸合，其主触头闭合，冷却泵电动机M3启动。其控制电路的通路为：1-14-KM6线圈-101。

②铣床照明灯的控制

铣床照明由变压器T供给12 V的安全电压，并由SA2控制。其控制电路的通路为：104-103-102-EL-101。

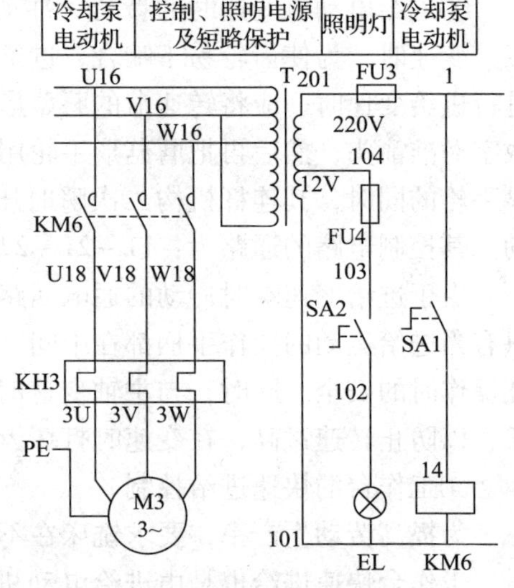

图1—19　冷却泵电动机M3和照明灯的控制电路原理图

X62W型万能铣床电气元件明细见表1—7。

表1—7　　X62W型万能铣床电气元件明细表

代号	名称	型号	规格	数量
M1	主轴电动机	J02-51-4	7.5 KW　1 450 r/min	1
M2	进给电动机	J02-22-4	1.5 KW　1 410 r/min	1
M3	冷却泵电动机	JCB-22	0.125 KW　2 790 r/min	1
KS	速度继电器	JY1	380 V　2 A	1

续表

代号	名称	型号	规格	数量
QS	组合开关	HZ10 - 60/3	60 A	1
FU1	螺旋式熔断器	RL1 - 60/35	380 V 60 A 配熔体 35 A	3
FU2	螺旋式熔断器	RL1 - 60/25	380 V 60 A 配熔体 25 A	3
FU3	螺旋式熔断器	RL1 - 15/5	380 V 60 A 配熔体 5 A	1
FU4	螺旋式熔断器	RL1 - 10/2 A	380 V 60 A 配熔体 2 A	3
KM1 - 2	交流接触器	CJ10 - 20	线圈电压 220 V 20 A	2
KM3 - 6	交流接触器	CJ10 - 10	线圈电压 220 V 20 A	4
KH1	热继电器	JR16 - 20/3	20 A 3 极整定电流 15 A	1
KH2	热继电器	JR16 - 20/3	20 A 3 极整定电流 3 A	1
KH3	热继电器	JR16 - 20/3	20 A 3 极整定电流 0.3 A	1
YA	牵引电磁铁	B1DL - Ⅱ		1
TC	控制变压器	BK - 50	380 V/220 V/12 V	1
SQ1 - SQ4	十字开关			1
SQ5 - SQ7	行程开关	LX1 - 11K	380 V 5 A	3
SA1	开关	LS2 - 3A		1
SA2	开关	LS2 - 3A		1
SA3	开关	HZ10 - 10/3J	380 V 10 A	1
SA4	开关	HZ3 - 133	500 V 10 A	1
SB1、SB3	按钮	LA2 - 2H	380 V 5 A	1
SB2、SB4	按钮	LA2 - 2H	380 V 5 A	1
SB5、SB6	按钮	LA2 - 1H	380 V 5 A	2

二、X62W 型万能铣床控制电路的测绘

测绘前需全面了解 X62W 型万能铣床的基本结构和运动形式，并通电试运行，进一步熟悉该设备的各种机械运动情况。

1. 测绘电气元件位置图

将 X62W 型万能铣床断电，并使所有电气元件处于正常（不受力）状态，按实物画出电气元件位置图。

在绘制 X62W 型万能铣床电气元件位置图时，首先画出电源开关、电动机、按钮、行程开关、电器箱等在机床中的具体位置；然后再画出电器箱内元器件的位置图，电器箱内元器件包括熔断器、接触器、热继电器、控制变压器和端子排等。

2. 测绘电气安装接线图

根据元件位置图和实际调查，绘制出 X62W 型万能铣床的电气安装接线图。测绘安装接线图时应先绘制草图，然后再根据草图绘出标准图。绘制草图时，根据测绘出的位置图

画出所有元件的内部功能示意图，并在所有接线端子处标号。整理草图后画出标准的实物接线图。绘制接线图时应注意以下几点：

（1）接线图应能表示出各电气元件在电气设备中的实际位置，同一元件的各组件要画在一起。

（2）要表示出各电动机、元件之间的电气连接关系。

（3）接线图中元件的图形符号、文字符号以及端子的编号均应与电路相一致，以便对照检查。

（4）接线图应标明导线和走线管的型号、规格、尺寸、根数。

（5）测绘时，应先从主电路开始，测绘出主电路接线图，然后再测绘出控制电路接线图。

3. 绘制电气控制电路图

（1）测绘主电路

X62W 型铣床电气控制主电路是包括电源、主轴电动机 M1、进给电动机 M2 和冷却泵电动机 M3 在内的电路。具体元器件有：电源开关 QS、熔断器 FU1 和 FU2、接触器 KM1 ~ KM6、热继电器 KH1 ~ KH3、电动机 M1 ~ M3、速度继电器 KS 和制动电阻 R 等。绘制思路如图 1—20 所示。

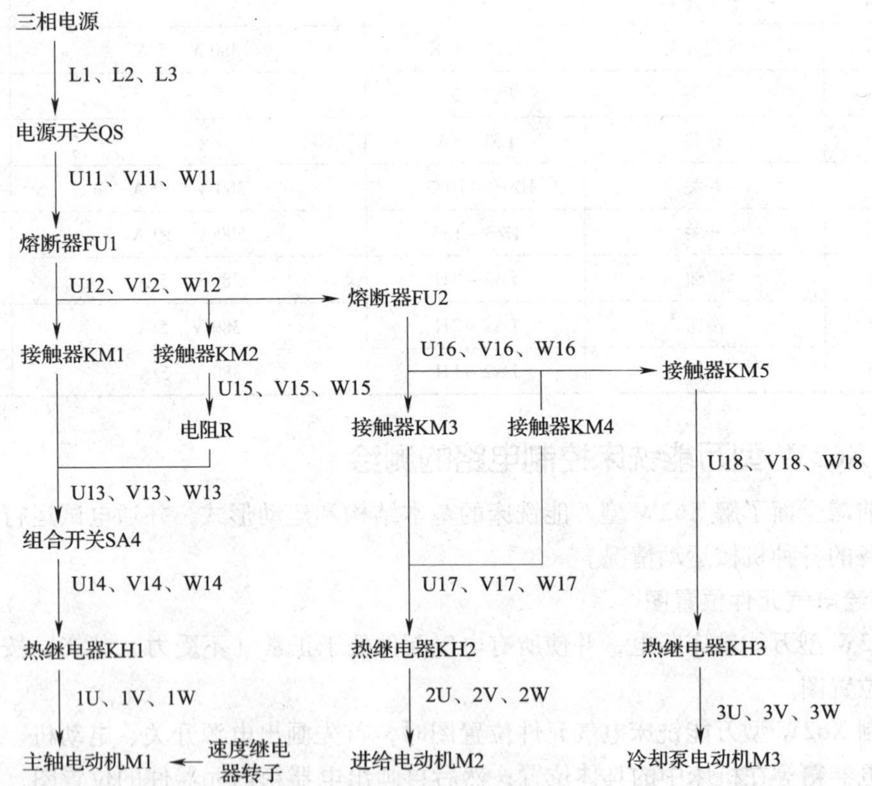

图 1—20　X62W 型万能铣床主电路原理图的绘制思路

（2）测绘控制电路

控制电路的测绘从控制变压器 T 的二次侧开始，用上述同样的方法可测绘出控制电路的草图。

X62W 型万能铣床的控制电路包括控制电源、主轴电动机 M1、进给电动机 M2 和冷却泵电动机 M3。具体元件有：控制变压器 T、熔断器 FU3 和 FU4、按钮 SB1 ~ SB6、组合开关、接触器 KM1 ~ KM6、热继电器 KH1 ~ KH3、速度继电器 KS 和行程开关 SQ1 ~ SQ7 等。

最后，不要忘记绘制照明电路。

（3）检查、修改测绘的电路图

根据绘制好的电气控制电路图对照实物进行实际操作，检查绘制的电气控制线路图的操作控制与实际操作的电气元件动作情况是否相符。

三、X62W 型万能铣床控制电路的装调

1. 安装前的准备工作

（1）进行 X62W 型万能铣床控制电路安装前，首先要认真研读 X62W 型万能铣床的原理图，明确电气元件的数目、种类和规格；其次要看懂线路中各电气元件之间的控制关系及连接顺序等。

（2）根据原理图，绘制电气安装接线图。

（3）按照 X62W 型万能铣床的元器件清单，准备好各种电气元件和材料，包括接触器、控制开关、限位开关、热继电器、接线端子以及连接导线等，并核对所有元器件的型号、规格及数量。检测元器件的外观、触点是否良好；运动部件是否灵活；开关元件的开关性能是否良好；绝缘电阻是否符合要求。检测电动机三相电阻是否平衡，绝缘是否良好，若绝缘电阻低于 0.5 MΩ，则必须进行烘干处理或进一步检查故障原因并予以处理。检测控制变压器一、二次侧绝缘电阻，检测带电状态下两侧电压是否正常。

（4）选择合适的连接导线。主轴电动机 M1 为 7.5 kW，选择 4 mm^2 的 BVR 型塑料铜芯线。进给电动机 M2 和冷却泵电动机 M3 分别为 1.5 kW 和 0.125 kW，选择 1.5 mm^2 的 BVR 型塑料铜芯线。控制电路一般采用 1 mm^2 的塑料铜芯线。敷设控制板选用单芯硬导线，其他连接线用多股同规格塑料铜芯软导线，导线的绝缘耐压等级为 500 V。

（5）准备电工工具一套；常用仪表包括万用表和绝缘电阻表；钻孔工具一套，包括手电钻、钻头及丝锥等。

2. 电气控制板的制作

（1）制作工作

1）用 2.5 ~ 5 mm 厚的钢板制作控制板。

2）根据按钮、开关、信号灯、端子等各元器件的位置，将它们进行排列，定出合理位置，并做上标记。要求元器件之间、元器件与柜壁之间的距离在各个方向上保持均匀。同时保证开关门时，元器件之间、元器件与柜体之间不会发生碰撞。

3）做上安装标记后进行钻孔、攻螺纹、去毛刺、修磨的工作，然后将板两面刷防锈漆，并在正面喷涂白漆。待油漆干后，将与电气元件相对应的电气标牌固定在图样标示的位置。

（2）敷线工作

线路的敷设可采用走线槽敷设法或沿板面敷设法两种。前者采用塑料绝缘软铜线，后

者采用塑料绝缘单芯硬铜线。

(3) 接线检查

根据 X62W 型万能铣床的电气图和相关资料，详细检查各部分接线、电气编号等有无遗漏或错误，如有应予以纠正，一切就绪后即可进行安装。

3. X62W 型万能铣床的电气安装

在安装电气元件时，要求元件与底板要横平竖直，固定牢靠，不能有松动的现象。同时，还要注意以下两点：

(1) 电动机的安装

一般采用起吊装置先将电动机水平吊起至中心高度并与安装孔对正，然后装好电动机与齿轮箱的连接件并相互对准，再将电动机与齿轮连接件啮合，对准电动机安装孔，旋紧螺栓，最后撤去起吊装置。

(2) 限位开关的安装

安装限位开关时，要将限位开关放置在撞块安全撞压区内，使撞块能可靠撞压开关，但不会撞坏开关，然后固定牢靠。

4. X62W 型万能铣床的电气连接

元器件上端子、电气控制板上端子的接线方法是首先用剥线钳剪切出适当的长度，剥出接线头；其次除锈，镀锡，套上编码套管；最后接到接线端子上并用螺钉拧紧即可。成捆的软导线要进行绑扎。所有接线应连接可靠，不得松动。安装完毕后，对照原理图和接线图认真检查有无错接、漏接现象。若正确无误，则将按钮盒安装就位，关上控制箱门，即可准备试运行。

5. X62W 型万能铣床的调试

(1) 调试前的准备工作

1) 检查电源。首先接通试运行电源，用万用表检查三相电压是否平衡，然后拔去控制电路的熔断器，接通机床电源开关，观察有无异常现象，如打火、冒烟、熔丝熔断等；是否有异味；测量控制变压器输出电压是否正常。若有异常，应立即关掉机床电源，再切断试运行电源，最后进行检查处理。

2) 检查熔丝。若接线无误，则用万用表检查熔丝是否良好，其型号和规格的选择是否正确。

3) 检查是否短路。先从主电路开始检查，断开电源和变压器一次绕组，用 500 V 绝缘电阻表测量相与相之间、相对地之间是否有短路或绝缘损坏现象。然后检查控制电路，断开变压器二次绕组，用万用表测量电源线与零线或保护线 PE 之间是否短路。若检查出错误，要及时排除，必要时可更换导线。

若以上检查无误后，可进行通电试运行。

(2) 整机的调试

1) 空操作试运行

在进行空操作试运行时，要断开主电路，短接速度继电器 KS 的常开触点。

①检查主轴电动机的控制线路

按下主轴启动按钮 SB3 或 SB4，KM1 吸合；按下主轴停止按钮 SB1 或 SB2，KM1 释放，KM2 吸合。

在主轴电动机启动时，扳动冲动行程开关 SQ7，注意来回扳动。压上 SQ7，KM1 失电释放，KM2 得电吸合。SQ7 复位，KM2 失电释放。再次压上 SQ7，KM2 得电吸合。再次复位 SQ7，KM2 失电释放。

若在主轴电动机未启动时，扳动行程开关 SQ7：当 SQ7 被压上时，KM2 得电吸合；当 SQ7 复位时，KM2 失电释放。

②检查进给电动机的控制线路

将转换开关 SA3 打到断开位置，即圆工作台停止位置。在 KM1 吸合后，用带绝缘手柄的工具压下 SQ1 或 SQ3，KM3 吸合，松开 SQ1 或 SQ3，KM3 释放；同样压下 SQ2 或 SQ4，接触器 KM4 吸合，松开 SQ2 或 SQ4，KM4 释放。

按下工作台的快速移动按钮 SB5 或 SB6，接触器 KM5 吸合；松开 SB5 或 SB6，KM5 释放。

将转换开关 SA3 打到接通位置，即圆工作台工作位置，按下主轴启动按钮 SB3 或 SB4，接触器 KM1 和 KM3 吸合。按下主轴停止按钮 SB1 或 SB2，KM1、KM3 释放。

③检查冷却泵电动机控制线路和照明电路

将冷却泵开关 SA1 打到接通位置，接触器 KM6 吸合。SA1 打到断开位置，KM6 释放。

将 SA2 打到接通位置，照明灯 EL 亮，SA2 打到断开位置，照明灯 EL 灭。

2）空载试运行

空载试运行时，接通主电路，其余操作同空操作试运行的①～③步操作，这时主要试验各电动机的启动和运转：按下 SB3 或 SB4，观察主轴电动机 M1 的转向、转速是否正确；再依次扳动 SQ1～SQ4，观察进给电动机 M2 的转向、转速是否正确；将 SA1 打到接通位置，观察冷却泵电动机的转向、转速是否正确。调整各热继电器的额定电流。另外，注意调试主轴电动机的制动控制，当按下 SB1 或 SB2 时，M1 应刹车，且在 1～2 s 内停转，否则调整速度继电器反力弹簧的弹力，以改变触点动作时的速度。在空载试运行时，应先拆下连接电动机和变速箱的传动带，以免转速不正确，损坏传动机构。

3）带负荷试运行

通过以上试运行后，可带负荷进行逐项试运行。

四、X62W 型万能铣床控制电路的检修

X62W 型万能铣床控制电路与机械系统的配合十分密切，其电气线路能否正常工作与机械系统的正常工作是分不开的，这就是铣床控制电路的特点。正确判断是电气部分故障，还是机械部分故障，是迅速排除万能铣床电气故障的关键。这就要求维修电工不仅要熟悉电气控制线路的工作原理，而且还要熟悉相关机械系统的工作原理、机电部分的配合情况，以及万能铣床的正确操作方法。下面通过几个实例来叙述 X62W 型万能铣床常见的电气故障及其排除方法。

1. 主轴电动机停止时无制动作用

（1）故障现象的分析

主轴电动机无制动作用时，首先检查在按下停止按钮 SB1 或 SB2 后，反接制动接触器

KM2 是否吸合；若 KM2 不吸合，则故障范围一定在其控制电路部分。检查控制电路时可先操作主轴变速冲动手柄，若有冲动，则故障范围就缩小到速度继电器 KS 和按钮 SB 支路上。若按下停止按钮 SB1 或 SB2 后 KM2 吸合，则故障原因就较复杂一些，其原因之一是，主电路的 KM2、制动电阻 R 支路中，至少有缺一相的故障存在；原因之二是，速度继电器 KS 的常开触点过早断开。在检查时，只要仔细观察故障现象，这两种故障原因是能够区别的。前者的故障现象是完全没有制动作用，而后者的故障现象则是制动效果不明显。如图 1—21 所示。

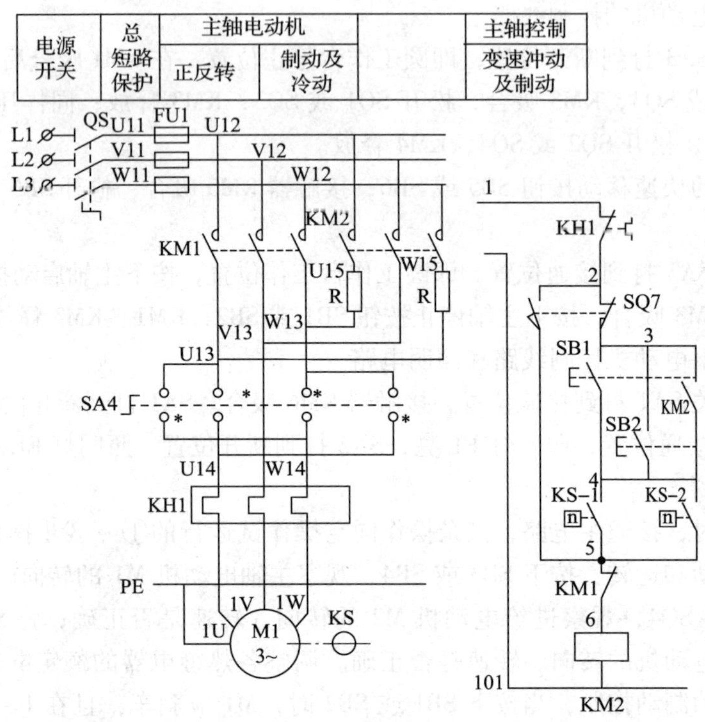

图 1—21　主轴电动机停止时无制动作用的故障范围原理图

（2）故障可能的原因

由以上分析可知，主轴电动机停止无制动的故障，除了是反接制动接触器 KM2 不能正常吸合导致外，较多的是由于速度继电器 KS 发生故障引起的。若 KS 常开触点不能正常闭合，其原因有推动触点的胶木摆杆断裂，KS 轴伸端圆销扭弯、磨损或弹性连接元件损坏，螺钉销钉松动或打滑等。若 KS 常开触点过早断开，其原因有 KS 动触点的反力弹簧调节过紧，KS 的永久磁铁转子磁性衰减等。

2. 主轴电动机停止后产生短时的反向旋转

（1）故障现象的分析

主轴电动机停止后，产生短时的反向旋转，说明是由反接制动接触器 KM2 吸合的时间较长所引起的。如图 1—22 所示。

（2）故障可能的原因

这一故障现象，一般都是由于速度继电器 KS 动触点弹簧调整得过松，使触点分断过迟引起的，只要重新调整反力弹簧便可消除。

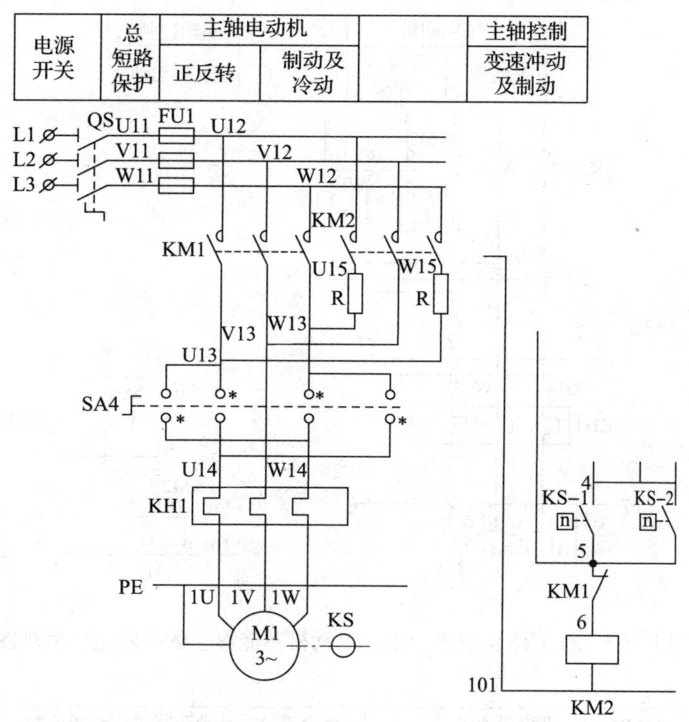

图 1—22　主轴电动机停止后产生短时的反向旋转的故障范围原理图

3. 按下停止按钮后主轴电动机不能停止

（1）故障现象的分析

按下停止按钮后，主轴电动机不能停止。可以观察 KM1 和 KM2 的吸合情况，对故障范围加以区分。若按下停止按钮后，KM1 不释放，则可断定故障是由 KM1 的主触头熔焊引起的；如按下停止按钮后，KM1 能复位，KM2 能吸合，同时伴有“嗡嗡”声或出现转速过低的现象，则可断定制动时主电路有缺相故障存在；若按下停止按钮后，KM1 能复位，KM2 能吸合，电动机也能进行反接制动，但松开停止按钮后，主轴电动机又再次启动，则可断定故障是由启动按钮内部短路引起的。如图 1—23 所示。

（2）故障可能的原因

接触器 KM1 主触头由于电流过大，造成触头熔焊；反接制动时缺相运行；SB3 或 SB4 在启动 M1 后内部短路。

4. 工作台不能做向上进给运动

（1）故障现象的分析

由于万能铣床的电气控制与机械系统配合密切，工作台向上进给运动的控制又是处于多回路线路之中，因此，不宜采用按部就班地逐步检查的方式。在检查时，可先依次进行快速进给、进给变速冲动或圆工作台向前进给、向左进给及向后进给的控制，来逐步缩小故障的范围（一般可从中间环节的控制开始），然后再逐个检查故障范围内的元器件、触点、导线及接点，查找故障点。在实际检查时，还必须考虑到机械磨损或移位使操纵失灵等因素。若发现此类故障原因，应与机修钳工互相配合进行修理。如图 1—24 所示。

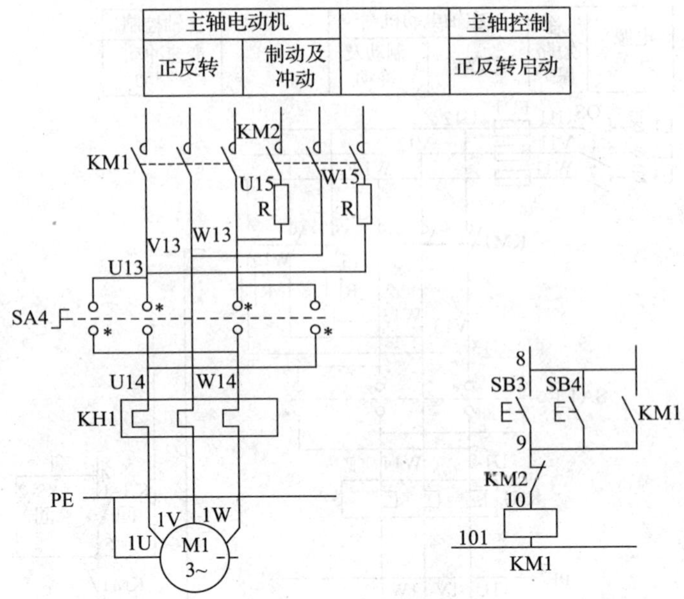

图 1—23 按下停止按钮后主轴电动机不能停止的故障范围原理图

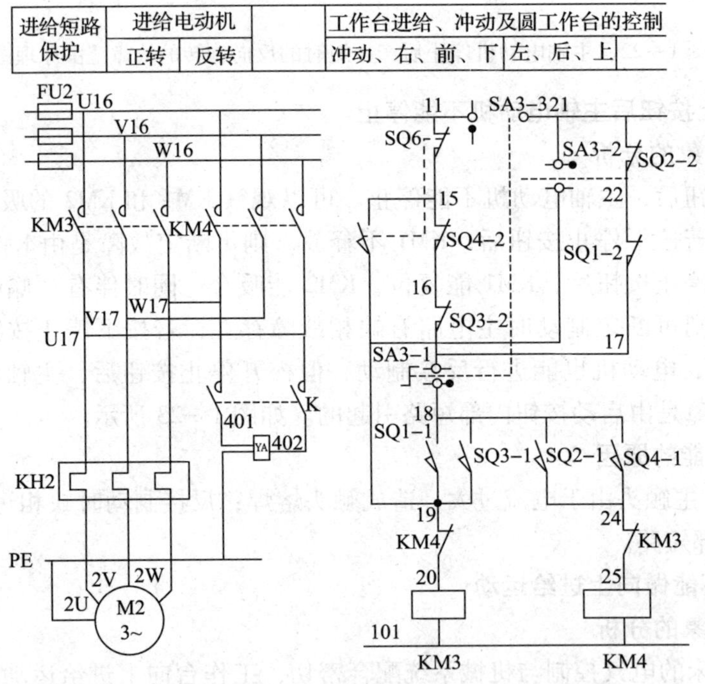

图 1—24 工作台不能做向上进给运动的故障范围原理图

（2）故障可能的原因

假设故障点在图 1—14 的第 20 区里，行程开关 SQ4 -1 由于安装螺钉松动而移动位置，造成操纵手柄虽然到位，但触点 SQ4 -1（18 -24）仍不能闭合。在检查时，若进给变速冲动控制正常，也就说明在向上进给回路中，线路 11 -21 -22 -17 是完好的，再检查向左进给控制，若正常，又能排除线路 17－18 和 24－25－0 存在故障的可能性。这样就将故障范围缩小到 18－SQ4－1－24 的范围内。再经过仔细检查或测量，就能很快找出故障点。注意，在检查中 11－15－16－17 支路和 11－21－22－17 支路时，一定要把 SA3 开关扳到中间空挡位置，否则，由于这两条支路是并联的，将检查不出故障点。

5．工作台不能做纵向进给运动

（1）故障现象的分析

应先检查横向或垂直进给是否正常，如果正常，则说明进给电动机 M2、主电路、接触器 KM3、KM4 及纵向进给相关的公共支路都正常，此时应重点检查图 1—14 第 17 区里的行程开关 SQ6（11－15）、SQ4－2 及 SQ3－2，即线号为 11－15－16－17 的支路。然后再检查进给变速冲动是否正常，如果也正常，则故障的范围已缩小到在 SQ6（11－15）及 SQ1－1、SQ2－1 上，但一般 SQ1－1、SQ2－1 两副常开触点同时发生故障的可能性甚小。注意，在检查 11－15－16－17 支路和 11－21－22－17 支路时，一定要把 SA3 开关扳到中间空挡位置，否则，由于这两条支路是并联的，将检查不出故障点。如图 1—25 所示。

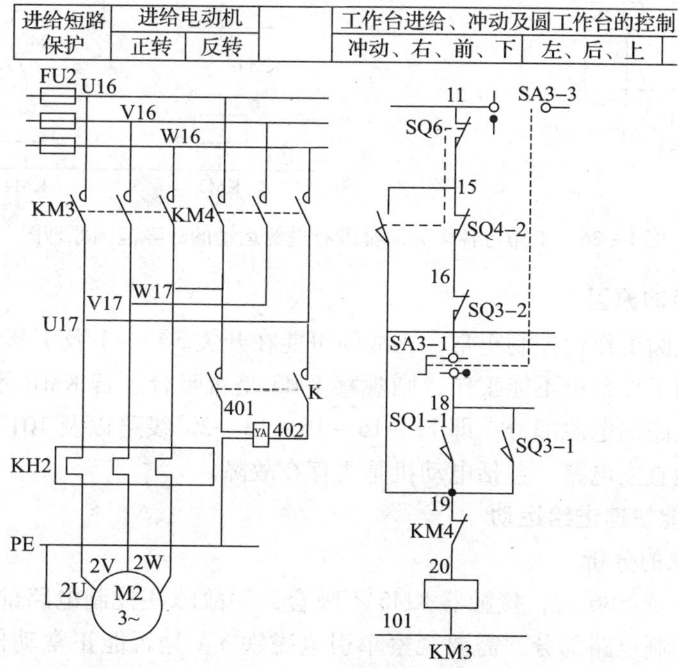

图 1—25　工作台不能做纵向进给运动的故障范围原理图

（2）故障可能的原因

只要 SQ6（11－15）、SQ4－2 及 SQ3－2 三对常闭触点中有一对不能闭合，或有一根线头脱落就会使纵向不能进给。而 SQ6（11－15）由于进给变速时，常因用力过猛而容易损坏，所以可先从检查 SQ6（11－15）触点开始，直至找到故障点并予以排除。

6．工作台各个方向都没有进给运动

（1）故障现象的分析

可先进行进给变速冲动或圆工作台控制检查，如果正常，则故障可能在开关 SA3－1

及引接线 17、18#上。若进给变速也不能工作，则要注意接触器 KM3 是否能吸合。若不能吸合，则故障可能发生在控制电路的电源部分；若能吸合，则应着重检查主电路。如图 1—26 所示。

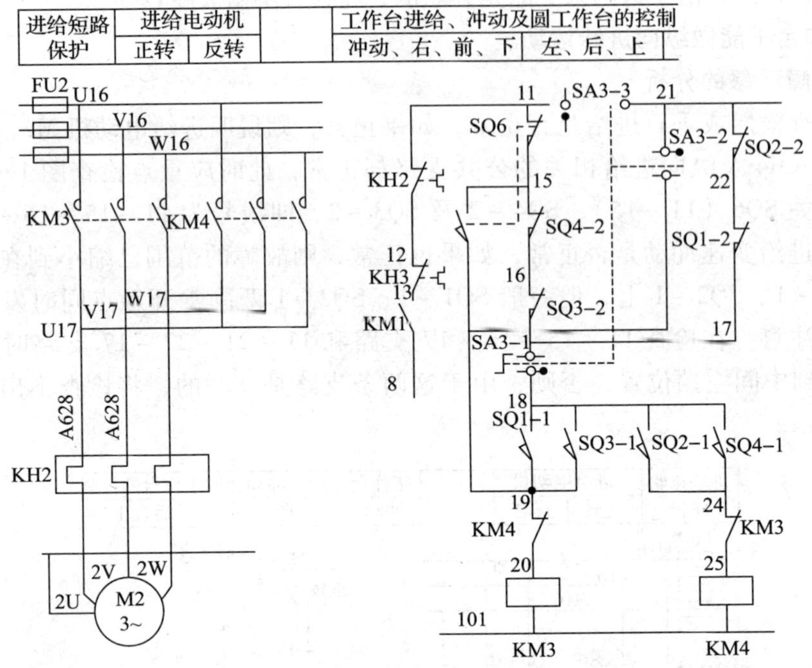

图 1—26　工作台各个方向都没有进给运动的故障范围原理图

(2) 故障可能的原因

若变速冲动或圆工作台控制正常，则故障可能在开关 SA3 - 1 及引接线 17、18#上；若进给变速冲动或圆工作台也不能工作，则观察 KM3 是否吸合。若 KMR 不能吸合，则故障可能发生在控制电路的电源部分，即 11 - 15 - 16 - 18 - 20#线路以及 101#线上；若 KM3 能吸合，则应着重检查主电路，包括电动机是否存在故障。

7. 工作台不能快速进给运动

(1) 故障现象的分析

如果按下 SB5 或 SB6 后，接触器 KM5 不吸合，则故障在控制电路部分；若 KM5 能吸合，则故障不在控制电路部分，需要观察牵引电磁铁 YA 是否能正常动作。如图 1—27 所示。

(2) 故障可能的原因

若接触器 KM5 不吸合，则故障在控制电路部分，检查 11 - 21 - 23 以及 101#线。若接触器 KM5 能吸合，常见的故障原因是牵引电磁铁 YA 电路不通，多数是由线头脱落、线圈损坏或机械卡死引起的。若牵引电磁铁 YA 能正常动作，则故障大多是由于杠杆卡死或离合器摩擦片间隙调整不当引起的，应与机修钳工配合进行修理。

应该说明的是，机床电气的故障不是千篇一律的。所以在维修中，切不可生搬硬套，而应该采用理论与实践相结合的灵活处理方法解决问题。

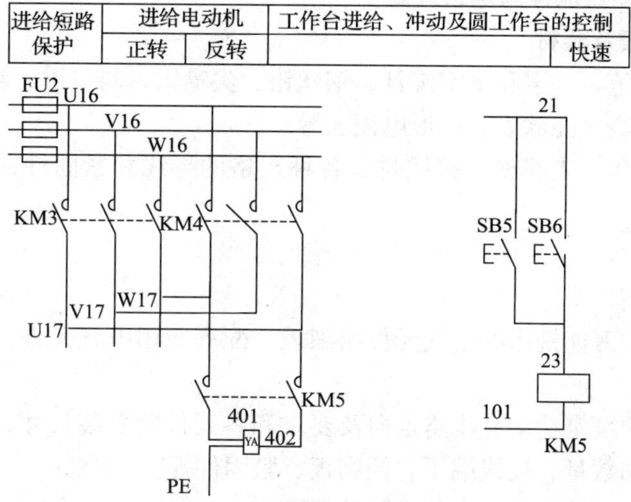

图 1—27　工作台不能快速进给运动的故障范围原理图

五、实训操作

1. X62W 型万能铣床控制电路测绘

(1) 工具、仪表及器材

1) 电工工具：电工常用工具。

2) 电工仪表：万用表、兆欧表等。

3) 绘图工具：2B 铅笔、橡皮、图纸等。

(2) 实训步骤

1) 在教师的指导下，熟悉 X62W 型万能铣床的结构、操作方法，以及操作注意事项。

2) 对照 X62W 型万能铣床电气控制线路图，在实物中查找到电器实际安装位置，以及电气线路的走线，进一步明确各电器的作用。

3) 测绘 X62W 型万能铣床的电气元件位置图。

4) 根据位置图和实际调查，绘制出 X62W 型万能铣床的电气安装接线图。

5) 分别绘制出 X62W 型万能铣床的电源电路、主电路、控制电路和信号照明电路的电路图。

6) 检查绘制好的电气控制电路图是否正确，若有错误，应及时予以修正。

(3) 注意事项

1) 实训时，穿戴齐劳动防护用品。

2) 图中各电气元件的图形符号和文字代号均应符合最新国家标准。

3) 所有元件开关和触点的状态，均以线圈未通电、手柄置于零位、无外力作用或生产机械在原始位置为准。

4) 整机电路图分主电路和控制电路两部分，主电路画在左边，控制电路画在右边，并按国家标准规定采用竖直画法。

2. X62W 型万能铣床控制电路装调

（1）工具、仪表及器材

1）工具：验电笔、一字和十字旋具、钢丝钳、尖嘴钳、斜口钳、剥线钳等。

2）仪表：万用表、兆欧表、钳形电流表等。

3）器材：控制板、走线槽、接线排、各种规格的导线和紧固件、金属软管、号码管等。

（2）实训步骤

1）安装前的准备

①根据 X62W 型万能铣床的电气元件明细表，配齐所用电气元件，并逐个检验其规格和质量。

②根据电动机的额定功率、线路走向及要求和各元件的安装尺寸，正确选配导线的规格、导线通道类型和数量、接线端子、控制板、紧固件等。

③绘制 X62W 型万能铣床的电气安装接线图。

2）在控制板上固定电气元件和走线槽，并在电气元件附近做好与电路图上相同代号的标记。安装走线槽时，应做到横平竖直、排列整齐匀称、安装牢固和便于走线等。

3）按工艺要求，在控制板上进行板前线槽配线，并在导线端部套上号码管。

4）进行控制板外的元件固定和布线

①选择合理的导线走向，做好导线通道的支承准备。

②控制箱外部导线的线头上要套装与电路图相同线号的号码管，可移动的导线通道应留适当的余量。

③按规定在通道内放好备用导线。

5）自检

①根据电路图检查电路的接线是否正确和接地通道是否具有连续性。

②检查热继电器的整定值和熔断器中熔体的规格是否符合要求。

③检查电动机及线路的绝缘电阻。

④检查电动机的安装是否牢固，与生产机械传动装置的连接是否可靠。

⑤检查行程开关的安装位置是否符合机械要求。

6）通电试运行

按照机床电路通电试运行的操作规程，进行通电试运行。若发现异常，应立即切断电源进行检查，待调整或修复后方可再次通电试运行。

（3）注意事项

1）实训时，穿戴齐劳动防护用品。

2）进行线路安装前，准备并检查所带的工具和仪表，使用工具和仪表必须按照操作规定进行操作。

3）电动机和线路的接地要符合要求，严禁采用金属软管作为接地通道。

4）在控制箱外部进行布线时，导线必须穿在导线通道或敷设在机床底座内的导线通道里，导线的中间不允许有接头。

5）通电试运行时，要先合上电源开关，后按启动按钮；停机时，要先按停止按钮，后断开电源开关。

6）通电试运行必须在教师的监护下进行，必须严格遵守安全操作规程。

3. X62W 型万能铣床控制电路的故障检修

（1）实训步骤

1）在指导教师或工厂技术人员的指导下，熟悉 X62W 型万能铣床的结构、操作方法，以及操作注意事项。

2）对照 X62W 型万能铣床电气控制电路图，在实物中查找到电器的实际安装位置，以及电气线路的走线，并进一步明确各电压电器的作用。

3）在控制电路或主电路中，人为设置电气故障和自然故障各一处。观看指导教师示范检修，着重体会如何从观察故障现象开始进行分析，正确掌握检修方法和步骤。

4）针对指导教师设置的故障点进行检修

针对指导教师示范检修后重新设置的故障点进行检修练习。

（2）注意事项

1）实训时，穿戴齐劳动防护用品。

2）由于 X62W 型万能铣床的电气控制系统与机械系统配合比较紧密，因此，在出现故障后，首先应判明是机械部分的故障，还是电气部分的故障。

3）检修前，准备并检查所带工具和仪表，使用工具和仪表必须按照操作规定进行操作。

4）认真阅读图样，熟悉各个控制环节的原理和作用。

5）检修必须停电。检修必须是在设备断电的状态下进行，严禁带电检修。检修前观察故障现象，检修后必须在有指导老师现场监护的情况下方可通电试运行。

课题 3　T68 型卧式镗床电气控制电路的测绘、装调与检修

学习目标

1. 了解 T68 型镗床的用途，掌握其电气控制的要求。
2. 识读 T68 型卧式镗床电气控制线路图，掌握电气控制线路的工作原理。
3. 正确测绘 T68 型卧式镗床的电气控制线路接线图。
4. 熟练掌握 T68 型卧式镗床电气控制线路故障分析与检修的一般方法和步骤，能分析、检测电气控制线路的故障并进行排除。

镗床是一种精密加工机床，主要用于加工精确的孔和孔间距离要求较为精确的零件。按不同用途，镗床可分为卧式镗床、立式镗床、坐标镗床和专用镗床，如图 1—28 所示。生产中应用较广泛的是卧式镗床，它的镗刀主轴水平放置，是一种多用途的金属切削机床，不但能完成钻孔、镗孔等孔加工，而且能切削端面、内圆、外圆及铣平面等。

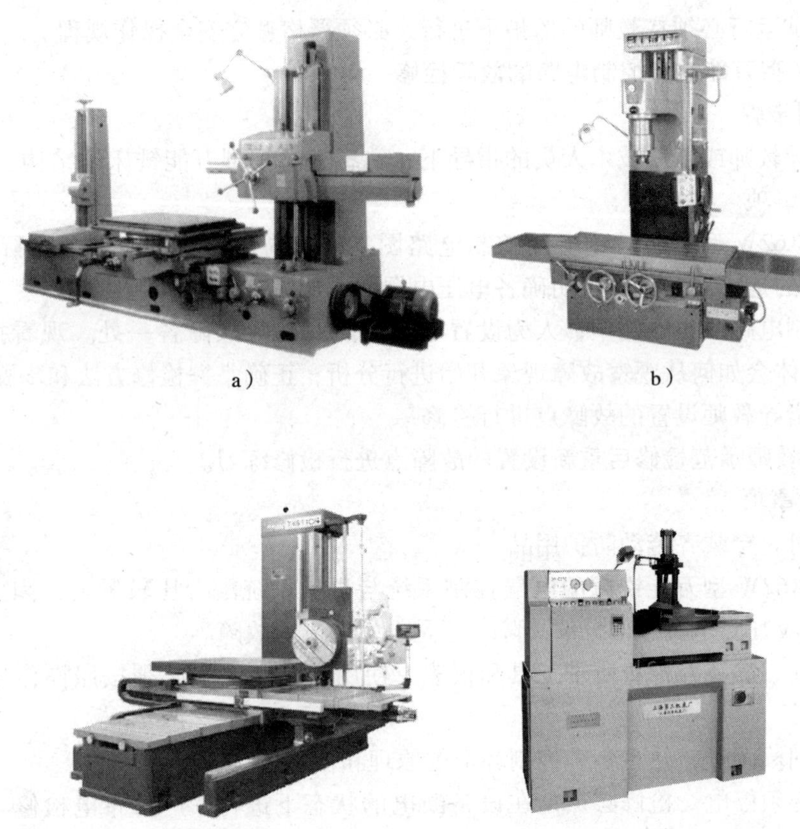

图 1—28　常用的镗床
a）卧式镗床　b）立式镗床　c）坐标镗床　d）专用镗床

本书以 T68 型卧式镗床为例，进行镗床电气控制电路检修的介绍。T68 型卧式镗床型号的意义如下：

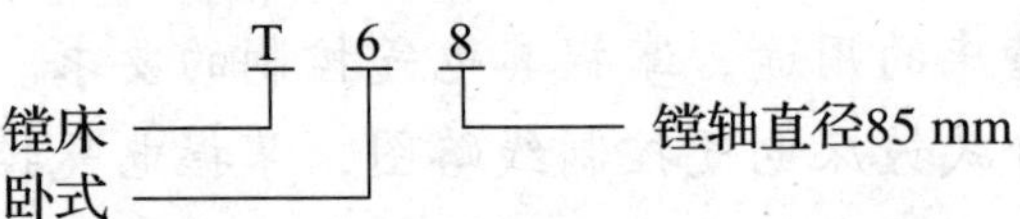

一、T68 型卧式镗床分析

1. T68 型卧式镗床主要结构

T68 型卧式镗床主要由床身、上滑座、下滑座、主轴箱、前立柱、后立柱、尾架和工作台等部分组成。如图 1—29 所示。

2. T68 型卧式镗床的运动形式和控制要求

T68 型卧式镗床的主要运动形式和控制要求见表 1—8。

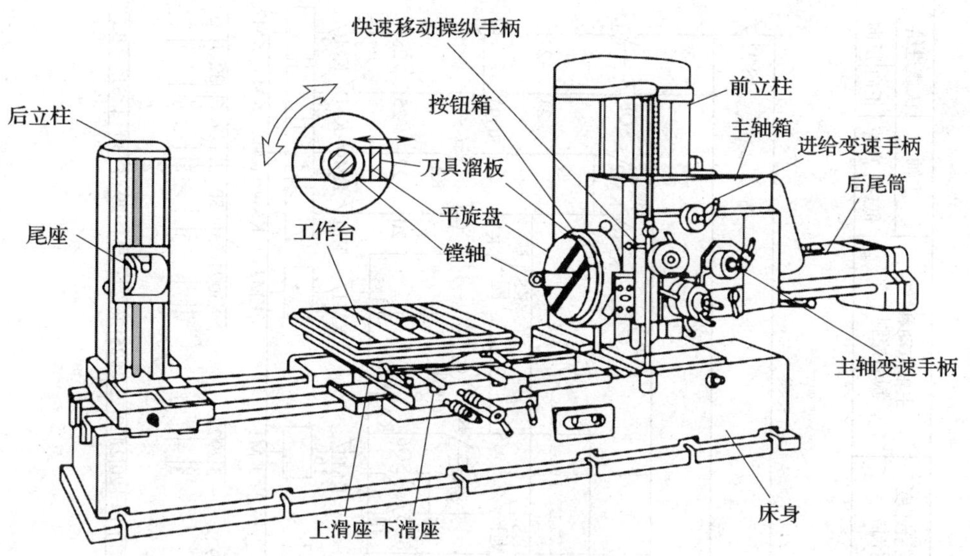

图 1—29　T68 型卧式镗床结构图

表 1—8　　T68 型卧式镗床的主要运动形式和控制要求

运动种类	运动形式	控制要求
主运动	镗轴和平旋盘的旋转运动	卧式镗床的主运动和进给运动多用同一台异步电动机拖动。为了适应各种形式和各种工件的加工，要求镗床的主轴有较宽的调速范围，因此，多采用由双速或三速笼型异步电动机拖动的滑移齿轮有级变速系统； 主运动和进给运动都采用机械滑移齿轮变速，为有利于变速后齿轮的啮合，要求有变速冲动； 要求主轴电动机能够正反转；可以点动进行调整；并要求有电气制动，通常采用反接制动
进给运动	镗轴的轴向进给运动； 平旋盘上刀具溜板的径向进给运动； 主轴箱的垂直进给运动； 工作台的纵向和横向进给运动	
辅助运动	主轴箱、工作台等的进给运动上的快速调位移动； 后立柱的纵向调位移动； 后支承架与主轴箱的垂直调位移动； 工作台的转位运动	各进给运动部件要求能快速移动，一般由单独的快速进给电动机拖动

3. T68 型卧式镗床电气控制电路分析

T68 型卧式镗床的电气控制线路如图 1—30 所示。图中电路可划分为主电路、控制电路和信号照明电路三部分。

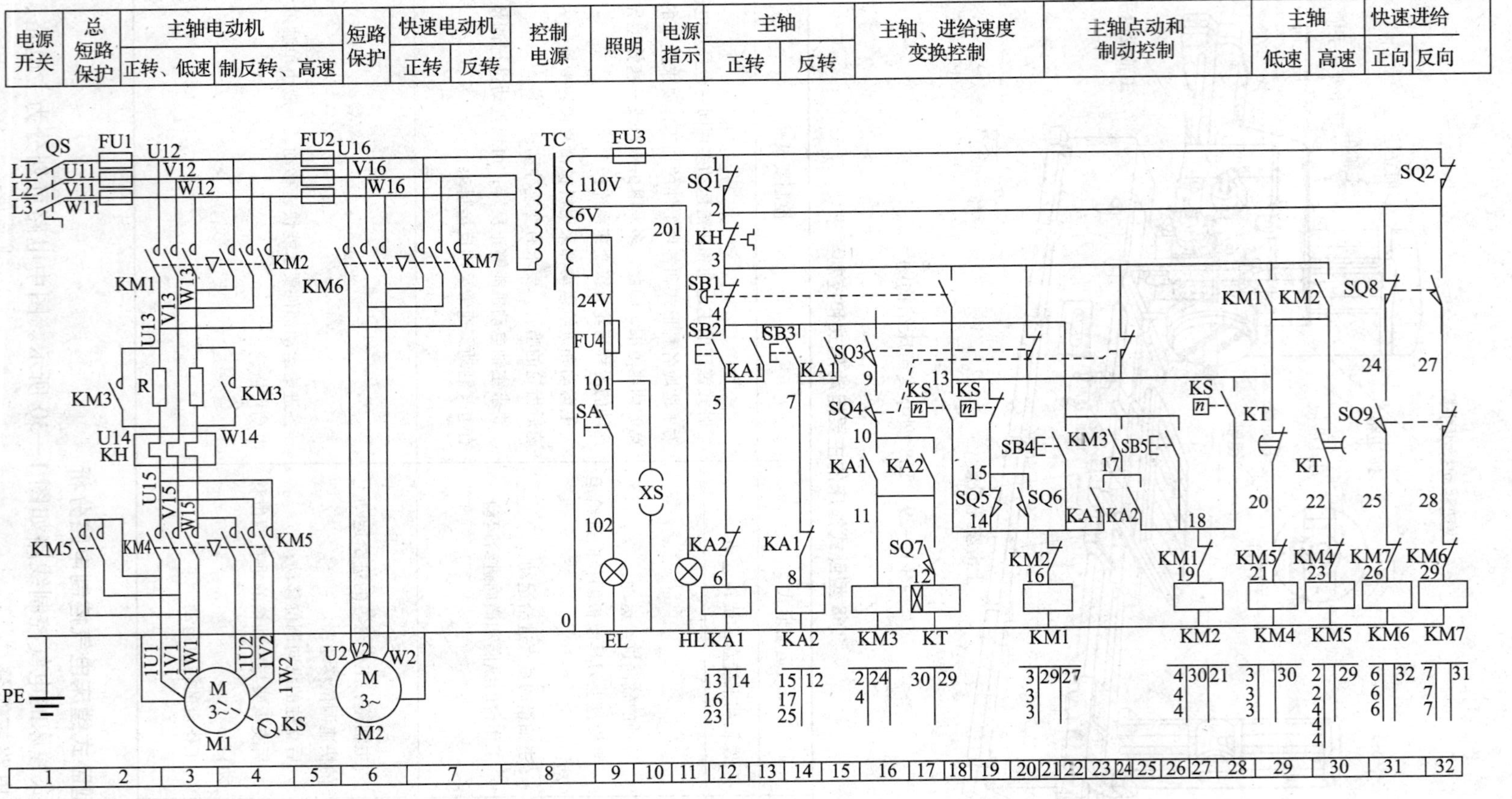

图 1—30　T68 型卧式镗床电气原理图

（1）主电路

T68 型卧式镗床的主电路如图 1—31 所示。其电气控制线路有两台电动机：主轴电动机 M1 和快速移动电动机 M2。

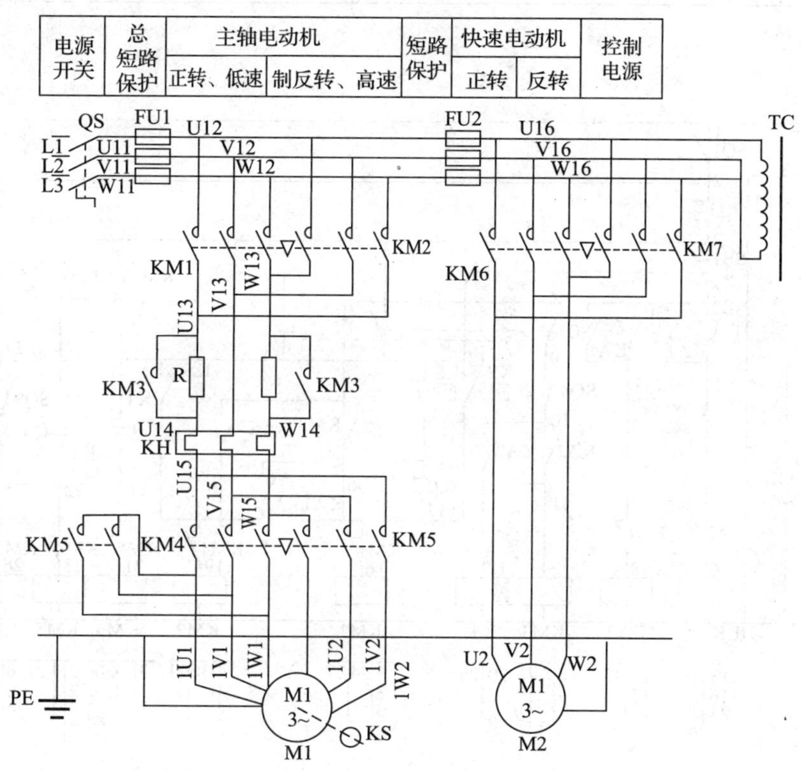

图 1—31　T68 型卧式镗床主电路原理图

主轴电动机 M1，用以实现镗床的主运动和进给运动。这是一台 4/2 极的双速电动机，由五只接触器控制。它的正反转由接触器 KM1 和 KM2 的主触点控制，KM3 为制动电阻短接接触器，主轴电动机正、反转停机时，均由速度继电器 KS 与 KM3 控制实现反接制动。在低速时，将电动机定子绕组采用三角形（△）联结，由接触器 KM4 的主触点完成，此时的电动机转速 $n = 1\ 440$ r/min。在高速时，将定子绕组连接成双星形（YY），由 KM5 的主触点完成，此时的电动机转速 $n = 2\ 880$ r/min。主轴电动机 M1 由熔断器 FU1 作短路保护，热继电器 KH 作过载保护。

快速移动电动机 M2 用来实现主轴箱、工作台等部件的快速移动，由接触器 KM6、KM7 实现正反转控制，熔断器 FU2 作短路保护。由于快速移动为短时运行，因此，无须过载保护。

（2）控制电路

T68 型卧式镗床的控制电路如图 1—32 所示。

由变压器 TC 二次侧提供的 110 V 电压作为电源，熔断器 FU3 作为短路保护。该控制电路包括 KM1 ~ KM7 七个交流接触器和 KA1、KA2 两个中间继电器，以及时间继电器 KT 共十个电器的线圈支路。在启动 M1 之前，首先要选择好主轴的转速和进给量（在主轴和

照明	电源指示	主轴		主轴、进给速度变换控制	主轴点动和制动控制	主轴		快速进给	
		正转	反转			低速	高速	正向	反向

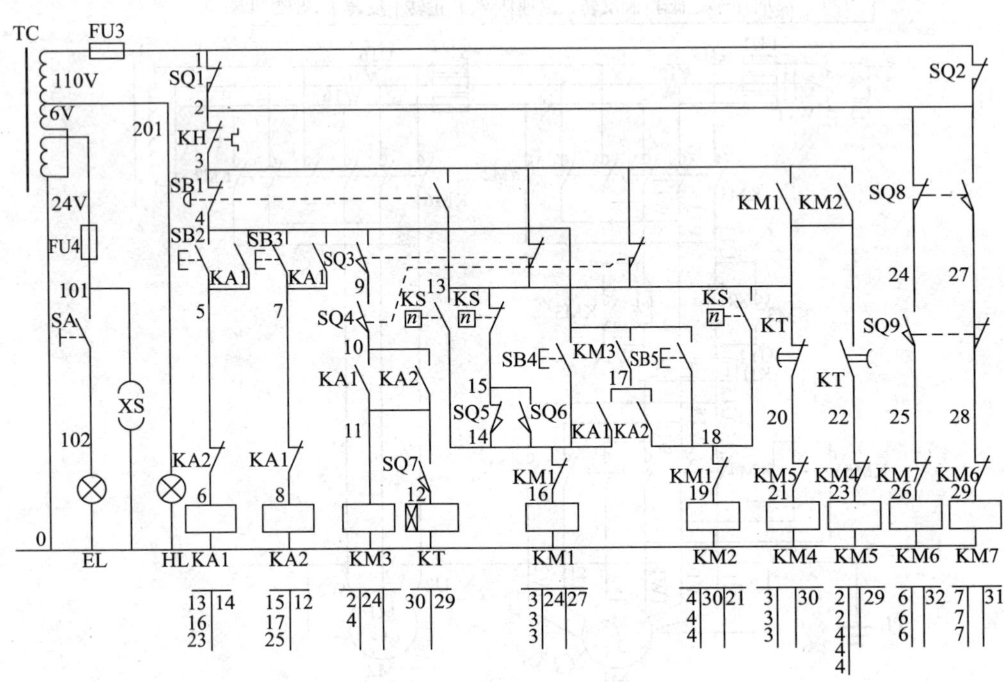

图 1—32　T68 型卧式镗床控制电路图

进给变速时，与之相关的行程开关 SQ3 ~ SQ6 的状态见表 1—9)，然后调整好主轴箱和工作台的位置（在调整好后，行程开关 SQ1、SQ2 的常闭触点（1—2）均处于闭合接通状态）。

表 1—9　　主轴和进给变速行程开关 SQ3 ~ SQ6 状态表

	相关行程开关的触点	①正常工作时	②变速时	③变速后手柄推不上时
主轴变速	SQ3（4—9）	+	−	−
	SQ3（3—13）	−	+	+
	SQ5（14—15）	−	−	+
进给变速	SQ4（9—10）	+	−	−
	SQ4（3—13）	−	+	+
	SQ6（14—15）	−	+	+

1）主轴电动机的正、反转控制

主轴电动机的正、反向运转包括：正、反向低速运转和正、反向高速运转。低速运转时，行程开关 SQ7 保持原状；高速运转时，行程开关 SQ7 被压上。高速启动时，为减小启动电流，先低速启动，然后切换到高速启动和运行。根据前面的分析，在表 1—10 中列出了主轴电动机在进行上述四种运转时，所受控的交流接触器。

表 1—10　　正、反转控制的接触器

运转形式	控制的接触器
正向低速运转	KM3、KM1、KM4
反向低速运转	KM3、KM2、KM4
正向高速运转	KM3、KM1、KM4、KM5
反向高速运转	KM3、KM2、KM4、KM5

①正向低速运转：将主轴电动机变速手柄置于低速位置，行程开关 SQ7 保持原状。其工作过程如下：

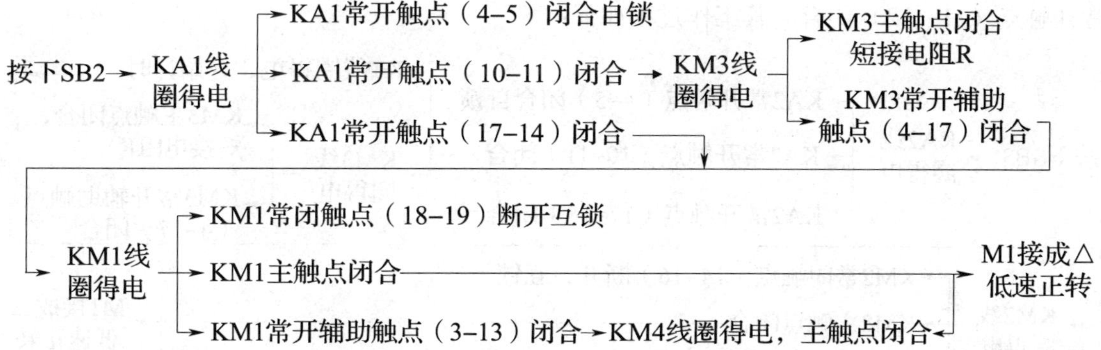

②反向低速运转：将主轴电动机变速手柄置于低速位置，行程开关 SQ7 保持原状。其工作过程如下：

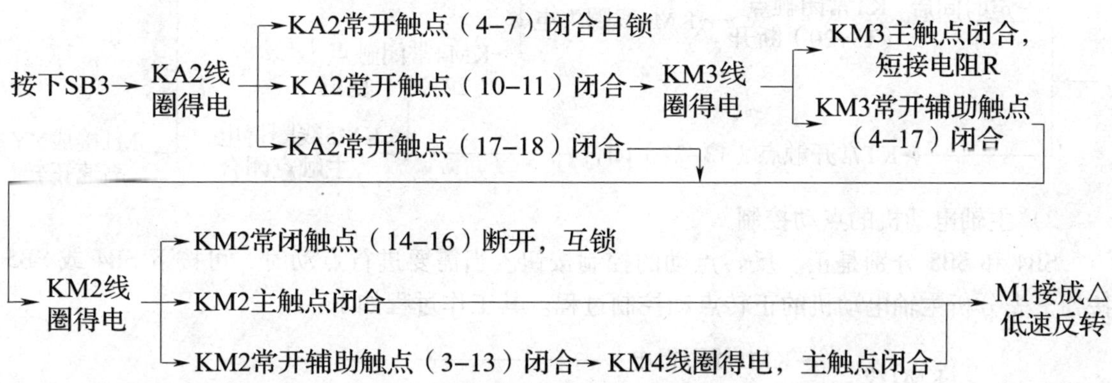

③正向高速运转：将主轴电动机变速手柄置于高速位置，行程开关 SQ7 压上，此时其常开触点（11－12）闭合。其工作过程如下：

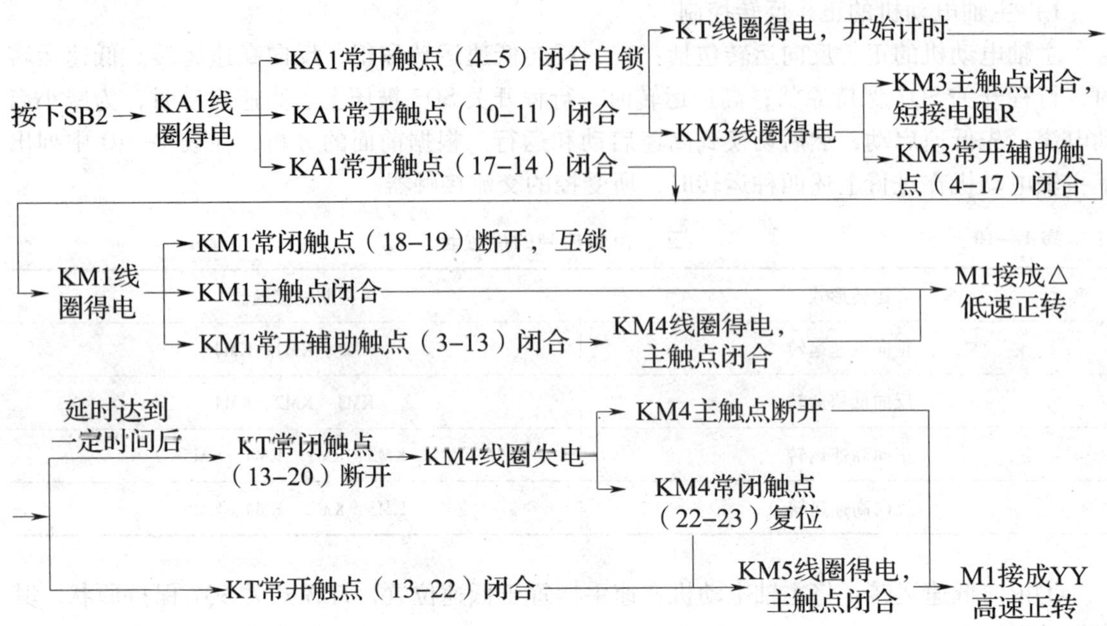

④反向高速运转：将主轴电动机变速手柄置于高速位置，行程开关 SQ7 压上，此时其常开触点（11—12）闭合。其工作过程如下：

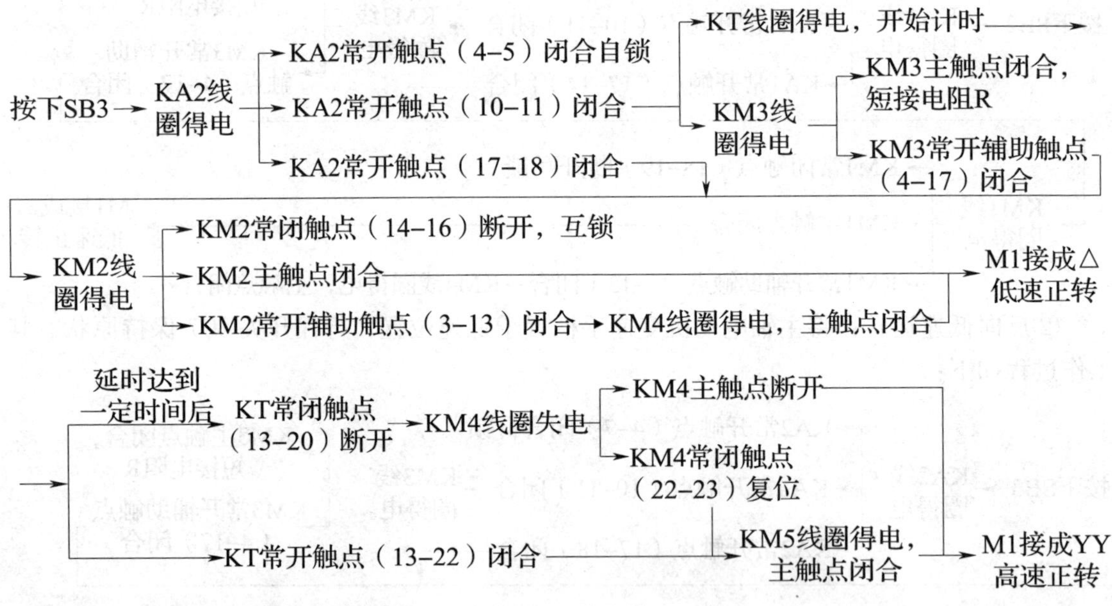

2）主轴电动机的点动控制

SB4 和 SB5 分别是正、反转点动的控制按钮。当需要进行点动时，可按下 SB4 或 SB5 按钮。先分析主轴电动机的正转点动控制过程。其工作过程如下：

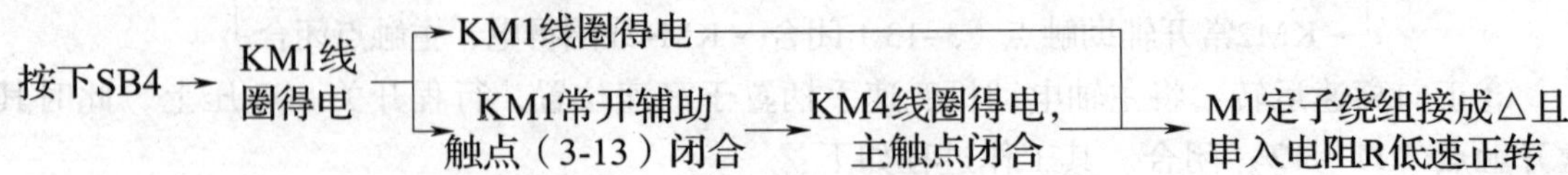

松开 SB4，KM1 线圈失电，主触点断开，M1 停转。

反转点动工作的启动按钮为 SB5，其控制过程的分析方法与正转点动相类似，这里不再重复叙述，读者可以自行分析。

3）主轴电动机的制动控制

停机时，T68 型镗床主轴电动机 M1 采用反接制动。KS 为与 M1 同轴的反接制动控制用的速度继电器，它在控制电路中有三对触点：常开触点（13－18）在 M1 正转时动作，另一对常开触点（13－14）在反转时动作，还有一对常闭触点（13－15）提供变速冲动控制。当 M1 的转速达到 120 r/min 以上时，KS 的触点动作；当转速降至 100 r/min 以下时，KS 的触点复位。下面以 M1 正转运行、按下停机按钮 SB1 停机制动为例进行分析：

当 M1 正向运转时，速度继电器 KS 的常开触点（13－18）闭合。停机时，按下复合停止按钮 SB1，SB1 的常闭触点（3－4）先断开，常开触点（3－13）后闭合。SB1 的常闭触点（3－4）断开后，若原来处于低速正转状态，则先前得电的 KA1、KM3、KM1、KM4 线圈相继失电，其触点均复位；若原来处于高速正转状态，则先前得电的 KA1、KM3、KT、KM1、KM5 线圈相继失电，其触点均复位，限流电阻 R 串入主轴电动机定子电路，虽然此时电动机已与电源断开，但由于惯性，M1 仍以较高的速度进行正向旋转，触点 KS（13－18）仍处于闭合状态。SB1 的常开触点（3－13）闭合后，经触点 KS（13－18）使 KM2 线圈得电，KM2 主触点闭合，常开触点（3－13）闭合，对停止按钮起自锁作用，同时 KM2 常开触点的闭合使 KM4 线圈得电，KM4 主触点随之闭合。KM2、KM4 主触点闭合，经限流电阻 R 接通主轴电动机 M1 逆相序电源，主轴电动机反接制动，电动机转速迅速下降。

当主轴电动机 M1 的转速迅速下降至 KS 的复位转速 100 r/min 以下时，KS 的常开触点（13－18）恢复断开，KM2、KM4 先后失电释放，其主触点断开，切断主轴电动机的三相电源，反接制动结束，电动机停机。

如果电动机 M1 反转时进行停机，则由速度继电器 KS 的另一对常开触点（13－14）闭合，接触器 KM1、KM4 进行反接制动。读者可按照以上方法自行分析。

4）主轴的变速控制

T68 型镗床主轴的各种转速是由变速操纵盘调节变速传动系统而获得的。在主轴运转时，如果要变速，可不必停机，只需将主轴变速操纵盘的操作手柄拉到位置②即可，如图 1—33 所示，此时与变速手柄有机械联系的行程开关 SQ3、SQ5 均复位（见表 1—9）。下面以正转低速运行为例，分析其控制过程。

将变速手柄拉出到位置②→SQ3 复位→SQ3 常开触点(4－9）恢复到断开状态→KM3 和 KT 都断电→KM1 断电→KM4 断电，M1 断电后由于惯性继续旋转。

SQ3 常闭触点（3－13）闭合，由于此时转速较高，故 KS（13－18）常开触点为闭合状态→KM2 线圈通电→KM4 通电，电动机△接法进行制动，转速很快下降到 KS 的复位值→KS（13－18）常开触点恢复断开状态→KM2、KM4 断电→切断 M1 的反向电源，制动结束。

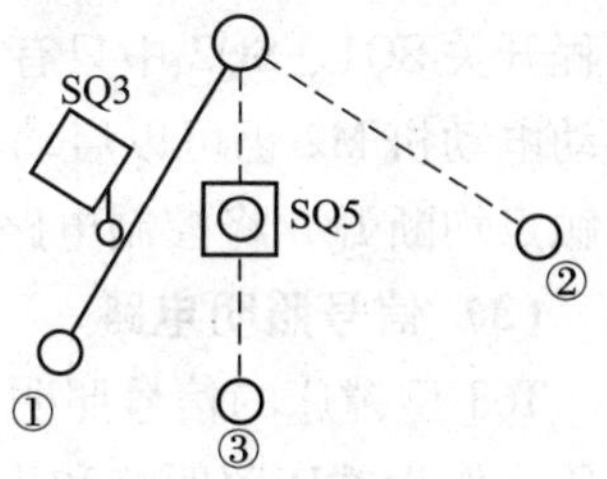

图 1—33　主轴变速手柄位置

转动变速盘进行变速，变速后将手柄推回→SQ3 动作→SQ3 常闭触点（3－13）断开，常开触点（4－9）闭合→

KM1、KM3、KM4 重新得电→M1 低速启动。

通过以上分析可以看出，如果变速前电动机 M1 处于停转状态，那么变速后电动机 M1 也处于停转状态。如果变速前电动机 M1 处于正向低速（△联结）状态运转，由于中间继电器仍然保持通电状态，变速后主电动机仍处于正向低速（△联结）状态运转。同样的道理，如果变速前电动机处于高速（YY 联结）正转状态，那么变速后，主电动机先联结成△形，经过 5 s 左右的延时，才进入高速运转（YY 联结）状态。

5）主轴的变速冲动

SQ5 为变速冲动行程开关，由表 1—9 可见，在不进行变速时，SQ5 的常开触点（14 – 15）是断开的；在变速时，如果齿轮未啮合好，变速手柄就合不上，即在图 1—33 中处于③的位置，则 SQ5 被压合→SQ5 的常开触点（14 – 15）闭合→KM1 由（13 – 15 – 14 – 16）支路通电→KM4 线圈支路也通电→M1 低速串电阻启动→当 M1 的转速升至 120 r/min 时→KS 动作，其常闭触点（13 – 15）断开→KM1、KM4 线圈支路断电→KS 常开触点（13 – 18）闭合→KM2 线圈得电→KM4 线圈得电→M1 进行反接制动，转速下降→当 M1 的转速降至 KS 复位值时，KS 复位→KS 常开触点断开，M1 断开制动电源，KS 常闭触点（13 – 15）又闭合→KM1、KM4 线圈支路再次通电→M1 转速再次上升，循环运行，使 M1 的转速在 KS 复位值和动作值之间反复升降，进行连续低速冲动，直至齿轮啮合好后，方能将手柄推合至图 1—33 中的位置①，使 SQ3 被压合，SQ5 复位，变速冲动才结束。

6）进给变速控制

与上述主轴变速控制的过程基本相同，只是在进给变速控制时，拉动的是进给变速手柄，动作的行程开关是 SQ4 和 SQ6，读者可自行分析。

7）主轴箱、工作台的快速移动

为缩短辅助时间，提高生产效率，由快速移动电动机 M2 经传动机构拖动主轴箱和工作台做各种快速移动，快速移动由快速移动操作手柄控制。快速操作手柄有“正向”“反向”“停止”三个位置。在“正向”或“反向”位置时，压下行程开关 SQ8 或 SQ9，使接触器 KM6 或 KM7 得电，实现电动机 M2 的正转或反转，电动机带动相应的传动机构拖动预选的运动部件按选定方向做快速移动。当快速移动手柄置于“停止”位置时，行程开关 SQ8 或 SQ9 不再受压，KM6 或 KM7 断电，电动机 M2 断电停转，快速移动结束。

8）机床的联锁保护

为了防止工作台及主轴箱与主轴同时进给，将行程开关 SQ1 和 SQ2 的常闭触点（1 – 2）并联接在控制电路中。当工作台及主轴箱进给手柄在进给位置时，SQ1 被压上；而当主轴的进给手柄在进给位置时，SQ2 被压上。当以上两个操作手柄中任何一个动作时，行程开关 SQ1、SQ2 中只有一个被压上，即只有一个常闭触点断开，主轴电动机 M1 和快速移动电动机 M2 仍可以启动。若两个手柄都处在进给位置，则 SQ1、SQ2 都被压下，两个常闭触点均断开，将控制电路切断，机床不能工作，实现了联锁保护。

（3）信号照明电路

T68 型镗床的信号照明电路非常简单。控制变压器 TC 的二次侧分别输出 24 V 和 6 V 电压，作为镗床照明灯和指示灯的电源，EL 为镗床的照明灯，由 SA 控制其开关，熔断器 FU4 作短路保护；HL 为电源指示灯，QS 一旦合闸，指示灯就亮了，表示镗床已接通电源，可以工作。

T68 型镗床电气元件明细见表 1—11。

表 1—11　　T68 型镗床电气元件明细表

代号	名称	型号	规格	数量
M1	主轴电动机	J02－51－4	7.5 kW　1 450 r/min 380 V	1
M2	进给电动机	J02－22－4	1.5 kW　1 410 r/min 380 V	1
QS	组合开关	HZ10－60/3	60 A	1
FU1	螺旋式熔断器	RL1－60/35	380 V　60 A 配熔体 35 A	3
FU2	螺旋式熔断器	RL1－60/25	380 V　60 A 配熔体 25 A	3
FU3	螺旋式熔断器	RL1－15/5	380 V　60 A 配熔体 5 A	1
FU4	螺旋式熔断器	RL1－10/2 A	380 V　60 A 配熔体 2 A	1
KM1～KM7	交流接触器	CJ10－20	线圈电压 110 V　20 A	7
KA1、KA2	中间继电器	JZ7－44	线圈电压 110 V　5 A	2
KH	热继电器	JR16－20/3	20 A　3 极 整定电流 15 A	1
KT	时间继电器	JS7－2A	线圈电压 110 V	1
KS	速度继电器	JY1	5 A	1
TC	控制变压器	BK－50	380 V/110 V/24 V/6.3 V	1
SB1～SB3	按钮	LA2－3H	380 V　5 A	1
SB4～SB5	按钮	LA2－2H	380 V　5 A	1
SQ1～SQ9	行程开关	LX1－11K	380 V　5 A	8
HL	指示灯		6 V	1
EL	照明灯		24 V	1

二、T68 型镗床控制电路的测绘

测绘前应全面了解 T68 型镗床的基本结构和运动形式，并通电试运行进一步熟悉该设备的各种机械运动情况。

1. 测绘电器位置图

将机床断电，并使所有电气元件处于正常（不受力）状态，按实物画出 T68 型镗床的元件位置图，如图 1—34 所示。

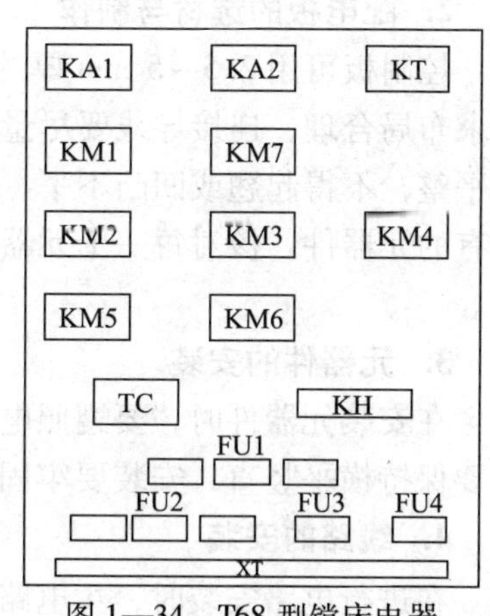

图 1—34　T68 型镗床电器位置图

在测绘 T68 型镗床电器位置图时，首先要画出电源开关、电动机、按钮、行程开关、电器箱等在机床中的具体位置。然后再画出电器箱内元器件的位置图，电器箱内的元器件包括熔断器、接触器、热继电器、控制变压器和端子排等。

2. 测绘安装接线图

根据位置图和实际调查，绘制出T68型镗床的安装接线图。测绘安装接线图时应先绘制草图，然后再根据草图绘出标准图。绘制草图时，根据测绘出的位置图画出所有元器件的内部功能示意图，并在所有接线端子处标号。整理草图后画出标准的实物接线图。

3. 绘制电气控制电路图

(1) 测绘主电路

T68型镗床电气控制主电路的测绘主要包括电源、主轴电动机M1和快速移动电动机M2的控制电路。具体元器件有：电源开关QS、熔断器FU1和FU2、交流接触器KM1～KM7、热继电器KH、电动机M1和M2、速度继电器KS的转子和制动电阻R等。

(2) 测绘控制电路

控制电路的测绘从控制变压器TC的二次侧开始，包括控制电源、主轴电动机M1和快速移动电动机M2的控制电路。具体元器件有：控制变压器TC、熔断器FU3和FU4、按钮SB1～SB5、交流接触器KM1～KM7、热继电器、行程开关SQ1～SQ9、中间继电器KA1和KA2、速度继电器KS和时间继电器KT等。

最后，不要忘记绘制照明和指示电路。

(3) 检查、修改测绘的电路图

将绘制好的电气控制电路图对照实物进行实际操作，检查绘制的电气控制电路图的操作控制与实际操作的电气元件动作情况是否相符。

三、T68型镗床控制电路的装调

1. 准备工作

在安装前，要认真研读T68型镗床的电气控制原理图，了解各元器件之间的控制关系和动作关系，绘制安装接线图。

根据T68型镗床的元器件清单，准备好各种电气元件和材料，包括接触器、控制开关、限位开关、热继电器、接线端子以及连接导线等，并进行检测。

2. 配电板的选材与制作

控制板可用2.5～5 mm厚的钢板制作，并涂上防锈漆。将所有元器件进行模拟排列，要求布局合理，连接导线要尽量短。钢板要求四角要成直角，四边必须去毛刺并倒角，板面平整，不得起翘或凹凸不平。用划针在底板上画出每个元器件的装配孔位置，然后拿开所有的元器件。核对每一个元器件的安装孔尺寸，然后钻中心孔、钻孔、攻螺纹，最后刷漆。

3. 元器件的安装

在安装元器件时，要遵照电气元件安装的步骤和注意事项进行安装。所有元器件与底板要保持横平竖直，安装要牢固，不得有松动现象。在安装接触器时，要求散热孔朝上。

4. 线路的安装

在进行电路安装时，主电路一般采用4 mm^2和1.5 mm^2的单股塑料铜芯线或按图样要求的导线规格进行接线，控制电路则一般采用1 mm^2的单股塑料铜芯线。按照线路安装的工艺要求，进行连线。

线路连接完毕后，检查主电路和控制电路布线是否合理、正确，所有接线螺钉是否拧紧、牢固，导线是否平直、整齐。

5．T68 型镗床的调试

（1）调试前的准备工作

在调试前，要清理电气控制柜及周围的环境。

1）检查两台电动机绕组间和对地绝缘电阻的阻值是否大于 0.5 MΩ，否则要进行浸漆烘干处理；测量线路对地电阻的阻值是否大于 7 MΩ；检查电动机是否转动灵活，轴承有无缺油等异常现象。

2）检查主电路和控制电路所有元器件是否完好，动作是否灵活；有无接线错误、掉线、漏接和螺钉松动现象；接地系统是否可靠。

3）用万用表检查主电路有无短路，控制电路有无短路、断路现象；电路中自锁、联锁动作是否可靠。

4）检查各开关按钮、行程开关等电气元件是否处于原始位置；调速装置的手柄是否处于最低速位置。

5）熟悉 T68 型镗床的操作方法

①运行前准备

选择好所需的主轴转速度和进给量，使 SQ3、SQ4、SQ6，SQ5 处于正常状态；调整好主轴箱和工作台的位置，调整后行程开关 SQ1 和 SQ2 的常闭触点均处于闭合状态；合上电源开关 QS，电源指示灯 HL1 亮，再把照明开关 SA 合上，局部工作照明电路 EL 亮。

②正、反转控制

需正转控制时，按下开关 SB2，电动机 M1 正向启动，做低速（△联结）运转。在需要反转控制时，先按下停止制动开关 SB1，使 M1 电动机制动停止；再按下 SB3 主轴反转按钮，电动机 M1 反向启动并做低速运转。

③高、低速运转控制

低速时，主轴电动机 M1 定子绕组作△联结；高速时，M1 定子绕组为 YY 联结。

在低速时，搬动 SQ7 使其受压，主轴电动机由低速转换为高速，M1 电动机高速运转；然后将 SQ7 搬动到不受压状态，M1 电动机由高速转换为低速。

④停机制动控制

按下停止按钮 SB1 则电动机反接制动停机。

⑤点动控制

按下正转点动开关 SB4，M1 电动机做低速正转，当松开 SB4 时，M1 停转；当按下反转点动开关 SB5 时，M1 电动机做低速反转。

⑥主轴变速控制

主轴的各种转速是用变速操纵盘调节变速转动系统而得到的，在需要变速时可不必按停止按钮 SB1。先使得 SQ5 搬到不受压的状态，然后再使得 SQ3 搬到不受压的状态，便可看到电动机 M1 间断的左右摆动实现主轴变速。

⑦进给变速控制

进给变速控制与主轴变速控制过程相同，只是拉动的不是主轴变速操作手柄，而是进给变速操作手柄，压合的行程开关是 SQ4 释放和 SQ6 压合。

在线路检查过程中，若发现错误，要及时排除，必要时可更换导线。检查无误后，可进行通电试运行。

（2）机床调试

1）空操作试运行

在进行空操作试运行时，要断开主电路，接通控制电路电源，使控制电路不带电动机操作，以此来检查控制电路是否能正常工作。如操作各按钮时，检查各接触器、继电器的动作是否正确；时间继电器的延时是否正确等。此外，观察各电器操作是否灵活，有无过大的振动噪声，线圈是否过热等。若有异常，应立即切断电源，查明原因。

2）空载试运行

经过多次空操作试运行并且动作无误后，可切断电源，接通主电路，进行空载试运行。空载试运行的操作同空操作试运行相同，这时主要检查各电动机的转向是否正确、转速是否符合要求。调整各热继电器的额定电流。检查各指示信号和照明灯是否完好。另外，注意调试主轴电动机的制动控制，按下 SB1，M1 应刹车，且在 1 ~ 2 s 内停转，否则调整速度继电器反力弹簧的弹力，以改变触点动作时的速度。在空载试运行时，应先拆下连接电动机和变速箱的传动带，以免转速不正确，损坏传动机构。

3）带负载试运行

通过以上试运行后，可带负载进行逐项试运行。

四、T68 型镗床电气控制电路的检修

镗床常见电气故障的诊断与检修与铣床大致相同，但由于镗床的机—电联锁较多，且采用双速电动机，所以镗床有一些特有的故障。

1. 主轴电动机 M1 不能启动

（1）故障现象的分析

主轴电动机 M1 是双速电动机，正、反转控制不能同时启动，故障范围只可能在电源部分、控制电路的公共部分，如图 1—35 所示。

（2）故障可能的原因

熔断器 FU1、FU2、FU3 中的其中一个有故障，自动快速进给、主轴进给操作手柄的位置不正确，压合 SQ1、SQ2 动作，热继电器 KH 已动作，停止按钮 SB1 和启动按钮 SB2 存在故障，以及相关的连接导线等都有可能使电动机不能启动。

2. 电动机 M1 只有高速挡，没有低速挡

（1）故障现象的分析

若只有高速挡，没有低速挡，说明 KM4 没有吸合，而 KM5 能正常吸合。所以故障范围仅限于 KM4 的线圈回路。如图 1—36 所示。

（2）故障可能的原因

发生故障的部位可能是：接触器 KM4 线圈，接触器 KM5 的常闭触点，时间继电器 KT 延时断开常闭触点，以及相关的连接导线等。

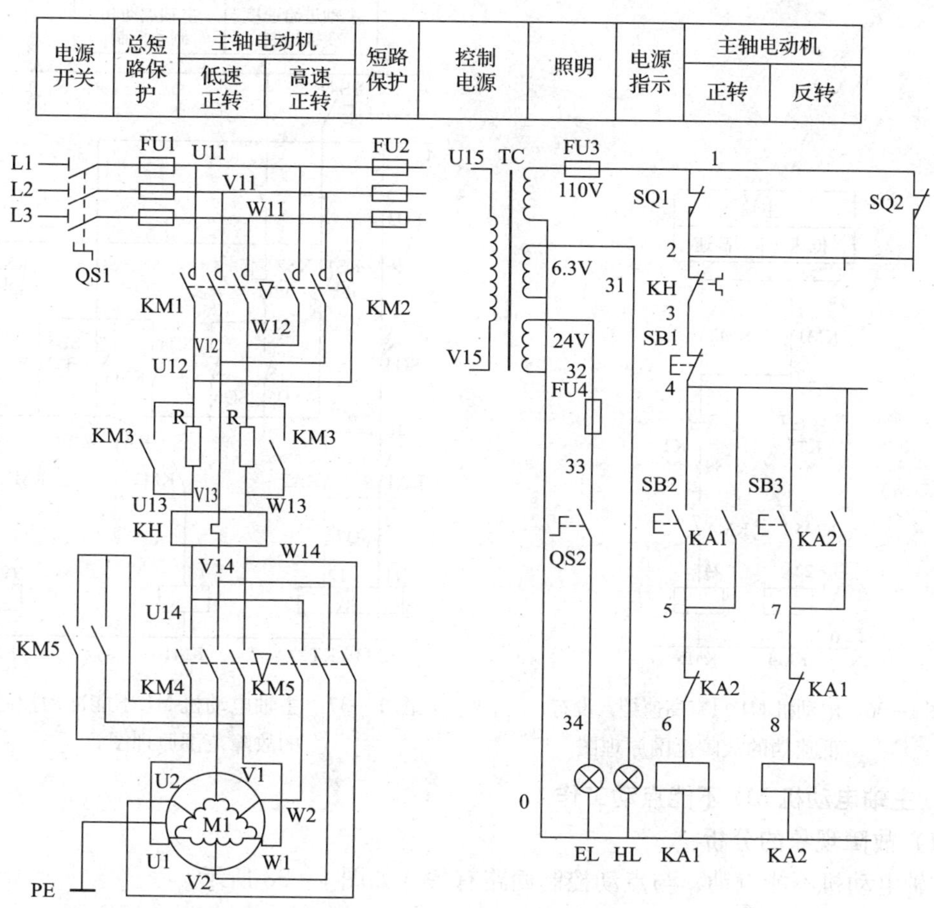

图 1—35　主轴电动机 M1 不能启动的故障范围原理图

3. 电动机 M1 只有低速挡，没有高速挡

（1）故障现象的分析

若只有低速挡，没有高速挡，说明 KM4 吸合，而 KM5 不能吸合。所以故障范围仅限于 KM5 的线圈回路。如图 1—36 所示。

（2）故障可能的原因

接触器 KM5 线圈，接触器 KM4 的常闭触点，时间继电器 KT 延时闭合常开触点，以及相关的连接导线等。

4. 主轴变速手柄拉出后，主轴电动机 M1 不能启动；或变速完毕合上手柄后，主轴电动机不能自动启动

（1）故障现象的分析

主轴电动机不能进行变速冲动控制，或变速后主轴电动机不能自行启动，其故障范围在主轴、进给速度变换控制电路中。当其中某一处产生故障时，则变速不能进行。如图 1—37 所示。

（2）故障可能的原因

行程开关 SQ3、SQ5，速度继电器 KS，以及相关的连接导线等。

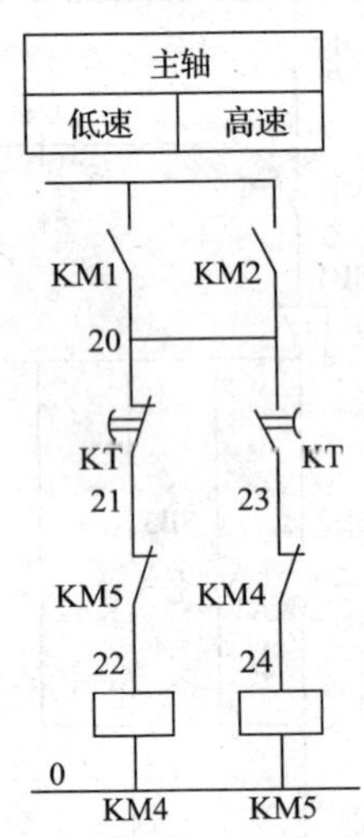

图 1—36　电动机 M1 只有高速挡，没有低速挡的故障范围原理图

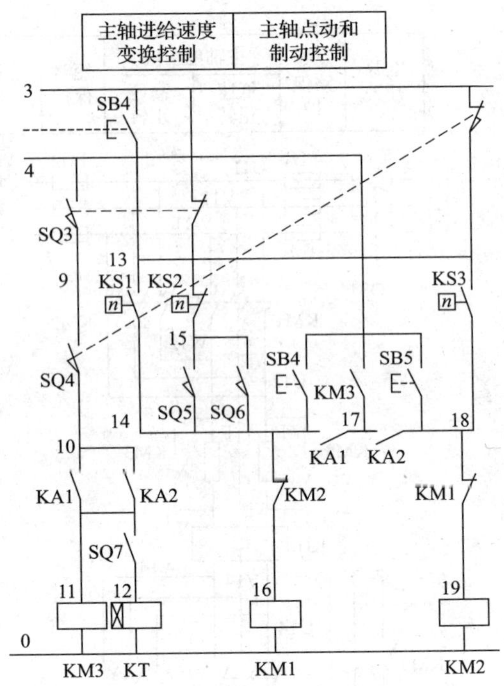

图 1—37　主轴电动机 M1 不能冲动控制的故障范围原理图

5. 主轴电动机 M1 不能点动工作

(1) 故障现象的分析

主轴电动机不能点动，与点动控制回路有关。如图 1—38 所示。

(2) 故障可能的原因

发生故障的部位可能是：点动按钮 SB4、SB5，以及相关的连接导线等。

6. 主轴电动机 M1 点动可以工作，操作 SB2、SB3 按钮则不能工作

(1) 故障现象的分析

M1 点动能工作，说明 KM1 线圈回路是不存在故障的，而且 KA1 或 KA2 是能动作的，所以故障范围只能在 KM3 线圈回路。如图 1—39 所示。

(2) 故障可能的原因

发生故障的部位可能是：KM3 线圈，KA1 或 KA2 常闭触点，以及相关的连接导线等。

7. 进给电动机 M2 快速移动正常，主轴电动机 M1 不能工作

(1) 故障现象的分析

进给电动机 M2 能正常工作，而主轴电动机 M1 不能工作，说明故障范围在主轴电动机 M1 控制线路的公共部分。

(2) 故障可能的原因

发生故障的部位可能是：热继电器 KH，以及相关的连接导线等。

8. 正向启动正常，反向无制动，且反向启动不正常

(1) 故障现象的分析

若电动机 M1 反向也不能启动，则故障范围在 KM2 线圈回路。如图 1—40 所示。

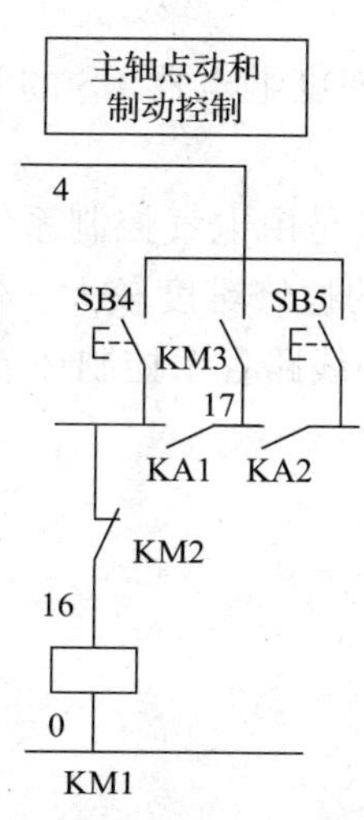

图 1—38　主轴电动机 M1 不能点动工作的故障范围原理图

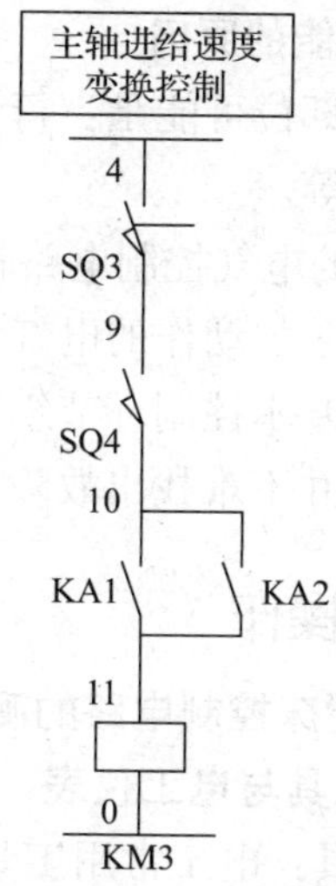

图 1—39　主轴电动机点动可以工作，连续则不能工作的故障范围原理图

（2）故障可能的原因

KM1 常闭触点，KM2 线圈，KM2 主触点接触不良，KS3 触点未闭合，以及相关的连接导线等。

9. 变速时，主轴电动机 M1 不能停止

（1）故障现象的分析

主轴电动机 M1 变速，与变速手柄有机械联系的行程开关 SQ3、SQ5，以及速度继电器 KS，重点应检查这些范围。如图 1—41 所示。

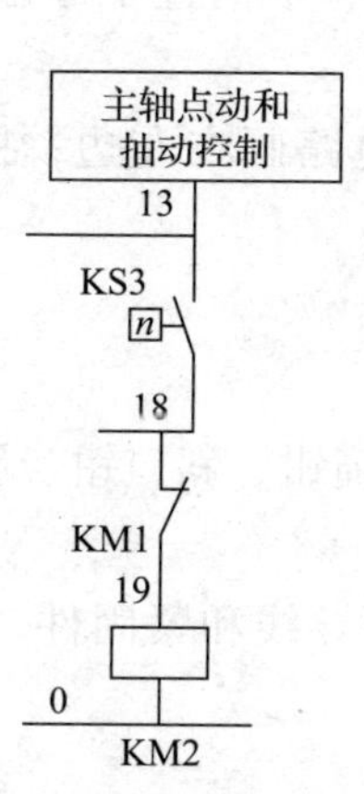

图 1—40　主轴电动机 M1 正向启动正常，反向无制动的故障范围原理图

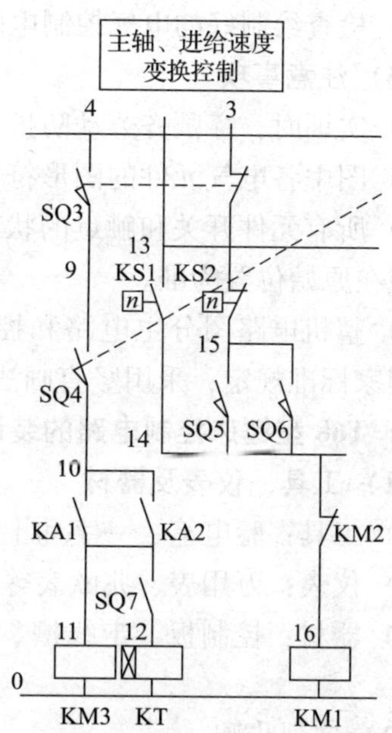

图 1—41　变速时，主轴电动机 M1 不能停止的故障范围原理图

（2）故障可能的原因

发生故障的部位可能是：行程开关SQ3、SQ4、SQ5，速度继电器KS的常闭触点，以及相关连接导线等。

T68型镗床的电气控制电路较复杂，各个控制动作又多是由电气控制系统和液压系统配合完成的，且参加动作的电气元件较多，所以电气故障的检修难度较大。但是，它的控制线路是由多个基本控制环节组成的，只要掌握好电气控制线路各个控制环节的动作原理，认真观察分析，并不难找出故障点并排除。

五、实训操作

1．T68型镗床控制电路的测绘

（1）使用工具与电工仪表

1）电工工具：电工常用工具。

2）电工仪表：万用表、兆欧表等。

3）绘图工具：2B铅笔、橡皮、图纸等。

（2）实训步骤

1）在教师的指导下，熟悉T68型镗床的结构、操作方法，以及操作注意事项。

2）对照T68型镗床电气控制线路图，在实物中查找到电器的实际安装位置，以及电气线路的走线，进一步明确各电器的作用。

3）测绘T68型镗床的电气元件位置图。

4）根据位置图和实际调查，绘制出T68型镗床的电气安装接线图。

5）分别绘制出T68型镗床的主电路、控制电路和信号照明电路的电路图。

6）检查绘制好的电气控制电路图，看是否绘制正确；若有错误，应及时修正。

（3）注意事项

1）实训时，穿戴齐劳动防护用品。

2）图中各电气元件的图形符号和文字代号均应符合最新国家标准。

3）所有元件开关和触点的状态，均以线圈未通电、手柄置于零位、无外力作用或生产机械在原始位置为准。

4）整机电路图分主电路和控制电路两部分，主电路画在左边，控制电路画在右边，并按国家标准规定，采用竖直画法。

2．T68型镗床控制电路的装调

（1）工具、仪表及器材

1）工具：验电笔、一字和十字旋具、钢丝钳、尖嘴钳、斜口钳、剥线钳等。

2）仪表：万用表、兆欧表等。

3）器材：控制板、走线槽、接线排、各种规格的导线和紧固件、金属软管、编码套管等。

（2）实训步骤

1）安装前的准备

①根据T68型镗床的电气元件明细表，配齐电气元件，并逐个检查其规格和质量。

②根据电动机的额定功率、线路走向及要求和各元件的安装尺寸，正确选配导线的规格、导线通道类型和数量、接线端子、控制板、紧固件等。

③绘制 T68 型镗床的电气安装接线图。

2）在控制板上固定电气元件和走线槽，并在电气元件附近做好与电路图上相同代号的标记

安装走线槽时，应做到横平竖直、排列整齐匀称、安装牢固和便于走线等。

3）按工艺要求，在控制板上进行板前线槽配线，并在导线端部套上编码套管

4）进行控制板外的元件固定和布线

①选择合理的导线走向，做好导线通道的支承准备。

②控制箱外部导线的线头上要套装与电路图相同线号的编码套管；可移动的导线通道应留有适当的余量。

③按规定在通道内放好备用导线。

5）自检

①根据电路图检查电路的接线是否正确和接地通道是否具有连续性。

②检查热继电器的整定值和熔断器中熔体的规格是否符合要求。

③检查电动机及线路的绝缘电阻。

④检查电动机的安装是否牢固，与生产机械传动装置的连接是否可靠。

6）通电试运行

按照机床电路通电试运行的操作规程，进行试运行。若发现异常，应立即切断电源进行检查，待调整或修复后方可再次通电试运行。

（3）注意事项

1）实训时，穿戴齐劳动防护用品。

2）进行线路安装前，准备并检查所带工具和仪表，使用工具和仪表必须按照操作规定进行操作。

3）电动机和线路的接地要符合要求，严禁采用金属软管作为接地通道。

4）在控制箱外部进行布线时，导线必须穿在导线通道或敷设在机床底座内的导线通道里，导线的中间不允许有接头。

5）通电试运行必须在教师的监护下进行，试运行时，要先合上电源开关，后按启动按钮；停机时，要先按停止按钮，后断开电源开关。

3. T68 型镗床控制电路的故障检修

（1）实训步骤

1）在指导教师或工厂技术人员的指导下，熟悉 X62W 型万能铣床的结构、操作方法，以及操作注意事项。

2）对照 T68 型镗床电气控制电路图，在实物中查找到电器的实际安装位置，以及电气线路的走线，并进一步明确各电压电器的作用。

3）在控制电路或主电路中，人为设置电气故障和自然故障各一处。观看指导教师示范检修，体会如何从观察故障现象开始进行分析，正确掌握检修方法和步骤。

4）针对指导教师设置的故障点进行检修。

针对指导教师示范检修后重新设置的故障点进行检修练习。

(2) 注意事项

1）实训时，穿戴齐劳动防护用品。

2）由于 T68 型镗床的电气控制系统与机械系统配合比较紧密，因此，出现故障后，首先判明是机械部分的故障，还是电气部分的故障。

3）检修前，准备并检查所带工具和仪表，使用工具和仪表必须按照操作规定进行操作。

4）认真阅读图样，熟悉各个控制环节的原理和作用。

5）检修必须停电。检修必须是在设备断电的状态下进行，严禁带电检修。检修前观察故障现象，检修后必须有指导教师在现场监护的情况下方可通电试运行。

课题 4 10 t 单钩桥式起重机电气控制电路的检修

学习目标

1. 了解 10 t 单钩桥式起重机的用途，掌握其电气控制的要求。

2. 识读 10 t 单钩桥式起重机电气控制电路图，掌握电气控制线路的工作原理。

3. 正确测绘 10 t 单钩桥式起重机的电气控制电路接线图。

4. 熟练掌握 10 t 单钩桥式起重机电气控制电路故障分析与检修的一般方法和步骤，能分析、检测电气控制线路的故障并进行排除。

起重机是一种用来起重与空中搬运重物的机械设备，被广泛应用于工矿企业、车站、港口、仓库、建筑工地等处。它对减轻工人的劳动强度、提高劳动生产率、促进生产过程机械化起着重要作用，是现代化生产中不可缺少的工具。

起重机包括桥式起重机、门式起重机、梁式起重机和旋转式起重机等多种，其中以桥式起重机的应用最广。桥式类起重机又分为通用桥式起重机、冶金专用起重机、龙门起重机与缆索起重机等。

通用桥式起重机是机械制造工业中最广泛使用的起重机械，俗称“天车”或“行车”，它是一种横架在固定跨间上空用来吊运各种物件的设备。如图 1—42 所示，就是常见的桥式起重机。

桥式起重机按起吊装置的不同，可分为吊钩桥式起重机、电磁盘桥式起重机和抓斗桥式起重机。其中尤以吊钩桥式起重机的应用最广。

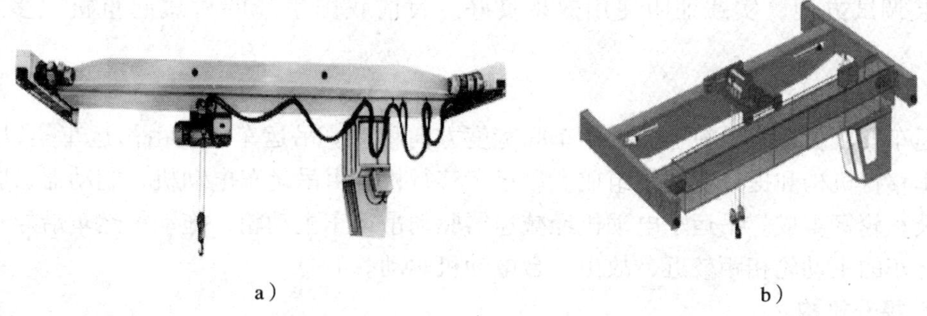

图 1—42　工矿企业常见的桥式起重机
a）单梁桥式起重机　b）双梁桥式起重机

一、10 t 单钩桥式起重机分析

1. 桥式起重机的主要结构和运动形式

10 t 桥式起重机一般由桥架（又称大车）、装有提升机构的吊运车（又称小车）、大车移行机构、操纵室、小车导电装置（辅助滑线）、起重机总电源导电装置（主滑线）等主要部分组成。如图 1—43 所示（横截面图）。

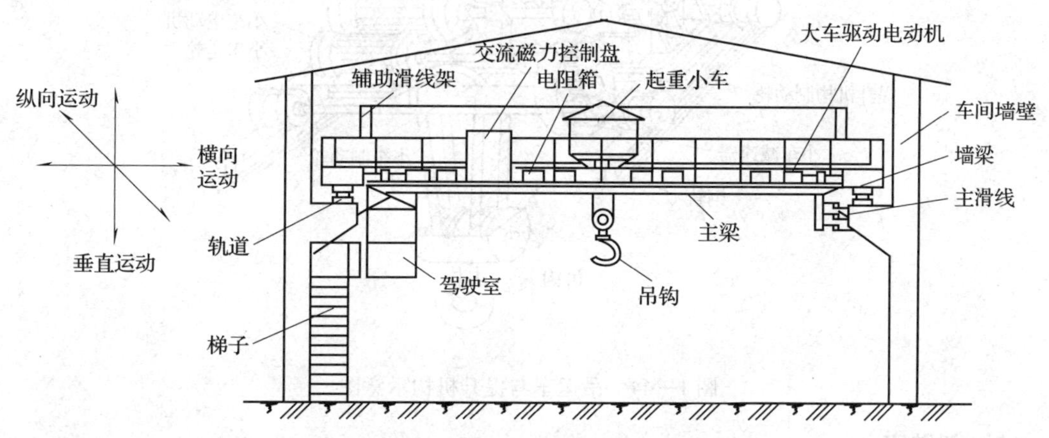

图 1—43　10 t 桥式起重机的结构示意图

（1）桥架

桥架是桥式起重机的基本构件，它由主梁、端梁、走台等部分组成。主梁跨架在跨间的上空，有箱型、桁架、腹板、圆管等结构形式。主梁两端连有端梁，在两主梁外侧装有走台，设有安全栏杆。在一侧的走台上装有大车移行机构，在另一侧走台上装有向小车电气设备供电的装置，即辅助滑线。在主梁上方铺有导轨，供小车移动。整个桥式起重机在大车移行机构的拖动下，沿车间长度方向的导轨移动。

（2）大车移行机构

大车移行机构由大车拖动电动机、传动轴、联轴节、减速器、车轮及制动器等部件构成。驱动方式有集中驱动与分别驱动两种。集中驱动是由一台电动机经减速机构来驱动两个主动轮；而分别驱动则是由两台电动机分别驱动两个主动轮。后者自重轻，安装调试方便，实践证明使用效果良好。目前我国生产的桥式起重机大多采用分别驱动。

（3）吊运车

吊运车安放在桥架导轨上，可顺车间宽度方向移动。吊运车主要由吊运车架以及其上的吊运车移行机构和提升机构等组成。吊运车移行机构由吊运车电动机、制动器、联轴节、减速器及车轮等组成。吊运车电动机经减速器驱动吊运车主动轮，拖动吊运车沿导轨移动。由于吊运车的主动轮相距较近，故由一台电动机驱动。

（4）提升机构

提升机构由提升电动机、减速器、卷筒、制动器、吊钩等组成。提升电动机经联轴节、制动轮与减速器连接；减速器的输出轴与缠绕钢丝绳的卷筒相连接，钢丝绳的另一端装有吊钩。当卷筒转动时，吊钩就随着钢丝绳在卷筒上的缠绕或放开而上升或下降。图 1—44 所示为吊运车与提升机构示意图。对于起重重量在 15 t 及以上的起重机，备有两套提升机构，即主钩与副钩。

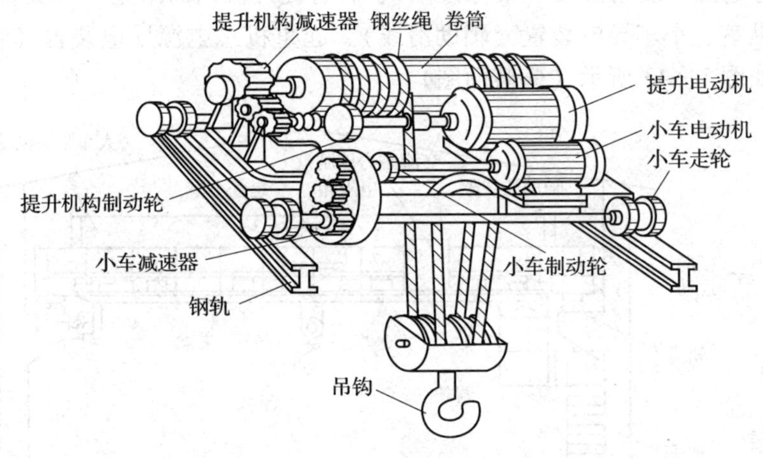

图 1—44　吊运车与提升机构示意图

（5）驾驶室

驾驶室是操纵起重机的吊舱，又称操纵室。驾驶室内有大、小车移行机构控制装置、提升机构控制装置以及起重机的保护装置等。驾驶室一般固定在主梁的一端，也有少数装在小车下方随小车移动。驾驶室上方开有通向走台的舱口，供检修大车与小车机械及电气设备的人员上下用。

由上可知，桥式起重机的运动形式有三种：

1）起重机由大车电动机驱动沿车间两边的轨道做纵向前后运动。

2）小车及提升机构由小车电动机驱动沿桥架上的轨道做横向左右运动。

3）在升降重物时由起重电动机驱动做垂直上下运动。

这样，桥式起重机就可实现重物在垂直、横向、纵向三个方向的运动，把重物移至车间的任一位置，完成车间内的起重运输任务。

2. 桥式起重机对电力拖动的要求

桥式起重机的工作条件比较差，由于其安装在车门（仓库、码头、货场）的上部，有的还是露天安装，往往处在高温、高湿度、易受风雨侵蚀或多粉尘的环境。同时，桥式起重机还经常处于频繁的启动、制动、反转状态，要承受较大的过载和机械冲击。因此，对桥式起重机的电力拖动和电气控制有以下特殊的要求：

（1）对起重电动机的要求

1）起重电动机为重复短时工作制。重复短时工作制的特点是电动机较频繁地通、断电，起重机经常处于启动、制动和反转状态，而且负载不规律，时轻时重，因此，受过载和机械冲击较大。同时，由于工作时间较短，其温升要比长期工作制的电动机低（在同样的功率下），允许过载运行。因此，要求电动机有较强的过载能力。

2）有较大的启动转矩。起重电动机往往是带负载启动，因此，要求有较好的启动性能，即启动转矩大，启动电流小。

3）能进行电气调速。由于对起重机停放重物的准确性要求较高，在起吊和下降重物时需要进行调速，但是起重机的调速大多数是在运行过程中进行的，而且变换次数较多，所以不宜采用机械调速，而应采用电气调速。因此，起重电动机多采用绕线转子异步电动机，且采用转子电路串电阻的方法启动和调速。

4）为适应较恶劣的工作环境和机械冲击，电动机采用封闭式，并且要有坚固的机械结构，采用较高的耐热绝缘等级。

根据以上要求，专门设计了起重用的交流异步电动机，型号为 YZR（绕线型）和 YZ（笼型）系列。这类电动机具有过载能力强、启动性能好、机械强度大和机械特性较软的特点，能够适应起重机工作的要求。起重电动机在铭牌上标出的功率均为 JC = 25% 时的输出功率。

（2）电力拖动系统的构成及电气控制要求

桥式起重机的电力拖动系统由三台至五台电动机所组成：

1）小车驱动电动机一台。

2）大车驱动电动机一台至两台

大车如果采用集中驱动，则只有一台大车电动机；如果采用分别驱动，则由两台相同的电动机分别驱动左、右两边的主动轮。

3）起重电动机一至两台

单钩的小型起重机只有一台起重电动机；15 t 以上的中型和重型起重机，则有两台（主钩和副钩）起重电动机。

（3）桥式起重机电力拖动及其控制的主要要求

1）空钩能够快速升降，以减少辅助工时；轻载时的提升速度应大于额定负载时的提升速度。

2）有一定的调速范围，普通的起重机调速范围（高低速之比）一般为 3∶1，要求较高的则要达到（5 ~ 10）∶1。

3）有适当的低速区，在刚开始提升重物或重物下降至接近预定位置时，都应低速运行。因此，要求在 30% 额定速度内有若干低速挡以供选择。同时，要求由高速向低速过渡时应逐级减速以保持稳定运行。

4）提升的第一挡为预备挡，用以消除传动系统中的齿轮间隙，并将钢丝绳张紧，以避免过大的机械冲击。

5）起重电动机负载的特点是位能性反抗力矩（即负载转矩的方向并不随电动机的转向而改变），因此，要求在下放重物时起重电动机可工作在电动机状态、反接制动或再生发电制动状态，以满足对不同下降速度的要求（详见后面对起重机控制电路的分析）。

6）为确保安全，要求采用电气和机械双重制动，这样既可减轻机械抱闸的负担，又可防止因突然断电使重物自由下落造成事故。

7）要求有完备的电气保护与联锁环节。例如：要有短路过载的保护措施，由于热继电器的热惯性较大，因此，起重机电路多采用过流继电器作过载保护；要有零压保护；行程终端限位保护等。

以上要求都集中反映在对提升机构的拖动及控制上。桥式起重机对大车、小车驱动电动机一般没有特殊的要求，只是要求其有一定的调速范围、采用制动停车，并有适当的保护。

3. 10 t 单钩桥式起重机电气控制分析

10 t 桥式起重机的控制电路如图 1—45 所示。

桥式起重机电气控制一般具有下列保护与联锁环节：电动机过载保护；短路电流保护；失压、欠压保护；控制器的零位保护；行程开关的限位保护；舱盖、栏杆安全开关及紧急断电保护等。另外，起重机的有关机构会安装各类可靠灵敏的安全装置，常用的有缓冲器、起升高度限位器、载荷限制器及称量装置等。

（1）起重机保护箱

采用凸轮控制器控制的桥式起重机，广泛使用保护箱。保护箱由刀开关、接触器、过电流继电器等组成，用于控制和保护起重机，实现电动机过流保护、失压保护以及零位限位保护。起重机上用的标准保护盘为 XQB1 系列，其工作原理将结合如图 1—45 所示的保护电路进行分析。

（2）制动器与制动电磁铁

制动器是保证起重机安全、正常工作的重要部件。在桥式起重机上常用块式制动器，它是一种简单、可靠的制动器。块式制动器又可分为短行程、长行程和液压推杆块式制动器。短行程和长行程制动器，其基本结构和工作原理可参考有关书籍。短行程的制动器多使用单相电源，而长行程的制动器多使用三相电源。长行程制动器由于其杠杆具有较长的力臂，因此，有较大的制动力矩，而短行程制动器的制动力矩则相对较小。它们都有动作时冲击力大的缺点，需经常维护和检修。

为了克服电磁块式制动器冲击力大的缺点，采用了液压推杆块式制动器。其特点是它的松闸动力依靠液压推动器中推杆的上下运动，再通过三角形杠杆牵动斜拉杆完成，是一种新型的长行程制动器。

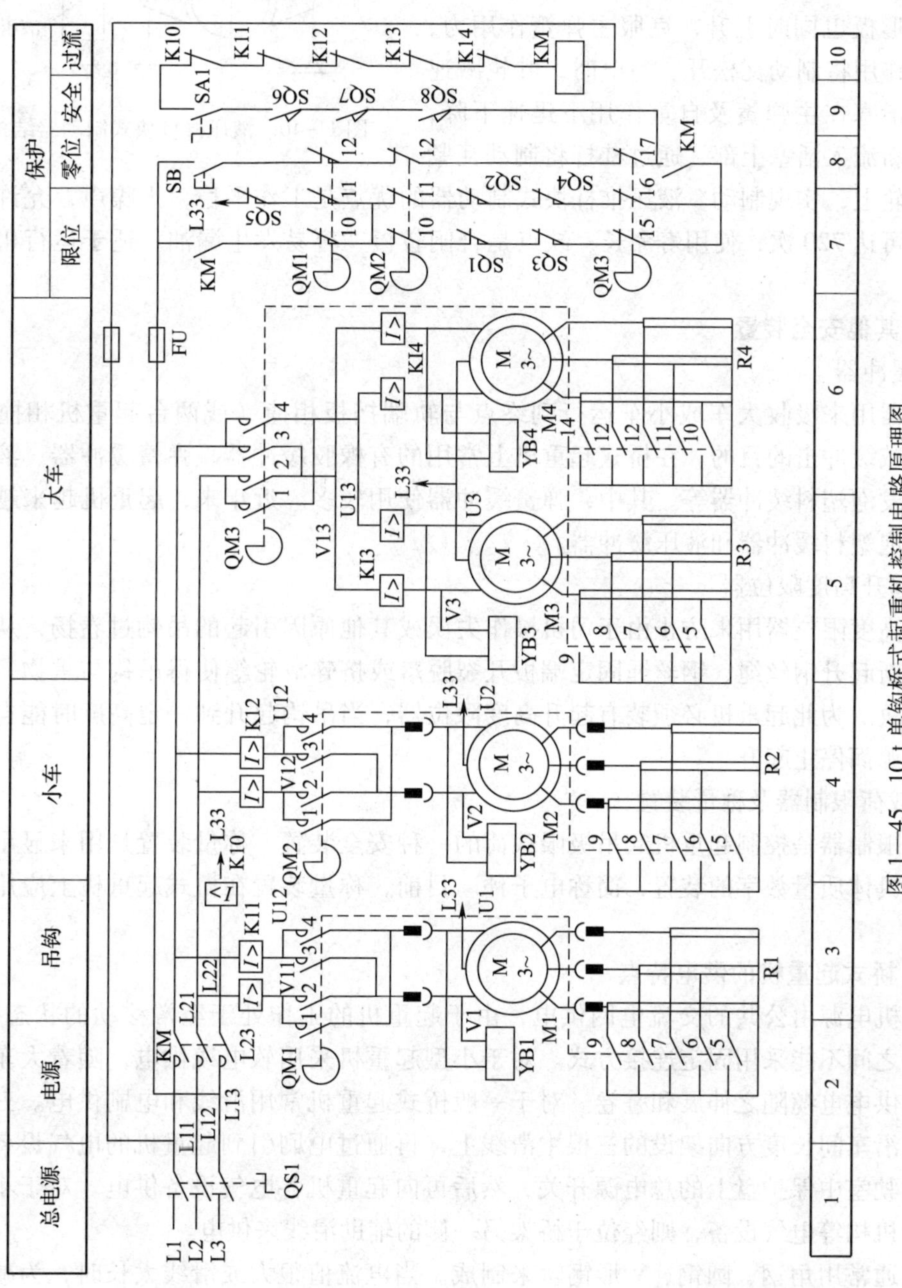

图 1—45　10 t 单钩桥式起重机控制电路原理图

液压推动器由驱动电动机和离心泵组成。如图1—46所示为液压推杆块式制动器结构图。通电时，电动机带动叶轮旋转，在活塞内产生压力，迫使活塞迅速上升，固定在活塞上的垂直推杆及三角形板也同时上升，克服主弹簧作用力，并经杠杆作用将制动瓦松开。断电时，叶轮减速并停止，活塞在主弹簧及自重作用下迅速下降，并使油重新流入活塞上部，通过杠杆将制动瓦紧抱在制动轮上，实现制动。液压推杆块式制动器的优点是工作平稳，无噪声，允许每小时接电次数可达720次，使用寿命长；缺点是合闸较慢，容易发生漏油。适于运行机构上使用。

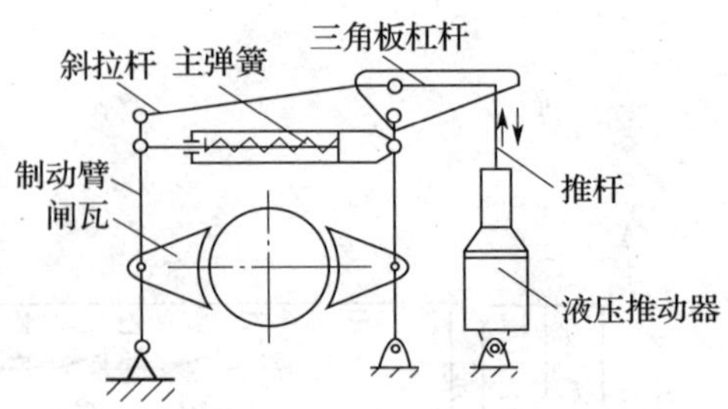

图1—46　液压推杆块式制动器结构图

（3）其他安全装置

1）缓冲器

缓冲器用来吸收大车或小车运行到终点与轨端挡板相撞（或两台起重机相撞）的能量，达到减缓冲击的目的。在桥式起重机上常用的有橡胶缓冲器、弹簧缓冲器、液压缓冲器和聚酯发泡塑料缓冲器等。其中，弹簧缓冲器使用较多。近年来，起重机越来越多地采用聚酯发泡塑料缓冲器和液压缓冲器。

2）起升高度限位器

起升高度限位器用来防止由于司机操作失误或其他原因引起的吊钩过卷扬，从而可能造成因拉断起升钢丝绳、钢丝绳固定端板开裂脱落或挤碎滑轮等使得吊钩与重物一起下落的重大事故。为此起重机必须装有起升高度限位器，当吊钩起升到一定高度时能自动切断电动机电源而停止起升。

3）载荷限制器及称量装置

载荷限制器是控制起重机起吊极限载荷的一种安全装置。称量装置是用来显示起重机起吊物品具体质量数字的装置，简称电子秤。目前，称量装置在桥式起重机上应用越来越广泛。

（4）桥式起重机的供电特点

起重机电源由公共的交流电网供电，由于起重机的工作处于经常移动的状态，因此，其与电源之间不能采用固定连接方式。对于小型起重机采用软电缆供电，随着大车或小车的移动，供电电缆随之伸展和叠卷。对于一般桥式起重机常用滑线和电刷供电。三相交流电源接到沿车间长度方向架设的三根主滑线上，再通过电刷引到起重机的电气设备上，首先进入驾驶室中保护盘上的总电源开关，然后再向起重机各电气设备供电。对于小车及其上的提升机构等电气设备，则经位于桥架另一侧的辅助滑线来供电。

滑线通常用角钢、圆钢、V形钢轨来制成。当电流值很大或滑线太长时，为减少滑线电压降，常将角钢与铝排逐段并联，以减少电阻值。在交流系统中，圆钢滑线因趋肤效应的影响，只适用于短线路或小电流的供电线路。

（5）10 t单钩桥式起重机电路

10 t桥式起重机只有一个吊钩，但大车采用分别驱动，所以共用了四台绕线转子异步电动机拖动。起重电动机 M1、小车驱动电动机 M2、大车驱动电动机 M3 和 M4，分别由三只凸轮控制器控制：QM1 控制 M1、QM2 控制 M2、QM3 同步控制 M3 与 M4；R1 ~ R4 分别为四台电动机转子电路串入的调速电阻器；YB1 ~ YB4 则分别为四台电动机的制动电磁铁。三相电源由 QS1 引入，并由接触器 KM 控制。过流继电器 KI0 ~ KI4 提供过电流保护，其中 KI1 ~ KI4 为双线圈式，分别保护 M1、M2、M3 与 M4；K10 为单线圈式，单独串联在主电路的一相电源线中，作总电路的过电流保护。

下面以 10 t 桥式起重机小车控制电路为例，说明该控制电路的工作原理。如图 1—47 所示为采用凸轮控制器控制的 10 t 桥式起重机小车控制电路。

凸轮控制器控制电路原理图的特点是以其圆柱表面的展开图来表示。由图 1—47 可见，凸轮控制器有编号为 1 ~ 12 的 12 对触点，以竖画的细实线表示；而凸轮控制器的操作手轮有右旋（控制电动机正转）和左旋（控制电动机反转）各 5 个挡位，再加上一个中间位置（称为“零位”）共有 11 个挡位，用横画的细虚线表示；每对触点在各挡位是否接通，则以在横竖线交点处的黑圆点表示。有黑点的表示接通，无黑点的则表示断开。

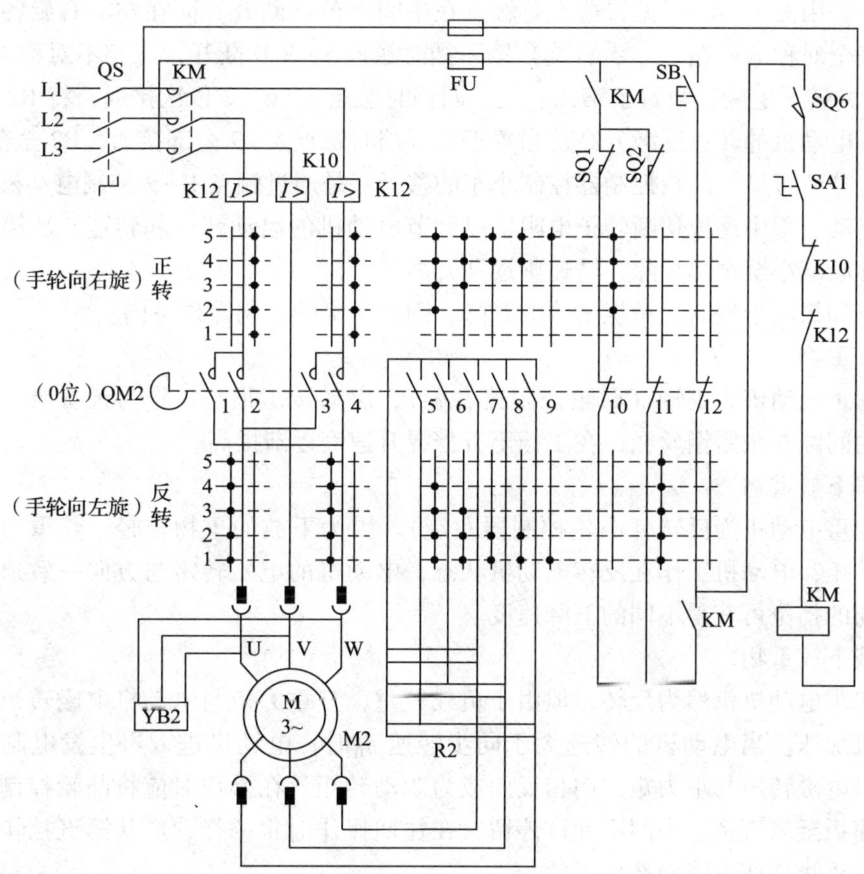

图 1—47　10 t 桥式起重机小车控制电路

图中 M2 为小车驱动电动机，采用绕线转子三相异步电动机，在转子电路中串入三相不对称电阻器 R2，用作启动及调速控制。YB2 为制动电磁铁，其三相电磁线圈与 M2（定子绕组）并联。QS 为电源引入开关，KM 为控制电源的接触器。KI0 和 KI2 为过流继电器，其线圈（KI0 为单线圈，KI2 为双线圈）串联在 M2 的三相定子电路中，而其动断触点则串联在 KM 的线圈支路中。

1）电动机 M2 定子电路

在每次操作之前，应先将凸轮控制器 QM2 置于零位，由图 1—47 可见，QM2 的触点 10、11、12 在零位接通；然后合上电源开关 QS，按下启动按钮 SB，接触器 KM 线圈通过 QM2 的触点 12 通电，KM 的三对主触头闭合，接通电动机 M2 的三相交流电源，之后可以用 QM2 操纵 M2 的运行。QM2 的触点 10、11 与 KM 的动合触点一起构成正转和反转时的自锁电路。

凸轮控制器 QM2 的触点 1 ~ 4 控制 M2 的正反转，由图 1—47 可见，触点 2、4 在 QM2 右旋的五挡均接通时，M2 正转；而左旋五挡则是在触点 1、3 接通时，按电源的相序 M2 为反转；在零位时 4 对触点均断开。

2）电动机 M2 转子电路

凸轮控制器 QM2 的触点 5 ~ 9 用以控制 M2 转子外接电阻器 R2，以实现对 M2 启动和转速的调节。由图 1—47 可见，这五对触点在中间零位均断开，而在左、右旋各五挡的通断情况是完全对称的：在（左、右旋）第一挡时触点 5 ~ 9 均断开，三相不对称电阻 R2 全部串入 M2 的转子电路；当置于第二、三、四挡时触点 5、6、7 依次接通，将 R2 逐级不对称地切除，电动机的转速逐渐升高；当置于第五挡时触点 5 ~ 9 全部接通，R2 全部被切除。

由以上分析可见，凸轮控制器控制小车的移行，是通过触点 1 ~ 9 控制电动机的正反转启动，在启动过程中逐段切断转子电阻，以调节电动机的启动转矩和转速。从第一挡到第五挡电阻逐渐减小至全部切除，转速则逐渐升高。

该电路如果用于控制起重机吊钩的升降，则升、降的控制操作不同。

①提升重物

此时起重电动机为正转（凸轮控制器右旋），启动转矩很小，作为预备级，用于消除传动齿轮的间隙并张紧钢丝绳；在二挡至五挡提升速度逐渐提高。

②轻载下放重物

此时起重电动机为反转（凸轮控制器左旋）。因为下放的重物较轻，其重力矩不足以克服摩擦转矩，电动机工作在反转电动机状态，电动机的电磁转矩与方向一致迫使重物下降，在不同的挡位可获得不同的下降速度。

③重载下放重物

此时起重电动机仍然为反转，但由于负载较重，其重力矩与电动机电磁转矩方向一致而使电动机加速。当电动机的转速大于同步转速 n_0 时，电动机进入再生发电制动工作状态，电动机电磁转矩与重力矩方向相反而成为制动转矩。在操作时应将凸轮控制器的手轮从零位迅速扳至第五挡，中间不允许停留，在往回操作时也一样，应从第五挡快速扳回零位，以免因重物高速下降而造成事故。

由此可见，在下放重物时，不论是重载还是轻载，该电路都难以控制以低速下降。因此，在下降操作中如需要较准确的定位时，可采用点动操作的方式，即将控制器的手轮在下降（反转）第一挡与零位之间来回扳动以点动控制起重电动机，并配合制动器便能实现较准确的定位。

3）保护电路

保护电路主要是 KM 的线圈支路，位于图 1—47 中的 7 ~ 10 区。电路中，有欠压、零压、零位、过流、行程终端限位保护和安全保护共六种保护功能。

①欠压保护

接触器 KM 本身具有欠电压保护的功能，当电源电压不足时（一般是线圈两端电压低于额定电压的 85%），KM 因电磁吸力不足而复位，其动合主触点和自锁触点都断开，从而切断电源。

②零压保护与零位保护

采用按钮 SB 启动，SB 常开触点与 KM 自锁触点并联的电路，都具有零压（失压）保护功能，在操作中一旦断电，必须再次按下 SB 才能重新接通电源。在此基础上，采用凸轮控制器控制的电路在每次重新启动时，还必须将凸轮控制器旋回至中间的零位，使触点 12 接通，才能够按下 SB 接通电源，这就防止在控制器还置于左或右的某一挡位、电动机转子电路串入的电阻较小的情况下启动电动机，造成较大的启动转矩和电流冲击，甚至造成事故。这一保护作用称为“零位保护”。触点 12 只有在零位时才接通，而在其他十个挡位时均断开，因此，被称为零位保护触点。

③过流保护

起重机的控制电路往往采用过电流继电器作过流（包括短路、过载）保护，过电流继电器 KI0、KI2 的常闭触点串联在 KM 线圈支路中，一旦出现过电流便切断 KM 线圈回路，从而切断电源。此外，KM 的线圈支路采用熔断器 FU 作短路保护。

④行程终端限位保护

行程开关 SQ1、SQ2 分别提供 M2 正、反转（如 M2 驱动小车，则分别为小车的右行和左行）的行程终端限位保护，其常闭触点分别串联在 KM 的自锁支路中。以小车右行为例分析保护过程：将 QM2 右旋→M2 正转→小车右行→若行至行程终端还不停下→碰 SQ1→SQ1 动断触点断开→KM 线圈支路断电→切断电源；此时只能将 QM2 旋回零位→重新按下 SB→KM 线圈支路通电（并通过 QM2 的触点 11 及 SQ2 的动断触点自锁）→重新接通电源→将 QM2 左旋→M2 反转→小车左行，退出右行的行程终端位置。

⑤安全保护

在 KM 的线圈支路中，还串入了五只过电流继电器的常闭触点 KI0 ~ KI4、舱口安全开关 SQ6、横梁栏杆门的安全开关 SQ7、SQ8 和事故紧急开关 SA1。通常情况下，驾驶舱门和横梁栏杆门都应关好，使 SQ6、SQ7、SQ8 被压下（保证桥架上无人），才能操纵起重机运行；一旦发生事故或出现紧急情况，可断开 SA1 紧急停车。

10 t 桥式起重机大车和吊钩控制电路的工作原理和小车控制电路的工作原理类似，唯一不同的是凸轮控制器 QM3 共有 17 对触点，比 QM1、QM2 多了五对触点，用于控制另一台电动机的转子电路，这样可以同步控制两台绕线转子异步电动机。

10 t 桥式起重机电气元件明细见表 1—12。

表 1—12　　10 t 桥式起重机电气元件明细表

代号	名称	型号	规格	数量
M1	吊钩电动机	YZR－315M－10	380 V　75 kW	1
M2	小车电动机	YZR－132MB－6	380 V　3.7 kW	1
M3、M4	大车电动机	YZR－160MB－6	380 V　7.5 kW	2
QM1	吊钩凸轮控制器	KTJ1－50/1		1
QM2	小车凸轮控制器	KTJ1－50/1		1
QM3	大车凸轮控制器	KTJ1－50/5		1
YB1	吊钩电磁制动器	MZD1－300		1
YB2	小车电磁制动器	MZD1－100		1
YB3、YB4	大车电磁制动器	MZD1－200		2
1R	吊钩电阻器	2K1－41－8/2		1
2R	小车电阻器	2K1－12－6/1		1
3R、4R	大车电阻器	4K1－22－6/1		2
QS1	电源开关	HD－9－400/3		1
SB	启动按钮	LA19－11		1
KM	主接触器	CJ20－100/3	380 V　100 A	1
KI0	总过电流继电器	JL4－150/1		1
KI1－KI4	过电流继电器	JL4－40		4
FU	螺旋式熔断器	RL1－15/5	380 V　15 A 配熔体 5 A	2
SQ1、SQ2	大小车行程开关	LX1－11K	380 V　5 A	3
SQ5	吊钩行程开关	LX1－11K	380 V　5 A	1
SQ6	舱口安全开关	LX1－11K	380 V　5 A	1
SQ7、SQ8	横梁栏杆门安全开关	LX1－11K	380 V　5 A	2
SA1	事故紧急开关	LS2－3A		1

二、10 t 单钩桥式起重机电气控制电路的检修

桥式起重机的结构复杂，工作环境比较恶劣，使用频率高，导致出现故障的概率较大。桥式起重机常见的故障有以下几种。

1．合上电源开关 QS1，按下 SB，主接触器 KM 不吸合，起重机不能启动

（1）故障现象的分析

KM 不能吸合的原因有很多，但绝大部分故障都集中在与 KM 线圈串联的回路中，例如 SQ6、SQ7、SQ8 未能闭合等。如图 1—48 所示。

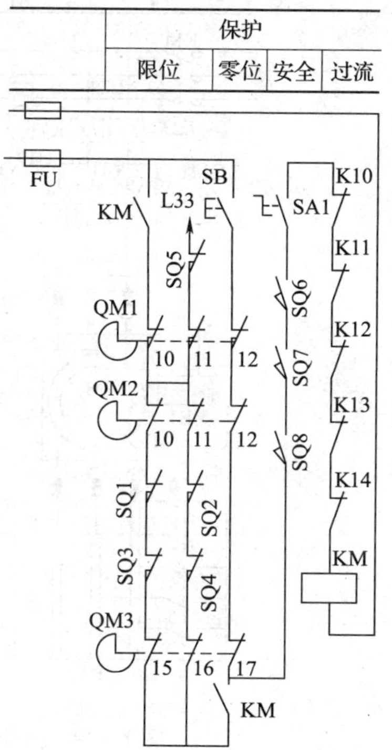

图 1—48　主接触器 KM 不吸合，起重机不能启动的故障范围原理图

（2）故障可能的原因

1）线路无电压。

2）熔断器 FU 存在故障。

3）紧急开关 SA1 或安全行程开关 SQ6、SQ2、SQ8 存在故障。

4）启动按钮 SB 存在故障。

5）凸轮控制器没在“零位”，则触头 QM1、QM2、QM3 断开。

6）主接触器 KM 的线圈存在故障。

2．当电源接通，操作凸轮控制器后电动机不工作

（1）故障现象的分析

主接触器 KM 能正常吸合，则说明控制电路没有故障，故障范围只可能在主电路中。如图 1—49 所示。

（2）故障可能的原因

1）凸轮控制器的主触头与铜片间存在故障。

2）集电刷存在故障。

3）电动机定子绕组或转子绕组断路。

4）制动器未能松开。

3．当电源接通，合上凸轮控制器后，电动机启动运转，但不能发出额定功率，且转速降低

（1）故障现象的分析

主接触器 KM 能正常吸合，则说明控制电路没有故障，故障范围和故障 2 的范围一样，只可能在主电路中，如图 1—49 所示。

（2）故障可能的原因

1）线路电压下降。

2）制动器存在故障。

3）转子电路中串接的启动电阻器不能完全切除。

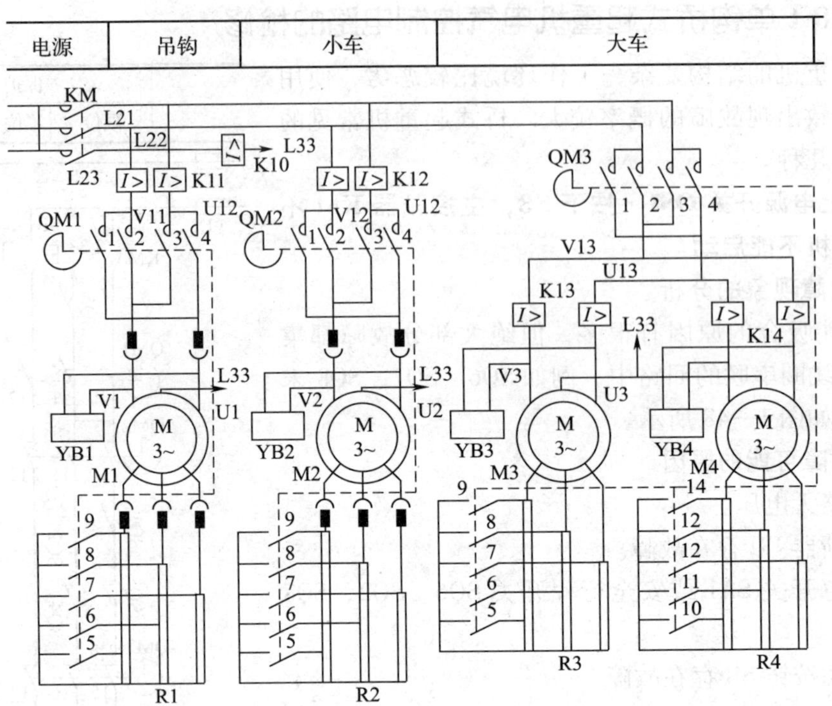

图 1—49　操作凸轮控制器后电动机不工作的故障范围原理图

4）凸轮控制器机械卡阻。

4. 主接触器 KM 正常吸合后，过电流继电器立即动作，起到保护作用

（1）故障现象的分析

此类现象说明在主电路中存在故障，如图 1—49 所示。

（2）故障可能的原因

1）制动电磁铁线圈过载。

2）电动机绕组匝间有短路或接地故障。

3）凸轮控制器内部电路存在故障。

5. 凸轮控制器在工作时，接触指与铜片冒火甚至烧坏

（1）故障现象的分析

此类现象说明在凸轮控制器中存在故障。

（2）故障可能的原因

1）凸轮控制器的触头与铜片接触不良。

2）凸轮控制器控制的电动机容量较大，产生过载。

6. 制动电磁铁响声较大

（1）故障现象的分析

此类现象说明在制动电磁铁中存在故障。

（2）故障可能的原因

1）制动电磁铁过载。

2）制动电磁铁的铁芯表面有油污或杂物。

3）制动电磁铁短路环断开。

4）制动电磁铁铁芯端面不平整。

7．制动电磁铁线圈过热

（1）故障现象的分析

此类现象说明在制动电磁铁中存在故障。

（2）故障可能的原因

1）制动电磁铁线圈电压与线路电压不符。

2）制动电磁铁过载。

3）在工作位置上，制动电磁铁的可动部分与静止部分有较大的间隙。

4）制动电磁铁的工作条件与线圈数据不符。

5）制动电磁铁铁芯歪斜或机械卡阻。

三、实训操作

1．使用工具与电工仪表

（1）电工工具：电笔、旋具、钢丝钳、尖嘴钳、剥线钳、斜口钳、扳手等。

（2）电工仪表：万用表、兆欧表、钳形电流表。

2．实训步骤

（1）在指导教师或工厂技术人员的指导下，熟悉10 t单钩桥式起重机的结构、操作方法，以及操作注意事项。

（2）对照10 t单钩桥式起重机电气控制电路图，在实物中查找到实际安装位置，以及电气线路的走线，进一步明确各电器的作用。

（3）在控制电路或主电路中，人为设置电器的、自然故障一处。观看指导教师示范检修，体会如何从观察故障现象开始进行分析，正确掌握检修方法和步骤。

（4）针对指导教师设置故障点进行检修

针对指导教师示范检修后重新设置的故障点进行检修练习。

3．注意事项

（1）实训时，穿戴齐劳动防护用品。

（2）桥式起重机的检修属于高空作业，必须严格遵守高空作业的规定，做好各种安全防护措施。

（3）检修前，准备并检查所带工具和仪表，使用工具和仪表必须按照操作规定进行操作。

（4）认真阅读图样，熟悉各个控制环节的原理和作用。

（5）停电必须验电。检修必须是在设备断电的状态下进行，严禁带电检修。检修前观察故障现象，检修后通电试运行，必须有指导教师在现场监护的情况下方可通电。

课后练习

1. 设计电气控制电路应遵循的基本原则是什么？

2. 电气控制系统设计的基本内容有哪些？

3. 电气系统的控制方案如何确定？

4. 电力拖动方案如何确定？

5. 设计电气控制线路时应注意哪些问题？

6. 某机床的主轴和润滑油泵分别由两台三相笼型异步电动机来拖动，并要求：

(1) 油泵电动机启动后主轴电动机才能启动。

(2) 主轴电动机能正、反转，且能单独停机。

(3) 具有短路、过载、欠压及失压保护功能。

试画出其控制电路图。

7. 现要求三台笼型异步电动机 M1、M2、M3 按照此顺序，顺序启动、逆序停止。试设计此电路图。

8. X62W 型万能铣床进给变速能否在运行中进行，为什么？

9. 万能铣床在铣削加工过程中需要主轴反转吗？是如何进行的？

10. X62W 型万能铣床控制电路有哪四种联锁保护作用？

11. X62W 型万能铣床如果出现以下故障，可能的故障原因有哪些？应分别如何处理？

(1) 主轴正、反转运行都很正常，但要停转时，按下停止按钮，主轴不停。

(2) 工作台向右、向左、向前、向下进给都正常，但不能向上、向后进给。

(3) 工作台垂直与横向进给都正常，但无法纵向进给。

12. X62W 型万能铣床的主轴采用什么方法制动，T68 型卧式镗床的主轴采用什么方法制动？

13. X62W 型万能铣床电气控制线路中三个电磁离合器的作用分别是什么？电磁离合器为什么要采用直流电源供电？

14. X62W 型万能铣床电气控制线路中为什么要设置变速冲动？

15. T68 型镗床的主轴电动机是一台双速异步电动机，低速时定子绕组是什么连接方式，高速时定子绕组是什么连接方式？

16. T68 型镗床主电路中电阻器的作用是什么？

17. T68 型镗床控制电路中速度继电器 KS 的常闭触点起什么作用？

18. T68 型镗床能低速启动，但不能高速运行，试分析故障的原因。

19. 在 T68 型镗床电路中，接触器 KM3 在主轴电动机 M1 在什么状态下不工作？

20. 在 T68 型镗床电路中时间继电器 KT 有何作用，其延时长短有何影响？

21. 为防止 T68 型镗床在两个方向同时进给而出现事故，应采取哪些措施？

22. 桥式起重机的结构主要由哪几部分组成？桥式起重机有哪几种运动方式？

23. 桥式起重机电力拖动系统由哪几台电动机组成？

24. 起重电动机的运行有什么特点？对起重电动机的拖动和控制有什么要求？

25．起重电动机为什么要采用电气和机械双重制动？

26．凸轮控制器控制电路原理图是如何表示其触点状态的？

27．凸轮控制器的12对触点的用途分别是什么？

28．凸轮控制器控制电路的零位保护与零压保护有什么异同？

29．起重机上电动机为何不采用热继电器作过流保护？

30．如果在下放重物时，因重物较重而出现超速下降，此时应如何操作？

31．为什么过流继电器KI0的线圈单独串联在三相电源中的一相电路中？

32．试分析下述故障：

（1）如果凸轮控制器的触点10、11、12在零位不能接通，分别会出现什么问题？

（2）如果起重机能向上、下、左、右、后运动，但在操作向前运动时，接触器KM就释放了，这是什么原因？

模块二

可编程控制系统的设计、装调与检修

继电—接触器控制电路虽然应用广泛，但由于采用固定接线方式，使其通用性和灵活性较差。随着生产自动化要求的不断提高，可编程控制器已被广泛应用于工业控制系统。

可编程控制器简称 PLC（英文全称：Programmable Controller），是 20 世纪 60 年代以来发展极为迅速、应用极为广泛的工业控制装置，是现代工业自动化控制的首选产品，与机器人、CAD/CAM 并称为工业生产自动化的三大支柱。

著名的 PLC 生产厂家主要有美国的 A－B（Allen－Bradly）公司、GE（General Electric）公司，日本的三菱电机（Mitsubishi Electric）公司、欧姆龙（OMRON）公司，德国的 AEG 公司、西门子（Siemens）公司等。如图 2—1 所示为部分常见的 PLC 外形。

a)

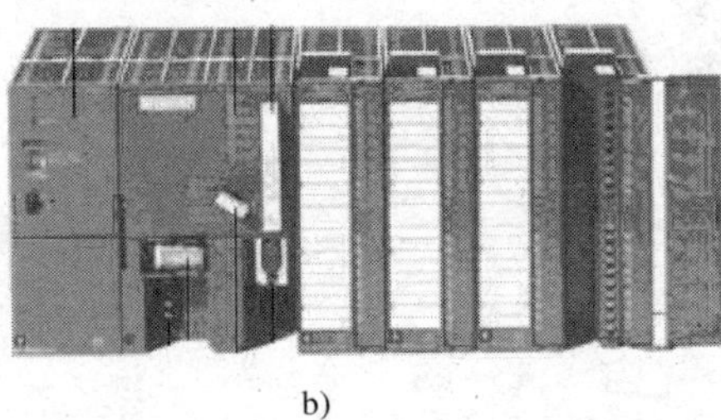
b)

c)

图 2—1　常见的 PLC 外形

a）日本三菱公司的 PLC　b）德国西门子公司的 PLC　c）美国 A－B 公司的 PLC

由于 PLC 品牌众多，在本模块中，选择常用的三菱 FX_{2N}系列 PLC 进行介绍。

课题 1　可编程控制器的应用

学习目标

1. 熟悉 PLC 的基本功能，掌握 PLC 的特点、分类、型号及规格。
2. 会查阅 PLC 相关的知识及技术参数，理解 PLC 的组成及工作原理。
3. 熟练使用三菱 PLC GX Developer 编程软件。
4. 熟练使用 PLC 编程指令，掌握编程的方法和技巧。

一、可编程控制器的知识

FX_{2N}系列 PLC 是三菱 PLC 家族中使用最为广泛的型号。由于FX_{2N}系列具备最大范围地包容了标准的特点、程式执行更快、全面补充了通信功能、适合世界各国不同的电源以及满足单个需要的大量特殊功能模块，所以它可以为自动化应用提供最大的灵活性和控制能力。

1. PLC 的定义

根据国际电工委员会（IEC）颁布的定义：PLC 是一种数字运算的电子系统，专为在工业环境下应用而设计。它采用可编制程序的存储器，在其内部存储执行逻辑运算、顺序控制、定时、计数和算术运算等操作的指令，并通过数字式或模拟式的输入和输出，控制各种类型的生产机械或生产过程。可编程控制器及其有关的外围设备，都应按照易于与工业控制系统形成一个整体、易于扩展其功能的原则而设计。

2. FX_{2N}系列 PLC 的型号意义

含义：(1) I/O 点数，基本单元、扩展单元的 I/O 点数都相同。

(2) 单元，M—基本单元；E—扩展单元。

(3) 输出形式，R—继电器输出（有接点，交流、直流负载两用）；

S—三端双向晶闸管开关元件输出（无接点，交流负载用）；

T—晶体管输出（无接点，直流负载用）。

(4) 其他区分，AC—100 V/220 V 电源，DC24V 输入（内部供电）；

D—直流电源，DC 输入；

UA1/UL—交流电源，AC 输入；

H—大容量输出型。

3. 可编程控制器结构

PLC 采用了典型的计算机结构，一般由主机、扩展单元和外围设备组成，如图 2—2 所示。主机一般由 CPU、内存、电源及相应的 I/O 接口电路组成；扩展单元主要是 I/O 电路、电源模块、与主机连接的电缆、接口模块等；外围设备有编程器、可编程序终端、条码读入器、打印机等。其实物连接如图 2—3 所示。

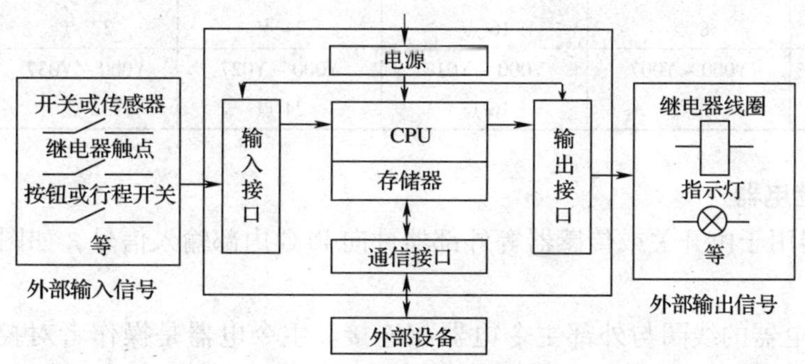

图 2—2　PLC 的结构框图

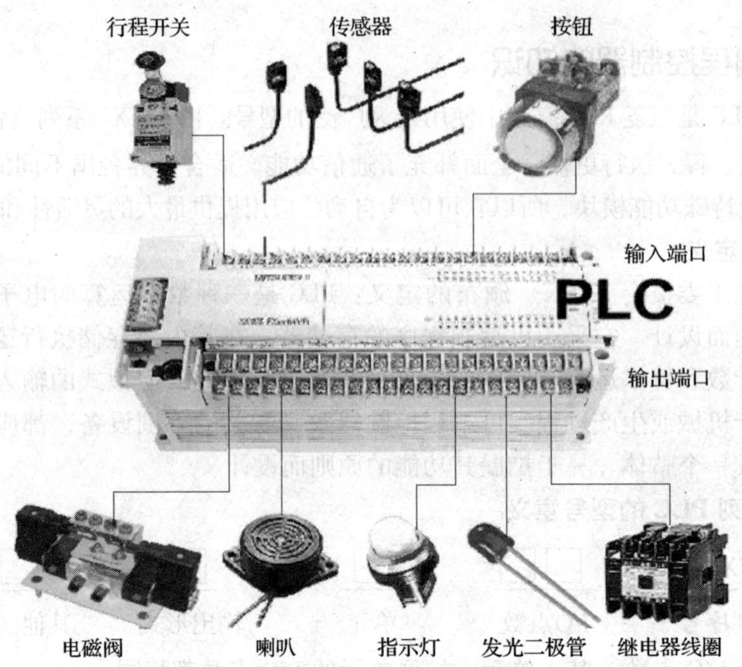

图 2—3　PLC 实物接线图

外部的开关信号、模拟信号以及各种传感器检测信号作为 PLC 的输入变量，它们经 PLC 的输入端子进入 PLC 的输入存储器，收集和暂存被控对象实际运行的状态信息和数据；经 PLC 内部运算与处理后，按被控对象实际动作要求产生输出结果；输出结果送到输出端子作为输出变量，驱动执行机构。PLC 的各部分协调一致地实现对现场设备的控制。

4. 输入继电器和输出继电器

（1）输入继电器和输出继电器编号

输入、输出继电器的编号是由基本单元固有的地址号和按照与这些地址号相连接的顺序给扩展设备分配的地址号组成的。这些地址号使用八进制，因此，不存在 8、9 这样的地址号，见表 2—1。

表 2—1　　FX_{2N} 系列 PLC 的输入、输出继电器地址号

	型号	$FX_{2N}-16M$	$FX_{2N}-32M$	$FX_{2N}-48M$	$FX_{2N}-64M$	$FX_{2N}-80M$
FX_{2N} 系列 PLC	输入	X000 - X007 8 点	X000 - X017 16 点	X000 - X027 24 点	X000 - X037 32 点	X000 - X047 40 点
	输出	Y000 - Y007 8 点	Y000 - Y017 16 点	Y000 - Y027 24 点	Y000 - Y037 32 点	Y000 - Y047 40 点

（2）输入继电器

输入继电器用于由开关或传感器等外部器件向 PLC 内部输入信号，如图 2—4 所示。

说明：

1）输入继电器的线圈与外部主令电器相连接。主令电器是操作者对控制系统发出指令的桥梁。

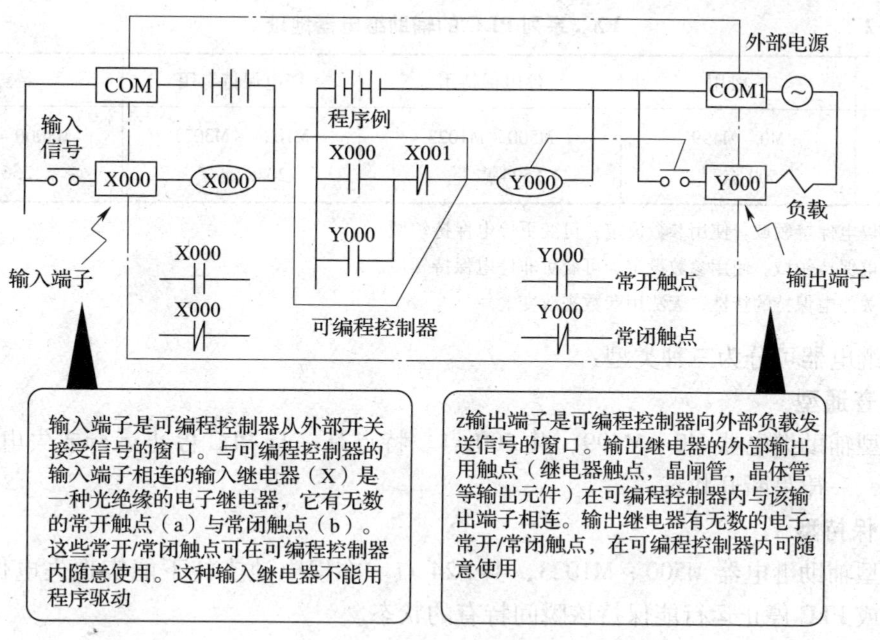

图 2—4　输入、输出继电器的作用和功能

2）输入继电器的接点与程序相连（在程序中）。

3）输入继电器的公共端（COM）接内部直流电源的负极。

4）实际不存在的输入地址无法使用。

5）输入继电器的状态，是不能利用 PLC 中的程序进行修改的。

6）对于一个输入继电器，在程序中的使用次数是没有限制的。

（3）输出继电器

输出继电器用于输出 PLC 中程序的执行结果，启动外围设备或负载，如电磁阀、控制单元等，如图 2—4 所示。输出继电器的 ON 和 OFF 状态作为控制信号输出。

说明：

1）输出继电器的线圈在程序中，其接点与外部负载相连。

2）在 PLC 程序中作为触点使用时，对其使用次数无限制。

3）作为一项规定，当输出继电器被指定为 OUT 或 KP 指令运算结果的目标输出时，一般在程序中限定使用一次（禁止双重输出）。

5．辅助继电器

PLC 内部有许多辅助继电器，这类辅助继电器的线圈与输出继电器的线圈一样，由 PLC 内各种软元件的触点驱动。辅助继电器 M0 ~ M1023、M8000 ~ M8255（十进制）共 1 280 点。

它是一种位元件，每个辅助继电器的状态与系统 RAM 的软器件存储区中 80 个 16 位寄存器每一位的位状态相对应。其作用相当于继电器控制系统的中间继电器，用于信号中继、中间量寄存、建立标志等，并能提供无数对常开、常闭接点用于内部编程。和输出继电器一样，其状态只能由程序驱动，不能驱动外部负载。见表 2—2。

表 2—2　　FX_{2N}系列 PLC 的辅助继电器地址

	一般用	停电保持用	停电保持专用	特殊用
FX_{2N}系列	M0 – M499 500 点 *1	M500 – M1023 524 点 *2	M1024 – M3071 2048 点 *3	M8000 – M8255 256 点

*1. 非停电保持领域。使用参数设定，可变更停电保持领域。

*2. 停电保持领域。使用参数设定，可变更非停电保持领域。

*3. 有关停电保持的特性，无法用参数来改变。

辅助继电器可分为三种类型：

（1）普通型

普通型辅助继电器 M0 ~ M499，共 500 点。特点是一旦 PLC 停止运行或失电，其状态无法保持，一律呈断开状态。

（2）保持型

保持型辅助继电器 M500 ~ M1023，共 524 点。在锂电池支持下能实现失电保持功能，一旦失电或 PLC 停止运行能保持该瞬间特有的状态。

（3）特殊用途型

特殊用途型辅助继电器 M8000 ~ M8255，共 256 点。这 256 个辅助继电器可分为两类：

1）PLC 运行中一类特殊型 M 的通断状态是由系统程序驱动的，在编制用户程序时，只能调用其接点状态，而不得使用其逻辑线圈。例如，M8000 在 PLC 投入运行时立即自动接通，可用于 PLC 的运行显示；M8002 仅在程序运行的第一周期产生一个脉冲输出，用于初始化处理；M8012 用于产生 100 ms 时钟脉冲；M8030 在锂电池电压低于一定值时动作，可用于锂电池更换提示等。

2）另一类特殊型 M 的通断状态是由用户程序驱动的，当其线圈被接通时，由其接点动作来实现某一特殊功能。例如，在满足一定条件下，当 PLC 停止运行时 M8033 可使输出状态保持不变；当发生某些情况如电源故障、压力或温度过高等，M8034 可使 PLC 输出全部禁止。

二、可编程控制器编程软件 GX Developer 的使用

GX Developer 是三菱 PLC 新版的编程软件，它能够对 FX 系列、Q/nA 系列、A 系列 PLC 的梯形图、指令表、SFC 等编程。

1. 启动 GX Developer 编程软件

单击“开始”→“程序”→“MELSOFT 应用程序”→“GX Developer”，即打开程序。如图 2—5 所示。

2. 创建新工程

单击“工程（F）”→“创建新工程（N）”或单击“工程”下面的第一个图标，即出现如图 2—6 所示的对话框。

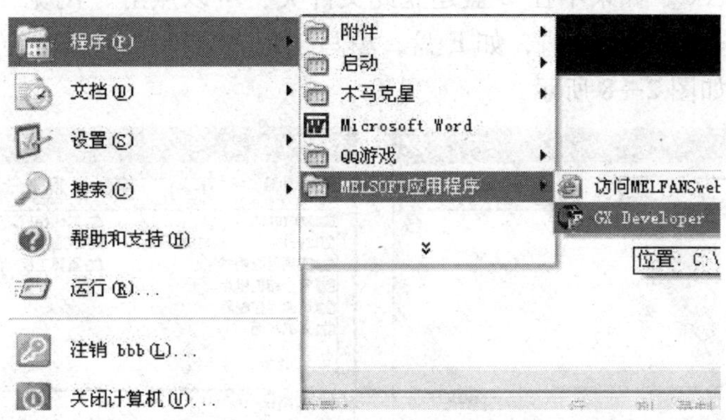

图 2—5　启动 GX Developer 编程软件

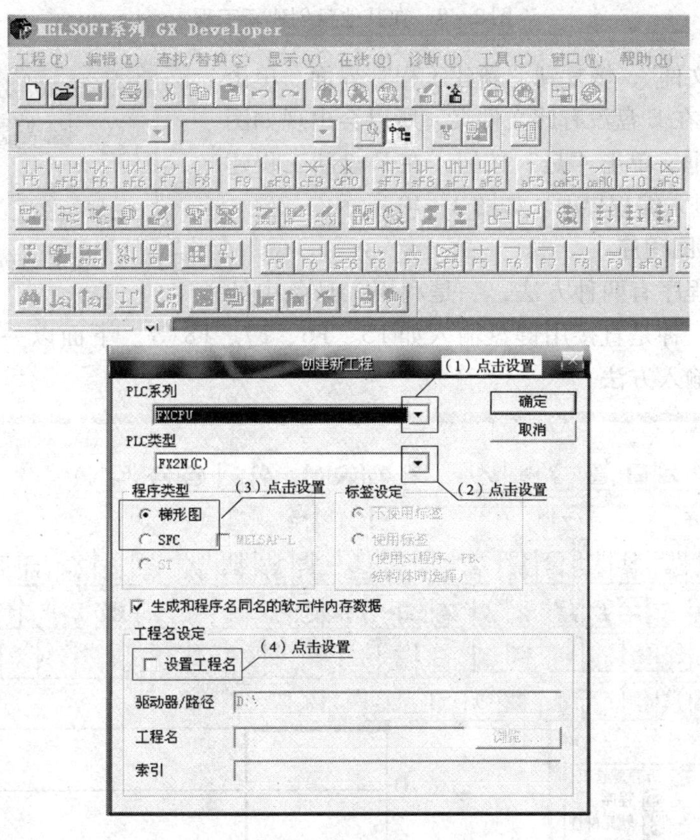

图 2—6　创建新工程

图 2—7　在 C 盘创建新工程对话框

PLC 系列选择“FXCPU”，PLC 类型选择“FX2N”，程序类型默认为“梯形图”，选中“设置工程名”，在“工程名”框中输入程序名称。单击“是”按钮，因为在 C 盘没有此文件夹，所以会出现如图 2—7 所示的对话框。单击“是”按钮，在 C 盘新工程建立完毕，此时便进入编程界面。本软件可用于三菱的 A 系列、Q 系列和 FX 系列等的 PLC。如果不在 C 盘建立此文件夹，可以点击“浏览”出现“驱动器/途径”界面。选择“驱动器/途径”，如 E 盘，填写工程名，如“正反转控制”，于是在 E 盘新工程建立完毕。如图 2—8 所示。

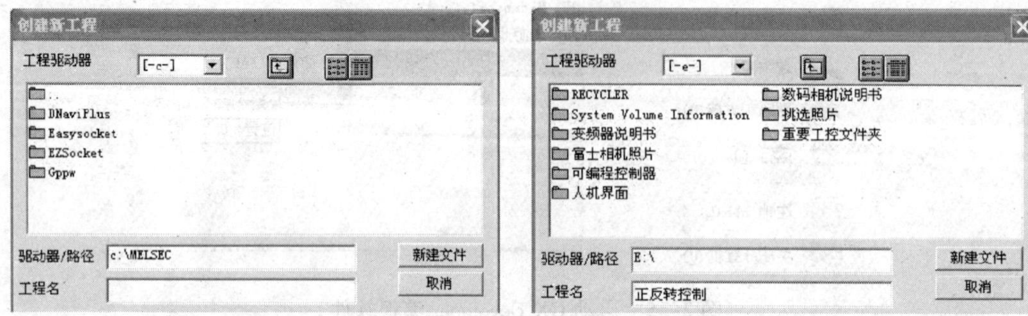

图 2—8　在其他盘创建新工程

单击“新建文件”，恢复到“新建工程”界面。单击“是”按钮，因为在 E 盘没有此文件夹，所以会出现如图 2—9 所示的对话框。单击“是”按钮，在 E 盘新工程建立完毕，此时便进入编程界面。如图 2—10 所示。

图 2—9　在 E 盘创建新工程对话框

3. 输入梯形图程序

输入梯形图程序有两种方法，一是利用工具条中的快捷键输入，另一种是直接用键盘输入如 F5、F6、F7、F8 等。下面以一段简单的程序为例来说明这两种输入方法。

图 2—10　软件编程界面

（1）用工具条中的快捷键输入

如图 2—11 所示。

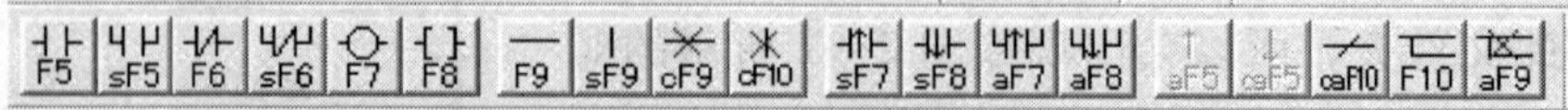

图 2—11　输入指令的快捷键

1）输入触点：单击 F5，则出现一个如图 2—12 所示的“梯形图输入”对话框。

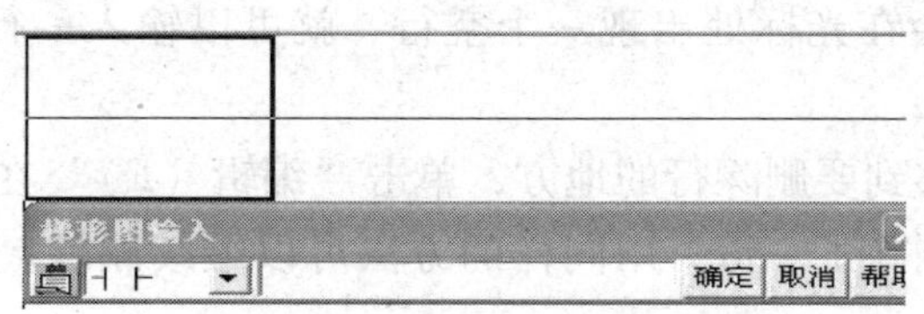

图 2—12　梯形图程序触点快捷键输入方法

在对话框中输入 X0，单击“确定”按钮则触点输入。用同样的方法，可以输入其他的触点。

2）线圈输入：单击 F8，则出现如图 2—12 所示的“梯形图输入”对话框。

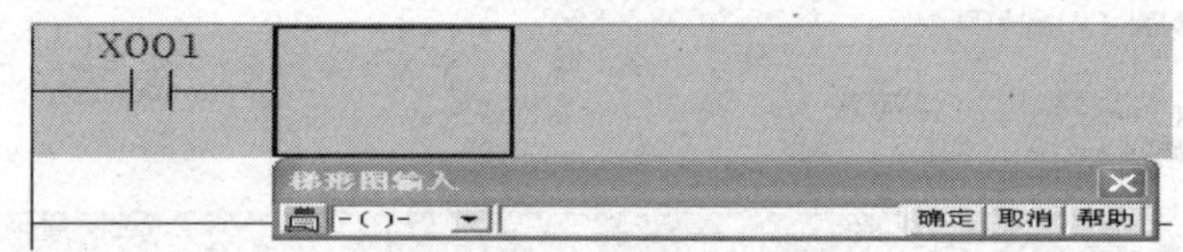

图 2—13　梯形图程序线圈快捷键输入方法

在对话框中输入“Y0”，单击“确定”按钮，则线圈输入。用同样的方法，可以输入其他指令。

（2）从键盘输入

如果键盘使用熟练，直接从键盘输入则更方便，效率更高，不用点击工具栏中的按钮。首先使光标处于第一行的首端，在键盘上直接输入“LD X0”，同样会出现一个对话框，再按回车键（Enter）则程序输入。接着输入 OUT Y0，再按回车键（Enter）则线圈输入。再输入“OR Y0”，按回车键即可。

用键盘输入时，可以不管程序中各触点的连接关系。常开触点用 LD，常闭触点用 LDI，线圈用 OUT，功能指令直接输入助记符和操作数，但要注意助记符和操作数之间用空格隔开。对于出现分支、自锁等关系的可以直接用竖线去补上。通过一定的练习和摸索，就能熟练地掌握程序输入的方法。

4．梯形图程序编辑

在输入梯形图程序时，常常需要对梯形图程序进行编辑，如插入、删除等操作。

（1）触点的修改、添加和删除

修改：把光标移在需要修改的触点上，直接输入新的触点，回车则新的触点即可覆盖原来的触点。也可以把光标移到需要修改的触点上，双击则出现一个对话框，在对话框中输入新触点的标号，回车即可。

添加：把光标移在需要添加触点处，直接输入新的触点，回车即可。

删除：把光标点在需要删除的触点上，再按键盘的 Delete 键，即可删除；再点击直线，回车即可用直线覆盖原来的触点。

（2）行插入和行删除

在进行程序编辑时，通常要插入或删除一行或几行程序，其操作方法如下。

行插入：先将光标移到要插入行的地方，单击“编辑（E）”在弹出的下拉菜单中，单击“行插入（N）”，则会在光标处出现一个空行，就可以输入一行程序；用同样的方法，可以继续插入行。

行删除：先将光标移到要删除行的地方，单击“编辑（E）”在弹出的下拉菜单中，单击“行删除（E）”，就删除了一行；用同样的方法可以继续删除。注意，“END”是不能删除的。

5. 程序的转换

程序通过编辑以后，计算机界面的底色是灰色的，要转换成白色才能传给 PLC 或进行仿真运行。转换方法如图 2—14 所示。

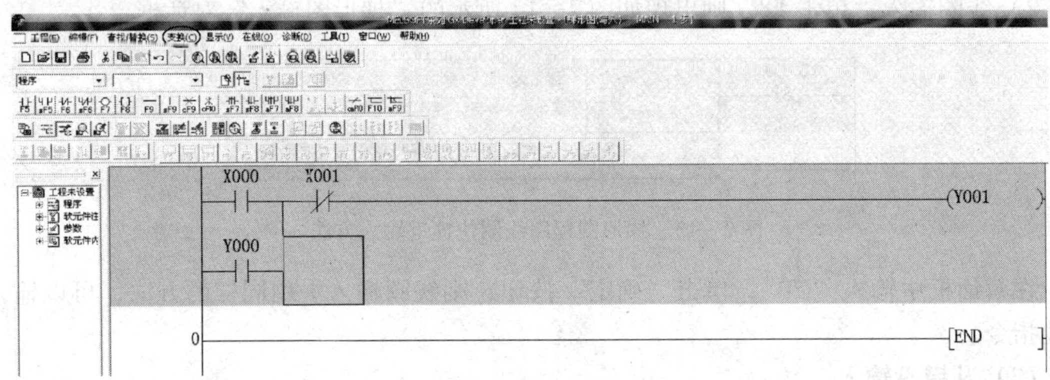

图 2—14　梯形图程序变换前

（1）直接按 F4 键即可。

（2）点击菜单条中的“变换（C）”→弹出下拉菜单→在下拉菜单中单击“变换（C）”按钮即可。

6. PLC 与计算机的联机调试

将计算机上用 GX 编好的程序写入 PLC 中，或将 PLC 中的程序读到计算机中，一般需要以下几步：

（1）PLC 与计算机的连接

正确连接计算机（已安装好 GX 编程软件）和 PLC 的编程电缆（专用电缆），应特别注意 PLC 接口方向不要弄错，否则容易造成损坏。

（2）进行通信设置

程序编制完成后，单击“在线”菜单中的“传输设置”后，出现如图 2—15 所示界面，设置好 PC/F 和 PLC/F，其他项保持默认，单击“确定”按钮。

（3）程序写入、读出

若要将计算机中编制好的程序写入到 PLC，可单击“在线”菜单中的“写入 PLC”，则出现如图 2—16 所示界面，根据出现的对话窗进行操作。选中主程序，再单击“开始执行”即可。若要将 PLC 中的程序读出到计算机中，其操作与程序写入操作相似。

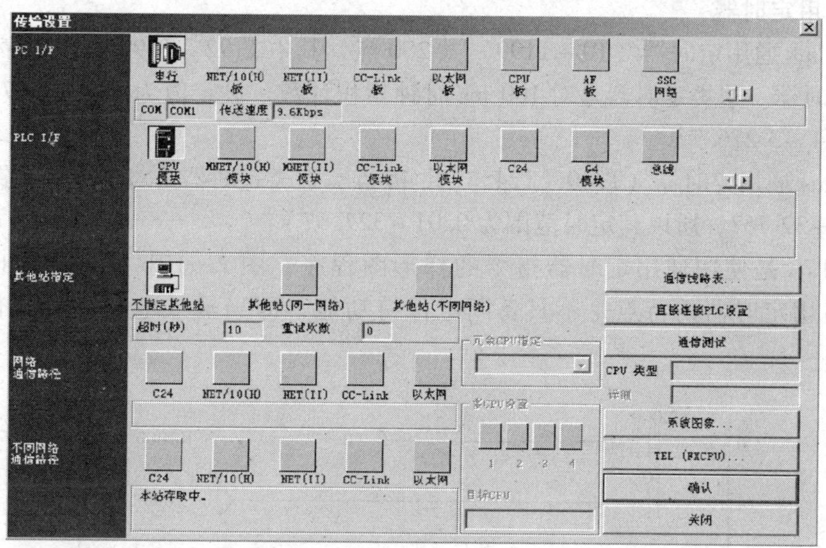

图 2—15　传输设置界面

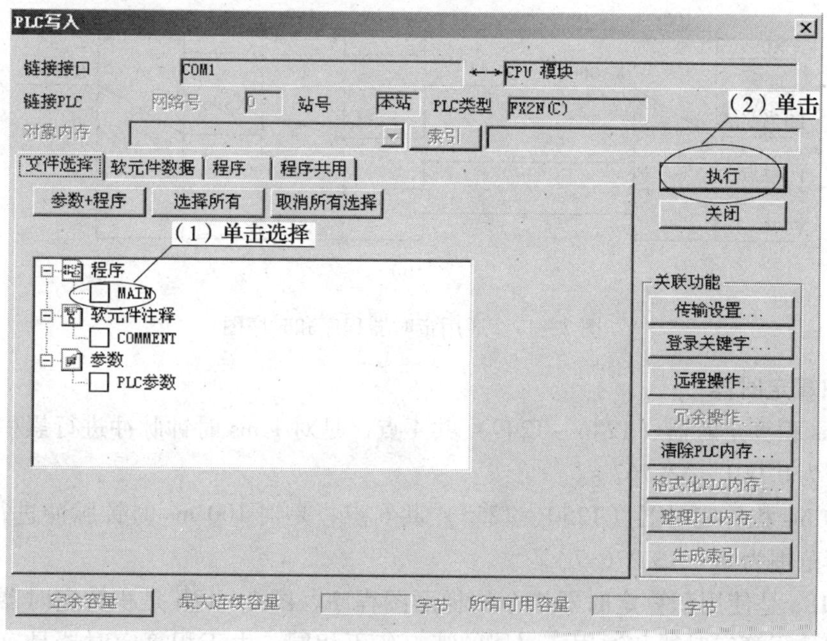

图 2—16　程序写入画面

三、可编程控制器指令

1. 定时器指令 T

FX_{2N}系列中的定时器可分为通用定时器和积算定时器两种。它们是通过对一定周期的时钟脉冲个数进行累计而实现定时的，时钟脉冲的周期有 1 ms、10 ms、100 ms 三种，当所计脉冲个数达到设定值时触点动作。设定值可用常数 K 或数据寄存器 D 的内容来设置。

（1）通用定时器

1）100 ms 通用定时器（T0 ~ T199）共 200 点，其中 T192 ~ T199 为子程序和中断服务程序专用定时器。这类定时器是对 100 ms 时钟累积计数，设定值为 1 ~ 32 767，所以其定时范围为 0. 1 ~ 3 276. 7 s。

2）10 ms 通用定时器（T200 ~ T245）共 46 点。这类定时器是对 10 ms 时钟累积计数，设定值为 1 ~ 32 767，所以其定时范围为 0. 01 ~ 327. 67 s。

图 2—17a 是使用通用定时器指令的梯形图程序，图 2—17b 是通用定时器指令的时序图。通用定时器的特点是不具备断电保持功能，即当输入电路断开或停电时定时器复位。

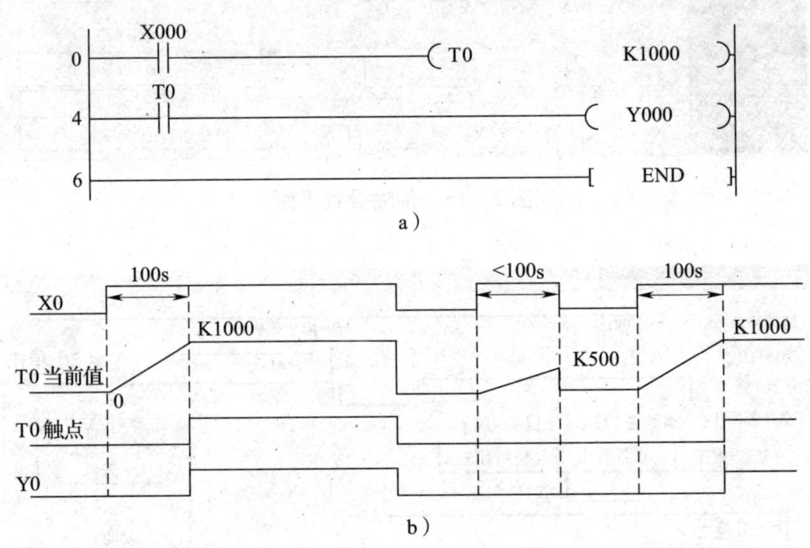

图 2—17　通用定时器程序和时序图

（2）积算定时器

1）1 ms 积算定时器（T246 ~ T249）共 4 点，是对 1 ms 时钟脉冲进行累积计数，定时的时间范围为 0. 001 ~ 32. 767 s。

2）100 ms 积算定时器（T250 ~ T255）共 6 点，是对 100 ms 时钟脉冲进行累积计数，定时的时间范围为 0. 1 ~ 3 276. 7 s。

图 2—18a 是使用积算定时器指令的梯形图程序，图 2—18b 是积算定时器指令的内部结构示意图。积算定时器和通用定时器的特点各不相同，由于积算定时器具有停电保持累积的特性，这就决定了计时值是不能通过驱动触点的断开来清除的，必须通过复位指令 RST 对定时器的复位来清除计时值和断开触点。此外，由于积算定时器的计时可以累积，因此，其线圈驱动输入为 ON 的每一次输入都将被计时。

（3）计时器的断电延时问题

FX_{2N}系列的定时器是通电延时定时器，如果需要使用断电延时的定时器，可用如图 2—19 所示的梯形图程序。

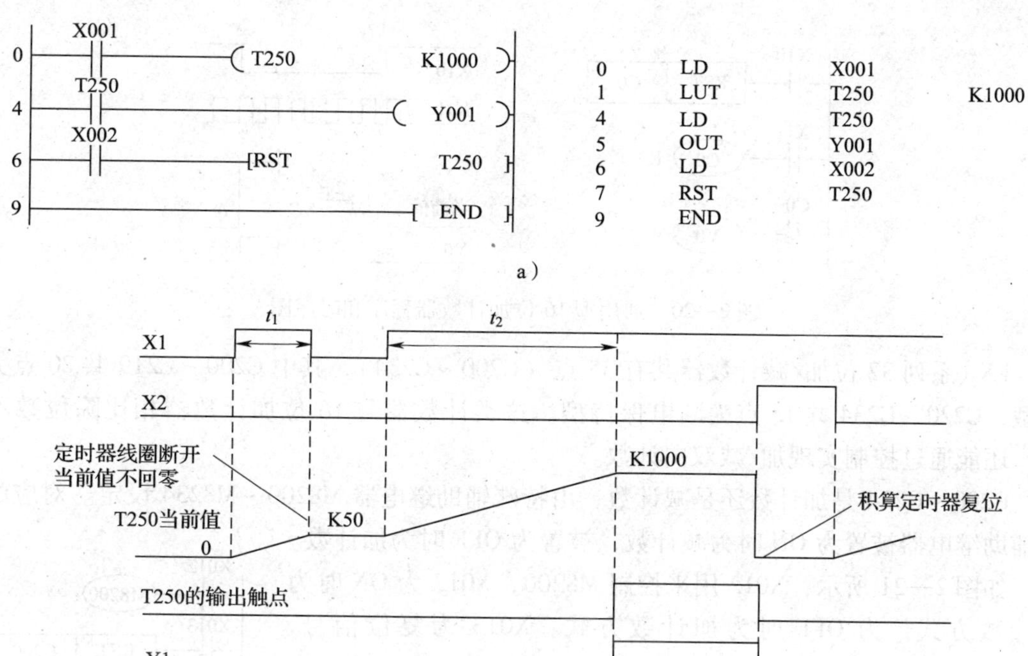

图 2—18 积算定时器程序和时序图

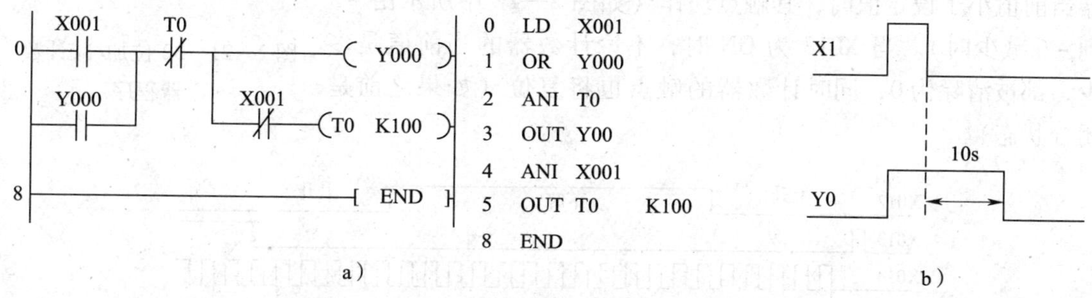

图 2—19 断电延时的定时器程序和时序图

2. 计数器指令 C

FX_{2N}系列计数器分为内部计数器和高速计数器两类。

内部计数器是在执行扫描操作时对内部信号（如 X、Y、M、S、T 等）进行计数。

（1）16 位加计数器

16 位加计数器（C0 ~ C199）共 200 点。其中 C0 ~ C99 为通用型，C100 ~ C199 共 100 点为断电保持型（断电保持型即断电后能保持当前值待通电后继续计数）。计数器的设定值为 1 ~ 32 767。

如图 2—20 所示是通用型 16 位加计数器的梯形图程序和时序图。

（2）32 位加/减计数器

16 位加计数器只能用于“加”计数，其计数范围为 0 ~ 32 767。32 位双向计数器可用于“加”和“减”计数，其计数范围为 -2 147 483 648 ~ +2 147 483 647。

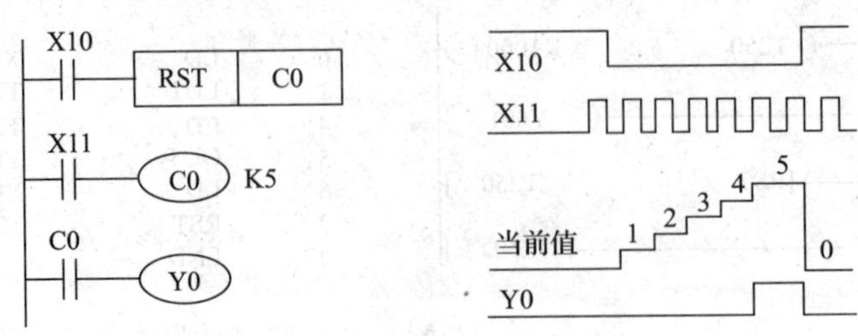

图 2—20 通用型 16 位加计数器程序和时序图

FX_{2N}系列 32 位加/减计数器共有 35 点（C200 ~ C234），其中 C200 ~ C219 共 20 点为通用型，C220 ~ C234 共 15 点为断电保持型。这类计数器与 16 位加计数器相比除位数不同外，还能通过控制实现加/减双向计数。

C200 ~ C234 是加计数还是减计数，由特殊辅助继电器 M8200 ~ M8234 设定。对应的特殊辅助继电器被置为 ON 时为减计数，被置为 OFF 时为加计数。

如图 2—21 所示，X012 用来控制 M8200，X012 为 ON 时为减计数方式，为 OFF 时为加计数方式。X013 为复位信号，X014 为计数输入，C200 的设定值为 5。

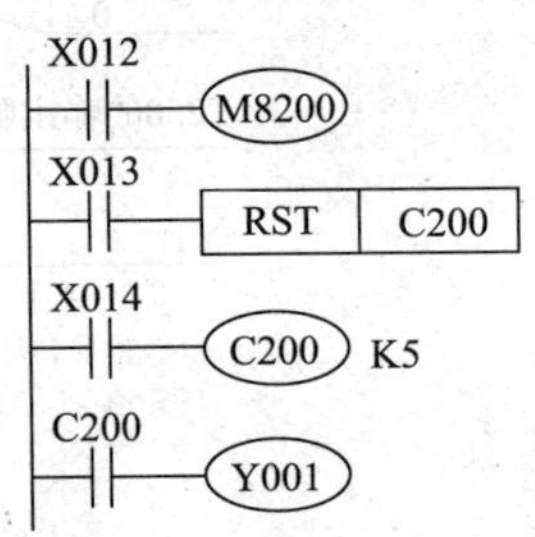

图 2—21 32 位加/减计数器程序

当计数器的当前值大于或等于设定值时，计数器线圈得电，其触点动作（如图 2—22 中所示由 -6 到 -5 增加时）；当计数器当前值小于设定值时，其触点动作（如图 2—22 中所示由 -5 到 -6 减少时）。当 X013 为 ON 时，不论计数器的当前值是多少，都被清除为 0，同时计数器的触点也将复位（如果之前是闭合状态）。

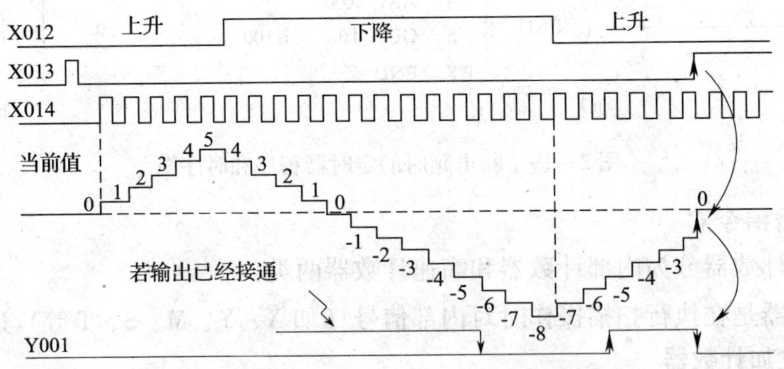

图 2—22 32 位加/减计数器时序图

3. 上升和下降沿取指令 LDP 和 LDF

LDP（上升沿取指令）用于 LD 指令在输入信号的上升沿接通一个扫描周期。

LDF（下降沿取指令）用于 LD 指令在输入信号的下降沿接通一个扫描周期。

LDP、LDF 指令使用如图 2—23 所示。Y001 在 X001 的上升沿时刻（由 OFF 变为 ON 时）接通一个扫描周期。Y002 在 X002 的下降沿时刻（由 ON 变为 OFF 时）接通一个扫描周期。

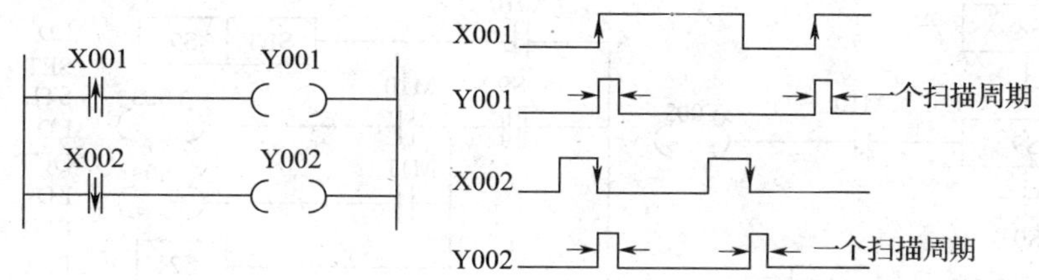

图 2—23　LDP、LDF 指令程序和时序图

4. 步进指令

FX 系列 PLC 在 SFC 程序总体结构和流程确定后，需要通过步进指令 STL、RET、ZRST 以梯形图的形式编程。

（1）STL 指令

STL 指令是状态母线生成指令，母线用状态元件的触点控制。状态元件的触点闭合，与母线相连的梯形图工作，否则梯形图不工作。为了区分状态元件触点，步进梯形图的状态元件触点采用空心符号表示，如图 2—24 所示。

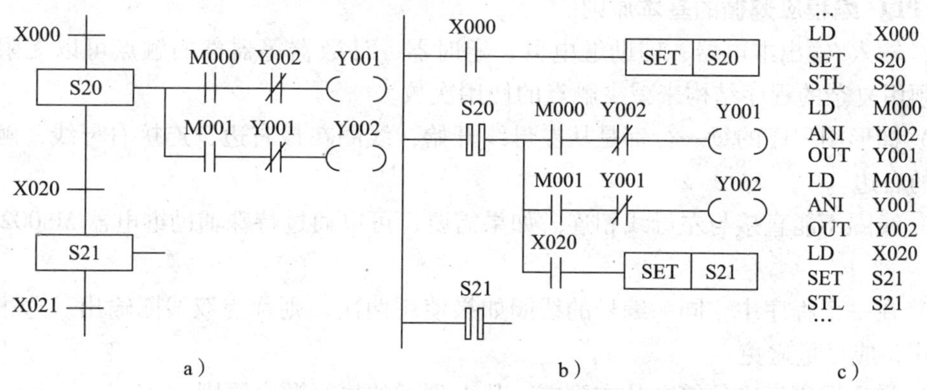

图 2—24　STL 指令的使用
a）SFC 程序　b）步进梯形图程序　c）指令表程序

在图 2—24 中，当 X000 = ON 时，状态 S20 有效，触点 S20 接通，与 S20 触点连接的状态母线接通，Y001 或 Y002 回路工作。在 S20 有效期间，如果 X020 = ON，则状态 S21 有效，触点 S21 接通，并自动断开状态 S20，Y001 或 Y002 回路停止工作。

（2）RET 指令

RET 指令是状态流程结束指令，表明 SFC 程序结束。执行 RET 指令，程序将返回到普通梯形图程序，母线也由状态母线返回到梯形图主母线，如图 2—25 所示。

（3）ZRST 指令

ZRST 指令可用于状态的初始化与复位，通过该指令可将指定范围内的状态元件进行一次性复位，如图 2—26 所示。在图 2—26 中，当 X030 = ON 时，将使状态元件 S0 ~ S127 全部复位。

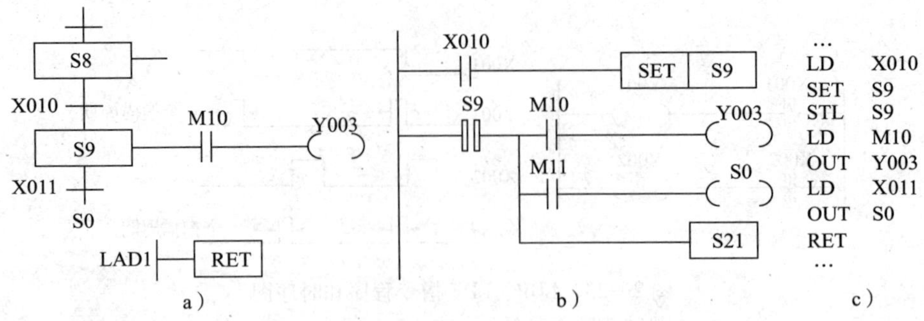

图 2—25 RET 指令的使用

a）SFC 程序 b）步进梯形图程序 c）指令表程序

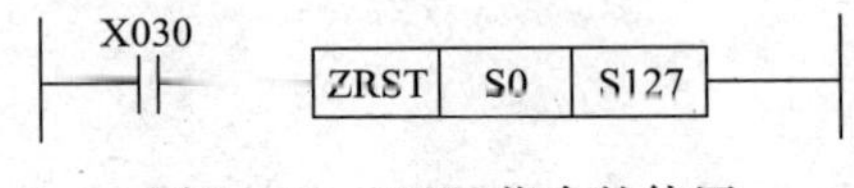

图 2—26 ZRST 指令的使用

四、可编程控制器编程原则和技巧

1. PLC 编程应遵循的基本原则

（1）输入/输出继电器、辅助继电器、定时器、计数器等器件的触点可以无限制的使用，无须用复杂的程序结构来减少触点的使用次数。

（2）梯形图程序的每一行都是从左母线开始，线圈在最右边，连接右母线，触点不能在线圈的右边。

（3）线圈不能直接与左母线相连。如果需要，可以通过特殊辅助继电器 M8002 的触点来连接。

（4）在一个程序中，同一编号的线圈如果使用两次，则称为双线圈输出。这很容易引起误操作，应尽量避免。

（5）梯形图程序必须符合从左到右、从上到下的执行顺序原则。

（6）在梯形图程序中串联触点使用的次数没有限制，两个及两个以上的线圈可以并联使用，但不能串联使用。

（7）梯形图程序应遵循"上重下轻、左重右轻"的原则，这样的梯形图程序美观整洁，符合结构化程序设计的要求。

2. 编辑 PLC 梯形图程序时应掌握的编程技巧

（1）串联触点较多的程序应编在上方，如图 2—27 所示。

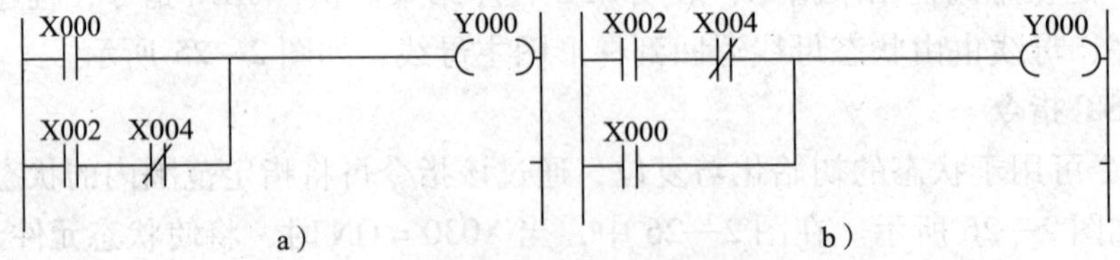

图 2—27 编程技巧（1）梯形图程序说明

a）程序设计安排不当 b）程序设计安排得当

（2）并联触点多的程序应放在梯形图程序的左侧，如图2—28所示，图2—28b比图2—28a省去了ORB和ANB指令。若有几个并联电路相串联时，应将触点最多的并联电路放在最左边。

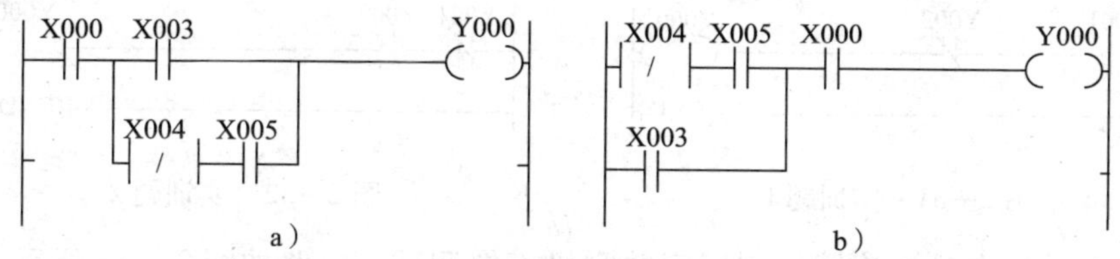

图2—28　编程技巧（2）梯形图程序说明

a）电路安排不当　b）电路安排得当

（3）对复杂电路的处理。

如图2—29a所示的梯形图程序是一个桥式电路，不能对它直接编程，必须编辑为如图2—29b所示的程序才可进行编程。

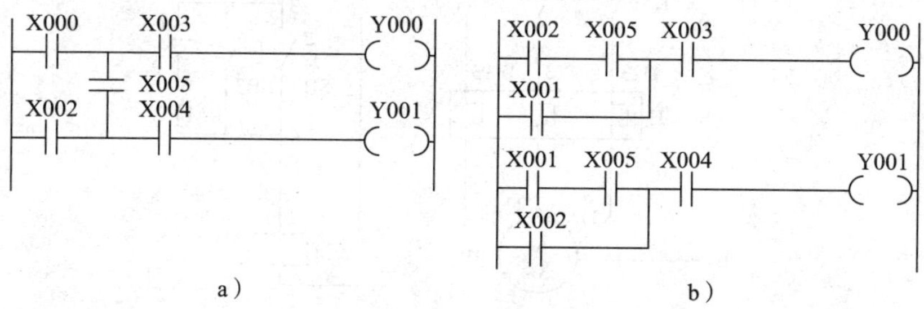

图2—29　编程技巧（3）梯形图程序说明

（4）如果梯形图程序构成的电路结构比较复杂，用ANS、ORS等指令难以解决，可重复使用一些触点画出它的等效电路，然后再进行编程就比较容易了，如图2—30所示。

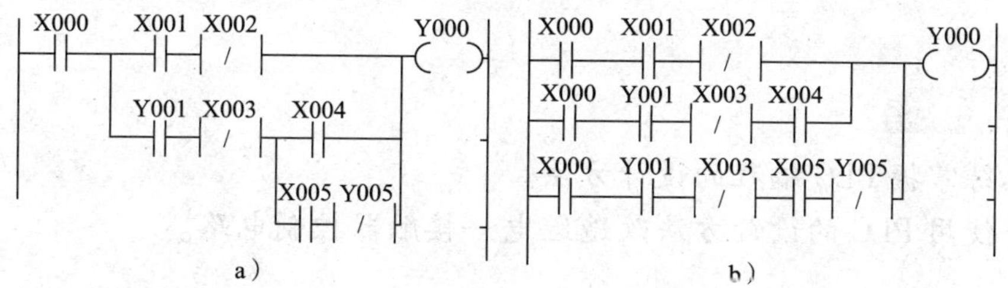

图2—30　编程技巧（4）梯形图程序说明

五、实训操作

1．在PLC实训室观察PLC控制的模拟板电路，操作GX Developer编程软件，体会PLC控制技术和继电—接触器控制方式的区别。

2．输入图2—31所示的PLC程序，并联机调试。

3．在图2—28的基础上，练习梯形图元件的删除、插入，如图2—32所示。

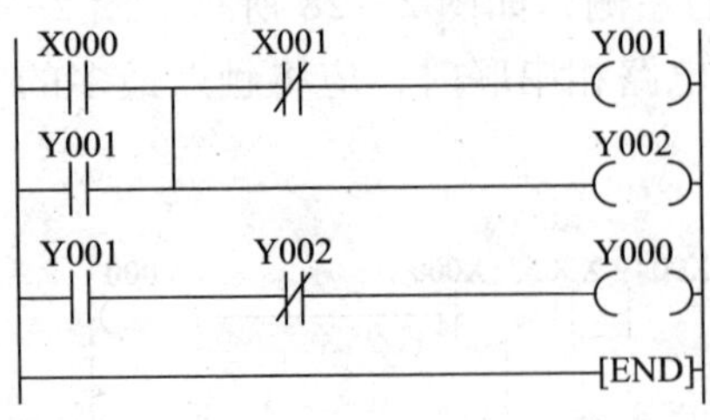

图 2—31　实训题 1

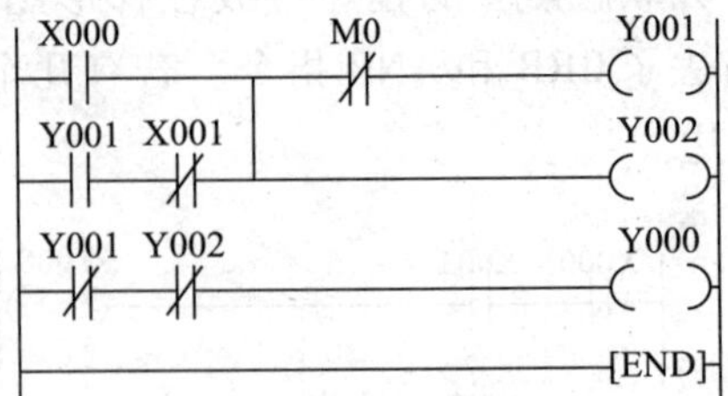

图 2—32　实训题 2

4. 编辑电动机点动与连续控制程序并联机模拟调试，电路如图 2—33 所示。

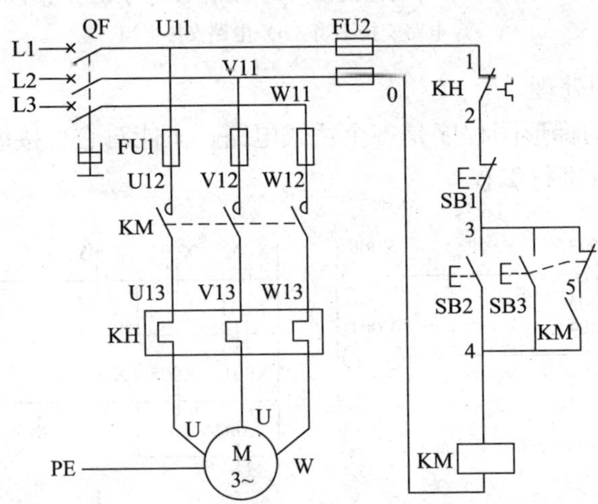

图 2—33　电动机点动与连续控制电路图

课题 2　可编程控制器程序的设计方法

1. 熟练掌握 PLC 编程的设计方法。
2. 会使用 PLC 的设计方法改造继电—接触器控制电路。

PLC 梯形图程序设计是采用编程语言描述控制任务的过程。PLC 程序设计常采用的方法有经验设计法和顺序功能图设计法。

一、程序的经验设计法

使用这种方法设计程序，要经过反复的修改和完善才能符合控制要求，且要求设计者具有丰富的设计经验，熟悉基本的控制程序。

1. 基本方法

经验设计法延续了传统的继电器电气原理图的设计方法，是在一些典型程序的基础上，根据控制系统的具体要求，经过多次反复地调试、修改和完善，最后得到一个较为满意结果的方法。用经验设计法设计程序时，可以参考一些基本电路的梯形图程序或以往的一些编程经验，但这一般仅适用于控制要求简单的梯形图程序设计。

2. 设计步骤

（1）在明确了系统的控制要求后，合理地为控制系统中的信号分配 I/O 接口地址，并绘制出 I/O 地址分配表。

（2）对于一些控制要求比较简单的输出信号，可直接写出它们的控制条件，并按照自锁电路的编程方法完成相应的输出信号编程；对于控制条件较复杂的输出信号，可借助辅助继电器来编程。

（3）对于较复杂的控制，要正确分析其控制要求，明确各输出信号的关键控制点。在以空间位置为主的控制中，关键点为引起输出信号状态改变的位置点；在以时间为主的控制中，关键点为引起输出信号状态改变的时间点。

（4）确定了关键点后，按照编程方法或基本程序的梯形图，画出各输入、输出信号的梯形图。

（5）在完成关键点梯形图的基础上，针对系统的控制要求，画出其他信号的梯形图。

（6）审查以上梯形图并更正错误、补充遗漏的功能，进行最后的优化。

3. 经验设计法举例

例 1：将电动机自耦降压启动控制线路改造为 PLC 控制。电动机自耦降压启动控制线路原理如图 2—34 所示。

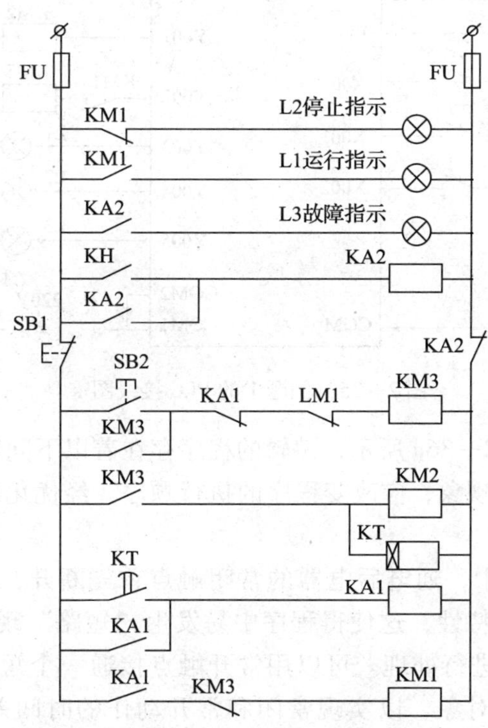

图 2—34　电动机自耦降压启动控制电路图

（1）分析电路的工作原理。启动时按下启动按钮 SB2，KM3 接通并自锁，KM2 和 KT 通电，电动机进行降压启动。经过延时后 KA1 接通，KM3、KM2 断开，KM1 通电，电动机全压运行，完成自耦降压启动。当按下停止按钮 SB1 时，KM1 复位，电动机停止运行。图 2—34 中，L1 为运行指示灯，L2 为停止指示灯，L3 为过载故障指示灯。当系统发生过载故障时，KH 闭合，KA2 接通自锁，L3 指示灯接通报警，同时断开 KM1，电动机停止运行。

（2）确定 PLC 的 I/O 地址，见表 2—3。

表 2—3　　PLC 的 I/O 地址分配表

输入地址		输出地址	
热继电器 KH	X000	交流接触器 KM1	Y000
停止按钮 SB1	X001	交流接触器 KM2	Y001
启动按钮 SB2	X002	交流接触器 KM3	Y002
		运行指示灯 L1	Y003
		停止指示灯 L2	Y004
		故障报警指示灯 L3	Y005

（3）绘制 PLC 控制系统的 I/O 接线图。PLC 控制的接线如图 2—35 所示。

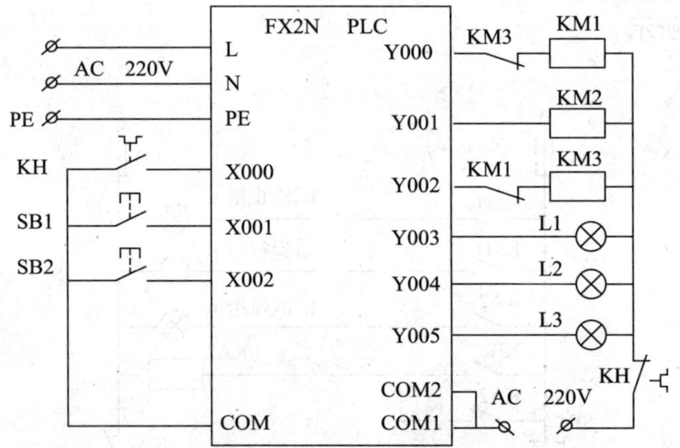

图 2—35　例题 1 的 PLC 接线图

（4）程序编辑。如图 2—36a 所示，编辑的程序存在着以下问题：①触点处于母线上；②存在输入/输出后的滞后现象，应改变程序的执行顺序。经优化后的程序如图 2—36b 所示。

在继电—接触器系统中，通电后电器的常闭触点首先断开，然后常开触点闭合；而在 PLC 的程序中没有这一特性，这使得程序中易发生“短路”现象，降低了程序的可靠性，因此，在梯形图中要进行处理。可以用常开触点接通一个短延时的定时器，再用定时器的常开触点接通控制对象，以实现常闭和常开动作的时间差。如图 2—34b 中所示的定时器 T1。

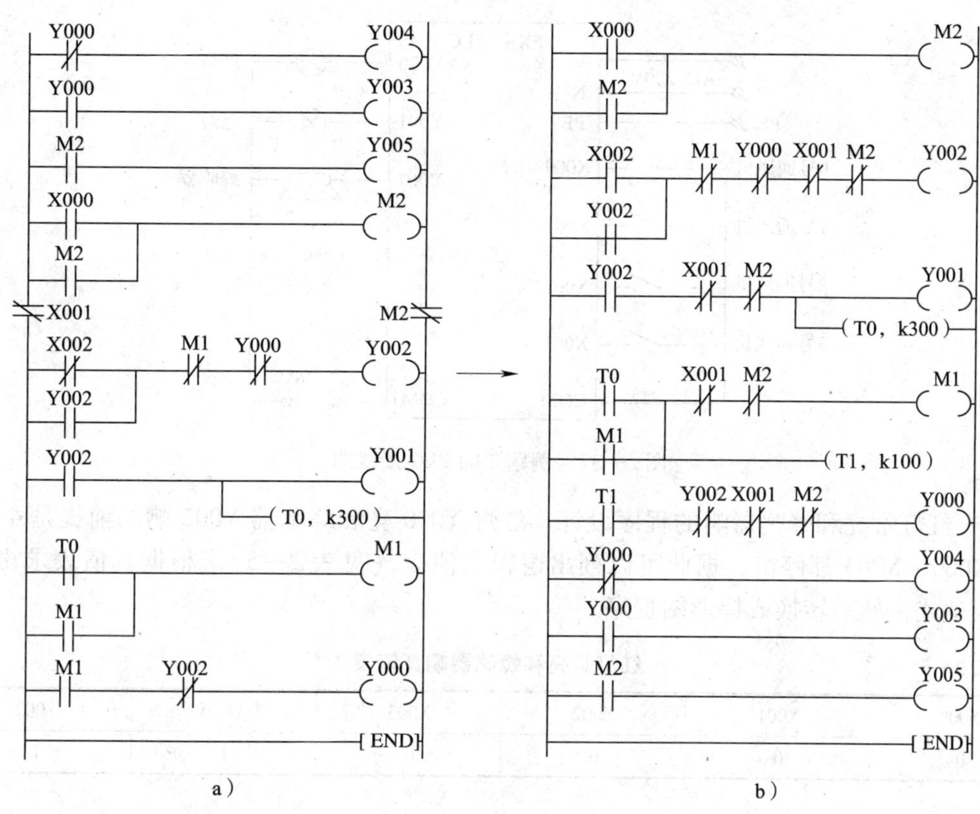

图 2—36 例题 1 的梯形图程序

例 2：某矿井通风系统有 4 台通风机，要求在以下几种运行状态下发出不同的信号。①3 台及 3 台以上开机时，绿灯常亮；②2 台开机时，绿灯以 10 Hz 的频率闪烁；③1 台开机时，红灯以 10 Hz 的频率闪烁；④全部停机时，红灯常亮，蜂鸣器尖叫。请设计 PLC 控制系统的程序。

（1）确定 PLC 的 I/O 地址。设定 4 台通风机的编号分别为 0#、1#、2#、3#，对应的输入信号为 X000、X001、X002、X003，输出信号为红灯 Y000、绿灯 Y001、蜂鸣器 Y002，I/O 地址分配见表 2—4。

表 2—4　　PLC 的 I/O 地址分配表

输入地址				输出地址		
通风机 0#	通风机 1#	通风机 2#	通风机 3#	红灯	绿灯	蜂鸣器
X000	X001	X002	X003	Y000	Y001	Y002

（2）绘制 PLC 控制系统的 I/O 接线图，PLC 控制的接线如图 2—37 所示。

（3）作真值表和逻辑表达式，转换成梯形图程序。设定对应输入/输出信号各种状态的逻辑值如下：

通风机开机为“1”，停机为“0”；灯亮为“1”，灯灭为“0”；蜂鸣器响为“1”，不响为“0”。

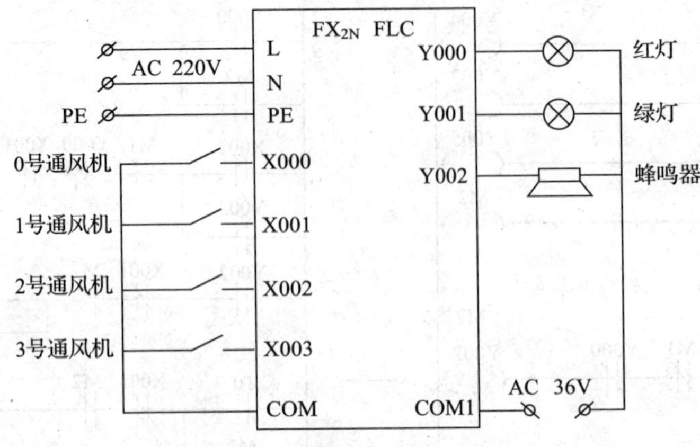

图 2—37 例题 2 的 PLC 接线图

1）红灯常亮和蜂鸣器响的程序设计。红灯 Y000 亮和蜂鸣器 Y002 响的前提是 4 台通风机 X000～X003 都停机，据此可以列出逻辑真值表（见表 2—5）。根据真值表求出 I/O 逻辑表达式，然后转换成梯形图程序。

表 2—5 **红灯常亮和蜂鸣器响真值表**

X000	X001	X002	X003	Y000	Y002
0	0	0	0	1	1

逻辑表达式延长：$Y0=\overline{X0}\cdot\overline{X1}\cdot\overline{X2}\cdot\overline{X3}$　　$Y2=\overline{X0}\cdot\overline{X1}\cdot\overline{X2}\cdot\overline{X3}$

转换为如图 2—38 所示的梯形图：

X000 X001 X002 X003 Y001 Y002

图 2—38 红灯常亮和蜂鸣器响的梯形图程序

2）绿灯常亮的程序设计。绿灯 Y1 亮的前提是 3 台或 3 台以上的通风机开机，将所有的组合排列出来便可以得到真值表（见表 2—6），再根据真值表求出 I/O 逻辑表达式，并将化简后的逻辑表达式转换成梯形图程序。

表 2—6 **绿灯常亮真值表**

X000	X001	X002	X003	Y001
1	1	1	1	1
0	1	1	1	1
1	0	1	1	1
1	1	0	1	1
1	1	1	0	1

逻辑表达式：$Y1 = X0 \cdot X1 \cdot X2 \cdot X3 + \overline{X0} \cdot X1 \cdot X2 \cdot X3 + X0 \cdot \overline{X1} \cdot X2 \cdot X3 + X0 \cdot X1 \cdot \overline{X2} \cdot X3 + X0 \cdot X1 \cdot X2 \cdot \overline{X3}$

逻辑表达式化简后：$Y1 = X0 \cdot X1 \cdot (X2 + X3) + X2 \cdot X3 \cdot (X0 + X1)$

转换为如图 2—39 所示的梯形图：

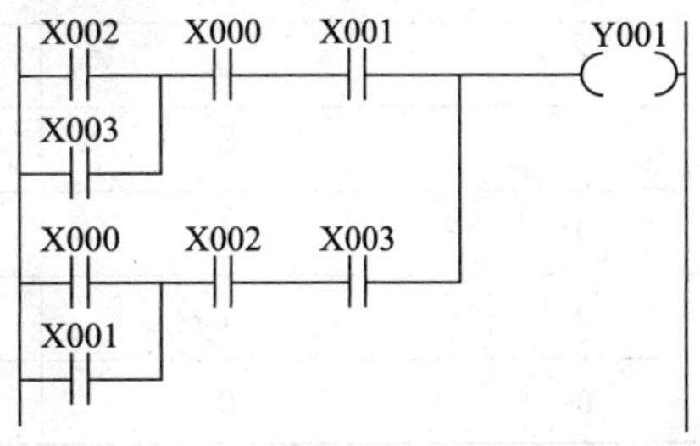

图 2—39　绿灯常亮的梯形图程序

3）红灯闪烁的程序设计。红灯 Y000 闪烁的条件是只有 1 台通风机开机就行，因此，有四种组合情况。要使红灯以 10 Hz 的频率闪烁，可以借助 0.1 s 的时钟特殊继电器 M8012，将真值表（见表 2—7）化成逻辑表达式，再将化简后的逻辑表达式转换成梯形图程序。

表 2—7　**红灯闪烁真值表**

X000	X001	X002	X003	Y000
1	0	0	0	1
0	1	0	0	1
0	0	1	0	1
0	0	0	1	1

逻辑表达式：$Y0 = X0 \cdot \overline{X1} \cdot \overline{X2} \cdot \overline{X3} + \overline{X0} \cdot X1 \cdot \overline{X2} \cdot \overline{X3} + \overline{X0} \cdot \overline{X1} \cdot X2 \cdot \overline{X3} + \overline{X0} \cdot \overline{X1} \cdot \overline{X2} \cdot X3$

逻辑表达式化简后：

$$Y0 = \overline{X0} \cdot \overline{X1} \cdot (\overline{X2} \cdot X3 + X2 \cdot \overline{X3}) + \overline{X2} \cdot \overline{X3} \cdot (\overline{X0} \cdot X1 + X0 \cdot \overline{X1})$$

M8012 特殊继电器能产生 0.1 s，即 10 Hz 的脉冲，$Y0 = Y0 \cdot M8012$。

转换为如图 2—40 所示的梯形图：

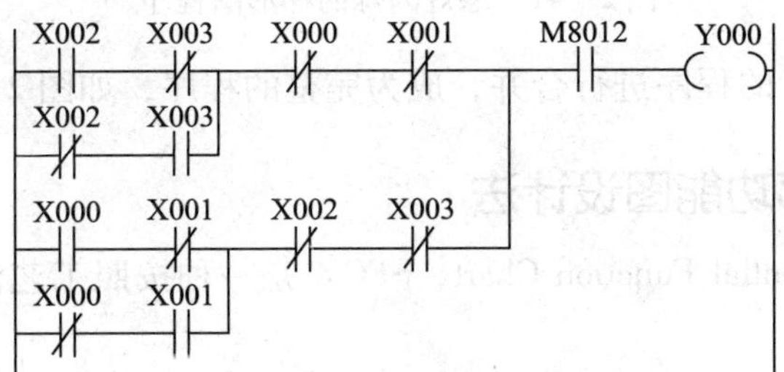

图 2—40　红灯闪烁的梯形图程序

4）绿灯闪烁的程序设计。

当 2 台通风机开机时，要求绿灯闪烁。因此，绿灯闪烁的组合情况最复杂，有六种形式。将所有的组合排列出来便可以得到真值表（见表 2—8），要使绿灯以 10 Hz 的频率闪烁，可以借助 0.1 s 的时钟特殊继电器 M8012，将真值表化成逻辑表达式，再将化简后的逻辑表达式转换成梯形图程序。

表 2—8　　绿灯闪烁真值表

X000	X001	X002	X003	Y001
1	1	0	0	1
1	0	1	0	1
1	0	0	1	1
0	1	1	0	1
0	1	0	1	1
0	0	1	1	1

逻辑表达式：$Y1 = X0 \cdot X1 \cdot \overline{X2} \cdot \overline{X3} + X0 \cdot \overline{X1} \cdot X2 \cdot \overline{X3} + X0 \cdot \overline{X1} \cdot \overline{X2} \cdot X3 + \overline{X0} \cdot X1 \cdot X2 \cdot \overline{X3} + \overline{X0} \cdot X1 \cdot \overline{X2} \cdot X3 + \overline{X0} \cdot \overline{X1} \cdot X2 \cdot X3$

逻辑表达式化简后：$Y1 = (\overline{X0} \cdot X1 + X0 \cdot \overline{X1}) \cdot (\overline{X2} \cdot X3 + X2 \cdot \overline{X3}) + \overline{X0} \cdot \overline{X1} \cdot X2 \cdot X3 + X0 \cdot X1 \cdot \overline{X2} \cdot \overline{X3}$

M8012 特殊继电器能产生 0.1 s，即 10 Hz 的脉冲，$Y1 = Y1 \cdot M8012$。

转换为如图 2—41 所示的梯形图：

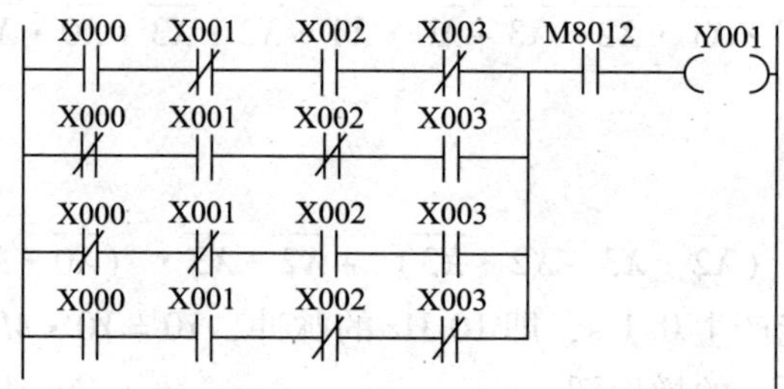

图 2—41　绿灯闪烁的梯形图程序

5）将以上单独设计的程序进行合并，成为完整的程序，如图 2—42 所示。

二、程序的顺序功能图设计法

顺序功能图（Sequential Function Chart，SFC）是一种按照工艺流程图进行编程的图形编程语言。

顺序功能图设计法仅适用于顺序控制系统。顺序控制功能图设计程序的方法易被初学者接受和掌握，设计的程序规范、直观、易阅读，也便于修改和调试。FX 系列的 PLC 专为功能图设计法设置了步进控制指令编程，使顺序功能图设计法更加简便。

SFC 的基本设计思想是：设计者按照生产工艺的要求，将机械动作的一个工作周期划分为若干个工作阶段（简称为“步”），并明确每一步所要执行的输出，步与步之间通过指定的条件进行转换。因此，只需要通过正确连接步与步之间的转换，便可以完成全部的动作。

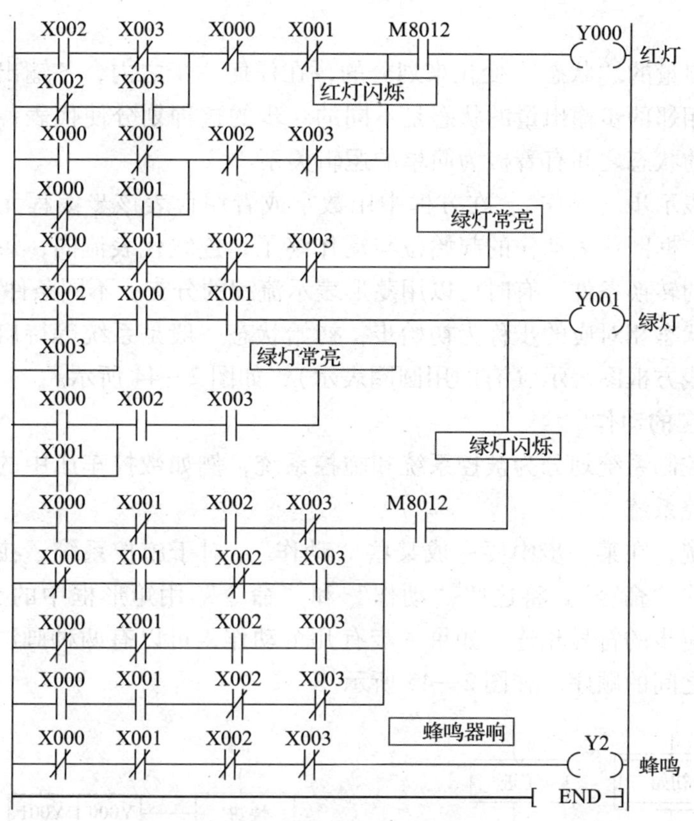

图 2—42 例题 2 的梯形图程序

在设计 SFC 程序时，编程人员只需要确定每一步所需要的输出及步与步之间的转换条件，运用最简单的基本指令，便可以完成程序的设计。不像只使用基本指令编辑梯形图程序那样，需要考虑信号之间复杂的逻辑关系。该方法对设计人员的要求相对较低，便于 PLC 的普及和推广。

1. 顺序功能图的组成

顺序功能图主要由步、有向连线、转换条件和动作（或命令）等组成，如图 2—43 所示。

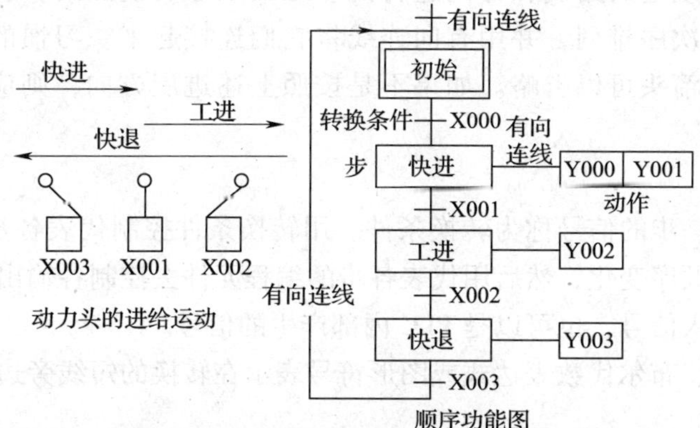

图 2—43 顺序功能图程序的构成

（1）步

步是根据输出量的“状态”变化来划分的，在任何一步之内，各输出量的 ON/OFF 状态都不变，但是相邻两步输出量的状态是不同的。步的这种划分使代表各步的编程元件的状态与各输出量的状态之间有着极为简单的逻辑关系。

用矩形方框表示步（动作），在方框中用数字或者用代表该步编程元件的地址表示该步的编号；双线方框图代表动作的起始位与动作终了；连线代表流向；短横线代表一个动作到另一个动作的转换条件。有时可以用菱形表示流程的分支，不同条件有不同的流向。

与系统初始状态相对应的步称为初始步，初始状态一般是系统等待启动命令时的相对静止状态。用双线方框图表示（有的用圆圈表示），如图 2—44 所示。

（2）与步对应的动作

可以将一个控制系统划分为被控系统和施控系统，例如数控车床中的数控装置是施控系统，车床是被控系统。

对于被控系统，在某一步中要完成某些“动作”；对于施控系统，在某一步中则要向被控系统发出某些“命令”。将这些“动作”和“命令”用矩形框中的文字或符号表示，该矩形框应与相应步的符号相连。如果一步有几个动作，可以有两种画法，但是画法中并不隐含这些动作之间的顺序。如图 2—45 所示。

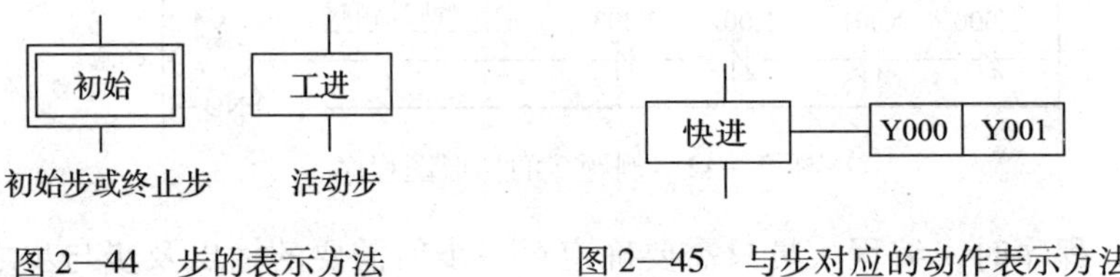

图 2—44 步的表示方法　　图 2—45 与步对应的动作表示方法

当系统正处于某一步所在的阶段时，该步处于活动状态，称其为“活动步”，则相应的动作被执行；当该步处于不活动状态时，相应的动作被停止执行。

（3）有向连线

在顺序功能图中，随着时间的推移和转换条件的实现，将会发生步的活动状态的进展，这种进展是按照有向连线规定的路线和方向进行的。在画顺序功能图时，将代表各步的方框按它们活动步的先后次序排列，并用有向连线将它们连接起来。习惯的进展方向是从上而下，从左到右，其箭头可以省略。如果不是按照上述进展方向，则应标出箭头方向。

（4）转换条件

使系统由当前步进入到下一步的信号称为转换条件。用转换条件控制代表各步的编程元件，让它们的状态按一定的顺序变化，然后用代表各步的编程元件去控制各输出位。

转换条件可以是外部的输入信号，也可以是 PLC 内部产生的信号。

转换条件可以用文字语言、布尔代数表达式或图形符号表示在转换的短线旁边。

2. 顺序功能图程序的特点

SFC 编程是一种基于控制流程的 PLC 编程方法，目前没有统一的格式与标准。为了保持传统梯形图的特点，又能体现 SFC 程序设计的思路，FX 系列 PLC 采用步进指令（STL）

表示的编程方法。这一编程方法具有 SFC 程序设计的特点，即程序的执行过程都是根据条件、按要求的工作步进行的。而在每一步的具体动作上，又采用了梯形图的形式编程，故称其为“步进梯形图”。

SFC 程序在执行时，只有始终处于工作状态的步（称为“活动步”），才能进行逻辑处理与状态输出，其余不工作的步（称为“非活动步”）的全部指令和输出均无效。

3．顺序功能图的结构

（1）单向结构

由一系列相继激活的步组成，每一步后仅有一个转换，每一个转换后只有一个步。如图 2—46a 所示。

（2）选择结构

选择结构的开始称为分支，转换符号只能标在连线之下。如果满足 Y，则向下执行；如果满足 N，则选择分支执行。选择结构的结束称为合并。如图 2—46b 所示。

（3）并行结构

并行结构的开始称为分支，当转换的实现导致几个结构同时激活时，这些结构称为并行结构。为了强调转换的同步实现，水平连线用双线表示。最后，当转换条件满足时，才会发生合并，如图 2—46c 所示。

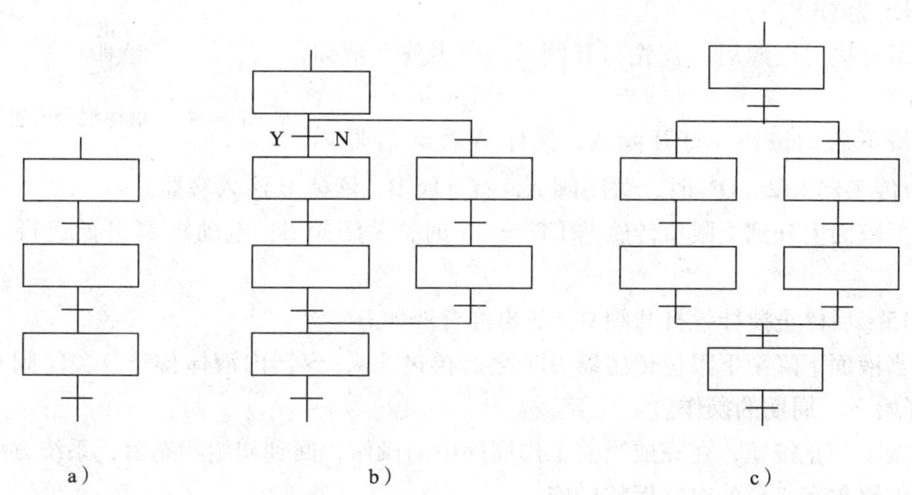

图 2—46　顺序功能图的结构

a）单向结构　b）选择结构　c）并行结构

4．顺序功能图中转换实现的基本规则

（1）转换实现的条件

步的活动状态的进展是由转换的实现来完成的。转换的实现必须满足两个条件：该转换所有的前级步都是活动步；相应的转换条件得到满足。

（2）转换实现应完成的操作

应完成两个操作：

1）使所有由有向连线与相应转换符号相连的后续步都变为活动步。

2）使所有由有向连线与相应转换符号相连的前级步都变为非活动步。

转换实现的基本规则是根据顺序功能图设计梯形图的基础。

5. 绘制顺序功能图的注意事项

（1）两步不能直接相连，必须用一个转换将它们隔开。

（2）两个转换也不能直接相连，必须用一个步将它们隔开。

（3）顺序功能图中的初始步一般对应于系统等待启动的初始状态，是必不可少的。

（4）自动控制系统应能多次重复执行同一工艺过程，因此，在顺序功能图中一般应有由步和有向连线组成的闭环，即在完成一次工艺过程后将从最后一步返回到初始步。

（5）在顺序功能图中，只有当某一步的前级是活动步时，该步才有可能变成活动步。

6. 顺序功能图设计法举例

例 3：液体混合装置示意图如图 2—47 所示，适用于如饮料的生产、酒厂的配液、农药厂的配比等控制。控制要求如下：

1）下限位、中限位和上限位的液位传感器被液体淹没时为 ON。阀 A、阀 B 和阀 C 为电磁阀，线圈通电时打开，线圈断电时关闭。开始时容器是空的，各阀门均关闭，各传感器均为 OFF。

2）系统接通电源后，首先打开阀 C，放出残余液体，5 s 后关闭。

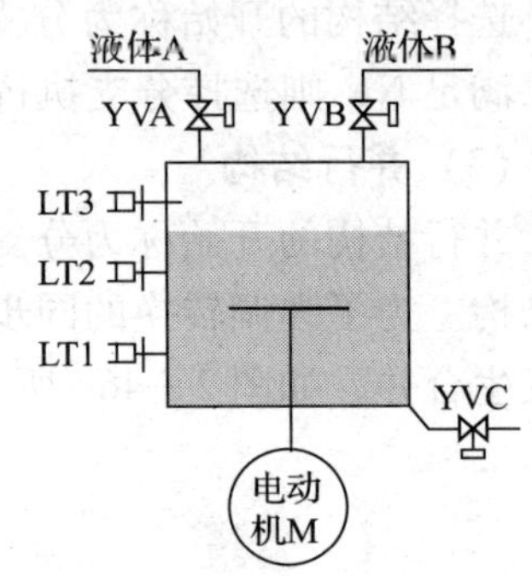

图 2—47　液体混合装置示意图

3）按下启动按钮，打开阀 A，液体 A 注入容器内。当中限位传感器 LT2 = ON 时，关闭阀 A，打开阀 B，液体 B 注入容器。

4）当液面上升到上限位传感器 LT3 = ON 时，关闭阀 B，电动机 M 开始运行，搅拌液体。

5）15 s 后停止搅拌，打开阀 C，放出混合液体。

6）当液面下降至下限位传感器 LT1 之后再过 5 s，容器内液体排空，关闭阀 C，打开阀 A，开始下一周期的操作。

7）按下停止按钮，在完成当前工作周期中的操作，回到初始状态后，系统方可停止。

8）电路须有必要的电气保护措施。

利用顺序功能图设计的方法和步骤如下：

（1）分析控制要求，确定 PLC 的 I/O 地址（见表 2—9）。

表 2—9　　PLC 的 I/O 地址分配表

输入地址		输出地址	
启动按钮 SB1	X000	YVA/电磁阀 A	Y000
停止按钮 SB2	X001	YVB/电磁阀 B	Y001
液位传感器 LT3	X002	YVC/电磁阀 C	Y002
液位传感器 LT2	X003	交流接触器 KM	Y003
液位传感器 LT1	X004		

（2）绘制 PLC 控制系统的 I/O 接线图。PLC 控制的接线如图 2—48 所示。

（3）根据控制要求，画出顺序功能图。依据题意，顺序功能图可以分解为七步，如图 2—49 所示。

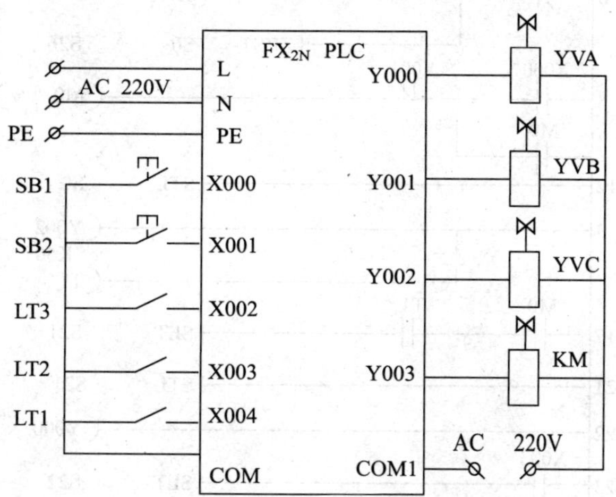

图 2—48 液体混合装置 PLC 控制接线图

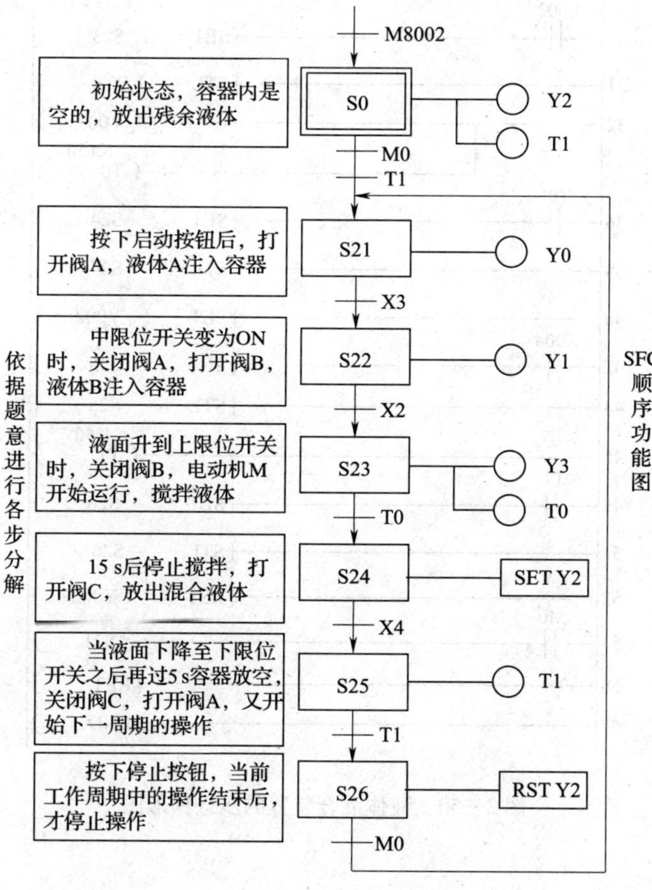

图 2—49 液体混合装置控制顺序功能图

（4）根据顺序功能图，编辑相应的步进梯形图程序，如图 2—50 所示。

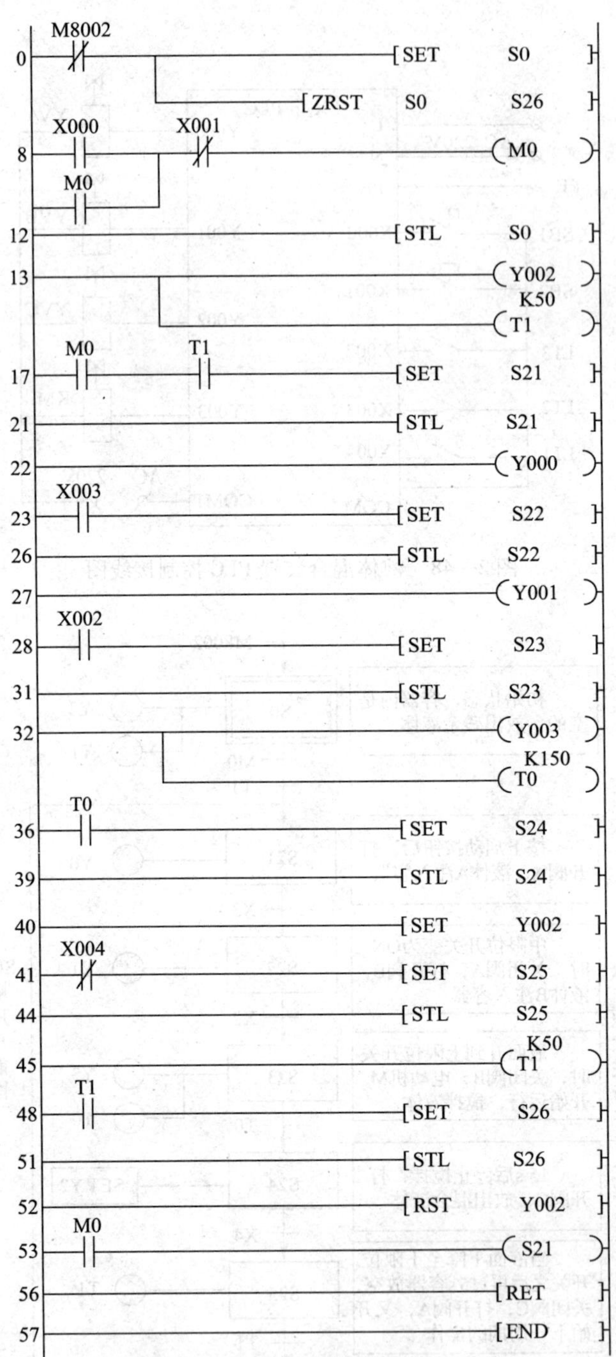

图 2—50　液体混合装置的步进梯形图

三、实训操作

实训项目：十字路口交通信号灯 PLC 控制的程序设计

1. 系统控制要求

十字路口交通信号灯控制如图 2—51 所示。当合上开关 K 后，东西方向机动车道的绿灯 L1 首先亮 8 s 后熄灭，然后黄灯 L2 亮 2 s 后熄灭，接着红灯 L3 亮 10 s 后熄灭，再接着绿灯 L1 亮进行下一个循环。与此同时，东西方向人行横道的绿灯 L21 亮 10 s 后熄灭，接着红灯 L23 亮 10 s 后熄灭，如此不断循环。对应于东西方向机动车道和人行横道，南北方向机动车道的红灯 L6 首先亮 10 s 后熄灭，然后绿灯 L4 亮 8 s 后熄灭，接着黄灯 L5 亮 2 s 后熄灭，再接着红灯 L6 亮进行下一个循环。与此同时，南北方向人行横道的红灯 L26 亮 10 s 后熄灭，接着绿灯 L24 亮 10 s 后熄灭，如此不断循环。断开控制开关 K 后，所有的信号灯熄灭。

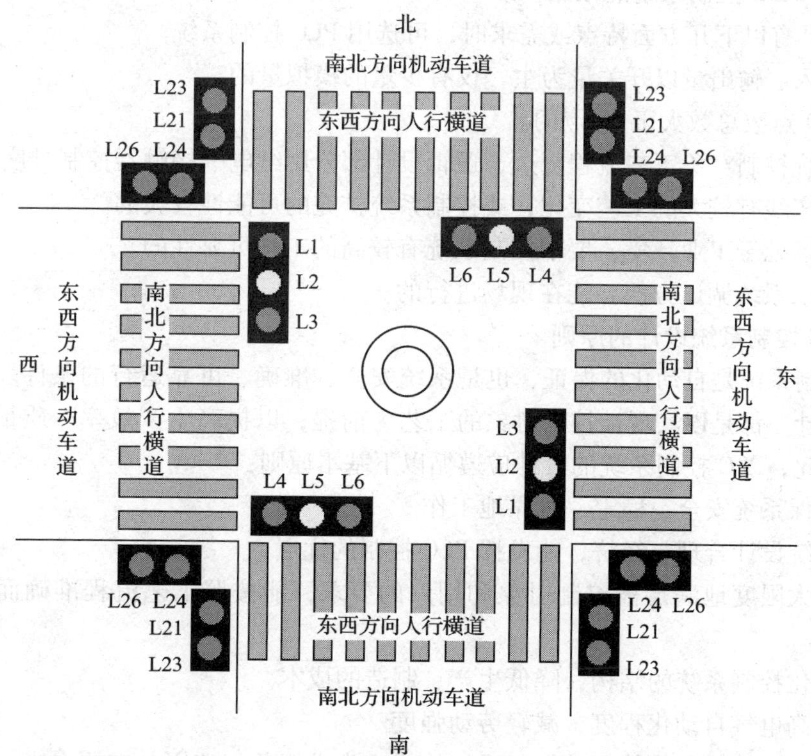

图 2—51　十字路口交通信号灯控制

2. 编程要求

（1）分别利用经验设计法和顺序功能图设计法设计、编辑程序。

（2）按照确定 PLC 的 I/O 地址、绘制 PLC 接线图、编辑程序、模拟调试、写出指令表这 5 个步骤依次完成。

课题 3　可编程控制系统的设计及装调

学习目标

1. 掌握安装、调试 PLC 控制系统的方法。
2. 熟悉系统设计步骤，根据控制要求能设计系统软件和硬件电路。
3. 正确安装并调试系统电路。

一、可编程控制系统的设计

1. 选用 PLC 控制系统的依据

当系统具有以下几方面特点或需求时，可选用 PLC 控制系统。

（1）输入、输出量以开关量为主，仅有少量的模拟量的。

（2）I/O 点数总数大于 10 点的。

（3）系统控制对象工艺流程复杂，逻辑设计部分用继电—接触器控制难度大的。

（4）生产线有较大的工艺变化，或控制系统扩充的可能性较大的。

（5）现场处于工业环境，要求控制系统有较高的工作可靠性的。

（6）要求系统调试方便，能在现场进行的。

2. PLC 控制系统设计的原则

电气控制系统是自动化的保证，也是系统安全、准确、可靠运行的条件。任何一个控制系统的设计，都是以实现被控制对象的工艺为前提，以提高生产效率、质量和生产安全为准则。因此，PLC 控制系统的设计应遵循以下基本原则：

（1）确保系统安全、稳定、可靠地工作。

（2）系统设计合理、经济，能发挥 PLC 控制的优点。

（3）最大限度地满足被控制对象和用户的要求，能按照工艺流程准确而且可靠地工作。

（4）简化控制系统的结构，降低生产、制造的成本。

（5）提高电气自动化程度，减轻劳动强度。

（6）改善系统的操作使用性能，系统构成应力求简单、实用、方便维修。

（7）要考虑到今后发展和工艺进步的需要，在配置硬件时留有一定的裕量。

3. PLC 控制系统设计的步骤

PLC 控制系统的设计可以按照如图 2—52 所示的步骤进行。

（1）工艺分析

必须对控制对象进行调查，搞清楚控制对象的工艺过程、工作特点，明确划分控制的各个阶段、各阶段的特点以及相互间的转换条件，画出完整的功能表图和控制流程图。

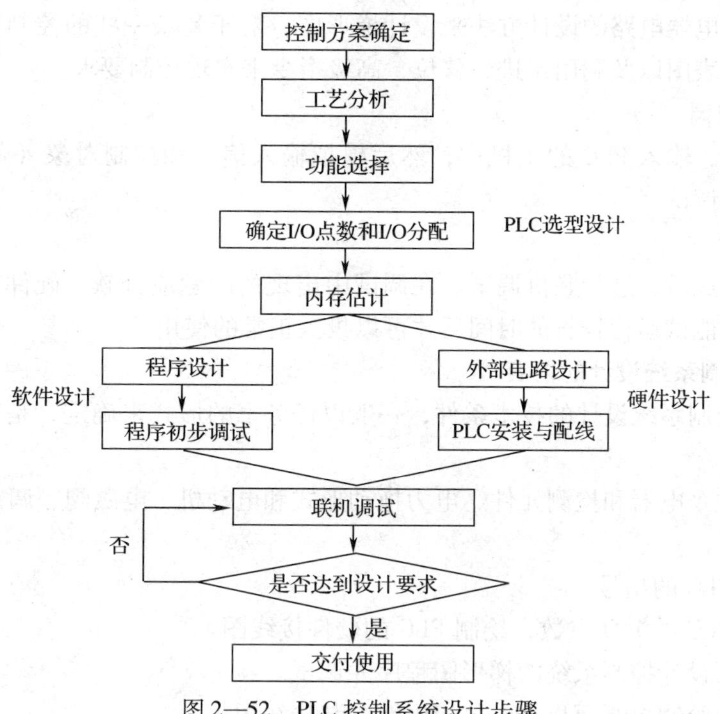

图 2—52　PLC 控制系统设计步骤

（2）机型选择

1）功能选择

根据控制系统的功能需求进行选择，应考虑 I/O 的扩展、高级模块的应用，切忌出现“大材小用”和“小马拉大车”的情况。

2）I/O 点数确定

根据控制系统所需要的开关量、模拟量的 I/O 点数，选择 PLC 的 I/O 点数和种类。

3）内存估计

根据系统的 I/O 点数、控制要求、编程者的水平等条件确定用户程序所需要的内存容量。

4）工业现场调查

调查内容主要包括：环境的温度和湿度；PLC 机架的振动和冲击情况；环境内的电磁干扰情况；环境内有无腐蚀气体和过量粉尘；供电的电源情况等。

（3）硬件设计

包括外部电路的设计，绘制电气控制系统的装配图和总接线图，设计组件装配图和接线图，以及 PLC 的安装和配线。

进行硬件设计时应注意以下几点：

1）PLC 系统布线时应将动力线与信号线分开，将模拟信号传输线与脉冲信号传输线分开。对于传输距离较远的信号，应考虑其信号损失、变形、干扰等意外因素。

2）PLC 的电源供电需要设计一定的顺序。应是 PLC 先得电，动力部分后得电；断电时相反。因为所有的控制信号都是先由 PLC 发出，一些故障也需要 PLC 先做出判断。

（4）程序设计

主要任务是根据控制要求，把工艺流程图转换为梯形图。对于一些简单的控制要求，可以采用类似继电器电路的设计方法来设计梯形图。对于复杂一些的控制要求，应按照工艺流程图的功能表图以及利用步进、移位、高级指令来实现控制要求。

（5）程序初调

程序编好后，输入 PLC 的主机中，然后模拟输入信号和控制对象（例如指示灯等），进行程序功能的调试。

（6）联机调试

以上工作完成后，进行联机调试。在调试中出现的问题应分软、硬件对症下药。调试好的程序应尽可能试运行较长的时间后才可以投入正常的使用。

4．PLC 控制系统设计的内容

（1）制定控制系统设计的技术条件，一般以任务书的形式来确定，是整个系统设计的依据。

（2）选配主令电器和检测元件、电力拖动形式和电动机、电磁阀、调节阀等 PLC 输出信号的控制对象。

（3）选择 PLC 的型号。

（4）分配 PLC 的 I/O 点数，绘制 PLC 的硬件接线图。

（5）编辑、设计控制系统的梯形图程序并调试。

（6）设计并绘制控制面板、电气柜以及安装接线图等。

（7）编写设计说明书和使用说明书。

二、可编程控制系统的现场安装

可编程控制系统现场安装并不复杂，主要是需要特别注意一些事项。

1．PLC 现场安装通用注意事项

在进行系统现场安装之前，需要考虑安装环境是否满足 PLC 使用环境的要求，这一点可以参考各类产品的使用手册。无论什么 PLC 都要避开下列场所：

（1）有腐蚀和易燃气体的，例如氯化氢、硫化氢等。

（2）阳光直接照射的。

（3）相对湿度超过 85% 或者存在露水凝聚的（由温度突变或其他因素所引起的）。

（4）环境温度超出 0～50℃范围的。

（5）油、水、化学物质容易侵入的。

（6）有大量铁屑及灰尘的。

（7）频繁或连续振动，振动大且会造成安装件移位的。

2．控制箱内 PLC 安装位置的注意事项

如果必须要在上述场所中使用，则要为 PLC 制作合适的控制箱，采取规范和必要的防护措施。如果要在野外极低的温度下使用，则可以使用带有加热功能的控制箱。在使用控制箱时，在控制箱内 PLC 安装的位置需要注意以下几点：

（1）控制箱内空气是否通畅（即各装置间必须保持合适的距离），基本单元和扩展单元之间要有 30 mm 以上的间隔。

（2）变压器、电动机控制器、变频器等是否与 PLC 保持适当距离。

（3）动力线与信号控制线分离，为了避免其他外围设备的电干扰，PLC 应尽可能远离高压电源线和高压设备，PLC 与高压设备和电源线之间应留出至少 200 mm 的距离。

（4）组件装设之前要考虑装设位置是否有利于日后的检修。

（5）当可编程控制器垂直安装时，要严防导线头、铁屑等从通风窗掉入可编程控制器内部，造成印制电路板短路，使其不能正常工作甚至永久损坏。

（6）是否预留以后的扩展空间。

（7）对静电要进行隔离。

（8）对于来自电源线的干扰，PLC 本身具有足够的抵制能力。如果电源干扰特别严重，可以安装一个变比为 1∶1 的隔离变压器，以减少设备与地之间的干扰。

（9）良好的接地是保证 PLC 可靠工作的重要条件，可以避免偶然发生的电压冲击危害。接地线与机器的接地端相接，基本单元接地。如果要用扩展单元，其接地点应与基本单元的接地点接在一起。为了抑制加在电源及输入端、输出端的干扰，应给可编程控制器接上专用地线，接地点应与动力设备（如电动机）的接地点分开。若达不到这种要求，也必须做到与其他设备公共接地，禁止与其他设备串联接地。接地点应尽可能地靠近 PLC。

三、可编程控制系统的现场调试

1. PLC 调试前的准备工作

（1）技术资料

1）设备的控制要求和操作步骤。

2）PLC 使用手册和编程手册。

3）PLC 程序。

4）电气控制原理图、元件布置图、接线图。

（2）检查调试工具

1）万用表。

2）笔记本计算机或手持编程器。

3）电工常用工具。

2. PLC 控制系统的联机调试

PLC 的联机调试是检查、优化 PLC 控制系统硬件、软件设计，提高控制系统可靠性的重要步骤。为了防止调试过程中可能出现问题，确保调试工作的顺利进行，联机调试应在完成控制系统的安装、连接、用户程序编制后，按照规定的步骤进行。

尽管在不同场合使用的 PLC 型号、控制对象、控制要求各不相同，但 PLC 控制系统现场调试的基本方法与步骤却是相似的。通常来说，PLC 联机调试主要分为调试前的基本检查、硬件的检查和调试、软件的检查和调试三个阶段。

（1）调试前的基本检查

调试前的基本检查包括 PLC 安装检查、连接检查、电源电压检查等步骤。其中，特别需要注意以下几点：

1）PLC 各输入/输出地址已经正确分配与设定，且 I/O 信号的地址已经做了明确的标记。

2）PLC 必须已经按照要求进行可靠接地，接地系统必须符合规范。

3）确认全部低压 PLC 输入端（如 DC24 V）与高压（如 AC220 V）控制回路间无短路或不正确的连接。

4）确认全部 PLC 的输出无“短路”现象。

以上检查完成后可以进入如下的 PLC 控制系统试运行阶段（包括硬件调试与软件调试两个阶段）。

（2）硬件的检查和调试

系统通电前，必须认真对照设备的要求和图样进行各项检查，尽可能排除安装过程中可能出现的问题。

1）设备的机械部件检查

设备的机械部件检查包括以下四个方面：

①设备的机械部件是否准备就绪，符合运行的要求。

②设备的可动部分是否灵活可靠，位置是否恰当。

③设备的各种开关、传感器动作是否正常，位置是否合理，安装是否可靠。

④设备周围是否留有足够的维修空间。

2）设备的电气部件检查

设备的电气部件检查包括以下十个方面。

①设备的电源电压、频率、接地线、接地电阻是否满足要求。

②电气柜的安装、固定、密封是否良好。

③PLC 模块和控制装置的表面、内部是否有杂物进入。

④PLC 模块、部件的数量是否齐全，安装是否牢固、可靠。

⑤接触器、继电器、电磁阀、按钮、传感器等电气部件是否按要求安装。

⑥电源线与信号线的走线是否合理，连接是否正确。

⑦电源进、出线和接地线是否符合要求。

⑧低压回路和高压回路是否存在短路等不正确的连接。

⑨PLC 的输出是否有“短路”现象。

⑩设备的周围是否存在强烈的振动或电磁干扰现象。

3）设备硬件的调试

①PLC 连接检查

PLC 连接检查前必须先断开主电路电源，方可进行检查。确认主电路电源断开，PLC 处于“STOP”状态；接通 PLC 电源，通过“POWER”指示灯确认；手动按压 PLC 输入端的按钮、开关的低压电器，模拟接通状态，并通过 PLC 的输入指示灯检查输入信号，确认输入地址、连接和信号极性。

对于接近开关类信号的输入，可用发信装置代替实验，确认信号的地址。对于无法通过手动发信输入的，可以在检测元件侧通过短路连接方式进行确认。

在 PLC 输出端，检查输出驱动电源电压是否符合 PLC 的要求。

通过软件对 PLC 的输出进行强制“ON/OFF”操作，检查输出连接与执行元件的动作是否一一对应。

②手动试验检查

分别对接触器进行通电试验检查，确认其能正常工作。

对输入信号进行测试检查，确认其工作的可靠性。

③安全电路检查

安全电路指用于设备紧急停止、安全保护的电路。必须由继电器、接触器等电磁低压电气元件组成，不可以由 PLC 程序控制。

PLC 软件调试前，安全电路的动作要进行多次通断试验，确保其动作可靠、正常。

④通电检查

将 PLC 的运行开关置于“STOP”，控制系统的所有断路器均置于“OFF”状态。

根据电气原理图，依次检查和设定各断路器、热继电器的电流整定值，配置合理大小的熔芯。

检查设备电源输入，确认其与原理图的要求相吻合。

(3) 软件的检查和调试

系统硬件检查和调试完成后，进入到系统软件检查阶段。

1）程序的模拟调试

将设计好的程序写入 PLC 后，先逐条仔细检查，并改正写入时出现的错误。用户程序一般先在实验室进行模拟调试，实际的输入信号可以用钮子开关和按钮来模拟，各输出量的通/断状态用 PLC 上相关的发光二极管来显示，通常不用接 PLC 的实际负载（如接触器、电磁阀等），可以根据功能表图，在适当的时候用开关或按钮来模拟实际的反馈信号，如限位开关触点的接通和断开。

对于顺序控制程序，调试程序的主要任务是检查程序的运行是否符合功能表图的规定，即在某一转换条件实现时，是否发生步的活动状态的正确变化，即该转换所有的前级步是否变为不活动步，所有的后续步是否变为活动步，以及各步被驱动的负载是否发生相应的变化。

在调试时应充分考虑各种可能的情况，对系统各种不同的工作方式、有选择序列的功能表图中每一条支路、以及各种可能的进展路线，都应逐一进行检查，不能遗漏。发现问题后应及时修改梯形图和 PLC 中的程序，直到在各种可能的情况下输入量与输出量之间的关系完全符合要求。

如果程序中某些定时器或计数器的设定值过大，为了缩短调试时间，可以在调试时将它们减小，模拟调试结束后再写入它们的实际设定值。

在设计和模拟调试程序的同时，可以设计、制作控制台或控制柜，PLC 之外其他硬件的安装、接线工作也可以同时进行。

2）程序的现场调试

在完成上述的工作后，将 PLC 安装在控制现场并进行联机总调试。在调试过程中将会暴露出可能存在的系统中传感器、执行器和硬接线等方面的问题，以及 PLC 的外部接线图和梯形图程序设计中的问题，应对出现的问题及时加以解决。如果调试达不到指标要求，则对相应硬件和软件部分做适当调整，通常只需要修改程序就可以达到调整的目的。全部调试通过后，再经过一段时间的考验，系统就可以投入实际的运行了。

现场调试可以按照如图 2—53 所示的步骤进行。

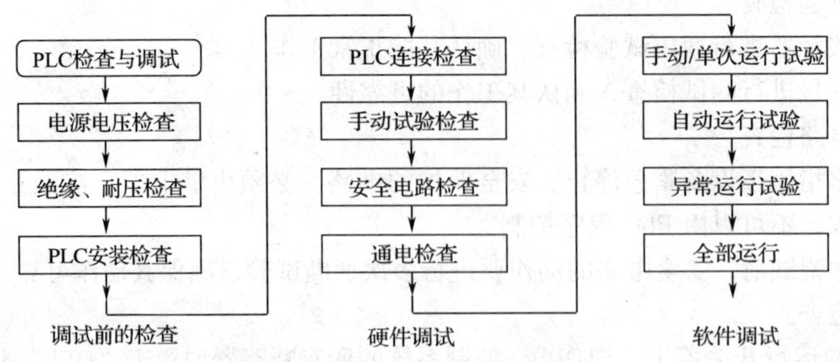

图 2—53　PLC 检查与调试步骤

3. PLC 控制系统的综合调试

在完成上述基本检查、硬件的检查和调试、软件的检查和调试三个阶段后，可进入综合调试阶段，该阶段主要有以下内容。

(1) 手动/单次运行试验检查

系统软件调试，首先进行手动/单次运行试验检查，步骤如下：

1）确认系统主电路的电源断开。

2）检查 PLC 程序，确定程序已正确输入。

3）接通 PLC 电源和 PLC 输出驱动电源，将 PLC 置于“RUN”状态，使得 PLC 进入运行状态。

4）确认 PLC 的“POWER”和“RUN”指示灯亮。如果出现“PROG－E”“CPU－E”“ERROR”等报警指示灯闪烁或亮时，则表明 PLC 存在软件、硬件、电池等方面的问题，应先进行处理。

5）根据 PLC 的程序，在手动运行方式下，逐一对输出的动作进行单次调试，观察 PLC 的输出是否符合控制要求。

6）全部输出得到确认后，接通主电路电源，进行实际动作试验检查，并确认。

7）调整电气部件的动作并检测开关的位置，使系统的参数符合设计的要求。

(2) 自动运行试验检查

自动运行试验检查是在系统全部动力装置、部件正常工作情况下的试验检查。

(3) 异常运行试验检查

异常运行试验检查的目的在于提高系统运行的稳定性和可靠性。

1）外部突然断电试验检查。

2）紧急分断试验检查。

3）保护回路动作试验检查。

四、实训操作

实训项目：按钮式人行横道交通灯 PLC 控制的程序设计

1. 系统控制要求

按钮式人行横道交通灯 PLC 控制如图 2—54 所示。当行人按下 SB1 或 SB2 按钮时，人行横道和车道指示灯按如图 2—55 所示的工作时序依次工作。

（1）PLC 从 RUN 时开始，初始状态 S0 动作，车道信号为绿灯，人行道信号为红灯。

（2）当车道两侧行人要过车道时，可分别按人行横道按钮 X0 或 X1，则状态转移到 S0 和 S30，车道为绿灯，人行道为红灯。

（3）30 s 后车道为黄灯，人行道仍为红灯。

（4）再过 10 s 后车道变红灯，人行道仍为红灯，同时定时器 T2 启动，5 s 后 T2 触点接通，人行道变为绿灯。

（5）15 s 后人行道绿灯开始闪烁（S32 人行道绿灯灭，S33 人行道绿灯亮），闪烁间隔 0. 5 s。

（6）S32、S33 反复循环动作，计数器 C0 设定值为 5。当循环即闪烁达到 5 次时，C0 常开触点接通，动作状态向 S34 转移，人行道变为红灯，期间车道仍为红灯，5 s 后返回初始状态，完成一个周期的动作。

（7）在状态转移过程中，即使按动人行横道按钮 X0、X1 也无效。

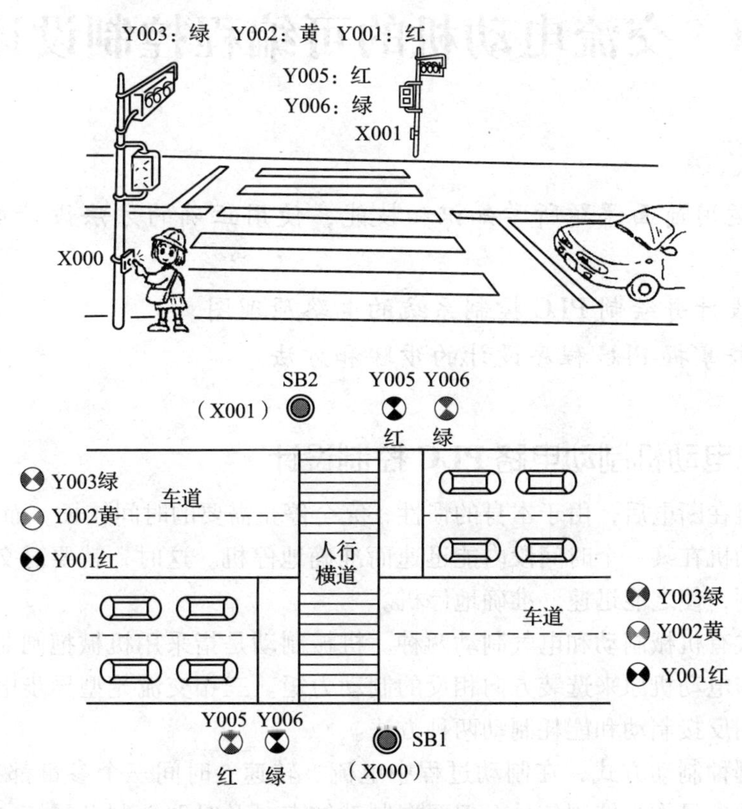

图 2—54 按钮式人行横道交通灯

2. 编程要求

（1）利用顺序功能图设计法设计、编辑程序。

（2）按照确定 PLC 的 I/O 地址、绘制 PLC 接线图、编辑程序、模拟调试、写出指令表这 5 个步骤依次完成。

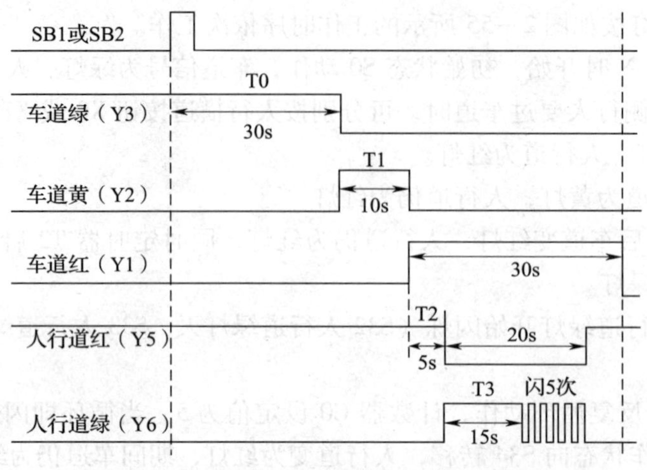

图 2—55　按钮式人行横道交通灯时序图

课题 4　交流电动机的可编程控制设计

1．熟练运用前面课题所学知识和技能，使用正确的方法设计电动机控制的PLC 程序。

2．熟练设计并绘制 PLC 控制系统的电路原理图。

3．熟悉并掌握 PLC 程序设计的步骤和方法。

一、交流电动机制动电路 PLC 控制设计

交流电动机在断电后，由于本身的惯性，完全停止需要的时间较长。而某些生产工艺、过程则要求电动机在某一个时间段内能迅速而准确地停机。这时，就要对交流电动机进行相应的制动控制，使之能迅速、准确地停机。

制动的方式有机械制动和电气制动两种。机械制动是指采用机械抱闸制动；电气制动是指产生一个与电动机原来选装方向相反的制动力矩。三相交流笼型异步电动机在电气制动方式中可采用反接制动和能耗制动两种方法。

无论采用哪种制动方式，在制动过程中电流、转速、时间三个参量都在变化。因此，可以取某一变化参量作为控制信号，但要在制动结束时及时取消制动转矩。本课题以电动机能耗制动为例分析该 PLC 控制的设计。

1．交流电动机能耗制动控制电路分析

（1）交流电动机能耗制动电路的主要结构和工作原理

1）电路的主要结构如图 2—56 所示。

组合开关 QS：隔离电源，手动接通或断开电路。

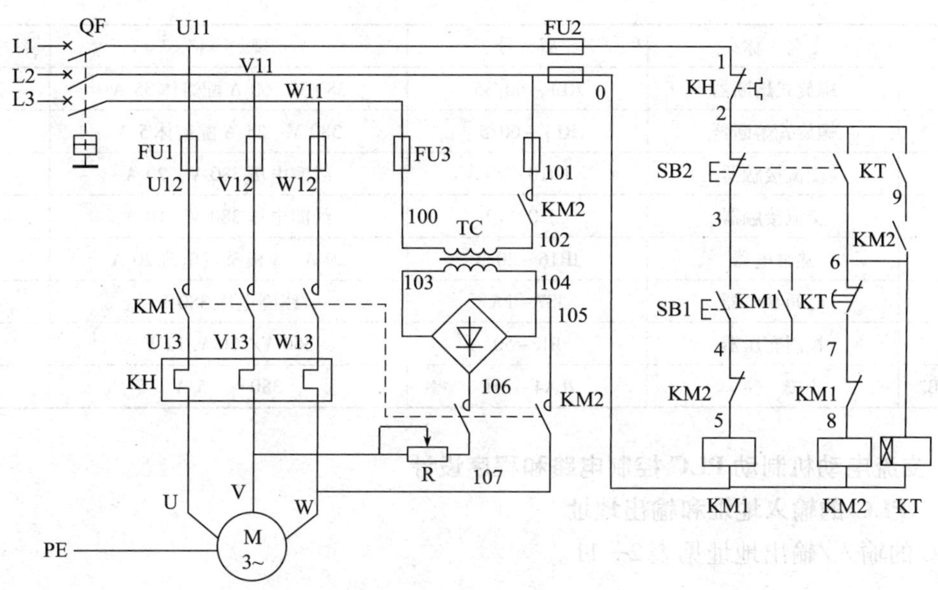

图 2—56　交流电动机能耗制动控制电路图

熔断器 FU：对被控电路起短路保护作用。

接触器 KM1：控制电动机的启动、停止。

接触器 KM2：控制电动机的制动。

时间继电器 KT：控制电动机制动作用时间的长短。

热继电器 KH：对电动机实现过载保护。

变压器 TC：为制动电路提供适宜的低压交流电。

桥式整流器 VC：把变压器 TC 输出的低压交流电整流成直流电，为制动电路提供合适的直流电源。

限流电阻 R：调节其大小，可以产生不同的制动转矩。

2）工作原理。启动时，按下启动按钮 SB1，KM1 线圈得电吸合，KM1 常闭触点首先断开实现对 KM2 的联锁，然后 KM1 常开触点闭合自锁，KM1 主触头闭合，电动机运行。停止时，按下停止按钮 SB2，SB2 的常闭触点先断开，KM1 线圈失电，KM1 主触头复位，电动机断电作惯性旋转；SB2 的常开触点后闭合，KM2 线圈得电吸合，KM2 常闭触点首先断开，实现对 KM1 的联锁，然后 KM2 常开触点闭合自锁。同时 KM2 主触头也闭合，接通变压器和整流电路，直流电源加至电动机的 V 相和 W 相定子绕组上，电动机定子绕组产生一个固定的磁场，使电动机快速停转，实现能耗制动的作用。

（2）电气元件明细见表 2—10

表 2—10　　　　交流电动机能耗制动电路电气元件明细表

代号	名　称	型　号	规　　格	数量
M	交流电动机	J02－51－4	7.5 kW　1 450 r/min	1
QS	组合开关	HZ10－60/3	30 A　3 极	1

续表

代号	名 称	型 号	规 格	数量
FU1	螺旋式熔断器	RL1－60/35	380 V　60 A 配熔体 35 A	3
FU2	螺旋式熔断器	RL1－60/5	380 V　25 A 配熔体 5 A	2
KM1	交流接触器	CJ10－20	线圈电压 380 V　20 A	1
KM2	交流接触器	CJ10－10	线圈电压 380 V　10 A	1
FR	热继电器	JR16－20/3	20 A　3 极整定电流 20 A	1
KT	时间继电器	JS7－1A	线圈电压 380 V	1
TC	控制变压器	BK－50	380 V/220 V/12 V	1
SB1－SB2	按 钮	LA4－2H	380 V　5 A	1

2. 交流电动机制动 PLC 控制电路和程序设计

(1) PLC 的输入地址和输出地址

PLC 的输入/输出地址见表 2—11。

表 2—11　　PLC 输入/输出地址表

输入地址			输出地址		
元件代号	作用	输入继电器	元件代号	作用	输出继电器
KH	过载保护	X000	KM1	电动机运行	Y001
SB1	停止按钮	X001	KM2	电动机制动	Y002
SB2	启动按钮	X002			

(2) 绘制电动机主电路和 PLC 控制电路

1) 电动机主电路，如图 2—57 所示。

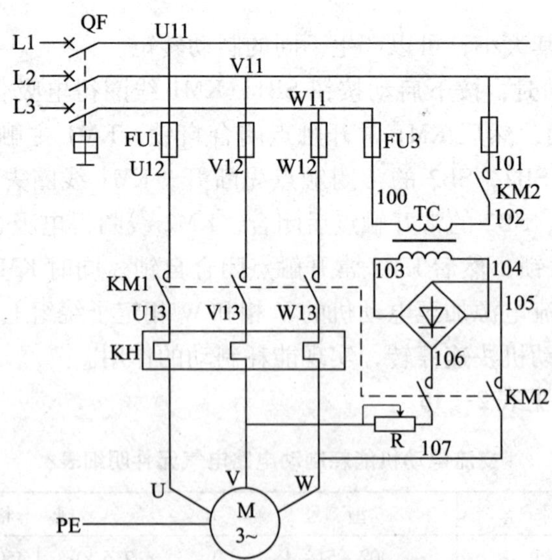

图 2—57　电动机主电路图

2）PLC 控制电路如图 2—58 所示。

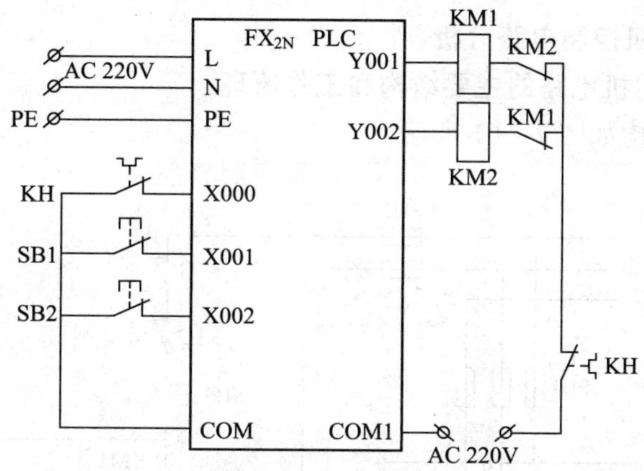

图 2—58　PLC 控制电路

（3）编写 PLC 梯形图程序，如图 2—59 所示

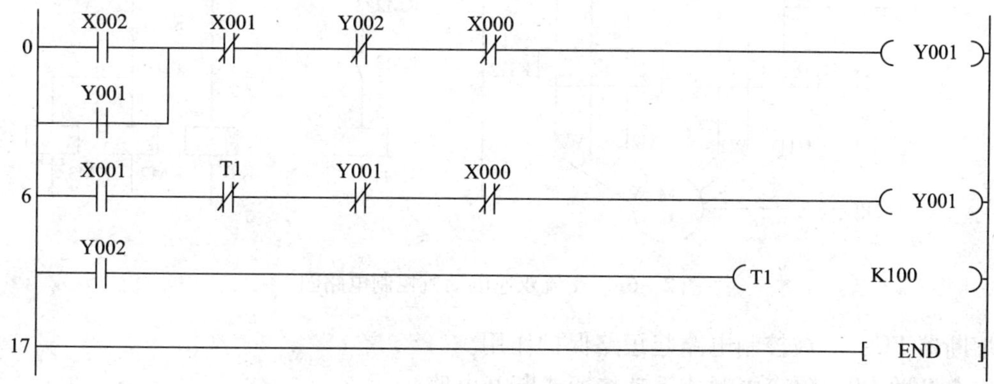

图 2—59　电动机制动 PLC 控制梯形图程序

（4）指令表如图 2—60 所示

0	LD	X002	8	MPS		
1	OR	Y001	9	ANI	T1	
2	ANI	X001	10	ANI	Y001	
3	ANI	Y002	11	ANI	X000	
4	ANI	X000	12	OUT	Y002	
5	OUT	Y001	13	MPP		
6	LD	X001	14	OUT	T1	K100
7	OR	Y002	17	END		

图 2—60　电动机制动 PLC 控制指令表

二、交流双速电动机电路 PLC 控制设计

1. 交流双速电动机控制电路分析

（1）交流双速电动机电路的主要结构和工作原理

1）电路的主要结构如图 2—61 所示。

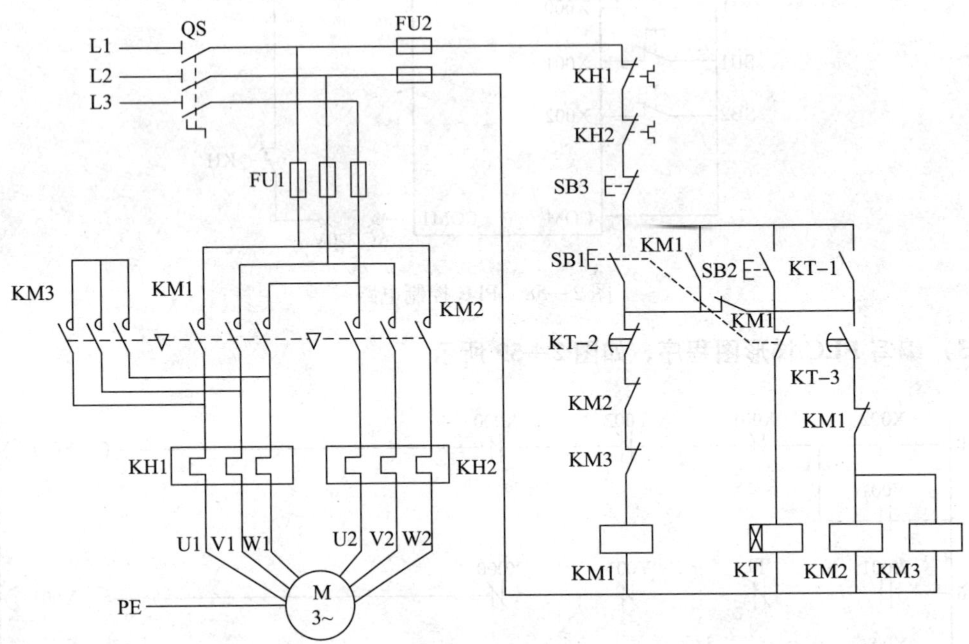

图 2—61　交流双速电动机控制电路图

熔断器 FU：对被控制电路起短路保护作用。

组合开关 QS：隔离电源，手动接通或断开电路。

接触器 KM1：接通或断开电动机的电流回路，来控制电动机的低速运转。

接触器 KM2、KM3：接通或断开电动机的电流回路，来控制电动机的高速运转。

热继电器 KH1、KH2：对电动机实现过载保护。

时间继电器 KT：控制双速电动机从低速运行状态切换到高速运行状态。

2）工作原理。先合上电源开关 QS，

双速电动机低速运转控制：

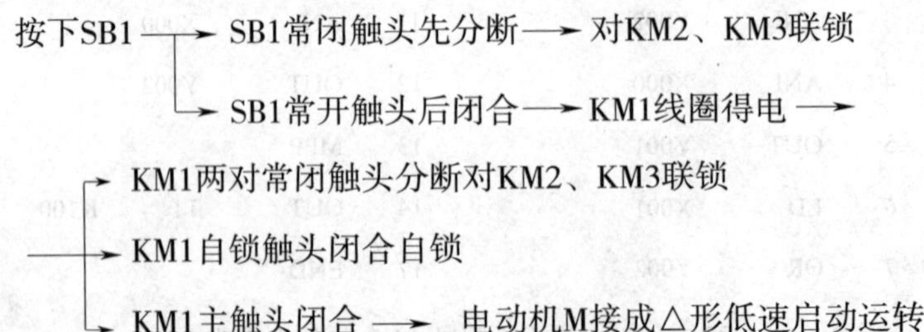

双速电动机高速运转控制：

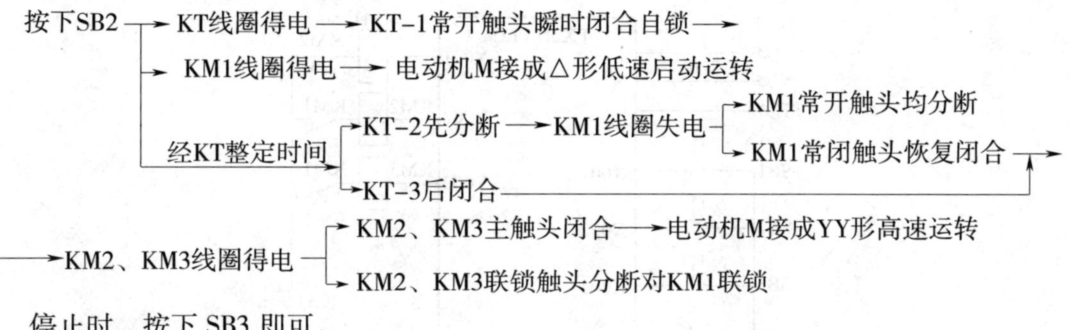

停止时，按下 SB3 即可。

2. 双速电动机 PLC 控制电路和程序设计

(1) PLC 的输入地址和输出地址

PLC 的输入/输出地址见表 2—12。

表 2—12　　**PLC 输入/输出地址表**

输　入			输　出		
元件代号	作用	输入继电器	元件代号	作用	输出继电器
按钮 SB1	低速启动	X001	接触器 KM1	低速	Y001
按钮 SB2	高速启动	X002	接触器 KM2	高速	Y002
按钮 SB3	停止按钮	X003	接触器 KM3	高速	Y003
热继电器 KH1 和 KH2	过载保护	X004			

(2) 绘制电动机主电路和 PLC 控制电路

1）电动机主电路如图 2—62 所示。

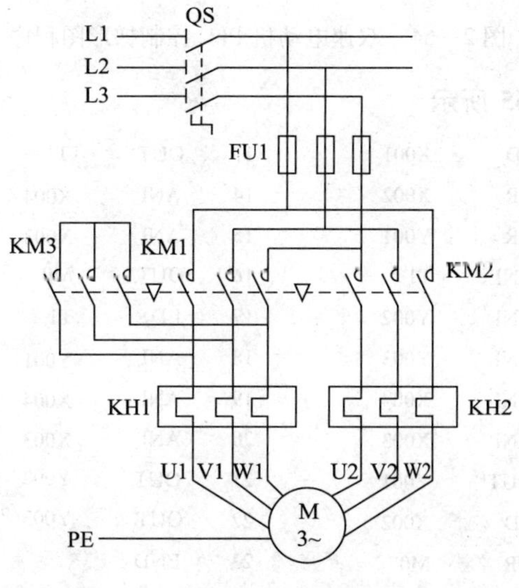

图 2—62　电动机主电路图

2）PLC 控制电路如图 2—63 所示。

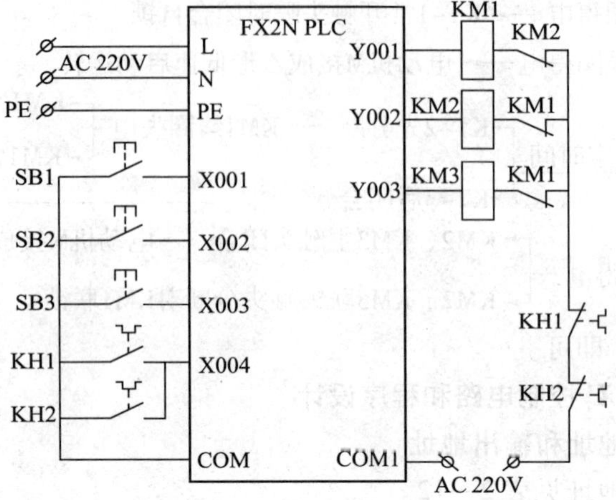

图 2—63　PLC 控制电路

（3）编写 PLC 梯形图程序，如图 2—64 所示

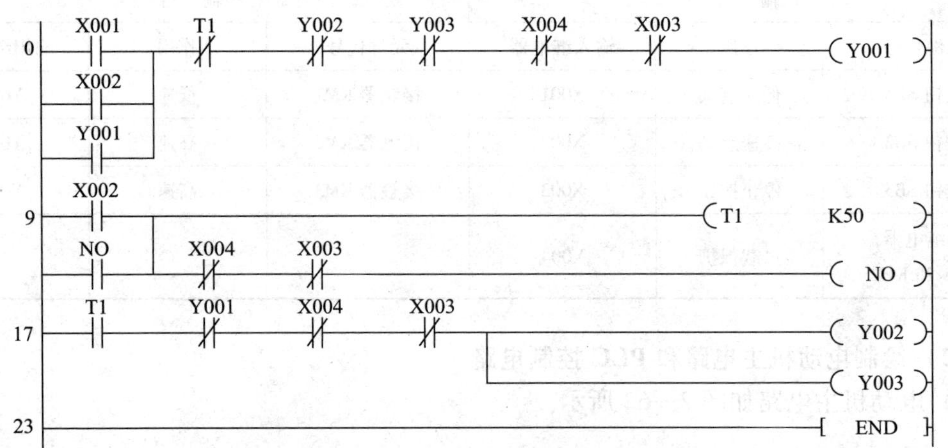

图 2—64　双速电动机 PLC 控制梯形图程序

（4）指令表如图 2—65 所示

0	LD	X001	11	OUT	T1	K50
0	OR	X002	14	ANI	X004	
0	OR	Y001	15	ANI	X003	
3	ANI	T1	16	OUT	M0	
4	ANI	Y002	17	LD	T1	
5	ANI	Y003	18	ANI	Y001	
6	ANI	X004	19	ANI	X004	
7	ANI	X003	20	ANI	X003	
8	OUT	Y001	21	OUT	Y002	
9	LD	X002	22	OUT	Y003	
10	OR	M0	23	END		

图 2—65　双速电动机 PLC 控制指令表

三、实训操作

实训项目：按图 2—66 所示电路控制要求，设计一电动机串电阻降压启动控制程序

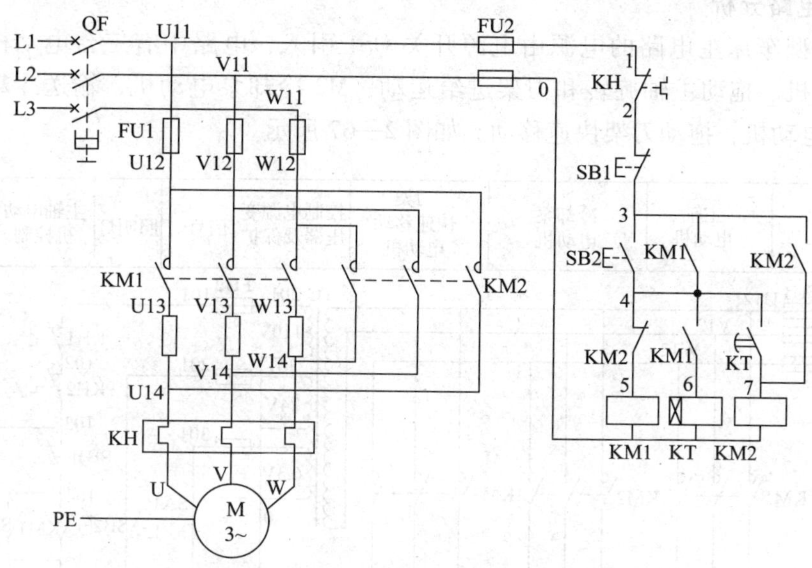

图 2—66　电动机串电阻降压启动控制电路

1. 分析该电路的工作原理和控制过程。

2. 编程要求。

（1）利用经验设计法设计、编辑程序。

（2）按照确定 PLC 编程的 I/O 地址、绘制 PLC 接线图、编辑程序、模拟调试、写出指令表这 5 个步骤依次完成。

课题 5　机床电气的可编程控制设计、安装与调试

学习目标

1. 熟练使用正确的方法设计机床电气控制的 PLC 程序。

2. 熟练设计并绘制 PLC 控制系统的电路原理图。

3. 熟悉并掌握 PLC 改造机床电气的步骤和方法，熟练编制机床电气设备 PLC 改造的工艺方案。

一、CA6140 型车床 PLC 控制设计、安装与调试

1. CA6140 型车床电气控制线路分析

（1）主电路分析

CA6140 型车床主电路的电源由电源开关 QS1 引入，电路中有三台电动机，分别为：M1 主轴电动机、拖动主轴旋转和刀架进给运动；M2 冷却泵电动机，输送冷却液；M3 刀架快速移动电动机，拖动刀架快速移动。如图 2—67 所示。

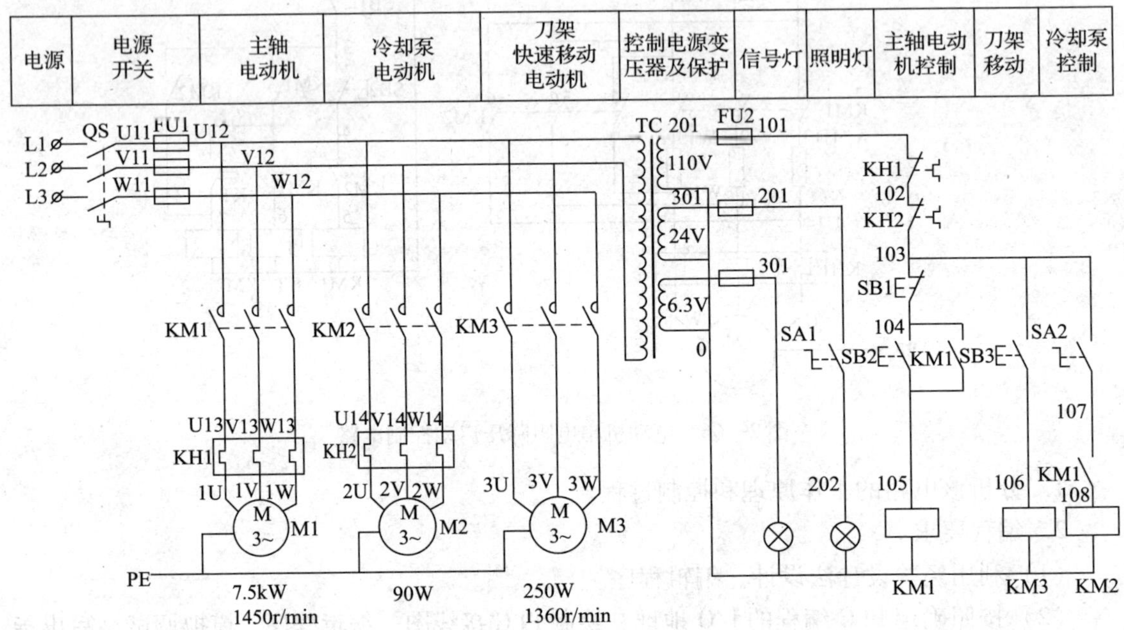

图 2—67 CA6140 型车床电路图

（2）控制电路分析

车床控制电路通过变压器 TC 将 380 V 变成 110 V 进行供电，如图 2—65 所示。

1）主轴电动机 M1 的控制

按下 SB2，控制 KM1 线圈得电，使主轴电动机 M1 启动运行。KM1 常开触点闭合，为冷却泵启动做准备。按下 SB1，KM1 线圈失电，主轴电动机 M1 停止运行。

2）冷却泵电动机 M2 的控制

主轴电动机 M1 启动后，冷却泵电动机 M2 才能启动，这是顺序控制。断开 SA2，或主轴电动机停止，冷却泵电动机 M2 停止。

3）刀架快速移动电动机 M3 的控制

刀架的快速移动，是由安装在进给手柄顶端的按钮 SB3 控制的。当把进给手柄扳向所需要移动方向的位置时，按下 SB3，刀架电动机 M3 启动运行，刀架沿指定的方向快速移动。松开 SB3，刀架电动机 M3 停止运行。因刀架快速移动电动机是短时间工作的，故未设置过载保护。

（3）照明与信号电路分析

车床照明与信号电路通过变压器 TC 将 380 V 变成 24 V 和 6.3 V 进行供电，如图 2—65 所示。EL 为车床的照明灯，由 SA1 控制。HL 为电源指示灯。

2. 继电—接触器控制系统改为 PLC 控制系统的方法和步骤

（1）明确继电器控制系统的控制原理及动作

对电路进行改造前，首先必须全面、清楚地了解继电器控制系统中的控制要求和范围，明确电路所要完成的动作（动作时序、动作条件，相关的保护和联锁等）及应具备的操作方式（手动、自动、连续、单周期、单步等）；弄清电路中的指令器件（如按钮、行程开关等）与执行器件（如继电器、接触器等）的作用及数量。对于大型复杂的继电器控制系统，需要考虑将系统分解为几个独立的部分，各部分分别用单独的可编程控制器来控制，并考虑它们之间的通信方式。

（2）硬件选择与确定

1）根据系统控制要求，确定所需的用户输入设备（按钮、操作开关、限位开关、传感器等）、输出设备（继电器、接触器、信号灯等执行元件）以及由输出设备驱动的控制对象（电动机、电磁阀等）。根据改造的具体情况确定是继续使用原系统还是重新添置。

2）选择 PLC。PLC 的选择包括机型的选择、容量的选择、I/O 模块的选择、电源模块的选择等。选择的依据是输入、输出形式与点数，控制方式与速度，控制精度与分辨率，用户程序容量。通过分析控制对象与 PLC 之间的信号关系、性质，并根据控制要求的复杂程度，估算 PLC 的 I/O 点数及用户存储器容量。

（3）绘制接线图

根据输入、输出信号，编制对应的 PLC 输入、输出（I/O）地址分配表，并根据 I/O 地址分配表画出 PLC 的外部硬件接线图。

（4）PLC 控制程序设计

控制程序是控制整个系统工作的软件，是保证系统工作正常、安全、可靠的关键。因此，控制程序的设计必须经过反复测试、修改，直到满足要求为止。

（5）现场施工

在进行控制程序设计的同时，可以进行硬件的配备工作，主要包括强电设备的安装、控制柜（台）的设计与制作、可编程控制器的安装、输入和输出的连接等。

（6）试运行、验收、交付使用，并编制控制系统的技术文件

编制控制系统的技术文件包括说明书、设计说明书和使用说明书、电气图及电气元件明细表等。

传统的电气图，一般包括电气原理图、布置图及安装图。在 PLC 控制系统中，这一部分图可以统称为“硬件图”。它在传统电器图的基础上增加了 PLC 部分，因此，在电气原理图中应增加 PLC 的 I/O 连接图。此外，在 PLC 控制系统的电气图中还应包括程序图（梯形图），可以称它为“软件图”。向用户提供“软件图”，并有利于用户在维修时分析和排除故障。根据具体任务，上述内容可做适当调整。

3. 分析 CA6140 型车床电路原理

(1) 主轴电动机 M1 的控制

按下SB2 → KM1线圈得电 → KM1常开触点闭合 → 为冷却泵启动做准备
→ KM1自锁触点闭合 → 线路自锁
→ KM1主触头闭合 → 主轴电动机M1启动运行

按下SB1 → KM1线圈失电 → KM1各触头复位 → 主轴电动机M1停止

(2) 冷却泵电动机 M2 的控制

主轴电动机 M1 启动后 → KM1 常开触点闭合 → 合上 SA2 → KM2 线圈得电 → KM2 主触头闭合 → 冷却泵电动机 M2 启动运行

断开 SA2 或主轴电动机停止 → KM2 线圈失电 → KM2 主触头复位 → 冷却泵电动机 M2 停止

(3) 刀架快速移动电动机 M3 的控制

当把进给手柄扳向所需要移动的方向的位置时，按下 SB3 → KM3 线圈得电 → KM3 主触头闭合 → 刀架电动机 M3 启动运行 → 刀架沿指定的方向快速移动

松开 SB3 → KM3 线圈失电 → KM3 主触头复位 → 刀架电动机 M3 停止

4. PLC 控制程序设计

(1) 分析控制要求，确定 PLC 的输入地址和输出地址，见表 2—13

表 2—13　　PLC 输入/输出地址表

输入地址	连接低压电器代号	低压电器名称	作　用
X000	KH1、KH2	热继电器	在电路中起过载保护作用
X001	SB1	停止按钮	控制交流接触器 KM1 停止
X002	SB2	启动按钮	控制交流接触器 KM1 启动
X003	SB3	点动按钮	控制交流接触器 KM3 工作
X004	SA1	钮子开关	控制照明灯
X005	SA2	钮子开关	控制交流接触器 KM2 工作
输出地址	连接低压电器代号	低压电器名称	作用
Y000	KM1	交流接触器	控制主轴电动机 M1
Y001	KM2	交流接触器	控制冷却泵电动机 M2
Y002	KM3	交流接触器	控制刀架电动机 M3
Y003	EL	照明灯	车床局部照明
Y004	HL	指示灯	车床通电指示

(2) 绘制 CA6140 型车床的电源电路、主电路和 PLC 接线图

1）CA6140 型车床的电源电路和主电路，如图 2—68 所示。

2）CA6140 型车床 PLC 接线图，如图 2—69 所示。

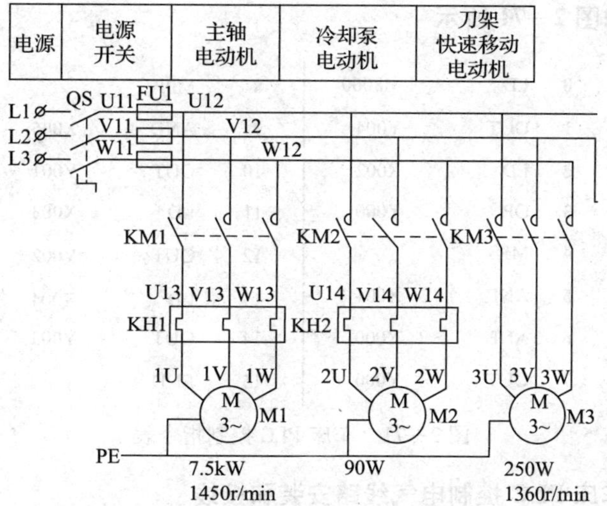

图 2—68　车床电源电路和主电路

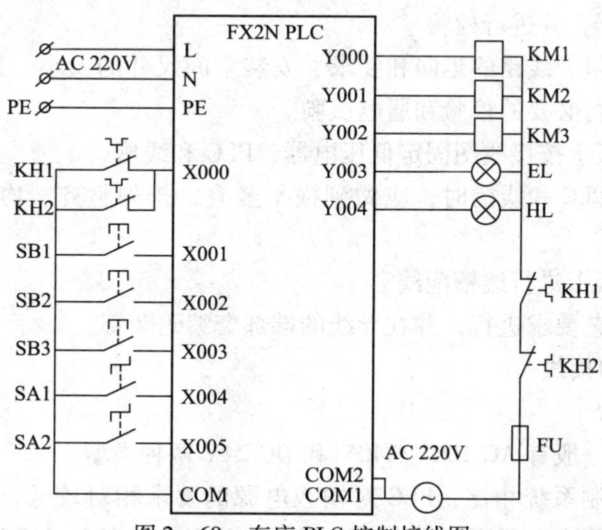

图 2—69　车床 PLC 控制接线图

(3) 编写 PLC 梯形图程序，如图 2—70 所示

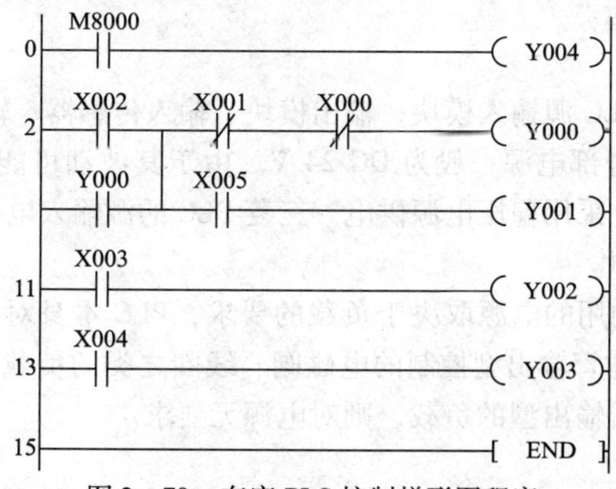

图 2—70　车床 PLC 控制梯形图程序

（4）指令表，如图 2—71 所示

0	LD	M8000	8	MPP	
1	OUT	Y004	9	AND	X005
2	LD	X002	10	OUT	Y001
3	OR	Y000	11	LD	X003
4	MPS		12	OUT	Y002
5	ANI	X001	13	LD	X004
6	ANI	X000	14	OUT	Y003
7	OUT	Y000	15	END	

图 2—71　车床 PLC 控制指令表

5. CA6140 型车床 PLC 控制电气线路安装和接线

（1）电气控制板内电器的安装和接线

1）选择低压电器，并进行检验

根据电动机的容量、线路的走向和要求、安装空间尺寸的大小，正确地选配低压电器和导线的规格，并进行必要的检验和通电试验。

2）在电气控制板上按接线图固定低压电器、PLC 和线槽

安装低压电器、PLC 和线槽时，应做到横平竖直，排列整齐、均匀，安装牢固可靠，便于走线。

3）在电气控制板上进行线槽配线

按线槽配线的工艺要求进行，并在导线的端部套编码套管。

（2）PLC 部分的接线

1）PLC 电源部分

PLC 的电源输入一般有 AC 100V/240V 和 DC 24V 两种类型。

与其他计算机控制系统相比，PLC 对输入电源的要求相对较低，通常都能满足要求，但对纹波则有一定的要求。原则上在电源输入回路前安装隔离变压器和浪涌吸收器。

PLC 输入电源要与设备动力电源、控制回路电源、输出驱动电源分离。供电电源容量应留有 20% ~30% 的余量。

2）I/O 电源部分

I/O 电源是指用于 PLC 源输入模块、输出模块、输入传感器、输出执行元件的电源。

用于 PLC 源输入的外部电源一般为 DC 24 V。由于其波动可能影响 PLC 的输入状态，故对其要求较高，原则上采用稳压电源供电。三菱 PLC 的源输入电源已改为由 PLC 的内部供电，故不需要输入电源。

PLC 的输出负载驱动用的电源取决于负载的要求，PLC 本身对负载驱动电源的要求较低，即使是 DC 24 V 晶体管输出型控制的电磁阀、线圈之类的负载，也可以使用单相桥式整流电源；而对于继电器输出型的负载，则对电源无要求。

3）I/O 接口部分

PLC 控制系统的大多数 I/O 都属于开关量信号的范畴，PLC 与开关量信号的连接有多

种方式，这与 PLC 的 I/O 模块型号有关。为此，在确定 PLC 的 I/O 模块时，不仅要考虑到 I/O 的点数，而且还要考虑到 I/O 模块的连接方式。

三菱 FX_{2N}系列 PLC 的 I/O 端子排列如图 2—72 所示。

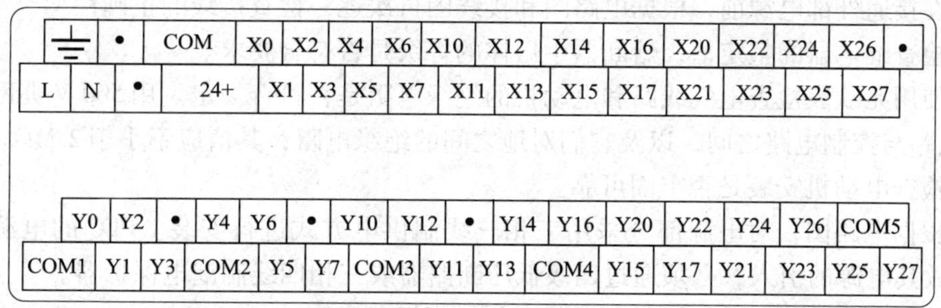

图 2—72　PLC 的 I/O 端子排列图

三菱 PLC 采用汇点输入连接方式。所谓汇点输入，就是由 PLC 内部提供输入信号的电源，全部输入信号汇总到输入公共端（COM）的输入形式。其优点是不需要外部提供输入信号的驱动电源。

在 PLC 的各种输出中，开关量输出占的比重最大，如各种继电器、接触器、电磁阀的线圈、指示灯等。当负载较小时，可用 PLC 输出直接驱动；对于大负载，则需要中间继电器转换后进行驱动。

用于负载驱动的电源由外部提供，可根据负载的类型，选择不同类型的 PLC 输出。

PLC 的输出连接方式，通常有两种，一是分隔式，每一输出触点采取独立输出，输出触点间完全隔离；二是汇点式，输出触点的一端独立，另一端为若干输出共用的公共端。如图 2—73 所示。

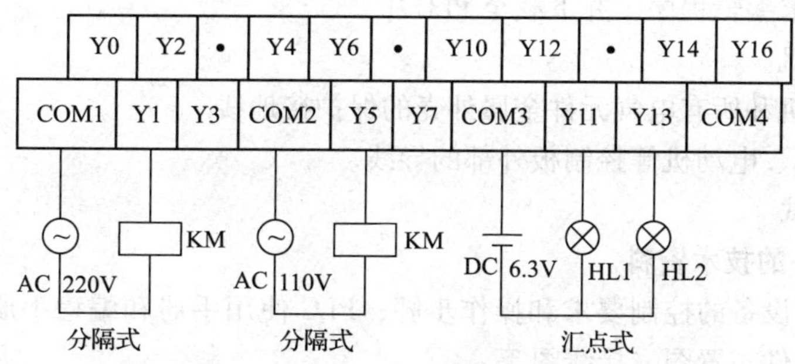

图 2—73　输出连接的两种方式

(3) 电气控制板外电器的安装和接线

在完成电气控制板内电器、PLC 的安装和接线后，开始进入到控制板外的安装和接线。

1）对照安装位置，安装固定余下的低压电器。

2）选择合理的导线走向，对于移动的导线，必须在走线通道内留有适当的余量。

3）控制板外部的导线必须套编码套管。

4）电气控制板外部电器必须通过控制板上的接线端子排和控制板内的电器连接。

5）做好必要的接地保护措施。

（4）电源部分的接线

车床内部安装和接线全部完成后，进入到外部电源接线的过程。

1）在接通外部电源前，根据电路图和接线图再次逐一检查接线的正确性。

2）检查继电器的整定值，熔断器中熔体的等级是否符合要求。

3）使用兆欧表检查电气线路和电动机的绝缘电阻是否符合规定。用500 V兆欧表分别测量主电路与控制电路之间，以及它们对地之间的绝缘电阻，其值应不小于2 MΩ。

4）检查电动机安装是否牢固可靠。

5）根据电路图，对电源部分采用三相三线制供电方式进行安装。PLC的电源为单相220 V，故其电源的引入，必须通过四级低压断路器或三相四线制漏电保护器。

6）清理安装现场，整理工具、器材，打扫现场卫生。

（5）安装与接线

1）识读电路图，明确线路所用电气元件及其作用，熟悉线路的工作原理。

2）根据电路图或元件明细表配齐电气元件，并进行检验。

3）根据电气元件选配安装工具和控制板。

4）根据电气元件布置图，按要求在控制板上固装电气元件（电动机除外），并贴上醒目的文字符号。

5）根据电动机容量选配主电路导线的截面。控制电路导线一般采用截面为1.5 mm^2的铜芯线（BVR）；按钮线一般采用截面为0.75 mm^2的铜芯线（BVR）；接地线一般采用截面不小于1.5 mm^2的铜芯线（BVR）。

6）根据接线图布线，同时将剥去绝缘层的两端线头套上标有与电路图相一致编号的编码套管。

7）按控制要求编辑程序，并下载至PLC中。

8）安装电动机。

9）连接电动机和所有电气元件金属外壳的保护接地线。

10）连接电源、电动机等控制板外部的导线。

6. 系统的调试

（1）需要准备的技术资料

技术资料包括设备的控制要求和操作步骤；PLC使用手册和编程手册；PLC程序；电气控制原理图、元件布置图、接线图等。

（2）调试的工具

调试工具包括数字万用表、笔记本计算机、电工常用工具等。

（3）调试前的基本检查

调试前的检查包括PLC安装检查、连接检查、电源电压检查等步骤。其中，特别需要注意以下几点：

1）PLC各输入、输出模块的地址已经正确分配与设定，且I/O信号的地址已经做了明确的标记。

2）PLC必须已经按照要求进行可靠接地，且接地系统必须符合规范。

3）确认全部低压 PLC 输入端（如 DC 24 V）与高压（如 AC 220 V）控制回路间无短路或不正确的连接。

4）确认全部 PLC 的输出无“短路”现象。

以上检查完成后，可以进入如下的 PLC 控制系统试运行阶段（包括硬件调试与软件调试两个阶段）。

（4）PLC 控制系统硬件的检查和调试

系统通电前，必须认真对照设备的要求和图样进行各项检查，尽可能排除安装过程中可能出现的问题。

1）设备的机械部件检查

包括设备的机械部件是否准备就绪，是否符合运行的要求；设备的可动部分是否灵活可靠，位置是否恰当；设备的各种开关、传感器动作是否正常，位置是否合理，安装是否可靠；设备周围是否留有足够的维修空间等。

2）设备的电气部件检查

包括设备的电源电压、频率、接地线、接地电阻是否满足要求；电气柜的安装、固定、密封是否良好；PLC 模块和控制装置的表面、内部是否有杂物进入；PLC 模块、部件的数量是否齐全，安装是否牢固可靠；接触器、继电器、电磁阀、按钮、传感器等电气部件是否按要求安装；电源线与信号线的走线是否合理，连接是否正确；电源进、出线和接地线是否符合要求；低压回路和高压回路是否存在短路等不正确的连接；PLC 的输出是否有“短路”现象；设备的周围是否存在强烈的振动或电磁干扰现象等。

3）设备硬件的调试

PLC 连接检查前必须先断开主电路电源，方可进行检查。检查内容包括确认断开主电路电源，PLC 处于“STOP”状态；接通 PLC 电源，通过“POWER”指示灯确认；手动按压 PLC 输入端的按钮、开关的低压电器，模拟接通状态，通过 PLC 的输入指示灯检查输入信号，确认输入地址、连接和信号极性；对于接近开关类信号的输入，可用发信装置代替实验，确认信号的地址。对于无法通过手动发信输入的，可以在检测元件侧通过短路连接方式进行确认；在 PLC 输出端，检查输出驱动电源电压是否符合 PLC 的要求；通过软件对 PLC 的输出进行强制“ON/OFF”操作，检查输出连接与执行元件的动作是否一一对应等。

手动调试检查内容包括分别对交流接触器进行通电试验检查，并确认其能正常工作；对照明灯、指示灯进行通电检查，并确认其工作正常；分别对三台电动机进行通电检查，并确认其能正常工作等。

安全电路检查的内容包括用于设备紧急停止、安全保护的电路。电路必须由继电器、接触器等电磁低压电气元件组成，不可以由 PLC 程序控制。

PLC 软件调试前，安全电路的动作需进行多次通断试验，动作必须可靠、正常。

最后进行通电检查，检查的内容包括将 PLC 的运行开关置于“STOP”，控制系统的所有断路器均置于“OFF”状态；根据电气原理图，依次检查和设定各断路器、热继电器的电流整定值，并配置大小合理的熔芯；检查设备电源输入，确认其与原理图的要求相吻合。

(5) PLC 控制系统软件的检查调试

1）手动/单次运行试验检查

系统软件的调试，需首先进行手动/单次运行试验检查，步骤如下：确认系统主电路的电源断开；检查 PLC 程序，确定程序已正确输入；接通 PLC 电源和 PLC 输出驱动电源，并将 PLC 置于“RUN”状态，使得 PLC 进入运行状态；确认 PLC 的“POWER”和“RUN”指示灯亮，如果出现“PROG - E”“CPU - E”“ERROR”等报警指示灯闪烁或亮时，表明 PLC 存在软件、硬件、电池等方面的问题，应先进行处理；根据 PLC 的程序，在手动运行方式下，逐一对输出的动作进行单次调试，观察 PLC 的输出是否符合控制要求；在全部输出得到确认后，接通主电路电源，进行实际动作试验检查，并确认；调整电气部件的动作和检测开关的位置，使系统的参数符合设计的要求。

2）自动运行试验检查

自动运行试验检查是在系统的全部动力装置、部件正常工作情况下的试验检查。

3）异常运行试验检查

异常运行试验检查的目的在于提高系统运行的稳定性和可靠性。检查内容包括外部突然断电试验检查；紧急分断试验检查；保护回路动作试验检查。

(6) 验收和交付

二、X62W 型万能铣床 PLC 控制设计、安装与调试

在模块一的课题 2X62W 型万能铣床电气控制电路的测绘、装调与检修中，已经系统地对 X62W 型万能铣床电气控制电路的原理进行了分析、对电路图进行了测绘以及对电路进行了安装、调试。在本模块中，将重点分析如何对 X62W 型万能铣床进行 PLC 控制的技术改造。

1. 收集 X62W 型万能铣床的技术资料和相关技术图样

在制定技术改造方案之前，要做好以下准备工作：与 X62W 型万能铣床有关的技术文件，设备的维修记录等资料；了解电气产品零配件市场供应的价格动态等。

通过查阅技术资料收集出与 X62W 型万能铣床有关的技术文件。如 X62W 型万能铣床说明书，X62W 型万能铣床电路图，X62W 型万能铣床电气元件明细表等。

2. 编制改造工艺文件

(1) 查阅资料

查阅 X62W 型万能铣床电气维修的档案，了解其电气控制结构，为制定改造方案做准备工作。

(2) 现场了解

查阅资料后，深入现场了解设备现状。

(3) 制定方案

通过调查分析，针对设备现状制定出合理的改造方案。既要考虑改造效果，又要考虑改造成本。

3. 编制改造工艺文件分析

针对改造的项目，在编制工艺前，需对该项目进行分析，见表 2—14。

表 2—14　　X62W 型万能铣床 PLC 改造项目的分析

设备名称		X62W 型万能铣床	生产日期：××××年××月××日	
序号	项目	改造前情况	改造方案	备注
1	配电箱	电器陈旧、电线老化	更新	
2	管线	电线老化	更新	
3	主线路	电线老化	重新布线	
4	控制线路	电线老化、混乱	采用 PLC 控制、重新布线	
5	电气元件	部分电气元件老化	更新	
6	机械调试		全过程	
7	电气调试		全过程	

由表 2—14 分析可知，本次的 PLC 改造任务是：X62W 型万能铣床原有功能不变，电气控制的方式用 PLC 来替代原有的继电—接触器控制电路，并进行重新安装调试，达到原有的控制要求。包括：元器件整修使用或更换；控制电路的重新设计；PLC 控制程序的编制；主电路、控制电路以及照明和指示电路重新布线；机械部分的保养；调试机床；验收。

4. 编写具体的 PLC 改造工艺

设备改造工艺包括改造工艺步骤，技术要求要填写标准的电气改造工艺卡片，对于线路比较简单的电气设备改造工艺内容可适当简化。编制工艺卡片内容的具体编写步骤如下：

（1）根据现场的调查情况，将设备名称、型号、出厂年月、设备复杂系数及总工时等具体信息填写到工艺卡片中。

（2）改造项目先后顺序及技术要求的制定。根据 X62W 型万能铣床电气部分的现有状况，PLC 改造的具体项目包括：

1）收集设计资料和相关图样，编制工艺文件。

2）机械部分和润滑部分的检查调试。通过试运行，检查 X62W 型万能铣床机械传动部分、机械调速部分以及进给部分等的情况是否正常，润滑部分是否正常等。经检查机械传动部分、机械调速部分以及进给部分等的情况正常，不需要进行调整，而润滑部分需要采取润滑措施。

3）切断 X62W 型万能铣床总电源，做好预防性安全措施及准备工作。如导线头的绝缘处理、安全检查措施、安全监护人员落实等。

4）分析控制要求，进行 PLC 程序设计。

5）对部分元器件进行更换。根据调查情况填写元器件缺损明细表，选择新的元器件。

6）主电路重新布线，布线要更换导线，并按布线工艺要求进行。

7）控制电路进行重新布线，PLC 控制电路要绘制出电路图、接线图，选择导线并按布线工艺要求进行布线。

8）管线线路进行重新布线，布线要更换导线，并按布线工艺要求进行。

9）可编程控制器的安装与调试。正确安装可编程控制器，正确接线并输入程序调试系统。

10）设备经调试合格后，办理设备移交手续，资料移交，包括技改图样、安装技术记录、调整试验记录小结等。

(3) 合理安排人员、设备、工器具，并采取必要的安全保障措施。

为保证工期，施工计划应根据实际情况随时调整，合理安排施工顺序，杜绝等工具、等材料的现象。

(4) 资金预算。

(5) 将编写出的PLC改造工艺填写到X62W型万能铣床PLC改造工艺卡片中，工艺卡片见表2—15。

表2—15　　X62W型万能铣床PLC改造工艺卡片

设备名称	型号	制造厂名	出厂年月	使用单位	改造编号	复杂系数	总工时	主修人员	备注
万能铣床	X62W	沈阳机床厂	1990年10月	机修车间					

序号	工艺步骤，技术要求	使用仪器仪表	本工序定额
1	收集设计资料和相关图样，编制工艺文件 要求：资料齐全，图样齐全；编制工艺文件步骤和要求正确，计划得当，措施齐全		6
2	机械部分和润滑部分的检查与调整 要求：检查机械部分运转是否正常，需要润滑的部分进行润滑		4
3	切断机床总电源，做好预防性安全措施及准备工作。要求：明确安全措施和责任		4
4	部分元器件的选择与更换。要求：填写元器件缺损表，按选择要求选择元器件	万用表 兆欧表	4
5	利用编程软件进行程序设计 要求：程序设计正确，合理优化；电路图、接线图正确	带编程软件的计算机	12
6	主电路进行重新布线 要求：按布线工艺进行，整齐美观	万用表 兆欧表	2
7	控制电路进行重新布线 要求：按要求正确选择导线，按布线工艺进行，整齐美观	万用表 兆欧表	4
8	管线进行重新布线 要求：按管线布线工艺进行，整齐美观	万用表 兆欧表	2
9	可编程控制器的安装与调试 要求：正确安装可编程控制器，使PLC与计算机通信顺利，调试程序及系统正确运行	带编程软件的计算机	4
10	设备合格后，办理设备移交手续，资料移交，包括技改图样、安装技术记录、调整试验记录	万用表 兆欧表	4

5. PLC 控制程序设计

(1) 分析控制要求，确定 PLC 的输入地址和输出地址，地址见表 2—16

表 2—16　　PLC 输入/输出地址表

输入地址	连接低压电器代号	低压电器名称	作　用
X000	SB1、SB2	按钮	主轴电动机停止及制动按钮
X001	SB5	按钮	主轴电动机启动按钮
X002	SQ6	行程开关	主轴冲动
X003	SB3、SB4	按钮	快速进给按钮
X004	SA4 - 1	开关	换刀开关
X005	SQ5	行程开关	进给冲动
X006	SQ3 - 2、SQ4 - 2	行程开关	工作台左右控制
X007	SQ1 - 2、SQ2 - 2	行程开关	工作台后上、前下控制
X010	SQ1 - 1、SQ3 - 1	行程开关	工作台向右、后、上控制
X011	SQ2 - 1、SQ4 - 1	行程开关	工作台向左、前、下控制
X012	SA5 - 1、SA5 - 3	行程开关	圆工作台开关
X013	SA5 - 2	开关	圆工作台开关
X014	SA4 - 2	开关	换刀制动
X015	KH1	热继电器	M1 过载保护
X016	KH2	热继电器	M2 过载保护
X017	KH3	热继电器	M3 过载保护
输出地址	连接低压电器代号	低压电器名称	作　用
Y000	KM1	交流接触器	主轴启动（主轴电动机）
Y001	KM2	交流接触器	控制 M2（冷却泵电动机）
Y002	KM3	交流接触器	M3 正转（进给电动机）
Y003	KM4	交流接触器	M3 反转（进给电动机）
Y004	KA1	中间继电器	快速进给控制
Y010	YC1	电磁离合器	正常进给
Y011	YC2	电磁离合器	快速进给
Y012	YC3	电磁离合器	主轴制动
Y014	EL	照明灯	照明

(2) 绘制 X62W 型万能铣床的电源电路、主电路和 PLC 接线图

1) X62W 型万能铣床的电源电路和主电路，如图 2—74 所示。

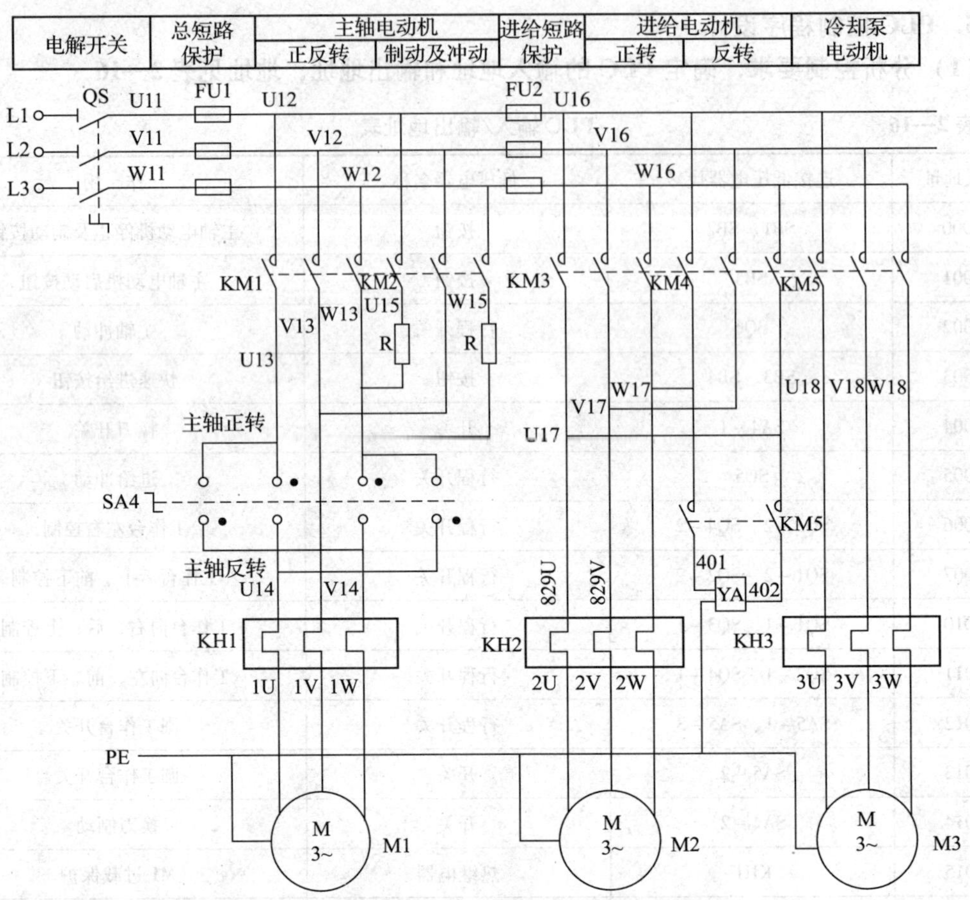

图 2—74　X62W 型万能铣床电源电路和主电路

2）X62W 型万能铣床 PLC 接线图，如图 2—75 所示。

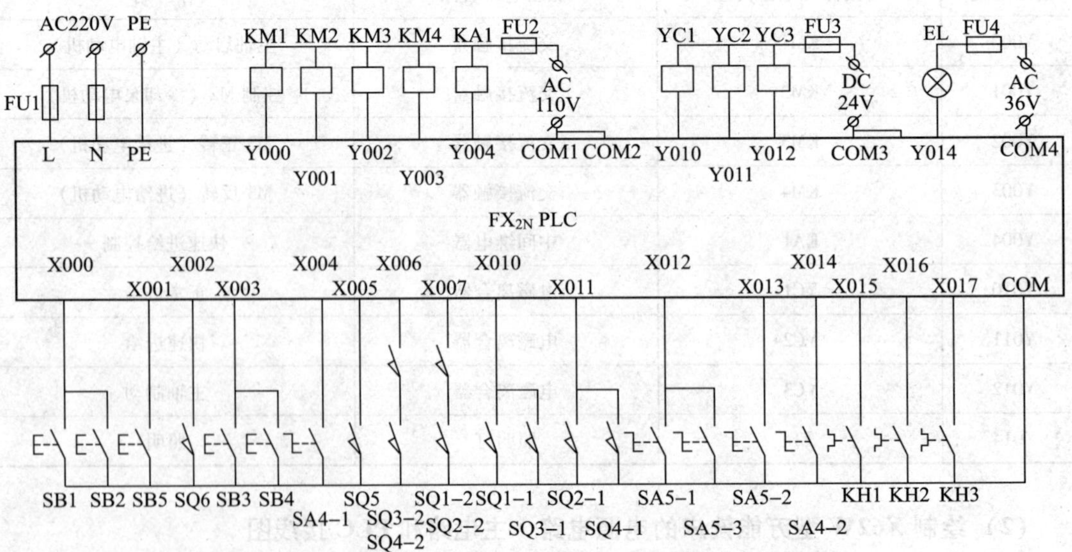

图 2—75　X62W 型万能铣床 PLC 控制接线图

(3) 编写 PLC 梯形图程序，如图 2—76 所示

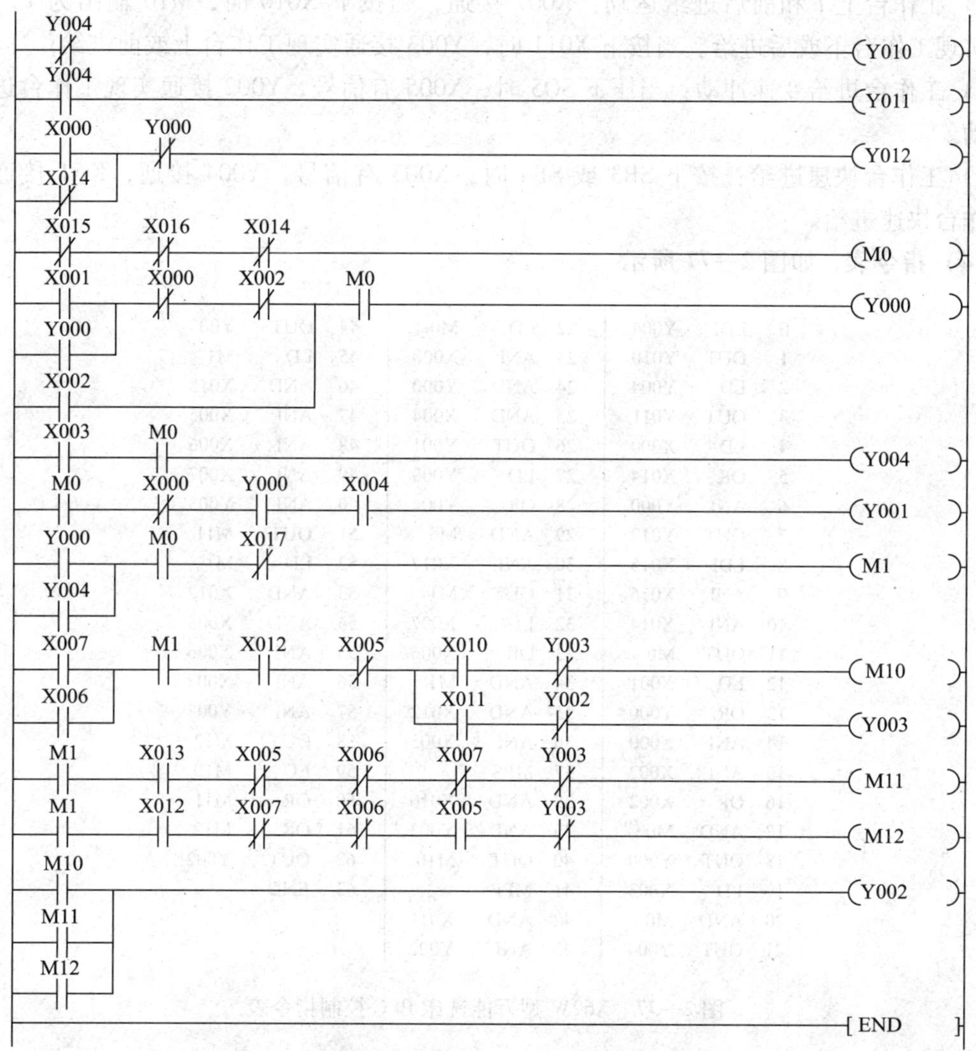

图 2—76 X62W 型万能铣床 PLC 控制梯形图程序

程序分析：

1）主轴电动机的启动：接通电源，按下启动按钮 SB5，X001 有信号，Y000 有输出，主轴电动机工作。

2）主轴电动机的停止：按下 X000，Y000 无输出，Y012 有输出，电动机制动停止。

3）主轴变速冲动控制：压下 SQ6，X002 有信号，Y000 有输出，主轴电动机开始变速冲动。

4）圆形工作台的控制：SA5 放置在圆工作台位置，X013 有信号，M11 输出为 1，接通 Y002 使进给电动机正转。在圆工作台开动时，其余进给一律不准运动，若拨动了进给手柄中的任意一个，则电动机停止工作。

5）工作台左右进给运动：X006 接通，当按下 X010 时，M10 输出为 1，Y002 接通实现工作台右进给。当按下 X011 时，Y003 接通实现工作台左进给。

6）工作台上下和前后进给运动：X007 接通，当按下 X010 时，M10 输出为 1，Y002 接通实现工作台下或后进给。当按下 X011 时，Y003 接通实现工作台上或前进给。

7）工作台进给变速冲动：当压下 SQ5 时，X005 有信号，Y002 接通实现工作台进给变速冲动。

8）工作台快速进给：按下 SB3 或 SB4 时，X003 有信号，Y004 接通，KA1 接通，带动工作台快速进给。

（4）指令表，如图 2—77 所示

0	LDI	Y004	22	LD	M0	44	OUT	Y003
1	OUT	Y010	23	ANI	X000	45	LD	M1
2	LD	Y004	24	AND	Y000	46	AND	X013
3	OUT	Y011	25	AND	X004	47	ANI	X005
4	LD	X000	26	OUT	Y001	48	ANI	X006
5	OR	X014	27	LD	Y000	49	ANI	X007
6	ANI	Y000	28	OR	Y004	50	ANI	Y003
7	OUT	Y012	29	AND	M0	51	OUT	M11
8	LDI	X015	30	ANI	X017	52	LD	M1
9	ANI	X016	31	OUT	M1	53	AND	X012
10	ANI	X014	32	LD	X007	54	AND	X005
11	OUT	M0	33	OR	X006	55	ANI	X006
12	LD	X001	34	AND	M1	56	ANI	X007
13	OR	Y000	35	AND	X012	57	ANI	Y003
14	ANI	X000	36	ANI	X005	58	OUT	M12
15	ANI	X002	37	MPS		59	LD	M10
16	OR	X002	38	AND	X010	60	OR	M11
17	AND	M0	39	ANI	Y003	61	OR	M12
18	OUT	Y000	40	OUT	M10	62	OUT	Y002
19	LD	X003	41	MPP		63	END	
20	AND	M0	42	AND	X011			
21	OUT	Y004	43	ANI	Y002			

图 2—77　X62W 型万能铣床 PLC 控制指令表

6. X62W 型万能铣床 PLC 控制电气线路的安装和接线

（1）PLC 控制系统的布线与接线

1）控制柜与现场设备间的接线

电源线、动力线和信号线（包括直流信号线、交流信号线和模拟量信号线）都分开布线，分别用电缆敷设。

电缆在与控制柜、现场设备的连接处最好使用接插件。

电缆的屏蔽性能要良好，如在电缆两端的接线处，屏蔽层应尽量多地覆盖电缆芯线，电缆屏蔽层应单端接地，控制柜的外壳也应妥善接地等。

电缆应分类编号，要求排放整齐、美观。

2）控制柜内部的接线

主要是指 PLC 的电源、接地、输入、输出、通信等接线端子到各输出端子板或柜内其他电气元件之间的连接。要求各种类型的电源线、控制线、信号线、输入线、输出线都应分开布线，最好采用线槽走线；信号线与电源线应尽量不要平行敷设；所有导线要分类编号，排列整齐；PLC 的所有接线端子最好采用标准接插件统一连接到端子板上，以便于检修；不同的接线端子，其接线应遵循各自的接线特点。

①电源接线

一般 PLC 可编程控制器的输入端和输出端不采用同一种电源。在可能的情况下，对可编程控制器系统的输入装置、输出负载、CPU 和扩展 I/O 单元可采用单独的电源供电。但在电源干扰特别严重或对可靠性要求很高的场合，可以安装带屏蔽层的独立隔离变压器。PLC 的基本单元和扩展单元必须共用一个电源开关，以便两者能同时上电和同时断电。PLC 最好采用稳压电源供电，且电源种类及 I/O 电压等级要与产品说明书中规定的相符。

在 PLC 的面板上有三个对应的电源接线端子和一个零线接线端子。实际接线时只能选择其中的一种电源接入对应的电源端子。为了安全起见，交流电源一般需经低压断路器、熔断器后再送入 PLC。

②地线接线

PLC 最好选择专用接地，也可选择与其他设备公共接地，但禁止与其他设备串联接地。接地线应尽可能短，长度不要超过 20 m，截面积应大于 1.5 mm^2。

③输入端接线

输入端尽可能采用常开触点进行信号输入，这样可使 PLC 程序中的接点状态（常开或常闭）与继电一接触器控制电路图中的一致。若有些信号只能用常闭触点输入，则应注意将程序中相应元件的接点做相应的修改。

若使用接近开关、光电开关作输入信号源，由于这类传感器的漏电流较大，可能会导致出现错误的输入信号，可在输入端并联旁路电阻，以减少输入电阻。

④输出端接线

输出端接线是由输出负载与电源串联接在 PLC 的输出端和与其对应的 COM 上，PLC 的输出设备通常为继电器、接触器、电动机、电磁阀及信号灯等，依靠输出设备执行 PLC 输出的控制信号源。当 PLC 的输出继电器闭合时，面板上的输出指示灯亮，相应的输出回路接通；反之，面板上的输出指示灯灭，相应的输出回路断开。电源的类型和电压等级由 PLC 的输出方式和负载共同决定。PLC 的常用输出方式有继电器输出、晶体管输出、晶闸管输出三种。继电器输出方式要求负载电源一般为交流 220 V 或直流 24 V；晶体管输出方式要求负载电源一般为直流 5 ~ 24 V；晶闸管输出方式要求负载电源一般为交流 100 ~ 120 V或直流 200 ~ 240 V。

3）安装布线要求

PLC 安装位置要合理，电源电压的选用与 PLC 的机型相匹配。

电源线及输入、输出线、接地线的连接应正确；接线端子的螺钉应紧固；压接端子接触良好；导线与端子接触可靠；端子板连接器的装配不应有松动；系统中各单元的装配应正确和牢固等。

各装置间的 I/O 连接电缆应连接正确并锁紧；各单元间的连接电缆应连接正确并锁紧。

（2）电路保护措施和安全注意事项

1）为了防止负载短路损坏输出单元，可在 PLC 输出线路上安装熔断器，有条件的情况下在每个回路中都装上熔断器。熔断器的规格应根据输出的电流值加以选择。

2）对电动机正反转控制等需要互锁控制的场合，除了在 PLC 程序设计接点互锁外，外部器件的接线也必须采取电气互锁措施，以确保电气系统的安全运行。

3）针对供电不稳定和紧急停止的需要，PLC 外部负载还应具有失电压保护、过电流保护、过电压保护和紧急制动等措施，以确保系统可靠运行。

4）在安装、装配和拆卸 PLC 各单元（如：电源单元、I/O 单元、CPU 单元等）前，在连接系统电缆或导线前，在连接或断开连接器前，都必须断开加在 PLC 上的电源。

5）在 PLC 通电状态下，不能拆卸任何单元，不能触及任一端子或端子板，以防止电击。

6）不要在 PLC 通电时或断电后立即触及电源，防止电击。

7）固定 PLC 的螺钉时不宜拧得太紧或太松。太紧会造成 PLC 的安装孔胀裂或螺钉“滑丝”，太松则会在 PLC 工作时产生振动或噪声。

(3) 低压电器部分接线

1）低压电器安装前的检查，应符合下列要求：

设备铭牌、型号、规格，应与被控制线路或设计相符。

外壳、漆层、手柄，应无损伤或变形。

内部仪表、灭弧罩、瓷件、胶木电器，应无裂纹或伤痕。

附件应齐全、完好。

2）低压电器的固定，应符合下列要求：

低压电器根据其不同的结构，可采用支架、金属板或绝缘板固定，金属板、绝缘板应平整。当采用卡轨支撑安装时，卡轨应与低压电器匹配，并用固定夹或固定螺栓与壁板紧密固定。

紧固件螺栓规格应选配适当，电器的固定应牢固、平稳。

有防振要求的电器应增加减振装置；其紧固螺栓应采取防松措施。

固定低压电器时，不得使电器内部受额外应力。

3）电器的外部接线，应符合下列要求：

接线应按接线端头标志进行。

接线应排列整齐、清晰、美观，导线绝缘应良好、无损伤。

电源侧进线应接在进线端，即固定触头接线端；负荷侧出线应接在出线端，即可动触头接线端。

电器的接线应采用铜质或有电镀金属防锈层的螺栓和螺钉，连接时应拧紧，且应有防松装置。

外部接线不得使电器内部受到额外应力。

(4) 电动机部分接线

1）电动机接线前，应对交流电机定子绕组线圈的绝缘电阻值或吸收比进行测量，电动机常使用 1 000 V 摇表，其绝缘值不应低于 1 MΩ，如不符合要求则根据实际情况对其进行干燥处理。

2）与电动机相连接的电缆芯线应采用规格相符的接线耳，与电动机引出线用螺栓连接，应连接牢固，相位正确。

3）电缆进入电动机接线盒处，应留有防水弯。

4）所有电动机均应可靠接地，且共用一个接地系统，接地电阻阻值不大于4 Ω。

7. X62W 型万能铣床 PLC 控制电路的调试方法与步骤

（1）仔细检查接线、核对输入和输出地址。要逐点进行，确保正确无误。加上信号后，查看电气控制系统的动作情况是否符合设计的要求。

（2）检查与测试指示灯。控制面板上如有指示灯，应先对指示灯的显示进行检查。一方面，查看灯坏了没有；另一方面，检查逻辑关系是否正确。指示灯是反映系统工作的一面镜子，调好它将对进一步调试提供方便。

（3）检查手动动作及手动控制逻辑关系。完成了以上调试后，即可进行手动动作及手动控制逻辑关系的调试。首先要查看各个手动控制的输出点，是否有相应的输出以及与输出相对应的动作，然后再看各个手动控制是否能够实现。如有问题，立即解决。

（4）自动工作。手动调试无误后，可进一步调试自动工作。要多观察几个工作循环，以确保系统能正确无误地连续工作。

（5）异常条件检查。完成上述所有调试，整个调试基本也就完成了。再进行一些异常条件的检查。看看出现异常情况时，是否会有停机保护或是报警提示，例如出现过载时系统是否做出反应。

（6）联机调试。为保证人身安全，在通电试运行时，应认真执行安全操作规程的有关规定。通电试运行的顺序如下：

1）空载试运行调试时，接通三相电源，合上电源开关，用验电笔检查熔断器出线端是否有电。按下操作按钮，观察接触器动作情况是否正常，是否符合线路功能要求；观察电气元件动作是否灵活，有无卡阻及噪声过大等现象，有无异味；检查负载接线端子三相电源是否正常。经过反复几次操作，运行均正常后方可进行带负载试运行。

2）带负载试运行调试时，把全部控制电路各个电气元件的线圈负载接上，并将编程软件放置在运行状态，应先接上检查完好的电动机连线，再接三相电源线。检查接线无误后，再合闸送电。按照设计的要求进行调试，使各种电气元件的动作符合设计的要求。

按控制原理启动电动机，当电动机平稳运行时，用钳形电流表测量三相电流是否平衡。通电试运行完毕后，断开电源，使电动机停转。然后拆除三相电源线，再拆除电动机线，完成通电试运行。

（7）验收和交付。

三、实训操作

Z37 型摇臂钻床电气控制线路如图 2—78 所示。按上述方法和步骤，将 Z37 型摇臂钻床电气控制线路改为 PLC 控制，并进行安装和调试。

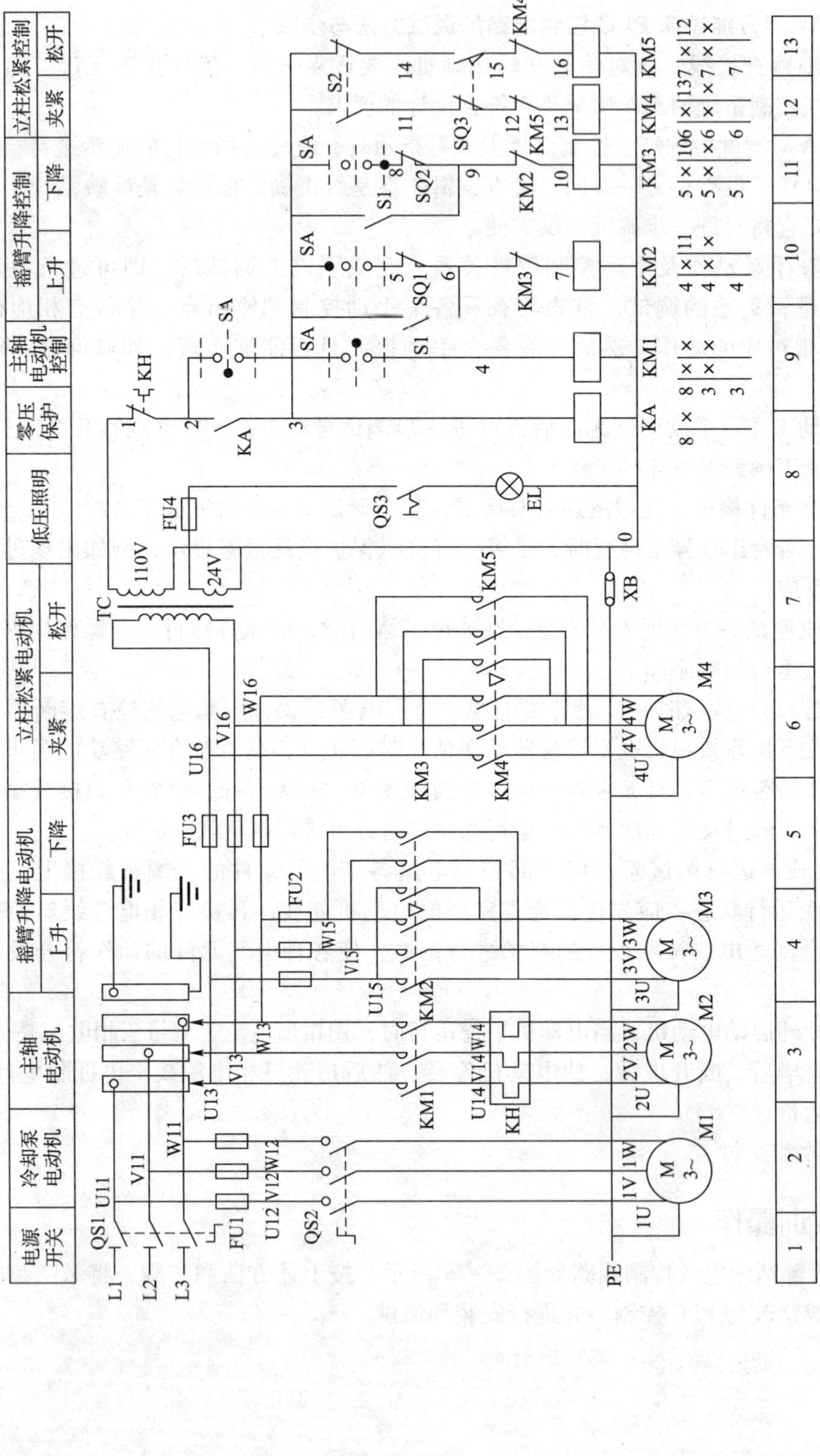

电源开关	冷却泵电动机	主轴电动机	摇臂升降电动机		立柱松紧电动机		低压照明	零压保护	主轴电动机控制	摇臂升降控制		立柱松紧控制	
			上升	下降	夹紧	松开				上升	下降	夹紧	松开

1	2	3	4	5	6	7	8	9	10	11	12	13

图 2—78　Z37 型摇臂钻床电气控制线路电路图

课题 6　可编程控制系统的故障检修

学习目标

1．能对 PLC 控制系统出现的一般性故障进行正确的检修。

2．掌握 PLC 控制系统的日常维护方法。

一、可编程控制系统的故障分析方法

PLC 控制系统故障可分为外围设备故障、程序错误、PLC 自身故障等，其故障分析的基本方法有以下几种。

1．测量检查法

测量检查法是通过对设备机、电、气、液等部分进行测量检查，从而判断故障发生原因的一种方法。

通常包括以下内容：

（1）PLC 系统中的电源电压、频率、相序、容量等是否符合要求。

（2）PLC 控制系统中的各个控制装置（如驱动器、变频器、电动机等）的连接是否正确。

（3）PLC 系统中的各个控制装置与部件的参数设定、电位器调整是否准确。

（4）PLC 控制系统中液压、气动等部件的气压是否符合要求。

2．动作分析法

动作分析法是通过观察和监测机床设备的实际动作情况，判定存在故障的部位，并由此来追查故障根源的一种方法。

在 PLC 控制系统中，可根据动作要求，通过每一步的动作条件与运动过程来判断故障产生的原因。当某一动作发生故障时，首先检查对应的输入条件是否满足，然后检查 PLC 输出是否正常，在此基础上判断出故障的部位。

当 PLC 的动作条件未具备时，应通过程序和输入检查相应的传感器、开关等输入信号的电器，并确定是电器本身的原因，还是连接的原因。一般情况下，动作条件存在而 PLC 无输出，与程序有关；反之，则与程序无关。

3．动态检测法

动态检测法是通过动态监测 PLC 程序进而判断故障原因的一种方法。

借助计算机，可对执行中的程序进行动态监控，观察程序中哪些输入信号或者内部继电器的条件没有具备，并分析其产生的原因。

4．状态指示灯检查法

PLC 的基本单元及主要模块都安装有若干个状态指示灯，用于指示 PLC 的工作状态和内部报警。最常见的 PLC 状态指示灯含义有：

（1）电源指示灯：指示 PLC 的电源，用以表明 PLC 是否接通电源。

（2）错误指示灯：指示 PLC 的故障，用以表明 PLC 的硬件或软件存在故障，PLC 将立即停止工作。

（3）电池故障指示灯：指示 PLC 内部电池的状态，用以表明 PLC 内部的电池是否需要更换。

（4）运行指示灯：指示 PLC 的运行状态，用以表明 PLC 是处于运行状态，还是处于编程状态。

5. 特殊内部继电器检查法

PLC 一般有大量的特殊内部继电器或专用的数据寄存器用于存储 PLC 的工作状态信息与故障自诊断的结果。特殊内部继电器或专用的数据寄存器里的内容不仅可以通过编程器读出，而且还可以像其他特殊内部继电器或专用的数据寄存器一样，在 PLC 的程序中使用（只能使用触点）。

由于指示 PLC 状态的特殊内部继电器或专用的数据寄存器数量庞大，具体使用时，需查阅 PLC 的使用手册。

二、FX_{2N}系列 PLC 状态指示灯及常见故障分析

FX_{2N}系列 PLC 在基本单元上安装有“POWER”“RUN”“BATT. V”“PROG－E”“CPU－E”“IN”“OUT”等指示灯。如图 2—79 所示。

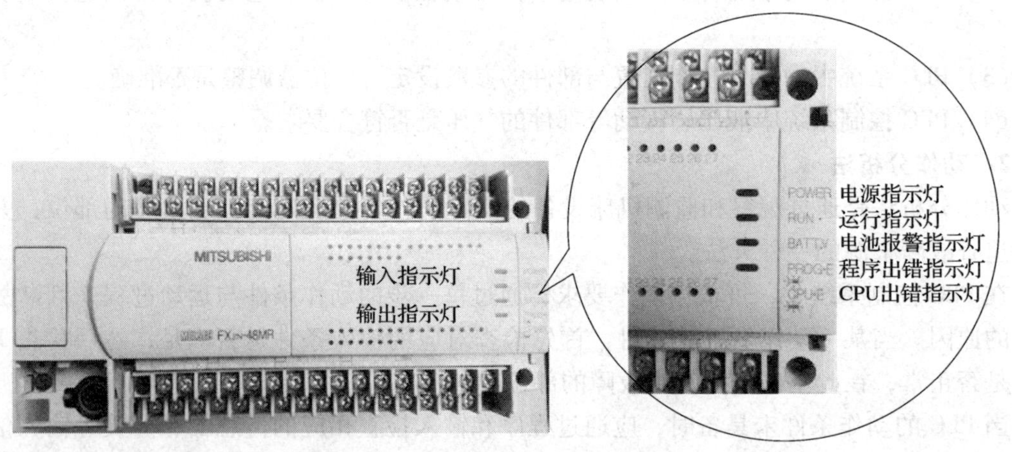

图 2—79　FX_{2N}系列 PLC 状态指示灯

1. 运行指示灯

PLC 的运行指示灯安装在 PLC 的基本单元上，标记为“RUN”。

PLC 运行时出现运行指示灯闪烁的现象，一般是因操作不正确或通信错误引起的故障。当 PLC 的输入电源正常后该指示灯亮，表明 PLC 处于正在工作状态。该指示灯不亮的可能原因有：

（1）PLC 上的“RUN/STOP”开关被设置为“STOP”状态，使 PLC 停止运行。

（2）PLC 程序存在错误，这时 PLC 的程序出错指示灯“PROG－E”亮或闪烁。

(3) PLC 循环时间超出程序的运行时间，这时 CPU 的出错指示灯“CPU - E”亮。

可以根据以上的不同情况，并参照前述的故障分析流程，进行检查、分析与处理，故障分析与检查过程如图 2—80 所示。

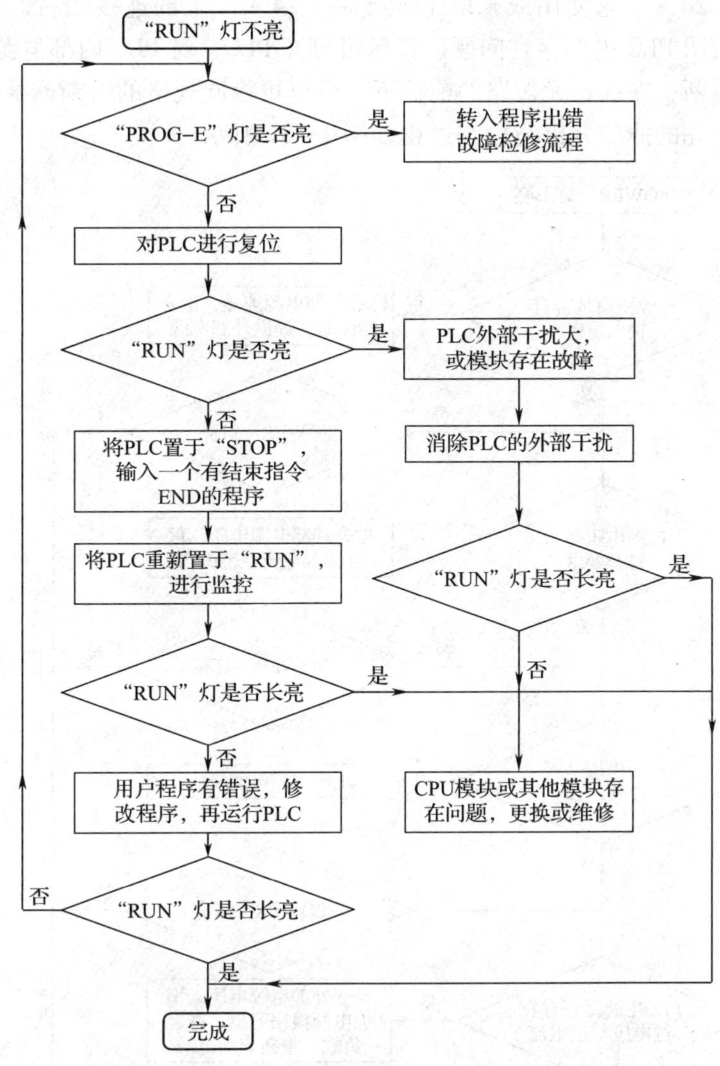

图 2—80 PLC 运行指示灯不亮的故障检查流程

2. 电源指示灯

PLC 的电源指示灯安装在 PLC 的基本单元上，标记为“POWER”。

一般在正常情况下，PLC 通电，电源指示灯就会点亮。如果电源指示灯不亮，则表明 PLC 内部电源模块不能正常工作，也有可能与外部的电源连接有关。

在确定外部电源正确连接后，若“POWER”指示灯仍然不亮，可检查 PLC 上外部输入传感器 DC 24 V 的电源连接端“24 +”。如果连接端“24 +”上有连接线，表明 PLC 需要向外部输入提供 24 V 的电源。为确定故障原因，可以先取下连接线，在断开外部负载的情况下再进行检查与试验。

在“24 +”的连接线取下后，指示灯变亮，表明外部负载存在短路或过载问题，应检查PLC的输入线路连接情况并排除故障；若外部负载过大，应修改线路设计，采用外部供电电源。

如果连接端“24 +”未使用或未取下连接端“24 +”上的连接线后“POWER”指示灯仍然不亮，则表明PLC内部存在问题。指示可打开PLC，对PLC内部电源熔断器进行检查。如果熔断器熔断，在确定无短路的前提下，可以更换同规格的熔断器继续使用。

电源指示灯不亮的故障分析与检查过程如图2—81所示。

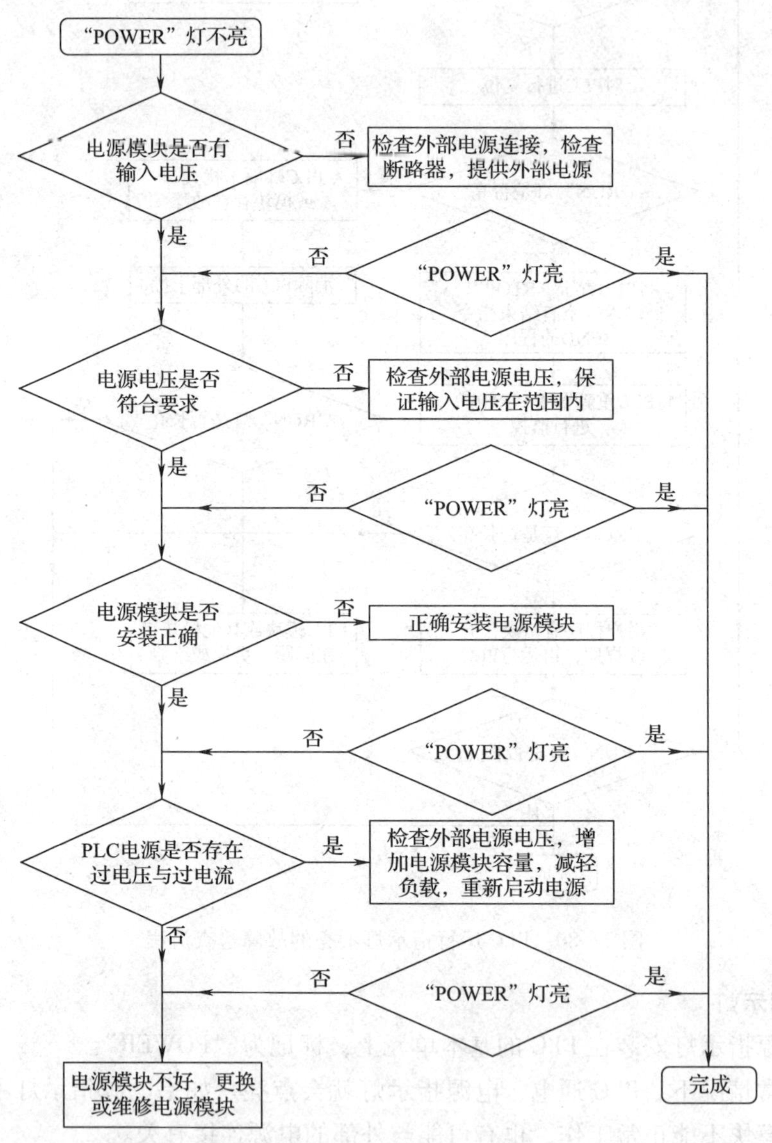

图2—81　PLC电源指示灯不亮的故障检查流程

输入传感器使用PLC的“24 +”连接端供电时应保证以下两点：

（1）负载电流不能超过PLC的允许范围，负载超过时应采用单独的外部输入驱动电源。

（2）外部电源的“DC 24 V”端不可与 PLC 的“24 +”端连接。

3. 电池报警指示灯

PLC 的电池报警指示灯安装在 PLC 的基本单元上，标记为“BATT. V”。

电池报警指示灯“BATT. V”亮，表示 PLC 的内部电池电压过低。这时，PLC 特殊内部继电器 M8006 为“1”。当“BATT. V”指示灯亮时，理论上 PLC 程序与数据还可以继续保持一段时间（约 1 个月），但考虑到停机、故障未及时发现等原因，原则上应立即更换电池。

4. CPU 出错指示灯

PLC 的 CPU 出错指示灯安装在 PLC 的基本单元上，标记为“CPU－E”。

CPU 出错指示灯如果闪烁，表明出现了以下错误，可能的原因有：

（1）由于灰尘、导电物的进入引起的 PLC 内部工作错误。

（2）由于外部干扰引起的 PLC 内部工作错误。

（3）PLC 的功能模块使用过多，引起 PLC 用户程序的循环时间超过，（可以通过检查 PLC 特殊数据寄存器 D8012 的内容读出 PLC 程序的最长执行时间）。

（4）在通电情况下进行了 PLC 存储器卡的安装与取下操作。

（5）PLC 硬件存在故障等。

（6）如果长亮，则表明程序运行时间超出允许的时间。

5. 程序出错指示灯

PLC 的程序出错指示灯安装在 PLC 的基本单元上，标记为“PROG－E”。

程序出错指示灯用来指示用户程序的执行情况，在正常情况下该指示灯不亮。当用户程序出错时该指示灯点亮，可能的原因有：

（1）定时器、计数器的时间值、计数值未设置。

（2）PLC 程序存在语法错误或者程序错误。

（3）电池电压下降引起的 PLC 用户程序错误。

（4）由于灰尘、导电物的进入引起的 PLC 内部工作错误等。

当用户程序存在错误时，可通过查看 PLC 特殊数据寄存器 D8004 的内容，了解出错的原因。

用户程序出错故障需要借助编程软件或编程器读出 PLC 内部特殊继电器与特殊寄存器的状态后进行确认，排除故障后只需对 PLC 进行复位操作，该指示灯即可熄灭。故障分析与检查过程如图 2—82 所示。

6. 输入指示灯

PLC 输入指示灯安装在输入模块上，用来指示 PLC 输入信号的状态。

正常情况下，只要有输入信号，对应的指示灯就会亮。如果不亮，则表明可能出现了以下错误：

（1）采用汇点输入时，可能是输入信号的接触电阻较大，使得输入电流较小，不足以驱动 PLC 的输入电路。

（2）采用源输入时，可能是输入信号的接触电阻较大，或者是输入电压过低，使得输入电流较小，不足以驱动 PLC 的输入电路。

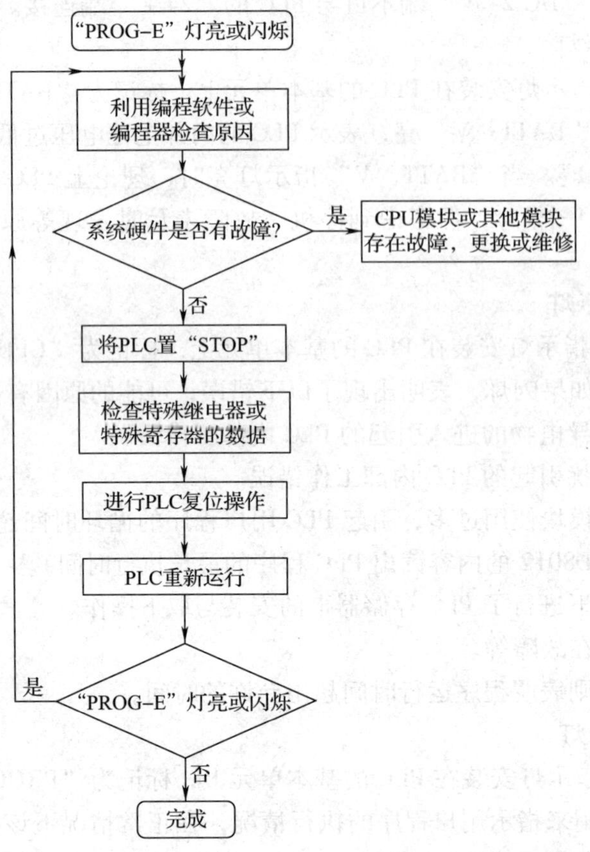

图 2—82　PLC 程序出错指示灯亮的故障检修流程

（3）输入接口的连接导线接触不良。

（4）PLC 的输入接口电路损坏。

7. 输出指示灯

PLC 输出指示灯安装在输出模块上，用来指示 PLC 输出信号的状态。

正常情况下，只要有输出信号，对应的指示灯就会亮。如果不亮，则表明可能出现了以下错误：

（1）PLC 程序中该点地址的输出为高电平。

（2）所接负载过大，或者已经短路，引起 PLC 内部电源的保护。

（3）输出接口的连接导线接触不良。

（4）PLC 的输出接口电路损坏。

PLC 实质是一种专用于工业控制的计算机，其硬件结构基本上与微型计算机相同。各种品牌的 PLC 都具有自诊断功能，PLC 维修的技巧在于，当 PLC 异常时应该充分利用其自诊断功能加以分析故障原因。比如 PLC 发生异常时，首先检查电源电压、PLC 及 I/O 端子的螺钉和接插件是否松动，以及有无其他故障存在；然后再根据 PLC 基本单元上设置的各种 LED 指示灯的状况，检查 PLC 自身和外部有无异常。

三、可编程控制系统的日常维护

1. 定期检查

虽然PLC是一种可靠性很高的工业控制设备，但是周围的工作环境往往会影响PLC的使用寿命。因此，对PLC控制系统进行定期检查仍然很重要。

PLC的定期检查应包括以下内容：

(1) PLC工作状态的检查

PLC的工作状态检查可以通过观察PLC的各种指示灯进行，应保证PLC的运行指示灯在工作时始终处于“亮”的状态，而错误指示灯处于“灭”的状态。

(2) PLC电源电压的检查

当设备进行重新安装、外部电网进行调整或是电源进行重新连接后，必须对PLC的输入电源进行重新检查，保证电源电压在允许的波动范围内。

(3) PLC输入/输出（I/O）继电器的检查

应定期检查PLC的I/O继电器的情况，防止触点的短路与熔焊，线圈的绝缘老化与短路。

(4) PLC工作环境的检查

应定期对照PLC对工作环境的要求，检查是否符合PLC的工作环境条件。

(5) PLC安装的检查

定期检查PLC的安装情况，检查是否牢固、插接件是否可靠、电线连接是否松动等。

(6) PLC电池的检查

定期检查电池的工作情况，并根据PLC生产厂家提供的电池使用寿命要求，按时更换电池。更换电池也必须按照PLC生产厂家有关电池更换的要求进行，并确保电池极性的正确连接。

(7) PLC程序的检查

应定期核对PLC程序，保证程序的正确性。特别是在更换模块、更换电池后，务必对PLC程序进行一次全面检查，防止因程序错误引起故障。

2. 日常维护

PLC控制系统的日常维修，对提高控制系统的可靠性与延长使用寿命有重要作用。PLC控制系统的日常维护与其他工业计算机控制系统类似，主要包括以下几个方面：

(1) 安装有PLC的电气柜应保持整洁干燥的环境。电气柜内应放置一些干燥物，并防止冷却液、油雾的飞溅。

(2) 无论在系统工作还是停机状态下，电气柜门都要始终处于关闭状态，保持电气部件有良好的密封性。

(3) 保持电气柜风机（如安装）的通风良好，通风口要避开冷却液、油雾的飞溅区域，保持进风口的清洁与干燥。

(4) 按照规定的要求，定期检查、清洁或更换风机过滤、防尘网。

(5) 电缆、电线进出口应保持密封状态，防止异物、灰尘侵入。

(6) 定期清洁电气柜内部与电气元件，特别是安装有风机的部件，其表面容易积灰。

应对其进行定期清理，保证电气元件处于良好的工作环境与工作状态。

（7）定期检查、更换电器易损部件，确保电气元件都在规定的使用寿命之内。

（8）对于通/断大功率的接触器，应定期检查触点的接触状态，清理触点表面，防止氧化。

（9）应定期检查安装于设备上的检测元件、开关，并随时清洁检测元件、开关上的铁屑、灰尘等污物，保证动作的可靠性。

四、实训操作

1. PLC 设备保养规程、设备定期测试及调整的规定

（1）每半年或季度检查 PLC 柜中接线端子的连接情况，若发现有松动的地方应及时重新紧固连接。

（2）对柜中给主机供电的电源应每月重新测量其工作电压。

2. PLC 设备定期清扫的规定

（1）每六个月或季度对 PLC 进行清扫，切断给 PLC 供电的电源，并把电源机架、CPU 主板及输入/输出板依次拆下，进行吹扫、清扫后再依次原位安装好，将全部连接恢复后送电并启动 PLC 主机。认真清扫 PLC 箱。

（2）每三个月更换电源机架下方过滤网。

3. PLC 设备检修前准备、检修规程

（1）检修前准备好工具。

（2）为保障元件的功能不出故障及模板不损坏，必须使用保护装置并认真做好防静电准备工作。

（3）检修前与调度和操作工人联系好，需挂检修牌处挂好检修牌。

4. PLC 设备拆装顺序及方法

（1）停机检修，必须有两个人以上监护操作。

（2）把 CPU 前面板上的方式选择开关从“运行”转到“停”位置。

（3）先关闭 PLC 供电的总电源，然后再关闭其他给模板供电的电源。

（4）记清与电源架相连的电源线线号及连接位置后将其拆下，然后再拆下连接电源机架与机柜的螺钉，最后电源机架就可拆下。

（5）CPU 主板及 I/O 板可在旋转模板下方的螺钉先拆下后再拆下。

（6）安装时以相反的顺序进行。

5. 检修工艺及技术要求

（1）测量电压时，要用数字电压表或精度为 1% 的万用表测量。

（2）电源机架、CPU 主板都只能在主电源切断时取下。

（3）在将 RAM 模块从 CPU 取下或插入之前，要先断开 PC 的电源，这样才能保证数据不混乱。

（4）在取下 RAM 模块之前，先检查一下模块电池是否正常工作。如果电池故障灯亮时取下模块 RAM 其内容将丢失。

（5）输入/输出板取下前也应先关掉总电源，但如果生产需要时 I/O 板也可在可编程控制器运行时取下。此时 CPU 板上的 QVZ（超时）灯亮。

（6）拔插模板时要格外小心，轻拿轻放，并远离产生静电的物品。

（7）更换元件不得带电操作。

（8）检修后模板安装一定要安插到位。

课后练习

1. 简述可编程控制器的常用编程语言。

2. 简述 PLC 控制系统与继电—接触器控制系统的差异。

3. 某双灯闪烁控制系统，要求按下启动按钮 X000 后，两灯交替闪烁，其中红灯闪 0.5 s，绿灯闪 1 s。要求编辑 PLC 控制程序，并模拟调试。

4. 编辑电动机点动与连续控制 PLC 程序并进行联机模拟调试，电路图如图 2—83 所示。

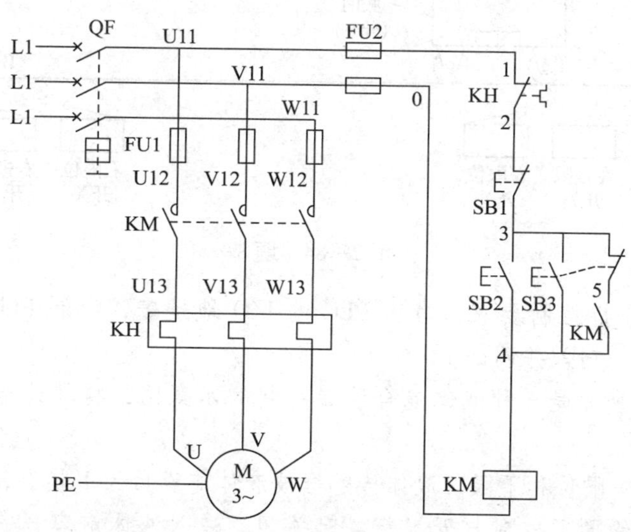

图 2—83　题 4

5. 在继电—接触器控制电路中，停车按钮、过载保护的热继电器采用的是常开触点接法。若因常开触点故障只能采用常闭触点，则 PLC 的控制如何实现，画出梯形图及 PLC 控制接线图。

6. 若两只交流接触器中有一只损坏，现仅备有一只 24 V 的交流接触器及控制用变压器（输入 220/380 V，输出有 6.3 V、12 V、24 V、36 V 及 110 V），使用 PLC 控制，尝试设计解决方案。（提示：应注意原输出 Y000、Y001 所在输出端的分组）。

7. 将两台电动机顺序运行的继电—接触器控制电路，改造成 PLC 控制。（1）当接上电源时，电动机不动作；（2）当按下 SB2 按钮时，泵电动机 M1 动作，再按 SB4，主电动机 M2 才会动作；（3）未按 SB2 按钮，而先按 SB4 按钮时，主电动机将不会动作；（4）按 SB3 按钮后，只有主电动机 M2 停止，而按 SB1 按钮后，M1、M2 两电动机将会同时停止；

（5）KH 动作后，两电动机 M1、M2 均因过载保护而停止。

要求：（1）分析控制要求，写出 PLC 的 I/O 地址表，绘制 PLC 外部控制线路图；（2）编写 PLC 程序，输入并调试。

8. 如图 2—84 所示是一种简单的运送、装卸装置，将其改造成 PLC 控制。初始状态为运货小车停在左限位，其工作过程为：按下启动按钮后，运货小车右行至右限位→到位后小车停止右行，打开漏斗翻门装货→7 s 后漏斗翻门关闭，小车左行至左限位→到位后小车停止左行，打开小车底门卸货→5 s 后底门关闭，完成一次装卸过程。小车底门和漏斗翻门的打开用电磁阀控制。若需要重新开始运料，则应保证小车停在左侧后，按下启动按钮才能开始运料。

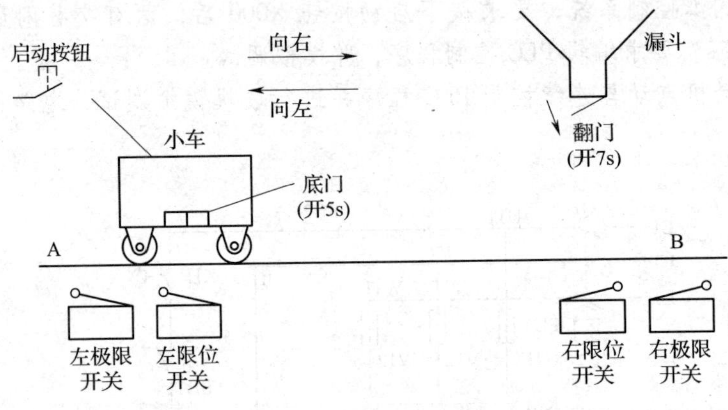

图 2—84　题 8

要求：（1）分析控制要求，写出 PLC 的 I/O 地址表，绘制 PLC 外部控制线路图；（2）编写 PLC 程序，输入并调试。

9. 如图 2—85 所示是三种液体混合装置控制的示意图，将其改造成 PLC 控制，其控制要求是：

（1）上限位、中限位和下限位液体传感器被液体淹没后为 1 状态，阀 A、阀 B、阀 C、阀 D 均为电磁阀，线圈通电时打开，断电时关闭。注入液体前容器是空的，各阀门均关闭，各传感器均为 0 状态。初始状态，容器内是空的。

（2）系统接通电源后，首先打开阀 D，放出残余液体，5 s 后关闭。

（3）按下启动按钮，打开阀 A，液体 A 注入容器内。液面上升到中限位传感器 LT1 时，关闭阀 A，打开阀 B，液体 B 注入容器。

（4）液面上升到上限位传感器 LT2 时，关闭阀 B，打开阀 C，液体 C 注入容器。

（5）液面上升到上限位传感器 LT3 时，关闭阀 C，电动机 M 开始运行，搅拌液体 15 s 后停止搅拌。M 运行的同时液体开始加温，并与 M 同时停止，之后放出混合液体。

（6）当液面下降至下限位传感器 LT1 后再过 5 s，容器内液体排空，关闭阀 D，打开阀 A，开始下一周期的操作。

（7）按下停止按钮，在完成当前工作周期中的操作后，回到初始状态，系统方可停止。

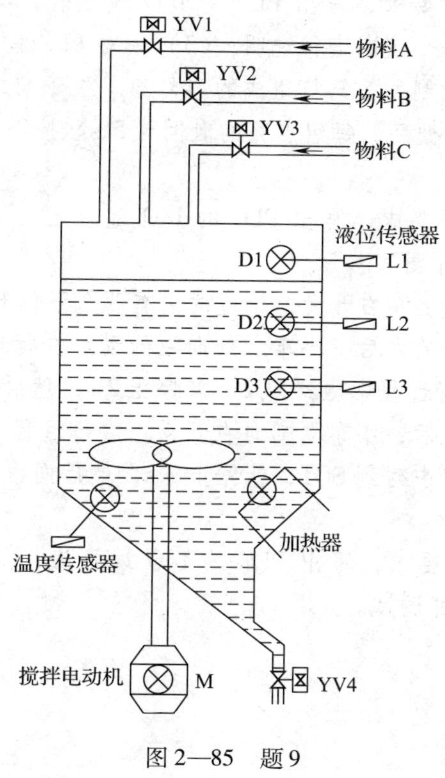

图2—85　题9

要求：(1) 分析控制要求，写出 PLC 的 I/O 地址表，绘制 PLC 外部控制线路图；(2) 编写 PLC 程序，输入并调试。

10. 设计一个全自动洗衣机的 PLC 控制程序。

按下启动按钮，进水阀打开进水，当水位升至高水位时洗涤开关闭合，进水阀关闭。首先进行正向洗涤，15 s 后暂停 3 s，然后进行反向洗涤 15 s，之后暂停 3 s，完成一次洗涤过程。以上洗涤动作连续重复 5 次后结束。排水阀打开进行排水，当水位下降至低水位 3 s 后排水阀关闭，进行脱水动作，脱水 10 s 结束后，返回执行从进水开始的全部过程，连续重复 3 次。最后洗涤完成，蜂鸣器以 1 Hz 的频率报警，10 s 后自动停止报警。

要求：(1) 分析控制要求，写出 PLC 的 I/O 地址表，绘制 PLC 外部控制线路图；(2) 编写 PLC 程序，输入并调试。

11. 鼓风机系统一般由引风机和鼓风机两级构成。当按下启动按钮之后，引风机先工作，工作 5 s 后，鼓风机工作。当按下停止按钮之后，鼓风机先停止工作，5 s 之后，引风机才停止工作。控制鼓风机的接触器由 Y1 控制，引风机的接触器由 Y2 控制。

要求：(1) 分析控制要求，写出 PLC 的 I/O 地址表，绘制 PLC 外部控制线路图；(2) 编写 PLC 程序，输入并调试。

12. 设计一个彩灯控制的 PLC 控制系统。(1) 使用一个开关 SB2，作为彩灯启动用；(2) 当闭合 SB2 时，依次输出 Y0 ~ Y2，彩灯 HL0 ~ HL2 就按间隔 2 s 依次点亮；(3) 当彩灯 HL0 ~ HL2 全部点亮时，继续维持 5 s，之后它们全部熄灭；(4) 彩灯 HL0 ~ HL2 全部熄灭 3 s 后，自动重复下一轮循环。

要求：（1）分析控制要求，写出 PLC 的 I/O 地址表，绘制 PLC 外部控制线路图；（2）画出状态转移图并对每个状态进行说明；（3）编写 PLC 程序，输入并调试。

13. 设计一个由 PLC 控制的 5 只灯组成的彩灯组。按下启动按钮之后，相邻的两只彩灯同时点亮和熄灭，且不断循环，每组点亮的时间为 5 s。按下停止按钮之后，所有彩灯立刻熄灭。

要求：（1）分析控制要求，写出 PLC 的 I/O 地址表，绘制 PLC 外部控制线路图；（2）编写 PLC 程序，输入并调试。

14. 一个小车能在轨道上左右开动，轨道两边有两个限位开关 SQ1、SQ2。小车在停止状态时，当按下左行启动开关之后，小车立刻向左开动。左行过程中碰到 SQ1 后，就停止 2 s，然后再向右行驶；右行过程中碰到 SQ2，就停止 2 s，然后向左行驶。小车在停止状态时，当按下右行启动开关之后，小车立刻向右开动。右行过程中碰到 SQ2 后，就停止 2 s，然后再向左行驶，左行过程中碰到 SQ1，就停止 2 s，然后向右行驶。按下停止按钮，小车立刻停止。

要求：（1）分析控制要求，写出 PLC 的 I/O 地址表，绘制 PLC 外部控制线路图；（2）编写 PLC 程序，输入并调试。

模块三 直流传动系统的装调与检修

在电气传动的发展过程中，交、直流两大电气传动并存于各个时期的工业领域内，虽然它们的作用不同，但始终是伴随着工业技术的发展，特别是随着电力电子技术的发展，在相互的竞争、促进中完善着。

由于直流电动机具有良好的线性调速特性和简单的控制性能，因而在工业领域中应用广泛。现在由于生产技术的发展，对电气传动在启制动、正反转以及调速精度、范围、特性和动态响应等方面都提出了更高的要求。全数字直流调速系统的出现，更是提高了直流传动系统的精度和可靠性。所以，在今后一段时期内，在调速要求较高的场合，直流调速仍将处于一个重要的地位。

课题1 直流调速系统

1. 了解自动控制的基本知识。
2. 熟悉直流调速系统的组成和各部分的作用。
3. 熟悉直流电动机的调速方法。

一、自动控制系统的知识

1. 自动控制的基本概念

（1）系统主要是指工程领域中由机电光磁等信号控制的物理装置。

（2）自动控制是指在没有人直接参与的情况下，利用外加的设备或装置（称控制装置或控制器），使机器、设备或生产过程（统称被控对象）的某个工作状态或参数（即被控量）自动地按照预定的规律运行。

（3）自动控制系统是指具有自动控制的设备或装置。

（4）自动控制的任务是使受控制的对象保持在给定值范围内。电子装置是自动控制的核心。

2. 自动控制的基本术语

（1）受控对象，也称被控对象，指要求实现自动控制的机器设备或生产过程。

（2）被控量，指受控对象中要求保持定数值或按给定值规律变化的物理量。

（3）给定值，指作用于自动控制系统输入端并作为控制依据的物理量。

（4）自动控制，又称为自动调节，指在不需要人直接参与的条件下，依靠控制装置使受控对象按规定要求工作。

（5）自动控制系统，指受控对象和控制装置的总体。

（6）干扰量，又称扰动量，干扰系统正常运行的因素。

3. 自动控制系统的类型

按自动控制系统的结构特点，可分为开环控制系统和闭环控制系统两大类。

（1）开环控制系统

开环控制系统，是指系统不检测被控量，只根据给定值或干扰量进行控制或补偿。如图 3—1 所示为晶闸管整流开环控制系统的原理图。

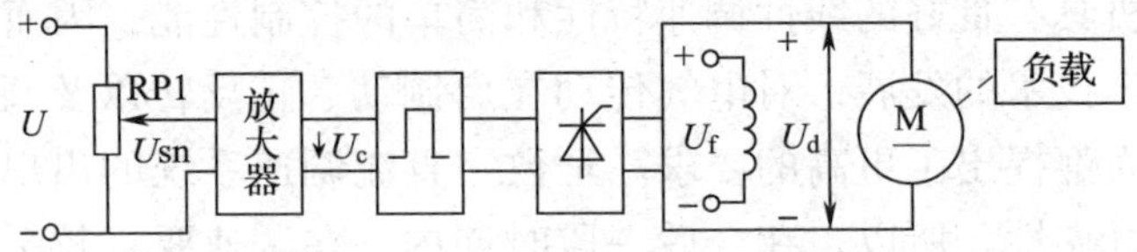

图 3—1 开环控制系统原理图

在图 3—1 中，调节直流电动机的转速 n，只需要调节电位器 RP1，即可改变控制系统给定电压 Usn 的大小，经放大器后，控制晶闸管导通角的大小，改变晶闸管输出电压 U_d 的高低，进一步改变直流电动机电枢绕组上的电压，从而调节了直流电动机的转速。

此类控制系统具有以下特点：

1）电动机的转速 n 只受控制量 Usn 的控制，而转速 n 对控制量 Usn 没有反控作用。

2）该控制系统对外界干扰产生的误差没有自动修正调节的功能。

3）由于是开环控制，为了保证系统控制的精度，必须采用高精度的元器件。

4）该控制系统不存在稳定的问题。由于系统给定了一个电压 Usn，电动机就对应输出一个转速 n，输入量不受输出量的影响，不能根据实际的输出量自动修正误差。所以该系统易受干扰，控制精度要求不高。

（2）闭环控制系统

闭环控制系统，是指系统随时检测被控量，并将其送回输入端与给定值进行比较，根据给定值与被控量的偏差进行控制。如图 3—2 所示为晶闸管整流闭环控制系统的原理图。

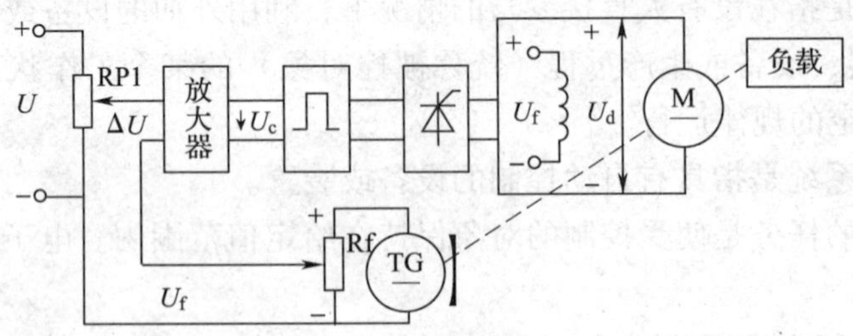

图 3—2 闭环控制系统原理图

在图 3—2 中，使用测速发电机 TG 作为转速检测元件，其电枢电压与直流电动机的转速 n 成正比。将测速发电机电枢电压的部分电压 U_f反馈到系统的输入端，与系统的给定电压 Usn 进行比较，利用其差值 $\Delta U = U\mathrm{sn} - U_f$ 来控制放大器，最终调节了电动机的转速，且将电动机转速的变化控制在了规定的范围内。

此类控制系统具有以下特点：

1）具有较强的抗干扰能力，控制精度高。

2）该系统有反馈电路，结构较开环系统复杂，成本比开环系统高。

3）该控制系统会存在稳定的问题。在系统进行调节时，可能会出现超调现象，使系统发生振荡，无法工作。解决的办法是在该系统中加入稳定环节。

4. 自动控制系统的要求

为了完成一定的任务，各种自动控制系统要求被控量必须迅速而准确地随给定量的变化而变化，并且尽量不受任何扰动的影响。然而，在实际控制系统中，系统受到外作用影响，其输出必将发生相应的变化。因控制对象和控制装置，以及各功能部件的特征参数匹配不同，系统在控制过程中的性能差异很大，甚至会因匹配不当而不能正常工作。因此，工程上对自动控制系统的性能提出了一些要求，主要有以下三个方面。

（1）稳定性

所谓系统稳定，是指受扰动作用前控制系统处于平衡状态，受扰动作用后系统偏离了原来的平衡状态，如果扰动消失后系统能够回到受扰以前的平衡状态，则称系统是稳定的。如果扰动消失后，系统不能回到受扰以前的平衡状态，甚至随时间的推移与原来平衡状态的偏离越来越大，这样的系统就是不稳定的系统。稳定性是系统正常工作的前提，不稳定的系统是根本无法应用的。

（2）准确性

这是对稳定系统稳态性能的要求。稳态性能用稳态误差来表示。所谓稳态误差，是指系统达到稳态时，被控量的实际值和希望值之间的误差。误差越小，表示系统控制精度越高、越准确。一个暂态性能好的系统既要过渡过程时间短，又要过渡过程平稳、振荡幅度小。

（3）快速性

因为工程上的控制系统总是存在惯性，如电动机的电磁惯性、机械惯性等。这将致使系统在扰动量、给定量发生变化时，被控量不能突变，需要有一个过渡过程，即暂态过程。这个暂态过程的过渡时间可能很短，也可能要经过一个漫长的过渡达到稳态值，或经过一个振荡过程达到稳态值，这反映了系统的暂态性能。在工程上暂态性能是非常重要的。一般来说，为了提高生产效率，系统应有足够的快速性。但是如果过渡时间太短，系统机械冲击会很大，这容易影响机械的使用寿命，甚至损坏设备；反之过渡时间太长，会影响生产效率等。所以，对暂态过程应有一定的要求，通常是用超调量、调整时间、振荡次数等指标来表示。

综上所述，对自动控制系统的基本要求是：响应动作要快、动态过程要稳、跟踪需要准确。也就是在稳定的前提下，系统要稳、快、准。这个基本要求，通常被称为自动控制系统的动态品质。

二、直流调速系统的概述

在自动控制系统中，电力拖动系统是最重要的应用系统之一，而电动机又是电力拖动系统的核心部件，它是将电能转化为机械能的一种有力工具。根据电动机供电方式的不同，可分为直流电动机和交流电动机。调速系统则根据驱动电动机类型的不同，分为直流调速系统和交流调速系统两大类，如图3—3所示。

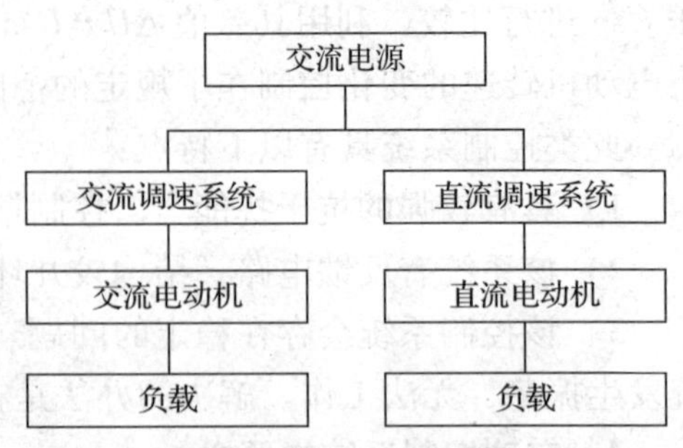

图3—3　调速系统分类

直流调速系统是将三相交流电变为可控可调的直流电，驱动直流电动机，从而实现一系列的控制。

由于直流电动机具有良好的启、制动性能，而且可以在较大范围内平滑的调速，因此，在轧钢设备、矿井升降设备、挖掘钻探设备、金属切削设备、造纸设备、电梯等需要大转矩、高精度、高性能的可控制电力拖动的场合得到了广泛的应用。如图3—4所示。但是直流电动机本身也有着一些不可避免的缺陷，例如，存在换相问题、结构复杂、维修较困难、成本较高等不足，制约了直流调速系统的发展。

a）

b）

图3—4　直流调速系统的应用实例
a）龙门刨床　b）轧钢机

近年来，随着计算机控制技术和电力电子技术的发展，也推动了交流调速技术的迅猛发展，有代替直流调速系统的趋势。然而，直流调速系统在理论和实践等方面发展比较成熟，从控制的角度考虑，它又是交流调速系统的基础，故应先很好地学习直流调速系统。

从生产设备的控制对象来看，电力拖动控制系统有调速系统、位置随动系统、张力控制系统等多种类型，而各种系统基本上都是通过控制转速（实质上是控制电动机的转矩）来实现的。因此，直流调速系统是最基本的拖动控制系统。

1. 直流电动机的调速方式

直流电动机的转速方程式为：

$$n = \frac{U_a - I_a R}{K_e \Phi}$$

式中 n——直流电动机的转速，单位为 r/min；

U_a——电枢电压，V；

I_a——电枢电流，A；

R——电枢回路总电阻，Ω；

Φ——励磁磁通，Wb；

K_e——由直流电动机结构决定的机电系数。

由直流电动机的转速方程式可知，调节直流电动机转速的方法有三种：改变电枢电压 U_a，即调压调速；改变励磁磁通 Φ，即弱磁调速；改变电枢回路电阻 R，即串电阻调速。

（1）改变电枢电压 U_a 的调速方式

由转速方程可知，改变直流电动机的电枢电压 U_a 时，其理想空载转速 n_o 也改变。当电动机电枢电流（即负载电流）I_a 不变时，转速降 Δn 不变。所以直流电动机的机械特性硬度不变，其机械特性是一簇以 U 为参数的平行线。改变电动机电枢电流 I_a，其机械特性基本上是平行上下移动，转速随之改变，这种调速方式称为改变电枢电压 U_a 的调速方式，即调压调速。其机械特性如图 3—5 所示。考虑到电动机的绝缘性能，电枢电压 U_a 的变化只能在小于额定电压的范围内适当调节。在这种调速方式下，转速上限为电动机的额定转速，转速下限受低速时运转不稳定性的限制。对于要求在一定范围内无级平滑调速的系统来说，此调速方式较好。如果想改变直流电动机的旋转方向，只需要通过改变电枢电压的极性就可实现。改变电枢电压调速（简称调压调速）是直流调速系统的主要调速方式。

改变电枢电压调速的优点：电源电压能平稳调节，可以实现无级平滑调速；负载变化时，速度变化小，稳定性好；无论轻载或重载，调速范围相同；电能损耗小。

（2）改变励磁磁通 Φ 的调速方式

改变直流电动机励磁回路的励磁电压大小，就可改变励磁电流的大小，从而改变励磁磁通大小并实现调速，此种调速方式称为改变励磁电流调速方式。其机械特性如图 3—6 所示。

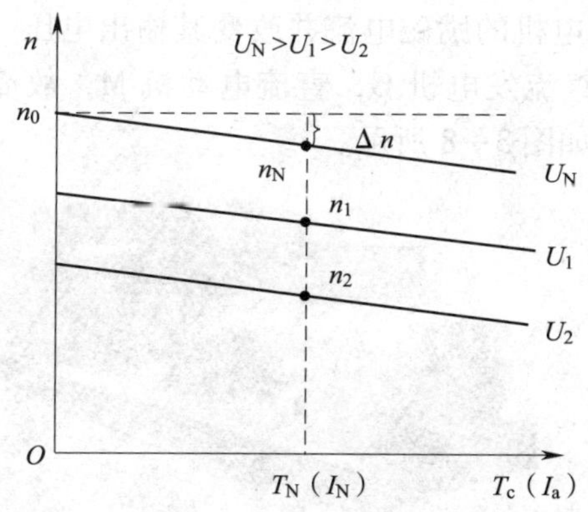

图 3—5　改变电枢电压 U_a 的调速机械特性曲线

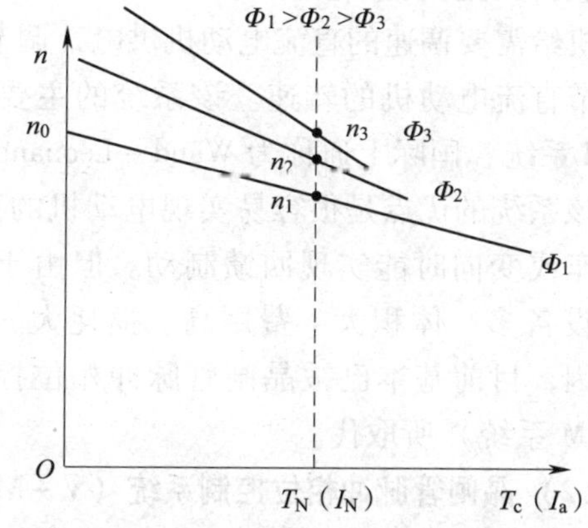

图 3—6　改变励磁磁通 Φ 的调速机械特性曲线

这种调速方式属于恒功率调速。调磁调速的调速范围不大，一般只是配合调压调速方式，在电动机额定转速之上做小范围的升速。将调压调速和调磁调速复合起来则构成调压调磁复合调速系统，可得到更大的调速范围，额定转速以下采用调压调速，额定转速以上采用调磁调速。

改变励磁磁通调速的优点：控制方便、能量损耗小、设备简单、调速平滑性好。缺点：机械特性会变软，受负载的影响大，调速范围不大。

(3) 改变电枢回路电阻 *R* 的调速方式

在直流电动机电枢回路串接附加电阻 R，改变串接电阻 R 的阻值，也可调节转速，此种调速方式称为电枢回路串电阻调速方式。

这种调速方式只能进行有级调速，且串接电阻有较大的能量损耗，直流电动机的机械特性较软，转速受负载影响大，轻载和重载时转速不同。另外，该调速方式中的调速电阻损耗大，经济性差，一般只应用于少数性能要求不高的小功率场合。其机械特性如图 3—7 所示。

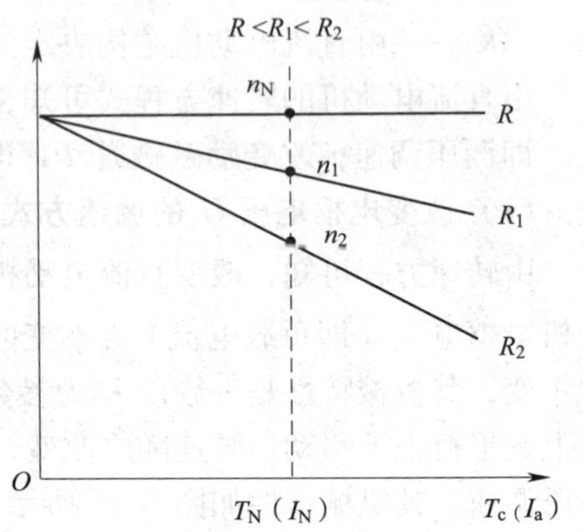

图 3—7　改变电枢回路电阻 *R* 的调速机械特性曲线

改变电枢回路电阻调速的优点：设备简单，操作方便。缺点：属于有级调速，平滑性差；机械特性会变软，稳定性差；损耗大、效率低，经济性差。

2. 直流调压调速用可控直流电源

调压调速在工程应用上是直流调速系统的主要方式。该调速方式需要有专门的、连续可调的直流电源供电。根据系统供电形式的不同，常用的可控直流电源可分为以下三种类型：旋转变流机组系统（G－M 系统）、晶闸管脉冲相位控制系统（V－M 系统）、直流脉宽调速系统（直流斩波器）。

(1) 旋转变流机组系统（G－M 系统）

旋转变流机组系统的工作过程是由交流电动机拖动直流发电机实现变流，然后由直流发电机给需要调速的直流电动机供电，调节直流发电机的励磁电流并改变其输出电压，从而调节直流电动机的转速。该系统的主要部件为直流发电机 G，直流电动机 M，故简称 G－M 系统，国际上通称为 Wand－Leonand 系统。如图 3—8 所示。

该系统的优点是很容易实现电动机的正反转，在停车或变向时能实现回馈制动。但由于该系统使用设备多、体积大、费用高、损耗大、效率低等原因，目前基本已被晶闸管脉冲相位控制系统（V－M 系统）所取代。

图 3—8　旋转变流机组系统（G－M 系统）

(2) 晶闸管脉冲相位控制系统（V－M 系统）

为了克服旋转变流机组系统的缺点，20 世纪 50 年代开始采用汞弧整流器作为变流装置的主要部件，形成所谓的离子拖动系统，首次实现了静止变流，且缩短了响应时间。但由于汞弧整流器造价较高，体积很大，且维护困难，特别是如果水银泄漏，会造成人身伤害和环境污染，因此应用的时间并不长。

1957 年大功率半导体可控整流器件晶闸管的问世，使变流技术出现了根本性的变革。采用晶闸管变流装置供电的直流调速系统很快成为直流调速的主流，特别是在大功率的场合。

由晶闸管可控整流电路给直流电动机供电的系统称为晶闸管—电动机系统，简称 V－M 系统，又称静止的 Wand－Leonand 系统。这类系统通过改变给定电压来改变晶闸管整流装置的触发脉冲相位，从而可改变晶闸管整流器的输出电压平均值，进而达到改变直流电动机转速的目的。如图 3—9 所示为由 V－M 系统构成的大容量直流调速柜。

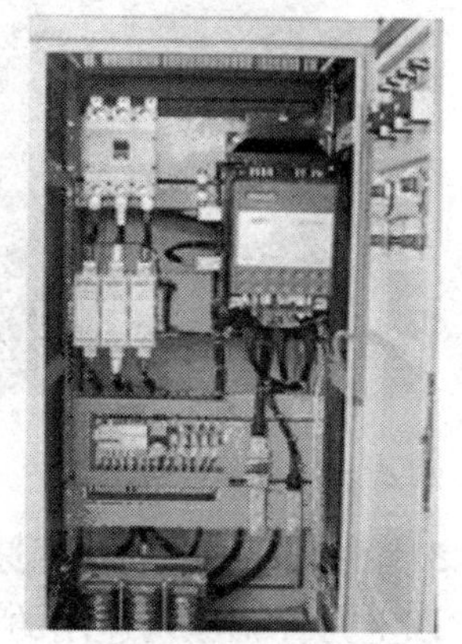

图 3—9　由 V－M 系统构成的直流调速柜

晶闸管—电动机系统（V－M 系统）与上述发电机—电动机系统（G－M 系统）相比较，不仅经济性和可靠性都有很大提高，而且在技术性能上也有更大的优势，功率放大倍数可达 104～105，控制功率小，有利于将微电子技术引入强电领域；与旋转变流机组和汞弧整流器相比，具有调速范围宽、控制灵敏、响应快、占地面积小、能耗低、效率高、噪声小、维护方便等优点，因而得到了广泛应用。过去数十年来，直流电动机调速系统绝大部分都采用晶闸管—电动机系统。

但这种传统的晶闸管—电动机系统，限于晶闸管的性能，也有它的缺点，主要表现在：

1）晶闸管一般是单向导电器件，可逆运行比较困难，要实现四象限运行需采用开关切换或使用正反两组整流器供电，而后者所用的变流设备要增加一倍。

2）晶闸管器件对于过电压、过电流十分敏感，其中任一值超过允许值都可能在瞬间使器件失效，因此，必须有可靠的保护装置和符合要求的散热条件，这就大大增加了设备的复杂性和不可靠因素。

3）晶闸管的控制原理决定了其只能滞后触发，晶闸管整流器对交流电源来说相当于一个感性负载，吸取滞后的无功电流。因此，其功率因数较低，特别是深调速状态，即系统在较低速运行时，晶闸管的导通角很小，功率因数更低，并产生较大的高次谐波电流导致电网电压畸变。

4）晶闸管的调相还会导致强烈的电磁辐射，这与越来越高的电磁兼容要求是不相适应的。

（3）直流脉宽调速系统

直流脉宽调速系统，核心是脉冲宽度调制器（Pulse Width Modulation，PWM）。它是通过改变脉冲宽度的控制方式对直流电源进行调制，从而改变输出电压平均值的方法，是在 V－M 调速系统的基础上，以脉宽调制式直流可调电源，取代晶闸管相控整流电源后构成的直流电动机速度调节系统。它采用了全控型电力电子器件作为功率开关元件，并按脉宽调制方式对电动机的电枢电压进行调节，主电路结构简单、性能优越，是 100 kW 以下直流电动机调速的首选方案。该系统的闭环控制方式、分析综合方法均与晶闸管—直流电动机系统相同。如图 3—10 所示为使用直流脉宽调速系统的城市地铁和电动自行车。

图 3—10 应用直流脉宽调制器的设备

3. 晶闸管—电动机调速系统（V－M 系统）的分类

以上三种调压调速用的可控直流电源中，最为典型且使用最为广泛的是晶闸管—电动机调速系统。

晶闸管—电动机调速系统从控制方法上可分为以下三种：

（1）开环直流调速系统

开环直流调速系统一般采用转速开环控制，控制精度不高，转速受负载波动、电网电压变化影响大。

（2）单闭环直流调速系统

单闭环直流调速系统一般采用转速闭环控制或者电压负反馈闭环控制，转速精度高，受负载波动影响小。

（3）双闭环直流调速系统

双闭环直流调速系统采用转速和电流闭环控制，是直流调速系统中精度最高、响应速度最快、应用最为广泛的调速系统。

三种直流调速系统的性能对比见表 3—1。

表 3—1　三种直流调速系统的性能对比

调速类型	开环直流调速系统	单闭环直流调速系统	双闭环直流调速系统
控制方式	转速开环控制	转速闭环控制或 电压负反馈闭环控制	转速和电流闭环控制
转速精度	低	较高	最高
响应速度	慢	快	最快
使用场合	要求较低的场合	负载波动大、 转速精度高的场合	转速精度高、 响应速度快的场合

4. 直流调速系统的性能指标

衡量一个直流调速系统性能的优劣，除了定性分析外，还必须有定量的指标。此外，应用领域对系统的要求也必须进行量化，以便作为设计、生产、调试的依据。

在工业、工程等应用领域，许多工艺要求都依赖于对速度的控制。例如，精密机床要求的加工精度达百分之几毫米；重型铣床的进给机构需要在很宽的范围内调速，其最高进给速度可达600 mm/min，而精加工时最低进给速度则只有2 mm/min；又如巨型轧钢设备，需要轧钢机的轧辊在不到1 s的时间内就得完成从正转到反转的全部过程，而且操作频繁；轧制板材的轧钢机定位系统，其定位精度要求不大于0.01 mm；再如高速造纸机，抄纸速度可达到1 000 m/min，要求稳速误差小于±0.01%。这些例子不胜枚举，其工艺过程对速度控制方面的要求归纳起来有以下三个方面：

(1) 调速

在一定的范围之内有级或无级地调节转速。调速系统的旋转方向允许正、反向的，称之为可逆系统，只能单方向运行的则称之为不可逆系统。

(2) 稳速

以一定的精度在要求的转速上稳定运行。对于各种可能的干扰，都不允许有过大的转速变化，从而保证产品质量。

(3) 启动、制动性能

频繁启、制动的设备为提高效率，需要尽快地加、减速。不适合快速改变转速的设备，则要求启、制动尽可能地平稳。

三、实训操作

实训项目：直流电动机的调速

1. 实训器材

直流电动机、固定和可调的直流电源、可变电阻器、测功机、转速表。

2. 实训方法和步骤

(1) 按图3—11所示电路连接

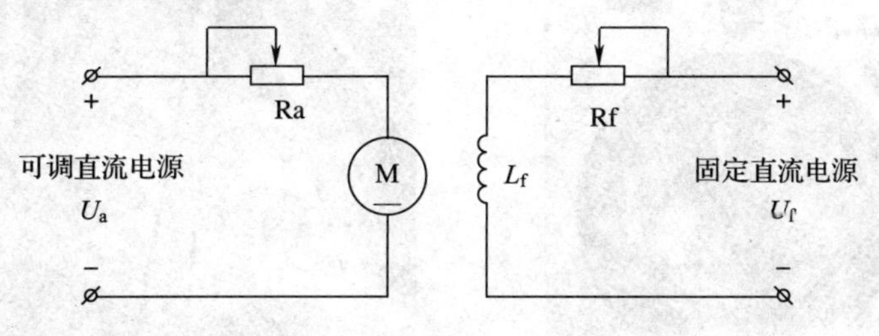

图3—11 直流电动机调速电路图

(2) 通电调试前的检查

1）将电枢回路断开，通电后检查直流电动机是否有励磁电压，若有则断电后恢复接线。

2）直流电动机空载，将各可变电阻器调零，对可调直流电源输出进行调零。

(3) 通电调试

1）调压调速

调节可调直流电源的输出电压，改变直流电动机电枢电压，观察直流电动机转速的变化。

操作时注意：调节可调直流电源输出电压时，不要超过直流电动机的额定电压。

2）弱磁升速

加大励磁回路中的电阻，减小弱磁电流，减弱励磁磁通，提高直流电动机的转速。

操作时注意：增大励磁回路中的电阻时，阻值不能过大，否则励磁过小，容易导致转速过高，造成“飞车”事故。

课题2　开环直流调速系统

学习目标

1. 掌握开环直流调速系统的组成。
2. 掌握开环直流调速系统的工作原理。
3. 熟悉开环直流调速系统存在的问题。

开环控制系统，是指调速系统输入信号不受输出信号影响的系统。开环控制系统又称为无反馈控制系统。

开环直流调速系统是控制直流电动机转速的开环控制系统。其结构简单，容易实现，成本较低，应用比较广泛。如图3—12所示为使用开环直流调速系统的全自动洗衣机和电梯。此外，在要求较低的工业生产中，如经济型的自动生产流水线、普通的注塑机等设备中也广泛使用。

图3—12　开环直流调速系统的应用

一、开环直流调速系统的组成和原理

1. 系统组成

开环直流调速系统主要由主电路和控制电路等组成，如图 3—13a 所示。

开环直流调速系统的结构原理，如图 3—13b 所示。

- 开环直流调速系统
  - 主电路
    - 晶闸管可控整流电路
    - 直流电动机
  - 控制电路
    - 晶闸管触发电路
    - 给定电位器
    - 继电保护电路

a）

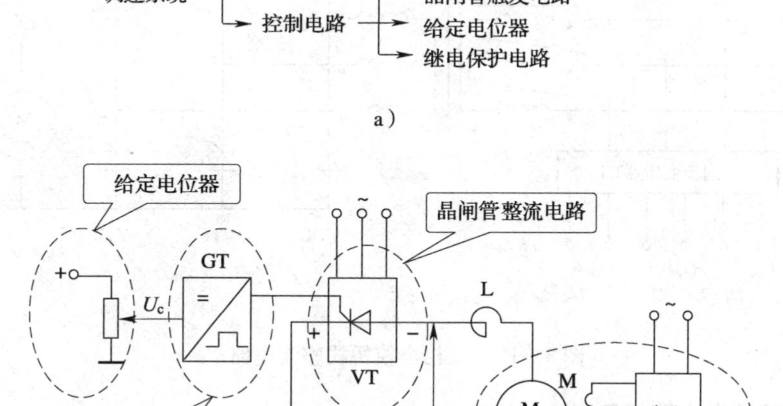

b）

图 3—13　开环直流调速系统的组成和结构原理图

a）开环直流调速系统的组成　b）开环直流调速系统的结构原理

(1) 直流电动机 M

直流电动机可以采用他励直流电动机，如图 3—14 所示。其电枢绕组由晶闸管可控整流电路提供可调直流电压，励磁绕组通过固定直流电压提供励磁电压。

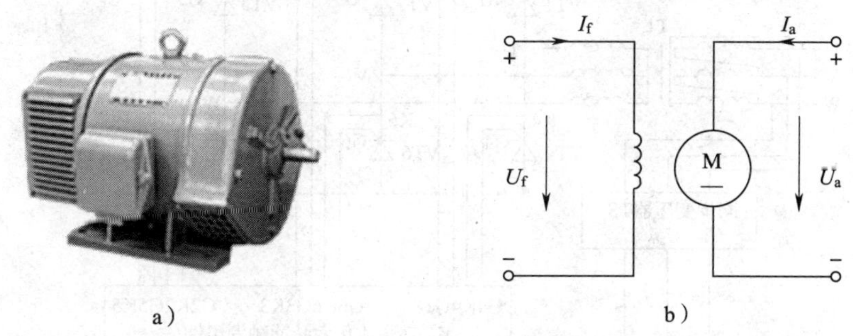

a）　　b）

图 3—14　直流电动机

a）直流电动机　b）直流电动机绕组

(2) 晶闸管可控整流电路 VT

晶闸管可控整流电路 VT，是由半控型器件晶闸管构成的可控整流电路，它将输入的固定交流电变为大小可控可调的直流电。一般小容量系统中用单相可控整流电路，将单相 220 V、50 Hz 交流电变成 0 ~ 198 V 可调的直流电；中、大容量系统中用三相可控整流电路，将三相 380 V、50 Hz 交流电变成 0 ~ 513 V 可调的直流电。

如图 3—15 所示，是工业生产中常采用的三相全控桥式整流电路，通过改变 VT1 ~ VT6 的门极触发脉冲的相位，就可以调节输出直流电压的大小。

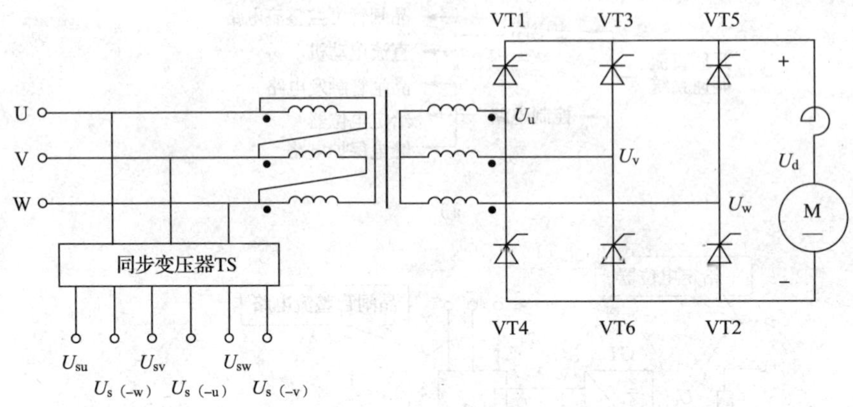

图 3—15　三相全控桥式整流电路

（3）晶闸管触发电路 GT

晶闸管触发电路是通过改变控制电压 U_C 的大小，来改变触发脉冲的相位，进行调节控制角 α，实现对输出电压 U_d 的控制。晶闸管触发电路是由主电路的三相供电电源经同步变压器 TS 降压供电，触发电路的输出脉冲接到六只晶闸管的门极与阴极之间。晶闸管触发电路主要形式有单结晶体管触发电路、正弦波触发电路、锯齿波触发电路、集成触发器等。通常采用锯齿波触发电路给三相全控桥六个晶闸管提供六个相位依次相差 60°的双窄脉冲，如图 3—16 所示。在工业上常采用由三块 KC04 晶闸管移相触发器、一块 KC41C 六路双脉冲形成器和一块 KC42 脉冲列调制形成器等集成芯片组成的集成触发器 KCZ6 集成化六脉冲触发组件。

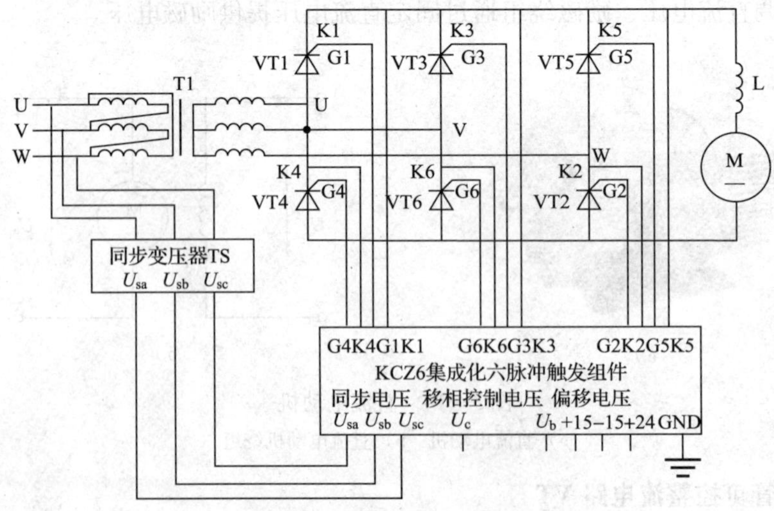

图 3—16　晶闸管触发电路

（4）给定电位器

给定电位器给晶闸管触发电路提供一个 0 ~ ±15 V 的可调直流电压 U_C，从而改变触发电路输出脉冲的相位。其电路原理如图 3—17 所示，S1 为正负极性切换开关，S2 为输出控制开关，RP1 和 RP2 分别用来调整正负输出电压的大小。

（5）继电保护电路

继电保护电路包括过压保护、过流保护及通电顺序保护等部分，其作用是当电路中出现过高电压或过大电流时，通过电压互感器、过流继电器起到保护主电路中晶闸管等器件的作用。可控整流电路的核心器件是晶闸管，其容量大，能够承受较高的电压和流过较大的电流。但在实际工作中，整流电路中可能会出现短时的过压或过电流，严重时会损坏晶闸管，所以必须在整流电路中加装保护电路。

例如，在每个晶闸管桥臂电源侧加上熔断器，防止过流烧坏晶闸管；或在每个晶闸管两端并联阻容吸收电路，对晶闸管起过压保护作用。如图 3—18 所示。

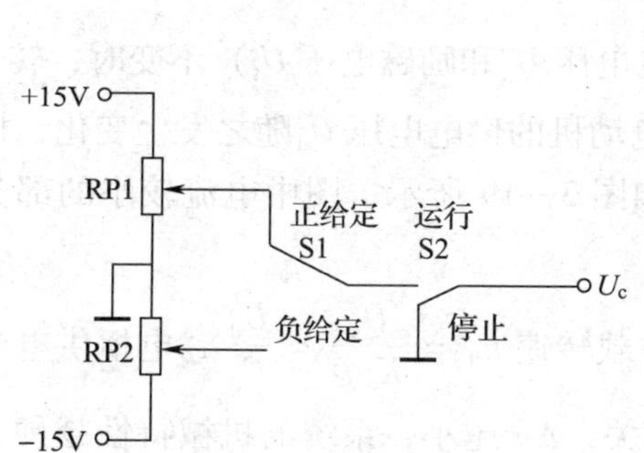

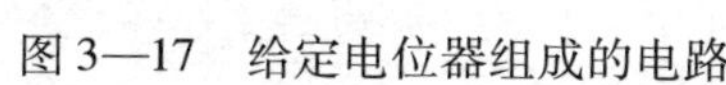
图 3—17　给定电位器组成的电路

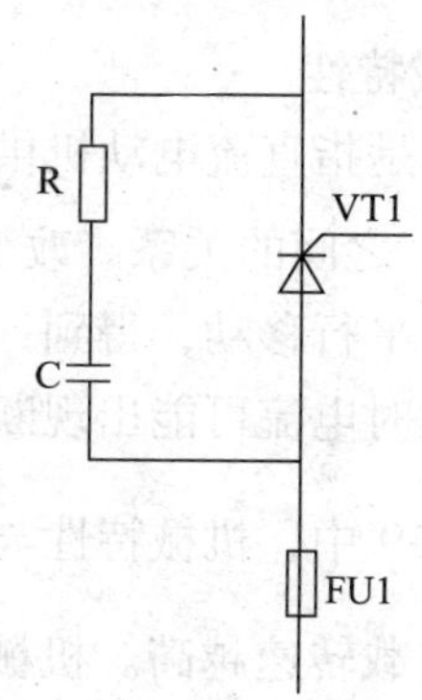

图 3—18　整流电路中晶闸管的保护电路

通电顺序保护电路的作用是防止通断电顺序的误操作。系统通电时，控制电路先通电，主电路后通电；断电时则顺序相反，主电路先断电，控制电路后断电。

2. 系统工作原理

如图 3—13b 所示，调节给定电位器的阻值，改变控制电压 U_C 大小改变触发电路脉冲的相位，来改变控制角 α，从而改变输出电压 U_d，电动机的转速也就相应改变，达到调速的目的。

在开环直流调速系统中，当给定输入信号 U_C 不变时，电动机会以恒速旋转。当负载变化时，电动机转速也相应变化，使其偏离正常值，开环系统不能自动进行调节。当直流电动机负载转矩 T_L 发生变化时，直流电动机的转速 n 也发生变化。只有当 $T_e = T_L$，达到一个新的平衡时，电动机内部的自动调节过程才能结束，但此时电动机的转速已经降低了。电动机内部自动调节的具体过程如下所示：

$$T_L\uparrow \xrightarrow{T_e\ <\ T_L} n\downarrow \xrightarrow{E\ =\ K_e\Phi_n} E\downarrow \xrightarrow{I_a\ =\ \frac{U_d-E}{R}} I_a\uparrow \xrightarrow{T_e\ =\ K_I\Phi I_a} T_e\uparrow$$

二、开环直流调速系统的机械特性

开环直流调速系统运行时，系统的开环机械特性是重要的特征之一。由于电动机是感性负载，这使得电动机上的电流脉动成分减小，电流变得平滑和连续。但当电动机电流较小时，可能会出现电流断续的情况。所以应该从两个方面去分析系统的开环机械特性。

1. 直流电动机电流连续时的情况

（1）当电流连续时，开环直流调速系统的转速公式为：

$$n=\frac{U_d-I_dR}{K_e\Phi}=\frac{U_d}{K_e\Phi}-\frac{I_dR}{K_e\Phi}=\frac{U_d}{C_e}-\frac{I_dR}{C_e}=\frac{U_d}{C_e}-\frac{T_eR}{C_eK_t\Phi}=n_0-\Delta n$$

式中　n_0——理想空载转速；

Δn——转速降落；

C_e——电动势放大系数，$C_e=K_e\Phi=\frac{E}{n}$。

（2）机械特性

机械特性是指直流电动机供电电压（电枢供电电压 U_d 和励磁电压 U_f）不变时，转速 n 和电磁转矩 T_e 之间的关系。改变控制角 α，直流电动机的供电电压 U_d 随之发生变化，机械特性曲线发生平行移动，得到一簇平行的直线。如图 3—19 所示，图中电流较小的部分是虚线，表示此时电流可能出现断续的情况。

在图 3—19 中，机械特性与纵轴交点为理想空载转速 $n_0=\frac{U_d}{K_e\Phi}=\frac{U_d}{C_e}$，电枢供电电压越大，理想空载转速越高。机械特性硬度和 Δn 有关，Δn 越小，系统的机械特性越硬，特性曲线斜率越小。

2. 直流电动机电流断续时的情况

其机械特性如图 3—20 所示。当电流连续时，特性曲线的斜率较小，机械特性较硬；当电流断续时，机械特性很软，特性曲线的斜率较大，并且具有明显的非线性。

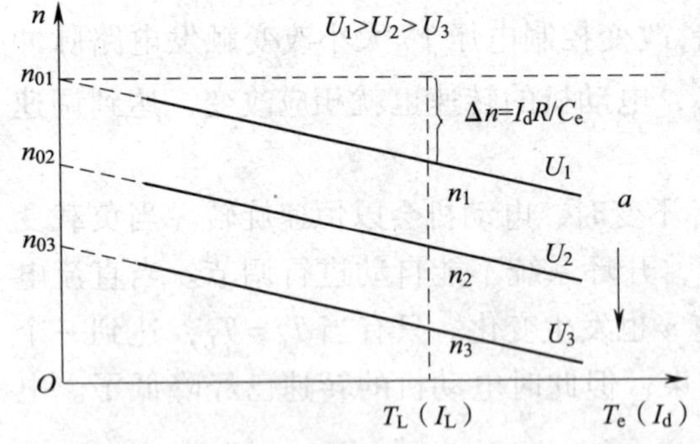

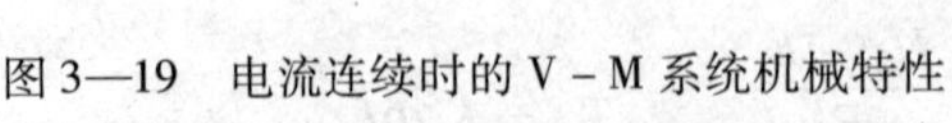
图 3—19　电流连续时的 V－M 系统机械特性

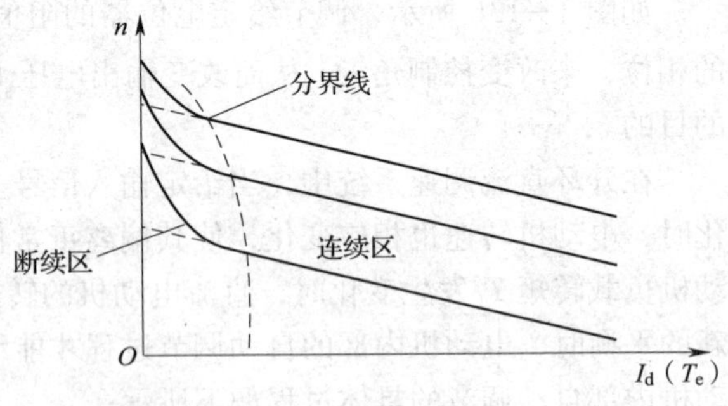

图 3—20　电流断续时的 V－M 系统机械特性

为了避免或减少这种情况的发生，一般采用增加整流电路的相数和设置平波电抗器的方式来抑制电流脉动。

三、开环直流调速系统的稳态性能分析

1. 自动控制系统的性能要求

自动控制系统的性能要求主要是从稳定性、准确性和快速性三个方面考虑。

（1）稳定性

稳定性是判断自动控制系统能否应用的前提。当系统在运行过程中受到外界的扰动，输出量就会偏离原来的稳定值。如果通过系统内部的自动调节，系统能回到原来的稳定值并稳定下来，这种系统就是稳定的系统。如图 3—21a 所示就是稳定系统的曲线图。如果不能稳定下来，就是不稳定系统。如图 3—21b 所示就是不稳定系统的曲线图。

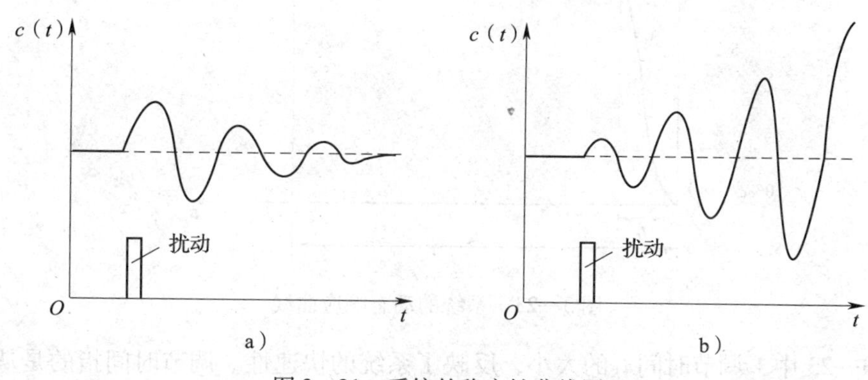

图 3—21　系统的稳定性曲线图
a）稳定的系统　b）不稳定的系统

分析系统的稳定性时需要注意以下两点：

1）系统的稳定性分析只针对闭环系统，开环系统一般不存在稳定性的问题。

2）通常用最大超调量和振荡次数作为反映稳定性的性能指标，一般这两个指标数值越小，系统的稳定性就越好。

（2）准确性

准确性是指当系统重新达到稳定的状态后，其输出量保持的精度，反映了系统的准确程度。一般自动控制系统输出量偏差越小，准确度越高。

自动控制系统中通常用 e_{SS} 来描述系统的稳态精度。如图 3—22 所示，当 $e_{SS}=0$ 时，系统称为无静差系统，当 $e_{SS}\neq 0$ 时，系统称为有静差系统。

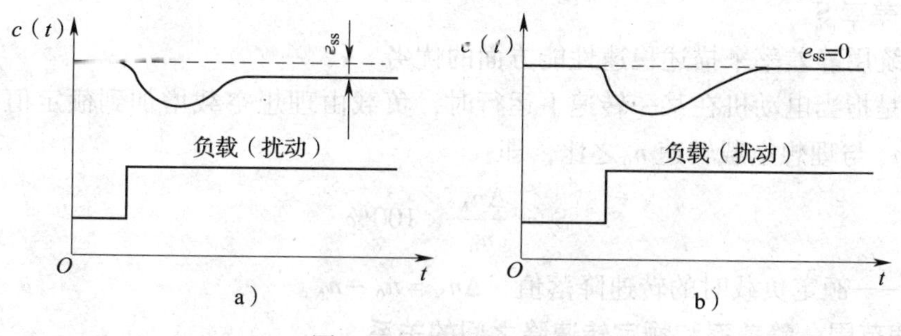

图 3—22　系统的准确性
a）有静差系统　b）无静差系统

(3) 快速性

快速性是指系统从一种稳定状态达到新的稳定状态过渡过程时间的长短。通常希望自动控制系统的过渡过程越短越好，这样运行效率也就越高。

系统的快速性可以用调节时间 t_S、最大超调量 σ、上升时间 t_r 和振荡次数 N 等动态性能指标来衡量。如图 3—23 所示。

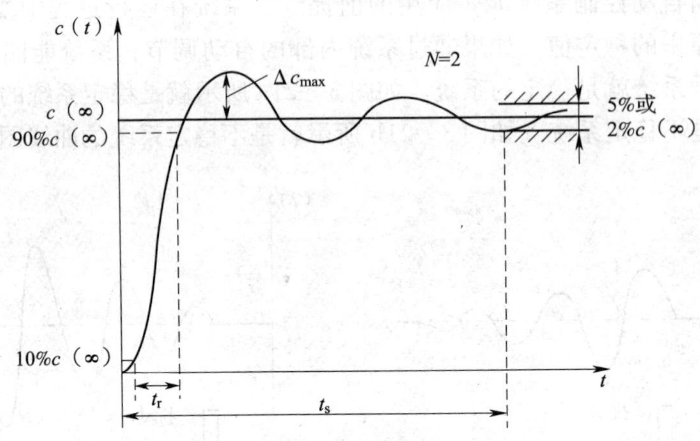

图 3—23　系统的动态响应曲线

在图 3—23 中，调节时间 t_S 的大小，反映了系统的快速性。调节时间指的是从系统过渡过程开始，到系统输出量进入并一直保持在新的稳态值允许的误差范围内（±2% ~ ±5%）所需要的时间。t_S 越小，表明系统的快速性越好。

2. 调速系统的稳态性能指标

(1) 调速范围 *D*

调速系统用调速范围来描述调速性能的好坏。

调速范围是指直流电动机在额定负载下，生产机械要求直流电动机提供的最高转速 n_{max} 和最低转速 n_{min} 之比，即：

$$D = \frac{n_{max}}{n_{min}}$$

式中　n_{max}——直流电动机额定负载时的最高转速，一般为额定转速 n_N；

n_{min}——直流电动机额定负载时的最低转速。

(2) 静差率 S

调速系统用静差率来描述稳速性能方面的优劣。

静差率是指当电动机在某一转速下运行时，负载由理想空载增加到额定值时所对应的转速降落 Δn_N 与理想空载转速 n_0 之比，即：

$$S = \frac{\Delta n_N}{n_0} \times 100\%$$

式中　Δn_N——额定负载时的转速降落值，$\Delta n_N = n_0 - n_N$。

3. 调速范围、静差率和额定转速降之间的关系

在直流调速系统中，假设电动机额定转速 n_N 为最高转速，可以推出调速范围、静差率和额定转速降之间的关系：

$$D = \frac{n_N S}{\Delta n_N (1 - S)}$$

通常，对于调速系统，其调速范围越大越好，静差率越小越好。然而，调速范围和静差率又是相互制约的，所以，一个调速系统的调速范围是指在最低速时还能满足所需静差率的转速可调范围。因此，调速范围和静差率这两项指标必须同时满足才行。

四、开环直流调速系统存在的问题

调速系统是开环直流调速系统，调节控制电压就可以改变电动机的转速。如果负载的生产工艺对系统运行时的静差率要求不高，那么开环调速系统都能实现一定范围内的无级调速。但是，大多数需要调速的生产机械常常对静差率有一定的要求。在这种情况下，开环调速系统就不能满足要求。

五、实训操作

1. 晶闸管直流调速装置的调试步骤

（1）先单元电路测试，后整机测试。

（2）先静态调试后动态调试。

（3）先开环调试后闭环调试。

（4）先轻载调试后满载调试。

2. DSC—32 型晶闸管直流调速装置开环调速调试的主要内容和步骤

在通电调试前，应先对整机（包括接线提示、绝缘、冷却等方面）进行全面的检查。

（1）继电控制电路的检查

在主电路不带电的情况下，闭合控制电路，按规定操作程序面板上的操作按钮，检查继电器工作状态和控制顺序是否正常。此时，各控制板均已拆下，不工作。

（2）校对电源相序

用示波器校对主电源与同步变压器的相序。

使用示波器时，应特别注意安全保护，应将电源接地端断开。但此时机壳将带电，必须注意对地绝缘，以防人身触电。

（3）各控制板的调试

1）电源板。首先检查各输入量是否正常，用引出线将其引出并逐点测量。而后将电源板安装好，闭合控制电路，观察各指标是否正常工作，再测量各输出点电压是否正确，即有无 +24 V、+15 V、−15 V 输出，并检查以上输出是否连线完整。

2）隔离板。此时主电路尚未工作，所以 44# 与 45# 线均无电压。首先检查各输入量是否正常，即 +15 V 是否正常，接线是否正确。而后将隔离板安装好，闭合控制电路有蜂鸣声，则表示振荡变压器工作正常，2 kHz 方波已经产生。

3）触发板。此时由于调节板没有安装，所以 $U_k=0$ V。首先闭合控制电路，用引出线将其引出并分别测量各输入量是否正确，即 +15 V、−15 V、U_{ta}、U_{tb}、U_{tc}、0 V 是否正确。正确后，将触发板安装好，调节 W1、W2、W3，并测量各点，其电压均为 6.3 V，锯齿波斜率为20°/V。然后调节W4即U_p的值，当三相全控桥为感性负载时，令$U_p = -4.5$ V（初始角为90°），当三相全控桥为阻性负载时，令$U_p = 6$ V（初始角为120°），应有输出脉冲，可用示波器观察。

4）调节板。首先检查各输入量是否正常，即 -15 V、+15 V、$U_g = 0 \sim 10$ V、$U_{fu} = 0$ V、$Q_x = 0$ V是否正常。而后将电源板安装好，将短路环放在开环位置。测量$U_k = 0 \sim 10$ V，闭合主电路，观察输出是否连续可调。

（4）开环系统调试（阻性负载）

1）将电动机的电枢绕组接线拆下，与足够大容量的阻性负载相连，进行阻性负载的系统调试。

2）进行初始相位角的调整。将三块控制板安装好，调节板置于开环位置，给定电位器调至最小，依次接通控制电路、主电路和给定电路。调节给定电位器，使$U_g = 0$ V。调整触发板的RP4电位器，使$U_d = 0$ V。初始相位角调整结束。

3）调节给定电位器，逐渐加大给定电压至最大值，观察电压表的变化，输出的直流电压应从0～300 V连续可调。

4）将电动机的电枢绕组接到直流调速装置的直流电压输出端，并通电调试。调节给定电位器从最小值开始增大，注意观察电动机的转速从0开始增大。增加电动机的负载，观察电动机的转速、输出电流和输出电压的变化。

5）将给定电位器调到0，断电，停机，开环直流系统调试完毕。

3. 开环系统调试流程图

（1）开环调试流程如图3—24所示。

（2）接线检查流程如图3—25所示。

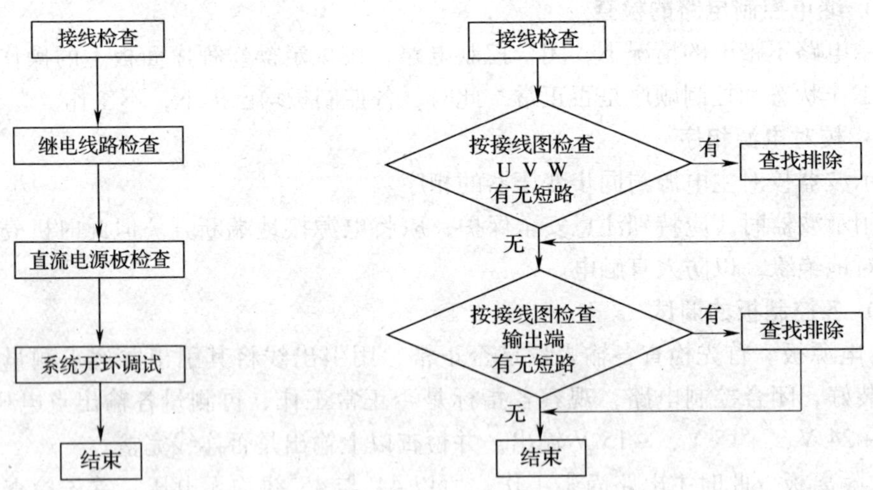

图3—24 开环调试流程框图　　图3—25 接线检查流程图

（3）继电线路检查流程如图3—26所示。

（4）电源板检查流程如图3—27所示。

（5）系统开环调试流程如图3—28所示。

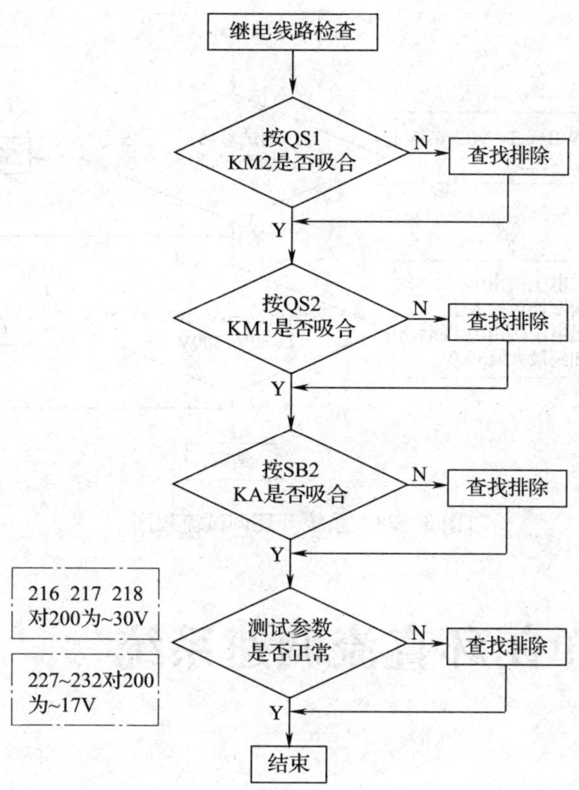

图 3—26　继电线路检查流程图

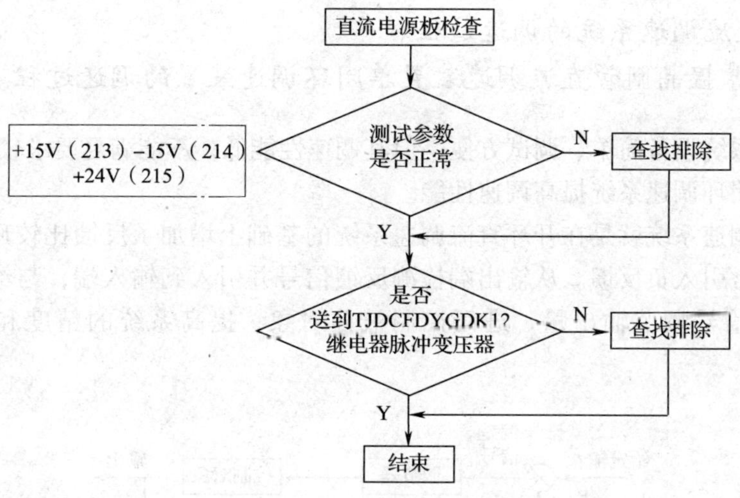

图 3—27　电源板检查流程图

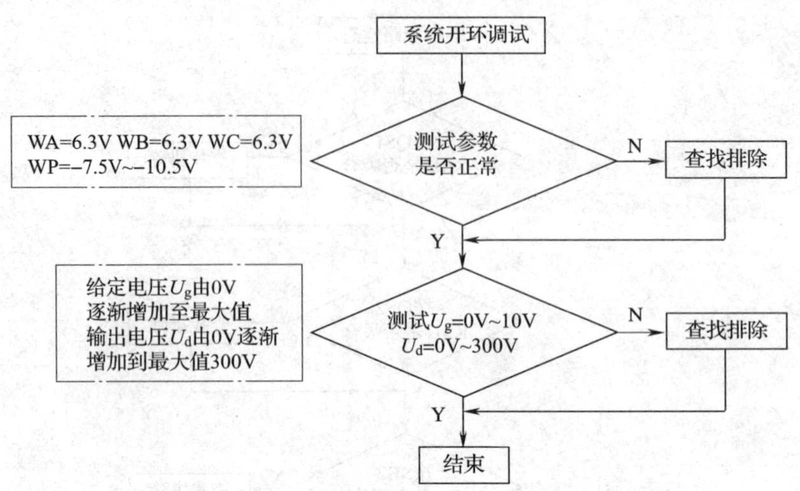

图3—28 系统开环调试流程图

课题3 单闭环直流调速系统

学习目标

1. 掌握单闭环直流调速系统的组成。

2. 掌握单闭环直流调速系统的工作原理。

3. 熟悉带电流正反馈的电压负反馈单闭环直流调速系统和带电流截止负反馈的单闭环直流调速系统的调速过程。

4. 熟练掌握晶闸管直流调速装置单闭环调速装置的调速过程。

开环调速系统设备简单、调试方便，但其调速性能低，不能满足要求较高的生产需要，因此需要采用闭环调速系统提高调速性能。

闭环直流调速系统就是在开环直流调速系统的基础上增加了反馈比较环节，系统为了稳定输出，通常引入负反馈。从输出端检测反馈信号并引入到输入端，与给定的信号相比较，得到偏差信号调节输出量，进而控制被控对象，提高系统的精度和稳定性。如图3—29所示。

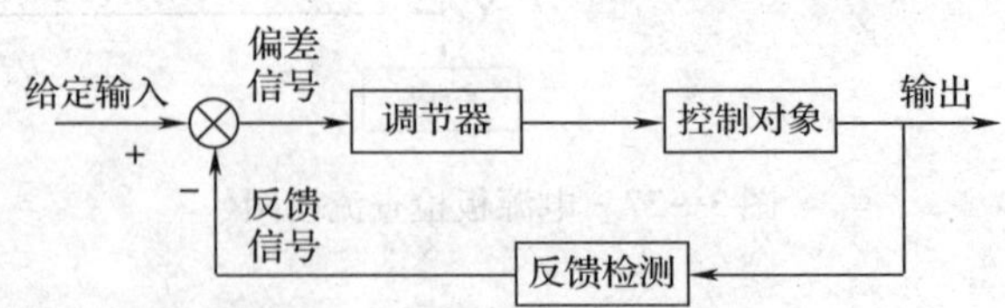

图3—29 闭环调速系统的框图

闭环直流调速系统主要有两大类：单闭环直流调速系统和双闭环直流调速系统。本课题分析的是单闭环直流调速系统。

一、转速负反馈单闭环直流调速系统

转速负反馈单闭环直流调速系统就是将直流电动机的转速作为被控量，引入负反馈，直接检测电动机的转速，并将其转速变为电信号反馈到输入端进行比较调节，以提高调速系统的性能。

1. 转速负反馈单闭环调速系统的组成及各部分作用

转速负反馈单闭环调速系统主要由晶闸管整流装置、直流电动机、转速检测环节、比较放大电路等组成，是在图 3—13b 开环系统的基础上，增加了转速检测环节和比较放大电路。如图 3—30 所示。

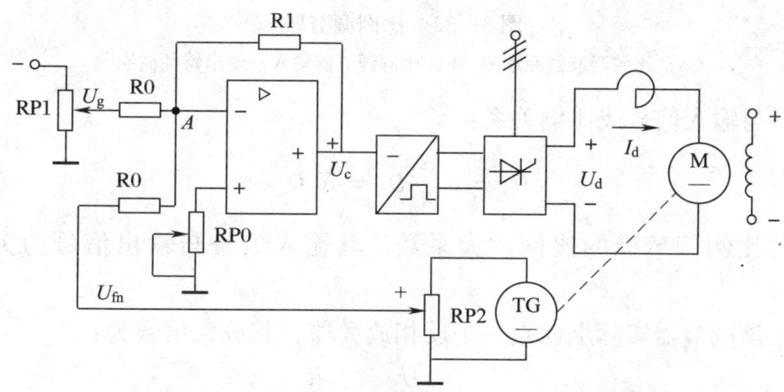

图 3—30 转速负反馈直流调速系统原理图

（1）转速检测环节

检测转速的常用设备有测速发电机和旋转编码器。如图 3—31 所示。测速发电机的转速输出是模拟量，其输出电压既可以表示转速的高低，也可以表示转速的方向。测速发电机有直流测速发电机和交流测速发电机两种。旋转编码器的转速输出是数字脉冲量，通过高速计数器可以输入到计算机进行控制，多用于测速精度高的系统中。

a） b）

图 3—31 转速检测设备

a）直流测速发电机 b）旋转编码器

(2) 比较放大电路

比较放大电路采用的是由集成运算放大器构成的比例调节器（也称为 P 调节器）。如图 3—32a 所示。

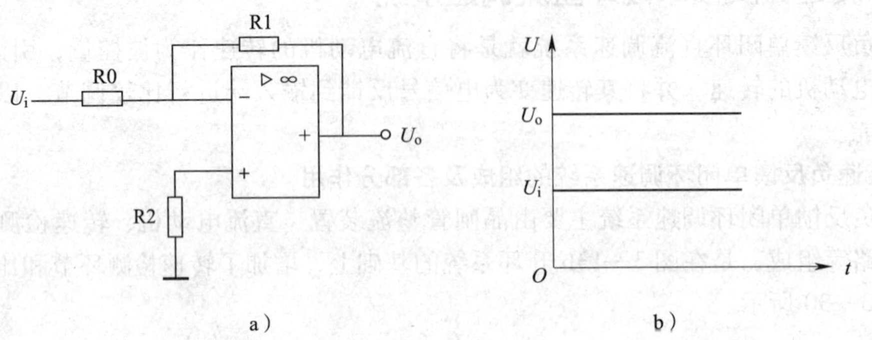

图 3—32 比例调节器

a）比例调节器原理图 b）比例调节器输入—输出特性曲线

其输出信号与输入信号成比例关系：

$$U_o = -\frac{R_1}{R_0}U_i = K_p U_i$$

式中，K_p为比例调节器的比例放大系数。其输入信号与输出信号的关系曲线如图 3—32b 所示。

由图可见，该调节器实际上就是一个反相放大器，其放大倍数为：

$$A_u = -\frac{U_o}{U_i} = -\frac{R_1}{R_0}$$

式中的负号是由于运放为反相输入方式，其输出电压 U_o的极性与输入电压 U_i的极性是相反的，即 U_o的实际极性与其在图中的参考极性相反。为便于系统的分析，比例调节器的比例系数 K_p可用正值表示，而其极性的关系在分析具体电路时再考虑。

显然，改变反馈电阻 R1，可以改变比例调节器的比例系数 K_p。为得到满意的控制效果，实际比例调节器的比例系数 K_p常常是可以调节的。

在转速负反馈单闭环系统中，调节器的输入端一般有两个输入信号，一个是给定电压 U_g，还有一个是来自测速发电机的转速反馈电压 U_{fn}，两者构成反相加法运算电路，对信号进行比较和放大。如图 3—33 所示，其输出电压 U_c为：

$$U_c = -\frac{R_1}{R_0}(U_g - U_{fn}) = K_p(U_g - U_{fn}) = K_p \Delta U$$

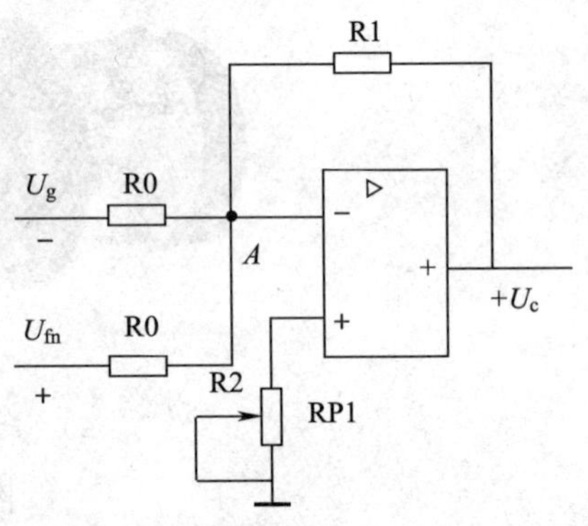

图 3—33 有两个输入端的比例调节器

由于该调节器是用来调节并稳定直流电动机的转速，因此，又将其称为速度调节器或转速调节器。

2. 转速负反馈单闭环调速系统的工作原理

如图 3—33 所示，通过调节图中的给定电位器 RP1，改变给定电压 U_g，即可调节电动机的转速。其调节过程如下所示：

$$U_g\uparrow \longrightarrow \Delta U\uparrow \longrightarrow U_c\uparrow \longrightarrow a\downarrow \longrightarrow U_d\uparrow \longrightarrow n\uparrow$$

在这个调节的过程中，$\Delta U\neq 0$，$U_g\neq U_{fn}$，电动机的转速反馈值与目标值始终有偏差，而正是通过这个偏差进行电动机转速的调节。此种调速系统称为有静差调速系统。

如果给定电压 U_g 不变，而负载发生变化，则电动机的转速也会发生相应的变化，其调节过程分为以下两种：

（1）直流电动机内部自动调节过程

其调节过程如前所示，这里不再分析。

1）此调节过程主要通过直流电动机内部电动势 E 的变化来进行调节。

2）调节过程是以转速的改变为前提，当负载发生变化时，通过转速的改变使其达到新的稳定状态。

（2）转速负反馈自动调节过程

转速负反馈自动调节过程如下所示：

$$T_L\uparrow \xrightarrow{T_e\ <\ T_L} n\downarrow \xrightarrow{U_{fn}\ =\ \alpha n} U_{fn}\downarrow \xrightarrow{\Delta U\ =\ U_g\ -\ U_{fn}} \Delta U\uparrow \xrightarrow{U_c\ =\ K_p\Delta U} U_c\uparrow \xrightarrow{\alpha\downarrow} U_d\uparrow$$

$$U_d\uparrow \xrightarrow{n\ =\ \frac{U_d\ -\ I_dR}{K_e\Phi}} n\uparrow$$

$$U_d\uparrow \xrightarrow{I_d\ =\ \frac{U_d\ -\ E}{R}} I_d\uparrow \xrightarrow{T_e\ =\ K_T\Phi I_d} T_e\uparrow \dashrightarrow T_L\uparrow$$

当负载增加时，电动机的转速下降，反馈电压减小。此时，在给定电压不变的情况下，偏移电压增加，控制电压增大，整流输出电压增大，电动机电枢电流增加，最终使得负载转矩增加，从而达到一个新的平衡。通过该调节，电动机的转速已因整流输出电压的增大而有所回升。

（3）转速负反馈调速系统的调节过程

转速负反馈调速系统的调节过程如下所示，请结合以上两点，自行进行分析。

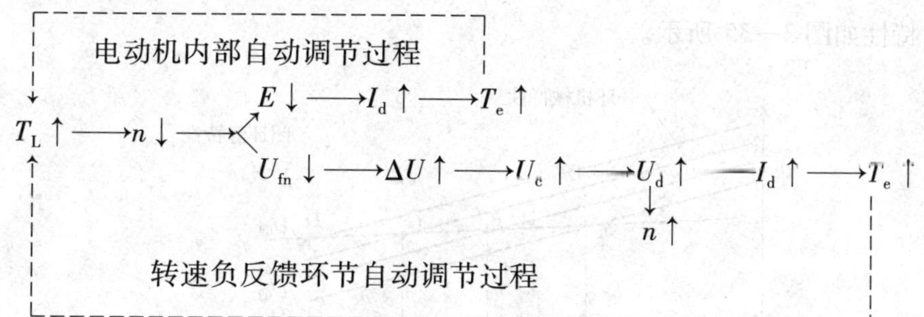

1）转速负反馈自动调节过程依靠偏差电压来进行调节。

2）这种系统是以存在偏差为前提的，反馈环节只是检测偏差，减小偏差，而不能消除偏差。因此，它是有静差的调速系统。

3）经转速负反馈调整稳定后的电动机转速将低于原来的转速。

3. 转速负反馈单闭环调速系统的性能分析

(1) 转速负反馈直流调速系统静特性方程（即转速公式）

在转速负反馈单闭环调速系统中，各环节的稳态关系如下：

电压比较环节：$\Delta U = U_C - U_{fn}$

比例放大环节：$U_C = K_p \Delta U$

晶闸管整流环节：$U_{do} = K_S U_C$

转速检测环节：$U_{fn} = \alpha n$

调速系统开环机械特性：

$$n = \frac{U_{do} - I_d R}{C_e} = \frac{K_S K_P U_g}{C_e} - \frac{I_d R}{C_e} = n_{0op} - \Delta n_{op}$$

闭环系统静特性：

$$n = \frac{U_a - I_a R}{K_e \Phi} = \frac{U_d - I_d R}{K_e \Phi} = \frac{K_S K_P U_g - I_d R}{C_e(1+K)} = \frac{K_S K_P U_g}{C_e(1+K)} - \frac{I_d R}{c_e(1+K)} = n_{0cl} - \Delta n_{cl}$$

根据以上分析，可以得到转速负反馈单闭环直流调速系统的静态结构图。如图 3—34 所示。

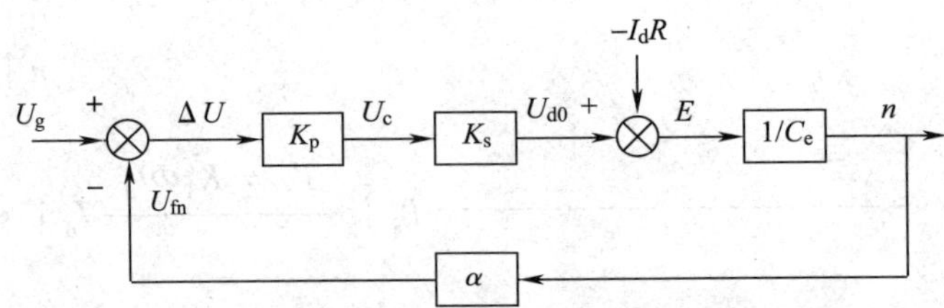

图 3—34 转速负反馈闭环直流调速系统稳态结构图

(2) 开环系统机械特性和闭环系统静特性的关系

1）闭环系统静特性可以比开环系统机械特性硬得多。

在相同的负载扰动下，开环转速降 Δn_{op} 与闭环转速降 Δn_{cl} 之间的关系是：

$$\Delta n_{cl} = \frac{\Delta n_{op}}{1+K}$$

其关系特性如图 3—35 所示。

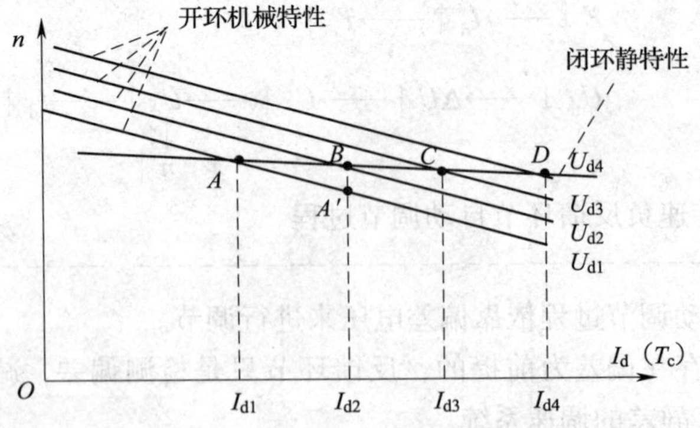

图 3—35 闭环系统静特性和开环机械特性的关系

2）如果比较同一开环和闭环系统，则闭环系统的静差率要小得多。

如果使系统开环和闭环的理想空载转速相等（即 $n_{0op}=n_{0cl}$），则开环系统的静差率 S_{op} 与闭环系统的静差率 S_{cl} 之间的关系是：

$$S_{cl}=\frac{S_{op}}{1+K}$$

3）当要求的静差率一定时，闭环系统可以大大提高调速范围。

如果电动机的最高转速都是 n_{max}，而对最低速静差率的要求也相同，那么开环系统的调速范围 D_{op} 与闭环系统的调速范围 D_{cl} 之间的关系是：

$$D_{cl}=(1+K)D_{op}$$

4）要获得以上三项优势，闭环系统必须设置放大器。

通过设置比例调节器，调节 K_p 的大小，使得放大倍数 K 足够大。

闭环调速系统可以获得比开环调速系统硬得多的稳态特性，从而能够在保证一定静差率的要求下，提高调速范围，但需增设比较放大电路以及转速检测反馈装置。

（3）转速负反馈单闭环调速系统的基本特性

1）由比例调节器构成有静差调速系统，利用偏差进行控制和调节转速。

2）转速跟随给定电压变化，闭环系统能够抑制包围在负反馈环内前向通道上的所有扰动，如图 3—36 所示。

3）闭环系统的精度受到给定电压和反馈检测环节精度的影响。

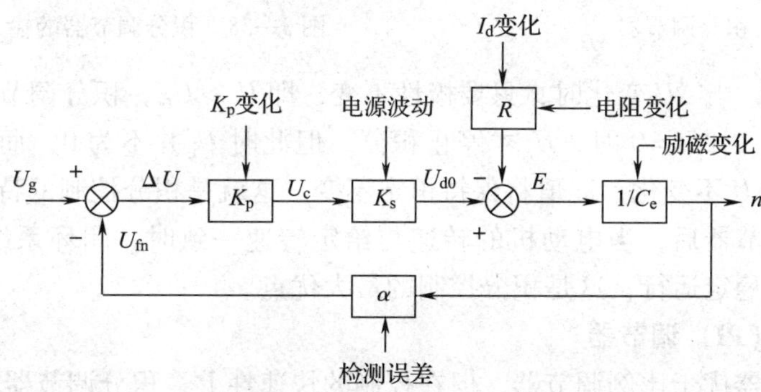

图 3—36　闭环调速系统的给定作用和扰动作用

二、转速负反馈单闭环无静差直流调速系统

在转速负反馈单闭环直流调速系统中，采用的比例（P）调节器存在着系统精度与稳定性之间的矛盾，因此，属于有静差直流调速系统。

如果需要进一步提高系统的精度，就必须减小静差或者消除静差，同时也要确保系统的稳定性。这就需要采用积分（I）调节器或比例积分（PI）调节器，构成转速负反馈单闭环无静差直流调速系统。

1. 积分调节器

（1）积分调节器

由运算放大器可构成一个积分电路，其电路如图 3—37 所示。输出电压 U_o 与输入电压

U_i的关系为：

$$U_o = -\frac{1}{R_0 C}\int U_i \mathrm{d}t = -\frac{1}{\tau}\int U_i \mathrm{d}t$$

式中　$\tau = R_0 C$ ——积分时间常数。

积分调节器的输出电压 U_o与输入电压 U_i对时间的积分成正比，且极性相反。

（2）转速积分控制的特点

如图 3—38 所示，为采用积分调节器，负载发生变化时的输入—输出特性曲线。

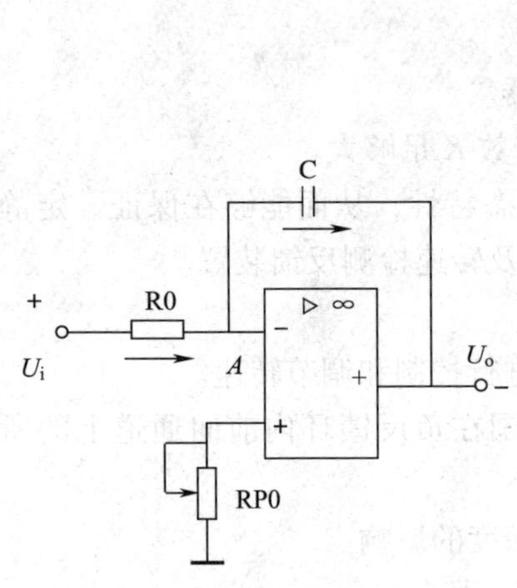

图 3—37　积分调节器

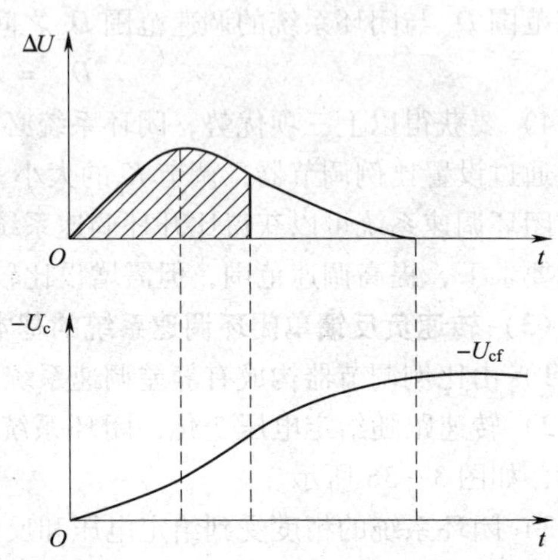

图 3—38　积分调节器的输入—输出特性

在图 3—38 中，当 ΔU 变化时，只要极性不变，即 $U_g > U_{fn}$，积分调节器的 U_c就一直增长。只有当 $U_g = U_{fn}$，$\Delta U = 0$ 时，U_c才停止积分，但此时 U_c并不为 0，而是始终恒定在一个值 U_{cf}上，如果 ΔU 不变化，此值将保持恒定不变。这就是积分控制的特点。

采用了积分调节器后，当电动机的转速与给定转速一致时，闭环系统仍有控制信号，从而保证了系统的稳定运行，这是积分控制的最大优点。

2. 比例积分（PI）调节器

虽然积分调节器优于比例调节器，但在控制的快速性上，积分调节器不如比例调节器。

可将积分调节器和比例调节器组合构成比例积分（PI）调节器，其电路如图 3—39 所示。其输出电压 U_o与输入电压 U_i的关系为：

$$U_o = -\frac{R_1}{R_0}U_i - \frac{1}{R_0 C_1}\int U_i \mathrm{d}t = -K_P U_i - \frac{1}{\tau}\int U_i \mathrm{d}t$$

比例积分调节器的输出电压由比例和积分两部分叠加而成，输出电压和输入电压的极性相反。当输入电压是阶跃信号时，输出电压瞬间放大 K_p倍，其作用相当于比例调节器，实现了调节的快速性；而后积分调节器起作用，最终实现无静差调速。如图 3—40 所示，图 3—40a 为阶跃输入时的输出特性曲线，图 3—40b 为负载变化时的输出特性曲线。

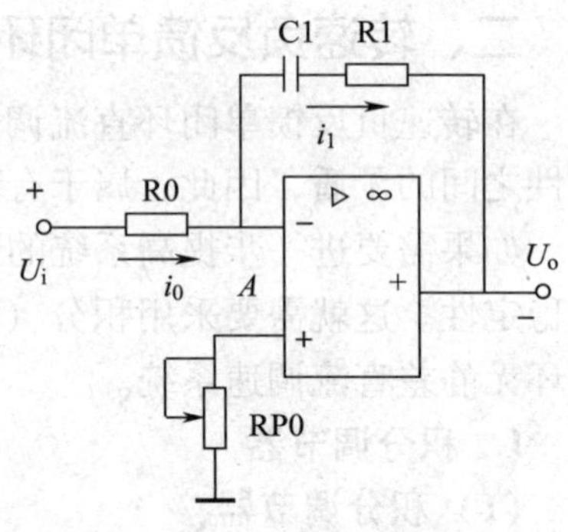

图 3—39　比例积分调节器

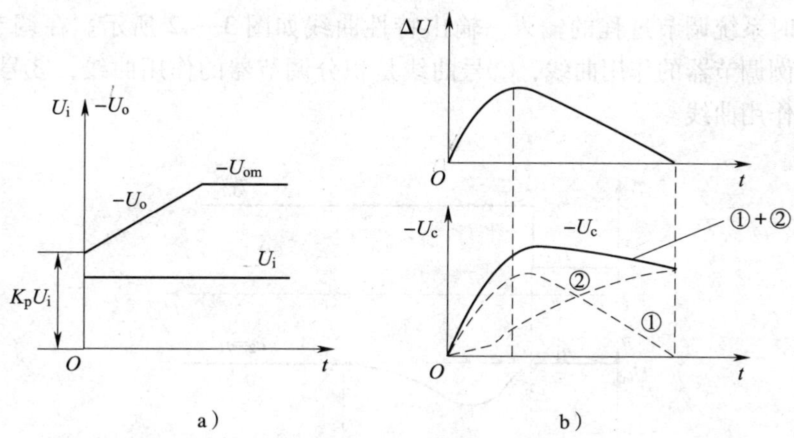

图 3—40 比例积分调节器输入—输出特性

a）阶跃信号时的输出特性 b）负载变化时的输出特性

在图 3—40b 中，输出波形中的比例部分①和 ΔU 成正比，积分部分②是 ΔU 的积分曲线，而比例积分调节器的输出电压 U_c 是这两部分之和（①+②部分）。

由此可见，比例积分调节器既兼有两者的优点，又克服了各自的缺点，比例部分提高了系统的响应速度，积分部分实现了无静差。

3. 转速负反馈无静差直流调速系统

系统也是由晶闸管整流装置、直流电动机、转速检测环节、比较放大电路等组成，但采用了比例积分调节器以实现无静差调速。如图 3—41 所示。

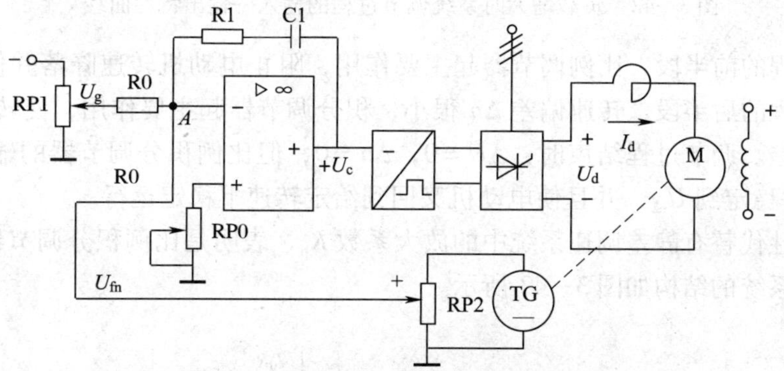

图 3—41 转速负反馈无静差直流调速系统原理图

当系统稳定运行时，由于 $\Delta U_i=0$，即 $U_g=U_{fn}=\alpha n$，故稳态时转速 $n=\dfrac{U_g}{\alpha}$，通过改变 U_g 来调节电动机的转速 n。

当负载增大时，电动机的电磁转矩小于负载转矩，电动机的转速下降，转速检测反馈电压小于给定电压，使得 $\Delta U_i<0$。此时系统自动调节过程如下所示：

$$T_L\uparrow\longrightarrow n\downarrow\longrightarrow U_{fn}\uparrow\longrightarrow\Delta U_i\uparrow\longrightarrow U_c\uparrow\longrightarrow\alpha\downarrow\longrightarrow U_d\uparrow\longrightarrow n\uparrow$$

$$\Delta U_i\downarrow\longleftarrow \text{直到 } U_g=U_{fn}(\Delta U_i=0)$$

负载增大时系统调节过程的输入—输出特性曲线如图 3—42 所示。在调节的过程中，①号曲线是比例调节器的作用曲线，②号曲线是积分调节器的作用曲线，③号曲线是比例积分调节器的作用曲线。

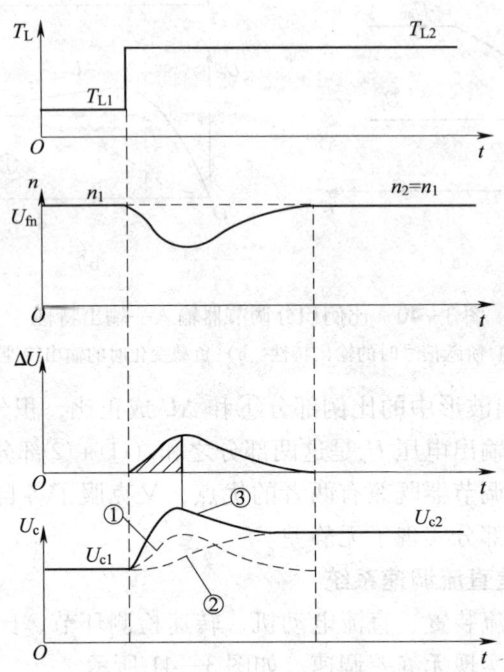

图 3—42　负载增大时系统调节过程的输入—输出特性曲线

在调节过程的前半段，比例调节器起主要作用，阻止电动机转速降落并使转速稳步回升。在调节过程的后半段，转速偏差 Δn 很小，积分调节器起主要作用，使转速回到原值，并最终消除偏差。调节过程结束时，$\Delta U=0$，$\Delta n=0$，但比例积分调节器的输出电压 U_c 已经从 U_{c1} 上升并稳定到 U_{c2}，并且使电动机又回到给定转速下稳定运行。

用输出特性代替有静差调速系统中的放大系数 K_p，表明是比例积分调节器构成无静差调速系统。其系统的结构如图 3—43 所示。

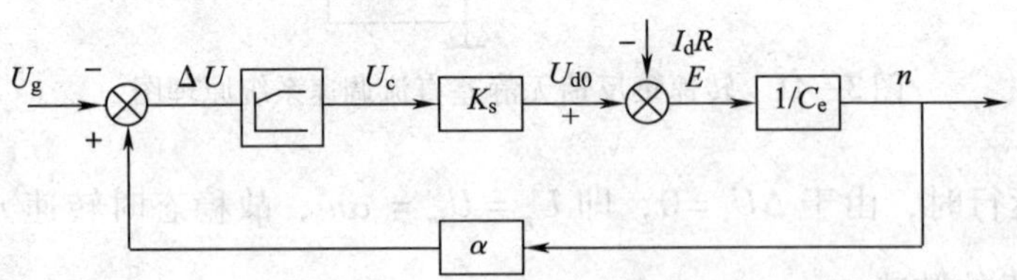

图 3—43　无静差直流调速系统稳态结构图

调速系统的理想静特性曲线如图 3—44 所示，是电动机在不同转速时的一组水平线（如图中实线所示）。严格地说，“无静差”只是理论上的。在实际应用中，由于运算放大器有零点漂移、测速发电机有误差、电容器有漏电等原因，仍然有很小的静差（如图中虚线所示），但比有静差调速系统要小得多，在一般精度要求下可以忽略不计。

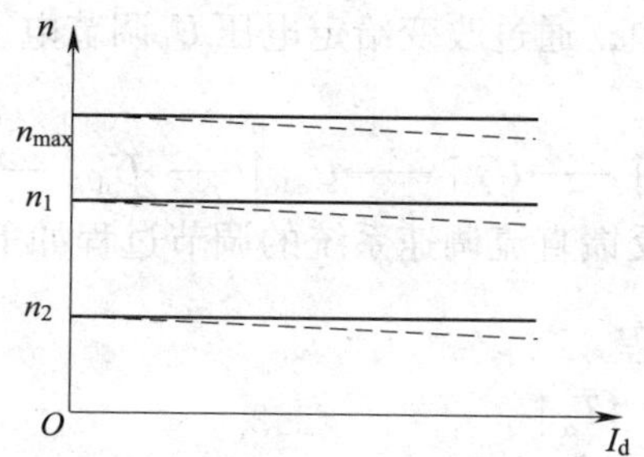

图 3—44 无静差直流调速系统的静特性

三、带电流正反馈的电压负反馈单闭环直流调速系统

在转速负反馈直流调速系统中，都是以转速作为被控对象，通过引入负反馈，调节并稳定电动机的转速。而转速的检测则使用了测速发电机，但测速发电机的安装较为麻烦，也增大了系统的体积，因此在系统精度要求不高的场合，可以不使用测速发电机检测转速，直接检测直流电动机电枢两端的电压，构成电压负反馈单闭环直流调速系统。

1. 电压负反馈直流调速系统

在电压负反馈直流调速系统中，如果忽略电枢上的压降，电动机的转速与电枢电压成正比，就可以用电压负反馈代替转速负反馈。电压负反馈直流调速系统如图 3—45 所示，图中 RP2 是反馈检测元件。

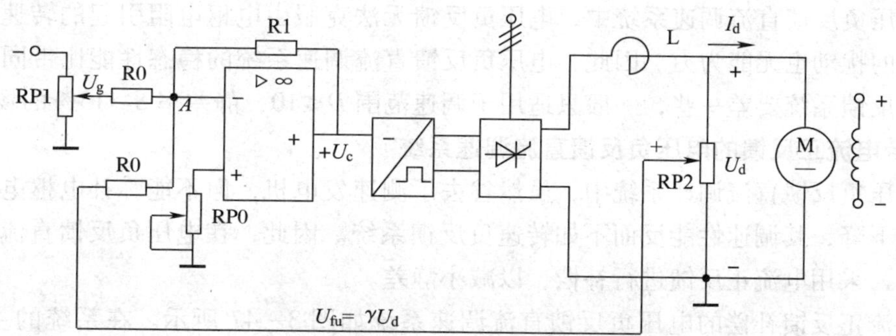

图 3—45 电压负反馈直流调速系统原理图

电压负反馈直流调速系统的静态结构如图 3—46 所示。

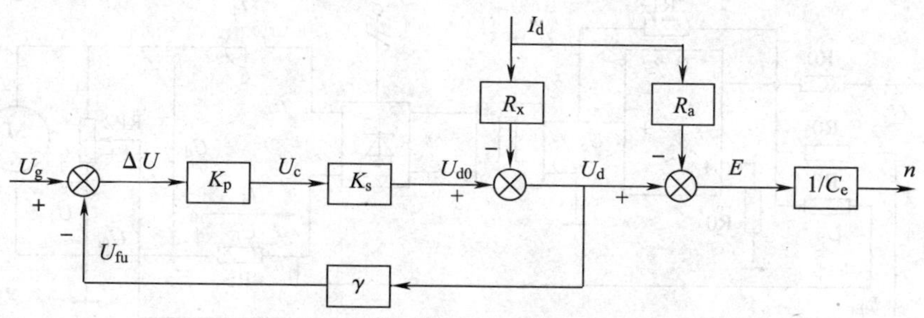

图 3—46 电压负反馈直流调速系统静态结构图

在电压负反馈调速系统中，通过改变给定电压 U_g 调节电动机的转速。当 U_g 增大时，其调节过程如下所示：

$$U_g\uparrow\longrightarrow\Delta U\uparrow\longrightarrow U_c\uparrow\longrightarrow U_{d0}\uparrow\longrightarrow U_d\uparrow\longrightarrow E\uparrow\longrightarrow n\uparrow$$

当负载增大时，电压负反馈直流调速系统的调节过程如下：

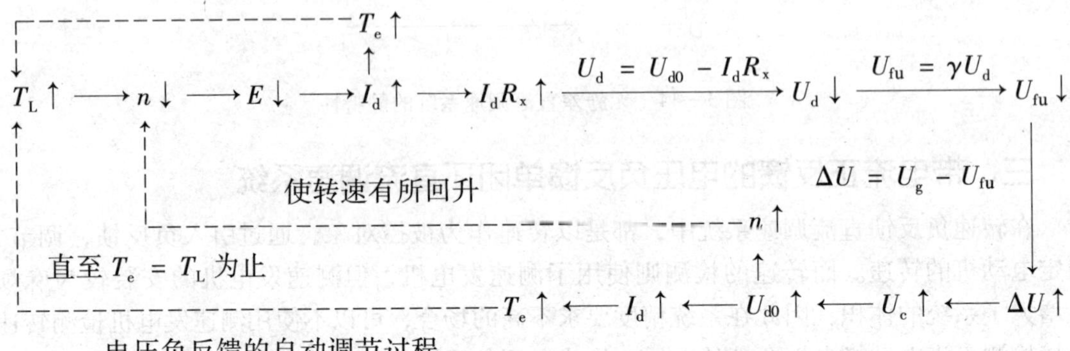

系统的调节过程由两部分组成，一部分是电动机内部的自动调节过程，另一部分是电压负反馈自动调节过程。两部分的调节过程，最终都是使新的电磁转矩和变化后的负载转矩相等，使电动机的转速在已经下降的基础上有所回升，达到重新平衡的目的，提高了系统的精度。

在电压负反馈直流调速系统中，电压负反馈无法克服由电枢电阻引起的转速降，对电动机励磁的扰动也无能为力。因此，电压负反馈直流调速系统的稳态性能比带同样放大器的转速负反馈系统要差一些，一般只适用于调速范围 $D\leqslant10$，静差率 $S\geqslant15\%$ 的场合。

2．带电流正反馈的电压负反馈直流调速系统

在电压负反馈直流调速系统中，虽然省去了测速发电机，但不能弥补电枢电压降所造成的转速下降，其调速性能反而不如转速负反馈系统。因此，在电压负反馈直流调速系统的基础上，采用电流正反馈进行补偿，以减小静差。

带电流正反馈补偿的电压负反馈直流调速系统如图 3—47 所示。在系统的主电路中，串入电阻 R_C，从电路中取出电流信号作为电流反馈信号并引入到输入端，其极性与给定电压信号 U_g 一致，与电压反馈信号极性相反，实现了电流正反馈，起到电流补偿的作用。

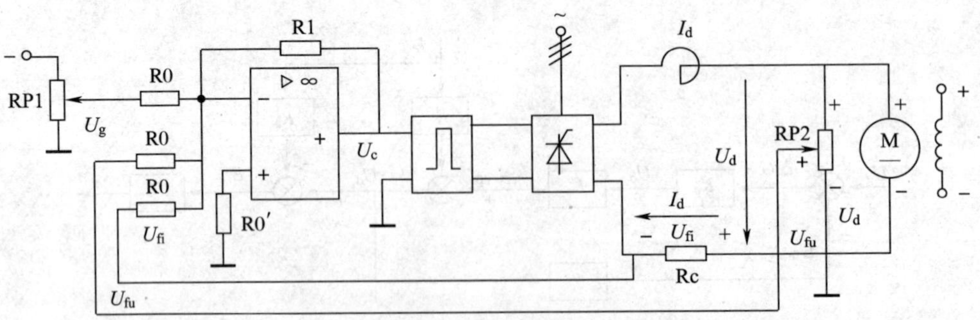

图 3—47　带电流正反馈补偿的电压负反馈直流调速系统原理图

带电流正反馈的电压负反馈直流调速系统的静态结构如图 3—48 所示。从图中可以看出，引入电流正反馈正是为了抵消因电枢电流变化引起的电动机转速的变化，其实质就是对系统进行了补偿控制。

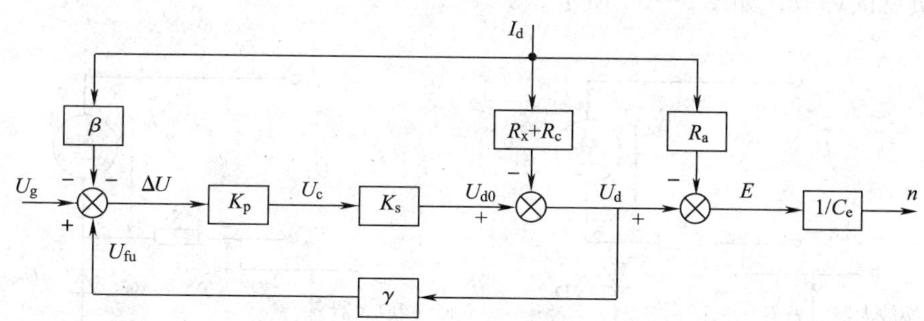

图 3—48　带电流正反馈的电压负反馈直流调速系统静态结构图

带电流正反馈的电压负反馈直流调速系统的调节过程如下：

电动机内部调节过程

$T_L\uparrow \rightarrow n\downarrow \rightarrow I_d\uparrow \rightarrow T_c\uparrow$

$\rightarrow U_{fi}\uparrow$　$(U_{fi} = \beta I_d)$

$\rightarrow I_dR_x\uparrow \rightarrow U_d\downarrow \rightarrow U_{fu}\downarrow$

$\Delta U\uparrow \rightarrow U_c\uparrow \rightarrow U_{d0} \rightarrow I_d\uparrow \rightarrow T_e\uparrow$

$(U_d = U_{d0} - I_dR_x)$　$(U_{fu} = \gamma U_d)$　$(\Delta U = U_S - U_{fu} + U_{fi})$

直至 $T_e = T_L$ 为止

当负载增大时，主电路的电流增大，电流反馈信号增加。由于是正反馈，使得比例调节器的输出也增大，整流输出电压升高，补偿了转速的下降。

电流正反馈虽然可以用来补偿一部分静差，以提高调速系统的稳定性，但是不能靠电流正反馈来实现无静差，因为此时系统已经达到了稳定的边缘。

四、带电流截止负反馈的单闭环直流调速系统

1. 引入电流截止负反馈的原因

直流电动机在启动、堵转或过载时会产生很大的电流，可能会烧坏晶闸管元件和电动机，因此要加以限制。若采用电流负反馈，会使系统的机械特性变软。为此可以通过一个电压比较环节，使电流负反馈环节只有在电流超过某个允许值（称为阈值）时才起作用，这就是电流截止负反馈。

2. 电流截止负反馈环节

如图 3—49 所示，图 3—49a 为利用独立直流电源作比较电压的反馈环节，图 3—49b

为利用稳压管产生比较电压的反馈环节。这两种电流截止负反馈环节，都是在电枢电路中串入了电阻 R_S，这样就会影响系统的静特性，增加转速降，使特性曲线变软。该反馈环节在小容量的调速系统中广泛使用，而对于大中容量的调速系统，一般采用带电流互感器的电流截止负反馈环节，如图 3—50 所示。

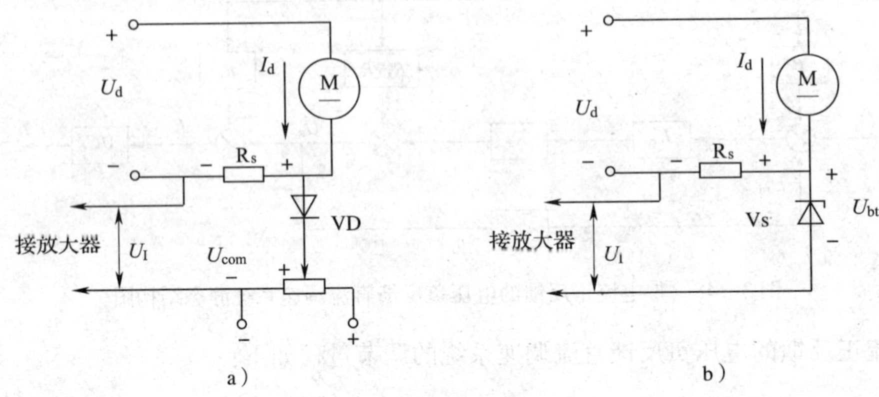

图 3—49　电流截止负反馈环节

a）独立直流电源作比较电压的反馈环节　b）利用稳压管产生比较电压的反馈环节

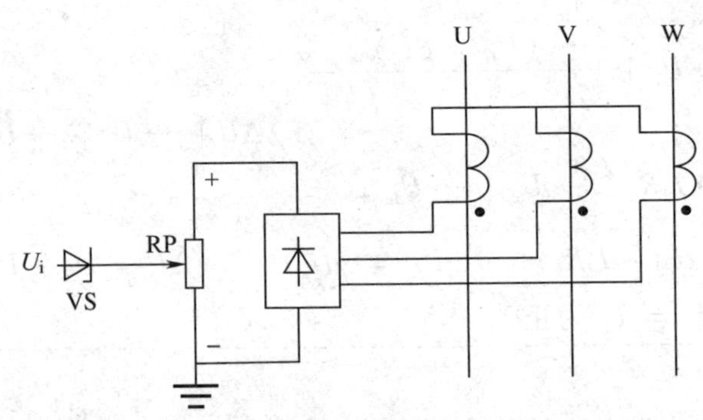

图 3—50　带电流互感器的电流截止负反馈环节

由于交流主电路中的电流与晶闸管整流输出的电流截止负反馈成正比，这样可以通过电流互感器检测交流主电路中的电流，再经过二极管整流变为直流，由可调电位器分压后，通过稳压二极管将电流截止信号反馈到给定输入端。

3. 带电流截止负反馈的单闭环直流调速系统

带电流截止负反馈的单闭环直流调速系统如图 3—51 所示，是在转速负反馈有静差单闭环直流调速系统的基础上，增加了电流截止负反馈环节。该环节使调速系统具有了过电流保护功能，提高了系统运行的可靠性，完善了系统的功能。

（1）电流截止负反馈的调节原理

当电枢电流 I_d 小于临界截止电流 I_{jz} 时，电流截止负反馈不起作用。当电枢电流 I_d 大于临界截止电流 I_{jz} 时，电流截止负反馈起调节作用，具体调节过程如下所示：

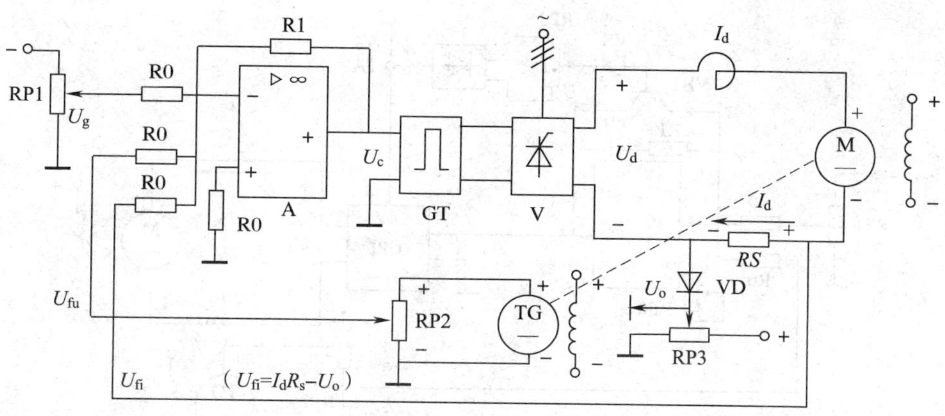

图 3—51　带电流截止负反馈的转速负反馈直流调速系统原理图

$$I_d = \frac{U_d(\downarrow) - E}{R_a}$$

$$I_d\uparrow \rightarrow U_{fi}\uparrow \rightarrow \Delta U\downarrow \rightarrow U_c\downarrow \rightarrow U_d(U_a)\downarrow \rightarrow \begin{cases} I_d\downarrow \text{（限制过大电流）} \\ n\downarrow\downarrow \text{（转速急剧下降）} \end{cases}$$

$$n = \frac{U_d(\downarrow) - I_dR_a(\uparrow)}{K_e\Phi}$$

（2）带电流截止负反馈直流调速系统的特点

调速系统在正常工作范围内有较硬的机械特性，而一旦过载，电流超过临界截止电流值，电流截止负反馈起作用，限制了电流的增加并使电动机转速急剧下降，从而使其机械特性变软。

机械特性的这种两段式静特性常称为下垂特性或挖土机特性，如图 3—52 所示。I_{dm}称为堵转电流。

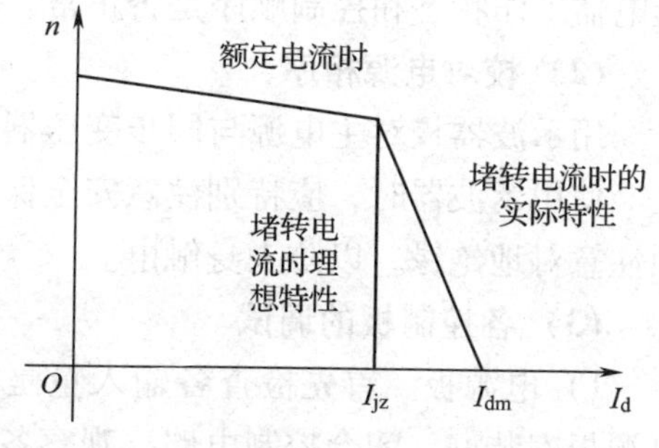

图 3—52　电流截止负反馈的挖土机特性

（3）电流截止负反馈环节的参数设计

电动机的堵转电流 I_{dm}应小于电动机允许的最大电流，一般取 I_{dm} = （1.5 ~ 2）I_N。从调速系统的稳态性能上看，如果希望其稳态运行范围足够大，临界截止电流应大于电动机的额定电流，一般取 $I_{jz} \geqslant$ （1.1 ~ 1.2）I_N。

在主电路中，有时还在整流电路的交流输入侧串入快速熔断器，以防止电路发生短路。在要求较高的场合，还应增设过电流继电器，以防止电流截止负反馈环节故障时，把整流电路中的晶闸管元件烧坏。在参数整定时，要求熔断器熔丝额定电流大于过电流继电器动作电流大于堵转电流。

4. 带电流截止负反馈的无静差直流调速系统实例

如图 3—53 所示为带电流互感器的电流截止负反馈无静差直流调速系统。在图中，比例积分调节器实现了无静差，电流小于动态过程中的冲击电流。TA 为电流互感器，经整流后得到电流反馈信号。

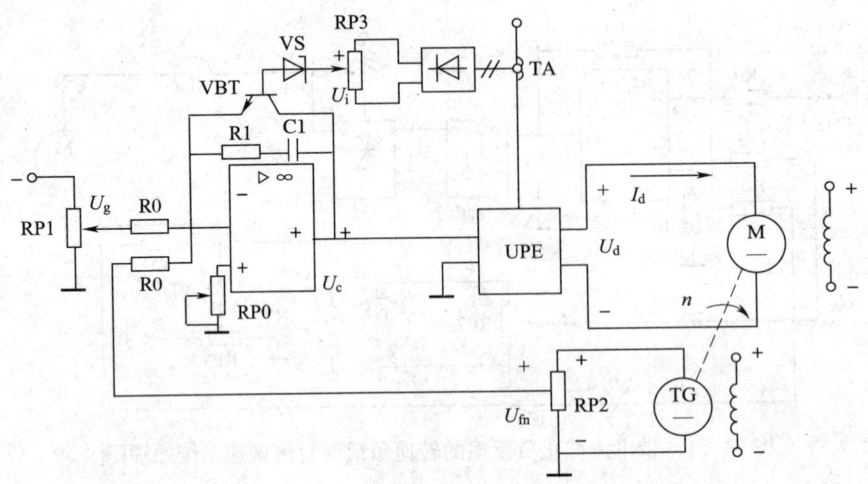

图 3—53　无静差直流调速系统示例

当电流超过临界截止电流值时，晶体三极管 VBT 导通，比例积分调节器的输出电压接近于0，晶闸管触发整流电路的输出电压急剧下降，从而达到限制电流的目的。

五、实训操作

1. DSC—32 型晶闸管直流调速装置单闭环调速系统调试的主要内容和步骤

在通电调试前，应先对整机（包括接线提示、绝缘、冷却等方面）进行全面的检查。

(1) 继电控制电路的检查

在主电路不带电的情况下，闭合控制电路，按规定操作程序面板上的操作按钮，检查继电器工作状态和控制顺序是否正常。此时，各控制板均已拆下，不工作。

(2) 校对电源相序

用示波器校对主电源与同步变压器的相序。

使用示波器时，应特别注意安全保护，应将电源接地端断开。但此时机壳将带电，必须注意对地绝缘，以防人身触电。

(3) 各控制板的调试

1）电源板。首先检查各输入量是否正常，用引出线将其引出，并逐点测量。而后将电源板安装好，闭合控制电路，观察各指标是否正常工作，再测量各输出点电压是否正确，即有无 +24 V、+15 V、-15 V 输出，并检查，以上输出是否连线完整。

2）隔离扳。此时主电路尚未工作，所以 44# 与 45# 线均无电压。首先检查各输入量是否正常，即 +15 V 是否正常，接线是否正确。而后将隔离板安装好，闭合控制电路有蜂鸣声，则表示振荡变压器工作正常，2 kHz 方波已经产生。

3）触发板。此时由于调节板没有安装，所以 U_k =0 V。首先闭合控制电路，用引出线将其引出并分别测量各输入量是否正确，即 +15 V、-15 V、U_{ta}、U_{tb}、U_{tc}、0 V 是否正确。正确后，将触发板安装好，调节 W1、W2、W3，并测量各点，其电压均为 6.3 V，锯齿波斜率为 20°/V。然后调节 W4 即 U_p 的值，当三相全控桥为感性负载时，令 U_p =4.5 V（初始角为 90°），当三相全控桥为阻性负载时，令 U_p =6 V（初始角为 120°），应有输出脉冲，可用示波器观察。

4）调节板。首先检查各输入量是否正常，即 -15 V、+15 V、U_g =0～10 V、U_{fu} =0 V、Q_x =0 V 是否正常。而后将电源板安装好，将短路环放在开环位置。测量 U_k =0～10 V，闭合主电路，观察输出是否连续可调。

（4）开环系统调试（阻性负载）

1）将电动机的电枢绕组接线拆下，与足够大容量的阻性负载相连，进行阻性负载的系统调试。

2）进行初始相位角的调整。将三块控制板安装好，调节板置于开环位置，给定电位器调至最小，依次接通控制电路、主电路和给定电路。调节给定电位器，使 U_g =0 V。调整触发板的 RP4 也位器，使 U_d =0 V。初始相位角调整结束。

3）调节给定电位器，逐渐加大给定电压至最大值，观察电压表的变化，输出的直流电压应从 0～300 V 连续可调。

4）将电动机的电枢绕组接到直流调速装置的直流电压输出端，并通电调试。调节给定电位器从最小值开始增大，注意观察电动机的转速从 0 开始增大。增加电动机的负载，观察电动机的转速、输出电流和输出电压的变化。

5）将给定电位器调到 0，断电，停机，开环直流系统调试完毕。

（5）闭环调试

先将电压反馈板上的电位器 W1（顺时针）调整到最大，并逐渐加大给定使给定达到最大值，再逐渐减小 YGD 上的 W1 电位器（逆时针），使 U_d =220 V，此时电压反馈调整结束。

（6）带直流电动机调试

1）过流保护

将调节板内 W5 的输出电压调到 7 V 左右，闭合各电路，加大负载。当电枢电流达到 2.2 倍额定电流（I_d =2.2I_e）后，调整调节板的 W4，使电路受到保护。

2）堵转电流调整

将调节板上的电流截止负反馈电位器 W3 顺时针调到最大，并逐渐加大给定使其达到最大值（10 V），然后加大负载，使电动机堵转，并逐渐减小调节板上的电流截止负反馈位器 W3（逆时针）。当电枢电流达到 2.0I_e时，堵转电流调试完毕，验证截止电流为 1.1～1.5I_e。

（7）缺相保护的测试

断开 7#、8#或 9#中任意一条线路，此时给定电路应直接处于保护状态。

（8）注意事项

1）在进行继电和各板的首次调试时，应断续供电，不能长时间供电以免出现故障损坏设备。

2）调节反馈量时，负反馈应从最强位置往小调节。

3）调锯齿波斜率时，应以示波器波形为准。

2. 单闭环系统调试流程框图

（1）单闭环调试流程如图 3—54 所示。

（2）接线检查流程如图 3—25 所示。

（3）继电线路检查流程如图 3—26 所示。

（4）电源板检查流程如图 3—27 所示。

（5）系统单闭环调试流程如图 3—55 所示。

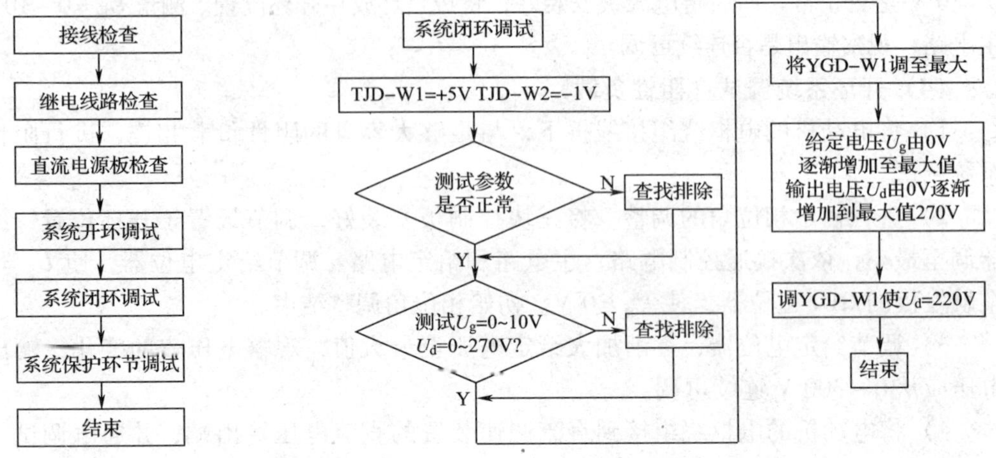

图 3—54　单闭环调试流程框图　　图 3—55　系统单闭环调试流程图

（6）系统保护环节调试流程如图 3—56 所示。

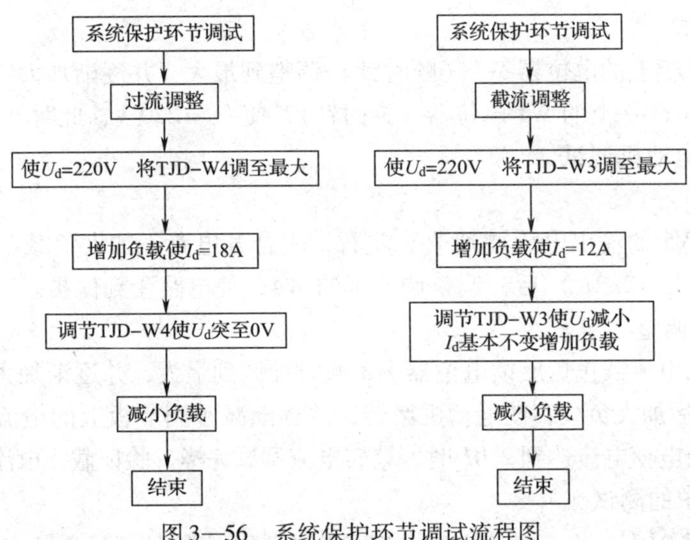

图 3—56　系统保护环节调试流程图

课题 4　晶闸管直流调速装置装调

学习目标

1. 掌握晶闸管直流调速装置的组成。
2. 熟悉晶闸管直流调速装置的工作原理。
3. 熟练掌握晶闸管直流调速装置各单元电路板的调试方法。

DSC—32 型晶闸管直流调速装置，是专供直流电动机调速用的，也可作为可调直流电源使用。晶闸管整流电路将交流电变为可调直流电，对直流电动机电枢供电，并引入电压负反馈、电流截止负反馈、转速负反馈等，组成自动稳速的无级直流调速系统能满足一般生产机械对调压/调速的要求。

一、晶闸管直流调速装置概述

1. 晶闸管直流调速装置的组成

（1）调速装置的结构组成

本设备主电路采用三相全控桥，用交流电流互感器检测负载电流。设备内装有保护报警电路，当快速熔断器熔断，直流输出过流或短路时，保护电路发出指令，可自动切断主电路电源，同时故障指示灯亮，直至操作人员切断控制装置电源，故障指示灯才可熄灭。保护电路的设置提高了设备运行的安全性。该装置外观和内部结构如图 3—57 所示。

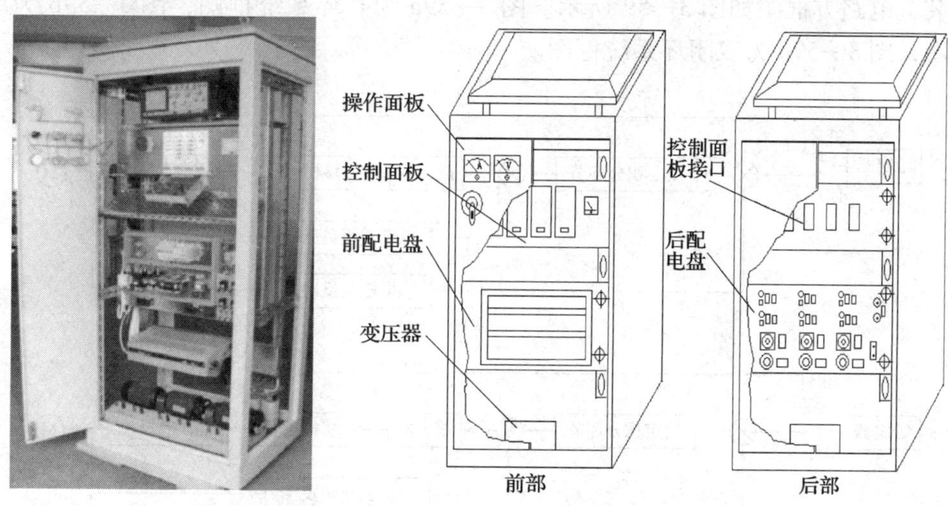

图 3—57　DSC—32 型晶闸管直流调速装置的外观和内部结构图

晶闸管直流调速装置采用功能模块化设计，立柜式结构。柜内最下层安装整流变压器；柜内前面上半部分装有电源板、调节板、触发板和隔离板；下半部分装有继电线路和保护线路配电盘；柜内后面装有晶闸管门极电路、保护电路、电流截止信号取样电路和电压反馈信号取样电路；晶闸管安装在前后板之间；指示器件和操作器件安装在左前门的上部，如图 3—58 所示。

（2）调速装置的电路结构

DSC—32 型晶闸管直流调速装置，可作为直流电动机的可调电源，对其电枢进行供电，也可作为可调直流电源使用。其主电路采用三相全控桥式整流电路，使用交流电流互感器检测负载电流。由整流变压器、给定环节、给定积分放大器、零速封锁电路、集成脉冲触发器、电流截止负反馈、电压负反馈、滤波型调节器、电压隔离电路、过流保护电路、缺相保护电路和继电电路组成自动稳压的无级调速系统，并设有保护报警电路。独立的励磁电源，向直流电动机提供励磁电流。

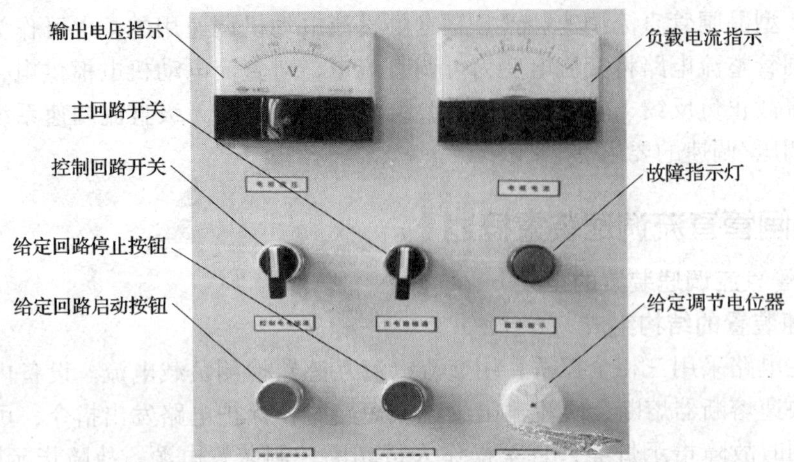

图 3—58 DSC—32 型晶闸管直流调速装置操作面板

本装置电路方框图如图 3—59 所示。图 3—59a 为开环系统框图，图 3—59b 为单闭环系统框图，图 3—59c 为双闭环系统框图。

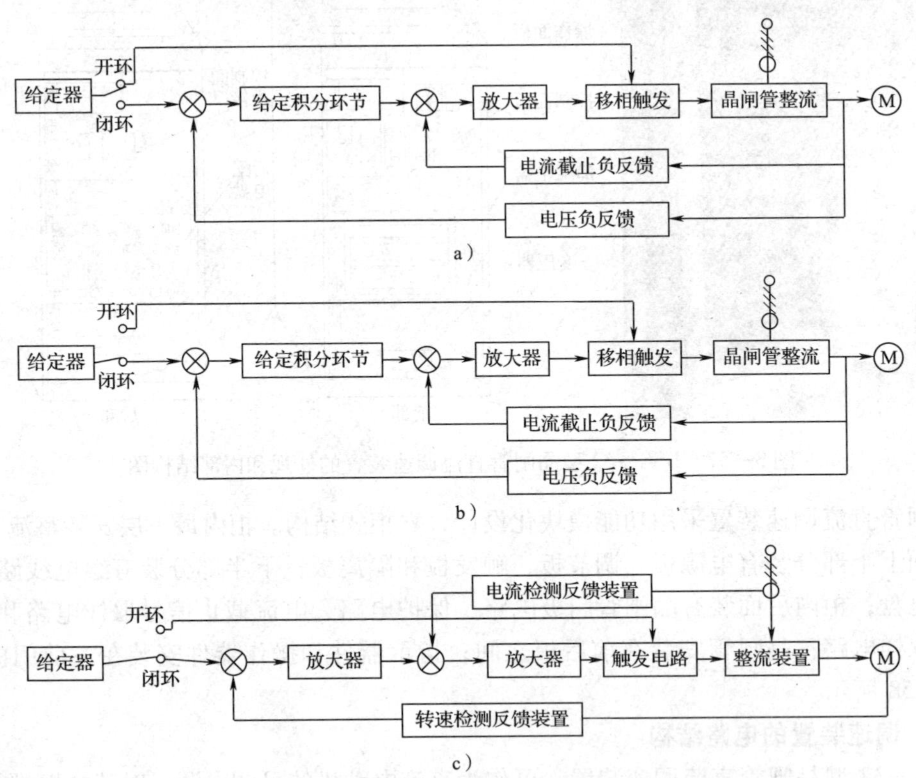

图 3—59 DSC—32 型晶闸管直流调速装置方框图

a）开环直流调速系统框图 b）单闭环直流调速系统框图 c）双闭环直流调速系统框图

2. 晶闸管调速装置电路的组成

（1）主电路

调速装置主电路主要由整流变压器、晶闸管整流电路、励磁电源等部分组成。如图 3—60 所示。

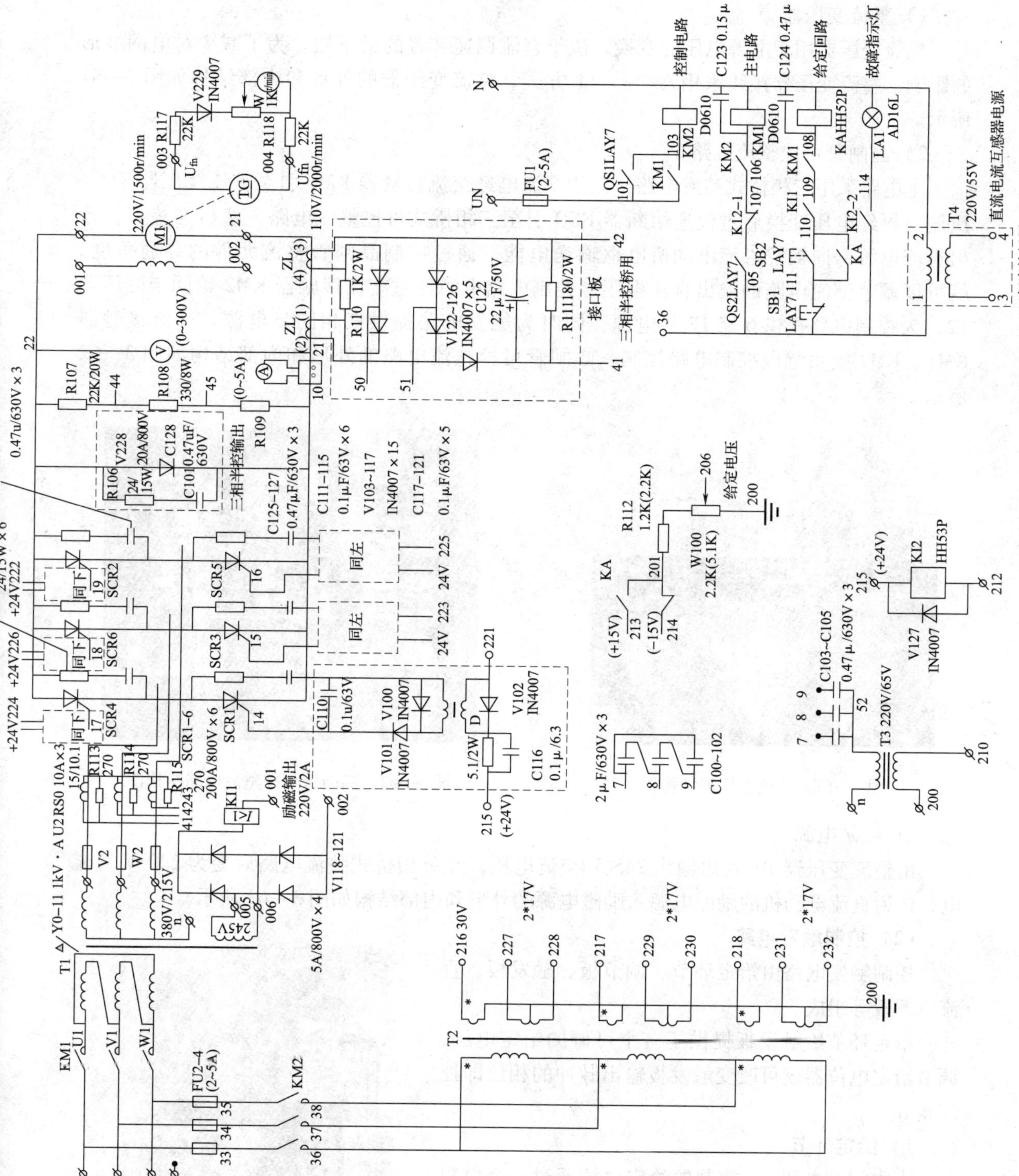

图 3—60 调整装置主电路图

1）整流变压器

整流变压器用于电源电压的变换，位于直流调速装置的最下层。为了减少对电网波形的影响，整流变压器接线采用Δ/Y_0-11方式。整流变压器的外形和内部结构如图3—61所示。

2）晶闸管可控整流电路

主电路采用三相桥式整流电路，三相交流电经交流接触器KM1引至整流变压器T1一次侧，再经电压变换后过快速熔断器RSO引至三相桥式可控整流电路，然后经整流，输出直流电源，向被控直流电动机电枢输送电能。通过控制晶闸管整流元件的导通角度，就可以调节整流电路的输出直流电压。控制电路电源经过交流接触器KM2给同步变压器T2，为控制电路提供6路17 V电源，同时为触发电路提供三相同步电源。交流接触器KM1、KM2则由继电控制电路控制。晶闸管可控整流电路的外形和内部结构如图3—62所示。

图3—61　整流变压器结构图

图3—62　晶闸管可控整流电路结构图

3）励磁电源

由整流变压器B1副边输出245 V交流电压，经单相桥式整流电路后变为220 V直流电，作为直流电动机的励磁电源。励磁电源的外形和内部结构如图3—63所示。

（2）控制触发电路

控制触发电路由给定环节、调节板、触发板、直流电源板等组成。

给定环节给触发板提供了一个可调的给定电压，调节给定电位器就可改变触发板输出脉冲的相位即控制角α。

1）给定环节

由中间继电器KA控制的给定电源通过一个电阻加到控制盘上的给定电位器，调节此电位器可得到0 ~ +10 V的直流给定电压。给定电位器如图3—64所示。

图3—63　励磁电源结构图

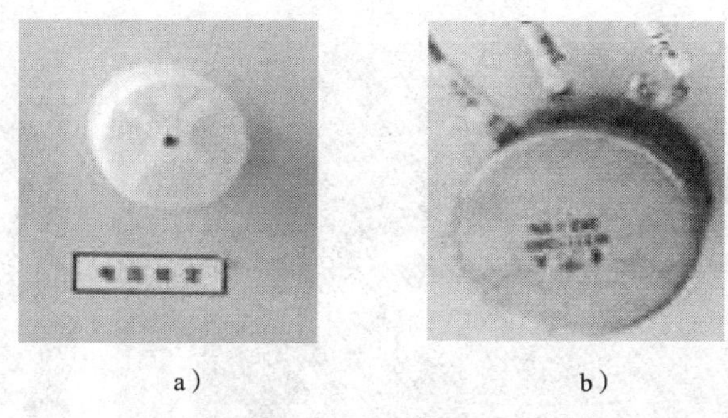

a）　　　　　　b）

图 3—64　给定电位器

a）给定电位器正面　b）给定电位器背面

2）直流电源板（WYD）

主要由三个整流桥电路滤波后接到 LM7815 和 LM7915 集成稳压器的输入端，其输出端为各控制板及脉冲变压器提供电源。直流电源板的外形和内部结构如图 3—65 所示。

图 3—65　直流电源板外形和内部结构图

3）调节板（TJB）

调节板是控制电路的核心。若是开环调速系统的调试，短路片接至开环位置（K 端）。若是闭环调速系统的调试时，短路片接至闭环位置（B 端）。调节板的外形和内部结构如图 3—66 所示。

4）触发板（CFD）

采用三片集成脉冲产生芯片 KC04 作为系统的脉冲产生电路。该芯片性能稳定、移相范围宽、外围控制元件简单，是目前国内采用较多的晶闸管触发电路芯片。触发板主要是为系统主电路中的每个晶闸管提供相位相隔 60°的双窄脉冲。触发板的外形和内部结构如图 3—67 所示。

图 3—66　调节板的外形和内部结构图

图 3—67　触发板的外形和内部结构图

5）电压隔离板（YGD）

通过电压隔离板将来自主电路的电压反馈信号变换隔离后，作为电压负反馈的输入信号。由于隔离板的隔离作用，控制系统与主电路不发生直接的电联系，因此设备工作安全可靠。电压隔离板的外形和内部结构如图 3—68 所示。

（3）继电控制电路

在直流调速装置中，继电控制电路中的交流接触器、继电器等低压电器的位置内部结构如图 3—69 所示，继电控制原理如图 3—70 所示。其作用是用来依次启动控制电路、主电路和给定电路。

图 3—68　电压隔离板的外形和内部结构图

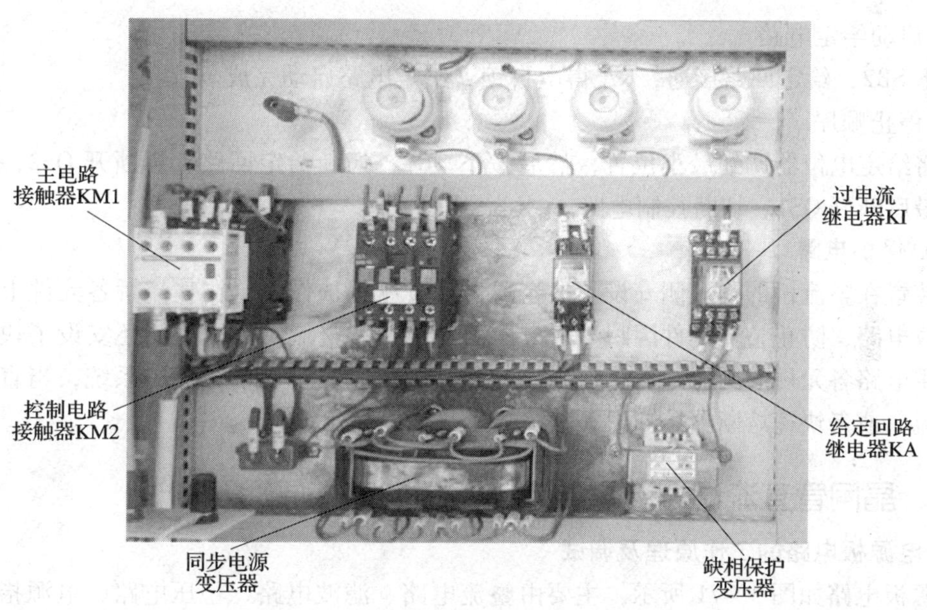

图 3—69　继电控制电路位置内部结构图

1）启动控制电路和主电路

闭合 QS1（本身带自锁），控制电路接触器 KM2 线圈得电。主触头闭合，将 U、V、W 和 36、37、38 接通，使同步电源变压器、控制电路得电，控制电路开始工作。同时，为主电路、给定电路的接通做好准备。

闭合 QS2（本身带自锁），主电路接触器 KM1 线圈得电。主触头接通三相电源，整流变压器通电，KM1 的辅助常开触点闭合。其作用有两个：一是使控制电路接触器 KM2 线圈始终接通，保证主电路得电时，控制电路不被切断；二是为给定回路的接通做好准备。

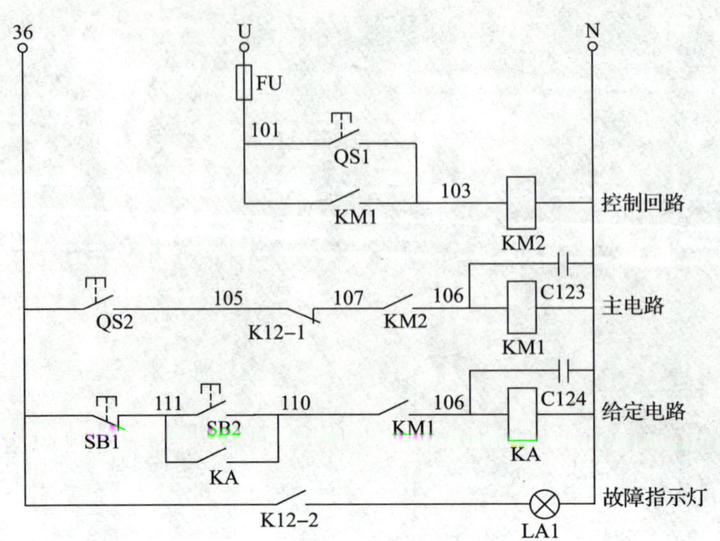

图 3—70　继电控制电路原理图

2）启动给定电路

按下 SB2，给定回路接通，KA 得电自锁，给定电路启动完成。

3）停止顺序

先将给定电位器调到最小位置，然后按下 SB1，切断给定回路；再断开 QS2，切断主电路；最后断开 QS1，切断控制电路。

（4）保护电路

本装置在整流桥的输入侧安设了电容器，起过压保护作用。在整流桥各元件上安设了阻容吸收电路，防止整流元件因瞬时过电压而击穿。在整流桥的输入侧还安设了快速熔断器，对主电路各元件起到短路保护作用。此外，本装置还设有信号保护系统，当直流输出端过电流，或者快速熔断器熔断时，故障指示灯通电显示。

二、晶闸管直流调速装置单元电路板的工作原理及调试

1. 电源板电路的工作原理及调试

电源板电路如图 3—71 所示，主要由整流电路、滤波电路、稳压电路、电源指示电路组成。电源板主要是根据整流电路、稳压电路的输入、输出电压参数进行调试，电源指示电路则在电源板输出电压正常的情况下才能工作。

（1）整流电路

如图 3—72 所示。电源板输入电压取自同步变压器的副边另一绕组，共六组输入，其值为交流电压 17 V，但在相位上相互差 60°。使六组 17 V 的电压经过由 V1 ~ V12 组成的全波整流电路，并产生具有六个波头的直流脉动电压，整流后得到 +24 V、+15 V、−15 V 的三组电源。为给定电路、脉冲变压器、调节板电路、隔离板电路、触发板电路提供直流电源，确保电路正常工作。

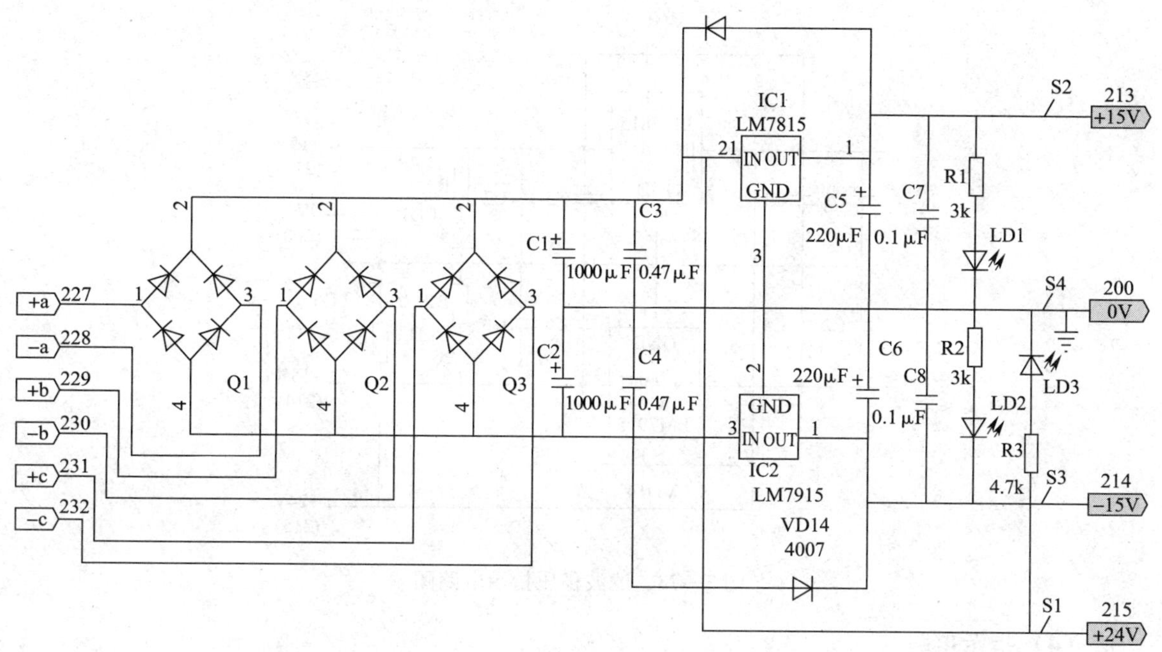

图 3—71 电源板原理图

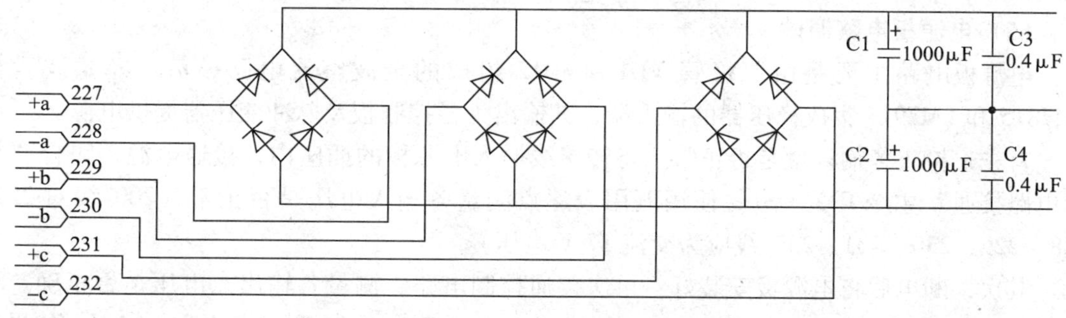

图 3—72 整流电路图

（2）滤波电路

如图 3—73 所示，将整流后的输出电压 U_1 分为正负两组后进行滤波。正电压经 C1、C3 滤波，负电压经 C2、C4 滤波。滤波是利用电容两端电压不能突变的原理。C1、C2 为电解电容，其作用是工频滤波，提高输出电压，减小电压脉动。C3、C4 为小容量电容，起高频滤波作用，减小高频信号对电路的影响。

（3）稳压电路

如图 3—73 所示，采用输出电压固定的三端集成稳压器 LM7815 和 LM7915。正常工作时输出电压为 +15 V 和 −15 V。电容 C3、C4、C5、C6 的作用是实现频率补偿，防止稳压器产生高频自激振荡和抑制电路引入高频干扰。电容 C7、C8 的作用是为了减小稳压电路输出端由输入端引入的低频干扰。二极管 VD13、VD14 的作用是保护二极管，当输入短路时，给电容 C7、C8 放电。

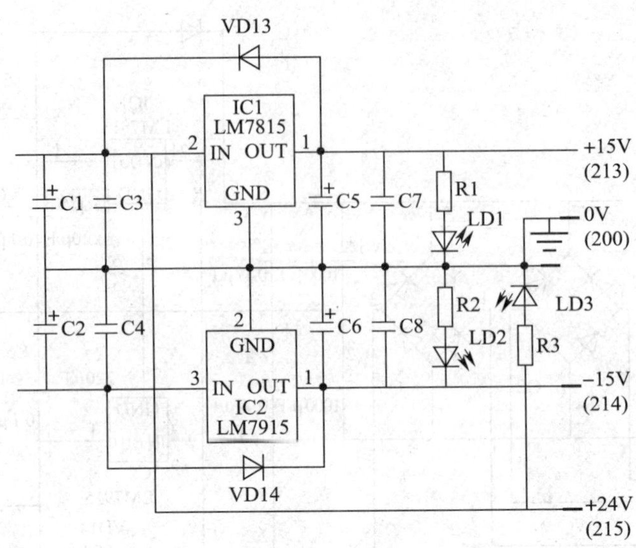

图 3—73　滤波稳压指示电路图

(4) 指示电路

如图 3—73 所示，指示电路由电阻 R1、R2、R3 和发光二极管 LD1、LD2、LD3 组成。电阻 R1、R2、R3 为限流电阻。

(5) 电源板电路调试

电源板电路主要是由二极管 VD1 ~ VD12 组成的全波整流电路整流，经滤波后接 LM7815 和 LM7915 集成稳压器的输入端，其输出为各控制板及脉冲变压器提供电源。

首先，检查各输入量是否正常。将转接线插入电源板的插座内，接通电源，闭合“控制电路接通”主令开关 QS1，使用万用表逐点测量各输入电压是否正常（200#线对 227、228、229、230、231、232#线应为交流 17 V 电压）。

其次，断电后将电源板安装好，再次接通控制电路，测量各输出点电压是否正确。S4 测试点对 S1 测试点应为 24 V，对 S2 测试点应为 +15 V，对 S3 测试点应为 −15 V；如果数值正确，前面板上的三个发光二极管应正常发亮。

前面板各测试点的含义如下：

S1：+24 V 测试点。

S2：+15 V 测试点。

S3：−15 V 测试点。

S4：参考电位测试点（公共接地端）。

2. 触发板电路工作原理及调试

在晶闸管直流调速装置中，通过控制晶闸管的通断实现整流的作用。晶闸管的导通条件是在晶闸管两端施加正向阳极电压，在门极施加触发脉冲，使触发电路输出双窄脉冲，有效移相范围为 0° ~ 150°。

触发电路主要由脉冲产生环节、脉冲移相环节、脉冲分配环节和放大输出环节组成，如图 3—74 所示。

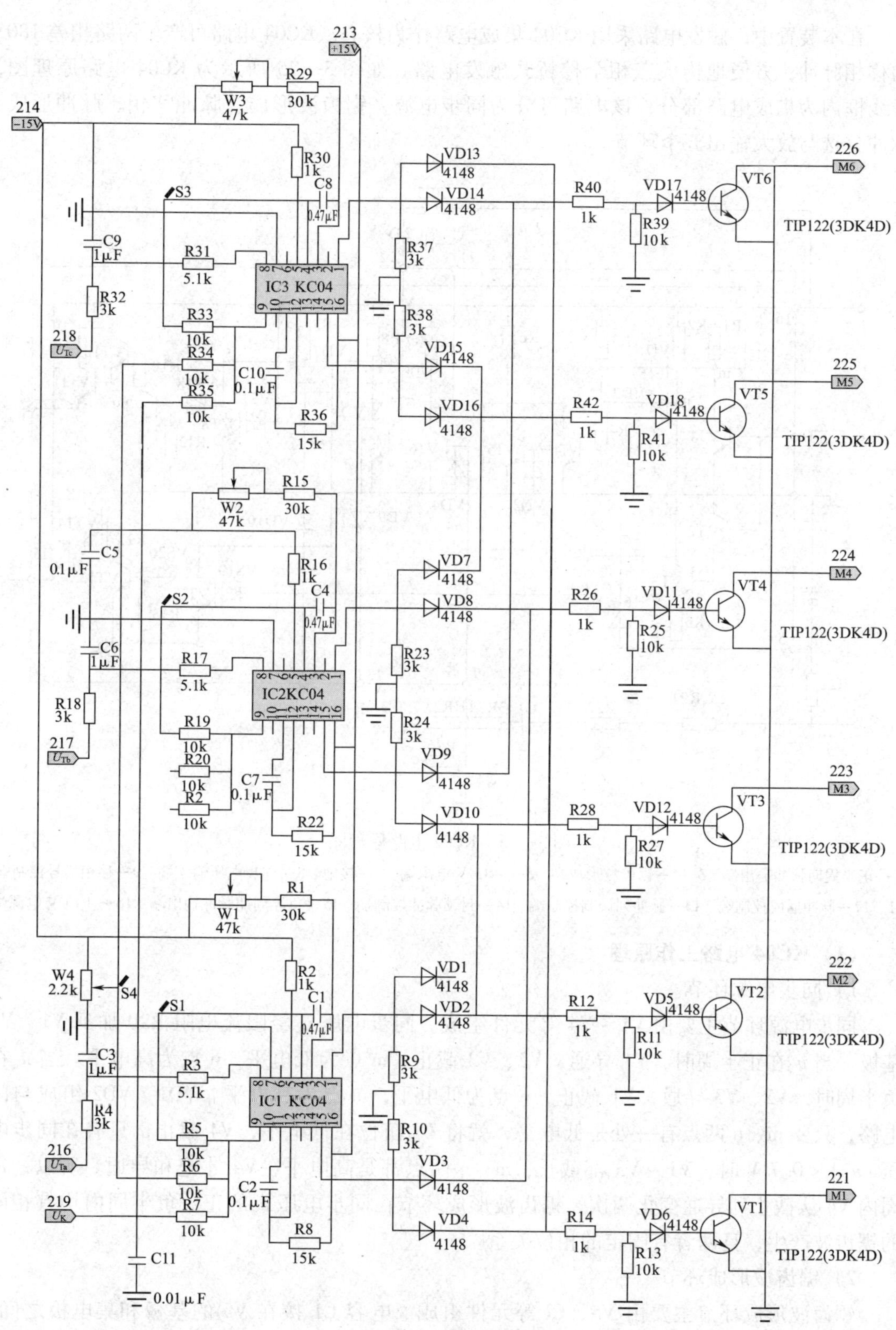

213
+15V
214
-15V
W3
47k
R29
30k
R30
1k
C8
0.47μF
S3
C9
1μF
R31
5.1k
IC3 KC04
R32
3k
R33
10k
218
U_{Tc}
R34
10k
R35
10k
C10
0.1μF
R36
15k
VD13
4148
VD14
4148
R37
3k
R38
3k
VD15
4148
VD16
4148
R40
1k
VD17
4148
R39
10k
VT6
226
M6
TIP122(3DK4D)
R42
1k
VD18
4148
R41
10k
VT5
225
M5
TIP122(3DK4D)
W2
47k
R15
30k
C5
0.1μF
R16
1k
C4
0.47μF
S2
C6
1μF
R17
5.1k
IC2KC04
R18
3k
217
U_{Tb}
R19
10k
R20
10k
R2
10k
C7
0.1μF
R22
15k
VD7
4148
VD8
4148
R23
3k
R24
3k
VD9
4148
VD10
4148
R26
1k
VD11
4148
R25
10k
VT4
224
M4
TIP122(3DK4D)
R28
1k
VD12
4148
R27
10k
VT3
223
M3
TIP122(3DK4D)
W1
47k
R1
30k
W4
2.2k
S4
R2
1k
C1
0.47μF
S1
C3
1μF
R3
5.1k
IC1 KC04
R4
3k
216
U_{Ta}
R5
10k
R6
10k
219
U_K
R7
10k
C2
0.1μF
R8
15k
C11
0.01μF
VD1
4148
VD2
4148
R9
3k
R10
3k
VD3
4148
VD4
4148
R12
1k
VD5
4148
R11
10k
VT2
222
M2
TIP122(3DK4D)
R14
1k
VD6
4148
R13
10k
VT1
221
M1
TIP122(3DK4D)

图 3—74　触发板原理图

在本装置中，触发电路采用 KC04 集成电路作为核心。KC04 电路可产生两路相差 180°的移相脉冲，方便地构成三相全控桥式触发电路。如图 3—75 所示为 KC04 电路原理图，虚线框内为集成电路部分，该电路可分为同步电源、锯齿波形成、脉冲移相、脉冲形成、脉冲分选与放大输出五个环节。

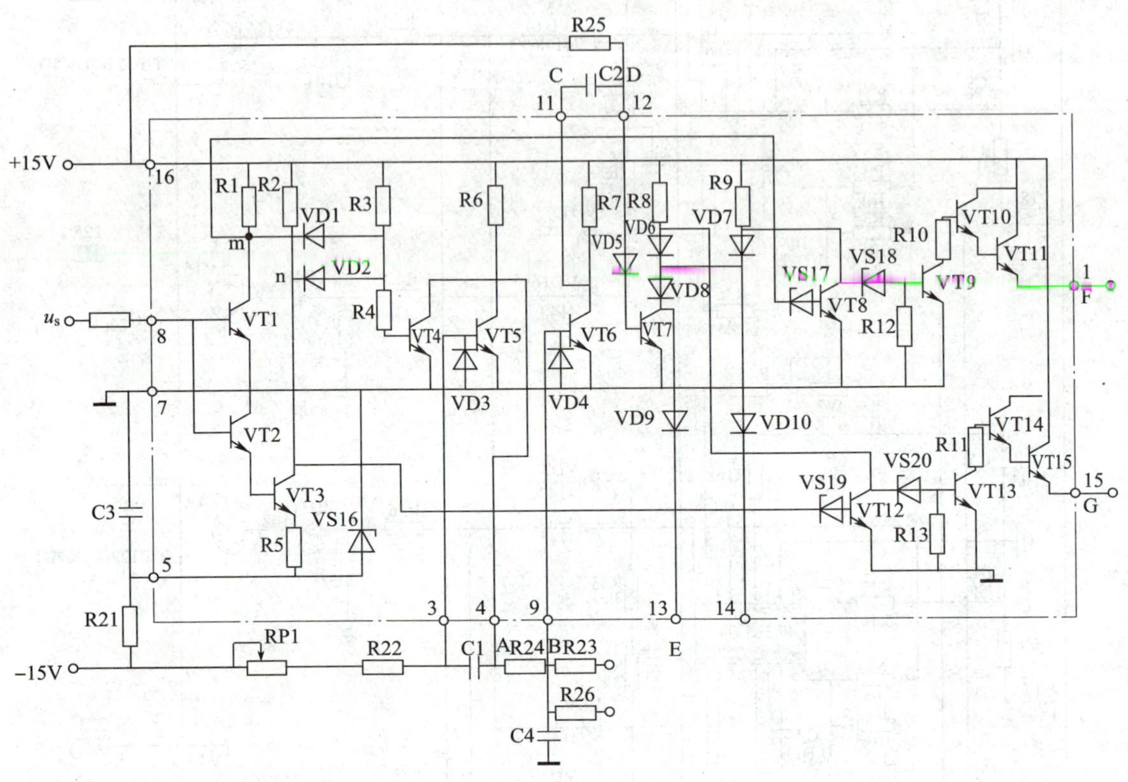

图 3—75　KC04 电路原理图

1—正半周期脉冲输出端　3、4—锯齿波形成端　5— −15 V 电源端　7—接地　8—同步电压输入端　9—移相信号控制端　11、12—脉冲形成控制端　13—脉冲列调制控制端　14—封锁脉冲控制端　15—负半周期脉冲输出端　16— +15 V 电源端

(1) KC04 电路工作原理

1）同步电源环节

同步电源环节主要由 V1 ~ V4 等元件组成。同步电压 u_s 经限流电阻 R20 加到 V1、V2 基极。当 u_s 在正半周时，V1 导通，V2、V3 截止，m 点为低电平，n 点为高电平。当 u_s 在负半周时，V2、V3 导通，V1 截止，n 点为低电平，m 点为高电平。VD1、VD2 组成与门电路，只要 m、n 两点有一处是低电平，就将 U_{b4} 箝位在低电平，V4 截止；只有在同步电压 $|u_s|<0.7$ V 时，V1 ~ V3 都截止，m、n 两点都是高电平，V4 才饱和导通。所以，每周内 V4 从截止到导通变化两次，锯齿波形成环节在同步电压 u_s 的正、负半周内均有相同的锯齿波产生，且两者有固定的相位关系。

2）锯齿波形成环节

锯齿波形成环节主要由 V5、C1 等元件组成。电容 C1 接在 V5 的基极和集电极之间，组成一个电容负反馈的锯齿波发生器。当 V4 截止时，+15 V 电源经 R6、R22、RP1、

-15 V 电源给 C1 充电，V5 的集电极电位 U_{C5}逐渐升高，锯齿波的上升段开始形成。当 V4 导通时，Cl 经 V4、VD3 迅速放电，形成锯齿波的回程电压。所以，当 V4 周期性地导通、截止时，在 4#输出端即 U_{C5}就形成了一系列线性增长的锯齿波，锯齿波的斜率是由 C1 的充电时间常数（$R_6+R_{22}+R_P$）C_1决定的。

3）脉冲形成环节

脉冲形成环节主要由 V7、VD5、C2、R7 等元件组成。当 V6 截止时，+15 V 电源通过 R25 给 V7 提供一个基极电流，使 V7 饱和导通。同时，+15 V 电源经 R7、VD5、V7、接地点给 C2 充电，充电结束时，C2 左端电位 $U_{c6}=+15$ V，C2 右端电位约为 +1.4 V。当 V6 由截止转为导通时，u_{c6}从 +15 V 迅速跳变到 +0.3 V，由于电容两端电压不能突变，C2 右端电位从 +1.4 V 亦迅速下跳到 -13.3 V，这时 V7 立刻截止。此后，+15 V 电源经 R25、V6、接地点给 C2 反向充电，当充电到 C2 右端电压大于 1.4 V 时，V7 又重新导通。这样，在 V7 的集电极就得到了固定宽度的脉冲，其宽度由 C2 的反向充电时间常数 R25、C2 决定。

4）脉冲移相环节

脉冲移相环节主要由 V6、U_c、U_b及外接元件组成。锯齿波电压 U_{C5}经 R24，偏移电压 U_b经 R23，控制电压 U_c经 R26 在 V6 的基极叠加。当 V6 的基极电压 $U_{b6}>0.7$ V 时，V6 管导通（即 V7 截止）。若固定 U_{c5}、U_b不变，使 U_c变动，V6 管导通的时刻将随之改变即脉冲产生的时刻随之改变，这样脉冲也就得以移相。

5）脉冲分选与放大输出环节

V8、V12 组成脉冲分选环节，功放环节由两路组成，一路由 V9 ~ V11 组成，另一路由 V13 ~ V15 组成。在同步电压 u_s一个周期的正负半周内，V7 的集电极输出两个相隔 180°的脉冲，这两个脉冲可以用来触发主电路中同一相上分别工作在正、负半周的两个晶闸管。那么，上述两个脉冲如何分选呢？由图 3—76 可知，其两个脉冲的分选是通过同步电压的正半周和负半周来实现的。当 u_s为正半周时，V1 导通，m 点为低电平，n 点为高电平，V8 截止，V12 导通，V12 把来自 V7 集电极的正脉冲箝位在零电位。另外，V7 集电极的正脉冲又通过二极管 VD7 经 V9 ~ V11 组成的功放电路放大后再由 1#输出端输出。当 u_s为负半周时，则情况相反，V8 导通，V12 截止，V7 集电极的正脉冲经 V13 ~ V15 组成的功放电路放大后再由 15#输出端输出。

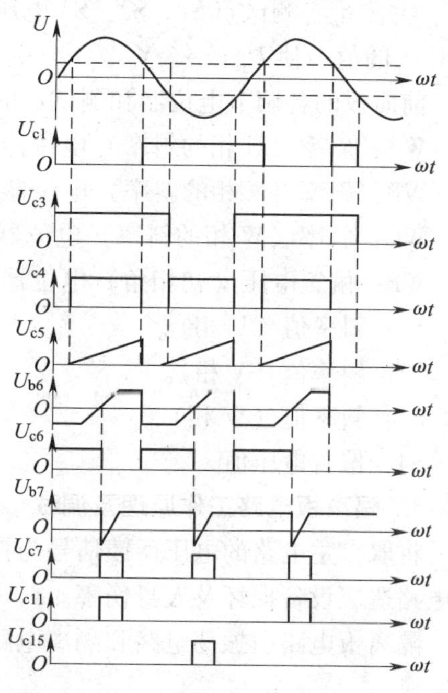

图 3—76　KC04 电路波形图

电路中 V11 ~ V20 是为了增强电路的抗干扰能力而设置的，用来提高 V8、V9、V12、V13 的门槛电压，二极管 VD1 ~ VD2、VD6 ~ VD8 起隔离作用，13#输出端和 14#输出端是提供脉冲列调制和封锁脉冲的控制端。该集成触发电路脉冲的移相范围小于 180°，当u_s = 30 V，其有效的移相范围为 150°。

（2）触发板电路工作原理

如图 3—74 所示，U_{ta}、U_{tb}、U_{tc}分别为 A、B、C 三相的同步电压，U_k为控制电压，U_p为负偏置电压。同步电压接 KC04 的 8#端，控制电压和负偏置电压综合作用于 KC04 的 9#端，在 KC04 的 1#和 15#端输出正负脉冲加于二极管 VD1 ~ VD12 组成六个或门，可输出六路双窄脉冲，三极管 VT1 ~ VT6 起功率放大作用。在其集电极输出脉冲给脉冲变压器。当同步电压 u_s = 30 V 时，其有效移相范围为 150°。所以在本电路中，U_{ta}、U_{tb}、U_{tc}均为 30 V，其移相范围为 150°。同步电压使触发电路与主电路有一定的相位关系。设置 U_p的作用是当触发电路的控制电压 U_c = 0 时，使晶闸管整流装置的输出电压 U_d = 0，对应的控制角定义为初始相位角。整流电路的形式不同，负载的性质不同，初始相位角也不同。

由 KC04、电阻和电容组成振荡电路。将由同步变压器提供的同步电压 U_{ta}、U_{tb}、U_{tc}分别接入三片 KC04 的 8#端，通过 W1、W2、W3 可调节锯齿波斜率，最终由 1#端得到触发信号，再经 VT1、VT3、VT5 的功率放大，至晶闸管的门极及阴极作为触发脉冲使用。VD1 ~ VD12 组成六个或门，其中 VD12 与 VD9、VD7 与 VD10、VD3 与 VD6、VD1 与 VD4、VD11 与 VD2、VD5 与 VD8 分别组成一个或门。六个或门可输出六路双窄脉冲；三极管 VT1 ~ VT6 起功率放大作用。

（3）触发板电路调试

触发板主要为晶闸管提供双窄脉冲。

此时由于没有安装调节板，所以 U_k = 0 V。闭合控制电路，首先用转接线分别测量各输入量是否正确，即 +15 V、−15 V、U_{ta}、U_{tb}、U_{tc}、0 V 是否正确，正确后断电，将触发板安装好。其次闭合控制电路，通过给定电位器使 U_k = 0 V，再次调节电位器 WA、WB、WC，并测量各测试点 S1、S2、S3 电压均为直流电压 6 V，调节电位器 WP 即改变移相初始电压 U_p的值，使 U_p = −6 V。

前面板的各调节电位器和测试点的含义如下：

WA：斜率（U 相的斜率）电位器。

WB：斜率（V 相的斜率）电位器。

WC：斜率（W 相的斜率）电位器。

WP：偏置电压（初相角）电位器。

S1：斜率值（U 相）。

S2：斜率值（V 相）。

S3：斜率值（W 相）。

S4：偏置电压值

3. 隔离板电路工作原理及调试

将取自主电路的电压反馈信号与控制电路进行隔离，以防止主电路的强电信号进入控制电路造成设备损坏及人身伤害。

隔离板电路由振荡电路和隔离电路两部分组成，如图 3—77 所示。

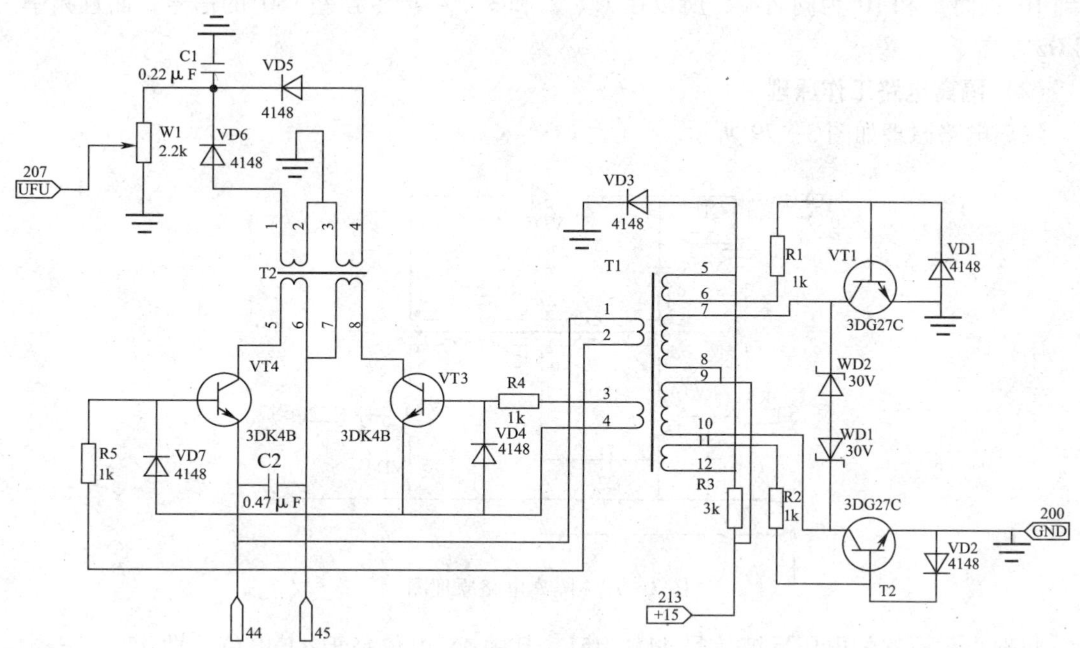

图 3—77　隔离板原理图

（1）振荡电路工作原理

振荡电路原理如图 3—78 所示。

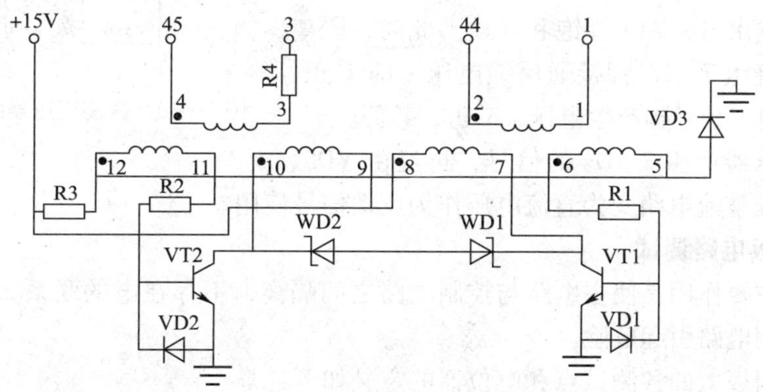

图 3—78　振荡电路原理图

+15 V 的电阻直流电源经振荡变压器的绕组 9#、10# 加于 VT2 的集电极，经电阻 R3，绕组 12#、11#，R2 加于 VT2 的基极；经绕组 8#、7# 加于 VT1 的集电极，经电阻 R3，绕组 5#、6#，电阻 R1 加于 VT1 的基极。此时，VT1、VT2 同时具备了导通条件，但由于 VT1、VT2 的参数不完全一致，导致只能有一个三极管优先导通工作。

以 VT1 优先导通为例，VT1 导通，导致 VT2 集电极电位下降，VT2 截止。当 VT1 饱和时，由于 U_{ce} =0. 3 V，U_{be} =0. 7 V，而使 VT1 截止，VT2 导通。

VT1、VT2 的轮流导通，使绕组 7#、8# 和 9#、10# 轮流流过电流。电流方向为 8# 到 7# 和

9#到 10#，而 8#和 10#为同名端，所以在 1#、2#和 3#、4#产生互差 180°的信号，而且频率为 2 kHz 左右。

（2）隔离电路工作原理

隔离电路原理如图 3—79 所示。

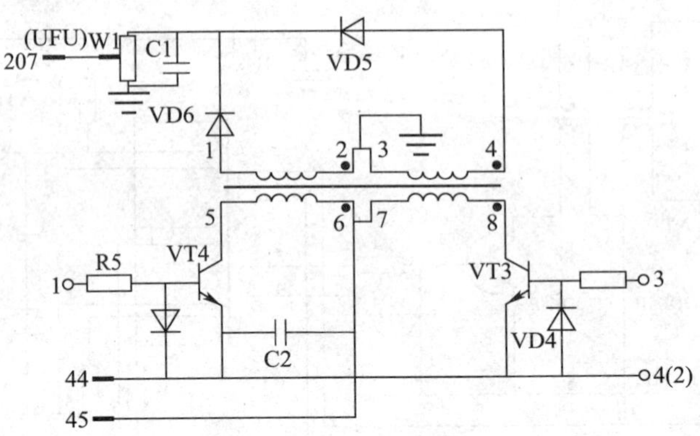

图 3—79　隔离电路原理图

将取自主电路的电压反馈信号 44#、45#，其中 45#电位高于 44#电位，即 45#为正，44#为负。当 2 kHz 的方波产生以后，振荡变压器的输出波形如图 3—80 所示。

当 1#、2#输出时，VT4 管饱和导通。此时，隔离变压器的一次绕组 5#、6#脚接通反馈电压，即 6#正，5#负，而二次侧 1#、2#脚产生电压，2#正，1#负。

当 3#、4#输出时，VT3 管饱和导通。此时，隔离变压器的一次绕组 7#、8#脚接通反馈电压，即 7#正，8#负，而二次侧 3#、4#脚产生电压，3#正，4#负。

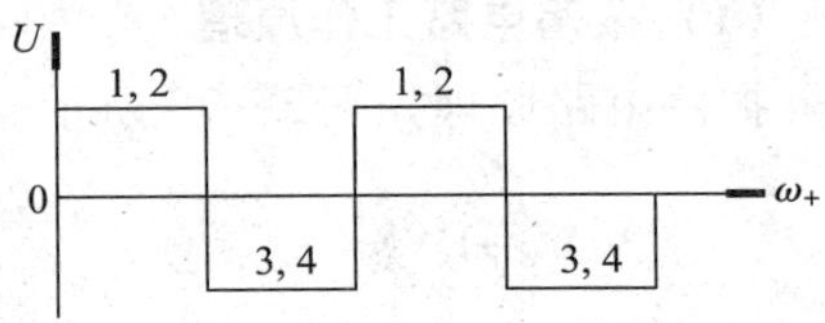

图 3—80　振荡变压器的输出波形图

经隔离变压器产生 2 kHz 的信号，再经由 VD5、VD6 组成的全波整流电路变为直流电压作为反馈信号使用。

（3）隔离板电路调试

隔离板的主要作用是使主电路与控制电路之间隔离，不存在电的联系，防止主电路的高电压串入控制电路引起危险。

隔离板前面板上的各测试点和电位器的定义如下：

Wl：电压反馈值调整电位器。

S1：电压反馈值测试点。

首先检查各输入量是否正常，即 +15 V 是否正常。而后插入电源板和隔离板，此时主电路尚未工作，所以 44#与 45#线均无电压。闭合控制电路时有蜂鸣声，则表示振荡变压器工作正常，2 kHz 方波已经产生。

4. 调节板电路工作原理及调试

调节板电路可分为低压/低速封锁电路、给定积分调节器、积分先行放大调节器、正负限幅电路、电压反馈电路、电流截止负反馈电路、缺相保护电路、滞环电压比较器、过电流保护电路、限流整定和设定电路。

下面对各电路的工作过程进行分析。

（1）给定积分电路

给定积分的电路如图3—81所示。

在实际控制系统中，当给系统突加一个阶跃给定信号时，系统会产生冲击效果，这是不希望出现的状况。为此在控制系统中必须使用能把阶跃信号变换为缓变信号的电路，而积分调节器能满足这一要求。由于积分器在给定电路中，故称为给定积分器。

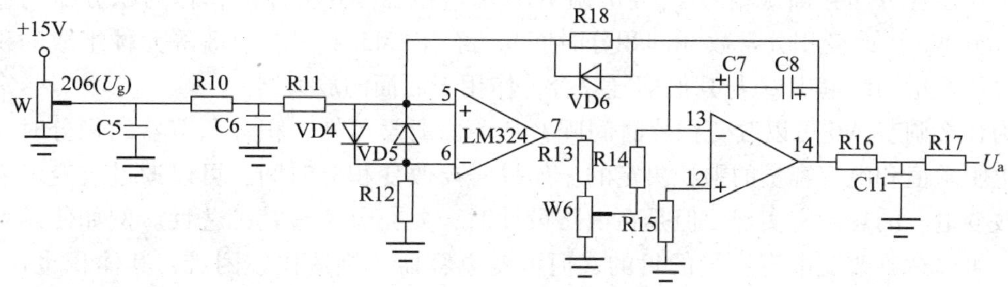

图3—81 给定积分电路图

在使用晶闸管整流电路作为直流电动机的电枢电源时，为什么要限制突加给定呢？

先分析一下当突加给定时会产生什么结果。在直流电动机调压调速系统中，首先，在启动时突加给定，电动机的转速为零，电枢内没有反电动势形成，此时将会产生很大的负载电流，该电流可能会使晶闸管损坏；其次，因为晶闸管的导通是一个过程，过大的电流也会使其局部击穿；最后，电流的上升率太快，可能会导致晶闸管的门极击穿。基于此三种可能产生的后果，在设计时要考虑将阶跃给定信号变为缓变信号。

此给定积分器由两部分组成，一是前级的电压比较器，二是后级的积分器。

1）电压比较器中各元件的作用

①电容C5起滤波的作用。当U_g中含有交流成分时，通过C5的作用可以消除交流成分的影响。

②R10与C6组成无源迟后网络起抗干扰作用。迟后网络对低频有用信号不产生衰变，而对高频噪声信号则有削弱作用。*b*值越小，通过网络的噪声电平越低。

③集成电路LM324与其他元件组成电压比较器。

④二极管VD4、VD5并接在运算放大器的同相与反相输入端起正负限幅，即钳位作用，用以保护运算放大器。

工作过程分析：给定电压U_g由+15 V经电位器分压取得，在0～+10 V可调，经R10、R11、C6滤波校正后，作用于由LM324、R13、W6组成的同相电压比较器的输入端+（LM324－5#），并在其7#端输出U_a，其值约为+15 V，为后面的积分器提供输入信号。

2）积分器中各元件的作用

①电位器W6用来改变积分常数。

②R11、R12、R14、R15的作用是为运算放大器输入匹配电阻，使运放的工作进入理想状态。

③W6、LM324 与 C7、C8 组成积分器起给定积分的作用，可将阶跃信号变成连续缓慢变化的信号。

④反馈电阻 R18 的作用是保证运放输入端的输入信号在一定的数值范围内。

⑤二极管 VD6 的作用是限定积分方向。

⑥C7、C8 为积分器的电容，两个有极性的电容统计串联使用是为了获取大容量无极性的电容。

工作过程分析：前级信号 U_a 经电阻 R13 和电位器 W6 分压后，作为积分器的输入信号。调节 W6 可改变积分常数（即积分时间），经由 LM324、C7、C8 等元件组成的积分输出，再经校正网络输出 U_a 与其他信号综合，作用于后面的放大器。

为什么调节 W6 可以改变积分时间呢？从前面所学可知，积分调节器的积分时间常数是由电阻阻值和电容容量的乘积决定的。如果需要改变积分时间，可以通过改变电阻的阻值或改变电容的容量来实现。但是在电路设计时，要充分考虑其工艺性。例如使用可变电容器，可以达到改变电容容量的目的，但可变电容器的制造比较困难，其体积也比较大，使用起来很不方便。另外改变电阻的阻值，虽然容易做到，但是阻值大范围的变化将会影响运放的输入电阻。为了消除这些不利因素，同时达到调节积分时间的目的，使用了改变输入信号的方法，即使用电位器 W6 调节电压。

（2）滤波型放大调节器

滤波型放大调节器由运放电路 LM324、二极管 VD7 和 VD8、电阻 R19 和 R20、电容 C9 和 C10 等元件组成。其电路如图 3—82 所示。

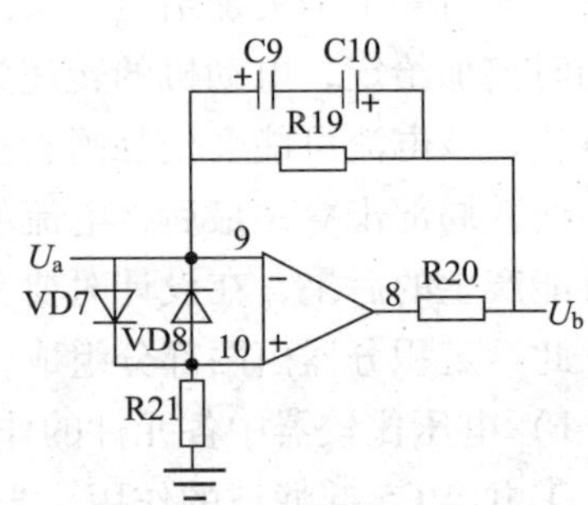

图 3—82　滤波型放大调节器电路图

元件的作用：

1）C9、C10 的反向串联，使其电容值减小一半，而电压却增大一倍，并且组成无极性的电容，起到减小静差率，提高稳定性的作用；

2）R19 为反馈比例系数的产生电阻。给定积分器的输出信号 U_a 加到运放的 5[#] 脚作为输入。当给电的

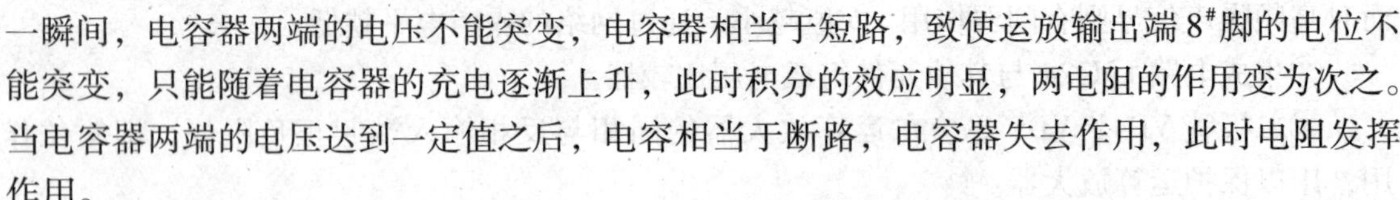
一瞬间，电容器两端的电压不能突变，电容器相当于短路，致使运放输出端 8[#] 脚的电位不能突变，只能随着电容器的充电逐渐上升，此时积分的效应明显，两电阻的作用变为次之。当电容器两端的电压达到一定值之后，电容相当于断路，电容器失去作用，此时电阻发挥作用。

该电路近似于积分调节器的惯性环节，可将信号成比例放大的同时，还具有减小静差率，提高稳定性的作用。放大倍数能可靠放大，由于 C9、C10 的作用，使输出信号不能突变，只能缓慢变化。

（3）正、负限幅电路

限幅电路原理如图 3—83 所示。

1）正限幅。调节 W1 中心插头的位置，可使 U_1 为一固定电压值。当 U_b 值小于 U_1 + 0.7 V 时，$U_k = U_b$；当 U_b 值大于 U_1 +0.7 V 时，$U_k = U_1$ +0.7 V 不变（大于零），VD9 导通，使 U_k 在 U_1 +0.7 V 以下变化。

2）负限幅。调节 W2 中心插头的位置，可使 U_2 为一固定电压值（小于零）。当 U_b 值大于 U_2 时，$U_k = U_b$；当 U_b 值小于 $U_2 - 0.7$ V 时，$U_k = U_2 - 0.7$ V，VD10 导通，使 U_k 在 $U_2 - 0.7$ V 以上变化。

限幅电路的作用是控制 U_k 值在 $U_2 - 0.7$ V ~ $U_1 + 0.7$ V 变化，合理调节 U_1 及 U_2 可以有效控制 U_k 的变化范围。

（4）电压负反馈电路

电压负反馈电路如图 3—84 所示。反馈电压信号由电枢两端经取样电路，在电阻 R108 上由 45[#]和 45[#]线取出，然后送到隔离板上，经隔离电路和调制解调电路处理后，由电位器 W1 的中心点输出给调节板的 207[#]。

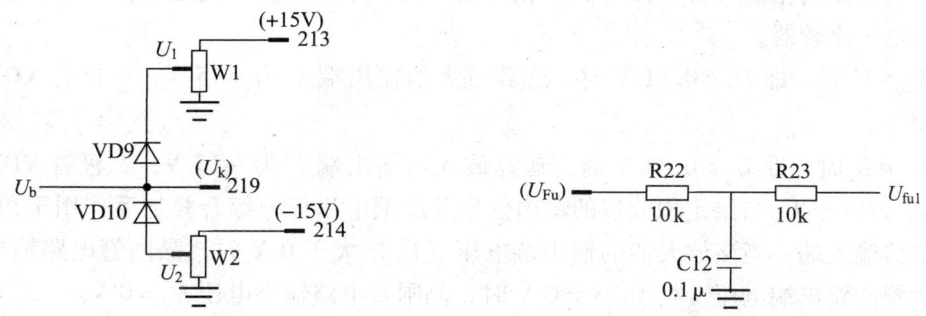

图 3—83　限幅电路原理图　　　图 3—84　电压负反馈电路原理图

反馈信号 U_{Fu}（大于零的正值），经校正环节后，输出 U_{fu1}，加至 LM324 - 9[#]脚。U_g 经过给定积分环节输出 U_a，U_a 与 U_{fu1} 综合后作用于积分先行放大调节器。由于 $U_a < 0$，$U_{fu1} > 0$，两者极性相反，因此该反馈为负反馈。其作用是稳定转速，提高机械特性，加快过渡过程。

（5）零速封锁电路

为了防止系统电动机在给定信号很小的时候出现爬行现象，在设计时应考虑保护电路，零速封锁电路就能防止此现象的发生。零速封锁电路原理如图 3—85 所示。

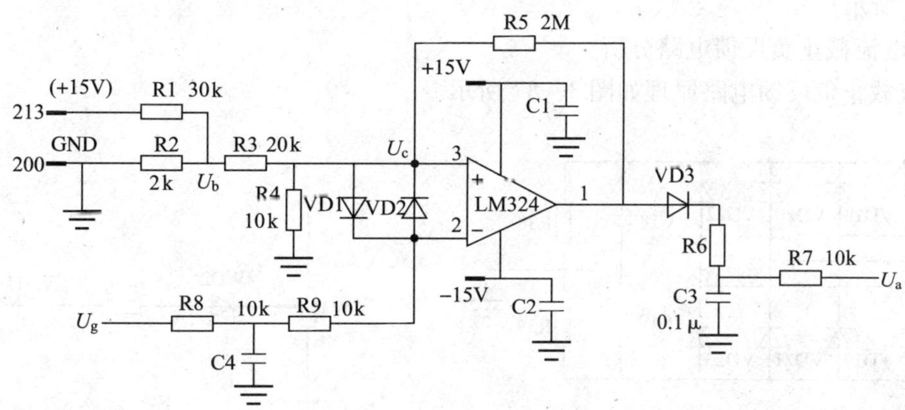

图 3—85　零速封锁电路原理图

1）电路的组成

零速封锁电路主要由运算放大器 LM324、电阻和二极管等元件构成，近似于电压比较器。为防止放大倍数过大，取电阻 R5 的阻值为 2 M，电阻 R1、R2、R3、R4 为取得标准电压而设，二极管 VD3 是为了防止负电压加到积分先行放大器的输入端，造成电动机转速失控而设计的。低速时的标准电压设定为 0.3 V，当给定电压小于此值时，该电路起作用。

2）原理分析

+15 V 经电阻 R1、R2 分压后，使得 $U_b=15\times2/(30+2)=0.94$ V。U_b 再经电阻 R3、R4 分压，使得 $U_c=0.95\times10/30=0.31$ V，即运算放大器同相输入为 0.31 V。

运算放大器同相输入为 0.31 V，反相器输入为 U_g，由于反馈电阻 $R_5=2$ M，所以该电路近似为电压比较器。

当 $U_c>U_g$ 时，即 $U_g<0.31$ V 时，运算放大器输出端 1#为 +15 V，二极管 VD3 导通，$U_a=+15$ V。

当 $U_c<U_g$ 时，即 $U_g>0.31$ V 时，运算放大器输出端 1#为 −15 V，二极管 VD3 截止，$U_a=0$ V。该电压 U_a 与给定积分器的输出信号及反馈电压信号综合叠加后作用于积分先行放大调节器输入端。当该放大器的输出端电压（U_k）大于 0 V 时，晶闸管电路输出电压；当该放大器的输出端电压（U_k）小于 0 V 时，晶闸管电路输出电压 $U_d=0$ V。

当 $0<U_g<0.31$ V 时，运算放大器输出端 1#为 +15 V，二极管 VD3 导通，$U_a=+15$ V，放大器的输出端电压（U_k）小于 0 V，晶闸管电路输出电压 $U_d=0$。

当 U_g 较小时，如果没有封锁电路，则积分先行放大调节器的输出端电压（U_k）大于 0 V，但其值很小，U_d 有一定的数值，也很小。若此时电动机有负载则容易出现堵转现象，导致电动机损坏。

（6）电流截止负反馈

1）信号取样

在主电路的交流侧通过交流互感器将信号（41#、42#、43#）取出，经三相桥式整流电路整流后，变为 $+U_{fi}$ 和 $-U_{fi}$ 两个信号，$+U_{fi}$ 为截流负反馈的监测信号。信号取样电路如图 3—86 所示。

2）电流截止负反馈电路分析

电流截止负反馈电路原理如图 3—87 所示。

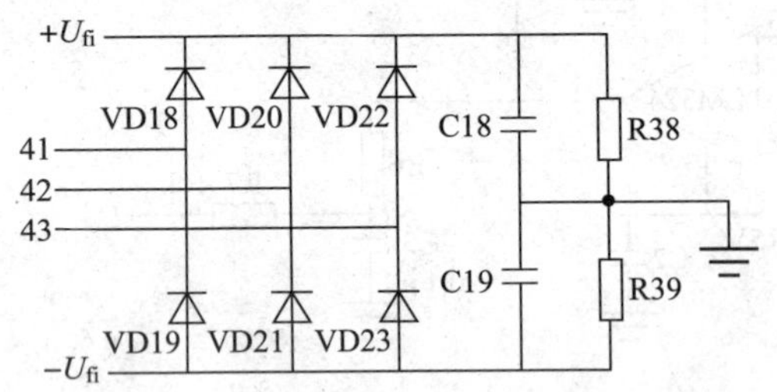

图 3—86　信号取样电路

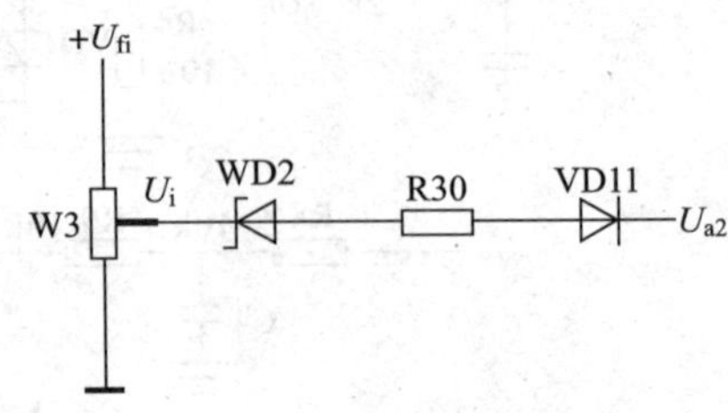

图 3—87　电流截止负反馈电路原理图

$+U_{fi}$经电位器 W3 调节反馈强度后，成为整定值 U_i，其为稳压二极管的稳压值。当主电路正常工作时，U_i 小于 WD2 的稳压值，稳压管不会被击穿，$U_{a2}=0$ V，此时电流反馈信号电压对电路没有任何影响；当 U_i 大于 WD2 +0.7 V 时，$U_{a2}>0$ V，此时信号与给定积分器的输出信号和低速封锁电路的输出信号，在积分先行电路的输入端叠加，使 U_k 值减小，从而使输出电压变低，负载电流不再上升。

电流截止负反馈电路的作用是使电动机获得挖土机特性，即当负载电流 $I<1.25I_e$时，电流截止负反馈不影响电路；当 $I>1.25I_e$时，反馈作用使电动机电枢两端电压下降，并进行有效的过载保护，当负载减小后还可以自动恢复正常。

（7）过电流保护电路

1）限流设定电路（图 3—88）

+15 V 经该电路的调节限流设定电位器 W5 后可以获得一个合适的基准比较电压 U_1，且 $U_1\approx 3$ V。

2）过流值整定电路

过流值整定电路如图 3—88 所示。电流反馈信号 $-U_{fi}$通过 W4 的调节可得到反馈信号 U_2，且 $U_2<0$。此信号与基准比较电压信号在 LM311 的正输入端叠加，两信号比较使滞环比较器输出翻转，此时保护电路起作用。

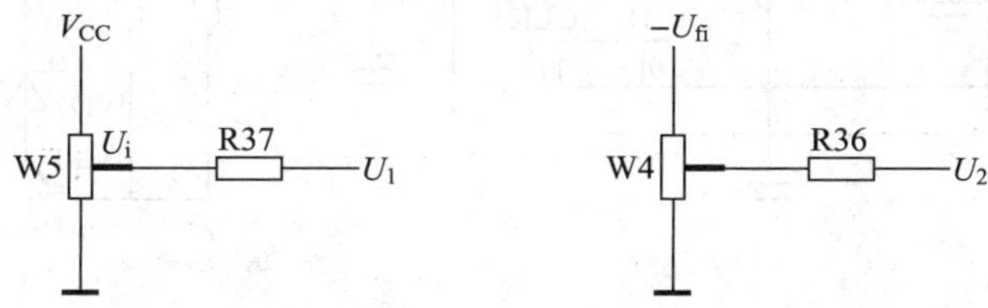

图 3—88 限流值设定电路和限流值整定电路

3）滞环比较器

电路如图 3—89 所示。

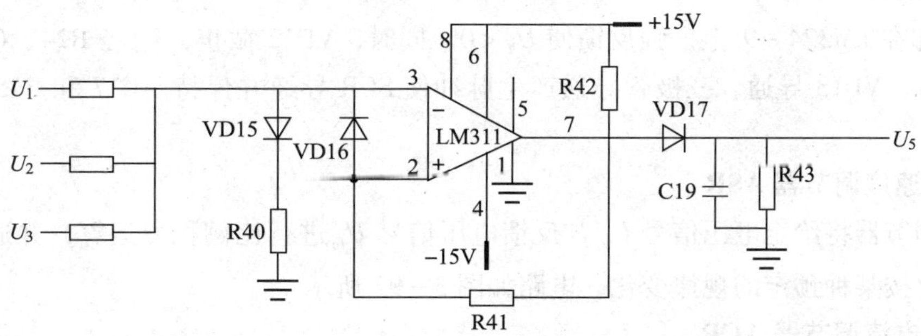

图 3—89 滞环比较器电路

当 $U_1+U_2+U_3>0$ 时，即 $U_1>-(U_2+U_3)$，LM311 $-7^{\#}$输出为 −15 V，VD17 截止，$U_5=0$ V。当 $U_1+U_2+U_3<0$ 时，即 $U_1<-(U_2+U_3)$，LM311 $-7^{\#}$输出为 +15 V，VD17

导通，$U_5=14.3$ V。

迟滞环的作用是抗干扰，此电路环宽仅为0.3 V左右。U_2+U_3 为过流或缺相，当（U_2+U_3）>1 V时，电路中的保护电路工作。

（8）缺相保护信号电路

缺相保护信号电路如图 3—90 所示。缺相变压器的副边输出信号 Qx 经二极管 VD14 的半波整流后，由 C14、R25 滤波得到反馈信号 U_3，且 $U_3<0$。此信号与基准比较电压信号在 LM311 的正输入端叠加。

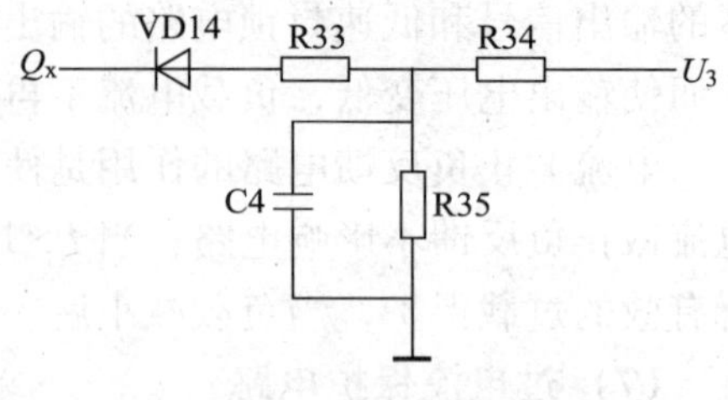

图 3—90 缺相保护信号电路

（9）保护电路

保护电路如图 3—91 所示。

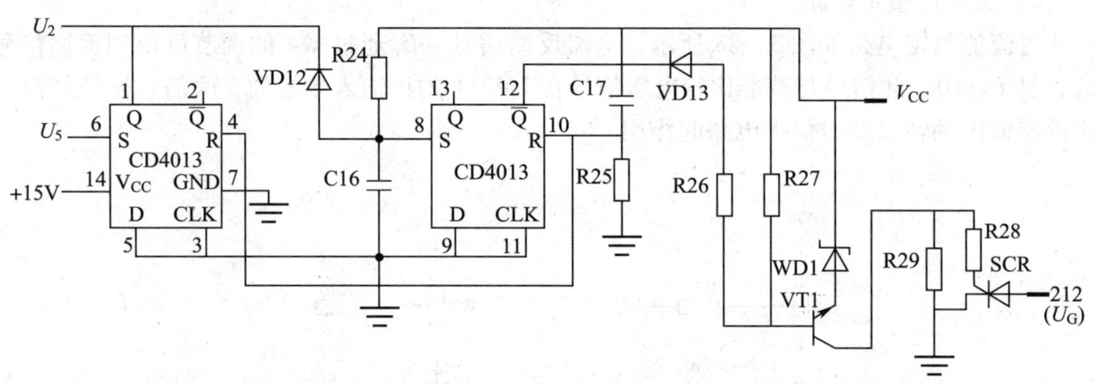

图 3—91 保护电路

上电时，$R=1$，$S=0$，$Q=0$，$\overline{Q}=1$；稳定时，$R=0$，$S=0$，$Q=0$，$\overline{Q}=1$。电路正常工作时，$U_5=0$；电路不工作时，SCR 不导通。

当电路过流，$U_5=14.3$ V（$1S=1$）时，D1 翻转，$1Q=1$ 即 15 V，$U_2=15$ V，通过电阻 R44 叠加在 LM324 -9#上，强反馈使 $U_k<0$。同时，VD12 截止，V_{cc}经 R24、C16 充电达到一定值时，VD13 导通，三极管导通产生脉冲使 SCR 导通并保持。C17 和 R25 组成上电复位电路。

（10）速度调节器 ASR

速度调节器将给定电压信号 U_g 与反馈电压信号 U_{fn}进行比例积分运算，并通过运算放大器使输出按某种预定的规律变化。电路如图 3—92 所示。

（11）电流调节器 ACR

电流调节器的作用与速度调节器的作用类似，用于对速度调节器的输出信号与电流反馈信号进行比例积分运算。它在系统中起到维持电流恒定的作用，并保证在过渡过程中维持最大电流不变，以缩短转速的调节过程。电流调节器电路如图 3—93 所示。

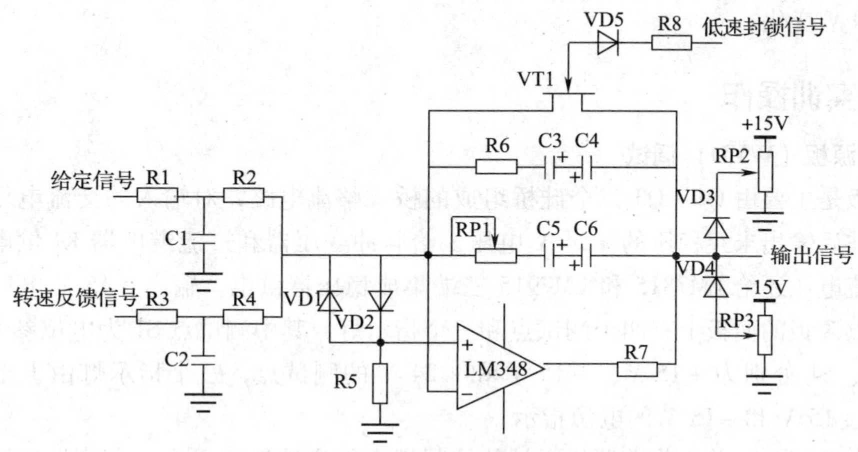

图 3—92　速度调节器电路图

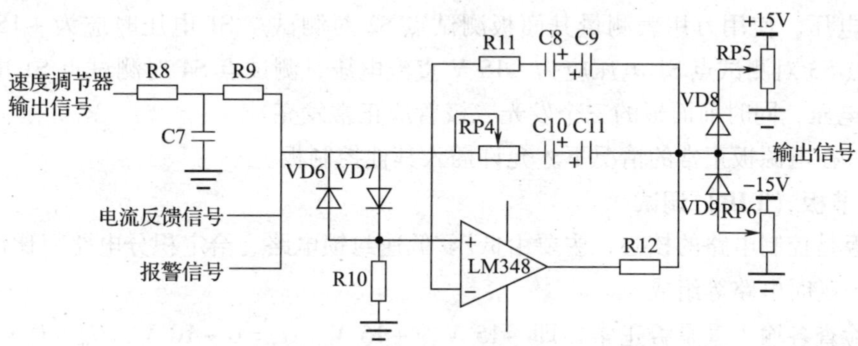

图 3—93　电流调节器电路图

（12）调节板电路调试

调节板是控制电路的核心，主要由低压/低速封锁电路、给定积分电路、比例积分调节电路、保护延时电路等组成。

调节板前面板及其板上各测试点和电位器的定义如下：

W1：正向限幅电位器，其整定值为最小整流角。

W2：负向限幅电位器，其整定值为最小逆变角。

W3：电流截止负反馈截流点整定电位器。

W4：过流值大小整定电位器。

W5：过流值大小整定电位器。

W6：给定积分器积分时间整定电位器。

S1：电压给定值测试点（+5 V）。

S2：PI 调节器输出值测试点（−1 V）。

S3：过流整定值测试点。

S4：电流截止负反馈测试点。

首先检查各输入量是否正常，即 −15 V、+15 V、$U_g = 0 \sim 10$ V、$U_{fu} = 0$ V、$Q_x = 0$ V 是否正常，而后将调节板安装好，把短路环放在开环位置，调节给定电位器，测量 U_k，其应在 0 ~ 10 V 变化。

三、实训操作

1. 电源板（WYD）调试

电源板是主要由 Q1 ~ Q3 三个硅桥组成的桥式整流电路，对输入的交流电压整流，并经电容滤波后输出未经稳压的 +24 V 电压，给脉冲变压器和过流继电器 KI 供电；另外未稳压的直流电压还给 LM7815 和 LM7915 三端集成稳压器供电，输出 ±15 V 电压给各控制板供电。电源板的面板上有四个测试点和三个指示灯，其中测试点 S1 为电位参考点，测试点 S2、S3、S4 分别为 +15 V、 -15 V 和 +24 V 的测试点，三个指示灯由上至下分别为 +24 V 、+15 V 和 -15 V 的电源指示。

调试电源板时，首先将电源板之外的控制板全部拔掉后再通电，参照电路原理图和控制盒后视图检查 200#线对 227、228、229、230、231、232#线的电压，用万用表测量时应为 17 V 交流电压。使用万用表测量其面板测试点 S2 对测试点 S1 电压时应为 +15 V 直流电压，测试点 S3 对测试点 S1 电压应为 -15 V 直流电压，测试点 S4 对测试点 S1 电压应为 +24 V 直流电压，同时前面板的三个发光二极管应正常发亮。

注意：在电源板正常的情况下才允许插入其他控制板。

2. 调节板（TJB）调试

调节板是控制电路的核心，主要由低压/低速封锁电路、给定积分电路、比例积分调节电路、保护延时电路等组成。

首先检查各输入量是否正常，即 -15 V、 +15 V、U_g = 0 ~ 10 V、U_{fu} = 0 V、Q_x = 0 V 是否正常。而后将调节板安装好，把短路环放在开环位置，调节给定电位器，测量 U_k，其值应在 0 ~ 10 V 变化。

3. 触发板（CFD）调试

触发板主要由三组相同的 KC04 集成触发电路组成，用于为晶闸管提供触发的双窄脉冲。其工作原理在前面已经介绍。

首先，将电源板、调节板安装好，把短路环放在开环位置，检查触发板的各输入量是否正常，即 -15 V、 +15 V 是否正常。调节给定电位器，测量 U_k，其值应在 0 ~ 10 V 变化。然后，闭合主回路和给定回路，调节给定电位器，若输出电压从 0 V 开始连续变化，并能调到 300 V，则说明触发板正常。

4. 隔离板（YGD）调试

隔离板的主要作用是使主电路与控制电路之间隔离，其间不存在电的联系，并防止主电路的高电压串入控制电路引起危险。隔离板前面板上各测试点和电位器的定义如下：

W1：电压反馈值调整电位器。

S1：电压反馈值测试点。

首先检查各输入量是否正常，即 +15 V 是否正常。而后插入电源板和隔离板，此时主电路尚未工作，所以 44#与 45#线均无电压。若闭合控制电路有蜂鸣声，则表示振荡变压器工作正常，2 kHz 方波已经产生。

课题5　晶闸管直流调速装置统调与检修

学习目标

1．掌握晶闸管直流调速装置开环和单闭环调速的统调。

2．熟练掌握晶闸管直流调速装置故障检测与排除的方法。

一、晶闸管直流调速装置统调

1．晶闸管直流调速装置的安装接线

晶闸管直流调速装置的接线分为主电路接线和控制电路接线两部分。

（1）主电路部分

1）交流三相四线制 380 V 电源的相线 U、V、W 与交流接触器 KM1 的主触头连接，零线与接线柱 N 相连。

2）将励磁输出端与直流电动机的励磁接线端子连接，注意极性。

3）将整流输出端与直流电动机的电枢接线端子连接，注意极性。

（2）控制电路部分

首先将调节板中的短路片接到开环或闭环的位置上，如图 3—66 所示。再将电源板、触发板、调节板、隔离板安装在对应的位置上。各单元板的连接如图 3—94 所示。各单元板的安装位置如图 3—95 所示。

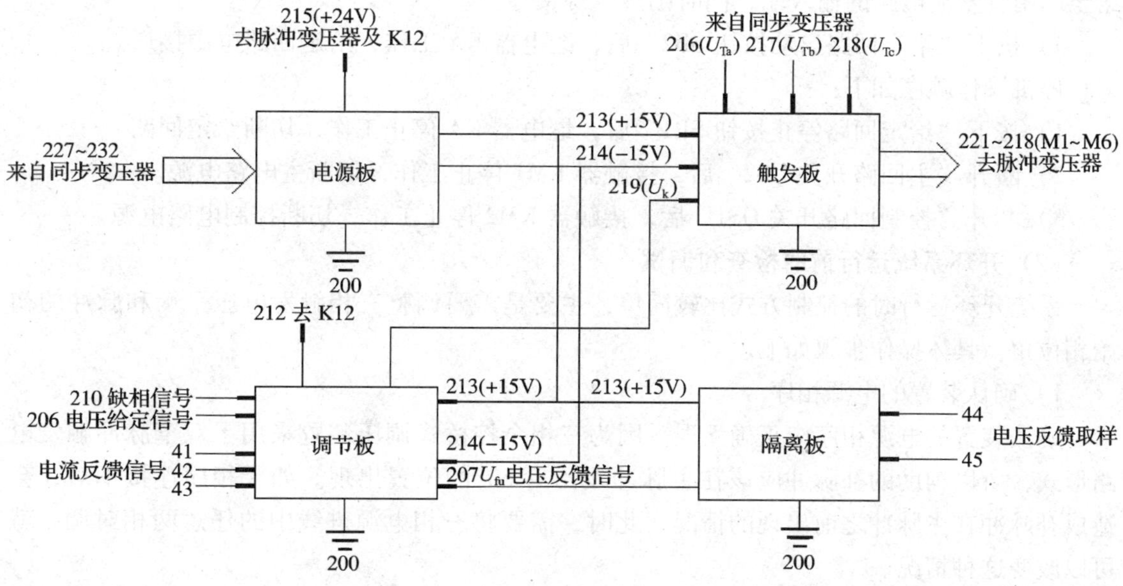

图 3—94　单闭环系统各部分连接图

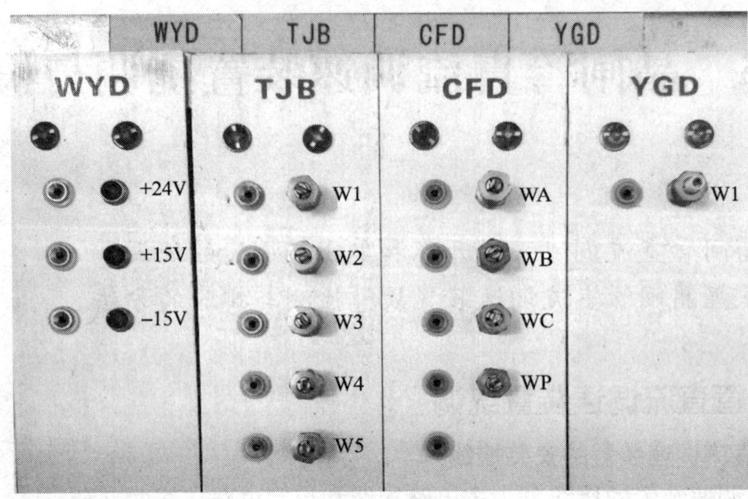

图 3—95　各单元板安装位置图

2. 开环直流调速系统的调试

在系统通电调试前，一定要仔细、全面地检查各部分的接线，确认无误后方可通电调试。

(1) 继电器控制电路的检查与调试

将各单元板电路拆下，接通电源，按规定的顺序操作面板上的按钮，检查继电器的工作状态和工作顺序是否正常。

开机操作顺序如下：

1）接通“控制回路开关 QS1”后，接触器 KM2 工作，控制回路电源接通。

2）接通“主回路开关 QS2”后，接触器 KM1 工作，整流变压器通电，将三相交流电送至晶闸管整流电路的输入端，同时励磁电源接通。

3）按下“给定回路启动按钮 SB2”后，继电器 KA 工作，给定回路电源接通。

停机操作顺序如下：

1）按下“给定回路停止按钮 SB1”后，继电器 KA 停止工作，切断给定回路。

2）断开“主回路开关 QS2”后，接触器 KM1 停止工作，切断主电路电源。

3）断开“控制回路开关 QS1”后，接触器 KM2 停止工作，切断控制电路电源。

(2) 开环系统运行前的检查和调试

系统开环运行时的控制方式比较简单，主要是需要调整三相触发电压平衡和脉冲的初始相位角，具体操作步骤如下。

1）确认装置的电源相序

确认装置的电源相序应正确无误。因为三相全控桥式调压装置采用了双窄脉冲触发电路形式，所以辅助的补脉冲应该在主脉冲发出后 60°的位置出现。如果相序连接不对，会造成补脉冲在主脉冲之前出现的情况。此时，需要将三相电源进线中的任意两相对调，就可以改变这种情况。

2）开环系统的选择

由于是开环控制系统的调试，所以应将调节板上的短路环放在开环位置。

3）锯齿波斜率平衡的调节

调节触发板电路（CFD）上的 W1、W2 和 W3 电位器，使晶闸管开放对称，从而输出三相电压平衡。

调节检测方法有三种：一是调节时候可以用双踪示波器观测任意两相锯齿波的斜率，调节 W1、W2 和 W3 电位器，使其斜率相等即可；二是用示波器观测主电路输出直流电压，调节 W1、W2 和 W3 电位器，直至输出电压波形对称、开放一致；三是使用万用表检测锯齿波斜率测试点的直流电压值，调节 W1、W2 和 W3 电位器使三相锯齿波测试点的直流电压值相等，因为触发电路选择的是 KC04 集成触发电路，所以此时三相晶闸管开放也一定是对称的。根据本系统采用的参数，将锯齿波测试点的直流电压调节到 6.3 V 即可。

4）脉冲初相角调节

调节给定电位器，使给定电压 $U_g=0$ V，此时控制电压 $U_k=0$ V。调节偏置电位器 Wp，可以改变偏置电压值的大小。如果偏置电压值减小，脉冲就会往 α 角增大的方向移动；如果偏置电压值增大，脉冲就会往 α 角减小的方向移动。对于不同的主电路，所需要的脉冲初始相位角并不一样。例如，三相全控桥式调压装置带电阻性负载时，其触发角 α 移相范围应为 0°～120°，所以需要调节偏置电压，使脉冲的初始位置在 $\alpha=120°$ 或更大的位置上，此时主电路的输出电压应该为零。

5）主电路输出直流电压波形调整

缓慢增加给定电压 U_g 时，脉冲应该向 α 角减小的方向移动，此时主电路直流输出电压会缓慢上升。当 U_g 增加到一定值时，α 角应该等于 0°，此时所有的晶闸管全部完全导通，相当于六个二极管整流，输出直流电压应该在 300 V 左右。使用示波器观察主电路输出直流电压，应该是完整的波形，无缺相现象。

（3）开环系统调试

1）将电动机的电枢绕组接线拆下，与足够大容量的电阻性负载相连，进行电阻性负载的系统调试。

2）进行初始相位角的调整。将三块控制板安装好，并将调节板置于开环位置，给定电位器调至最小，依次接通控制电路、主电路和给定电路。调节给定电位器，使 $U_g=0$ V。调整触发板的 RP4 电位器，使 $U_d=0$ V。初始相位角调整结束。

3）调节给定电位器，逐渐加大给定电压至最大值，观察电压表的变化，输出的直流电压应为 0～300 V 连续可调。

4）将电动机的电枢绕组接到直流调速装置的直流电压输出端，通电调试，调节给定电位器，从最小开始增大，注意观察电动机的转速从 0 开始转动。增加电动机的负载，观察电动机的转速、输出电流和输出电压的变化。

5）将给定调到 0，断电，停机，开环直流系统调试完毕。

3. 单闭环直流调速系统的调试

在系统通电调试前，一定要仔细、全面地检查各部分的接线，确认无误后方可通电调试。

(1) 通电前的检查

1) 校对电源相序

用示波器校对主电源与同步变压器的相序是否正确。使用示波器时，要特别注意设备安全，应将电源接地端断开，但必须注意对地的绝缘，以防人身触电事故的发生。

2) 继电控制电路

接通电源，按规定顺序操作面板上的按钮，检查接触器、继电器的工作状态和工作顺序。

开、关机的操作顺序同开环直流调速系统调试中继电器控制电路的开、关机顺序一样。

(2) 单闭环系统运行前的检查和调试

在系统由开环形式转为单闭环形式前，应在开环系统的状态下，为单闭环系统运行做准备。在开环形式下，确保所有的反馈信号（如电压反馈信号、电流反馈信号）的极性正确，幅值足够并且连续可调，对系统中的一些反馈信号需要提前做一些调整，以保证系统在闭环调试的时候顺利进行，具体的有以下一些调整点需要注意：

1) 隔离板上 W1 电位器：U_{fu}，电压负反馈整定，对于电阻性负载，初始值 $U_{fu}=0$ V。

2) 调节板上 W3 电位器：$U_{fi}+$，电流截止负反馈整定，初始值 $U_{fi}+=0$ V。

3) 调节板上 W4 电位器：$U_{fi}-$，电流保护整定，初始值 $U_{fi}-=0$ V。

4) 调节板上 W5 电位器：电流保护整定，初始值为某一正电压，一般取 2.5 ~4 V。

5) 调节板上 W1 电位器：U_{kmax}，最小整流角限定，具体电路具体要求，一般先取 5 V。

6) 调节板上 W1 电位器：U_{kmin}，最小逆变角限定，具体电路具体要求，一般先取 -1 V。

7) 调节板上 W6 电位器：给定积分器积分时间整定，初始值为电位最大位置。

(3) 单闭环系统调试

1) 首先调整系统最小整流角

原则是当给定电压 U_g 达到最大值 U_{gmax} 时，调压柜的晶闸管触发角 α 不小于 0°，此时调压柜的输出直流电压达到最大值 U_{dmax}。调试时可以先将给定电位器调节到最大值，此时因为系统原来的 W1 已经被限定在 5 V 左右，所以输出直流电压是达不到最大输出值的，也就是晶闸管触发角 α 根本达不到 0°。所以需要调整调节板上 W1 电位器，使输出电压升高，直到输出电压达到最大输出电压值为止（对于本系统 $U_{dmax}=300$ V 左右）。

2) 调整系统的电压负反馈深度

原则是当给定电压 U_g 达到最大值 U_{gmax} 时，调压柜的输出直流电压达到负载需要的额定电压值 U_e。调试时可以先将给定电位器调节到最大值，此时因为系统没有电压负反馈作用，所以输出直流电压是最大输出值 U_{dmax}，而负载需要的电压值一般是低于这个电压值的。因此，需要调节电压隔离板上 W1 电位器，使输出电压降低，直到输出电压降低到负载需要的额定电压值为止（对于本系统 $U_e=220$ V）。

3) 调整系统的过流保护整定

原则是当调压柜的负载电流超过负载额定电流的一定倍数（对于本系统为额定电流的 1.5 倍，即 15 A）时，系统的过流保护电路动作，封锁晶闸管的触发脉冲，延时一段时间后切断调压柜主电路。调试时先将输出电压调节到最大输出电压值，然后缓慢增加负载，使调压柜的输出电流上升到 15 A，然后缓慢调整调节板上的 W4。当调节到某一个点时，系统输出电压突然降为 0 V，稍后过流指示灯亮，同时主电路接触器断开，即过流保护整定完成。

注意：过流保护整定需要在高电压下进行，同时调整时间要尽量短。

4）调整系统的电流截止负反馈值

原则是当调压柜的负载电流超过负载额定电流的一定倍数（对于本系统为额定电流的 1.2 倍，即 12 A）时，系统的电流截止负反馈电路起作用，形成挖土机特性。调试时先将输出电压调节到最大输出电压值，然后缓慢增加负载，使调压柜的输出电流上升到 12 A，然后缓慢调整调节板上的 W3。在开始调整时，输出电压应该保持不变，当调节到某一个点时，系统输出电压有所降低，说明此时电流截止负反馈电路中的稳压二极管已经被击穿，电流截止负反馈电路已经起作用，即电流截止负反馈整定完成。

注意：整定需要在高电压下进行，同时调整时间要尽量短。

5）调整系统的给定积分时间

方法是调整调节板上的 W6，然后突加给定，观察系统输出电压的上升情况，直到达到理想的电压上升速度。

二、晶闸管直流调速装置故障的检测与排除

1. 开环系统故障的检测与排除

（1）主电路和继电控制电路常见故障及原因分析（见表 3—2）

表 3—2　　主电路和继电控制电路常见故障及原因分析

序号	故障现象	故障点及原因分析	备注
1	KM1 不工作	U 相电压为零	测量方法： 用万用表电压挡测量 U 与 N 之间的电压是否为 220 V，若正常，则闭合 QS1，观察 KM2 的动作情况。测量 36[#]线与 N 之间的电压是否为 220 V，若正常则闭合 QS2，测量 105、107、106 线与 N 之间电压是否为 220 V
		KM2 未工作	
		U 相熔断器及外电路断开	
		QS2 无法闭合及接线断路	
		KI2 - 1 断开	
		KM2 常开触点未闭合	
		KM1 线圈或外接线断路	
2	KA 不动作	电源 U 相缺相	
		KM2 未工作	
		停止按钮 SB1 的常闭触点断开	
		启动按钮 SB2 无法闭合	
		KM1 或 KI1 常开触点无法闭合	
		KA 线圈或外部接线断开	
3	KA 不能自锁	KA 常开自锁触点不能闭合	
4	断开负载时，输出电压 $U_d=0$ V	断开负载时，电流 $I_d=0$ A，晶闸管不能导通；缺相保护启动	

（2）控制电路常见故障

1）电源板常见故障（见表3—3）

表3—3　　电源板常见故障及原因分析

序号	故障现象	故障原因分析	
		故障点	故障原因
1	输出电压低，指示灯亮度低	VD1 ~ VD12 任意一个二极管	LM7815 和 LM7915 的输入电压偏低；二极管已坏或断开
2	没有 +15 V 输出，其他正常	LM7815	LM7815 的输入或输出断开
3	+15 V 电压偏高，指示灯亮，带载能力差	VD13	VD13 反接
4	+15 V 电压偏高，指示灯不亮	LD	LD 反接
5	输出电压低，灯亮度低	+U、-U、+V、-V、+W、-W 中的一相	+U、-U、+V、-V、+W、-W 中的一相断开
6	没有 -15 V 输出，灯不亮	LM7915	LM7915 断开

2）触发板常见故障（见表3—4）

表3—4　　触发板常见故障及原因分析

序号	故障现象	故障原因分析	
		故障点	故障原因
1	没有相应的补脉冲出现，U_d 波形缺波头	VD13、VD15、VD7、VD9、VD1、VD3 中出现断开或极性装反	二极管损坏或装接工艺错误
2	VT5 不导通，U_d 电压低，为正常的 2/3 左右	VD18 断开或极性装反	二极管损坏或装接工艺错误
3	VT6 不导通，VD17 不导通，226 线无脉冲输出	R40 电阻阻值不符合要求	电阻选用错误，或者装接工艺不符合要求，出现虚焊现象
4	缺少某相脉冲，U_d 低	VD17、VD11、VD5 中出现断开或极性装反	二极管损坏或装接工艺错误
		U_{ta}、U_{tb}、U_{tc} 某相同步电压缺失	同步信号输入回路出现故障
		确定的某相脉冲通道故障	KC04 损坏，或者相应的电路通道故障
5	相序不正确，电压在小范围内可调，且波动	U_{ta}、U_{tb}、U_{tc} 同步输入相序错误	装接工艺错误

2. 单闭环系统故障的检测与排除

(1) 电压隔离板常见故障（见表3—5）

表3—5 电压隔离板常见故障及原因分析

序号	故障现象	故障原因分析	
		故障点	故障原因
1	振荡电路不工作，没有蜂鸣声	无+15 V电源	电源板故障
			+15 V电源电路断开或焊点脱焊
		VT1或VT2不工作	VT1或VT2损坏
			VT1或VT2的基极断开或焊点脱焊
			VD1或VD2击穿短路
2	有蜂鸣声，但没有反馈电压输出	VT1的9、10脚反接	将VT2接成了负反馈电路，振荡环节不能工作
		VT1的11、12脚反接	
		VT1的7、8脚反接	将VT1接成了负反馈电路，振荡环节不能工作
		VT1的5、6脚反接	
3	反馈电压低一半	VD5或VD6断开	整流电路只有一半工作，成为半波整流电路
		VT3或VT4不工作	调制电压只有半个方波
		VD4或VD7击穿	导致VT3或VT4不工作，调制电压只有半个方波
4	振荡电路正常，隔离电路不工作，没有反馈电压	44线，45线端无直流电压输入	44线或45线断开
			取样电路R107或R108断开
5	振荡电路正常，隔离电路正常，但没有反馈电压输出	VD5、VD6断开	VD5、VD6均烧坏或焊点脱焊
		RP1断开	RP1焊点脱焊

(2) 调节板常见故障（见表3—6）

表3—6 调节板常见故障及原因分析

序号	故障现象	故障原因分析	
		故障点	故障原因
1	单闭环调节系统中电动机始终振荡	减小C7、C8电容值	给定积分环节积分强度不足
		增大R19电阻值	放大器增益过大，导致系统不稳
		减小C9、C10电容值	积分先行放大器积分强度不足，导致静差过大
		机外干扰	防干扰差
		反馈环节出问题	无电压负反馈调节
2	$U_g=0$时仍有U_k值，$U_d>0$	反接VD9	正限幅的限幅电压接入电路，影响U_k值
3	U_k值偏低，U_d达不到最大值	减小R19电阻值	比例系数过小，导致U_k偏低
4	没有U_k输出	LM348损坏	给定积分环节、比例放大环节无效
5	电压较低时不能调节	减小R1电阻值	零速封锁电压过高

（3）保护电路常见故障（见表3—7）

表3—7　　保护电路常见故障及原因分析

序号	故障现象	故障原因分析	
		故障点	故障原因
1	通电即出现熔断器熔断	某相熔断器	熔断器规格选择不当
		系统或负载存在短路现象	电动机故障
			晶闸管出现击穿
			主回路存在短路现象
2	电源供电正常，但出现缺相保护	缺相耦合电容失效	存在严重漏电或击穿现象
		7、8、9线存在接触不良	装接工艺存在缺陷
3	电源供电正常，但输出电压不能上调到220 V，或超过即出现报警和跳闸现象	过流值整定不正确	RP3 调节不当
		截流值整定不正确	RP4 调节不当
		基准电压设置不当	RP5 调节不当
4	空载运行正常，电压可调，带负载即跳闸、报警	过流值整定不正确	RP4 调节不当
5	出现缺相，但没报警，也不能终止系统工作	R33、R34 断开	烧坏或焊点脱焊
		VD04 出现断路	VD04 损坏

（4）反馈电路常见故障（见表3—8）

表3—8　　反馈电路常见故障及原因分析

序号	故障现象	故障原因分析	
		故障点	故障原因
1	U_d值偏低	减小单闭环调节板 R22 或 R23 阻值；单闭环隔离板 RP1 反馈强度过大	电压负反馈强度过大
		VZ2 被击穿	电流截止负反馈参与调节
2	电流截止负反馈电路不能正常工作	电流截止负反馈取样电路整流管击穿	电路混入交流成分
		电流截止负反馈取样电路 41 线 ~43 线端口断开	41 线 ~43 线端口虚焊、漏焊或烧毁，无电流截止负反馈信号
		电流截止负反馈电路任意元件烧毁	电流截止负反馈电路断开，无电流截止负反馈信号
		电位器 RP3 反馈系数调节过小	无法击穿 VZ2
3	电动机转速不稳定	电压负反馈环节断路，电容器 C12 被击穿；隔离板出现问题	电压负反馈环节不起作用
4	没有 U_k输出	运放失效	LM348 损坏或虚焊、漏焊
		±15 V 电压不正常	LM348 无工作电压，无法正常工作
		电阻器 R10 断开	输出断开

(5) 系统其他常见故障(见表3—9)

表3—9　系统其他常见故障及原因

序号	故障现象	故障原因分析	
		故障点	故障原因
1	某相脉冲没有输出	KC04 损坏	根据 U_d 和 U_{v1} 波形，判断故障
2	相序不正确，电压在小范围内波动	U_{tu}、U_{tv}、U_{tw} 的顺序	改变 U_{tu}、U_{tv}、U_{tw} 的顺序
3	KM1 动作	U 相电压为零	
		KM2 未工作	
		U 相熔断器及外电路断开	
		QS2 无法闭合及接线断路	
		KI2－1 断开	
		KM2 常开触点无法闭合	
		KM1 线圈或外接线断路	
4	没有 U_k 输出	LM324 损坏	给定积分器、比例放大器均损坏 $U_k=0$ V
5	通电，保护电路工作	RP5 的 15 V 电源断开	比较电压过低

三、实训操作

1. 继电控制部分的检修训练

(1) 故障现象：KM1 不动作

故障原因：

1) U 相电压为零，此时 KM2 也不动作。

2) KM2 主触头没有闭合，及其接线开路。

3) U 相熔丝及其电路断开。

4) QS2 无法闭合及外部接线断路。

5) KI2－1 断路。

6) KM2 常开触点不能闭合。

7) KM1 线圈或外接线断路。

(2) 故障现象：KA 不动作

故障原因：

1) 电源缺相 U 到 33#。

2) KM2 主触头不能闭合，33#到 36#。

3) SB1 常闭按钮打开，36#到 110#。

4) SB2 启动按钮常开点无法闭合，110#到 111#。

5) KM1 常开联锁触点不能闭合，111#到 108#。

6) KA 线圈或外部接线断路。

2. 电源板、触发板、隔离板、调节板的检修方法

(1) 电源板的故障检修训练

1）故障现象：输出电压低，指示灯亮度低。

故障点：VD1 ~ VD12 任意一个二极管断开。

2）故障现象：没有 +15 V 输出，其他正常。

故障点：断开 LM7815 的输入或输出。

3）故障现象：+15 V 电压偏高，指示灯亮，带载能力差。

故障点：VD13 反接。

4）故障现象：+15 V 电压偏高，指示灯不亮。

故障点：LD 反接。

5）故障现象：没有 -15 V 输出，灯不亮。

故障点：LM7915 的输入或输出部分。

6）故障现象：输出电压低，灯亮度低。

故障点：+a、-a、+b、-b、+c、-c 中的一相断开。

(2) 隔离板的故障检修训练

1）故障现象：振荡电路不工作，没有蜂鸣声。

故障点：+15 V 断开。

2）故障现象：有蜂鸣声但没有反馈电压输出。

故障点：9、10 脚反接。

3）故障现象：反馈电压低（小于一半）。

故障点：VD5 或 VD6 断开。

4）故障现象：振荡电路正常，隔离电路正常，但没有反馈电压输出。

故障点：VD5 或 VD6 断开。

5）故障现象：没有反馈电压，隔离电路不工作。

故障点：44#或 45#断开。

(3) 触发板的故障检修训练

1）故障现象：没有相应的补脉冲出现，U_d 波形缺波头。

故障点：VD13、VD15、VD7、VD9、VD1、VD3 中的任意一个断开。

2）故障现象：U_{t5}不导通，U_d 电压低，为正常的 2/3 左右。

故障点：VD14 断开。

3）故障现象：U_d 为正常值的 2/3，波形缺波头，U_{t3}未导通。

故障点：VD8 反接或断开。

4）现象：U_d 波形缺波头，U_{t1}未导通。

故障点：VD2 反接或断开。

5）故障现象：没有相脉冲，U_d 低。

故障点：VD17、VD11、VD5 中的一个反接。

6）故障现象：对应的 KC04 不工作，没有该相的输出脉冲。

故障点：U_{ta}、U_{tb}、U_{tc}同步电压断开。

7）故障现象：相序不正确，电压在小范围内可调，且波动。

故障点：U_{ta}、U_{tb}、U_{tc}的顺序改变了。

8）故障现象：对应该相脉冲没有输出。

故障点：KC04 损坏。

（4）调节板故障检修训练

1）故障现象：开环正常，闭环 U_k 没有输出，$U_d=0$ V。

故障点：LM324 没有电压，无法正常工作。

2）故障现象：$U_g=0$ V 时仍有 U_k 值，$U_d>0$。

故障点：VD9 接反，正限幅的限幅电压接入电路，影响了 U_k 的值。

3）故障现象：U_k 值偏低，U_d 达不到最大值。

故障点：R19 的阻值减小，$K=R_{19}/R_{17}$，R19 减小，比例系数不够大导致 U_k 偏低。

4）故障现象：没有 U_k 输出。

故障点：LM324 损坏，给定积分器，比例放大器均损坏 $U_k=0$ V。

5）故障现象：接通电源，电路保护。

故障点：LM311 损坏，LM311 始终输出 +15 V，保护电路上电工作。

6）故障现象：电流较小时，电路保护。

故障点：R36 阻值减小，比例系数改变，电路状态改变。

7）故障现象：闭合电路，则保护电路工作。

故障点：W5 的 +15 V 电源断开，比较电压过低。

8）故障现象：接通电源，电路保护。

故障点：VD13 接反，VD13 上电产生脉冲，SCR 导通。

9）故障现象：上电延时电路保护。

故障点：VD12 反接。

10）故障现象：U_d 值偏低。

故障点：R23 阻值减小，电压反馈强度过大。

11）故障现象：电压在较低时不能调节。

故障点：R1 阻值减小，封锁电压过高。

课后练习

1. 直流电动机调速方式有几种？
2. 晶闸管—电动机调速系统分为哪几种？各有何特点？
3. 开环直流调速系统由哪几部分组成？
4. 简述开环直流调速系统的工作原理。
5. 开环直流调速系统存在哪些问题？
6. 转速负反馈单闭环直流调速系统由哪几部分组成？
7. 简述转速负反馈单闭环直流调速系统的工作原理。
8. 简述闭环控制系统和开环控制系统的性能差异。

9. 简述积分调节器和比列积分调节器的异同点。

10. 简述带电流截止负反馈的单闭环直流调速系统的特点。

11. 简述 VDSC—32 型直流调速柜的组成。

12. 简述直流调速装置中继电控制电路启动与停止的操作与顺序。

13. 直流调速柜引入了哪些反馈，各有何作用?

14. 直流调速柜中采用了哪些保护形式?

15. 整流变压器的作用是什么?

16. 直流调速柜调试的参考有哪些?

17. 给定积分器的作用是什么?

18. 续流二极管的作用是什么?

模块四 交流传动系统的装调与检修

交流传动系统主要是指交流调速中异步电动机的变频调速。变频调速是通过改变交流异步电动机的供电频率进行的。由于变频调速具有调速范围大、稳定性好、运行效率高等特点，特别是采用通用变频器对笼型异步电动机进行调速控制，使用方便，可靠性高，经济效益显著。所以，交流电动机变频调速技术的应用已经扩展到了工业生产的所有领域，并且在空调、电冰箱、洗衣机等家电产品中也得到了广泛应用。

课题1 交流变频调速原理及应用

1. 了解交流变频器的结构组成和工作原理。
2. 掌握交流变频器的接线方法和装调技术。

变频器是交流变频调速的核心，通用变频器的特点是其通用性。所谓“通用”，是指其能与通用的笼型异步电动机配套使用，能适用于各种不同性质的负载，并具有多种可供选择的功能。变频器不仅可以单台独立工作，也可以多台分别控制各自不同的被控对象，并可与计算机连接，进行相互通信，采用计算机对变频器网络的集中控制，形成连续生产线的调速控制系统。因此，现在的通用变频器在各行各业的应用越来越普及。

一、变频器的结构和组成

变频器是一种利用电力电子器件的通断作用，将工频交流电变换成频率、电压都连续可调的交流电的电能控制装置，如图4—1所示。按照变换环节有无直流，变频器可分为交—交变频器和交—直—交变频器。

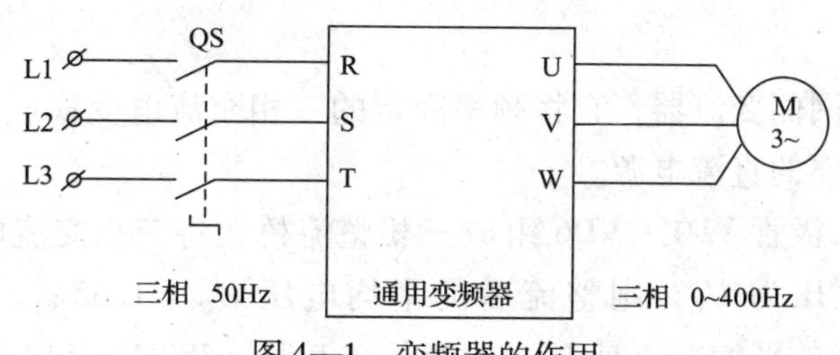

图4—1 变频器的作用

交—直—交变频器是先把工频交流电通过整流器变成直流电，然后再把直流电逆变成频率、电压都连续可调的交流电。由于把直流电逆变成交流电的环节比较容易控制，并且在电动机变频后的特性方面比其他方法具有明显的优势，所以，目前通用变频器的变换环节大多采用交—直—交变频变压方式。

通用变频器主要由主电路和控制电路组成，而主电路又包括整流电路、直流中间电路和逆变电路三部分，其基本构成框图如图 4—2 所示。

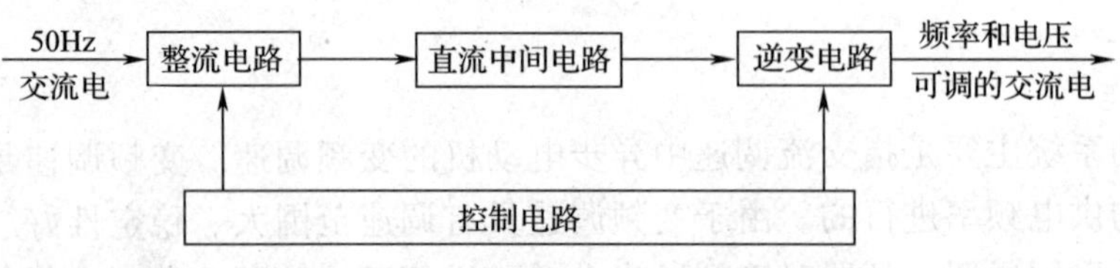

图 4—2　交—直—交变频器的基本构成

1. 变频器的主电路

交—直—交变频器的主电路如图 4—3 所示，可以分为整流电路、直流中间电路和逆变电路三个部分。

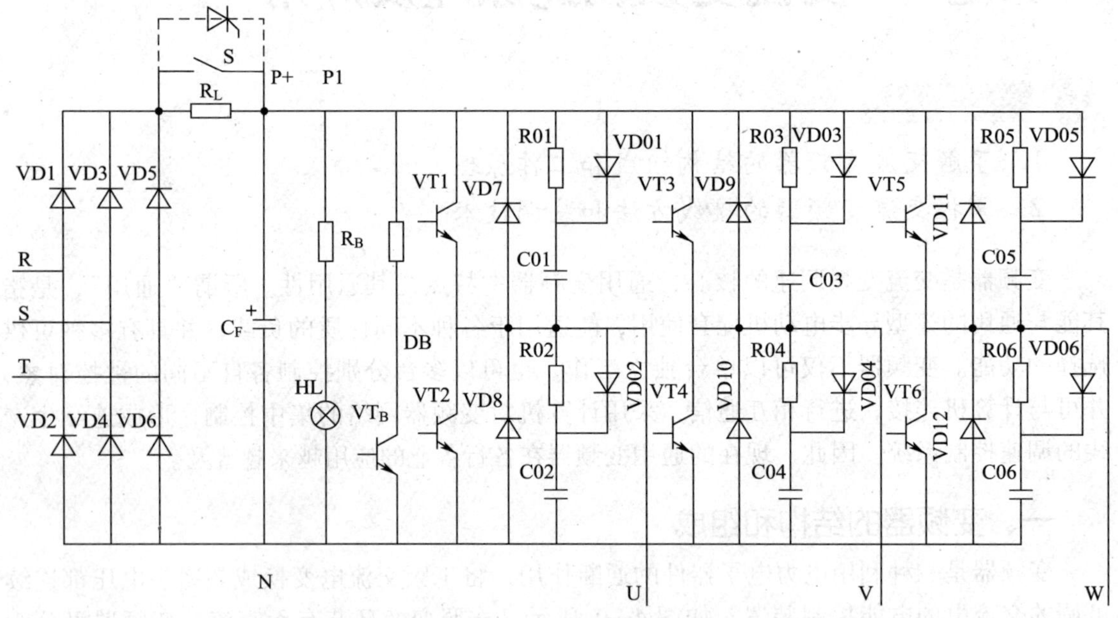

图 4—3　交—直—交变频器的主电路

（1）整流电路

整流电路又称电网侧变流器，它将频率固定的三相交流电变换成直流电，给逆变电路和控制电路提供所需要的直流电源。

在图 4—3 中，二极管 VD1 ~ VD6 组成三相整流桥，将三相交流电全波整流成脉动的直流电。若电源线电压为 U_L，则整流后的平均电压 $U_D = 1.35U_L$。三相电源线电压为 380 V，故全波整流后的平均电压是 $U_D = 1.35U_L = 1.35 \times 380\ V = 513\ V$。

整流桥也可以由晶闸管构成，与二极管构成的整流桥所不同的是，二极管构成的整流桥的输出电压的平均值 U_D是固定值，而由晶闸管构成的整流桥的输出电压的平均值 U_D是连续可调的。

（2）中间电路

由滤波电容 C_F、限流电阻 R_L与开关 S、电源指示灯 HL 组成的滤波电路与由制动电阻 R_B、制动三极管 VT_B组成的制动电路称为中间电路。

1）滤波电容 C_F

整流输出的是脉动电压，必须加以滤波。滤波电容 C_F的作用主要是滤除整流后的电压纹波，以保证逆变电路和控制电路能够得到高质量的直流电源。当整流电路是电压源时，滤波的主要器件是大容量的电解电容器；而当整流电路是电流源时，则滤波的主要器件是大容量的电感器。

2）限流电阻 R_L与开关 S

电路内串接限流电阻 R_L的作用是将电容器 C_F的充电冲击电流限制在允许的范围内，以保护整流桥。当 C_F充电到一定程度时，令开关 S 接通，将 R_L短路。在有些变频器里，S 由晶闸管代替。

3）电源指示灯 HL

HL 除了表示电源是否接通外，另外一个功能是变频器切断电源后，指示电容器 C_F上的电荷是否已经释放完毕。在维修变频器时，必须等 HL 完全熄灭后才能接触变频器的内部带电部分，以保证安全。

4）制动电路

能耗电路由制动电阻 R_B和制动三极管 V_B组成。电动机在工作频率下降过程中，转子转速大于同步转速，电动机将处于再生制动状态，拖动系统的动能要反馈到直流电路中，使直流电压 U_D不断上升，甚至可能达到危险的地步。因此，必须将再生到直流电路的能量消耗掉，使 U_D保持在允许范围内。图 4—3 中的制动电阻 R_B就是用来消耗这部分能量的。

（3）逆变器

逆变器又称负载侧变流器，是变频器最主要的部分之一。主要作用是在控制电路的控制下，将整流输出的直流电转换为频率和电压都可调的交流电。最常见的结构形式是由六个主开关器件组成的三相桥式逆变电路，有规律地控制主开关器件的通与断，得到任意频率的三相交流电输出。目前，常用的开关器件有门极可关断晶闸管（GTO）、电力晶体管（GTR 或 BJT）、功率场效应晶体管（P－MOSFET）以及绝缘栅双极型晶体管（IGBT）等。

1）三相逆变桥

图 4—3 中的三相逆变桥由电力晶体管 VT1～VT6 组成。通过电力晶体管 VT1～VT6，按一定规律轮流导通和截止，将直流电逆变成频率、幅值都可调的三相交流电。

2）续流二极管

与电力晶体管 VT1～VT6 反向并联的二极管 VD7～VD12 起续流作用，在换相过程中为电流提供通路。

由于电动机是一种感性负载，其电流具有无功分量，工作时其无功电流返回直流电源需要续流二极管 VD7～VD12 提供通路；降速时，电动机处于再生制动状态，VD7～VD12 为再生电流提供返回直流的通路；逆变时，VT1～VT6 进行快速高频率地交替切换，同一桥臂的两个逆变管交替地工作在导通和截止状态。在切换的过程中，也需要给线路的分布电感提供释放能量的通路。

3）缓冲电路

逆变器在关断和导通的瞬间，集电极和发射极间的电压迅速由近 0 V 上升到直流电压值，过高的电压增长率会导致逆变管损坏。缓冲电路由 R01～R06、VD01～VD06、C01～C06 构成。其作用就是减小电压增长率，保护逆变管 VT1～VT6 免遭损坏。

2. 变频器的控制电路

给异步电动机供电（电压、频率可调）的主电路提供控制信号的回路，称为控制电路。控制电路的主要任务是完成对逆变器开关元件的开关控制、对整流器的电压控制以及完成各种保护功能等。

通用变频器控制电路的控制框图如图 4—4 所示。主要由主控板、键盘与显示板、电源板与驱动板、外接控制电路等构成。

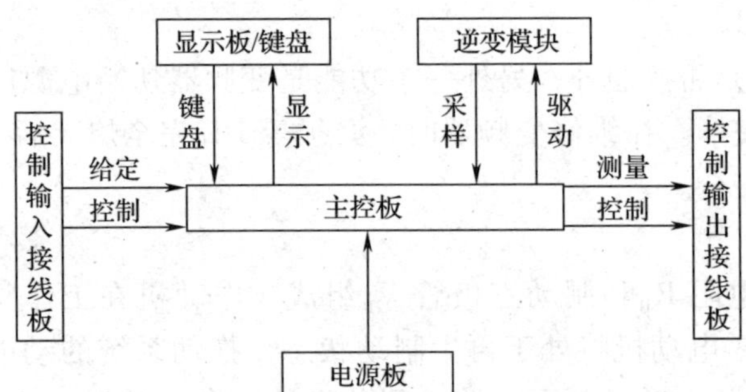

图 4—4　通用变频器的控制电路框图

（1）主控板

主控板是变频器的核心，是运行的控制中心。主控板的核心器件是微控制器（单片微机）或数字信号处理器（DSP），其主要功能如下。

1）接收并处理从键盘、外部控制电路输入的各种信号，如修改参数、正反转指令等。

2）接收并处理内部的各种采样信号，如主电路中电压与电流的采样信号、各部分温度的采样信号、各逆变管工作状态的采样信号等。

3）负责 SPWM 调制，将接收的各种信号进行判断和综合运算，产生相应的 SPWM 调制指令，分配给各逆变管的驱动电路。

4）发出保护指令，根据各种采样信号，随时判断工作是否正常，一旦发现有异常情况，立即发出保护指令进行保护或停机，并输出故障信号。

5）向显示板或显示屏发出各种显示信号。

（2）键盘与显示板

键盘与显示板总是组合在一起，以便操作人员与变频器实现人机对话。总的任务由操作人员按动键盘向主控板发出各种指令或信号，向变频器发出运行控制指令或修改运行数据等。显示板将主控板提供的各种数据进行显示，大部分变频器配置了液晶或数码管显示屏，还有RUN（运行）、STOP（停止）、FWD（正转）、REV（反转）、FLT（故障）等状态指示灯和单位指示灯，如Hz、A、V等。可以完成以下指示功能：

1）在运行监视模式下，显示各种运行数据，如频率、电压、电流等。

2）在参数模式下，显示功能码和数据码。

3）在故障状态下，显示故障原因代码。

(3) 电源板与驱动板

变频器的内部电源普遍使用开关稳压电源，电源板主要提供以下直流电源。

1）主控板电源。主控板以微机电路为主体，要求提供具有极好稳定性和抗干扰能力的一组直流电源。

2）驱动电源。逆变电路中，上桥臂的三只逆变管驱动电路的电源是相互隔离的三组独立电源，下桥臂的三只逆变管驱动电源则可共“地”。但驱动电源与主控板电源必须可靠的绝缘。

3）外控电源。外控电源主要是为外接电路提供稳定的直流电源。

驱动电路用于驱动各逆变管。中小功率变频器的驱动电路往往与电源电路在同一块电路板上，驱动电路接收主控板发来的SPWM调制信号，在进行光电隔离、放大后驱动逆变管的开关工作。

(4) 外接控制电路

外接控制电路可实现由电位器、主令电器、继电器及其他自控设备对变频器的运行控制，并输出其运行状态、故障报警、运行数据信号等。一般包括外部给定电路、外接输入控制电路、外接输出电路、报警输出电路等。

大多数中、小容量通用变频器中，外接控制电路往往与主控电路设计在同一电路板上，以减小其整机的体积，提高电路的可靠性，降低生产成本。

二、变频器的工作原理

根据三相交流异步电动机的转速公式 $n=\frac{60f_1}{p}(1-s)$ 可知，三相交流异步电动机的调速方法有三种：变频（f_1）调速、变极（p）调速、变转差率（s）调速。

1. 变极调速

电源频率不变的条件下，通过改变定子空间磁极对数的方式改变同步转速，从而达到调速的目的，变极调速属于有级调速。

三相交流异步电动机的变极调速是有级调速，通过改变磁极对数 p，可以得到2∶1调速、3∶2调速、4∶3调速及三速电动机等，调速的级数很少。

2. 变转差率调速

变转差率调速一般仅适用于绕线型异步电动机，具体实现调速的方法很多。例如：转子串电阻的串级调速、调压调速等。随着 s 的增大，电动机的机械特性变软，效率降低。

3. 变频调速

变频调速是在电动机转差率和磁极对数不变的前提下，通过改变电源的频率，实现电动机调速的方法，变频调速属于无级调速。

(1) *U/f* 控制

U/f 控制是在改变变频器输出电压频率的同时改变输出电压的幅值，以维持电动机的磁通基本恒定，从而在较宽的调速范围内，使电动机的效率、功率因数不下降。*U/f* 控制是目前通用变频器中广泛采用的基本控制方式。

三相交流异步电动机在工作过程中，铁芯磁通接近饱和状态，使得铁芯材料得到充分利用。在变频调速的过程中，当电动机电源的频率变化时，电动机的阻抗将随之变化，从而引起励磁电流的变化，使电动机出现励磁不足或励磁过强的情况。

在励磁不足时，电动机的输出转矩将降低；而励磁过强时，又会使铁芯中的磁通处于饱和状态，使电动机中流过很大的励磁电流，增加电动机的铁损耗，降低其效率和功率因数，并易使电动机温升过高，严重时将烧毁电动机。因此，在改变频率调速时，必须采取措施保持磁通恒定并为额定值。

1）在基频以下调速

基频一般为电动机的额定频率。当在基频 f_{1N} 以下调速时，必须降低 E 才能使 E/f_1 为常数，即采用电动势与频率之比为常数的控制方式进行调速。但在电动机的实际调速控制过程中，电动机感应电动势的检测和控制较困难。考虑到正常运行时电动机的电源电压 U 与感应电动势 E 近似相等，因此，只要控制电源电压 U 和频率 f，使 U/f 等于常数，即可使电动机的磁通基本保持不变。采用这种控制方式的变频器称为 U/f 控制变频器。

由于电动机实际电路中定子阻抗上存在压降，尤其是当频率较低时，感应电动势较低，定子阻抗上的压降不能忽略。采用 U/f 控制的调速系统在工作频率较低时，电动机的输出转矩将下降。为了改善低频时的转矩特性，可采用补偿电源电压的方法，即低频时人为地适当提高电源电压 U 来补偿定子阻抗上压降的影响，使气隙磁通基本保持不变。这种基频以下的恒磁通变频调速属于恒转矩调速。

2）在基频以上调速

在基频 f_{1N} 以上变频调速时，频率可以从电动机额定频率 f_{1N} 往上增高，但电压 U_1 却不能超过额定电压 U_{1N}，最多只能保持 $U_1 = U_{1N}$。这样必然会使气隙磁通随着 f_1 的上升而减弱，导致转矩减小。但由于转速升高了，可以认为输出功率基本不变。所以在基频以上的变频调速属于弱磁恒功率调速。

把基频以上调速和基频以下调速两种情况结合起来，可以得到如图 4—5 所示的异步电动机变频调速控制特性。

综上所述，对电动机供电的变频器一般要求兼有调压和调频功能，通常将这种变频器称为变频变压（VVVF）型变频器。如何实现变频又变压呢？这就是逆变器所要完成的任务。

(2) 逆变器的基本工作原理

将整流器输出的直流电转换为频率和电压都可调的交流电的过程称为逆变。完成逆变功能的装置，称为逆变器，它是变频器的重要组成部分。

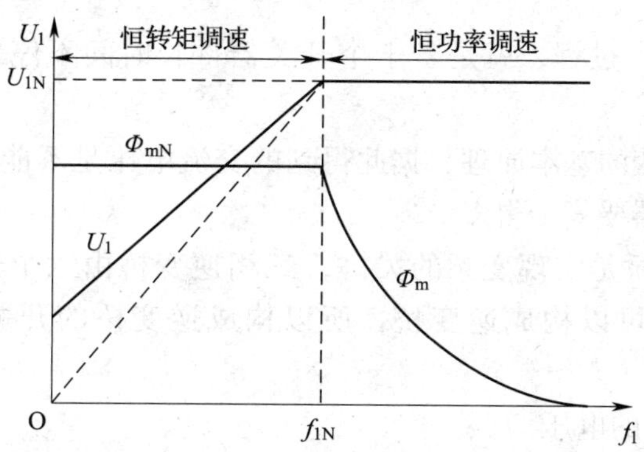

图 4—5　异步电动机变频调速控制特性

常用的变频器采用三相逆变电路，电路结构如图 4—6a 所示。三相之间互隔 $T/3$（T 为周期），即 V 相比 U 相滞后 $T/3$，W 相又比 V 相滞后 $T/3$。

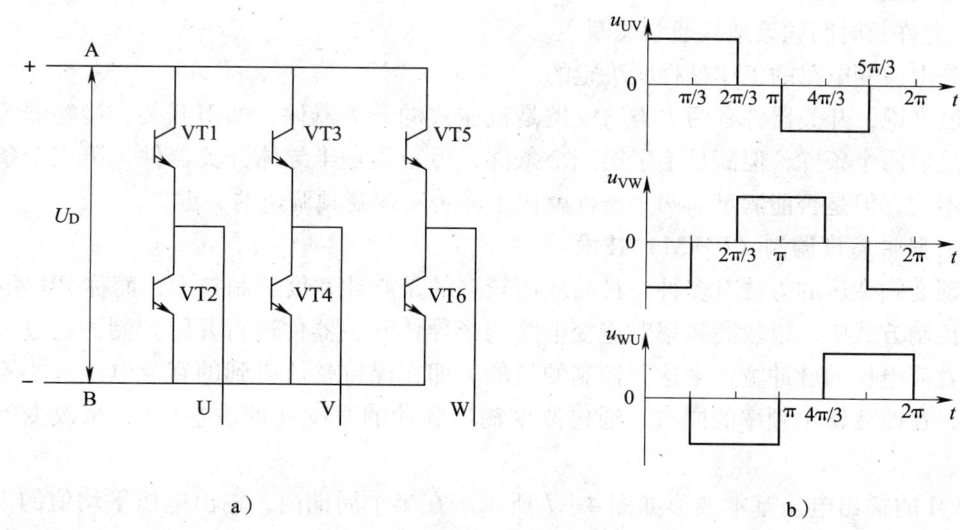

图 4—6　三相逆变电路
a）电路结构　b）输出电压波形

下面以 U、V 之间的电压为例，分析逆变电路的输出线电压。

1）在 $0 \sim T/3$ 时间内，VT1、VT4 同时导通，U 为“+”、V 为“-”，u_{UV} 为“+”，且 $U_m = U_D$。

2）在 $T/3 \sim T/2$ 时间内，VT2、VT4 均截止，$u_{UV} = 0$ V。

3）在 $T/2 \sim T5/6$ 时间内，VT2、VT3 同时导通，U 为“-”、V 为“+”，u_{UV} 为“-”，且 $U_m = U_D$。

4）在 $T5/6 \sim T$ 时间内，VT1、VT3 均截止，$u_{UV} = 0$ V。

根据以上分析，可以画出 U 相与 V 相之间的电压波形。同理可画出 V 相与 W 相之间、

W 相与 U 相之间的电压波形，如图 4—6b 所示。从图中可以看出，三相电压幅值相等，相位互差 120°。

总之，所谓“逆变”过程，就是若干个开关器件长时间不停地交替导通和关断的过程。

上面的讨论仅是逆变的基本原理，据此得到的交流电压是不能直接用于控制电动机运行的，实际应用的变频器要复杂得多。

由前述可知，逆变桥是实现变频的关键，三相逆变桥由六个开关器件构成。但是并不是所有的开关器件都可以构成逆变桥，所以构成逆变桥的开关器件必须满足以下要求。

1）能够承受足够高的电压

我国三相交流电的线电压是 380 V，经三相全波整流后的直流电压为 537 V。所以，开关器件能够承受的电压必须超过 537 V。

2）能够承受足够大的电流

电动机的额定功率可大至百到千千瓦，额定电流则高达数千安。因此，开关器件允许通过的电流至少应超过电动机电流的幅值。

3）允许长时间频繁地接通和关断

这是由逆变电路的工作过程所决定的。

一般来说，开关器件有两大类：一类是机械式的开关器件，如刀开关、接触器等，它们能满足前两个条件，但满足不了第三个条件。另一类是半导体开关器件，第三个条件对其影响不大，但是否能满足前两个条件就成了能否实现变频调速的关键。

(3) 脉冲宽度调制（PWM）技术

实现变频变压的方法有多种，目前应用较多的是脉冲宽度调制技术，简称 PWM 技术。在这种控制方式中，以较高频率对逆变电路的半导体开关器件进行开闭控制，通过改变整流得到直流电压的脉冲宽度来达到控制的目的。即在保持整流得到的直流电压大小不变的条件下，在改变输出频率的同时，通过改变输出脉冲的宽度（即占空比），来改变等效输出电压。

PWM 的输出电压基本波形如图 4—7 所示。在半个周期内，输出电压平均值的大小由半周期中输出脉冲的总宽度决定。在半周期中保持脉冲个数不变而改变脉冲宽度，可改变半周期内输出电压的平均值，从而改变输出电压的有效值。

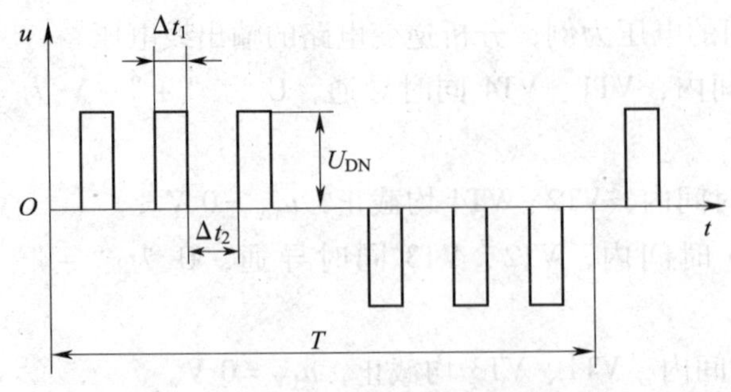

图 4—7　PWM 输出电压基本波形

PWM 输出电压的波形是非正弦波，用于驱动三相异步电动机运行时性能较差。如果脉冲宽度和占空比的大小按正弦规律分布，即使脉冲宽度先逐步增大，然后再逐渐减小，那么输出电压也会按正弦规律变化，这就是目前实际工程中应用最多的正弦脉宽调制（SPWM）。

就目前技术而言，还不能制造大功率、小体积、输出波形如同正弦波发生器产生的那样标准的可变频变压的逆变器。目前技术很容易实现的一种方法是：逆变器的输出波形是一系列等幅不等宽的矩形脉冲波，这些波形与正弦波等效，如图 4—8 所示。等效的原则是每一区间的面积相等。如果把一个正弦半波分成 n 等份（图中 $n=12$，实际 n 要大得多），然后把每一等份的正弦曲线与横轴所包围的面积都用一个与此面积相等的矩形脉冲来代替，脉冲幅值不变，宽度为 δ，各脉冲的中点与正弦波每一等份的中点重合。这样，有 n 个等幅不等宽的矩形脉冲组成的波形就与正弦波的正半周等效，称为 SPWM 波形。同样，正弦波的负半周也可以用同样的方法与一系列负脉冲等效。这种正、负半周分别用正、负半周等效的 SPWM 波形称为单极式 SPWM 波形。

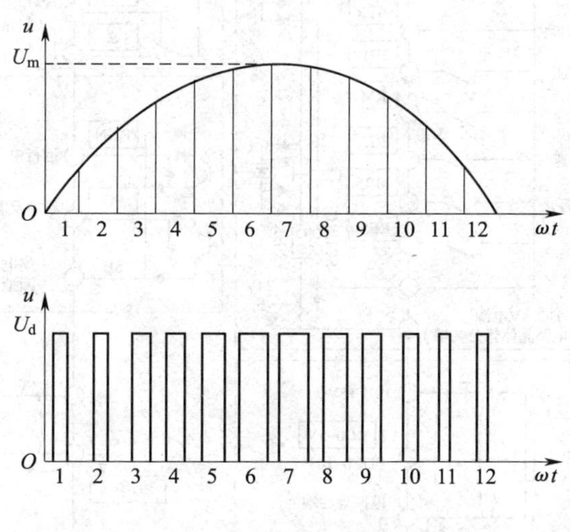

图 4—8 SPWM 的原理

虽然 SPWM 电压波形与正弦波相去甚远，但由于变频器的负载是电感性负载电动机，而流过电感的电流是不能突变的，当把调制频率为几千赫兹的 SPWM 电压波形加到电动机时，其电流波形就是比较好的正弦波了。

三、变频器的接线和使用

在使用变频器前，必须认真阅读产品说明书等有关资料，熟悉各输入、输出端子的名称、作用，接线时的注意事项以及变频器的操作方法。下面以三菱 FR－E700 系列变频器为例进行说明。

1. 变频器的接线

卸下变频器的表面盖板，露出接线端子。端子分两种，体积大的是主回路端子，体积小的是控制回路端子。图 4—9 所示为三菱 FR－E700 变频器的端子接线图。

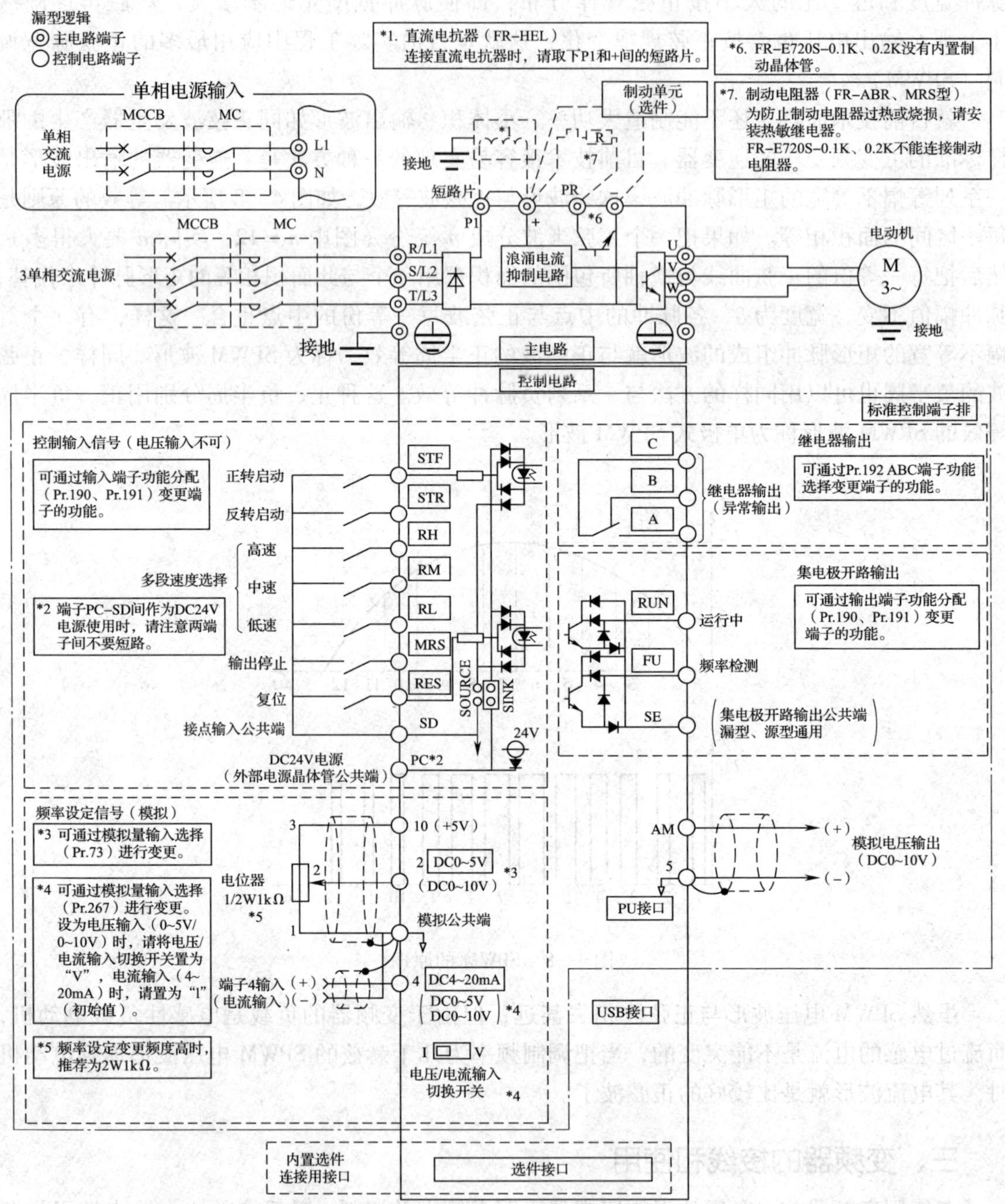

图4—9　三菱FR－E700变频器的端子接线图

（1）主回路接线及注意事项

1）主回路接线

主回路电源和电动机的连接如图4—10所示。电源必须接R、S、T，绝对不能接U、V、W，否则会损坏变频器。在接线时，不必考虑电源的相序。使用单相电源时必须接R、

N 端。电动机接到 U、V、W 端子上。当加入正转开关信号时，电动机旋转方向从轴向看时为逆时针方向。

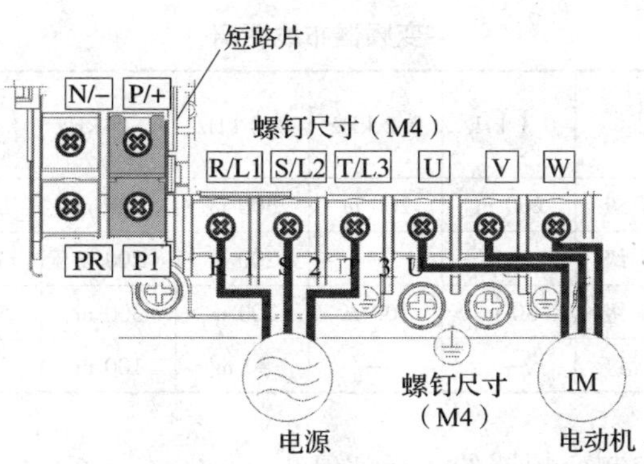

图 4—10　电源和电动机的连接

2）主回路接线端子介绍及注意事项

为方便读者接线，现将 FR－E700 变频器主电路中各端子的功能列入表 4—1 中。

表 4—1　　FR－E700 变频器主电路中各端子的功能

种类	端子记号	端子名称	端子功能
主电路	R/L1 S/L2 T/L3	交流电源输入	连接工频电源。当使用高功率因数变流器（FR－HC）及共直流母线变流器（FR－CV）时，不要连接任何东西。单相电源输入时，接端子 L1、N
	U、V、W	变频器输出	连接三相笼型电动机
	P/＋、PR	制动电阻器连接	在端子 P/＋和 PR 间连接选购的制动电阻器（FR－ABR、MRS 型）。(0.1 K、0.2 K 不能连接)
	P/＋、N/－	制动模块连接	连接制动模块（FR－BU2）、共直流母线变流器（FR－CV）以及高功率因数变流器（FR－HC）
	P/＋、P1	直流电抗器连接	拆下端子 P/＋和 P1 间的短路片，连接直流电抗器。不需连接时，两端子间短路
	⏚	接地	变频器机架接地用

在进行主电路接线时，还要注意以下几点。

①电源一定不能接到变频器输出端上（U、V、W），否则将损坏变频器。

②接线后，零碎线头必须清除干净。零碎线头可能造成设备运行时异常、失灵和故障，必须始终保持变频器清洁。在控制台上打孔时，注意不要使碎片、粉末等进入变频器中。

③为使电压下降在 2% 以内，要用适当型号的电线接线。

④布线距离最长为 500 m。对于长距离布线，由于布线寄生电容所产生的冲击电流可能会引起过电流保护误动作，输出侧连接的设备可能运行异常或发生故障。因此，最大布

线距离必须按表4—2所示的规定选取。(当变频器连接两台以上电动机时，总布线距离必须在要求范围以内。)

表4—2　　变频器布线距离

Pr. 72 PWM 频率选择设定值（载波频率）		0. 1 kHz	0. 2 kHz	0. 4 kHz	0. 75 kHz	1. 5 kHz	2. 2 kHz	3. 7 kHz 以上
1（1 kHz）以下	200 V 级	200 m	200 m	300 m	500 m	500 m	500 m	500 m
	400 V 级	—	—	200 m	200 m	300 m	500 m	500 m
2～15（2～14. 5 kHz）	200 V 级	30 m	100 m	200 m	300 m	500 m	500 m	500 m
	400 V 级	—	—	30 m	100 m	200 m	300 m	500 m

⑤不能用接触器来控制变频器的运行和停止。

⑥运行后，改变接线的操作，必须在电源切断10 min以上，用万用表检查电压后进行。断电后一段时间内，电容上仍然有危险的高压电。

(2) 控制回路接线及注意事项

控制电路端子分为接点输入、频率设定（模拟量输入）、继电器输出（异常输出）、集电极开路输出（状态检测）和模拟电压输出五个区域，各端子的功能可通过调整相关参数的值进行变更。在出厂初始值的情况下，控制电路输入信号接线端子和输出信号接线端子的功能说明见表4—3和表4—4。

表4—3　　FR－E700变频器控制电路中输入信号接线端子的功能

种类	端子记号	端子名称	端子功能
接点输入	STF	正转启动	STF 信号 ON 时为正转，OFF 时为停止指令。STF、STR 信号同时 ON 时变成停止指令
	STR	反转启动	STF 信号 ON 时为反转，OFF 时为停止指令
	RH、RM、RL	多段速度选择	用 RH、RM 和 RL 信号的组合可以选择多段速度
	MRS	输出停止	MRS 信号 ON（20 ms 以上）时，变频器输出停止 用电磁制动停止电动机时，用于断开变频器的输出
	RES	复位	用于解除保护回路动作时的报警输出。使 RES 信号处于 ON 状态 0. 1 s 或以上，然后断开 初始设定为始终可进行复位。但进行了 Pr. 75 的设定后，仅在变频器报警发生时可进行复位。复位所需时间约为 1 s
	SD	接点输入公共端（漏型）（初始设定）	接点输入端子（漏型逻辑）
		外部晶体管公共端（源型）	源型逻辑当连接晶体管输出（即集电极开路输出），例如 PLC 时，将晶体管输出用的外部电源公共端接到该端子时，可以防止因漏电引起的误动作
		DC24V 电源公共端	DC24V 0. 1 A 电源（端子 PC）的公共输出端子 与端子 5 及端子 SE 绝缘

续表

种类	端子记号	端子名称	端子功能
接点输入	PC	外部晶体管公共端（漏型）（初始设定）	漏型逻辑当连接晶体管输出（即集电极开路输出），例如 PLC 时，将晶体管输出用的外部电源公共端接到该端子时，可以防止因漏电引起的误动作
		接点输入公共端（源型）	接点输入端子（源型逻辑）的公共端子
		DC24V 电源	可作为 DC24V、0.1 A 的电源使用
频率设定	10	频率设定用电源	作为外接频率设定（速度设定）用电位器时的电源使用
	2	频率设定（电压）	如果输入 DC0～5 V（或0～10 V），在5 V（10 V）时为最大输出频率，输入与输出成正比。通过 Pr. 73 进行 DC0～5 V（初始设定）和 DC0～10 V 输入的切换操作
	4	频率设定（电流）	如果输入 DC4～20 mA（或0～5 V，0～10 V），在20 mA 时为最大输出频率，输入与输出成正比。只有 AU 信号为 ON 时，端子4 的输入信号才会有效（端子2 的输入将无效）。使用端子4（初始设定：电流输入），请将 Pr. 178～Pr. 184（输入端子功能选择）中的任意一项设定为“4”以分配功能，并将 AU 信号置于 ON。通过 Pr. 267 进行4～20 mA（初始设定）和 DC0～5 V、DC0～10 V 输入的切换操作。电压输入（0～5 V/0～10 V）时，需将电压/电流输入切换开关切换至“V”
	5	频率设定公共端	频率设定信号（端子2 或4）及端子 AM 的公共端子。不能接大地

表 4—4　FR－E700 变频器控制电路中输出信号接线端子的功能

种类	端子记号	端子名称	端子功能
继电器	A、B、C	继电器输出（异常输出）	指示变频器因保护功能动作时输出停止的1C 接点输出。 异常时：B－C 间不导通（A－C 间导通）；正常时：B－C 间导通（A－C 间不导通）
集电极开路	RUM	变频器正在运行	变频器输出频率为启动频率（初始值0.5 Hz）或启动频率以上时为低电平，正在停止或正在直流制动时为高电平
	FU	频率检测	输出频率为任意设定的检测频率以上时为低电平，未达到时为高电平
	SE	集电极开路输出公共端	端子 RUN、FU 的公共端子
模拟	AM	模拟电压输出	可以从多种监视项目中选一种作为输出。变频器复位中不被输出。输出信号与监视项目的大小成比例

输入信号出厂设定为漏型逻辑。在这种逻辑中，信号端子接通时，电流是从相应输入端子流出。

在进行控制电路接线时，还要注意以下几点。

①端子 SD、SE 和 5 是输入输出信号的公共端端子，它们是相互绝缘的，不能将这些公共端子轻易互相连接或接地。

②控制回路端子的接线应使用屏蔽线或双绞线，而且必须与主电路、强电回路（含 200 V 继电器程序电路）分开布线。

③由于控制电路的频率输入信号是微小电流，所以在接点输入的场合，为了防止接触不良，微小信号接点应使用两个并联的接点或使用双接点。

④控制电路建议用 0.75 mm^2 的电线，如使用 1.25 mm^2 或以上的电线，在布线太多和布线不恰当时，前盖将盖不上，导致操作面板或参数单元接触不良。

⑤不要向控制电路的接点输入端子（如：STF）输入电压。

2. 操作面板

要使用变频器，首先要熟悉其面板显示和键盘操作单元（或称控制单元），并能按照使用现场的要求合理设置参数。FR－E700 系列变频器的参数设置，通常利用固定在其上的操作面板来实现（变频器的操作面板不能从变频器上拆下），也可以使用连接到变频器 PU 接口的参数单元（FR－PU07）来实现。使用操作面板可以进行运行方式、频率的设定，运行指令监视，参数设定、错误表示等。

（1）操作面板的名称和功能

FR－E700 变频器操作面板的各部分名称如图 4—11 所示，其上半部分为面板显示器，下半部分为 M 旋钮和各种按键。其具体功能见表 4—5 和表 4—6。

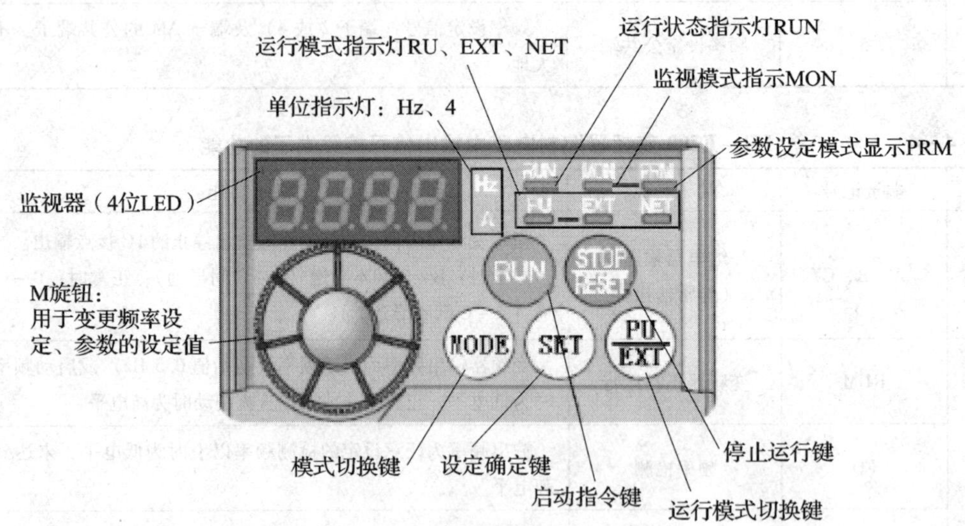

图 4—11　变频器操作面板及各部分名称

分别从表中可以看出，在变频器不同的运行模式下，各种按键、M 旋钮的功能各异。

（2）操作面板的使用

用 FR－E700 操作面板可以进行设定运行频率、改变监视模式、设定参数、显示错误等操作。

表 4—5　旋钮、按键功能

旋钮和按键	功　能
M 旋钮（三菱变频器旋钮）	用于变更频率设定、参数的设定值 按该旋钮可显示以下内容 • 监视模式时的设定频率 • 校正时的当前设定值 • 报警历史模式时的顺序
模式切换键 MODE	用于切换各设定模式 和 PU/EXT 键同时按下时，也可以用来切换运行模式 长按此键（2 s）可以锁定操作
设定确认键 SET	各设定的确认 此外，运行中若按此键，则监视器出现以下显示：运行频率→输出电流→输出电压→运行频率
运行模式切换键 PU/EXT	用于切换 PU/EXT 使用外部运行模式（通过另接的频率设定电位器和启动信号启动的运行）时请按此键，使表示运行模式的 EXT 处于亮灯状态 （切换至组合模式时，可同时按 MODE 键 0.5 s 或变更参数 Pr. 79） PU：PU 运行模式 EXT：外部运行模式 也可以解除 PU 停止
启动指令键 RUN	在 PU 模式下，按此键启动运行 通过 Pr. 40 的设定，可以选择旋转方向
停止运行键 STOP/RESET	在 PU 模式下，按此键停止运转 保护功能（严重故障）生效时，也可进行报警复位

表 4—6　运行状态显示

显示	功　能
运行模式显示	PU：PU 运行模式时亮灯 EXT：外部运行模式时亮灯 （初始设定状态下，在电源 ON 时亮） NET：网络运行模式时亮灯 PU、EXT：在外部/PU 组合运行模式 1、2 时灯亮 操作面板无指令权时，灯全部熄灭
监视器（4 位 LED）	显示频率、参数编号等。
监视数据单位显示	Hz：显示频率时亮灯（显示设定频率监视时闪烁） A：显示电流时亮灯 （显示上述以外的内容时，“Hz”、“A”一起熄灭）

续表

显示	功　能
运行状态显示	变频器动作中亮灯或者闪烁。其中： 亮灯——正转运行中 缓慢闪烁（1.4 s 循环）：——反转运行中 下列情况出现快速闪烁（0.2 s 循环）： • 按 RUN 键或输入启动指令都无法运行时 • 有启动指令、频率指令在启动频率以下时 • 输入了 MRS 信号时
参数设定模式显示	参数设定模式时亮灯
监视器显示	监视模式时亮灯

1）运行模式的切换

电源接通时，变频器是外部运行模式。通过 PU/EXT 键，可使变频器在 PU 模式、点动运行模式和外部运行模式间进行切换。即：

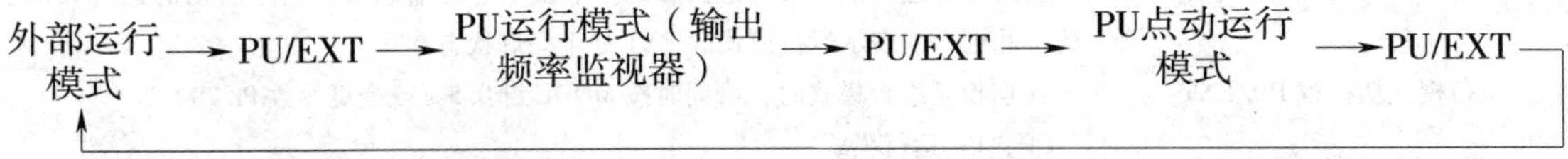

外部运行模式 → PU/EXT → PU运行模式（输出频率监视器） → PU/EXT → PU点动运行模式 → PU/EXT →（返回外部运行模式）

2）按 MODE 键改变工作模式

按键中，最重要的是 MODE 键，它可以改变显示模式。连续按动 MODE 键，显示器将循环顺序显示监视器、参数设定、报警履历三种模式。即：

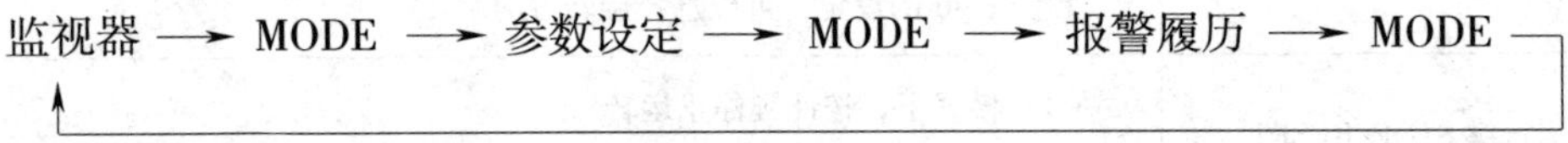

监视器 → MODE → 参数设定 → MODE → 报警履历 → MODE →（返回监视器）

3）频率设定模式

在 PU 运行模式下，旋转 M 旋钮至要设定的频率（如 50 Hz），进行频率数值的变更，所设频率闪烁时间约 5 s。在数值闪烁期间按下 SET 键设定频率，“F” 和 “50.00” 交替闪烁，表明频率设定写入完成。

4）监视器模式

监视器显示运转中的指令，EXT 指示灯亮表示外部操作模式；PU 指示灯亮表示 PU 操作模式；EXT 和 PU 指示灯都亮表示 PU 和外部操作组合模式。按 SET 键可以选择显示电动机的频率、电流和电压，即：

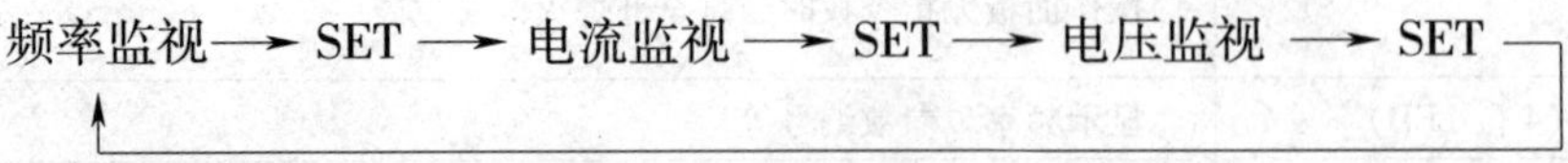

频率监视 → SET → 电流监视 → SET → 电压监视 → SET →（返回频率监视）

5）参数设定模式

①参数设定。

在操作变频器时，根据控制要求需要向变频器输入一些参数，如上限、下限频率，加减速时间等；另外还需要实现某种功能，例如采用组合操作方式等。设定参数值时用 M 旋钮进行数值的增减。参数 Pr. 79 =2 的设定方法如下：

参数设定模式 → [旋钮] → P. 79 → SET → 显示当前值 → [旋钮] → 2 → SET

按 MODE 键使变频器进入参数设定模式：旋动 M 旋钮，选择参数 Pr. 79，用 SET 键确定之；然后再旋动 M 旋钮，选择 2，并用 SET 键确定之。此时参数 P. 79 和设定值 2 闪烁，表明 Pr. 79 =2 设定完成。

以变更 Pr. 1 上限频率为例，说明参数设定值的变更。表 4—7 为变更 Pr. 1 上限频率的操作步骤。

表 4—7　　变更 Pr. 1 上限频率的操作步骤

操　作	显　示
1. 电源接通时显示的监视器画面	0.00 Hz MON EXT
2. 按 PU/EXT 键，进入 PU 运行模式	PU 显示灯亮 0.00 PU
3. 按 MODE 键，进入参数设定模式	PRM 显示灯亮 P. 0 PRM （显示以前读取的参数编号）
4. 旋转 [旋钮]，将参数编号设定为 P. 1（Pr. 1）	P. 1
5. 按 SET 键，读取当前的设定值。显示“120.0”[120.0 Hz（初始值）]	120.0 Hz
6. 旋转 [旋钮]，将值设定为“50.00”（50.00 Hz）	50.00 Hz
7. 按 SET 键设定	50.00 Hz ⇄ P. 1 闪烁……参数设定完成

②参数清除。

在参数设定模式下，还可进行参数的清除。在参数设定模式下，旋转 M 旋钮直至显示 Pr. CL，即可进行参数清除；旋转 M 旋钮直至显示 ALLC，即可进行参数全部清除；旋转 M 旋钮直至显示 Er. LC，即可进行报警履历清除；旋转 M 旋钮直至显示 Pr. CH，即为初始值变更清单。下面以参数清除操作为例进行说明，其他操作与之类似，不再一一讲述。

参数设定模式 → → Pr.CL → SET → 0 → → 1 → SET

6）报警履历

报警显示可显示过去八次的报警内容，最新一次的报警历史带有“.”符号。若无报警履历则显示 E 0。在报警显示时，每按一次 SET 键，报警显示将按照发生报警时的输出频率→输出电流→输出电压→通电时间的顺序切换显示。按下 M 旋钮将显示此报警在以往八次报警履历中的顺序。

3. 变频器的运行模式

所谓运行模式是指对输入到变频器的启动指令和设定频率命令来源的指定。一般来说，使用操作面板或参数单元输入启动指令、设定频率的是“PU 运行模式”；使用控制电路端子或利用外部开关、电位器将外部操作信号送到变频器，进行控制变频器的启停和运行频率操作的是“外部运行模式”；通过 PU 接口进行 RS－485 通信或使用通信选件的是“网络运行模式（NET 运行模式）”。

在进行变频器操作以前，必须了解其各种运行模式，才能进行各项操作。FR－E700 系列变频器通过改变参数 Pr. 79 的值来设定变频器的运行模式。在设定时，同时按住 MODE 键和 PU/EXT 键 0.5 s，变为“79—”，再旋转 M 旋钮，选择设定值，设定值范围为 0、1、2、3、4、6、7，这七种运行模式的内容见表 4—8。

表 4—8　　运行模式选择（Pr. 79）

设定值	内　容
0	外部/PU 切换模式，通过 PU/EXT 键可切换 PU 与外部运行模式 注意：接通电源时为外部运行模式
1	固定为 PU 运行模式
2	固定为外部运行模式，可以在外部、网络运行模式间切换运行
3	外部/PU 组合运行模式 1：用外部信号启动变频器，用操作面板、参数单元或外部输入信号（仅限多段速度设定）来设定频率
4	外部/PU 组合运行模式 2：通过操作面板按键启动变频器，用外部信号调节变频器的频率
5	程序运行模式：可以设定 10 个不同的启动时间、旋转方向和运行频率各三组
6	切换模式在保持运行状态的同时，进行 PU 运行、外部运行、网络运行的切换
7	外部运行模式（PU 运行互锁） X12 信号为 ON 时，可切换到 PU 运行模式（外部运行中输出停止） X12 信号为 OFF 时，禁止切换到 PU 运行模式

变频器出厂时，参数 Pr. 79 设定值为0。当停止运行时，用户可以根据实际需要修改其设定值。

（1）PU 运行模式

现以 50 Hz 运行为例加以说明，操作步骤见表 4—9。

表 4—9　　操作步骤

步骤	说　明
1	上电→确认运行状态 将电源置于 ON，确认操作模式中显示“PU” （没有显示时，按 PU/EXT 键，进入 PU 运行模式，PU 指示灯亮。）
2	运行频率设定 首先，旋转 M 旋钮，直至显示要设定的频率“50.00”。闪烁约 5 s 在数值闪烁期间按 SET 键，设定频率。“F” 和 “50.00” 交替闪烁 闪烁约 3 s 后显示将返回“0.00”（监视显示） （若不按 SET 键，数值闪烁约 5 s 后显示将变为“0.00”（0.00 Hz）。此时，需再次旋转 M 旋钮以设定频率。）
3	启动→加速→恒速 按 RUN 键运行 频率值随 Pr. 7 的加速时间而增大，显示为“50.00”（50.00 Hz）
4	减速→停止 按 STOP/RESET 键停止 频率值随 Pr. 8 的减速时间而减小，显示为“0.00”（0.00 Hz），电动机停止运行

PU 点动运行仅在按下 RUN 键的期间内运行，松开后则停止。

1）设定参数 Pr. 15“点动频率”和 Pr. 16“点动频率加/减速时间”的值。

2）设定 PU 点动运行。

3）按着 RUN 键，电动机运行。

若电动机不转，需要查看 Pr. 13“启动频率”。在点动频率的设定值比启动频率值低时，电动机则不转。

如果希望接通电源时总是为 PU 运行模式，则需要将 Pr. 79 运行模式设定为“1”，表示固定为 PU 运行模式。

（2）外部运行模式

如图 4—12 所示是开关控制变频器运行接线图，现以 50 Hz 运行（将操作模式 Pr. 79 设为 2）为例加以说明，操作步骤见表 4—10。

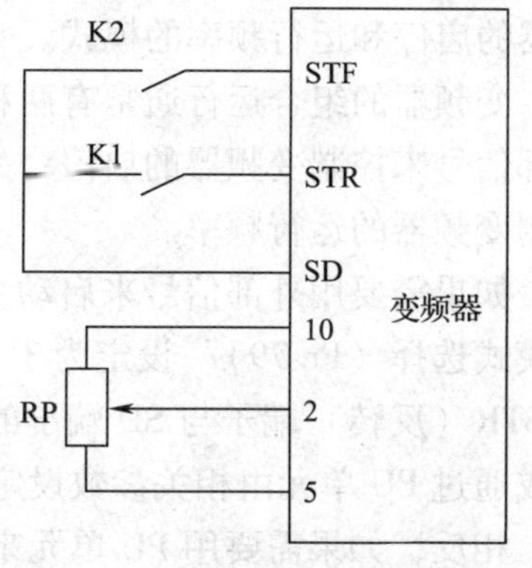

图 4—12　开关控制变频器运行接线图

表 4—10　　　　　　　　　　　　　　　　**操作步骤**

步骤	说　明
1	上电→确认运行状态 将电源置于 ON，确认操作模式中显示“EXT” （没有显示时，按 PU/EXT 键，进入 EXT 运行模式，EXT 指示灯亮。）
2	启动 将启动开关（STF 或 STR）置于 ON 无频率指令时，RUN 指示灯快速闪烁
3	加速→恒速 顺时针缓慢旋转电位器（频率设定电位器）到底 显示的频率数值逐渐增大，显示为 50.00 Hz RUN 指示灯在正转时亮灯，反转时缓慢闪烁
4	减速 逆时针缓慢旋转电位器（频率设定电位器）到底 显示的频率数值逐渐减小到 0.00 Hz，电动机停止运行 RUN 指示灯快速闪烁
5	停止 断开启动开关（STF 或 STR） RUN 指示灯为熄灭状态

当合上 K2、转动电位器 RP 时，电动机可正向加减速运行；当断开 K2 时，电动机即停止运行。当合上 K1、转动电位器 RP 时，电动机可反向加减速运行；当断开 K1 时，电动机即停止运行。当 K1、K2 同时合上时，电动机即停止运行。

当选择了外部运行模式时，如果按 RUN 键，变频器将不会启动。当变频器正在外部运行模式时，如果按 STOP/RESET 键，则变频器将停止运行并出现错误报警而不能启动，此时必须对其进行复位（停电复位或 RES 端子输入复位）。

（3）组合运行模式

变频器的组合运行模式就是通过 PU 单元和外部控制端子上的输入信号来共同控制变频器的启停和运行频率的模式。

变频器的组合运行通常有两种方式，一种是用 PU 单元来控制变频器的运行频率，用外部信号来控制变频器的启停；另一种是用 PU 单元来控制变频器的启停，用外部信号来控制变频器的运行频率。

如果需要用外部信号来启动变频器，而运行频率用 PU 单元来调节时，则必须将“操作模式选择（Pr. 79）”设定为 3（即 Pr. 79 = 3）。此时，变频器的启/停就由 STF（正转）或 STR（反转）端子与 SD 端子的合/断来控制，变频器的运行频率就通过 PU 单元直接设定或通过 PU 单元由相关参数设定。

相反，如果需要用 PU 单元来启动变频器，用外部信号调节变频器的运行频率时，则必须将“操作模式选择（Pr. 79）”设定为 4（即 Pr. 79 = 4）。此时，变频器的启/停就由

PU单元的RUN键和STOP/RESET键来控制，变频器的运行频率就通过外部端子2、5（电压信号）或4、5（电流信号）的输入信号来控制。如果外部输入信号是电压信号，则其必须加到端子2（正极）、5（负极）上；如果外部输入信号为电流信号，则其必须加到端子4（输入）、5（输出）上，且必须短接AU（电流输入选择）与SD端子。

四、实训操作

1. 变频器的面板操作与运行

（1）工具、仪表及器材

工具：电工常用工具；仪表：万用表等；器材：变频器实训装置、三相电动机、连接导线。

（2）实训步骤

1）按图4—10连接变频器的主电路，检查电路正确无误后，合上电源开关QS。

2）按MODE键，在“参数设定模式”下，设定Pr. 79 =1，这时，“PU”灯亮。

3）执行“全部清除”操作，再设定Pr. 79 =1。

4）设定频率F =40 Hz。旋转M旋钮，直至显示“40. 00”，数值闪烁，在数值闪烁期间按SET键设定频率。

5）按RUN键，电动机运转，监视各输出量；按STOP键，电动机停止。

6）按MODE键，在“参数设定模式”下，设定变频器的有关参数为：

Pr. 1 =50 Hz　Pr. 2 =0 Hz　Pr. 3 =50 Hz　Pr. 7 =3 s　Pr. 8 =4 s　Pr. 9 =1 A

7）在“频率设定模式”下，分别设变频器的运行频率为35 Hz、45 Hz、50 Hz，运行变频器，观察电动机的运行情况。

8）单独改变上述一个参数，观察电动机的运行情况有何不同。

（3）注意事项

1）实训时，穿戴齐劳动防护用品。

2）进行线路安装前，准备并检查所带工具和仪表，使用工具和仪表必须按照操作规定进行操作。

3）电源及电动机接线的压接端子要使用带绝缘管套的端子。

4）电源不能接到变频器的输出端子（U、V、W）上，否则将损坏变频器。

5）运行后，改变接线的操作，必须在电源切断10 min以上，用万用表检查电压后进行。

2. 变频器的外部运行操作

（1）工具、仪表及器材

工具：电工常用工具；仪表：万用表等；器材：变频器实训装置、按钮开关板、三相电动机、电位器（2 W/1 kΩ）、连接导线。

（2）实训步骤

1）按图4—10连接变频器的主电路，检查电路正确无误后，合上电源开关QS。

2）执行“全部清除”操作，再设定Pr. 79 =1，并设定好相关参数。

3）设定Pr. 79 =2，用外部信号来控制变频器的运行，并按图4—12连接好电路。

4）连续正转。合上开关K2，电动机正向运行；调节RP，电动机转速发生改变；断开

K2，电动机即停止。

5）连续反转。合上开关 K1，电动机反向运行；调节 RP，电动机转速发生改变；断开 K1，电动机即停止。

（3）注意事项

当选择了外部运行模式时，如果按 RUN 键，变频器将不会启动。当变频器正在外部运行模式时，如果按 STOP 键，则变频器停止运行并出现错误警报而不能启动，此时必须对其进行复位（停电复位或 RES 端子输入复位）。

3. 变频器的组合操作

（1）工具、仪表及器材

同“变频器的外部运行操作”一样。

（2）实训步骤

1）按图 4—10 连接变频器的主电路，检查电路正确无误后，合上电源开关 QS。

2）设定 Pr. 79 =1，变频器的运行频率设为 50 Hz，然后再设定好其他相关参数。

3）用 PU 单元来控制变频器的运行频率，用外部信号来控制变频器的启停。设定 Pr. 79 =3，并按图 4—12 连接好电路。

4）50 Hz 连续正转。合上 K2，电动机正向运行，调节 RP，电动机转速不改变；若按 STOP 键，电动机停止并报警；若断开 K2，电动机即停止。

5）50 Hz 连续反转。合上 K1，电动机反向运行，调节 RP，电动机转速不改变；若按 STOP 键，电动机停止并报警；若断开 K1，电动机即停止。

6）在频率设定模式下设定变频器的运行频率（40 Hz），然后再重复以上两步，观察电动机的运行情况。

7）用外部信号来控制变频器的运行频率，用 PU 单元来控制变频器的启停。在参数设定模式下设定 Pr. 73 =1（设端子 2、5 间的输入电压为 0 ~ 5 V，变频器的输出频率为 0 ~ 50 Hz），然后设定 Pr. 79 =4。

8）连续正转。合上 K1 或 K2，电动机不运转；设 Pr. 40 =0，按 RUN 键，电动机连续正转，调节 RP，电动机转速改变；按 STOP 键，电动机停转。

9）连续反转。合上 K1 或 K2，电动机不运转；设 Pr. 40 =1，按 RUN 键，电动机连续反转，调节 RP，电动机转速改变；按 STOP 键，电动机停转。

课题 2　交流变频调速系统装调与检修

学习目标

1. 掌握交流变频器控制电动机的方法和装调技术。
2. 掌握交流变频器控制电动机工变频变换的控制方法和装调技术。

课题 1 中分析的变频器控制电路都是在其逻辑输入端子上接开关进行控制的，这种开关不能自动复位。因此，在系统突然停电后重新送电时，有的变频器会重新启动，这样很不安全，另外该电路不能组成较复杂的自动控制线路。所以，大多数的变频调速控制线路不用按钮、开关控制变频器，而是用低压电器、PLC 或 PLC 加低压电器控制变频器。

用低压电器控制变频器，就是在其逻辑输入端子上接中间继电器的触点或交流接触器的触点，也可以接其他低压电器的触点。比较简单的控制电路常用这种方法。

直接用 PLC 控制变频器，就是把 PLC 的输出端子直接接在变频器的逻辑输入端子上。这种方法线路简单，控制方便，但占用 PLC 较多的输出端子。在变频器数量较少，且 PLC 输出点数够用时，可以采用这种方法。

直接用 PLC 控制变频器时，PLC 的逻辑输出端子除了接变频器的逻辑输入端子外，还可能接信号灯及其他电器。由于它们的额定电压可能各不相同，但是 PLC 的多个输出有一个公用端，因此要特别注意不能造成电源短路或者电源错接。

PLC 加低压电器控制变频器，是用 PLC 控制中间继电器或交流接触器的线圈，再用中间继电器或交流接触器的触点来控制变频器。多数控制线路采用这种控制方式。

本课题中分析用低压电器控制变频器调速的方法。

一、变频器对电动机的正反转控制

很多变频器控制电动机的正反转调速电路，通常都是利用交流接触器或中间继电器来实现其正转、反转、停止，以及对外接信号控制的。其优点是动作可靠、线路简单、企业电工人员都能掌握。用低压电器控制变频器对电动机的正反转控制原理如图 4—13 所示。

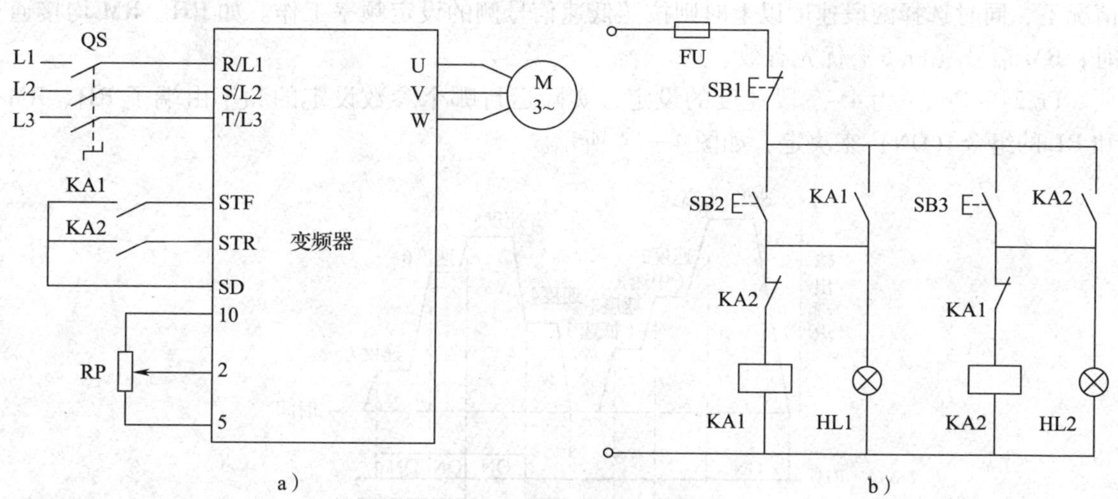

图 4—13　变频器对电动机的正反转控制线路

a）变频器　b）控制线路

合上开关 QS，完成变频器相关参数的设置。

控制线路的工作过程为：按下正转启动按钮 SB2，中间继电器 KA1 线圈得电，KA1 常开触点闭合自锁；与变频器 STF 接口连接的 KA1 常开触点闭合，变频器正转运行，电动机正转；KA1 常闭触点断开互锁，防止 KA2 意外吸合；信号灯 HL1 亮，做正转指示；按下停止按钮 SB1，中间继电器 KA1 线圈失电，KA1 所有触点复位，变频器停止运行。

按下反转启动按钮 SB3，中间继电器 KA2 线圈得电，KA2 常开触点闭合自锁；与变频器 STR 接口连接的 KA2 常开触点闭合，变频器反转运行，电动机反转；KA2 常闭触点断开互锁，防止 KA1 意外吸合；信号灯 HL2 亮，做反转指示；按下停止按钮 SB1，中间继电器 KA2 线圈失电，KA2 所有触点复位，变频器停止运行。

二、变频器对电动机的多段速度控制

1. 变频器的多段速度控制

多段调速是变频器的一种特殊的组合运行方式，其运行频率由变频器的参数来设置，然后通过变频器的外部端子来选择执行相关参数所设定的运行频率。多段速度控制只在外部运行模式或组合运行模式（Pr. 79 =3，4）中有效。

（1）七段速度的设定

RH、RM、RL 是变频器的多段速度选择端子，通过通断 RH、RM 和 RL 可以选择各种速度，一共可以组合成 7 种速度。这七种速度的频率分别可以在变频器的 Pr. 4、Pr. 5、Pr. 6、Pr. 24、Pr. 25、Pr. 26、Pr. 27 这七个参数中进行设定。

Pr. 4、Pr. 5、Pr. 6 是三段速度设定参数，分别表示高速、中速和低速，其初始值分别为 50 Hz、30 Hz 和 10 Hz。变频器实际运行哪个参数设定的频率，由其外部控制端子 RH、RM 和 RL 的通断状态来决定。RH 接通时，电动机以 Pr. 4 的速率进行运转。RM 接通时，电动机以 Pr. 5 的速率进行运转。RL 接通时，电动机以 Pr. 6 的速率进行运转。在初始设定情况下，同时选择两段速度以上时则按照低速信号侧的设定频率工作。如 RH、RM 均接通时，RM 信号（Pr. 5）优先有效。

Pr. 24 ~ Pr. 27 为 4 ~ 7 段速度的设定，实际运行哪个参数设定的频率由端子 RH、RM 和 RL 的组合（ON）来决定，如图 4—14 所示。

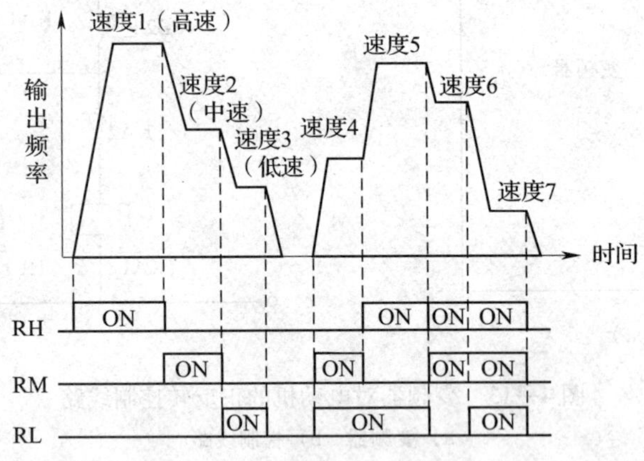

图 4—14　七段速度对应的端子

例如，设置下列各段速度参数：

Pr. 4 =45 Hz 一段，Pr. 5 = 40 Hz 二段，Pr. 6 = 35 Hz 三段，Pr. 24 = 30 Hz 四段，Pr. 25 =25 Hz 五段，Pr. 26 =20 Hz 六段，Pr. 27 =15 Hz 七段。Pr. 7 = 加速时间，Pr. 8 = 减速时间，Pr. 9 = 过流保护（电动机额定电流），Pr. 79 =3。

按如图4—15所示接线，合上S1、S2，电动机则按速度1（45 Hz）运转；合上S1、S2、S3，电动机则按速度6（20 Hz）运转等。通过PU面板可以看到频率的变化，运转速度段对应接点及参数见表4—11。

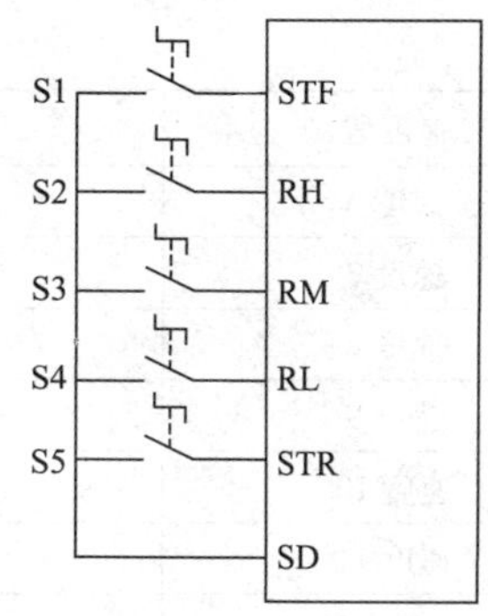

图4—15　七段速度运行接线图

（2）十五段速度的设定

通过REX信号和RH、RM、RL组合，可以增加控制八段速度，从而实现十五段速度的设定。新增八段速度的频率可以在变频器参数Pr. 232 ~ Pr. 239中进行设定。

表4—11　运转速度对应接点及参数表

速度段	频率/Hz	接点（ON）	参数号
速度1	45	RH	Pr. 4
速度2	40	RM	Pr. 5
速度3	35	RL	Pr. 6
速度4	30	RM、RL	Pr. 24
速度5	25	RH、RL	Pr. 25
速度6	20	RH、RM	Pr. 26
速度7	15	RH、RM、RL	Pr. 27

其中，REX在FR—E700系列变频器的控制端子中并不存在，但根据三菱多功能端子的选择方法可以用Pr. 178 ~ Pr. 184来定义某控制端子为REX端子。将Pr. 178 ~ Pr. 184中某一个参数设为8来将其作为REX输入信号。

接线如图4—16所示。

例如，设Pr. 184 =8，并设Pr. 4 ~ Pr. 6、Pr. 24 ~ Pr. 27、Pr. 232 ~ Pr. 239的参数分别为5 Hz、8 Hz、10 Hz、15 Hz、18 Hz、20 Hz、25 Hz、28 Hz、30 Hz、35 Hz、38 Hz、40 Hz、45 Hz、48 Hz、50 Hz，合上相应开关，则电动机即可按相应的速度运行。运行速度段对应接点及参数见表4—12。

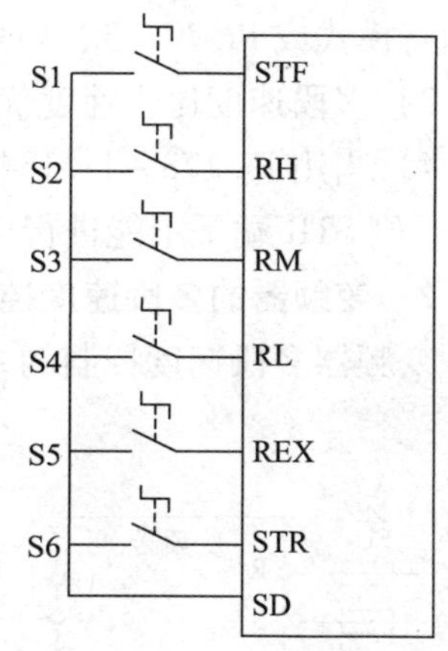

图4—16　十五段速度运行接线图

表4—12　运转速度段对应接点及参数表

速度段	频率/Hz	接点（ON）	参数
速度1	5	RH	Pr. 4
速度2	8	RM	Pr. 5
速度3	10	RL	Pr. 6
速度4	15	RM、RL	Pr. 24
速度5	18	RH、RL	Pr. 25

续表

速度段	频率/Hz	接点（ON）	参数
速度 6	20	RH、RM	Pr. 26
速度 7	25	RH、RM、RL	Pr. 27
速度 8	28	REX	Pr. 184、P. 232
速度 9	30	REX、RL	Pr. 184、P. 233
速度 10	35	REX、RM	Pr. 184、P. 234
速度 11	38	REX、RM、RL	Pr. 184、P. 235
速度 12	40	REX、RH	Pr. 184、P. 236
速度 13	45	REX、RH、RL	Pr. 184、P. 237
速度 14	48	REX、RH、RM	Pr. 184、P. 238
速度 15	50	REX、RH、RM、RL	Pr. 184、P. 239

（3）两段速度运行

有时候经常用到两段速度的情况，如电梯运行和检修时要用到两段速度，洗衣机的脱水和洗衣旋转也要用到两段速度。两段速度可以用基准速度（Pr. 1 =50 上限速度）和 RH、RM 或 RL 任意接点组成。

在设定变频器多段速度时，需要注意以下几点。

1）每个参数均能在 0 ~ 400 Hz 范围内被设定，且在运行期间参数值可以修改。

2）在变频器运行或外部运行模式时，都可以进行多段速度参数的设定。但只有在外部运行模式或 Pr. 79 =3、4 时，才能运行多段速度，否则不能。

3）多段速度比主速度优先，但各参数之间的设定没有优先级。

4）当用 Pr. 178 ~ Pr. 184 改变端子功能时，其运行状态将发生改变。如设 Pr. 179 的值为 8，则 STR 端子不能进行反转启动。

2. 变频器的多段速度控制线路

变频器多段速度控制的主电路和控制电路如图 4—17 所示。

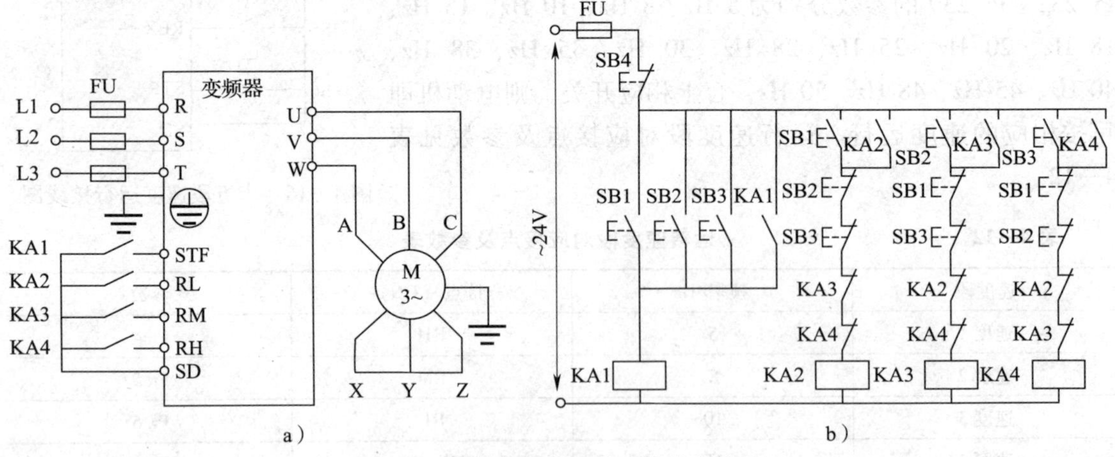

图 4—17　变频器的三段速度控制线路

a）变频器主电路　b）控制电路

工作过程为：合上开关，完成变频器相关参数的设置。按下按钮 SB1、SB2、SB3 中任意一个，变频器对应输出的频率分别为 50 Hz、30 Hz、10 Hz。按下按钮 SB4，变频器停止运行，电动机停转。

三、变频器对电动机的变频、工频切换控制

为减少电动机启动电流对电网的冲击和摆脱电网容量对电动机启动的制约，采用一种变频器启动的方法，该方法将其频率升到 50 Hz 后切换至工频，然后再去启动其他电动机。虽然这种切换思想备受争议，但却在一些场合得到了一定的应用，如一拖多的供水控制系统、拉丝机系统、钻机系统等。

在变频器拖动系统中，有些系统要求在使用中不能出现停止。一旦变频器出现故障，就要手动或自动切换到工频运行。即使变频器正常工作，有些系统也要求工频运行与变频运行相互切换。

1. 变频与工频相互切换的控制原理

变频与工频相互切换的控制原理如图 4—18 所示。

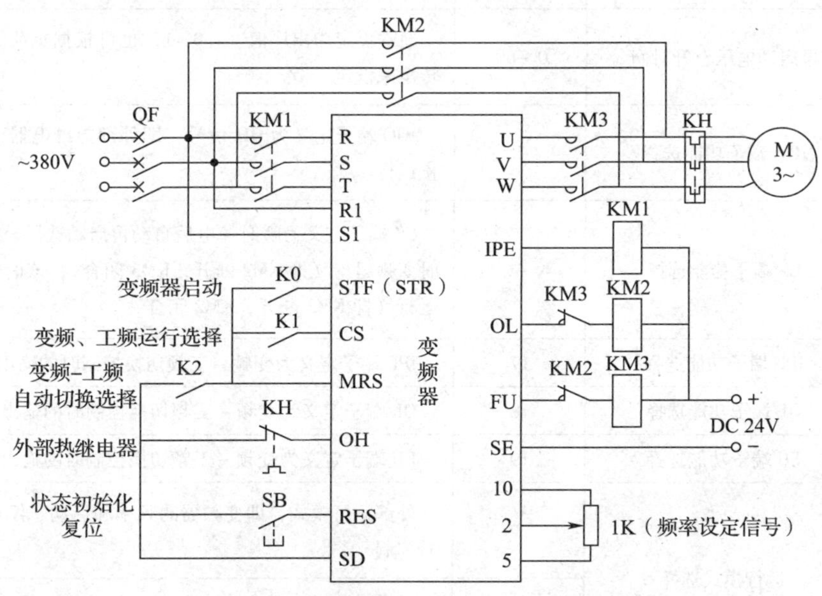

图 4—18　变频与工频相互切换的控制原理图

图中，KM1 用于将电源接至变频器的输入端，变频器正常时闭合，发生故障时断开；KM2 用于将工频电源接至电动机，工频运行时闭合，变频运行时断开，变频器发生故障时闭合（通过参数设定选择，除非外部热继电器动作）；KM3 用于将变频器的输出端接至电动机，变频器运行时闭合，工频运行时断开，变频器发生故障时断开。

因为在工频运行时，变频器不能对电动机进行过载保护，所以需要接入热继电器 KH 作为工频运行时的过载保护。将 KH 的常闭触点接在变频与工频的公共端，使其在变频运行时热继电器也有过载保护功能。

由于变频器的输出端子是绝对不允许与电源相接的，因此，KM2 与 KM3 是绝对禁止

同时导通的，其相互之间须有可靠的联锁。

切换功能用在外部运行模式（Pr. 79 = 2）时，必须为端子 R1、S1 提供独立电源（或接在 KM1 的进线处）以确保可正常操作。

对于漏型逻辑，如图 4—18 所示的输入输出端子功能可以通过 Pr. 183 = 7、Pr. 184 = 6、Pr. 190 = 17、Pr. 191 = 18、Pr. 192 = 19 来设置，其他端子的功能未作改变。

2. 相关参数及端子

(1) 参数介绍

电动机在进行变频与工频相互切换时，需要设定的专用参数见表 4—13。

表 4—13　变频器参数

参数号	名称	设定值	说明
Pr. 57	变频器再启动前的等待时间	0 ~ 5	瞬时停电再恢复后变频器再启动前的等待时间。根据符合的转动惯量和转矩，可设定为 0.1 ~ 5 s，对于 0.4 ~ 1.5 kHz 的变频器设定为 0 时，表示 0.5 s
		9999	不能再启动
Pr. 58	再启动电压上升时间	0 ~ 60	通常设定为出厂值（1.0 s），也可根据负荷的转动惯量和转矩来设定
Pr. 185	JOG 端子功能选择	7	JOG 端子定义为 OH 信号，即外部热继电器动作时系统停止运行
Pr. 186	CS 端子功能选择	6	CS 端子定义为瞬时掉电后自动再启动选择，即该信号闭合时变频运行（即 KM2 断开，KM3 闭合），该信号断开时工频运行（即 KM3 断开，KM2 闭合）
Pr. 192	IPF 端子功能选择	17	IPF 端子定义为变频 - 工频切换控制时的输出信号（KM1）
Pr. 193	OL 端子功能选择	18	OL 端子定义为变频 - 工频切换控制时的输出信号（KM2）
Pr. 194	FU 端子功能选择	19	FU 端子定义为变频 - 工频切换控制时的输出信号（KM3）
Pr. 79	运行模式选择	2	外部运行模式，即变频器的频率和启动、停止均由外部信号控制
		3	组合运行模式，即变频器的频率由 PU 单元控制，而启动、停止由外部信号控制

当电动机由变频器启动到达设定的切换频率时，自动由变频运行切换到工频运行。如果以后电动机的运行指令值达到或低于切换频率时，工频运行将不会自动切换到变频运行。若关闭变频器的运行信号（STF 或 STR 后再闭合），则由工频运行切换到变频运行。

(2) 端子功能

选择了变频与工频相互切换功能时，输入信号的状态、功能与接触器 ON/OFF 状态的对应关系见表 4—14。

表 4—14　　输入信号与接触器 ON/OFF 状态的对应关系

输入信号	输入端子	状态	功能	KM1	KM2	KM3
STF（STR）	STF（STR）	ON	变频器正转（反转）	ON	OFF	ON
		OFF	变频器停止	不变	不变	不变
CS	由 Pr. 178 ~ Pr. 184 来确定	ON	选择变频器运行	ON	OFF	ON
		OFF	选择工频运行	ON	ON	OFF
MRS	MRS	ON	变频 - 工频自动切换选择	ON	—	—
		OFF	系统不切换（也不运行）	ON	OFF	不变
OH 外部热继电器动作触点	由 Pr. 178 ~ Pr. 184 来确定	ON	系统正常运行	ON	—	—
		OFF	系统停止	OFF	OFF	OFF
RES	RES	ON	初始化复位	不变	OFF	不变
		OFF	变频器正常运行	ON	—	—

对于表 4—14，有以下几点说明。

1）变频器运行时，表 4—14 中“ - ”表示：KM1，ON；KM2，OFF；KM3，ON。工频运行时，表 4—14 中“ - ”表示：KM1，ON；KM2，ON；KM3，OFF。“不变”表示保持信号运行前的状态。

2）当变频器发生故障时，KM1 断开。所以，R1、S1 要避开 KM1 的控制，即不论 KM1 接通还是断开，均保持有电。

3）当 MRS 信号接通时，CS 信号才动作。当 MRS 和 CS 同时接通时，STF（STR）信号才动作。

4）当 MRS 信号断开时，系统既不能进行工频运行，也不能进行变频运行。

5）RES 信号可以根据复位选择（Pr. 75）来选择复位输入接受与否。

3. 变频与工频切换动作过程

电动机变频与工频之间的相互切换，实际上就是通过控制变频器的输入端子 MRS、CS、JOG、STF 及 RES 与 SD 端子的通断来控制其输出端子 IPF、OL、FU 及变频器运行状态的改变。

(1) 信号状态

电动机在进行变频与工频相互切换时，各输入信号与接触器状态之间的关系见表 4—15。

表 4—15　　输入信号与接触器状态之间的关系

改变运行状态	输入信号状态			输出信号的变换情况			备注
	MRS	CS	STF	KM1	KM2	KM3	
接通电源	OFF	OFF	OFF	OFF → ON	OFF	OFF → ON	系统通电

续表

改变运行状态	输入信号状态			输出信号的变换情况			备注
	MRS	CS	STF	KM1	KM2	KM3	
启动变频运行	OFF→ON	OFF→ON	OFF→ON	ON	OFF	ON	启动变频器（电动机软启动）并进行变频运行
切换到工频运行	ON	ON→OFF	ON	ON	OFF→ON	ON→OFF	KM3 断开后 KM2 闭合，电动机工频运行
切换到变频运行	ON	OFF→ON	ON	ON	ON→OFF	OFF→ON	KM2 断开后 KM3 闭合，电动机变频运行
停止	ON	ON	ON→OFF	ON	OFF	ON	电动机软停止

对于表 4—15，有如下几点说明。

1）此功能只在 R1 和 S1 独立供电时（不是由 KM1 供电）有效。

2）当 MRS 和 CS 信号接通和 STR 断开时，KM3 闭合，但最后电动机在工频电源运行下自由滑行到停止时，在经过启动等待时间后变频器会再启动。

3）当 MRS、STF 和 CS 信号闭合时可进行变频运行。在其他情况下（MRS 闭合），进行工频运行。

4）当 CS 信号关断时，电动机切换到工频运行。注意，当 STF（STR）信号关断时，电动机由变频运行减速到停止。

5）当 KM2 和 KM3 均处于关断，然后 KM2 或 KM3 中有一个接通时，在设定的接触器切换互锁等待时间过后，电动机会重新启动。

6）当选择了工频电源 - 变频器顺序切换时，如果设定了 PU 互锁功能（Pr. 79 =7），则此功能无效。

7）当用 Pr. 178 ~ Pr. 184 或 Pr. 190 ~ Pr. 192 改变端子功能时，其功能可能会受到影响，设置前一定要确认相应端子的功能。

（2）信号动作顺序

电动机在进行变频与工频相互切换时，各输入信号、接触器及电动机速度之间的动作顺序及切换过程如下。

1）系统上电（STF，CS，MRS 信号断开）。此时 KM1 和 KM3 闭合。

2）电动机工频启动。选择变频 - 工频自动切换信号 MRS（即闭合 K2），此时 KM3 断开。当切换互锁时间到时，KM2 闭合，电动机进入工频运行。

3）电动机工频停止。当需要停止时，选择变频运行信号 CS（即闭合 K1），此时 KM2 断开。当切换互锁时间和 KM3 开始闭合前的等待时间到时，KM3 闭合，期间电动机自由滑行至停止。

4）电动机变频启动。当需要变频启动（俗称软启动）电动机时，只需要选择变频器启动信号 STF（即闭合 K0），即可经过变频器再启动前的等待时间（由 Pr. 57 设定）后，电动机开始变频启动，然后经过再启动电压上升时间（由 Pr. 58 设定）后，电动机进入变频运行。

5）电动机由变频切换到工频。当需要进行切换时，选择工频运行信号 CS（即断开 K1），此时 KM3 断开且变频器输出停止，电动机自由滑行至停止。当切换互锁时间到时，KM2 闭合，电动机开始工频运行。

6）电动机由工频切换到变频。当需要进行切换时，选择变频运行信号 CS（即闭合 K1），此时 KM2 断开。当切换互锁时间和 KM3 开始闭合前的等待时间到时，KM3 闭合，然后经变频器再启动前的等待时间（由 Pr. 57 设定）后（期间电动机自由滑行），变频器开始再启动，电动机进入变频运行。

7）电动机变频停止。当需要变频停止（俗称软停）电动机时，只需要断开变频器启动信号 STF（即断开 K0），变频器输出即停止，电动机进入软停止状态。

8）电动机变频再启动。当需要变频再启动电动机时，只需要闭合变频器启动信号 STF（即闭合 K0），电动机即开始变频启动，进入变频运行。

由上可知，要平稳实现变频与工频的相互切换，除了控制好输入信号，还要设置好切换互锁时间、KM3 开始闭合前的等待时间、变频器再启动前的等待时间 Pr. 57 以及再启动电压上升时间 Pr. 58。

4. 变频切换工频操作的注意事项

（1）要切换工频的电动机，停止方式应设定为自由停止，切忌不能软停止。

（2）从变频器输出端切断电动机的接触器，其控制停止按钮与变频器停止按钮为同一复合按钮。即按停止按钮时，变频器停止，随之接触器线圈断电，从而切断电动机与变频器的连接。

（3）从变频器输出端切断电动机的接触器，其控制启动按钮与变频器启动按钮联锁，即启动接触器接通电动机后，变频器方可启动。

（4）电动机接入工频的接触器时，其线圈控制回路由变频器输出端切断电动机接触器的常闭触点控制，保证变频器输出端切断电动机后接入工频。

（5）如果切换过程迅速准确，即电动机脱离电源惯性运行的时间短，转速下降少，不存在“冲击”，那么就是电动机在额定电流下的切换。

（6）这里要注意电动机接入工频的相序要保证电动机切换后转向一致。

（7）工频到电动机应设一隔离断路器。

四、实训操作

1. 变频器控制电动机的正反转

（1）工具、仪表及器材

工具：电工常用工具；仪表：万用表等；器材：变频器实训装置、低压开关、按钮板、三相电动机、连接导线若干。

（2）实训步骤

1）按照变频器外部接线图，如图4—19所示，完成变频器的接线，并认真检查，确保正确无误。

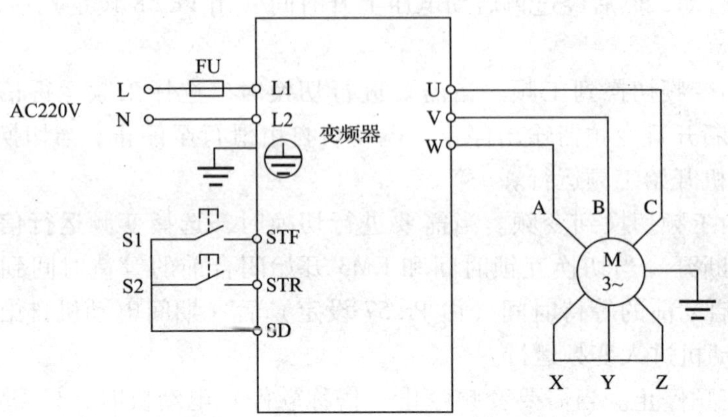

图4—19 变频器控制正反转接线图

2）打开电源开关，正确设置变频器参数：

Pr. 1 = 50 Hz；Pr. 2 = 0 Hz；Pr. 7 = 10 s；Pr. 8 = 10 s；Pr. 9 = 0. 35 A；Pr. 160 = 0；Pr. 79 = 3；Pr. 179 = 61。

3）用旋钮设定变频器的运行频率。

4）按下按钮S1，观察并记录电动机的运行情况。

5）松开按钮S1，按下按钮S2，观察并记录电动机的运行情况。

6）改变Pr. 7、Pr. 8的值，重复第三步到第五步，观察电动机运转状态有什么变化。

（3）注意事项

设置参数前，要先将变频器参数复位为工厂的缺省设定值。

2. 多段速度选择变频器的调速控制

（1）工具、仪表及器材

工具：电工常用工具；仪表：万用表等；器材：变频器实训装置、低压开关、按钮板、三相电动机、连接导线若干。

（2）实训步骤

1）按照变频器外部接线图，如图4—20所示，完成变频器的接线，并认真检查，确保正确无误。

2）打开电源开关，正确设置变频器参数：

Pr. 1 = 50Hz；Pr. 2 = 0Hz；Pr. 7 = 5s；Pr. 8 = 5s；Pr. 9 = 0. 35A；Pr. 160 = 0；Pr. 79 = 3；Pr. 179 = 8；Pr. 180 = 0；Pr. 181 = 1；Pr. 182 = 2；Pr. 4 = 5Hz；Pr. 5 = 10Hz；Pr. 6 = 15Hz；Pr. 24 = 18Hz；Pr. 25 = 20Hz；Pr. 26 = 23Hz；Pr. 27 = 26Hz；Pr. 232 = 29Hz；Pr. 233 = 32Hz；Pr. 234 = 35Hz；Pr. 235 = 38Hz；Pr. 236 = 41Hz；Pr. 237 = 44Hz；Pr. 238 = 47Hz；Pr. 239 = 50Hz。

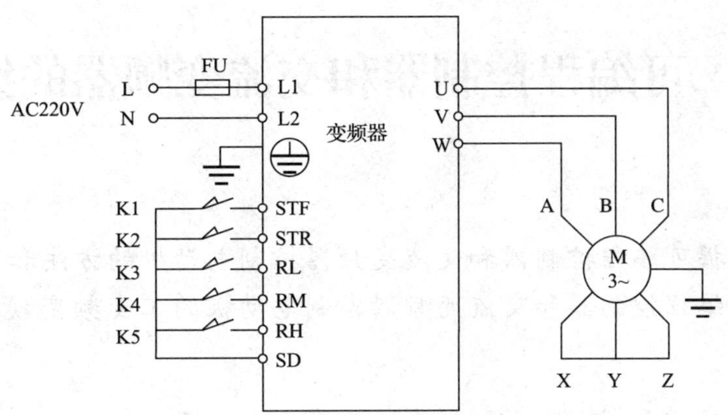

图 4—20　多段速度选择变频器调速控制

3）打开开关 K1，启动变频器。

4）切换开关 K2、K3、K4、K5 的通断，观察并记录变频器的输出频率，记录在表 4—16中。

表 4—16　　变频器输出频率观察记录表

K2	K3	K4	K5	输出频率
OFF	OFF	OFF	OFF	
OFF	ON	OFF	OFF	
OFF	OFF	ON	OFF	
OFF	OFF	OFF	ON	
OFF	ON	ON	OFF	
OFF	ON	OFF	ON	
OFF	OFF	ON	ON	
OFF	ON	ON	ON	
ON	OFF	OFF	OFF	
ON	ON	OFF	OFF	
ON	OFF	ON	OFF	
ON	ON	ON	OFF	
ON	OFF	OFF	ON	
ON	ON	OFF	ON	
ON	OFF	ON	ON	
ON	ON	ON	ON	

（3）注意事项

设置参数前，要先将变频器参数复位为工厂的缺省设定值。

课题3　可编程控制器和交流变频器的综合运用

学习目标

1. 熟练掌握可编程控制器和交流变频器控制电动机的方法和装调技术。

2. 掌握可编程控制器和交流变频器控制电动机的工变频变换的控制方法和装调技术。

在电气控制系统中，经常单独使用可编程控制器或变频器，完成对电动机的控制，其控制功能往往十分有限，达不到现代控制系统的要求。因此，通常采用可编程控制器和变频器相结合，综合控制的方式来实现现代控制系统的要求。

在工业自动化控制系统中，最为常见的是 PLC 和变频器的组合应用，并且产生了多种多样的 PLC 控制变频器的方法。通过 PLC 与变频器的组合对机械产品进行控制，其优点是拥有较强的抗干扰能力、传输速率高、传输距离远且节省部件经费，从而减少资金消耗。而且 PLC 控制变频器这个组合能更有效地反映故障信息，作用动作更迅速、测量更精确，控制更简单、方便。

一、可编程控制器和变频器对电动机正反转的控制

直接用可编程控制器与变频器组合对电动机的正反转控制，只需要利用 PLC 的输出端子来控制变频器的 STR、STF 两个端子。PLC 的 I/O 地址分配见表 4—17，控制电路如图 4—21 所示，PLC 梯形图如图 4—22 所示。

表 4—17　　PLC 的 I/O 地址分配

输入			输出		
外部器件	作用	输入端子	外部器件	作用	输出端子
按钮 SB0	停止控制	X000	变频器 STF 端子	M 正转控制	Y000
按钮 SB1	正转启动控制	X001	变频器 STR 端子	M 反转控制	Y001
按钮 SB2	反转启动控制	X002			

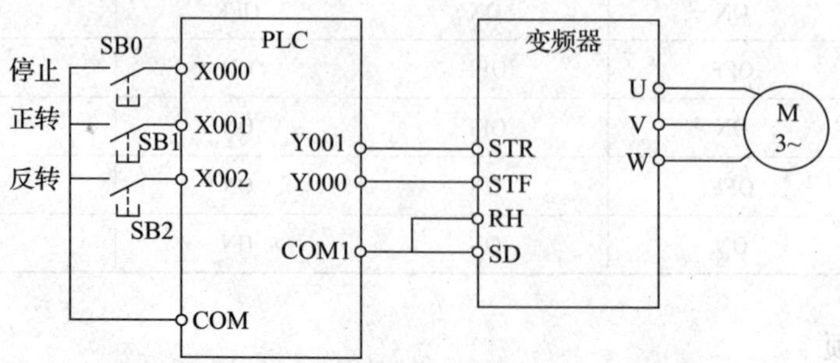

图 4—21　PLC 和变频器组合控制电动机正反转电路

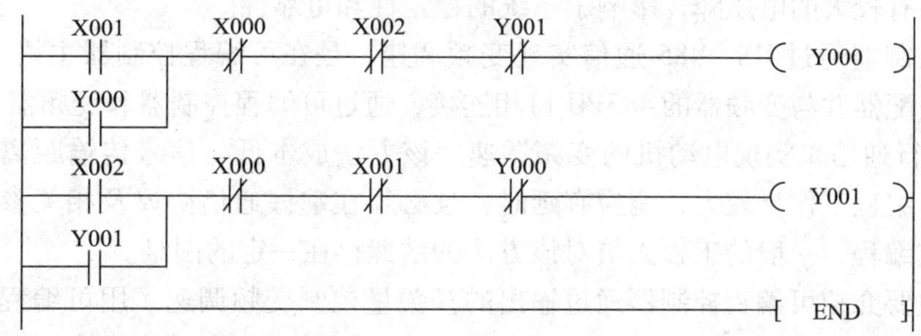

图 4—22　PLC 和变频器组合控制电动机正反转梯形图（PLC 的型号为 FX_{2N} -48MR 系列，以下所有梯形图均以该型号的 PLC 为准）

可编程控制器控制的变频器正反转运行操作步骤如下所示。

1. 按图 4—21 连接好电路，启动电源，准备设置变频器的各个参数。

2. 按“MODE”键进入参数设置模式，将 Pr. 79 设置为“2”，即外部操作模式，启动信号由外部端子（STF、STR）输入，转速调节由电位器控制。

3. 连续按“MODE”按钮，退出参数设置模式。

4. 按下正转启动按钮 SB1，输入继电器 X001 得到信号并动作，输出继电器 Y000 动作并保持，变频器 STF 为 ON，电动机正转运行。

5. 按下停止按钮 SB0，输入继电器 X000 得到信号并动作，输出继电器 Y000 复位，变频器 STF 为 OFF，即停止运行，电动机停止正转。

6. 按下反转启动按钮 SB2，输入继电器 X002 得到信号并动作，输出继电器 Y001 动作并保持，变频器 STR 为 ON，电动机反转运行。

7. 按下停止按钮 SB0，输入继电器 X000 得到信号并动作，输出继电器 Y001 复位，变频器 STR 为 OFF，即停止运行，电动机停止反转。

二、可编程控制器和变频器对电动机多段速度的控制

可编程控制器和变频器对电动机多段速度的控制，可以通过 PLC 输出的开关量来控制变频调速、可编程控制器通过外加扩展的 D/A 转换模块来控制变频调速，以及可编程控制器通过 RS-485 通信实现变频调速。

通过可编程控制器输出的开关量控制变频调速，其优点是编程简单、易懂，且变频器的响应速度快，抗干扰能力强，可以实现单台及多台电动机的调速。在较为简单的变频调速系统中，该方法较为简单且比较容易编程，是一种较为容易掌握的方法。但是其调速曲线不是一条连续平滑的曲线，也无法实现精细的速度调节。若在要求调速较为精细、精确的生产线上，采用该方法就得不到良好的调速效果。

可编程控制器通过外加扩展 D/A 转换模块控制变频调速，是通过可编程控制器外接扩展数模转换特殊功能模块来实现的。这种方法调速曲线平滑连续、工作稳定。一台可编程控制器通过外加一个 FX_{2N} -2DA 模块可以实现两台电动机的变频调速；而外加一个 FX_{2N} -4DA 模块可以实现四台电动机的变频调速。所以在工业控制中，该方法要比开关量控制方

法的应用范围更广。但在大规模生产线中，控制电缆较长，尤其是 D/A 模块采用电压信号输出时，线路有较大的电压降，影响了系统的稳定性和可靠性。

可编程控制器通过 RS－485 通信实现变频调速，是在可编程控制器主机上安装 RS－485BD 通信适配器并与变频器的485PU 口相连接，通过可编程控制器和变频器之间的 RS－485 半双工串行通信来实现电动机的变频调速。该方法成本低、信号传输距离远、抗干扰能力较强，但编程工作量较大，响应有延时，且必须在掌握通信协议及相关参数的基础上才能顺利完成编程，一般的工程人员对该方法的掌握存在一定的困难。

本课题主要介绍可编程控制器通过输出的开关量控制变频调速。用可编程控制器的输出点直接与变频器的 STF、STR、RH、RM、RL、REX 等端口分别相连接。可编程控制器通过程序即可控制变频器的启动、停止，也可以控制变频器高速、中速、低速端子的不同组合，从而实现多段速度运行。

现在以一实例来说明可编程控制器通过输出的开关量控制变频调速。

例题：传动系统从原点启动，首先中速 40 Hz 行驶 30 s，然后开始高速 50 Hz 行驶，当碰撞到行程开关 SQ1 时，再低速 20 Hz 爬行，低速爬行到终点碰撞到 SQ2 时停止。停顿 2 s 后，反向以高速 50 Hz 行驶，高速行驶至碰撞到行程开关 SQ3 时开始低速 20 Hz 爬行，到达原点碰撞 SQ4 时停止，停顿 2 s 后重新开始往返。试编写程序。

本例中，PLC 的 I/O 地址分配见表 4—18，PLC 梯形图如图 4—23 所示。

表 4—18　　　　PLC 的 I/O 地址分配

输入		输出		
外部器件	输入端子	外部器件	作用	输出端子
按钮 SB0	X000	变频器 STF 端子	前进控制	Y000
行程开关 SQ1	X001	变频器 STR 端子	后退控制	Y001
行程开关 SQ2	X002	变频器 RH 端子	高速	Y002
行程开关 SQ3	X003	变频器 RM 端子	中速	Y003
行程开关 SQ4	X004	变频器 RL 端子	低速	Y004

变频器参数设置：操作模式 Pr. 79 = 3（组合运行模式）；基本参数：Pr. 7 = 2 s（加速时间）；Pr. 8 = 3 s（减速时间）；Pr. 9 = 电动机的额定电流 ×100%（根据所用电动机额定电流的大小设定）。各段速度设置：Pr. 4 = 40 Hz（中速段），Pr. 5 = 50 Hz（高速段），Pr. 6 = 20 Hz（低速段）。

本例是通过步进顺控指令编程来控制可编程控制器的输出，即控制变频器的多段速度的输入信号。通过 PLC 的输出触点 Y2、Y3、Y4 闭合与否来控制电动机的变频调速，当然由 Y2、Y3、Y4 的不同组合可以实现电动机的七段调速。若要实现电动机的多段调速可增加若干输出来控制，并相应的设置变频器的相关参数。但是由于变频器只有输入端子 RH、RL、RM、REX 进行多种运行速度转换，因此，最多能实现十五段调速，即有极调速。该方法不能实现电动机的无级调速，且调速精度不高。若要求电动机有二十多种乃至更多种速度，该方法则不能实现。

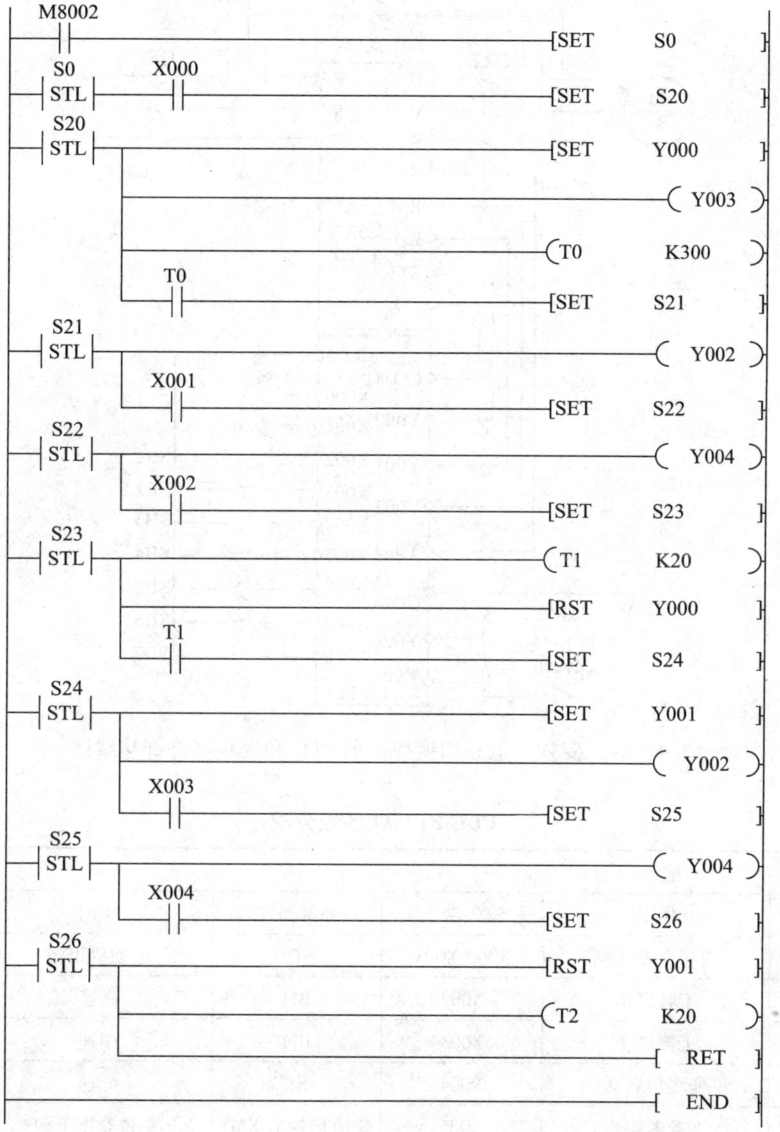

```
M8002                                   [SET   S0   ]
S0 STL  X000                            [SET   S20  ]
S20 STL                                 [SET   Y000 ]
                                        ( Y003 )
                                        (T0    K300 )
        T0                              [SET   S21  ]
S21 STL                                 ( Y002 )
        X001                            [SET   S22  ]
S22 STL                                 ( Y004 )
        X002                            [SET   S23  ]
S23 STL                                 (T1    K20  )
                                        [RST   Y000 ]
        T1                              [SET   S24  ]
S24 STL                                 [SET   Y001 ]
                                        ( Y002 )
        X003                            [SET   S25  ]
S25 STL                                 ( Y004 )
        X004                            [SET   S26  ]
S26 STL                                 [RST   Y001 ]
                                        (T2    K20  )
                                        [ RET ]
                                        [ END ]
```

图 4—23　多段速度控制梯形图

PLC 的输出开关量不仅能实现单台电动机的变频调速，而且能实现多台电动机的变频调速。

三、可编程控制器和变频器对电动机变频、工频切换的控制

可编程控制器和变频器多段速度对电动机变频、工频切换控制线路如图 4—24 所示，PLC 的 I/O 地址分配见表 4—19，PLC 梯形图如图 4—25 所示。

工频时，将 SA1 选择在工频运行状态，并按下 SB1，交流接触器 KM1 工作，电动机工频运行。

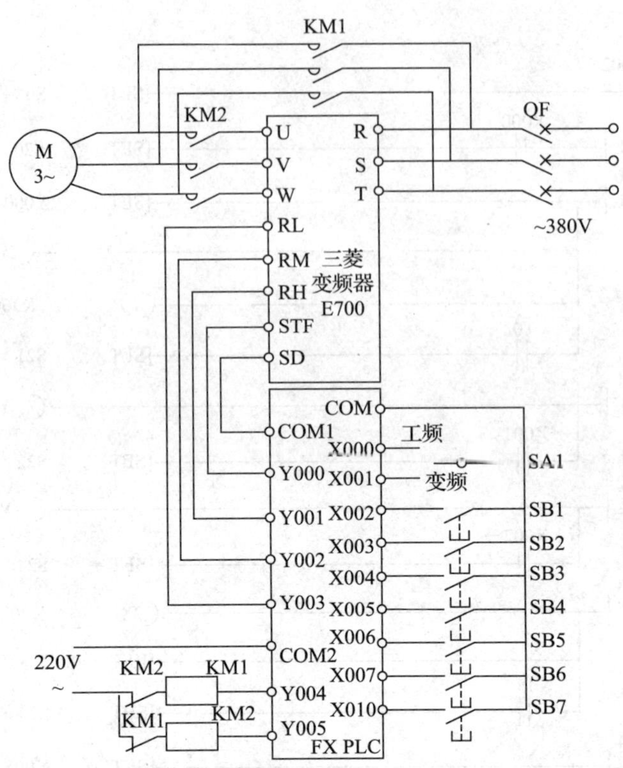

图 4—24　变频、工频切换控制的 PLC 和变频器外部接线图

表 4—19　　　　　　　　　　　　PLC 的 I/O 地址分配

输入			输出		
外部器件	作用	输入端子	外部器件	作用	输出端子
开关 SA1	工频变频切换	X000 X001	STF	电动机正转	Y000
按钮 SB1	工频启动	X002	RH	高速	Y001
按钮 SB2	工频停止	X003	RM	中速	Y002
按钮 SB3	变频器启动	X004	RL	低速	Y003
按钮 SB4	变频器停止	X005	交流接触器 KM1	变频器接工频	Y004
按钮 SB5	变频器一段速	X006	交流接触器 KM2	变频器接变频	Y005
按钮 SB6	变频器二段速	X007			
按钮 SB7	变频器三段速	X010			

变频时，按下 SB2，工频运行停止；将 SA1 选择在变频运行状态，并按下 SB3，交流接触器 KM2 工作，变频器与电动机接通，按下 SB5，变频器以第一段速度运行；按下 SB6，变频器以第二段速度运行；按下 SB7，变频器以第三段速度运行；按下 SB4，变频运行停止。

变频器参数的设置，可参考以下参数进行设置，Pr4 = 50 Hz、Pr5 = 30 Hz、Pr6 = 10 Hz、Pr79 = 2。

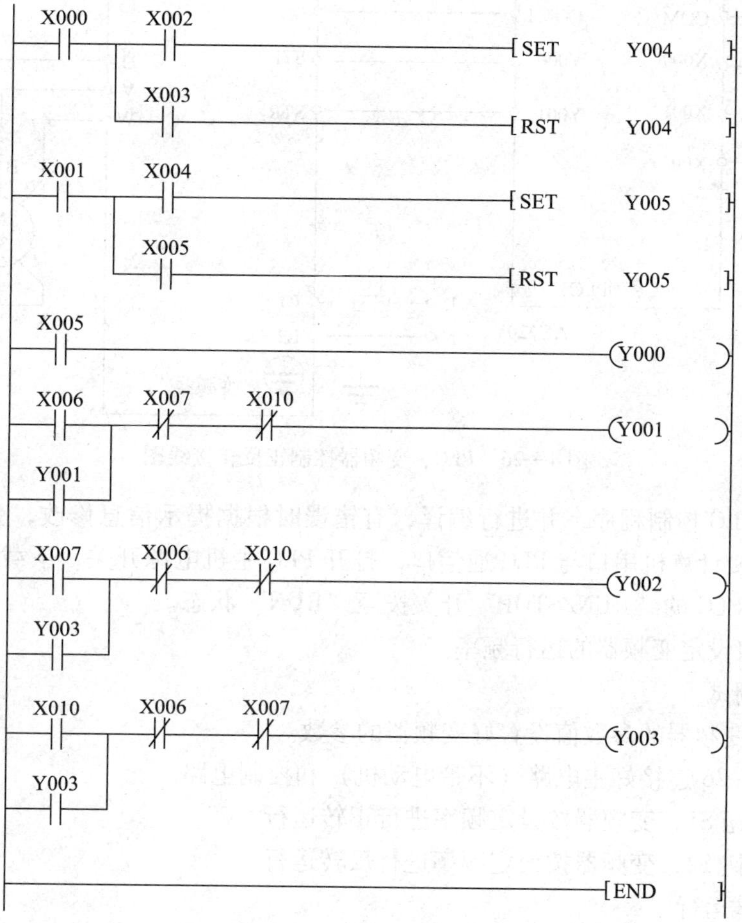

图 4—25　变频器工、变频切换控制的 PLC 梯形图

四、实训操作

1. 可编程控制器和变频器控制电动机的正反转

(1) 工具、仪表及器材

工具：电工常用工具；仪表：万用表等；器材：PLC 和变频器实训装置、计算机（带编程软件）、开关、按钮板、三相电动机、连接导线若干。

(2) 实训步骤

1）进行 PLC 的 I/O 地址分配。

2）按照 PLC、变频器外部接线图，如图 4—26 所示，完成接线，并认真检查，确保正确无误。

3）打开电源开关，正确设置变频器参数：

Pr. 1 = 50 Hz；Pr. 2 = 0 Hz；Pr. 7 = 10 s；Pr. 8 = 10 s；Pr. 9 = 0. 35 A；Pr. 160 = 0；Pr. 79 = 3；Pr. 179 = 61。

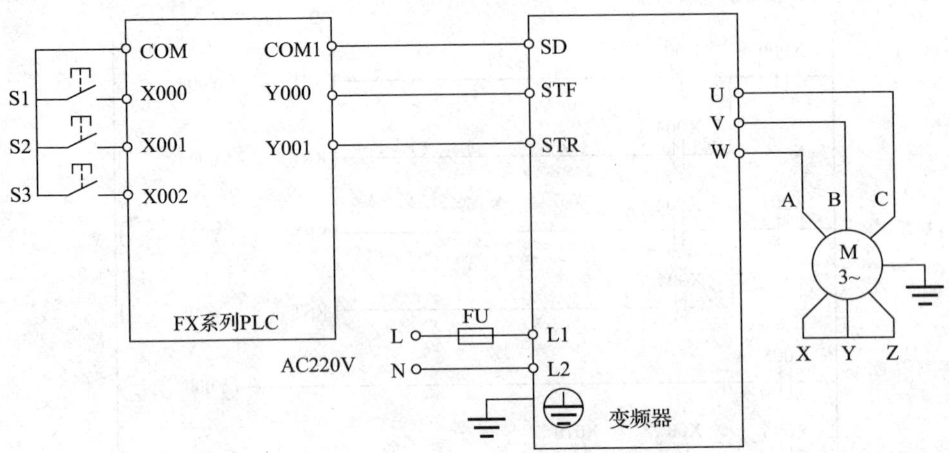

图 4—26　PLC、变频器控制正反转接线图

4）编写 PLC 控制程序，并进行编译，有错误时根据提示信息修改，直至无误。用通信编程电缆连接计算机串口与 PLC 通信口，打开 PLC 主机电源开关，下载程序至 PLC 中，下载完毕后将 PLC 的“RUN/STOP”开关拨至“RUN”状态。

5）用旋钮设定变频器的运行频率。

6）空载调试

①按上述变频器的参数值设置好变频器的参数。

②按图 4—26 连接好主电路（不带电动机）和控制电路。

③按下按钮 S1，变频器按设定频率进行正转运行。

④按下按钮 S2，变频器按设定频率进行反转运行。

7）负载试运行

①按图 4—26 连接好主电路和控制电路。

②按下按钮 S1，电动机按设定的频率进行正转运行。

③按下按钮 S2，电动机按设定的频率进行反转运行。

8）观察并记录电动机的运行情况。

(3) 注意事项

设置参数前，要先将变频器参数复位为工厂的缺省设定值。

2. 可编程控制器和变频器的多段调速

(1) 控制要求

1）按开门按钮 SB1，电梯轿厢门即打开，开门的速度曲线如图 4—27a 所示。按开门按钮 SB1 后电动机即启动（20 Hz），2 s 后即加速（40 Hz），6 s 后即减速（10 Hz），10 s 后停止。

2）按关门按钮 SB2，电梯轿厢门即关闭，关门的速度曲线如图 4—27b 所示。按关门按钮 SB2 后电动机即启动（20 Hz），2 s 后即加速（40 Hz），6 s 后即减速（10 Hz），10 s 后停止。

3）电动机运行过程中，若热保护动作，则电动机将无条件停止运行。

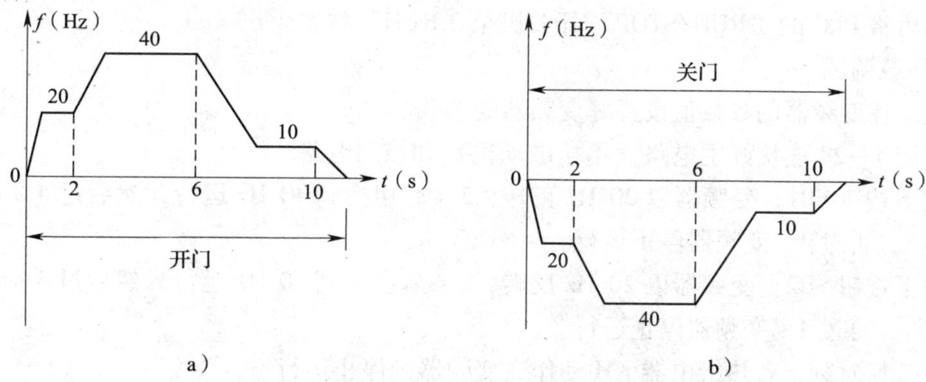

图 4—27　电梯轿厢开关门的速度曲线

a）开门　b）关门

4）在实训室模拟调试时，不考虑电梯的各种安全保护和联动条件。

5）电动机的加、减速时间自行设定。

（2）工具、仪表及器材

工具：电工常用工具；仪表：万用表等；器材：PLC 和变频器实训装置、计算机（带编程软件）、开关、按钮板、三相电动机、连接导线若干。

（3）实训步骤

1）根据实训要求，进行 PLC 的 I/O 地址分配。

2）按照 PLC、变频器外部接线图，如图 4—28 所示，完成接线，并认真检查，确保正确无误。

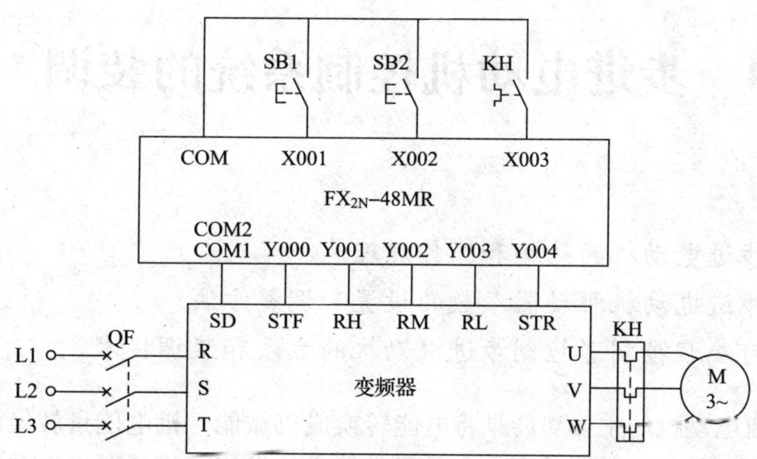

图 4—28　电梯轿厢开关门的接线图

3）打开电源开关，正确设置变频器参数：

Pr. 1 = 50 Hz；Pr. 2 = 0 Hz；Pr. 4 = 20 Hz；Pr. 5 = 40 Hz；Pr. 6 = 10 Hz；Pr. 7 = 1 s；Pr. 8 = 1 s；Pr. 9 = 电动机的额定电流；Pr. 20 = 50 Hz；Pr. 79 = 3。

4）编写 PLC 控制程序，并进行编译，有错误时根据提示信息修改，直至无误。用通信编程电缆连接计算机串口与 PLC 通信口，打开 PLC 主机电源开关，下载程序至 PLC 中，下载完毕后将 PLC 的“RUN/STOP”开关拨至“RUN”状态。

5）空载调试

①按上述变频器的参数值设置好变频器的参数。

②按图 4—28 连接好主电路（不接电动机）和控制电路。

③按下按钮 SB1，变频器以 20 Hz 正转，2 s 后切换到 40 Hz 运行，然后过 4 s 切换到 10 Hz 运行，再过 4 s 变频器停止运行。

④按下按钮 SB2，变频器以 20 Hz 反转，2 s 后切换到 40 Hz 运行，然后过 4 s 切换到 10 Hz 运行，再过 4 s 变频器停止运行。

⑤在任何时刻，若热继电器 KH 动作，变频器则停止运行。

6）负载试运行

①按图 4—28 连接好主电路和控制电路。

②按下按钮 SB1，电动机以 20 Hz 正转，2 s 后切换到 40 Hz 运行，然后过 4 s 切换到 10 Hz 运行，再过 4 s 电动机停止运行。

③按下按钮 SB2，电动机以 20 Hz 反转，2 s 后切换到 40 Hz 运行，然后过 4 s 切换到 10 Hz 运行，再过 4 s 电动机停止运行。

④在任何时刻，若热继电器 KH 动作，电动机则停止运行。

7）按下相应的控制按钮，观察并记录 PLC 输出和电动机的运行情况。

8）在运行过程中，若热继电器 KH 动作，观察并记录 PLC 输出和电动机的运行情况。

（4）注意事项

设置参数前，要先将变频器参数复位为工厂的缺省设定值。

课题 4　步进电动机控制系统的装调

学习目标

1. 了解步进电动机的结构和工作原理。
2. 掌握步进电动机驱动器参数的设置和调整方法。
3. 掌握可编程控制器控制步进电动机的方法和装调技术。

传统交直流电动机的主要功能是将电能转换成机械能，机电能量转换的效率是衡量其性能优劣的主要指标。随着社会生产及科学技术的发展，除了要求电动机能完成机能电能量转换的功能，还对其提出了运动控制方面的要求，如实现角速度和角位移的控制。

对于控制应用来说，主要控制指标包括：稳速精度、调速范围、动态响应、跟随精度及定位精度等。在现代高性能运动控制应用中，步进电动机、无刷直流电动机和交流伺服电动机成为主要角色。

步进电动机是一种可由电脉冲控制运动的特殊电动机，它可以通过脉冲信号转换控制的方法将脉冲电信号变换成相应的角位移或线位移。因此，步进电动机也被称为脉冲电动机。常见的步进电动机外形如图 4—29 所示。

图 4—29　常见的步进电动机外形图

步进电动机不能直接使用通常的直流或交流电源来驱动，而是需要使用专门的步进电动机驱动器。在工业生产中被应用于数控机床、打印机、绘图仪、机器人控制等。

步进电动机的定义：是一种专门用于速度和位置精确控制的特种电动机，其旋转是以固定的角度（称为步距角）一步一步运行的，故称步进电动机。

一、步进电动机的结构和工作原理

步进电动机最早成为适应计算机控制的运动控制电动机，在 20 世纪 60 年代有较大的进展，两相混合式步进电动机的专利也是那时提出的。20 世纪 70 年代和 80 年代步进电动机迅速发展，在计算机外围设备和办公自动化设备中被广泛应用，并迅速推广到很多工业领域，包括数控车床。

1. 步进电动机的结构

步进电动机主要由转子（转子铁芯、永磁体、转轴、滚珠轴承），定子（绕组、定子铁芯），前后端盖等组成。

最典型两相混合式步进电动机的定子有 8 个大齿，40 个小齿，转子有 50 个小齿；三相电动机的定子有 9 个大齿，45 个小齿，转子有 50 个小齿。如图 4—30 所示。

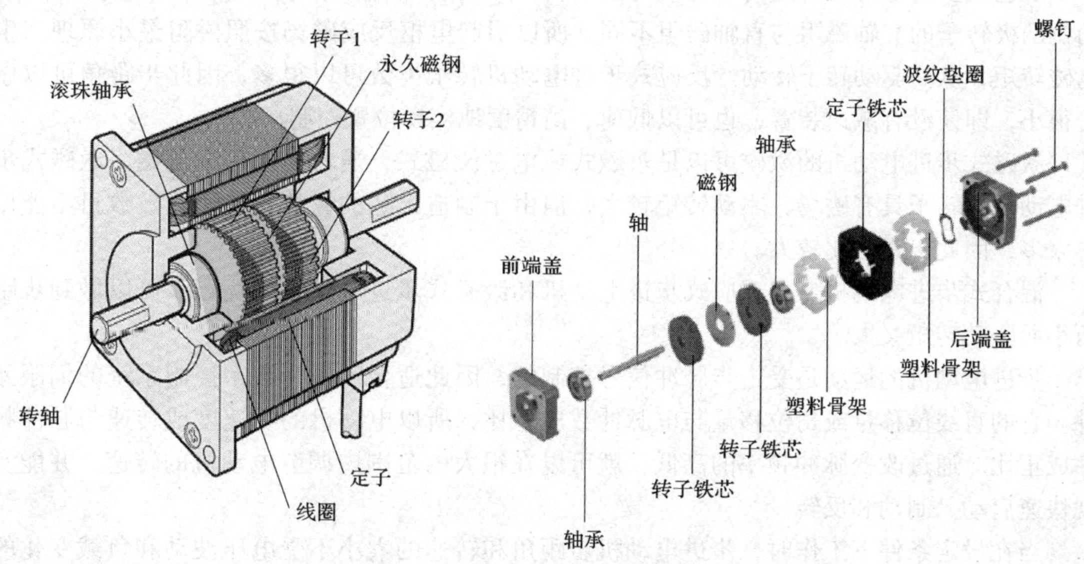

图 4—30　步进电动机结构图和分解图

2. 步进电动机的工作原理

所有电动机运动所需的力都源于电磁力。与交流电动机的运动所不同的是，步进电动机运动时所需的电磁力是由定子绕组因通电产生的磁场，对由磁性材料按照一定形状做成的转子磁极的吸引力形成的。步进电动机的转动类似于同步电动机在同步转动时的状态，即由定子线圈通过电流产生的磁场吸引转子形成转动所需的作用力，磁场的旋转带动转子的运动。在这一过程中并不需要在转子内部产生感应电流及其产生的相应磁场，可以以走一步停一下的方式即步进的方式运行。

(1) 使电动机产生转动作用力的表现形式

一种是由电磁作用原理产生的。作用力是定、转子两个磁场相互作用的结果。其作用力的来源类似于两个磁铁的同极性相排斥异极性相吸引而产生作用力的现象，目前大部分电动机都遵循这一原理，例如一般的直流电动机和交流电动机。

另一种是由磁阻原理产生的。作用力则是由定、转子间气隙磁阻的变化产生的。当定子绕组通电时，产生一个单相磁场作用于转子，由于磁场在转子与定子之间的分布要遵循磁阻最小原则（或磁导最大原则），即磁通总要沿着磁阻最小（磁导最大）的路径闭合。因此，当转子产生磁场的磁极轴线与定子磁极的轴线不重合时，便会有磁阻力作用在转子上并产生转矩使其趋于磁阻最小的位置，即两轴线的重合位置，这类似于磁铁吸引铁质物质的现象。

以上两种产生力矩的方式都被用于步进电动机，如步进电动机有激磁式、反应式及混合式等。其中激磁式是由电磁作用产生力矩的，而反应式是由磁阻原理产生力矩的，而混合式则同时利用了两种形式的作用。

步进电动机存在功耗大，效率低，带负载能力不强，且易出现共振或振荡现象等缺点。

(2) 步进电动机的工作原理

步进电动机按产生转矩的方式不同可分为反应式、激磁式及混合式三种。

反应式步进电动机的定转子都是凸极结构，是利用磁阻最小原理工作的。因为步进电动机凸极转子的交轴磁阻与直轴磁阻不同，所以引起电枢反应磁场按照磁阻最小原理产生电磁转矩，从而驱动转子转动。反应式步进电动机转子齿数可以很多，因此步距角可以做得很小，即使没有减速装置，也可以低速、高精度地实现位置控制。

激磁式步进电动机的激磁可以是永磁式或电磁激磁式，通常是永磁式激磁。激磁式步进电动机的转子具有磁场，驱动转矩较大，但由于制造工艺的缘故，转子磁极数目不能做得太多，因此步距角比较大。

混合式步进电动机兼有反应式步进电动机和激磁式步进电动机的优点，可以做到步距角小而驱动转矩又大。

步进电动机的运动是受走步脉冲信号控制的，因此适合于作为数字控制系统的伺服元件。它的直线位移量或角位移量与电脉冲数成正比，所以电动机的线速度或转速与脉冲频率成正比。通过改变脉冲频率的高低，就可以在很大的范围内调节电动机的转速，并能实现快速启动、制动和反转。

当在设定条件下工作时，步进电动机步距角和转速的大小不受电压波动和负载变化的影响，也不受环境条件如清晰度、气压、冲击和振动等影响，它仅与电脉冲频率有关，每转一周都有固定的步数。

步进电动机在不丢步的情况下运行时，其步距误差不会长期积累。这些优点使它完全适用于作数字控制开环系统中的伺服元件，并使整个系统大为简化而又运行可靠。

如图4—31所示为两相步进电动机的工作原理图。它有两个绕组，当一个绕组通电后，其定子磁极产生磁场，将转子吸合到此磁极处。若绕组在控制脉冲的作用下，通电方向顺序按照 $A\bar{A} \to B\bar{B} \to \bar{A}A \to \bar{B}B$ 四个状态周而复始进行变化，则电动机可顺时针转动；若通电时序为 $A\bar{A} \to \bar{B}B \to \bar{A}A \to B\bar{B}$ 时，则电动机就逆时针转动。控制脉冲每作用一次，通电方向就变化一次，使电动机转动一步，即90°。四个脉冲后，电动机就转动一圈。脉冲频率越高，电动机转动越快，实际电动机的结构要比模型复杂，并且每转一步，一般为1°~8°。

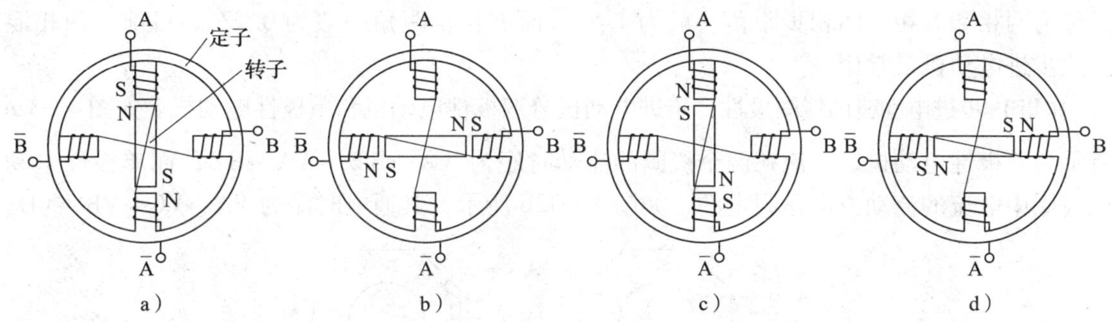

图4—31　两相步进电动机工作原理图

步进电动机的输出力矩与电动机的有效体积、线圈匝数、磁通量、电流成正比。因此，电动机有效体积越大，励磁安匝数越大，定、转子间气隙越小，则电动机力矩越大，反之越小。

3. 步进电动机的常用术语

(1) 相数：指电动机内部的线圈组数，目前常用的有两相、三相、四相、五相步进电动机。

(2) 步距角：对应一个脉冲信号，电动机转子转过的角位移。一般两相电动机的步距角为1.8°，即电动机运动200步为一周。

(3) 静力矩：指步进电动机通以额定电流但没有转动时，定子锁住转子的力矩。它是步进电动机最重要的参数之一，通常步进电动机在低速时的转矩接近静力矩。

(4) 定位力矩：指步进电动机在没有通电的情况下，定子锁住转子的力矩。

(5) 步距角精度：步进电动机每转过一个步距角的实际值与理论值的误差。用百分比表示：(误差/步距角) ×100%。步进角的误差不累积。

(6) 最大空载启动频率：电动机在某种驱动形式、电压及额定电流下，在不加负载的情况下，能够直接启动的最大频率。

(7) 最大空载的运行频率：电动机在某种驱动形式、电压及额定电流下，其不带负载的最高运行频率。

(8) 丢步（失步）：控制器给电动机发了 n 个脉冲，步进电动机并没有转动 n 个步距角。一般当电动机力矩偏小、加速度偏大、速度偏高、摩擦力不均匀等都会使丢步现象发生。

（9）电动机矩频特性：电动机在某种测试条件下测得运行中输出力矩与脉冲频率关系的曲线称为电动机矩频特性，这是电动机诸多动态曲线中最重要的，也是电动机选择的根本依据。

（10）步进电动机的类型：步进电动机包括反应式步进电动机（VR）、激磁式步进电动机（PM）和混合式步进电动机（HB）等。

激磁式步进电动机一般为两相，转矩和体积较小，步距角一般为7.5°或15°。

反应式步进电动机一般为三相，可实现大转矩输出，步距角一般为1.5°，但噪声和振动都很大。反应式步进电动机的转子磁路由软磁材料制成，定子上有多相励磁绕组，利用磁导的变化产生转矩。

混合式步进电动机是指综合了激磁式和反应式电动机的优点而设计的步进电动机。它又分为两相和五相，两相步距角一般为1.8°，而五相步距角一般为0.72°。目前，两相混合式步进电动机最常用。

（11）步进电动机的线圈极性：步进电动机分双极性电动机和单极性电动机。如图4—32a所示为双极性电动机，电流在两个线圈的流动时序为 $A\bar{A}\rightarrow B\bar{B}\rightarrow \bar{A}A\rightarrow \bar{B}B$；而单极性电动机线圈中电流的流动方向是固定的，如图4—32b所示，其通电时序为VA→VC→VB→VD。

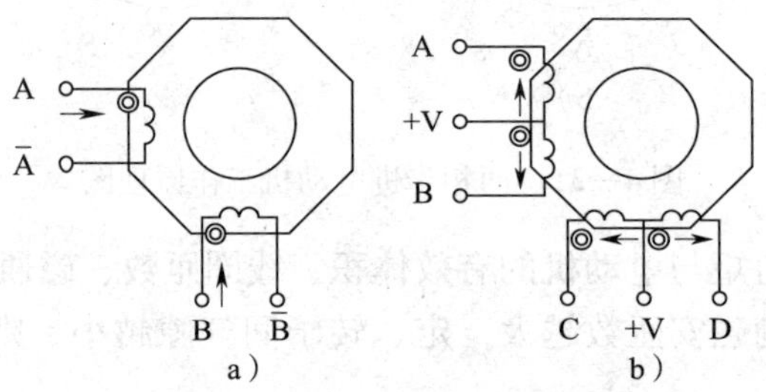

图4—32　步进电动机的线圈极性
a）双极性电动机　b）单极性电动机

单极性电动机驱动器比双极性电动机驱动器简单，但单极性电动机的输出力矩较小。

（12）步进电动机线圈的串、并联：许多两相步进电动机有八根引线，这种电动机既可以串联连接又可以并联连接。如图4—33所示。串联连接的电动机，电流较小，低频力矩较大；并联连接的电动机，电感较小，所以启动、停止速度较快，高频力矩有所增大。

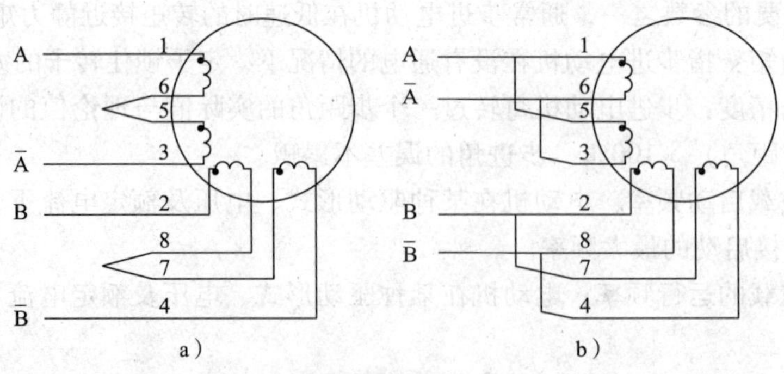

图4—33　步进电动机线圈的串、并联
a）线圈串联　b）线圈并联

二、两相混合式步进电动机驱动器

步进电动机必须有驱动器和控制器才能正常工作。驱动器的作用是对控制脉冲进行环形分配、功率放大，使步进电动机绕组按一定顺序通电。

1．步进电动机驱动器的工作原理

步进电动机驱动器，是一种能使步进电动机运转的功率放大器，它能把控制器发来的脉冲信号转化为步进电动机的角位移。由于电动机的转速与脉冲频率成正比，所以控制脉冲频率可以精确调速，控制脉冲数就可以精确定位。其原理如图 4—34 所示。

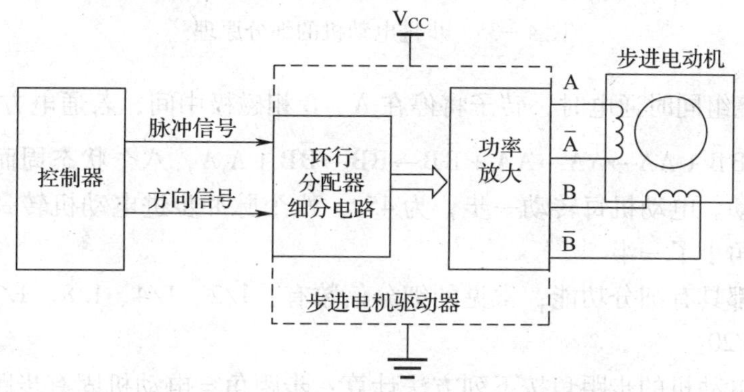

图 4—34　步进电动机驱动器的控制原理

以两相步进电动机为例，给驱动器脉冲信号和正方向信号时，驱动器经过环形分配器和功率放大后，给电动机绕组通电的顺序为 $A\overline{A}\rightarrow B\overline{B}\rightarrow \overline{A}A\rightarrow \overline{B}B$，其四个状态周而复始进行变化，电动机顺时针转动；若方向信号变为负时，通电时序就变为 $A\overline{A}\rightarrow \overline{B}B\rightarrow \overline{A}A\rightarrow B\overline{B}$，电动机就逆时针转动。

随着电子技术的发展，功率放大电路也由单电压电路、高低压电路发展到现在的斩波电路。其基本原理是：在电动机绕组回路中，串联一个电流检测回路。当绕组电流降低到某一下限值时，电流检测回路发出信号，控制高压开关管导通，让高压再次作用在绕组上，使绕组电流重新上升；当电流回升到上限值时，高压电源又自动断开。重复上述过程，使绕组电流的平均值恒定，电流波形的波顶维持在预定数值上，这样就解决了高低压电路在低频段工作时电流下凹的问题，使电动机在低频段力矩增大。

步进电动机一定时，供给驱动器的电压值对电动机的性能影响较大，电压越高，步进电动机转速越高、加速度越大；在驱动器上一般设有相电流调节开关，相电流设的越大，步进电动机转速越高、力矩越大。

2．步进电动机驱动器的细分控制原理

在步进电动机步距角不能满足使用要求时，可采用细分驱动器来驱动步进电动机。细分驱动器的原理是通过改变 A、B 相电流的大小，以改变合成磁场的夹角，从而可将一个步距角细分为多步。

以两相步进电动机为例，如图 4—35 所示。

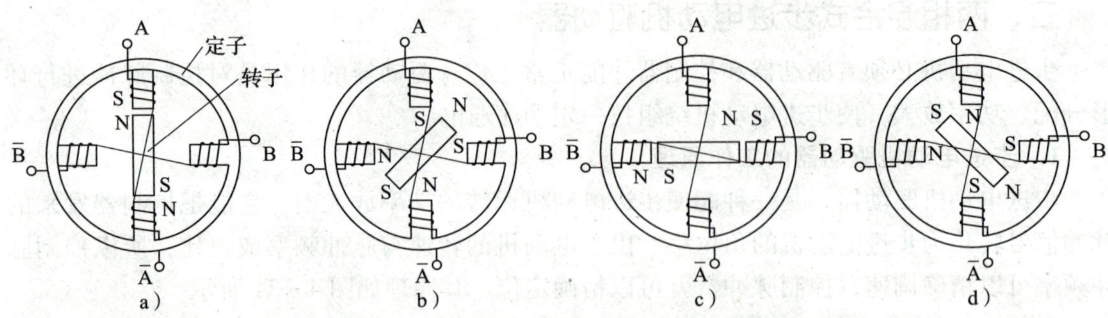

图 4—35　步进电动机的细分原理

当 A、B 相绕组同时通电时，转子将停在 A、B 相磁极中间，若通电方向顺序按 $A\bar{A}\to A\bar{A}+B\bar{B}\to B\bar{B}\to B\bar{B}+\bar{A}A\to\bar{A}A\to\bar{A}A+\bar{B}B\to\bar{B}B\to\bar{B}B+A\bar{A}$，八个状态周而复始进行变化，电动机顺时针转动。电动机每转动一步，为 45°，八个脉冲步进电动机转一周。与图4—31相比，它的步距角小了一半。

驱动器一般都具有细分功能，常见的细分倍数有：1/2、1/4、1/8、1/16、1/32、1/64或 1/5、1/10、1/20。

细分后步进电动机的步距角按下列方法计算：步距角 = 电动机固有步距角/细分数。例如：一台固有步距角为 1.8° 的步进电动机，设定细分数为 4，则其步距角为 1.8°/4 = 0.45°。当细分等级大于 1/4 后，步进电动机的定位精度并不能提高，只是电动机转动更平稳。

三、步进电动机的接线方法

1. 步进电动机驱动器的接线方法

步进电动机驱动器的接线方法有共阳极接法、共阴极接法和差分方式接法。如图 4—36 所示。

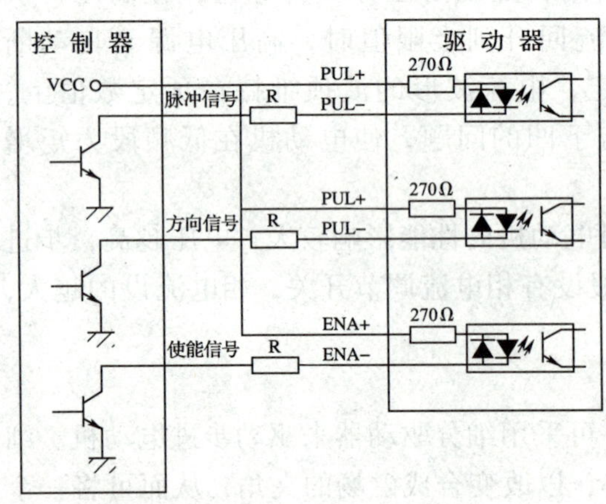

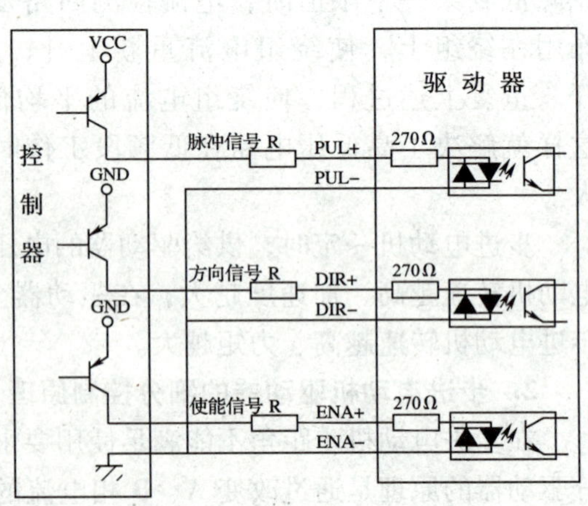

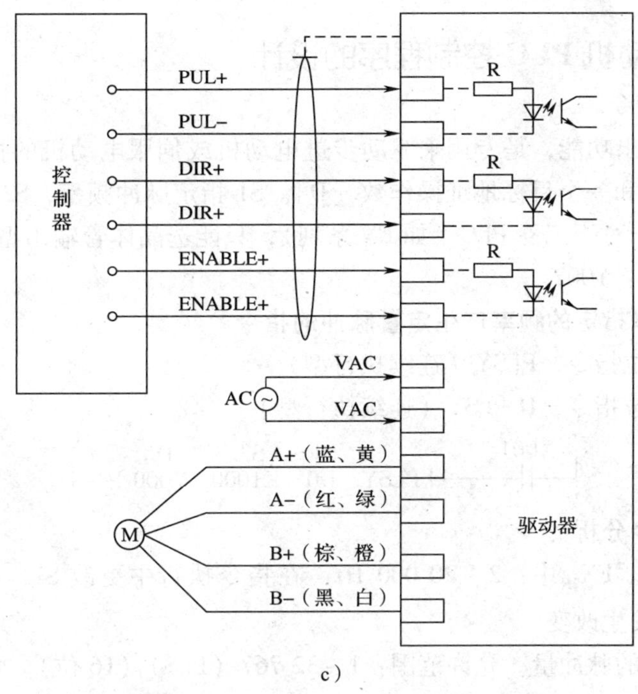

图 4—36　步进电动机驱动器的三种接线方法

a）共阳极接法　b）共阴极接法　c）差分方式典型接线方法

2. 四、六和八线步进电动机的接线方法

（1）四线电动机和六线电动机高速度模式：输出电流设成等于或略小于电动机的额定电流值。

（2）六线电动机高力矩模式：输出电流设成电动机额定电流的 0.7 倍。

（3）八线电动机并联接法：输出电流应设成电动机单极性接法电流的 1.4 倍。

（4）八线电动机串联接法：输出电流应设成电动机单极性接法电流的 0.7 倍。如图 4—37 所示。

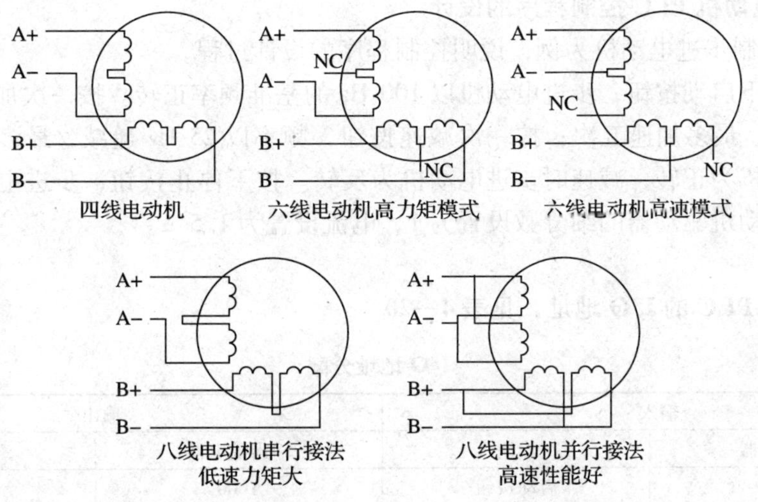

图 4—37　步进电动机的接线方法

四、步进电动机 PLC 控制程序的设计

1. PLC 控制指令

PLSY 是脉冲输出功能，是专用来驱动步进电动机或伺服电动机的指令。PLSY 有两个源操作数［S1 S2］和一个目标地址操作数［D］。S1 指定脉冲频率，S2 指定脉冲数，D 指定脉冲输出元件号。对于三菱 PLC（如 FX 系列），只能选晶体管输出型 PLC，且输出端口只能是 Y000、Y001、Y002。

（1）PLSY 是以指定的频率产生定量脉冲的指令

脉冲输出：16 位指令，PLSY（连续执行型）

32 位指令，D PLSY（连续执行型）

```
     X001                 S1.    S2.     D.
|----| |---------[PLSY    D0    K1000   Y000 ]---|
```

（2）PLSY 指令分析

S1.：指定频率。FX_{2N}中：2 ~ 20 000 Hz。在指令执行中更改 S1. 指定的字软件内容后，输出频率也会发生改变。

S2.：指定产生的脉冲量。允许范围：1 ~ 32 767（PLS）（16 位）。将该值指定为 0 时，则表明对产生的脉冲不做限制。在指令执行过程中，变更 S2. 指定的字软件内容后，将从下一个指令驱动开始执行变更的内容。

D.：指定输出脉冲的地址。仅限于 Y000、Y001、Y002 有效。在 FX_{2N}中，为了输出高频脉冲，PLC 的输出晶体管上必须是额定的负载电流。

（3）输出完成后，特殊辅助继电器 M8029 置为“1”

如果需要，指令 PLSY 可以通过特殊数据寄存器（32 位）检查以下内容：

D8136：输出到 Y000/Y001 的输出脉冲总数；

D8140：Y000 的输出脉冲数；

D8142：Y001 的输出脉冲数。

2. 步进电动机 PLC 控制程序的设计

以 PLC 控制步进电动机为例，说明控制程序的设计过程。

例题：按下启动按钮，步进电动机以 100 Hz 的基准频率正转。按一次加速按钮，频率以 50 Hz 递增，最多加速五次；按一次减速按钮，频率以 25 Hz 递减，最多减速四次。加速时步进电动机为正转，减速时步进电动机为反转。按下停止按钮，步进电动机立即停止运行。步进电动机驱动器的细分数设置为 1，电流设置为 1.5 A。

解：

（1）确定 PLC 的 I/O 地址，见表 4—20

表 4—20　I/O 地址分配

输入		输出	
输入继电器	作用	输出继电器	作用
X000	启动按钮	Y000	输出脉冲
X001	停止复位按钮	Y002	控制方向

续表

输入		输出	
输入继电器	作用	输出继电器	作用
X002	正转加速按钮		
X003	反转减速按钮		

(2) PLC和步进控制系统的连接，如图4—38所示

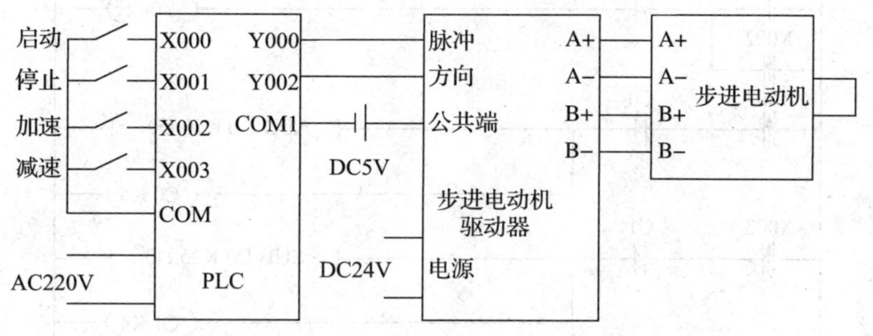

图4—38　PLC和步进控制系统接线图

(3) 步进电动机驱动器的设置

在驱动步进电动机运转的PLSY指令中，脉冲的个数 = 360°/步距角，工作的频率 = 脉冲个数/运行时间。不指定脉冲个数时，则默认为65 535个脉冲。在方向信号输入为0时，则默认为反转。

根据控制要求，步进电动机驱动器的细分数设置为1，SW1 ~ SW3的设置为000，步进电动机的步距角为1.8°，电流设置为1.5 A，SW5 ~ SW7的设置为101。

(4) 编辑梯形图，如图4—39所示

(5) 步进电动机控制系统的调试

1）初始化程序。程序开始运行时，D0初始值为K100，指定的频率为100 Hz。

2）步进电动机正转。按下启动按钮X000，PLC的Y000脉冲输出，Y002高电平输出，步进电动机正转运行。

3）正转加速调整。X002为正传加速按钮。当按下一次X002时，在步进电动机运行的当前频率基础上，以50 Hz递增，于是步进电动机转速增加，最多加速五次。

4）反转减速调整。X003为反转减速按钮。当按下一次X003时，在步进电动机运行的当前频率基础上，以25 Hz递减，于是步进电动机转速下降，最多减速四次。

五、步进电动机驱动系统的装调与检修

1. 步进电动机的选择

步进电动机的选取由步距角（涉及相数）、静力矩、电流三大要素确定。根据负载的控制精度要求选择步距角的大小，根据负载的大小确定静力矩，静力矩一经确定，根据电动机矩频特性曲线来判断电动机的电流。一旦三大要素确定后，步进电动机的型号便确定下来了。

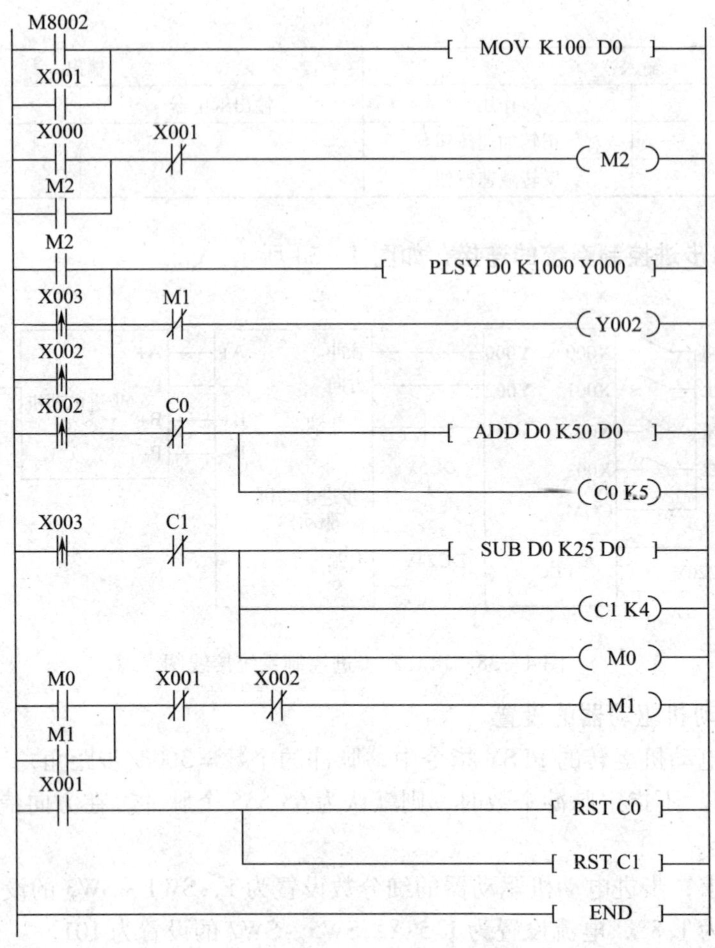

图 4—39 梯形图程序

(1) 步距角的选择

步进电动机步距角的选择取决于负载精度的要求，将负载的最小分辨率（当量）换算到电动机轴上，每个当量对应电动机应走的角度（包括减速）。电动机的步距角应等于或小于此角度。目前市场上步进电动机的步距角一般有 0.36°/0.72°（五相电动机）、0.9°/1.8°（两、四相电动机）、1.5°/3°（三相电动机）等。

(2) 静力矩的选择

步进电动机的动态力矩一下子很难确定，因此往往先确定电动机的静力矩。静力矩选择的依据是电动机工作的负载，而负载可分为惯性负载和摩擦负载两种。单一的惯性负载和单一的摩擦负载是不存在的。直接启动时（一般由低速）两种负载均要考虑；加速启动时主要考虑惯性负载；恒速运行时主要考虑摩擦负载。一般情况下，静力矩应在摩擦负载的 2 ~3 倍，静力矩一旦选定，电动机的机座及长度便能确定下来（几何尺寸）。

(3) 电流的选择

静力矩相同的电动机，由于电流参数不同，其运行特性差别也很大。一般可依据矩频特性曲线图，判断电动机的电流（参考驱动电源及驱动电压）。

综上所述，选择步进电动机一般应遵循以下步骤，如图 4—40 所示。

（4）力矩与功率的换算

步进电动机一般在较大范围内调速使用，其功率是变化的、一般用力矩来衡量，力矩与功率的换算关系如下：

$$P = \Omega \cdot M$$

式中，$\Omega = 2\pi \cdot n/60$，所以 $P = 2\pi n \cdot M/60$。

其中，P 为功率，单位为 W；Ω 为每秒角速度，单位为 rad；n 为每分钟转速，单位为 r/min；M 为力矩，单位为 N · m。

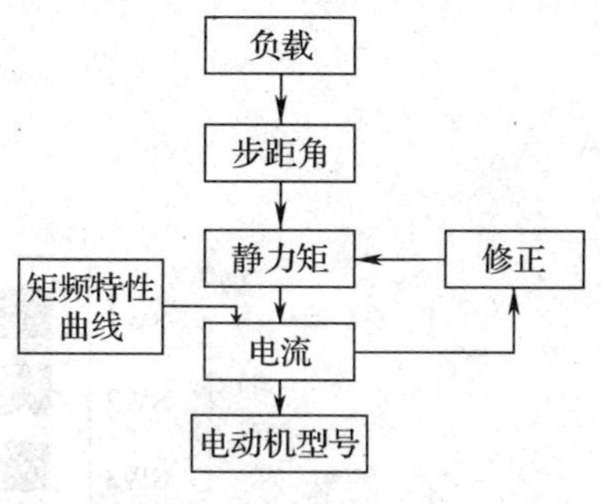

图 4—40　选择步进电动机的步骤

2. 步进电动机使用中的注意点

（1）步进电动机应使用于低速场合——每分钟转速不超过 1 000 r，可通过减速装置使其在此间工作，此时电动机工作效率高，噪声低。

（2）步进电动机尽量不使用整步状态，整步状态时振动较大。

（3）由于历史原因，只有标称为 12 V 电压的电动机使用 12 V，其他电动机的电压值不是驱动电压幅值，而是根据驱动器选择驱动电压。当然 12 V 的电压除 12 V 恒压驱动外也可以采用其他驱动电源，但是要考虑温升的问题。

（4）转动惯量大的负载应选择大机座号步进电动机。

（5）步进电动机在较高速运行或带大惯量负载时，一般不在工作速度启动，而采用逐渐升频提速，这样可以达到两个目的，一是步进电动机不失步，二是可以减少噪声，同时提高停止的定位精度。

（6）高精度使用时，应通过机械减速，提高步进电动机的速度，或采用高细分数的驱动器来解决，也可以采用五相电动机，但其整个系统的价格较贵，生产厂家少。

（7）步进电动机不应在振动区内工作，如有必要，可通过改变电压、电流或加一些阻尼的方法来解决。

（8）使用时，应遵循先选步进电动机，后选步进驱动器的原则。

3. 两相混合式步进电动机驱动器的设置

以森创两相混合式步进电动机细分驱动器 SH－20403 型为例，说明参数的设置方法。如图 4—41 所示。技术参数见表 4—21 和表 4—22。

（1）公共端：采用共阳极接线方式。将输入信号的电源 5 V 正极连接到该端子上。控制信号低电平有效。

（2）脉冲输入：共阳极时该脉冲下降沿被驱动器解释为一个有效脉冲，并驱动电动机运行一步。

（3）方向输入：该段信号的高电平和低电平控制步进电动机的两个转向。共阳极时该端悬空被等效认为输入高电平。

（4）脱机输入：该端接收控制机输出的高/低电平信号，共阳极低电平时电动机相电流被切断，转子处于自由状态。

（5）A＋/A－、B＋/B－：该端接两相混合式步进电动机。

（6）DC＋/DC－：该端接 10～40 V 间的直流电源。

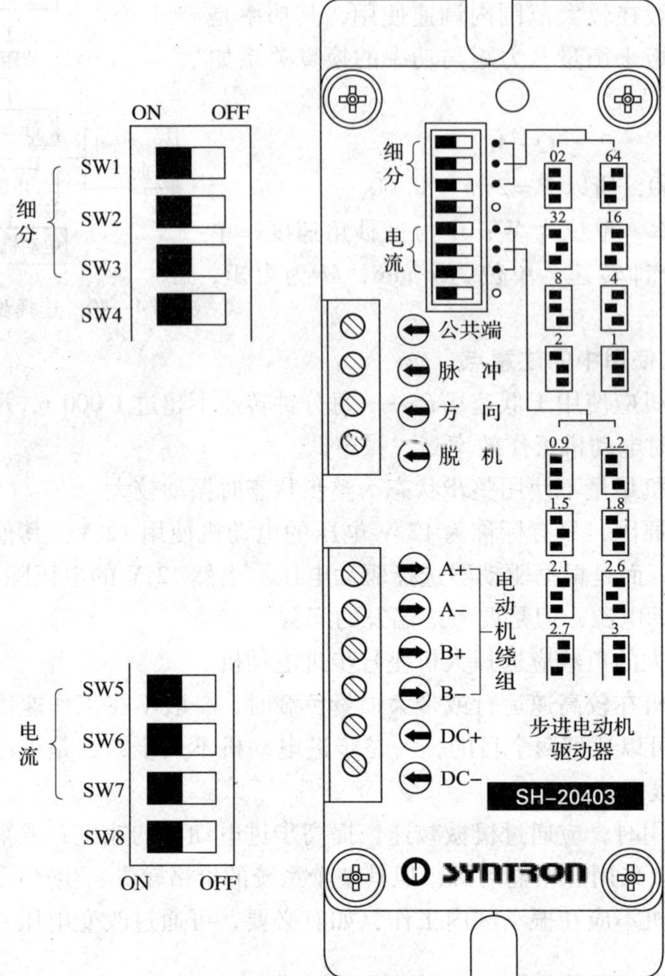

图 4—41　SH－20403 型步进电动机驱动器

表 4—21　　**细分选择**

细分	SW1	SW2	SW3
1	OFF	OFF	OFF
2	ON	OFF	OFF
4	OFF	ON	OFF
8	ON	ON	OFF
16	OFF	OFF	ON
32	ON	OFF	ON
64	OFF	ON	ON
保留	ON	ON	ON

表 4—22　　输出电流选择

细分	SW5	SW6	SW7
0.9 A	ON	ON	ON
1.2 A	ON	ON	OFF
1.5 A	ON	OFF	ON
1.8 A	ON	OFF	OFF
2.1 A	OFF	ON	ON
2.4 A	OFF	ON	OFF
2.7 A	OFF	OFF	ON
3.0 A	OFF	OFF	OFF

本驱动器首次引入了动态智能电流控制技术，从而大大改善了电动机电流的控制精度，进一步降低了力矩的脉动，提高了细分的精度，并且可以将电动机的损耗降低30%，以及达到减小电动机温升的效果。

4. 步进电动机控制系统的故障现象及检修

（1）步进电动机不转，其故障分析及维修方法见表4—23。

表 4—23　　步进电动机不转的故障分析及维修方法

故障现象	可能原因	维修方法
步进驱动器	驱动器与电动机连线断线	确定连线正常
	熔丝熔断	更换熔丝
	当动力线断线时，两相式步进电动机是不能转动的，但三相交流电动机仍可转动，但力矩不足	确保动力线的连接正常
	驱动器报警（过电压、欠电压、过电流、过热）	按相关报警方法解除
	驱动器使能信号被封锁	通过 PLC 观察使能信号是否正常
	驱动器电路故障	最好用交换法，确定是否驱动器电路故障，更换驱动器电路板或驱动器
	接口信号接触不良	重新连接好信号线
	系统参数设置不当，如工作方式不对	依照参数说明书，重新设置相关参数
步进电动机	步进电动机卡死	主要是机械故障，排除卡死的故障后，经验证，确保电动机正常后，方可继续使用
	长期在潮湿场所存放，造成电动机部分生锈	更换步进电动机
	电动机故障	
	指令脉冲太窄、频率过高、脉冲电平太低	会出现尖叫后不转的现象，按尖叫后不转的故障处理
外部故障	安装不正确	一般发生在新机调试时，重新安装调试
	电动机本身轴承等故障	重新进行机械的调整

（2）步进电动机过热报警，其故障分析及维修方法见表4—24。

表4—24　　步进电动机过热报警的故障分析及维修方法

故障现象	可能原因	维修方法
系统报警，显示步进电动机过热。用手摸电动机，会明显感觉温度不正常，甚至烫手	工作环境过于恶劣，环境温度过高	重新考虑电动机的应用条件，改善工作环境
	参数选择不当，如电流过大，超过相电流	根据参数说明书，重新设置参数
	电压过高	建议采用稳压电源

（3）步进电动机运行中发出尖叫声后停止，其故障分析及维修方法见表4—25。

表4—25　　步进电动机在运行中发出尖叫声后停止的故障分析及维修方法

故障现象	可能原因	维修方法
驱动器或步进电动机发出刺耳的尖叫声，然后电动机停止不转	输入脉冲频率太高，引起堵转	降低输入脉冲的频率
	输入脉冲的突调频率太高	降低输入脉冲的突调频率
	输入脉冲的升速曲线不够理想，引起堵转	调整输入脉冲的升速曲线

（4）步进电动机运行中自动停止，其故障分析及维修方法见表4—26。

表4—26　　步进电动机运行中自动停止的故障分析及维修方法

故障现象	可能原因	维修方法
驱动器无电源	驱动电源输出不正常	更换驱动器
驱动器不工作	发生脉冲电路故障	
驱动器能正常工作，但步进电动机不工作	线圈匝间短路	更换步进电动机
	步进电动机卡阻	排除外界的干扰因素

（5）步进电动机运行中噪声大，其故障分析及维修方法见表4—27。

表4—27　　步进电动机运行中噪声大的故障分析及维修方法

故障现象	可能原因	维修方法
低频旋转时有进二退一现象，高速上不去	相序错误	正确连接动力线
	步进电动机运行在低频区或共振区	分析电动机速度及电动机频率后，调整加工切削参数
	纯惯性负载、正反转频繁	重新考虑机床的加工能力
步进电动机故障	磁路混合式或磁式转子磁钢退磁后已单步运行或在失步区	更换步进电动机
	永磁单向旋转步进电动机的定向机构损坏	更换步进电动机

（6）步进电动机运行无力，或者出力降低，其故障分析及维修方法见表 4—28。

表 4—28　步进电动机运行无力或出力降低的故障分析及维修方法

故障现象	可能原因	维修方法
驱动器端故障	电压没有从驱动器输出来	检查驱动器，确保有输出
	驱动器故障	更换驱动器
	电动机绕组内部发生错误	
步进电动机端故障	电动机绕组碰到机壳，发生相间短路或者线头脱落	由专业维修人员维修步进电动机
	电动机轴断	更换步进电动机
	电动机定子与转子之间的气隙过大	专业电动机维修人员调整好气隙或更换步进电动机
外部故障	电压不稳	重新考虑负载和切削条件
	负载过大或者切削条件恶劣	重新考虑负载和切削条件

（7）步进电动机在运行中出现失步，其故障分析及维修方法见表 4—29。

表 4—29　步进电动机在运行中出现失步的故障分析及维修方法

故障现象	可能原因	维修方法
负载忽大忽小	是否毛坯余量分配不均匀等	调整加工条件
负载的转动惯性量过大，启动时失步、停止时过冲	可在不正式加工的条件下进行运行，判断是否有此现象发生	重新考虑负载的转动惯量
传动间隙大小不均	机械传动精度不够	进行螺距误差补偿
传动间隙产生的零件有弹性变形	机械传动精度不够	重新考虑这种材料工件的加工方案
电动机工作在共振失步区	电动机速度及电动机频率不合理	调整加工切削参数
电动机故障，如定子、转子相擦	有的情况严重，听声音可以感觉出来	更换步进电动机

六、实训操作

步进电动机的 PLC 控制。

1. 工具、仪表及器材

工具：电工常用工具；仪表：万用表等；器材：PLC（晶体管输出型）和步进电动机系统实训装置、计算机（带编程软件）、开关按钮板、步进电动机、连接导线。

2. 控制要求

当按下启动按钮 SB0 时，步进电动机在 4 s 的时间内转两周后停止，按钮 SB1 是停止按钮，开关 S 是控制步进电动机的旋转方向。设置步进驱动器的最大输出电流为 1.8 A，细分数为 1。

3. 分配 PLC 的 I/O 地址

根据题意，分配 PLC 的 I/O 地址，见表 4—30。

表 4—30　　PLC 的 I/O 地址分配表

输入			输出		
低压电器	作用	输入端子	步进驱动器	作用	输出端子
按钮 SB0	启动步进电动机	X000	脉冲	脉冲信号输入	Y000
按钮 SB1	停止步进电动机	X001	方向	方向信号输入	Y001
开关 S	控制步进电动机方向	X002			

4. 设计 PLC 控制电路，如图 4—42 所示

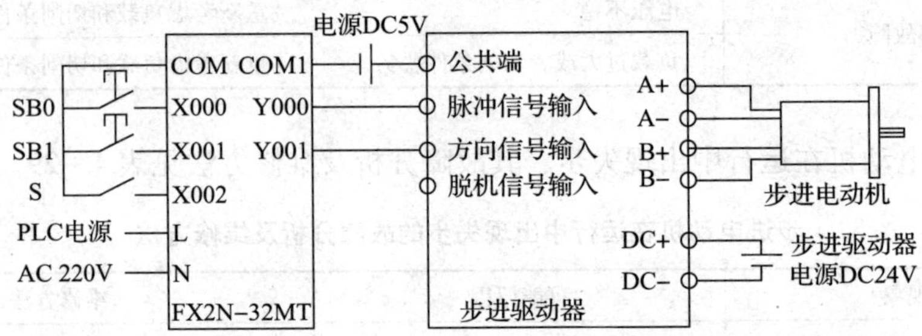

图 4—42　PLC 步进电动机的控制电路图

5. 编辑梯形图程序，如图 4—43 所示

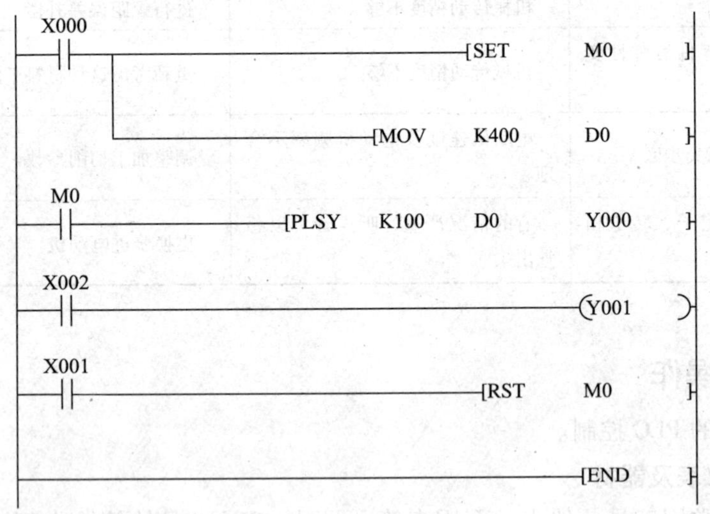

图 4—43　PLC 控制步进电动机的梯形图程序

6. 程序说明

当按下 SB0 时，PLC 在 4 s 内给步进电动机驱动器发射 400 个脉冲，步进电动机正好转两周后停止。按钮 SB1 是使步进电动机停止。开关 S 是控制步进电动机的旋转方向。

课后练习

1. 交—直—交变频器的主电路由整流、滤波和逆变三大部分组成，试叙述各部分的工作过程。

2. 什么是 *U/f* 控制方式？为什么要采用这种控制方式，而非单一的调整频率调速？

3. 简述 FR－E700 变频器的常用参数有哪些。

4. 描述 Pr. 79＝1、2、3、4 时的运行模式是何意义？举一个例子说明。

5. 如图 4—44 所示，分析变频与工频切换电路中继电器控制电路的工作过程。

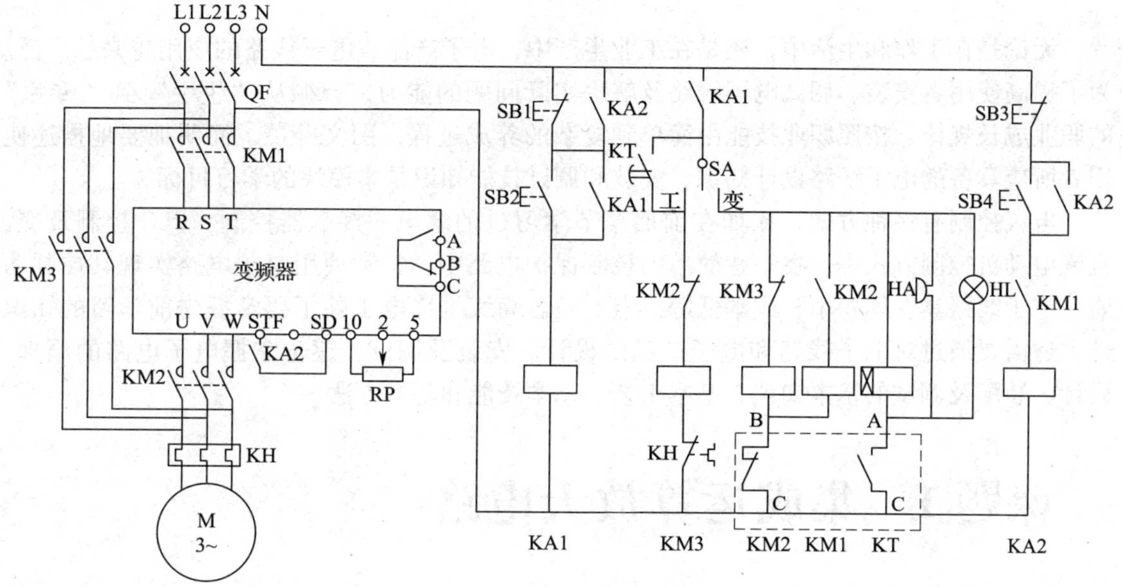

图 4—44 变频与工频切换电路

6. 要求变频器能输出 10 Hz、20 Hz、30 Hz、40 Hz、50 Hz 共五个固定频率，用五个按钮对应五个频率，不用停止就能任意切换，试设计控制电路。

7. 什么是步进电动机？在何种情况下该使用步进电动机？

8. 步进电动机分哪几种？有什么区别？

9. 步进电动机的驱动方式有几种？

10. 步进电动机的精度为多少？是否累积？

11. 为什么步进电动机的力矩会随转速的升高而下降？

12. 如何克服两相混合式步进电动机在低速运转时的振动和噪声？

13. 步进电动机驱动器的细分数是否能代表精度？

14. 混合式步进电动机驱动器的使能信号一般在什么情况下使用？

15. 如何用简单的方法调整两相步进电动机通电后的转动方向？

模块五 电子线路的装调与检修

无论是在工作和生活中，还是在工业生产中，电子产品或电子线路的应用越来越广泛。为了提高使用者安装、调试电子线路及解决实际问题的能力，遵循从“生手”到“专家”的职业成长规律，按照职业技能由简单到复杂的养成过程，图文并茂、简明扼要地描述使用者所应具备的电子线路设计知识、安装和调试技能知识是本模块的学习目标。

电气控制有多种方式，比如在前面章节学习过的继电—接触器控制、PLC 控制及交、直流电动机控制方式等。在一些简单的控制保护电路中，常常使用电子电路实现其控制功能，电子线路具有体积小、成本低等优点。一名高级维修电工除了要掌握先前学习的知识外，还需要通过对电子线路和电子产品的设计、安装及调试，逐步掌握电子电路的原理、设计、装配及调试的基本知识、基本工艺、基本技能和基本方法。

课题 1　集成运算放大电路

1. 掌握差分放大电路和集成运算放大电路的组成和原理。
2. 熟练掌握集成运算放大器的应用技术。

模拟集成电路的种类很多，有集成运算放大器（简称运放）、集成功率放大器、模拟乘法器、集成稳压电源及其他通用的和专用的模拟集成电路等，本课题仅介绍集成运算放大器。

集成运算放大器实质上是高增益的直接耦合放大电路，它的应用十分广泛。本模块首先介绍模拟集成电路的基础——差分放大电路（也称差动放大器），然后再介绍集成运算放大器的组成、电路符号及参数，并重点介绍集成运算放大器的基本应用。

一、差分放大电路

1. 直接耦合放大电路中的特殊问题

在自动控制及测量系统中，需将温度、压力等非电量经传感器转换成电信号。一般这类信号变化极其缓慢，阻容耦合和变压器耦合不可能传输这种信号，必须利用直接耦合放大电路来传输。另外，在模拟集成电路中，为了避免制作大电容，其内部电路都采用直接耦合方式。直接耦合方式的多级放大电路虽然不会造成低频信号在传输中的损失，但也存在着以下两个问题：

（1）静态工作点相互牵制

在直接耦合放大电路中，由于级与级之间无隔直电容，因此各级的静态工作点相互牵制。从而要求在设计电路时，要合理安排，使各级都有合适的静态工作点。

（2）零点漂移

若将直接耦合放大电路的输入端短路（$u_i=0$），从理论上讲，输出端将保持某个固定值不变。然而，实际情况并非如此，输出电压往往偏离初始静态值，出现了缓慢的、无规则的漂移，这种现象称为零点漂移。

产生零点漂移是由于电源电压的波动、元器件参数的变化，特别是环境温度的变化。当输入级放大电路的静态工作点由于某种原因而稍有偏移时，输入级的输出电压会发生微小的变化，这种缓慢的微小变化会被逐级放大，致使放大电路输出端产生较大的漂移电压，而且级数越多，漂移越大；当漂移电压的大小可以和有效信号电压相比拟时，就无法分辨出该电压是有效信号电压还是漂移电压，严重时漂移电压会淹没有效信号电压，使放大电路无法工作。

零点漂移是直接耦合放大电路所特有的现象，也是最棘手的问题。人们采用多种补偿措施来抑制零点漂移，其中最有效的方法是采用差分放大电路。

2. 基本差分放大电路

（1）电路组成

如图 5—1 所示为基本差分放大电路，由两个完全对称的共发射极放大电路组成。输入信号 u_{i1}和 u_{i2}从两个三极管的基极输入，称为双端输入。输出信号从两个集电极之间取出，称为双端输出。R_e为差分放大电路的公共发射极电阻，用来决定晶体管的静态工作电流和抑制零点漂移。R_c为集电极的负载电阻，电路采用$+U_{CC}$和$-U_{EE}$双电源供电。

（2）静态分析

当输入信号为零时，放大电路的直流通路如图 5—2 所示。由于电路左右对称，因此有 $I_{BQ1}=I_{BQ2}=I_{BQ}$，$I_{CQ1}=I_{CQ2}=I_{CQ}$，$I_{EQ1}=I_{EQ2}=I_{EQ}$，$U_{CEQ1}=U_{CEQ2}=U_{CEQ}$。由基极回路可得直流电压方程式为：$I_{BQ}R_b+U_{BEQ}+2I_{EQ}R_e=U_{EE}$。

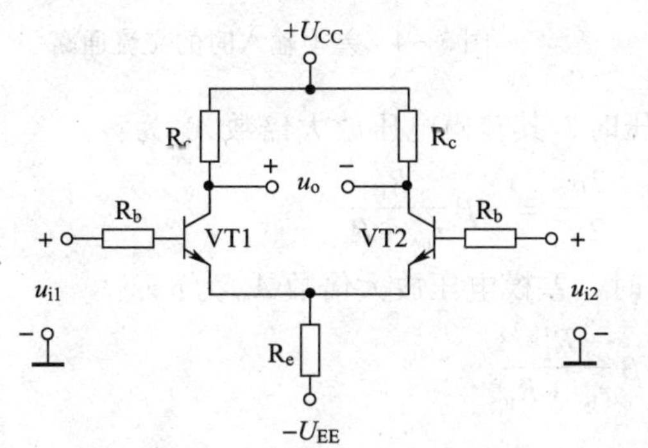

图 5—1　基本差分放大电路

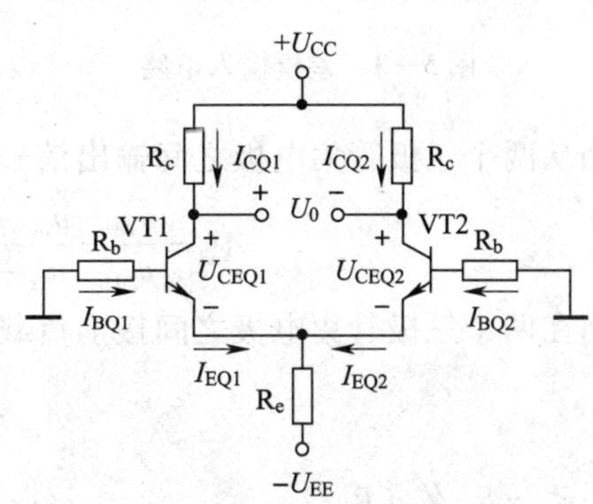

图 5—2　直流通路

经化简后得：

$$I_{EQ}=\frac{U_{EE}-U_{BEO}}{2R_e+\frac{R_b}{1+\beta}}$$

通常满足 $U_{EE}\gg U_{BEQ}$，$2R_e\gg\frac{R_b}{1+\beta}$条件，近似可得：

$$I_{EQ}\approx\frac{U_{EE}}{2R_e},I_{CQ}\approx I_{EQ},I_{BQ}=\frac{I_{CQ}}{\beta},U_{CEQ}\approx U_{CC}+U_{EE}-I_{CQ}(R_C+2R_e)。$$

（3）动态分析

1）差模信号输入

在放大电路的两个输入端分别输入大小相等、相位相反的信号即 $u_{i1}=-u_{i2}$，这种输入方式称为差模输入方式，输入的信号称为差模输入信号，用 u_{id} 来表示。如图 5—3 所示的输入就是差模输入，信号加在两个三极管的基极之间。由于电路对称，各三极管基极对地之间的信号，就是大小相等、相位相反的信号。

由图 5—3 可知，$u_{i1}=-u_{i2}=\frac{1}{2}u_{id}$。由于两个三极管的输入电压极性相反，因此流过两个三极管的差模信号电流方向也是相反的。若 VT1 管的电流增加，则 VT2 管的电流减小；若 VT1 管 c 极的电位下降，则 VT2 管 c 极的电位上升，$u_{od}\neq 0$。

另外，在电路完全对称的条件下，i_{E1}增加的量与 i_{E2}减小的量相等，所以流过 R_e的电流变化为零，即 R_e电阻两端没有差模信号电压产生。可以认为 R_e对差模信号呈短路状态，从而得到差模输入时的交流通路如图 5—4 所示。

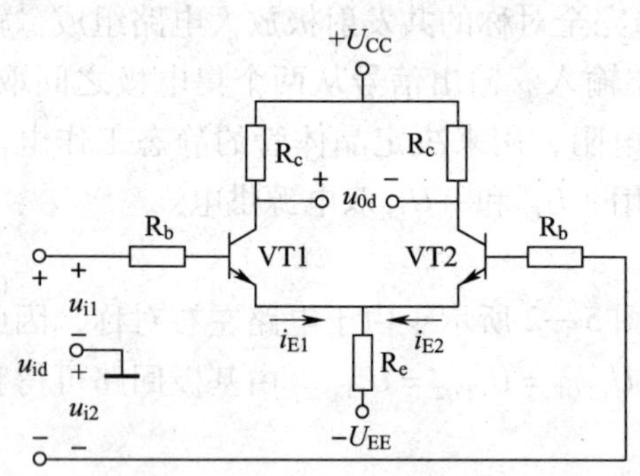

图 5—3 差模输入电路

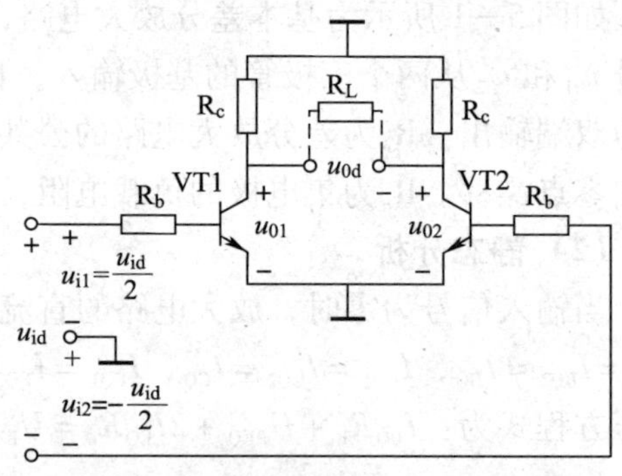

图 5—4 差模输入时的交流通路

当从两个三极管集电极之间输出信号电压时，其差模电压放大倍数 A_{ud} 为：

$$A_{ud}=\frac{u_{od}}{u_{id}}=\frac{u_{o1}-u_{o2}}{u_{i1}-u_{i2}}=\frac{2u_{o1}}{2u_{i1}}=-\beta\frac{R_C}{r_{be}+R_b}$$

当在两个三极管集电极之间接上负载 R_L时，差模电压放大倍数 A_{ud}为：

$$A_{ud}=-\beta\frac{R_L'}{r_{be}+R_b}$$

式中，$R_L'=R_C$∥（$R_L/2$）。

因为当输入差模信号时，两个三极管集电极电位的变化等值反相。可见，负载电阻 R_L

的中点是交流地电位，所以在差动输入的半边等效电路中，负载电阻是 $R_L/2$。

综上分析可知：双端输入、双端输出差分放大电路的差模电压放大倍数与单管共发射极放大电路的电压放大倍数相同。可见，差分放大电路是用增加一个单管共发射极放大电路为代价来换取对零点漂移的抑制能力。

由电路可得差模输入电阻 r_{id} 为：

$$r_{id}=2\ (R_b+r_{be})$$

两集电极之间的差模输出电阻 r_{od} 为：

$$r_{od}=2R_c$$

2）共模信号输入

在放大器的两输入端分别输入大小相等、极性相同的信号，即 $u_{i1}=u_{i2}$，这种输入方式称为共模输入，所输入的信号称为共模输入信号，常用 u_{ic} 来表示。如图 5—5 所示，其输入就属于共模输入，因为两个三极管的基极连接在一起，所示其对地的信号是完全相同的。

由图 5—5 可知，因为 $u_{i1}=u_{i2}=u_{ic}$，故两个三极管的电流同时增加或减小；由于电路对称，两个三极管集电极的电位同时降低或升高，降低量或升高量也相等，$u_{oc}=0$。其双端输出的共模电压放大倍数 A_{uc} 为：

$$A_{uc}=\frac{u_{oc}}{u_{ic}}=0$$

在实际中，共模信号是用来反映温度漂移（以下简称温漂）干扰或噪声等无用信号的。因为温度的变化、噪声的干扰对两个三极管的影响是相同的，因此可将其等效为输入端的共模信号，在电路对称的情况下，其共模输出电压为零。

即使电路不完全对称，也可通过发射极电阻 R_e，产生 $2R_e$ 效果的共模负反馈，使每一个三极管的共模输出电压减小。这是因为共模信号输入时，两个三极管电流同时增大或同时减小，即 R_e 电阻上的共模信号电压是由两管发射极共模信号电流相加后产生的，故 R_e 电阻对每一个管子来说都将产生 $2R_e$ 的共模负反馈效果，其共模交流通路如图 5—6 所示。

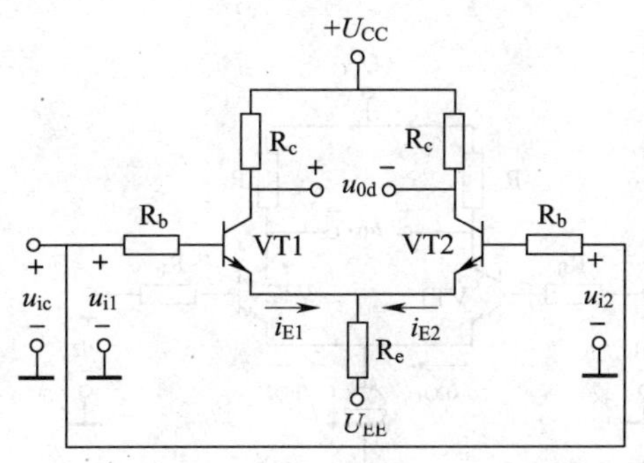

图 5—5　共模输入电路

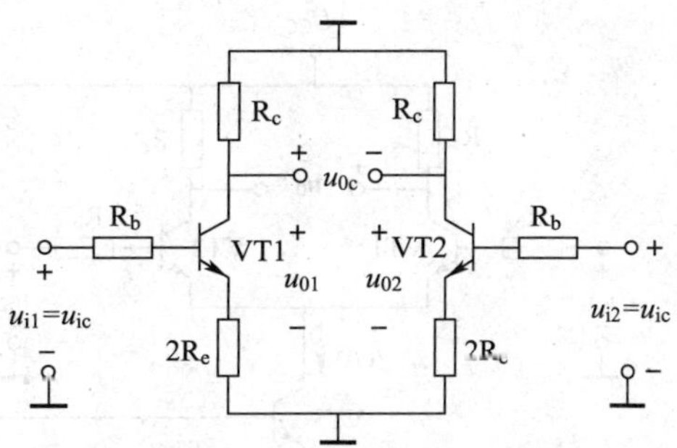

图 5—6　共模输入时的交流通路

根据 VT1 管或 VT2 管的单管共模电压放大倍数的定义，有：

$$A_{uc1}=\frac{u_{o1}}{u_{i1}},\quad A_{uc2}=\frac{u_{o2}}{u_{i2}}$$

$$A_{uc1}=A_{uc2}=\frac{-\beta R_c}{R_b+r_{be}+2(1+\beta)R_e}$$

由 A_{uc1}（A_{uc2}）的表达式可以看出，R_e越大，A_{uc1}（A_{uc2}）值就越小，共模输出电压 u_{o1} 和 u_{o2} 也越小，从而使共模输出电压 u_{oc} 变得更小。

3）一般输入

对于如图 5—1 所示电路，若两个输入的信号大小不等，则此时可认为差分放大电路既有差模信号输入，又有共模信号输入。

差模信号分量为两输入信号之差，用 u_{id} 表示，即：

$$u_{id}=u_{i1}-u_{i2}$$

共模信号分量为两输入信号的算术平均值，用 u_{ic} 表示，即：

$$u_{ic}=u_{ic}=\frac{1}{2}(u_{i1}+u_{i2})$$

于是，加在两个输入端上的信号可分解为：

$$u_{i1}=\frac{u_{id}}{2}+u_{ic} \quad 和 \quad u_{i2}=-\frac{u_{id}}{2}+u_{ic}$$

（4）具有恒流源的差分放大电路

由前面分析可知，电阻 R_e 对差分放大电路的性能影响极大。对差模信号来说，R_e 相当于短路，即 R_e 对差模信号没有负反馈作用；对共模信号来说，R_e 将产生 $2R_e$ 效果的负反馈。为了抑制共模信号，可将 R_e 值取得大一些，但 R_e 值太大，又将导致差分放大管的静态电流减小。若将 R_e 改为恒流源，则不但有更深的共模负反馈效果，更能使差分放大管的静态电流不减小，差分放大电路的性能将进一步得到提高。

具有恒流源的差分放大电路如图 5—7a 所示，由 VT3、R1、R2 及 R3 组成恒流源，当 R1、R2 和 R3 电阻选定后，I_{CQ3} 电流就是常数值，即具有恒流特性。由于 VT3 的 c 与 e 极间的动态电阻 r_{ce} 的阻值极大，因此 VT3 对于差分放大电路而言，可视为一个理想的恒流源 I，于是可得到如图 5—7b 所示简化的电路。

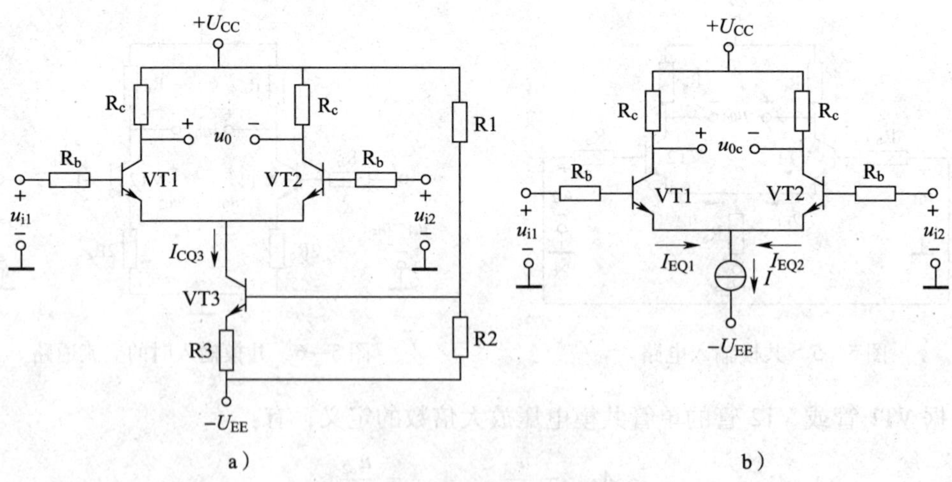

图 5—7　具有恒流源的差分放大电路

a）恒流源差分放大电路　b）简化电路

差分放大管的发射极接恒流源后，VT1 和 VT2 的静态电流为：

$$I_{EQ1}=I_{EQ2}=\frac{1}{2}I$$

对于差模输入信号，两个三极管电流一增一减，且增大量等于减小量，所以两个三极管瞬时电流相加后仍等于恒流值 I。因此，恒流源对差模信号的放大不会产生负反馈。对于共模输入信号，由于恒流源电流 I 恒定，两个三极管电流同时增大或同时减小都是不可能的，所示抑制共模信号输出十分理想。

如图 5—7 所示电路的差模电压放大倍数、差模输入电阻和差模输出电阻计算公式为：

$$A_{ud}=-\beta\frac{R_c}{R_b+r_{be}}$$

式为：

$$r_{id}=2(R_b+r_{be})$$

$$r_{od}=2R_c$$

(5) 共模抑制比

在实际应用中，差分放大电路的两输入信号中既有有用的差模信号成分，又有无用的共模信号成分，此时可利用叠加原理来求总的输出电压，即：

$$u_o=A_{ud}u_{id}+A_{uc}u_{ic}$$

在差分放大电路的输出电压中，总希望差模输出电压越大越好，而共模输出电压越小越好。为了表明差分放大电路对差模信号的放大能力及对共模信号的抑制能力，常用共模抑制比 K_{CMR} 作为一项重要技术指标来衡量，其定义为放大电路对差模信号的电压放大倍数 A_{ud} 与对共模信号的电压放大倍数 A_{uc} 之比的绝对值，即：

$$K_{CMR}=\left|\frac{A_{ud}}{A_{uc}}\right|$$

共模抑制比有时也用分贝（dB）来表示，即：

$$K_{CMR}=20\lg\left|\frac{A_{ud}}{A_{uc}}\right|\ (\mathrm{dB})$$

显然，共模抑制比越大，差分放大电路分辨差模信号的能力就越强，受共模信号的影响就越小。对于双端输出的差分放大电路，若电路完全对称，则共模电压放大倍数 $A_{uc}=0$，$K_{CMR}=\infty$。

3. 差分放大电路的几种接法

差分放大电路有两个输入端和两个输出端，所以在信号输入、输出方式上可以根据需要灵活选择。

(1) 双端输入、单端输出

在如图 5—8 所示电路中，输出信号只从 VT1 管的集电极对地输出，这种输出方式叫单端输出。由于只取出单管的集电极信号电压，此信号电压只有双端输出信号电压的一半，因而差模电压放大倍数也只有双端输出时的一半。若 $R'_L=R_c/\!/R_L$，则差模电压放大倍数、差模输入电阻和差模输出电阻分别计算公式为：

$$A_{ud}=\frac{u_o}{u_{i1}-u_{i2}}=-\beta\frac{R'_L}{2(R_b+r_{be})}$$

$$r_{id}=2\ (R_b+r_{be})$$

$$r_{od}=R_c$$

信号也可以从 VT2 的集电极输出，此时差模电压放大倍数无负号，表示同相输出。

(2) 单端输入、双端输出

将差分放大电路的一个输入端接地，信号只从另一个输入端输入，这种连接方式称为单端输入，如图 5—9 所示。由于恒流源电流 I 恒定，当在 VT1 管的输入端与地之间加 u_i 信号后，VT1 管电流 i_{E1} 增大时，VT2 管电流 i_{E2} 必然减小，而且增大量等于减小量。这就表明，VT2 管的输入端虽然接地，但输入信号 u_i 均匀地分配给两管的输入回路，则有：

$$u_{i1}=\frac{1}{2}u_i \quad u_{i2}\approx -\frac{1}{2}u_i$$

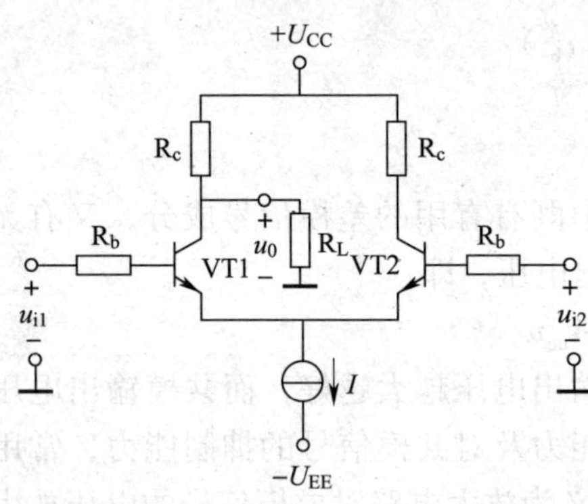

图 5—8　双端输入、单端输出

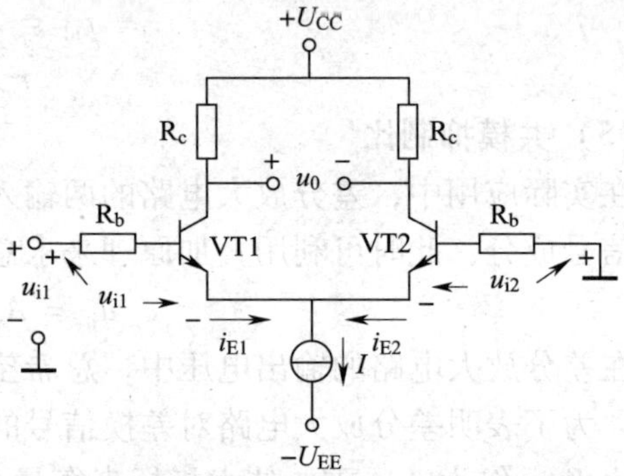

图 5—9　单端输入、双端输出

可见，在单端输入的差分放大电路中，虽然信号只从一端输入，但另一管的输入端也得到了大小相等、相位相反的输入信号，与双端输入电路工作状态相同。因此，双端输入的差模电压放大倍数等的各种计算均适用于单端输入的情况，有：

$$A_{ud}=-\beta\frac{R_c}{R_b+r_{be}}$$

$$r_{id}=2\ (R_b+r_{be})$$

$$r_{od}=2R_c$$

(3) 单端输入、单端输出

电路如图 5—10 所示，由于单端输入与双端输入的情况相同，因而单端输入、单端输出电路的计算与双端输入、单端输出电路的计算相同，有：

$$A_{ud}=-\beta\frac{R_L'}{2\ (R_b+r_{be})}$$

$$r_{id}=2\ (R_b+r_{be})$$

$$r_{od}=R_c$$

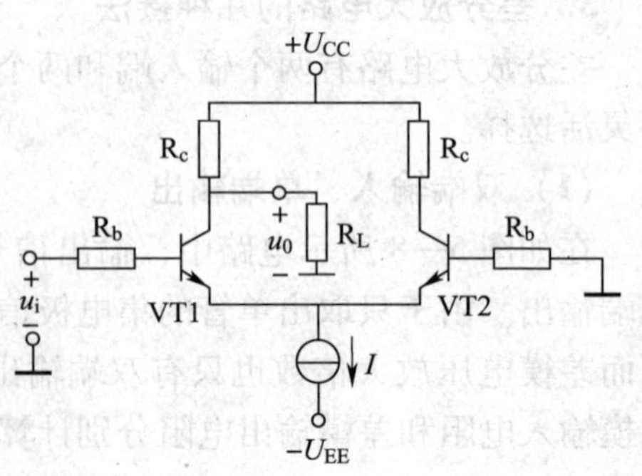

图 5—10　单端输入、单端输出差分放大电路

二、集成运算放大器

1. 集成运算放大器概述

利用常规的半导体三极管硅平面制造工艺技术，把组成电路的电阻、二极管及三极管等有源、无源器件及其内部连线同时制作在一块很小的硅基片上，便构成了具有特定功能的电子电路——集成电路。常见的集成运算放大器的外形有圆形、扁平形、双列直插式等，接有8引脚或14引脚，如图5—11所示。它除了具有体积小、重量轻、耗电省及可靠性高等优点外，还具有下列特点：

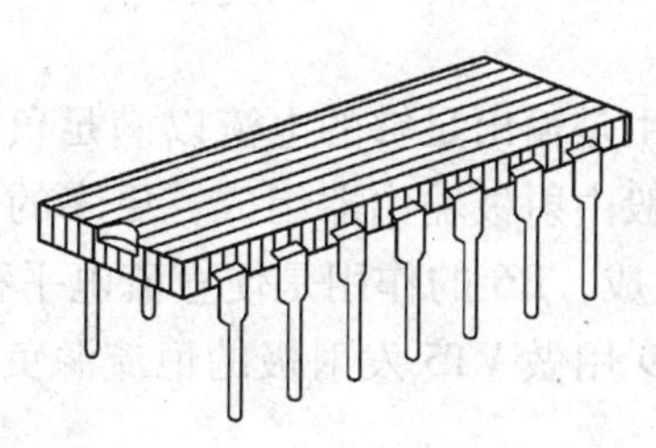

图5—11 集成运算放大器外形

（1）因硅片上不能制作大电容与电感，所以模拟集成电路内的电路均采用直接耦合的方式，差分放大电路是其最基本的电路形式。所需的大电容和电感一般采用外接的方式。

（2）由于硅片上不宜制作高阻值电阻，所以模拟集成电路常以恒流源取代高阻值电阻。

（3）由于增加元器件并不会增加制造工序，所以集成电路内部允许采用复杂的电路形式，以提高电路的性能。

（4）相邻的元件具有良好的对称性，这对采用差分放大电路有利。

2. 集成运算放大器电路

（1）集成运算放大器内部电路

集成运算放大器的内部实际上是一个高增益的直接耦合放大器，它一般由输入级、中间级、输出级和偏置电路四部分组成。如图5—12所示为简单的集成运算放大器内部电路。

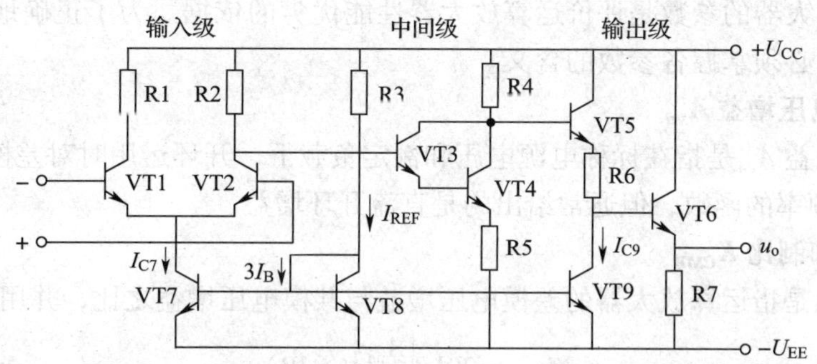

图5—12 简单的集成运算放大器内部电路

1）输入级

输入级由 VT1 和 VT2 组成，这是一个双端输入、单端输出的差分放大电路，VT3 是其发射极恒流源。输入级是提高运算放大器质量的关键部分，要求其输入电阻要高。为了能减小零点漂移和抑制共模干扰信号，输入级都采用具有恒流源的差分放大电路，又称差动输入级。

2）中间级

中间级由复合管 VT3 和 VT4 组成，通常是共发射极放大电路，其主要作用是提供足够大的电压放大倍数，故又称电压放大级。为了提高电压放大倍数，有时采用恒流源代替集电极负载电阻 R4。

3）输出级

输出级的主要作用是输出足够的电流以满足负载的需要，要求输出电阻要小，带负载能力要强。输出级一般由射极输出器组成，更多的是采用互补对称推挽放大电路。射极输出器由 VT5 和 VT6 组成，R6 的作用是使直流电平移，即通过 R6 对直流进行降压，以实现零输入时零输出。VT9 用做 VT5 发射极的恒流源负载。

4）偏置电路

偏置电路的作用是为各级提供合适的工作电流，一般由各种恒流源电路组成。VT7 ~ VT9 组成恒流源形式的偏置电路。VT8 的基极与集电极相连，使 VT8 工作在临界饱和状态下，故仍有放大的能力。

集成运算放大器采用正、负电源供电。“ + ”为同相输入端，由此端输入信号，则输出信号与输入信号同相；“ - ”为反相输入端，由此端输入信号，则输出信号与输入信号反相。

（2）集成运算放大器电路符号

集成运算放大器的电路符号如图 5—13 所示，图中“▷”表示信号的传输方向，“ ∞ ”表示放大倍数为理想条件。在两个输入端中，符号“ - ”表示反相输入端，电压用“u_-”表示；符号“ + ”表示同相输入端，电压用“u_+”表示。输出端的“ + ”号表示输出电压为正极性，输出电压用“u_o”表示。

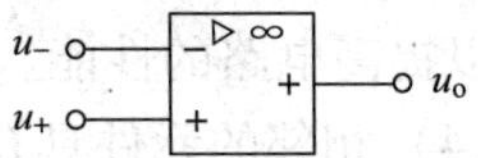

图 5—13　集成运算放大器的电路符号

3. 集成运算放大器的主要参数

集成运算放大器的参数是评价运算放大器性能优劣的依据。为了正确地挑选和使用集成运算放大器，必须掌握各参数的含义。

（1）差模电压增益 A_{ud}

差模电压增益 A_{ud} 是指在标称电源电压和额定负载下，开环运用时对差模信号的电压放大倍数。A_{ud} 是频率的函数，但通常给出的是直流开环增益。

（2）共模抑制比 K_{CMR}

共模抑制比是指运算放大器的差模电压增益与共模电压增益之比，并用对数表示。即：

$$K_{CMR} = 20\lg\left|\frac{A_{ud}}{A_{uc}}\right| \quad (dB)$$

K_{CMR} 越大越好。

(3) 差模输入电阻 r_{id}

差模输入电阻是指运算放大器对差模信号所呈现的电阻，即运算放大器两输入端之间的电阻。

(4) 输入偏置电流 I_{IB}

输入偏置电流 I_{IB} 是指运算放大器在静态时，流经两个输入端的基极电流平均值。即：

$$I_{IB}=\frac{I_{B1}+I_{B2}}{2}$$

输入偏置电流越小越好，通用型集成运算放大器的输入偏置电流 I_{IB} 约为几个微安（μA）数量级。

(5) 输入失调电压 U_{IO} 及其温漂 dU_{IO}/dt

一个理想的集成运算放大器能实现零输入时零输出。而实际的集成运算放大器在输入电压为零时，则存在一定的输出电压，将其折算到输入端就是输入失调电压。它在数值上等于输出电压为零时，输入端应施加的直流补偿电压，反映了差动输入级元件的失调程度。通用型运算放大器的 U_{IO} 为 2 ~ 10 mV，高性能运算放大器的 U_{IO} 小于 1 mV。

输入失调电压对温度的变化率 dU_{IO}/dt 称为输入失调电压的温度漂移，简称温漂，用以表征 U_{IO} 受温度变化的影响程度，一般以 μV/℃ 为单位。通用型集成运算放大器的指标为几个微伏（μV）数量级。

(6) 输入失调电流 I_{IO} 及其温漂 dI_{IO}/dt

一个理想的集成运算放大器两输入端的静态电流应该完全相等。实际上，当集成运算放大器的输出电压为零时，流入两输入端的电流并不相等，这两个静态电流之差 $I_{IO}=I_{B1}-I_{B2}$ 就是输入失调电流。造成输入电流失调的主要原因是差分对管的 β 失调。I_{IO} 越小越好，一般为 1 ~ 10 nA。

输入失调电流对温度的变化率 dI_{IO}/dt 称为输入失调电流的温度漂移，简称温漂，用以表征 I_{IO} 受温度变化的影响程度。这类温度漂移一般为 1 ~ 5 nA/℃，好的可达 pA/℃ 数量级。

(7) 输出电阻 r_o

在开环条件下，运算放大器输出端等效为电压源时的等效动态内阻称为运算放大器的输出电阻，记为 r_o。r_o 的理想值为零，实际值一般为 100 Ω ~ 1 kΩ。

(8) 开环带宽 *BW*（f_H）

开环带宽 *BW* 又称 −3 dB 带宽，是指运算放大器在放大小信号时，开环差模增益下降 3 dB 时所对应的频率 f_H。

(9) 单位增益带宽 *BWG*（f_T）

当信号频率增大到使运算放大器的开环增益下降到 0 dB 时，其所对应的频率范围称为单位增益带宽。

(10) 转换速率 *SR*

转换速率又称上升速率或压摆率，通常是指当运算放大器在闭环状态下，输入为大信号（例如阶跃信号）时，放大电路输出电压对时间的最大变化速率。

SR 的大小反映了运算放大器的输出对于高速变化的大输入信号的响应能力。*SR* 越大，

表示运算放大器的高频性能越好，如 μA741 的 $SR=0.5\ V/\mu s$。

此外，还有最大差模输入电压 U_{idmax}、最大共模输入电压 U_{icmax}、最大输出电压 U_{omax} 及最大输出电流 I_{omax} 等参数。

三、集成运算放大器的基本应用

集成运算放大器加上一定形式的外接电路可实现各种功能。例如，对信号进行反相放大与同相放大，对信号进行加、减、微分和积分运算等。

1. 理想运算放大器

一般情况下，把电路中的集成运算放大器看作理想集成运算放大器。

(1) 理想集成运算放大器的主要性能指标

集成运算放大器的理想化性能指标有：

1）开环电压放大倍数 $A_{ud}=\infty$。

2）输入电阻 $r_{id}=\infty$。

3）输出电阻 $r_{od}=0$。

4）共模抑制比 $K_{CMR}=\infty$。

此外，没有失调和失调温度漂移等。尽管理想运算放大器并不存在，但由于集成运算放大器的技术指标都比较接近于理想值，在具体分析时将其理想化是允许的，这种分析所带来的误差一般比较小，可以忽略不计。

(2)“虚短”和“虚断”概念

对于理想的集成运算放大器，由于其 $A_{ud}=\infty$，因而若两个输入端之间加无穷小的电压，则输出电压将超出其线性范围。因此，只有引入负反馈，才能保证理想集成运算放大器工作在线性区内。

理想集成运算放大器线性工作区的特点是存在着“虚短”和“虚断”两个概念。

1）“虚短”概念

当集成运算放大器工作在线性区时，输出电压在有限值之间变化，而集成运算放大器的 $A_{ud}\rightarrow\infty$，则 $u_{id}=u_{od}/A_{ud}\approx0$。由 $u_{id}=u_+-u_-\approx0$，得：

$$u_+\approx u_-$$

即反相端与同相端电压几乎相等，近似于短路又不是真正的短路，一般将此种情况称为虚短路，简称“虚短”。

另外，当同相端接地时，使 $u_+=0$，则有 $u_-\approx0$。这说明同相端接地时，反相端电位接近于地电位，所以反相端称为“虚地”。

2）“虚断”概念

由于集成运算放大器的输入电阻 $r_{id}\rightarrow\infty$，得两个输入端的电流 $i_-=i_+\approx0$，这表明流入集成运算放大器同相端和反相端的电流几乎为零，所以称为虚断路，简称“虚断”。

2. 反相放大器与同相放大器

(1) 反相输入放大路

如图 5—14 所示为反相输入放大电路。

输入信号 u_i 经过电阻 R1 加到集成运算放大器的反相端，反馈电阻 R_F 接在输出端和反相输入端之间，构成电压并联负反馈，此时集成运算放大器工作在线性区；同相端加平衡电阻R2，主要是使同相端与反相端外接电阻相等，即 $R_2 = R_1 // R_F$，以保证运算放大器处于平衡对称的工作状态，从而消除输入偏置电流及其温度漂移的影响。

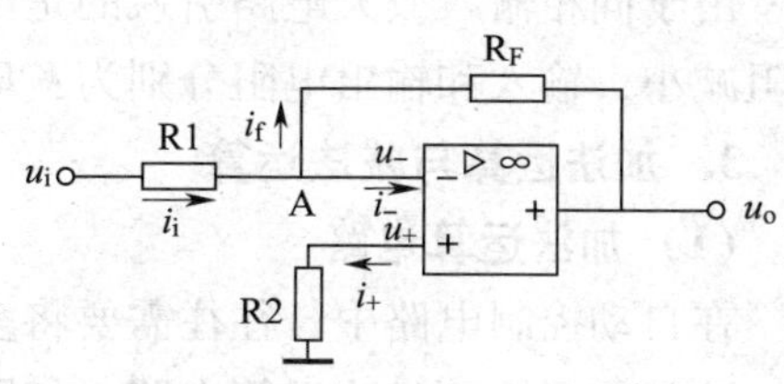

图5—14　反相输入放大电路

根据“虚断”的概念，$i_+ = i_- \approx 0$，得 $u_+ = 0$，$i_i = i_f$。又根据“虚短”的概念，$u_- \approx u_+ = 0$，故称A点为虚地点。虚地是反相输入放大电路的一个重要特点。又因为有：

$$i_1 = \frac{u_i}{R_1},\ i_f = -\frac{u_o}{R_F}$$

所以有：

$$\frac{u_i}{R_1} = -\frac{u_o}{R_F}$$

移项后得电压放大倍数：$A_u = \frac{u_o}{u_i} = -\frac{R_F}{R_1}$　或　$u_o = -\frac{R_F}{R_1} \times u_i$

上式表明，电压放大倍数与 R_F 的大小成正比，与R1的大小成反比，式中负号表明输出电压与输入电压相位相反。当 $R_1 = R_F = R$ 时，$u_o = -u_i$，输入电压与输出电压大小相等、相位相反，反相放大电路成为反相器。

由于反相输入放大电路引入的是深度电压并联负反馈，因此它使输入和输出电阻都减小，输入和输出电阻分别为：

$$R_i \approx R_1,\ R_o \approx 0$$

（2）同相输入放大电路

在图5—15中，输入信号 u_i 经过电阻R2接到集成运算放大器的同相端，反馈电阻接到其反相端，构成了电压串联负反馈。

根据“虚断”的概念，$i_+ \approx 0$，可得 $u_+ = u_i$。又根据“虚短”的概念，有 $u_+ \approx u_-$，于是有：$u_i \approx u_- = u_o \frac{R_1}{R_1 + R_F}$。

移项后得电压放大倍数 A_u：$A_u = \frac{u_o}{u_i} = 1 + \frac{R_F}{R_1}$

$$\text{或}\quad u_o = \left(1 + \frac{R_F}{R_1}\right) u_i$$

当 $R_F = 0$ 或 $R_1 \to \infty$ 时，如图5—16所示，此时 $u_o = u_i$，即输出电压与输入电压大小相等、相位相同，该电路称为电压跟随器。

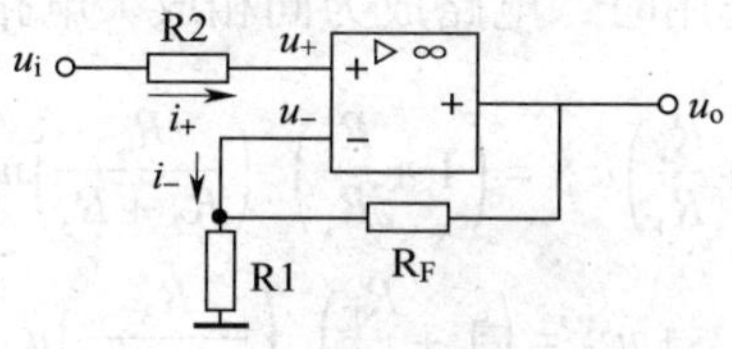

图5—15　同相输入比例运算电路

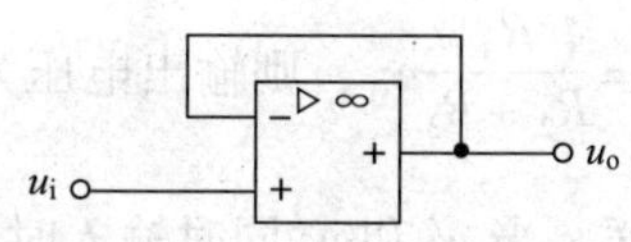

图5—16　电压跟随器

由于同相输入放大电路引入的是深度电压串联负反馈，因此它使输入电阻增大、输出电阻减小，输入和输出电阻分别为：$R_i \to \infty$，$R_o \approx 0$。

3. 加法运算与减法运算

(1) 加法运算电路

在自动控制电路中，往往需要将多个采样信号按一定的比例叠加起来输入到放大电路中，这就需要用到加法运算电路，如图 5—17 所示。

根据“虚断”概念及结点电流定律，可得 $i_f = i_i = i_1 + i_2 + \cdots + i_n$。再根据“虚短”概念可得：$i_1 = \dfrac{u_{i1}}{R_1}$，$i_2 = \dfrac{u_{i2}}{R_2}$，…，$i_n = \dfrac{u_{in}}{R_n}$。

则输出电压为：$u_o = -R_F i_f = -R_F\left(\dfrac{u_{i1}}{R_1} + \dfrac{u_{i2}}{R_2} + \cdots + \dfrac{u_{in}}{R_n}\right)$

上式实现了各信号的比例加法运算，如取 $R_1 = R_2 = \cdots = R_n = R_F$，则有：

$$u_o = -(u_{i1} + u_{i2} + \cdots + u_{in})$$

(2) 减法运算电路

1) 利用反相求和实现减法运算

电路如图 5—18 所示。第一级为反相放大电路，若取 $R_{F1} = R_1$，则 $u_{o1} = -u_{i1}$。第二级为反相加法运算电路，可导出：

$$u_o = -\frac{R_{F2}}{R_2}(u_{o1} + u_{i2}) = \frac{R_{F2}}{R_2}(u_{i1} - u_{i2})$$

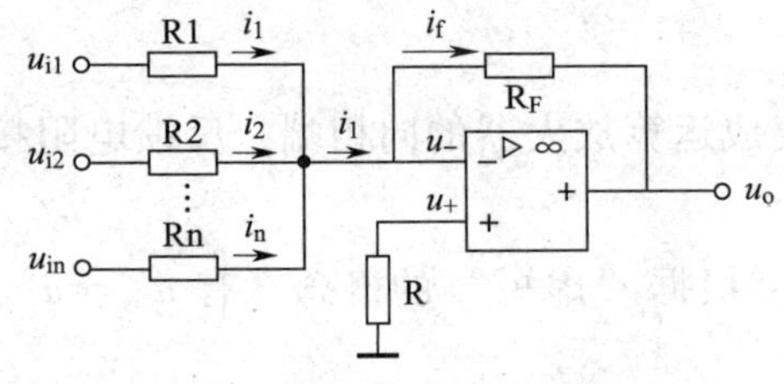

图 5—17 加法运算电路

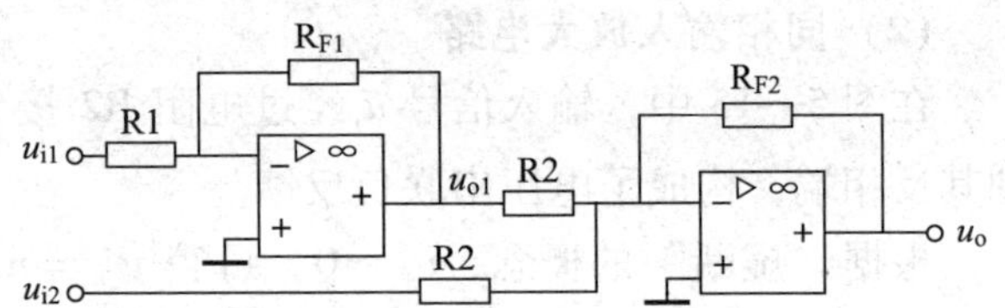

图 5—18 利用反相求和实现减法运算

若取 $R_2 = R_{F2}$，则有：$u_o = u_{i1} - u_{i2}$。

于是实现了两信号的减法运算。

2) 利用差分式电路实现减法运算

电路如图 5—19 所示。u_{i2} 经 R1 加到反相输入端，u_{i1} 经 R2 加到同相输入端。

根据叠加定理，首先令 $u_{i1} = 0$，当 u_{i2} 单独作用时，电路成为反相放大电路，其输出电压为：$u_{o2} = -\dfrac{R_F}{R_1}u_{i2}$。再令 $u_{i2} = 0$，当 u_{i1} 单独作用时，电路成为同相放大电路，同相端电压为：$u_+ = \dfrac{R_3}{R_2 + R_3}u_{i1}$，则输出电压为：$u_{o1} = \left(1 + \dfrac{R_F}{R_1}\right)u_+ = \left(1 + \dfrac{R_F}{R_1}\right)\left(\dfrac{R_3}{R_2 + R_3}\right)u_{i1}$。

这样，当 u_{i1} 和 u_{i2} 同时输入时，有：$u_o = u_{o1} + u_{o2} = \left(1 + \dfrac{R_F}{R_1}\right)\left(\dfrac{R_3}{R_2 + R_3}\right)u_{i1} - \dfrac{R_F}{R_1}u_{i2}$。

当 $R_1 = R_2 = R_3 = R_F$ 时，有：$u_o = u_{i1} - u_{i2}$

于是实现了两信号的减法运算。

如图 5—19 所示电路为减法运算电路，又称差分放大电路，其具有输入电阻低和增益调整难两大缺点。为满足高输入电阻及增益可调的要求，工程上常采用由多级运算放大器组成的差分放大电路。

4. 积分运算与微分运算

（1）积分运算电路

如图 5—20 所示为积分运算电路。

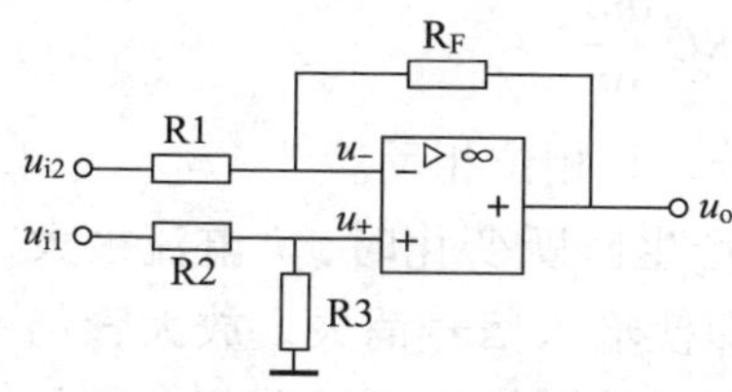

图 5—19 减法运算电路

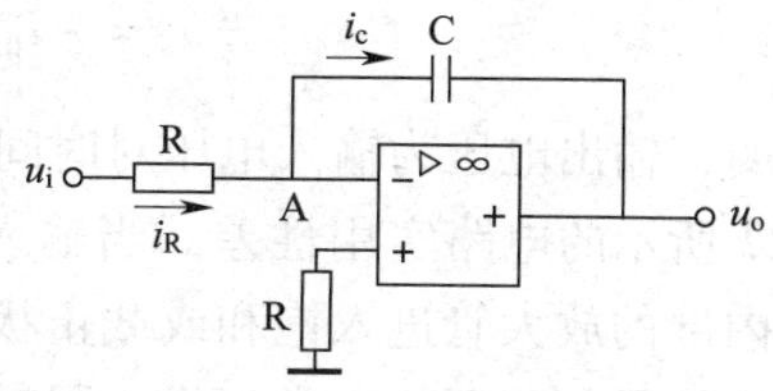

图 5—20 积分运算电路

根据“虚地”概念，$u_A \approx 0$，$i_R = u_i / R$。再根据“虚断”概念，有 $i_c \approx i_R$，即电容 C 以 $i_c = u_i / R$ 进行充电。假设电容 C 的初始电压为零，那么

$$u_o = -\frac{1}{C}\int i_c \mathrm{d}t = -\frac{1}{C}\int \frac{u_i}{R}\mathrm{d}t = -\frac{1}{RC}\int u_i \mathrm{d}t$$

上式表明，输出电压为输入电压对时间的积分，且相位相反。当求解 t_1 到 t_2 时间段的积分值时，有：

$$u_o = -\frac{1}{RC}\int_{t_1}^{t_2} u_i \mathrm{d}t + u_o(t_1)$$

式中，$u_o(t_1)$ 为积分起始时刻 t_1 的输出电压，即积分的起始值；积分的终值是 t_2 时刻的输出电压。当 u_i 为常量 U_i 时，有：

$$u_o = -\frac{1}{RC}U_i(t_2 - t_1) + u_o(t_1)$$

积分电路的波形变换作用如图 5—21 所示。当输入为阶跃波时，若 t_o 时刻电容上的电压为零，则输出电压波形如图 5—21a 所示。当输入为方波和正弦波时，则输出电压波形分别如图 5—21b 和图 5—21c 所示。

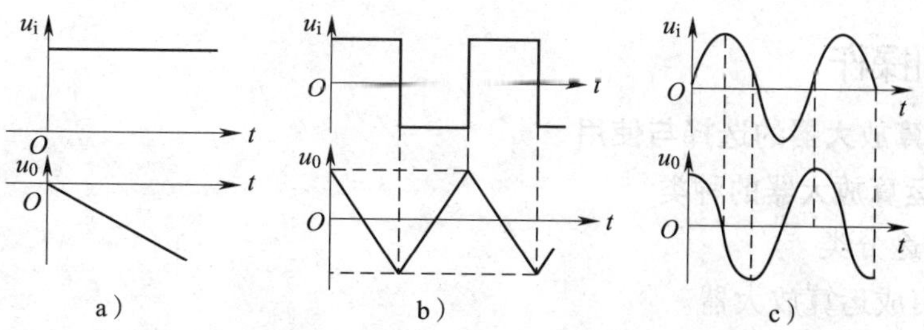

图 5—21 积分运算在不同输入情况下的波形

a）输入为阶跃波 b）输入为方波 c）输入为正弦波

（2）微分运算电路

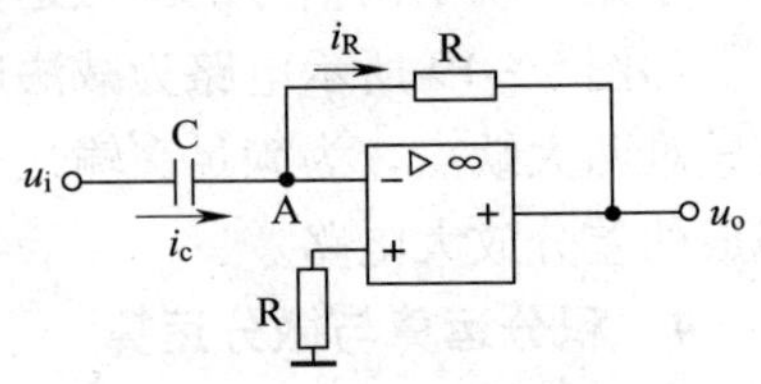

图 5—22　微分运算电路

将积分电路中的 R 和 C 位置互换，就可得到微分运算电路，如图 5—22 所示。

在这个电路中，A 点为虚地，即 $u_A \approx 0$。再根据“虚断”的概念，则有 $i_R \approx i_c$。假设电容 C 的初始电压为零，那么有 $i_c = C\dfrac{du_i}{dt}$，则输出电压为：

$$u_o = -i_R R = -RC\frac{du_i}{dt}$$

上式表明，输出电压为输入电压对时间的微分，且相位相反。

图 5—22 所示的电路实用性差。当输入电压产生阶跃变化时，i_c电流极大，会使集成运算放大器内部的放大管进入饱和或截止状态，即使输入信号消失，放大管仍不能恢复到放大状态，也就是电路不能正常工作。同时，由于反馈网络为滞后移相，它与集成运算放大器内部的滞后附加相移相加，易满足自激振荡条件，从而使电路不稳定。

实用微分电路如图 5—23a 所示。它在输入端串联了一个小电阻 R1，以限制输入电流；同时在 R 上并联了稳压二极管，以限制输出电压，这就保证了集成运算放大器中的放大管始终工作在放大区。另外，在 R 上并联小电容 C1，所示起相位补偿的作用。该电路的输出电压与输入电压近似为微分关系，当输入为方波，且 $RC \ll T/2$ 时，则输出为尖顶波，波形如图 5—23b 所示。

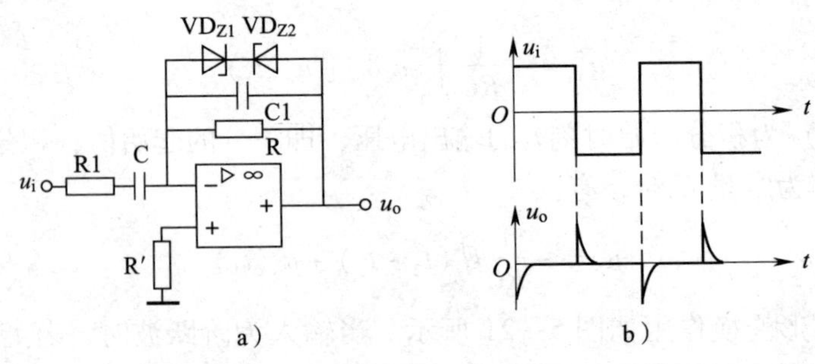

图 5—23　实用微分电路及波形
a）实用微分电路　b）输入和输出波形

四、实训操作

1. 集成运算放大器的选择与使用

（1）集成运算放大器的种类

1）按其用途分类

①通用型集成运算放大器。

通用型集成运算放大器的参数指标比较均衡全面，适用于一般的工程设计。一般认为，在没有特殊参数要求下工作的集成运算放大器可列为通用型。由于通用型集成运算放大器应用范围宽、产量大，因而价格便宜。

②专用型集成运算放大器。

这类集成运算放大器是为满足某些特殊要求而设计的，其参数中往往有一项或几项非常突出。通常有低功耗或微耗、高速、宽带、高精度、高电压、功率型、高输入阻抗、电流型、跨导型、程控型及低噪声型等专用集成运算放大器。

2）按其供电电源分类

可分为双电源供电和单电源供电两类。绝大部分运算放大器在设计中都是正、负对称的双电源供电，以保证运算放大器的优良性能。

3）按其制作工艺分类

可分为双极型、单极型和双极—单极兼容型集成运算放大器三类。

4）按单片封装中的运算放大器数量分类

可分为单运算放大器、双运算放大器、三运算放大器和四运算放大器四类。

（2）集成运算放大器的选用

1）高输入阻抗型（低输入偏流型）

这类集成运算放大器的差模输入电阻 r_{id} 的阻值大于 $10^9 \sim 10^{12}\ \Omega$，输入偏流 I_{IB} 为几皮安（pA）到几十皮安（pA）。实现这些指标的措施是采用场效应管作为输入级。高输入阻抗型集成运算放大器被广泛用于生物医学电信号测量的精密放大电路、有源滤波电路及取样保持放大电路等。

此类集成运算放大器有 LF356、LF355、LF347、F3103、CA3130、AD515、LF0052、LFT356、OPA128 及 OPA604 等。

2）高精度、低温漂型

此类集成运算放大器具有低失调、低温漂、低噪声及高增益等特点，要求 $dU_{IO}/dt < 2\ \mu V/℃$，$dI_{IO}/dt < 200\ pA/℃$ 及 $K_{CMR} \geqslant 110\ dB$。一般用于毫伏量级或更低的微弱信号的精密检测、精密模拟计算、高精度稳压电源及自动控制仪表中。

此类集成运算放大器的型号有 AD508、OP－2A、ICL7650 及 F5037 等。

3）高速型

单位增益带宽和转换速率高的运算放大器称为高速型运算放大器。此类运算放大器要求转换速率 $SR > 30\ V/\mu s$，最高可达几百 V/μs；单位增益带宽 $BWG > 10\ MHz$，有的高达几千 MHz。一般用于快速模/数或数/模转换、有源滤波电路、高速取样保持、锁相环、精密比较器和视频放大器中。

此类集成运算放大器的型号有 μA715、LH0032、AD9618、F3554、AD5539、OPA603、OPA606、OPA660、AD603 及 AD849 等。

4）低功耗型

此类运算放大器要求电源为 ±15 V 时，最大功耗不大于 6 mW；或要求工作在低电源电压（如 1.5～4 V）时，具有低的静态功耗和保持良好的电气性能。低功耗运算放大器被用于对能源有严格限制的遥测、遥感、生物医学和空间技术研究的设备中，并用于车载电话、蜂窝电话、耳机/扬声器驱动及计算机的音频放大。

此类运算放大器的型号有 MAX4165/4166/4167/4168/4169、μPC253、ICL7600、ICL7641、CA3078 及 TLC2252 等。

5）高压型

为了得到高的输出电压或大的输出功率，要求此类运算放大器内电路中三极管的耐压要高些、动态工作范围要宽些。

目前的产品有 D41（电源可达 ±150 V）、LM143 及 HA2645（电源为 48 ~ 80 V）等。

6）大功率型

大功率型运算放大器应用于马达驱动、伺服放大器、程控电源、音频放大器及执行组件驱动器等。例如运算放大器 OPA502，其输出电流达 10 A，电源电压范围为 ±15 ~ ±45 V；运算放大器 OPA541，其输出电流峰值达 10 A，电源电压可达 ±40 V；其他型号有 LM1900、LH0021 及 OPA2541 等。

7）高保真型

此类运算放大器其失真度极低，用于专业音响设备、I/V 变换器、频谱分析仪、有源滤波器及传感放大器等。

例如，运算放大器 OPA604，其 1 kHz 的失真度为 0.0003%，低噪声，转换速率高达 25 V/μs，增益带宽为 20 MHz，电源电压为 ±4.5 ~ ±24 V。

8）可变增益型

可变增益型运算放大器有两类。

一类是由外接的控制电压来调整开环差模增益，如 CA3080、LM13600、VCA610 及 AD603 等。其中，当 VCA610 控制电压从 0 变到 −2 V 时，其开环差模电压增益从 −40 dB 连续变到 +40 dB。

另一类是利用数字编码信号来控制开环差模增益，如 AD526，其控制变量为 A2、A1 及 A0。当给定不同的二进制码时，其开环差模增益将不同。

此外，还有电压放大型 F007、F324 及 C14573；电流放大型 LM3900 和 F1900；互阻型 AD8009 和 AD8011；互导型 LM308 等。

2. 阅读如图 5—24 所示的消声电路，然后回答问题

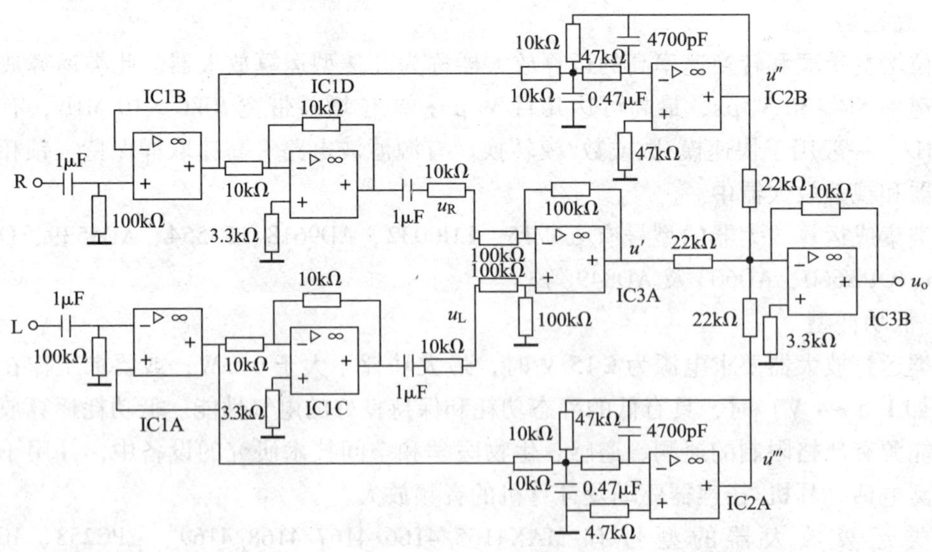

图 5—24　消声电路

（1）IC1A 和 IC1B 是什么放大电路？电压放大倍数为多少？

（2）IC1C 和 IC1D 是什么放大电路？电压放大倍数为多少？

（3）由 IC2A 和 IC2B 组成的二阶低通滤波器的名称是什么？其通带电压放大倍数为多少？

（4）写出 IC3A 集成运算放大器输出 u' 与两个输入 u_R 和 u_L 之间的关系式。

（5）写出 IC3B 集成运算放大器输出 u_o 与三个输入 u'、u'' 和 u''' 之间的关系式。

课题 2　组合逻辑电路

学习目标

1. 掌握分立元件组成门电路的原理。
2. 掌握组合逻辑电路原理、分析和设计的方法。
3. 熟练掌握集成门电路、编码器和译码器的原理和应用。

如果数字电路任一时刻的稳态输出都只取决于该时刻输入信号的组合，而与信号作用前电路原来的状态无关，则该电路称为组合逻辑电路。组合逻辑电路在结构上是由各种门电路组成的。本课题除了介绍门电路外，还对组合逻辑电路的分析和设计方法予以介绍。

一、分立元件门电路

组合逻辑电路的特点是输出逻辑状态完全由当前输入状态决定。门电路是组合逻辑电路的基本逻辑电路。

在数字电路中，所谓“门”就是指实现基本逻辑关系的电路。最基本的逻辑门是与门、或门和非门。用基本的门电路可以构成复杂的逻辑电路，完成任何逻辑运算功能，这些逻辑电路是构成计算机及其他数字系统的重要基础。

逻辑门可以用电阻、电容、二极管、三极管等分立元件构成，这种门电路称为分立元件门电路。

1. “与”门电路

实现与逻辑运算的电路称为与门电路，如图 5—25a 所示，图 5—25b 所示为与门电路的逻辑符号。与门电路的状态真值表见表 5—1。其逻辑表达式：$F=A\cdot B$。

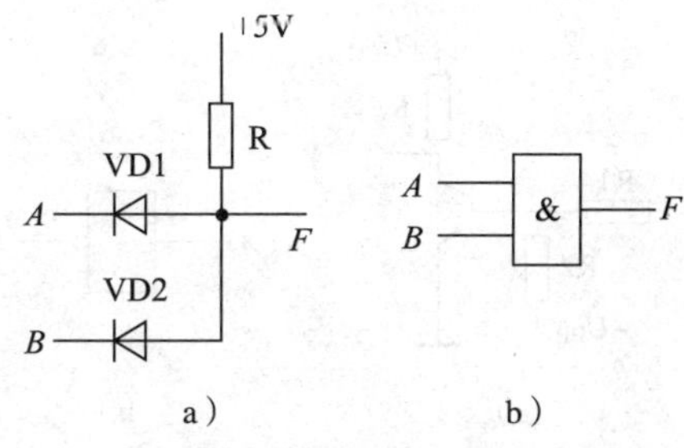

图 5—25　二极管与门电路和逻辑符号

表 5—1　与门电路的真值表

A	B	F
0	0	0
0	1	0
1	0	0
1	1	1

2. “或”门电路

实现或逻辑运算的电路称为或门电路，如图 5—26a、图 5—26b 所示为或门电路的逻辑符号。或门电路的状态真值表见表 5—2。其逻辑表达式：$F = A + B$。

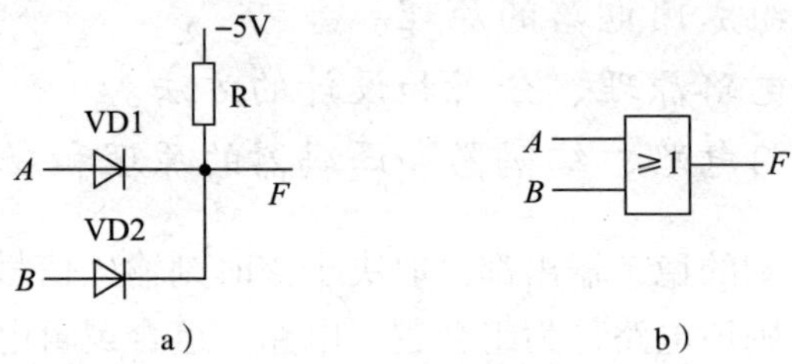

图 5—26　二极管或门电路和逻辑符号

表 5—2　或门电路的真值表

A	B	F
0	0	0
0	1	1
1	0	1
1	1	1

3. “非”门电路

实现非逻辑运算的电路称为非门电路，如图 5—27a、图 5—27b 所示为非门电路的逻辑符号。非门电路的状态真值表见表 5—3。其逻辑表达式：$F = \overline{A}$。

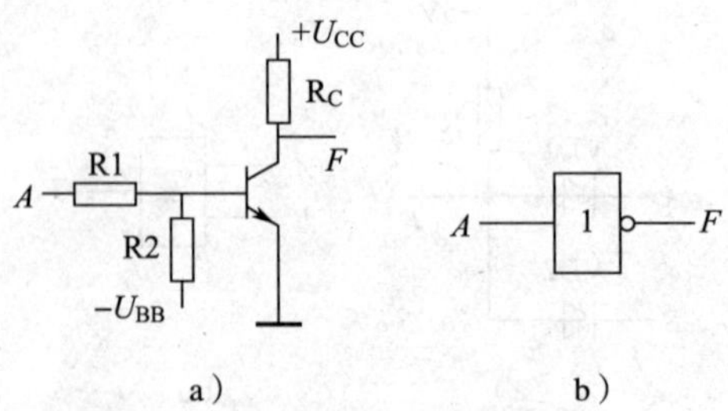

图 5—27　三极管非门电路和逻辑符号

表 5—3　　　非门电路的真值表

A	F
0	1
1	0

将与、或、非三种基本逻辑门适当组合可形成几种基本的复合逻辑门，实现这些逻辑关系的集成电路是最基本的逻辑元件。

4. “与非”门电路

与非门电路相当于一个与门和一个非门的组合，其逻辑符号如图 5—28 所示。逻辑表达式：$F=\overline{A\cdot B}$。

电路特点：仅当所有的输入端是高电平时，输出端才是低电平；只要输入端有低电平，输出必为高电平。或以“有 0 出 1，全 1 出 0”助记。

5. “或非”门电路

或非门电路相当于一个或门和一个非门的组合，其逻辑符号如图 5—29 所示。逻辑表达式：$F=\overline{A+B}$。

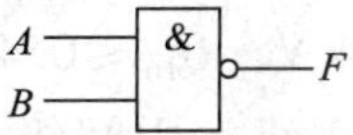

图 5—28　与非门电路逻辑符号

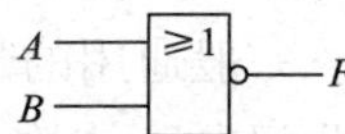

图 5—29　或非门电路逻辑符号

电路特点：仅当所有的输入端是低电平时，输出端才是高电平；只要输入端有高电平，输出必为低电平。或以“有 1 出 0，全 0 出 1”助记。

6. “与或非”门电路

与或非门电路相当于与门、或门和非门的组合，其逻辑符号如图 5—30 所示。逻辑表达式：$F=\overline{A\cdot B+C\cdot D}$。

7. “异或”门电路

异或门电路可以完成逻辑异或运算，运算符号用“$\oplus$”表示，其逻辑符号如图 5—31 所示。逻辑表达式：$F=A\oplus B$ 或 $F=A\overline{B}+\overline{A}B$。

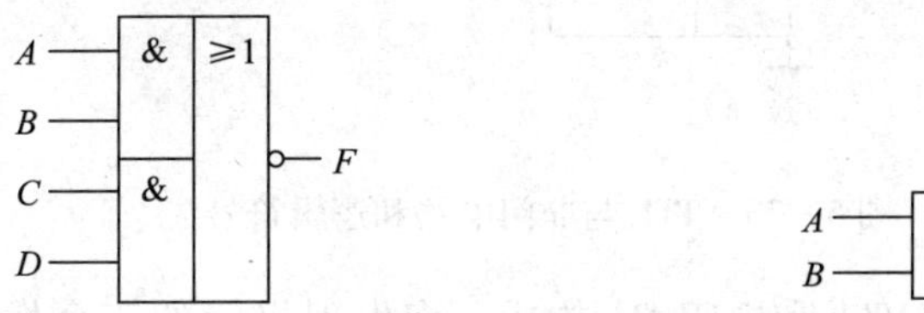

图 5—30　与或非门电路逻辑符号 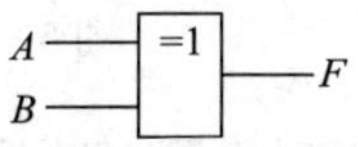　　图 5—31　异或门电路逻辑符号

电路特点：对于二变量输入的异或门，当两输入的值相同时，输出为 0；当两输入的值相异时，输出为 1。

8. “同或”门电路

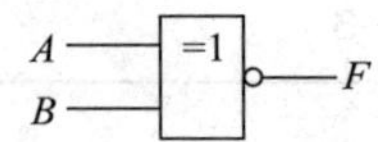

图 5—32 同或门电路逻辑符号

同或门电路可以完成逻辑同或运算，运算符号用“⊙”表示，其逻辑符号如图 5—32 所示。逻辑表达式：$F=A\odot B$ 或 $F=AB+\overline{A}\,\overline{B}$。

电路特点：同或运算的规则正好和异或运算相反，对于二变量输入的同或门，当两输入的值相同时，输出为 1；当两输入的值相异时，输出为 0。

二、集成门电路

数字集成门电路按其内部有源器件的不同可以分为两大类，一类是双极型晶体管集成电路（TTL 电路），另一类是单极型集成电路（MOS 管组成的电路）。

1. TTL 集成逻辑门电路

TTL 电路是目前双极型数字集成电路中用得最多的一种。在门电路的定型产品中除了与非门以外，还有与门、或门、非门、或非门和异或门等几种常见的类型。尽管它们逻辑功能各异，但其输入端、输出端的电路结构形式、特性及参数和与非门基本相同。

（1）TTL 与非门电路

TTL 与非门是一种典型的集成逻辑门电路，它的功能及电路符号同前面介绍的分立元件门电路相同，在实际中应用较多。其输出高电平 $U_{OH}=3.6\ V$，输出低电平 $U_{OL}=0.3\ V$，即所谓的 TTL 电平。一般通用的 TTL 与非门，其 $U_{OH}\geqslant 2.4\ V$，$U_{OL}\leqslant 0.4\ V$。

常见的 TTL 与非门电路结构如图 5—33a 所示，由输入级、中间级、输出级三部分组成。其逻辑符号如图 5—33b 所示。

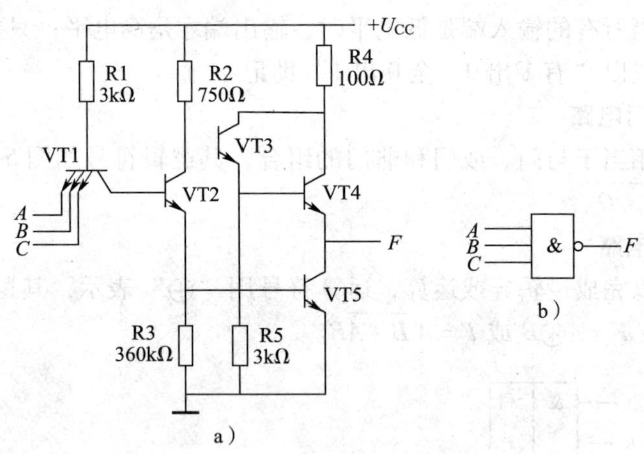

图 5—33 TTL 与非门电路和逻辑符号

输入级：由多发射极管 VT1 和电阻 R1 构成。多发射极管的三个发射结为三个 PN 结，其作用是对输入量 A、B、C 实现逻辑与的运算，相当于一个与门电路。

中间级：由 VT2、R2、R3 构成。VT2 的集电极和发射极同时输出两个逻辑电平相反的信号，用以驱动 VT3 和 VT5。

输出级：由 VT3、VT4、VT5、R4、R5 组成。其中 VT3 和 VT4 组成的复合管降低了输出高电平时的输出电阻，提高了带负载的能力。

TTL 与非门电路的状态真值表见表 5—4。逻辑表达式：$F=\overline{ABC}$。

表 5—4　　TTL 与非门电路的真值表

A	B	C	F
0	0	0	1
0	0	1	1
0	1	0	1
0	1	1	1
1	0	0	1
1	0	1	1
1	1	0	1
1	1	1	0

（2）三态输出与非门电路

三态输出与非门电路和与非门电路不同，它的输出端除出现高电平和低电平外，还可以出现第三种状态——高阻状态。如图 5—34a 所示是 TTL 三态输出与非门电路及其图形符号，它是在图 5—33 所示的 TTL 与非门电路中多加了二极管 VD，并且将一个输入端变成控制端或称使能端 EN。其逻辑符号如图 5—34b 所示。

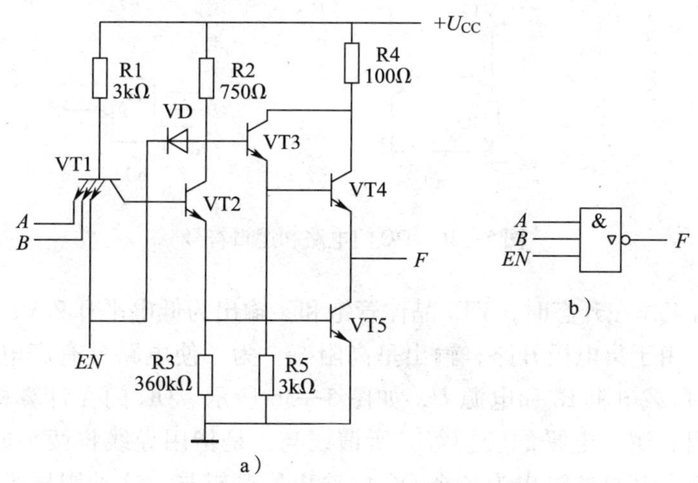

图 5—34　三态输出与非门电路和逻辑符号

当控制端 $EN=1$ 时，三态门的输出状态决定于输入端 A 和 B 的状态，实现“与非”功能，即 $F=AB$，此时电路是工作状态。当控制端 $EN=0$ 时，VT1 的基极电压电平约为1 V，致使 VT2 和 VT5 截止。同时，二极管 VD 将 VT2 的集电极电位钳位在 1V，使 VT4 也截止。这样，不管输入端 A、B 的状态如何，与输出端相连的两个晶体管 VT4 和 VT5 都截止，输出端相当于开路且处于高阻状态。

三态门电路应用于计算机传输总线中，如图 5—35 所示。图中三个门的输出端接在一根线上，称为总线。三个使能输入端 EN_1、EN_2和 EN_3轮流输入高电平，即任何时间都只能有一个三态门处于工作状态，其余均处于高阻状态，总线轮流接收三态门的输出。计算机中的总线结构就是基于这种原理构成的。

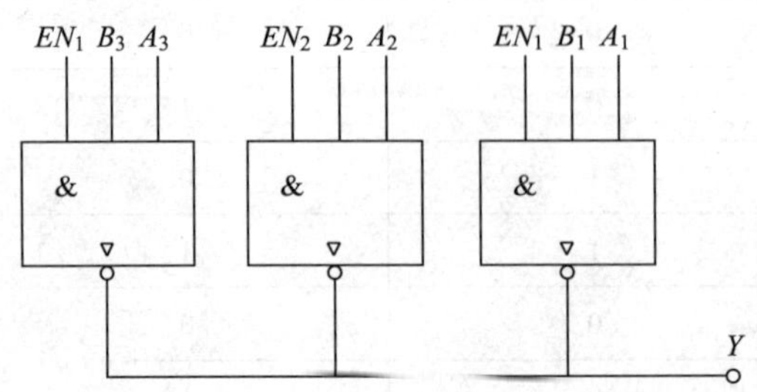

图 5—35　三态输出与非门的应用

(3) 集电极开路与非门电路（OC 门）

集电极开路与非门电路在制作时，把 VT3、VT4 晶体管去掉，形成输出为集电极开路的结构。图 5—36 是集电极开路与非门电路和逻辑符号。

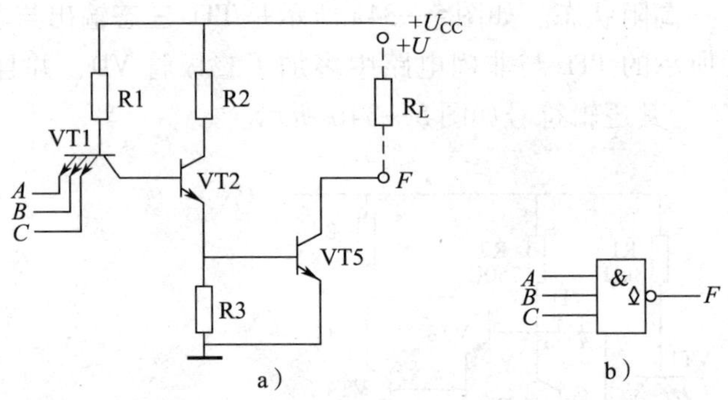

图 5—36　OC 门电路和逻辑符号

当 OC 门电路工作在开态时，VT5 晶体管饱和，输出为低电平 0.3 V；当电路工作在关态时，VT5 截止，由于集电极开路，输出呈高阻态。为了使电路具有高电平输出，必须在 OC 门输出端外加负载电阻 R_L和电源 U，如图 5—36 所示。OC 门在计算机中的应用很广，它可实现线与逻辑、逻辑电平的转换等。所谓线与，是指用导线将两个或两个以上的 OC 门输出连接在一起，其总的输出为各个 OC 门输出的逻辑与，这种用导线连接实现的逻辑与就称为线与。一般 TTL 门电路的输出端是不允许连接在一起的，否则输出高电平的门电路 VT4 管将被输出低电平的门电路 VT5 管短路，长时间工作时，VT4 管将被烧坏。

2. COMS 集成逻辑门电路

和 TTL 集成电路相比，CMOS 电路的突出优点是微功耗、高抗干扰能力。

依据参与导电的载流子分，MOS 管有两种类型：若电子参与导电，称为 NMOS 管；若空穴参与导电，称为 PMOS 管。NMOS 和 PMOS 又都有增强型和耗尽型两种类型，其中增强型 NMOS 管和 PMOS 管的符号分别如图 5—37a 和 5—37b 所示。NMOS 管和 PMOS 管一起组成的 MOS 电路为互补 MOS 电路，称为 CMOS 电路。

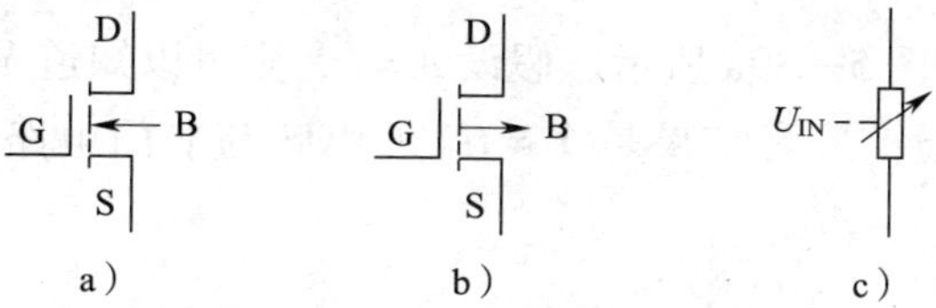

D G B S a）　D G B S b）　U_{IN} c）

图 5—37　MOS 管符号和模型

NMOS 管控制栅极和源极之间的电压 U_{GS} 可以控制漏极和源极之间的电阻 R_{DS}。若是 U_{GS} 增加，则 R_{DS} 减小。在正常情况下，增强型 NMOS 管的 U_{GS} 应该大于 0 或是正值。当 $U_{GS}=0$ 时，R_{DS} 电阻值很大，实际的电阻值至少有 10^6 Ω。当 U_{GS} 增加到足够大时，R_{DS} 可以很小，小到 10 Ω 以下。

PMOS 管控制栅极和源极之间的电压 U_{GS} 也可以控制漏极和源极之间的电阻 R_{DS}，但是在正常使用中源极电压高于漏极电压，所以增强型 PMOS 管的 U_{GS} 电压正常值是 0 或是负值。当 $U_{GS}=0$ 时，R_{DS} 电阻值很大，至少有 10^6 Ω。当 U_{GS} 减小到足够小时，R_{DS} 可以很小，小到 10 Ω 以下。

综上所述，MOS 晶体管可以模型化为可变电阻，如图 5—37c 所示。输入电压可以控制电阻 R_{DS} 的阻值使其不是很大（相当于断路）就是很小（相当于开路）。

（1）CMOS 反相器

由一个 NMOS 管和一个 PMOS 管组成逻辑反相器（非门），如图 5—38a 所示。其电源电压范围 U_{DD} 为 2～6 V，但是为和 TTL 电路比较，选择 $U_{DD}=5$ V。NMOS 管的开启电压为 +1.5 V，PMOS 管的开启电压为 −1.5 V。逻辑表达式：$F=\overline{A}$。

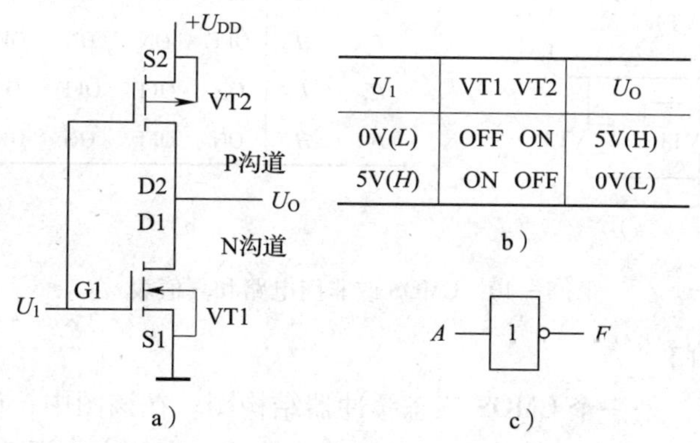

U_1	VT1 VT2	U_O
0V(L)	OFF ON	5V(H)
5V(H)	ON OFF	0V(L)

图 5—38　CMOS 非门电路、真值表和逻辑符号

在理想情况下，该非门的工作情况可以分为两种，如图 5—38b 所示。当 U_i 是 0V 时，NMOS 管的 $U_{DD}=0$ V，截止；而 PMOS 管由于 $U_{DD}=-5$ V，导通。此时由于 PMOS 管的 U_{DD} 绝对值远大于开启电压的绝对值，故导通后的 VT2 管呈现小的电阻，使输出 $U_0 \approx U_{DD}=$ 5 V。当 U_i 是 5 V 时，PMOS 管由于 $U_{GS}=0$ V，截止；而 NMOS 管的 $U_{GS}=5$ V，其值远大于

开启电压，所以导通后的 VT1 管呈现小的电阻，使输出 $U_0 \approx 0$ V。由此可见，CMOS 非门电路具有非逻辑的功能，其逻辑符号如图 5—38c 所示。

（2）CMOS 与非门

CMOS 与非门电路如图 5—39a 所示。假设 $A = L$，则可以知道 VT1 断，VT2 通；$B = L$，可以知道 VT3 断，VT4 通，最终结果是 $Y = H$。CMOS 与非门电路的状态真值表如图 5—39b 所示。逻辑表达式：$Y = \overline{AB}$。

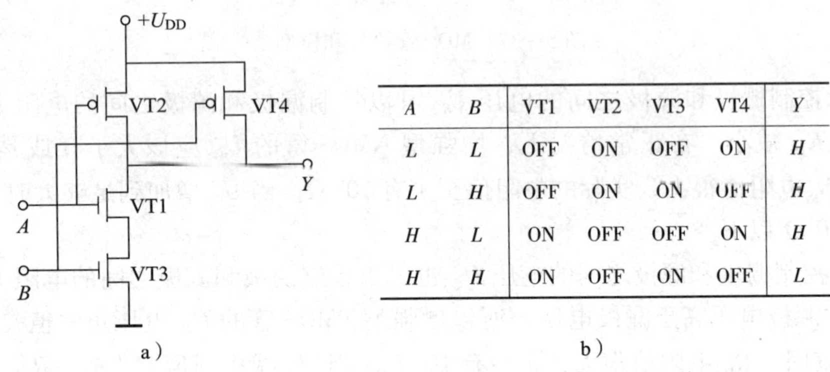

A	B	VT1	VT2	VT3	VT4	Y
L	L	OFF	ON	OFF	ON	H
L	H	OFF	ON	ON	OFF	H
H	L	ON	OFF	OFF	ON	H
H	H	ON	OFF	ON	OFF	L

b）

图 5—39　CMOS 与非门电路和真值表

（3）CMOS 或非门

CMOS 或非门电路如图 5—40a 所示。CMOS 与或非门电路的状态真值表如图 5—40b 所示。逻辑表达式：$Y = \overline{A + B}$。

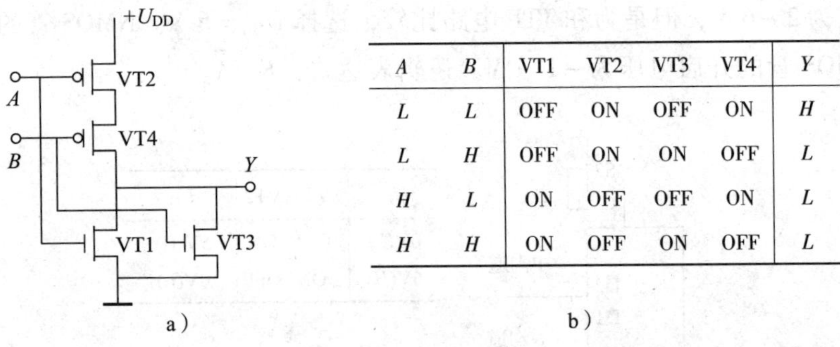

A	B	VT1	VT2	VT3	VT4	Y
L	L	OFF	ON	OFF	ON	H
L	H	OFF	ON	ON	OFF	L
H	L	ON	OFF	OFF	ON	L
H	H	ON	OFF	ON	OFF	L

b）

图 5—40　CMOS 或非门电路和真值表

（4）COMS 三态门

如图 5—41a 所示，是一个 CMOS 三态缓冲器结构图。在该图中，使用了逻辑符号代替 MOS 管非门、与非门和或非门。COMS 三态门电路的状态真值表如图 5—41b 所示。当使能端 *EN* 为低态电平时，MOS 管 VT1 和 VT2 都处于 OFF 状态，输出呈高阻态；当使能端 EN 为高电平时，根据输入信号，输出正常的逻辑电平。图 5—41c 是 COMS 三态门的逻辑符号。

（5）CMOS 传输门

将 N 沟道和 P 沟道场效晶体管按照如图 5—42a 所示的电路连接起来，就形成了逻辑控制开关，习惯称为 CMOS 传输门。

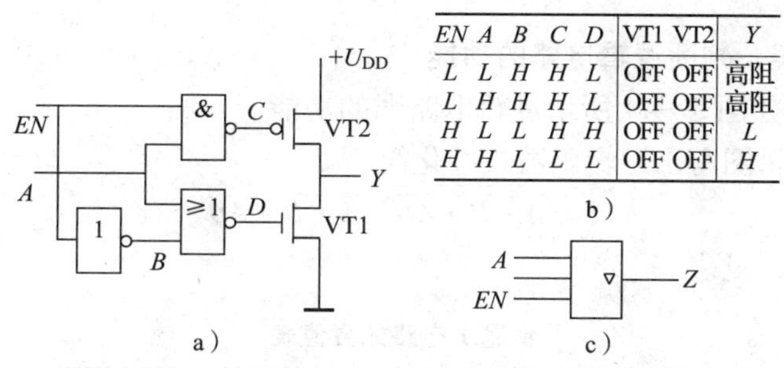

EN	A	B	C	D	VT1	VT2	Y
L	L	H	H	L	OFF	OFF	高阻
L	H	H	H	L	OFF	OFF	高阻
H	L	L	H	H	OFF	OFF	L
H	H	L	L	L	OFF	OFF	H

b)

图 5—41　CMOS 三态门电路、真值表和逻辑符号

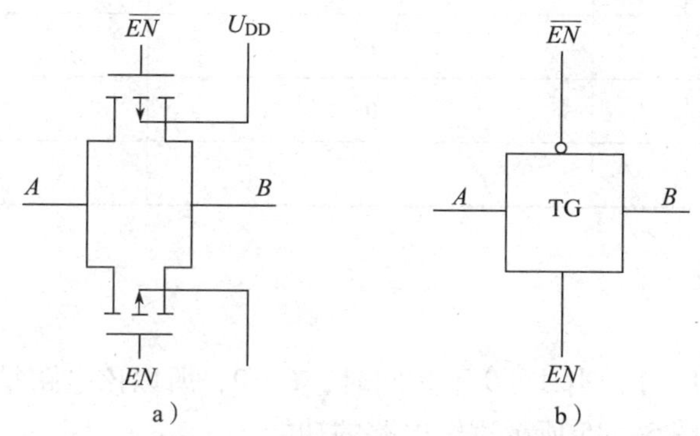

图 5—42　CMOS 传输门电路和逻辑符号

传输门由控制端 EN 和$\overline{EN}$控制，EN 和$\overline{EN}$是互补信号。当 $EN=L$、$\overline{EN}=H$ 时，传输门导通，A、B 之间呈现很小的电阻（2 ~ 5 Ω），相当于导通；当 $EN=H$、$\overline{EN}=L$ 时，传输门不导通，A、B 之间呈现很大的电阻。其逻辑符号如图 5—42b 所示。

三、组合逻辑电路的分析与设计

组合逻辑电路的结构如图 5—43 所示，它有若干个输入和若干个输出，任何时刻的输出仅决定于当时的输入信号。

图 5—43　组合逻辑电路的框图

1. 组合逻辑电路的分析

组合逻辑电路的分析就是从给定的逻辑电路图中求出输出函数的逻辑功能，即求出逻辑表达式和真值表等。

尽管各种组合逻辑电路在功能上千差万别，但是它们的分析方法是相同的。其步骤一般为：

（1）推导逻辑电路输出函数的逻辑表达式并化简

推导逻辑电路输出函数的过程一般为由入向出。首先将逻辑图中各个门的输出都标上字母，然后从输入级开始，逐级推导出各个门的输出函数。

（2）由逻辑表达式建立真值表

做真值表的方法是，首先将输入信号的所有组合列表，然后将各组合代入输出函数得到输出信号值。

(3) 分析真值表，判断逻辑电路的功能

例题 1：试分析如图 5—44 所示逻辑电路图的功能。

解：1）根据逻辑图写出逻辑函数式并化简。

$$F=\overline{\overline{\overline{A}\cdot\overline{B}}\cdot\overline{AB}}=\overline{A}\cdot\overline{B}+AB$$

2）列出真值表，见表 5—5。

表 5—5　　例题 1 电路的真值表

A	B	F
0	0	1
0	1	0
1	0	0
1	1	1

3）分析逻辑功能

由真值表可知：

当 A、B 相同时，$F=1$；当 A、B 不相同时，$F=0$，所以该电路是同或逻辑电路。

例题 2：试分析如图 5—45 所示逻辑电路的功能。

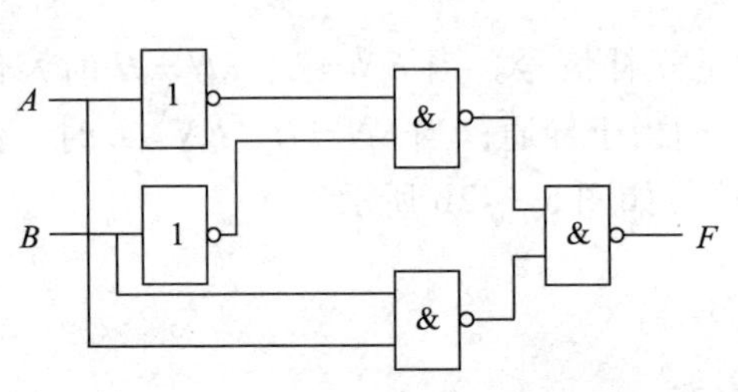

图 5—44　例题 1 电路图

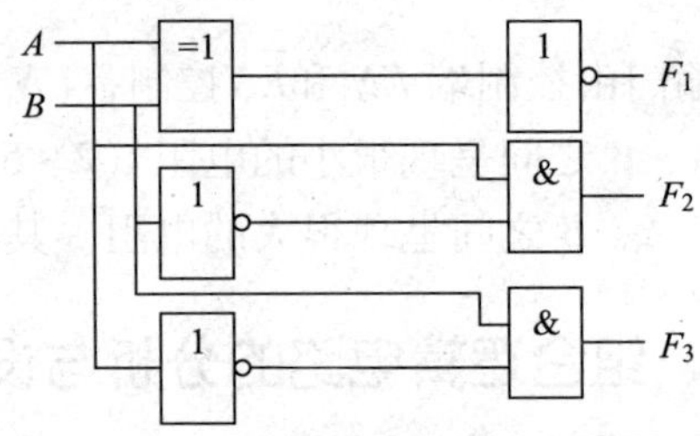

图 5—45　例题 2 电路图

解：1）根据给出的逻辑图可以写出 F_1、F_2、F_3 与 A、B 之间的逻辑函数式。

$$F_1=\overline{\overline{A}B+A\overline{B}}、F_2=A\overline{B}、F_3=\overline{A}B$$

2）列出真值表，见表 5—6。

表 5—6　　例题 2 电路的真值表

A	B	F_1	F_2	F_3
0	0	1	0	0
0	1	0	0	1
1	0	0	1	0
1	1	1	0	0

3）分析逻辑功能

观察真值表中 F_1、F_2 和 F_3 为 1 的情况，可知 $A=B$ 时，$F_1=1$；（$A=1$）>（$B=0$）时，$F_2=1$；（$A=0$）<（$B=1$）时，$F_3=1$。所以，此电路是 1 位二进制数比较电路。

2．组合逻辑电路的设计

组合逻辑电路的设计就是在给定逻辑功能及要求的条件下，通过某种设计渠道，得到满足功能要求而且是最简单的逻辑电路，其一般步骤如下：

（1）确定输入、输出变量，定义变量逻辑状态的含义。

（2）将实际逻辑问题抽象成真值表。

（3）根据真值表写逻辑表达式，并化简成最简与或表达式。

（4）根据表达式画逻辑图。

例题 3：设有甲、乙、丙三台电动机，它们运转时必须满足这样的条件，即任何时间必须有而且仅有一台电动机运行，如不满足该条件，就输出报警信号。试设计此报警电路。

解：1）取甲、乙、丙三台电动机的状态为输入变量，分别用 A、B 和 C 表示，并且规定电动机运转为 1，停转为 0。取报警信号为输出变量，以 F 表示，$F=0$ 表示正常状态，否则为报警状态。

2）根据题意可列出表 5—7 所示的真值表。

表 5—7　　例题 3 电路的真值表

A	B	C	F
0	0	0	1
0	0	1	0
0	1	0	0
0	1	1	1
1	0	0	0
1	0	1	1
1	1	0	1
1	1	1	1

3）写逻辑表达式，方法有两种：其一是对 $F=1$ 的情况写，其二是对 $F=0$ 的情况写。用方法一写出的是最小项表达式，用方法二写出的是最大项表达式。若 $F=0$ 的情况很少，也可对 $\overline{F}$ 等于 1 的情况写，然后再对 $\overline{F}$ 求反。以下是对 $F=1$ 的情况写出的表达式：

$$F=\overline{A}\,\overline{B}\,\overline{C}+\overline{A}BC+A\overline{B}C+AB\overline{C}+ABC$$

化简后得到：$F=\overline{A}\,\overline{B}\,\overline{C}+AC+AB+BC$

4）由逻辑表达式可画出如图 5—46 所示的逻辑电路图，一般为由出向入的过程。

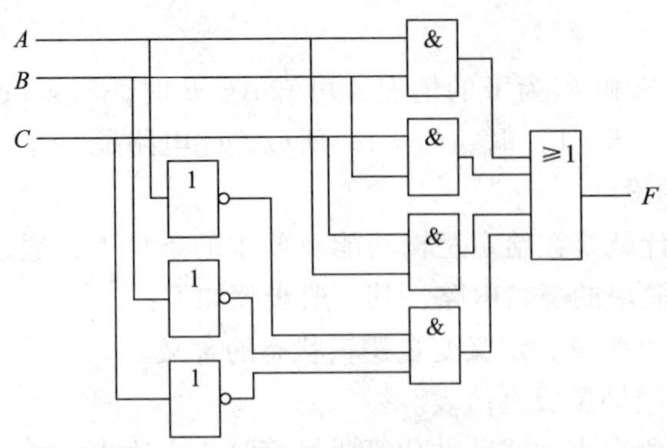

图 5—46　例题 3 电路图

例题 4：试设计一逻辑电路供三人（A、B、C）表决使用。每人有一电键，如果他赞成，就按电键，表示 1；如果不赞成，不按电键，表示 0。表决结果用指示灯来表示，如果多数赞成，则指示灯亮，$F=1$；反之，灯不亮，$F=0$。

解：首先确定逻辑变量，设 A、B、C 为三个电键，F 为指示灯。

1）根据以上分析列出表 5—8 所示的真值表。

表 5—8　　**例题 4 电路的真值表**

A	B	C	F
0	0	0	0
0	0	1	0
0	1	0	0
0	1	1	1
1	0	0	0
1	0	1	1
1	1	0	1
1	1	1	1

2）由真值表写出逻辑式：

$$F = AB\overline{C} + A\overline{B}C + \overline{A}BC + ABC$$

化简后得到：

$$F = \overline{\overline{AB} \cdot \overline{BC} \cdot \overline{CA}}$$

3）根据逻辑表达式画逻辑图，如图 5—47 所示。

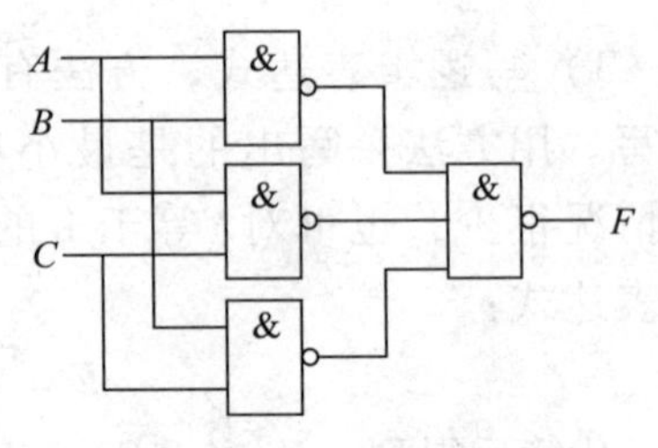

图 5—47　例题 4 的电路图

3. 组合逻辑电路中的竞争冒险

（1）竞争冒险现象及其产生的原因

信号通过导线和门电路时，都存在一定的延时，信号发生变化时也有一定的上升和下降时间。因此，同一个门的一组输入信号，通过不同数目的门，经过不同长度导线的传输，到达门输入端的时间有先有后，这种现象称为竞争。

逻辑门因输入端的竞争导致输出产生不应有尖峰干扰脉冲（又称为过度干扰脉冲）的现象，称为冒险。

（2）冒险现象的判别

在组合逻辑电路中是否存在冒险现象，可通过逻辑函数来判别。如果根据组合逻辑电路写出的输出逻辑函数在一定条件下可简化成下列两种形式，则该组合逻辑电路存在冒险现象，即：

$$Y=A\cdot\overline{A}\text{和}Y=A+\overline{A}$$

例如，$Y=(A+B)(\overline{B}+C)$，在 $A=C=0$ 时，$Y=B\cdot\overline{B}$。如果直接根据这个逻辑代数组成逻辑电路，则可能出现竞争冒险。

（3）消除冒险现象的方法

1）增加多余项

例如，$Y=A\overline{B}+BC$，当 $A=1$，$C=1$ 时，存在着竞争冒险。根据逻辑代数的基本公式，增加一项 AC，函数式不变，却可消除竞争冒险，即 $Y=A\overline{B}+BC+AC$。

2）加封锁脉冲

在输入信号产生竞争冒险的时间内，引入一个脉冲将可能产生尖峰干扰脉冲的门封锁住。封锁脉冲应在输入信号转换前到来，在转换后消失。

3）加选通脉冲

给输入可能产生尖峰干扰脉冲的门电路增加一个接选通信号的输入端，只有在输入信号转换完成并稳定后，才引入选通脉冲将它打开，此时才允许有输出。

4）接入滤波电容

如果逻辑电路在较慢的速度下工作，则可以在输出端并联一个电容器。由于尖峰干扰脉冲的宽度一般都很窄，因此，用电容器即可吸收掉尖峰干扰脉冲。

5）修改逻辑电路

四、编码器

编码器是用二进制码表示十进制数或其他一些特殊信息的电路。

常用的编码器有普通编码器和优先编码器两类。普通编码器要求无论在任何时刻都只能有一个有效输入信号，否则编码器将不知道如何输出；优先编码器可以避免这个缺点，可以有多个有效输入信号同时输入，但是只对优先级别最高的输入编码输出。编码器又可分为二进制编码器和二—十进制编码器。

1．普通编码器

N 位二进制符号有 2^N 种不同的组合，因此，有 N 位输出的编码器可以表示 2^N 个不同的输入信号，一般把这种编码器称为 2^N 线—N 线编码器。图 5—48 是 3 位二进制编码器的原理框图，它有 8 个输入端 $Y_0\sim Y_7$，3 个输出端 A、B、C，所以称其为 8 线—3 线编码器。

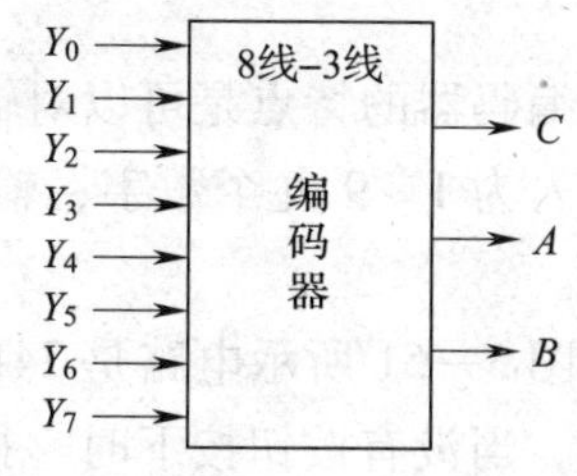

图 5—48　8 线—3 线编码器的原理框图

对于普通编码器来说，无论在任何时刻，输入端 $Y_0\sim Y_7$ 中都只允许一个信号为有效电平。高电平有效的

8 线—3 线普通编码器的编码表见表 5—9。由编码表得到输出表达式为：$A = Y_1 + Y_3 + Y_5 + Y_7$，$B = Y_2 + Y_3 + Y_6 + Y_7$，$C = Y_4 + Y_5 + Y_6 + Y_7$。

表 5—9　　8 线—3 线编码器编码表

输入	C	B	A
Y_0	0	0	0
Y_1	0	0	1
Y_2	0	1	0
Y_3	0	1	1
Y_4	1	0	0
Y_5	1	0	1
Y_6	1	1	0
Y_7	1	1	1

实现上述功能的逻辑图如图 5—49 所示。

2. 优先编码器

普通编码器电路比较简单，同时有两个或更多的输入信号有效时，将会造成输出状态混乱。采用优先编码器可以避免这种现象的出现。优先编码器首先对所有的输入信号按优先顺序排队，然后选择优先级最高的一个输入信号进行编码。

下面以 74147 和 74148 为例，介绍优先编码器的逻辑功能和使用方法。

（1）10 线—4 线二进制优先编码器 74147

10 线—4 线二进制优先编码器 74147 为二—十进制编码器，它的符号如图 5—50 所示，编码见表 5—10。

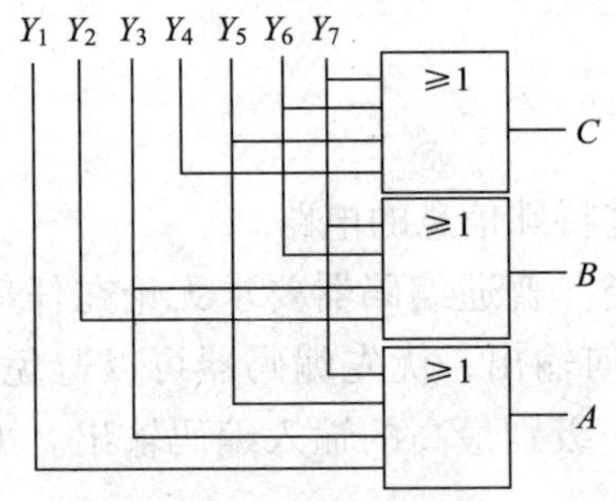

图 5—49　3 位编码器的逻辑图

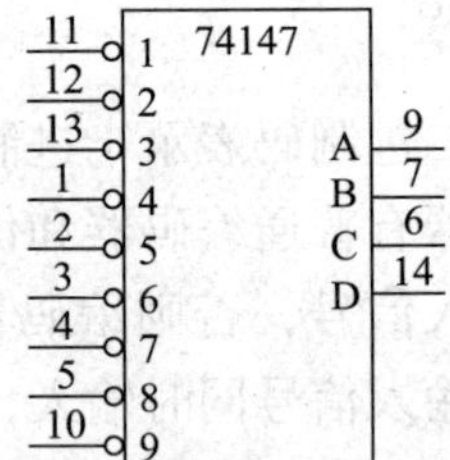

图 5—50　74147 优先编码器

该编码器的特点是可以对输入进行优先编码，以保证只编码最高位输入数据线，该编码器输入为 1 ~ 9 九个数字，输出是 BCD 码，数字 0 不是输入信号。输入与输出都是低电平有效。

如图 5—51 所示电路是 74147 的典型应用电路。该电路可以将 0 ~ 9 十个按钮信号转换成编码。当没有按钮按下时，按钮按下信号 $Y = 0$。若有按钮按下，则按钮按下信号 $Y = 1$。虽然 0 信号未进入 74147，但是当 0 按钮按下时，按钮按下信号 $Y = 1$，同时编码输出 1111，这就相当于 0 的编码是 1111。

表 5—10　　74147 真值表

输入									输出			
1	2	3	4	5	6	7	8	9	D	C	B	A
1	1	1	1	1	1	1	1	1	1	1	1	1
×	×	×	×	×	×	×	×	0	0	1	1	0
×	×	×	×	×	×	×	0	1	0	1	1	1
×	×	×	×	×	×	0	1	1	1	0	0	0
×	×	×	×	×	0	1	1	1	1	0	0	1
×	×	×	×	0	1	1	1	1	1	0	1	0
×	×	×	0	1	1	1	1	1	1	0	1	1
×	×	0	1	1	1	1	1	1	1	1	0	0
×	0	1	1	1	1	1	1	1	1	1	0	1
0	1	1	1	1	1	1	1	1	1	1	1	0

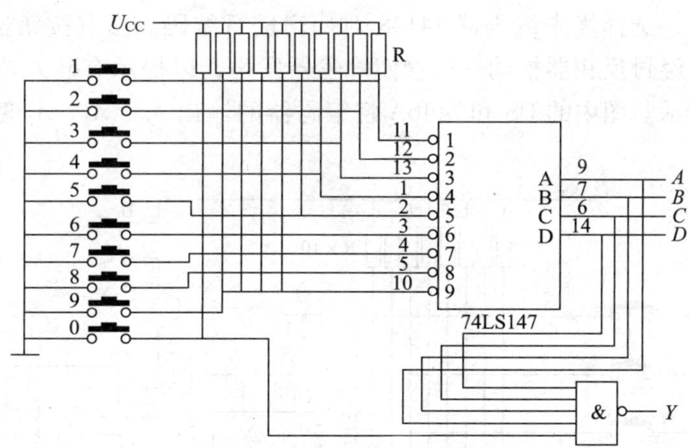

图 5—51　将 0 ~ 9 十个数字按钮信号转换成 BCD 码的编码电路

（2）8 线—3 线二进制优先编码器 74148

二进制编码器是用 N 位二进制码对 2^N个信号进行编码的电路。74148 的电路符号如图 5—52 所示。该编码器的输入与输出都是低电平有效。从真值表 5—11 可以看出，输入端 E_I是片选端，当 $E_I=0$ 时，编码器正常工作，否则编码器输出全为高电平。输出信号 $G_S=0$ 表示编码器工作正常，而且有编码输出。输出信号 $E_O=0$ 表示编码器正常工作，但是没有编码输出。

例题 5：某医院有 8 个病房和 1 个医生值班室，每个病房有一个按钮，医生值班室有一个优先编码器电路，该电路可以用数码管显示病房的编码。各个房间按病人病情的严重程度不同进行分类，1 号房间病人病情最重，8 号房间病人病情最轻。试设计一个呼叫装置，该装置可按病人的病情严重程度呼叫医生。若两个或两个以上的病人同时呼叫医生时，则只显示病情较重病人的呼叫。

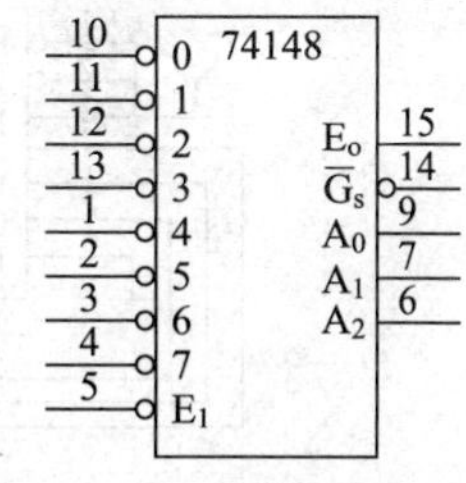

图 5—52　74148 优先编码器

表 5—11　　74148 真值表

输入									输出				
E_1	0	1	2	3	4	5	6	7	$\overline{G_S}$	E_O	A_2	A_1	A_0
1	×	×	×	×	×	×	×	×	1	1	1	1	1
0	1	1	1	1	1	1	1	1	1	0	1	1	1
0	×	×	×	×	×	×	×	0	0	1	0	0	0
0	×	×	×	×	×	×	0	1	0	1	0	0	1
0	×	×	×	×	×	0	1	1	0	1	0	1	0
0	×	×	×	×	0	1	1	1	0	1	0	1	1
0	×	×	×	0	1	1	1	1	0	1	1	0	0
0	×	×	0	1	1	1	1	1	0	1	1	0	1
0	×	0	1	1	1	1	1	1	0	1	1	1	0
0	0	1	1	1	1	1	1	1	0	1	1	1	1

解：根据题意，选择优先编码器 74148 对病房进行编码。当有按钮按下时，74148 的 G_S端输出低电平，经过反相器推动三极管使蜂鸣器发声，以提示有病人按下了按钮，具体电路如图 5—53 所示。图中的 DS 和 7446A 将编码器的输出 A_0、A_1、A_2变换成人们习惯的

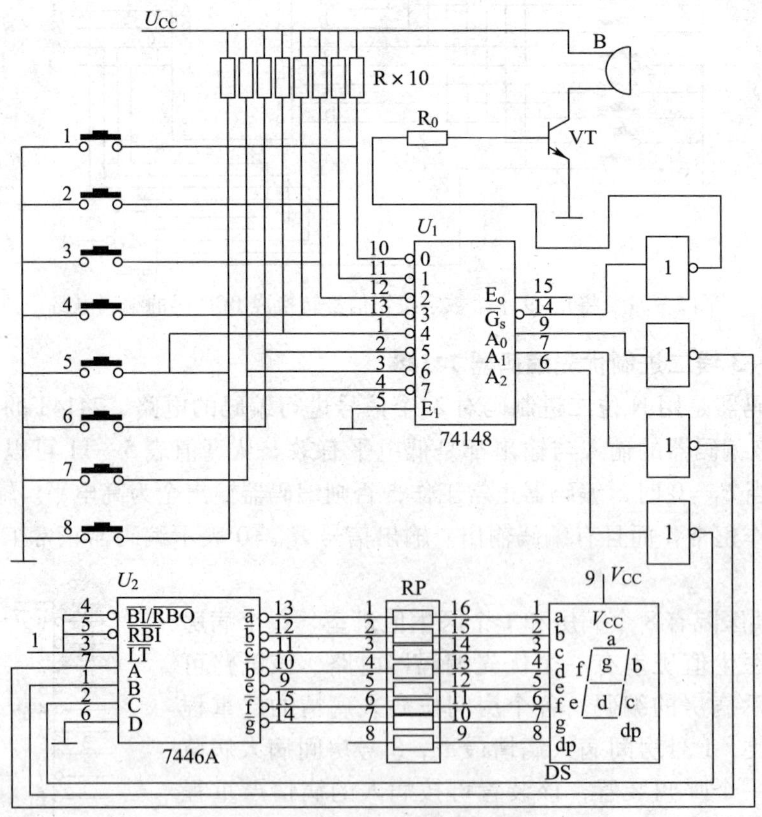

图 5—53　例题 5 优先编码器的具体应用

显示方式——十进制数，称其为译码和显示，后面将详细讨论。图中由于74148输出低电平有效，而7446A输入高电平有效，所以两个芯片之间串联反相器。

五、译码器

将二进制代码（或其他确定信号或对象的代码）“翻译”出来，变换成另外的与之对应的输出信号（或另一种代码）的逻辑电路称为译码器。常用的译码器有二进制译码器、二－十进制译码器和显示译码器等。

1. 二进制译码器

N位二进制译码器有N个输入端和2^N个输出端，即将N位二进制代码的组合状态翻译成对应的2^N个最小项，一般称其为N线－2^N线译码器。每一组输入信号只对应一个输出是有效电平，其他输出都是无效电平。2线－4线译码器的电路如图5—54所示，电路有两个输入端A、B，4个输出端$\overline{Y}_3\sim\overline{Y}_0$，在任何时刻最多只有一个输出端为有效电平（此处为低电平），其真值表见表5—12。EN是使能控制端（也称为选通信号），当$EN=0$（有效）时，译码器处于工作状态；当$EN=1$（无效）时，译码器处于禁止工作状态，全部输出端都输出高电平（无效状态）。

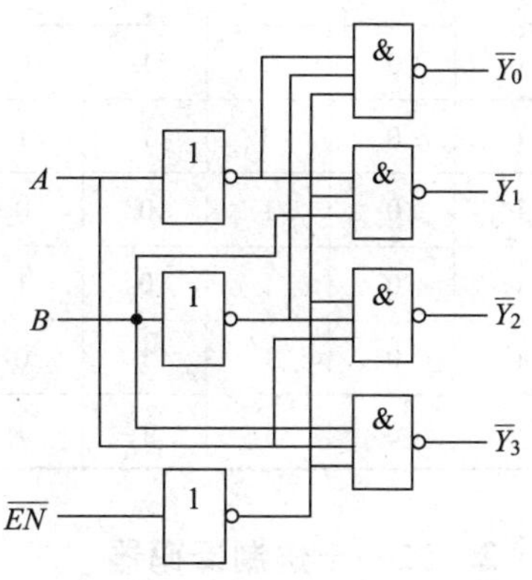

图5—54　2线－4线译码器

表5—12　　2线－4线译码器真值表

$\overline{EN}$	A	B	$\overline{Y}_3$	$\overline{Y}_2$	$\overline{Y}_1$	$\overline{Y}_0$
1	×	×	1	1	1	1
0	0	0	1	1	1	0
0	0	1	1	1	0	1
0	1	0	1	0	1	1
0	1	1	0	1	1	1

常用的中规模集成电路译码器有双2线－4线译码器74139、3线－8线译码器74138、4线－16线译码器74154和4线－10线译码器7442等。74138是TTL系列中的3线－8线译码器，它的电路符号如图5—55所示，其中A、B和C是输入端，Y_0、Y_1、…Y_7是输出端，G_1、G_{2A}、G_{2B}是控制端。它的真值表见表5—13。

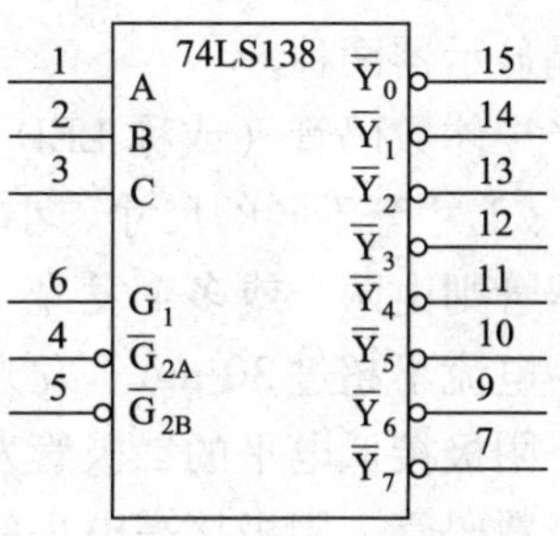

图5—55　3线－8线译码器

表 5—13　　74138 真值表

控制		输入			输出							
G_1	G_2	C	B	A	$\overline{Y_0}$	$\overline{Y_1}$	$\overline{Y_2}$	$\overline{Y_3}$	$\overline{Y_4}$	$\overline{Y_5}$	$\overline{Y_6}$	$\overline{Y_7}$
×	1	×	×	×	1	1	1	1	1	1	1	1
0	×	×	×	×	1	1	1	1	1	1	1	1
1	0	0	0	0	0	1	1	1	1	1	1	1
1	0	0	0	1	1	0	1	1	1	1	1	1
1	0	0	1	0	1	1	0	1	1	1	1	1
1	0	0	1	1	1	1	1	0	1	1	1	1
1	0	1	0	0	1	1	1	1	0	1	1	1
1	0	1	0	1	1	1	1	1	1	0	1	1
1	0	1	1	0	1	1	1	1	1	1	0	1
1	0	1	1	1	1	1	1	1	1	1	1	0

2. 二—十进制译码器

二—十进制译码器又称为码制变换译码器，它是将 BCD 码译成十个独立输出的高电平或低电平信号。常用的有 4 线 - 10 线 BCD 译码器 7442，电路符号如图 5—56 所示。它的输入为 8421BCD 码，输出为十个独立的信号线 0 ~ 9。对于 8421BCD 码以外的伪码，输出全为高电平。该芯片常与发光二极管连接，通过二极管发光来显示 BCD 数据。

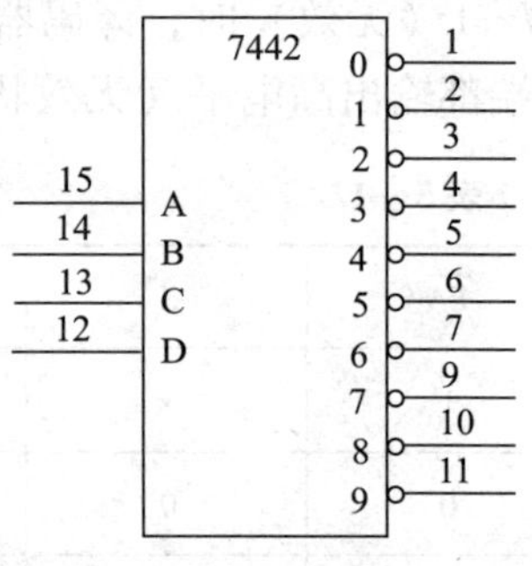

图 5—56　7442 译码器

3. 显示译码器

在一些数字系统中，不仅需要译码，还需要把译码的结果显示出来。显示译码器是对 4 位二进制数码译码并推动数码显示器的电路。

（1）显示器件

目前，广泛使用的显示器件是七段数码显示器，由 a ~ g 七段可发光的线段拼合而成，通过控制各段的亮或灭，来显示不同的字符或数字。七段数码显示器有半导体数码显示器和液晶显示器两种。

半导体数码管（或称 LED 数码管）由发光二极管组成，有一般亮和超亮之分，也有 0.5 寸、1 寸等不同的尺寸。小尺寸数码管的显示笔画常用一个发光二极管组成，而大尺寸的数码管则由两个或多个发光二极管组成。一般情况下，单个发光二极管的管压降为1.8 V 左右，电流不超过 30 mA。发光二极管的阳极连在一起并连接到电源正极的称为共阳极数码管，阴极接低电平的二极管发光；发光二极管的阴极连在一起并连接到电源负极的称为共阴极数码管，阳极接高电平的二极管发光。如图 5—57 所示是七段数码管的外形图及共阴极、共阳极等效电路。有的数码管在右下角还增设了一个小数点，形成八段显示。

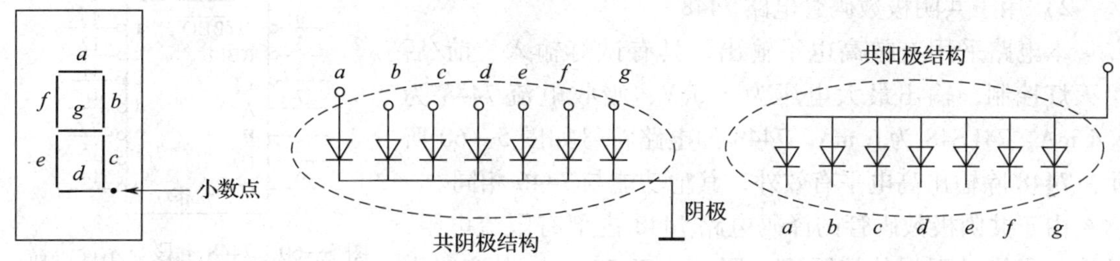

图 5—57　七段数码管的外形图及共阴、共阳等效电路

常用 LED 数码管显示的数字和字符是 0、1、2、3、4、5、6、7、8、9、A、B、C、D、E、F。液晶显示器（LCD）是另一种数码显示器。液晶显示器中的液态晶体材料是一种有机化合物，在常温下既有液体特性，又有晶体特性。利用液晶在电场作用下产生光的散射或偏光作用的原理，便可实现数字显示。一般对 LCD 的驱动采用正负对称的交流信号。

（2）七段显示译码器

七段显示译码器的功能是把 8421 二—十进制代码译成对应于数码管的七个字段信号，驱动数码管显示出相应的十进制代码。显示译码器有很多集成产品，如用于共阳极数码管的译码电路 7446/47 和用于共阴极数码管的译码电路 7448 等。

1）用于共阳极数码管的译码电路 7446/47

该电路采用集电极开路输出，具有试灯输入、前/后沿灭灯控制、灯光调节能力和有效低电平输出。

7446 与 74246、7447 与 74247 字形不同，但其他功能相同，可以互换使用。共阳极数码管的译码电路符号如图 5—58 所示。

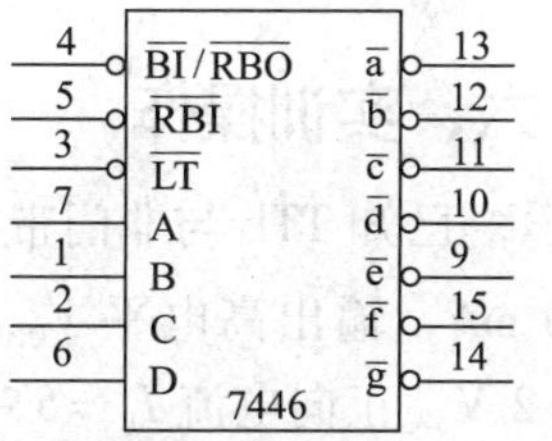

图 5—58　7446 七段显示译码器

7446 与共阳极数码管的连接如图 5—59 所示。图中电阻 R 为限流电阻，具体阻值视数码管的电流大小而定。7446 是 OC 门输出，电源电压可以达到 30 V，吸收电流 40 mA，对于一般的驱动是可以满足需求的。但是，若数码管太大需要更高的电压和更大的电流时，这就需要在译码器与数码管之间增加高电压、大电流驱动器，例如达林顿驱动电路 DS2001/2/3/4。

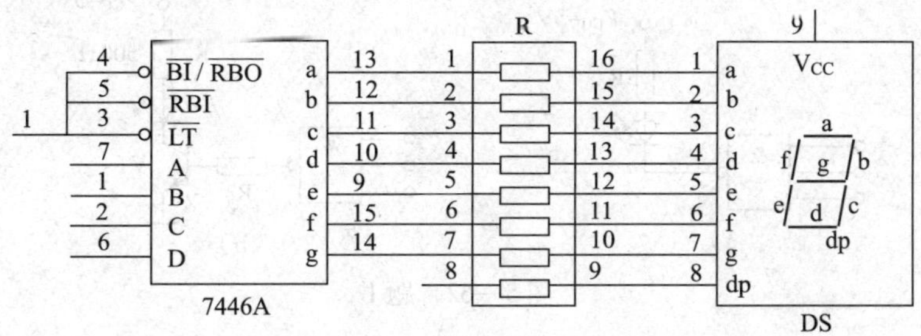

图 5—59　共阳数码管与译码

2）用于共阴极数码管电路7448

本电路采用有效高电平输出，具有试灯输入、前/后沿灭灯控制，输出最大电压为5.5 V，吸收电流7448为6.4 mA，74LS48为6 mA。7448的电路符号如图5—60所示。7448除输出高电平有效外，其他功能与7446相同。

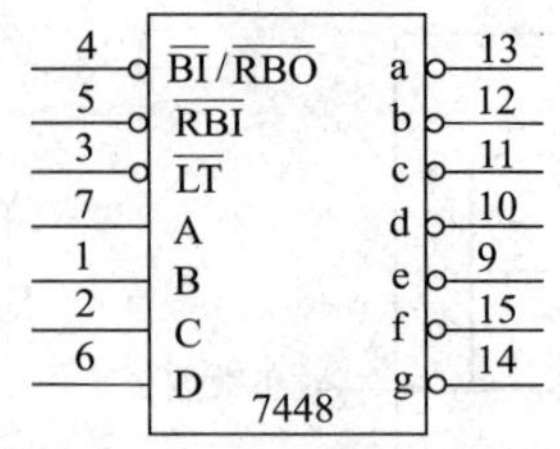

图5—60　7448七段显示译码器

由于共阴极数码管的译码电路7448内部有限流电阻，故接数码管时不需外接限流电阻。由于7448拉电流能力弱（2 mA），灌电流能力强（6.4 mA），所以一般都要外接电阻推动数码管。7448译码器的典型应用电路如图5—61所示。

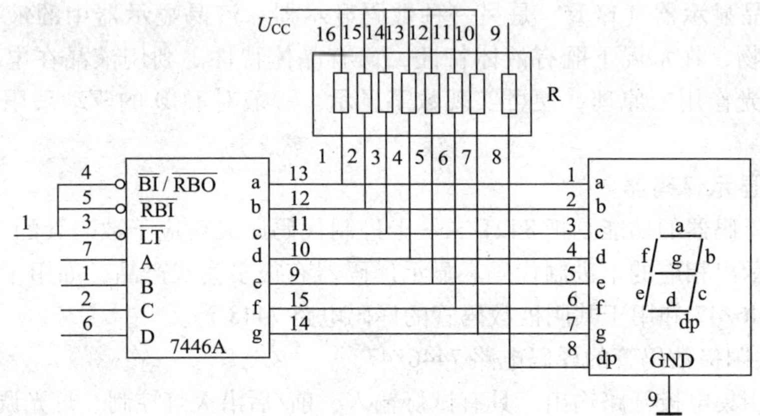

图5—61　7448与共阴极数码管连接

六、实训操作

1. 已知TTL与非门带灌电流负载最大值为$I_{OL}=15$ mA，带拉电流负载最大值为$I_{OH}=-40$ mA，输出高电平$V_{OH}=3.6$ V，输出低电平$V_{OL}=0.3$ V；发光二极管正向导通电压$V_D=2$ V，正向电流$I_D=5\sim10$ mA，三极管导通时$V_{BE}=0.7$ V，饱和电压降$V_{CES}\approx0.3$ V，$\beta=50$。如图5—62所示两电路均为发光二极管驱动电路，试问：

（1）两个电路的主要不同之处？

（2）图a中R和图b中R_b的取值范围？

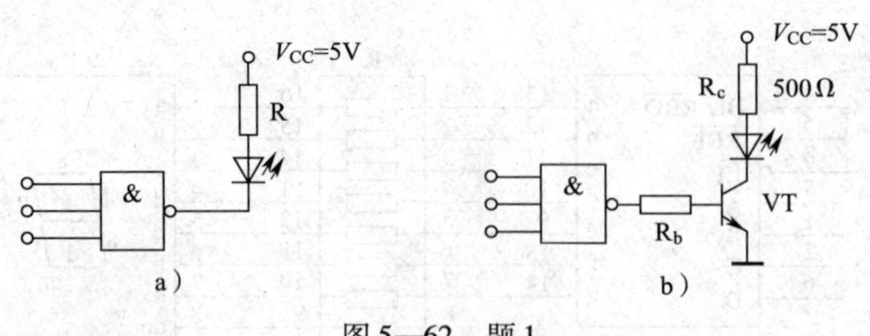

图5—62　题1

2. 电路如图5—63所示，（1）写出F_1、F_2、F_3、F_4的逻辑表达式；（2）说明四种电路的相同之处与不同之处。

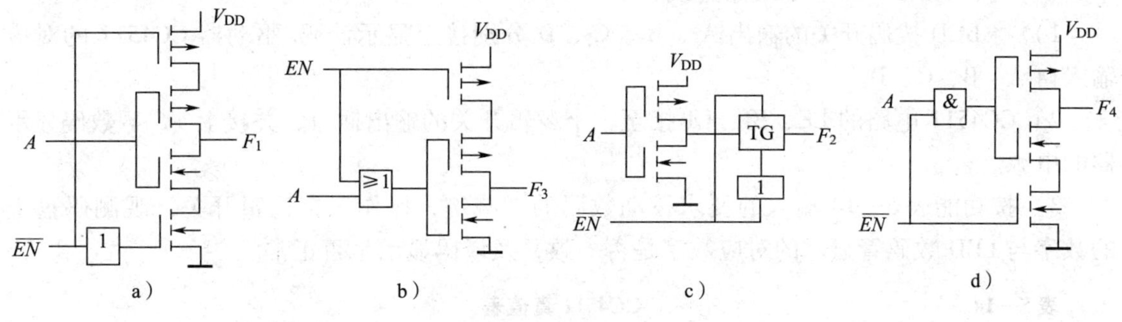

图 5—63　题 2

3．搭建如图 5—64 所示的 TTL 与非门电路与输入端外接电路，当 S 合在不同位置时，用图中电压表（内阻为 20 kΩ）测量 V_1 和 V_0 的值，将结果填入表内。

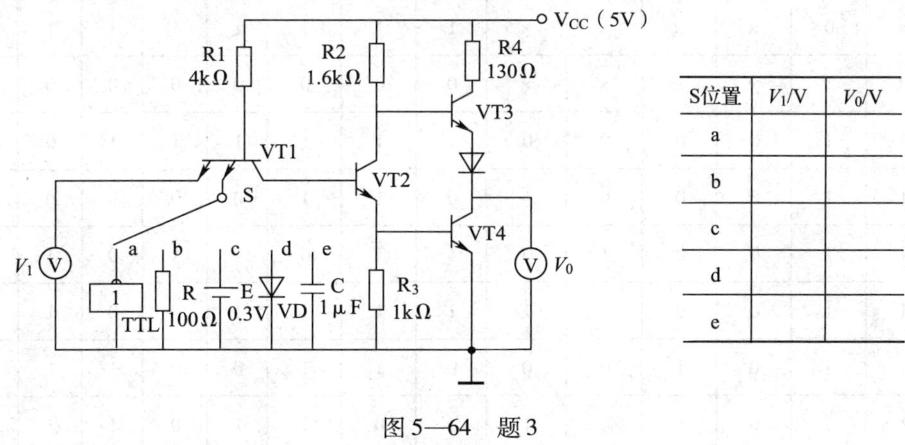

S位置	V_1/V	V_0/V
a		
b		
c		
d		
e		

图 5—64　题 3

4．试写出如图 5—65 所示电路输出端 F 的最简逻辑表达式。

5．测试显示译码/驱动器 CC4511。

（1）根据如图 5—66 所示的电路，选定一个 16 脚的插座，插好一片 CC4511，安装一个共阴极的 LED 数码管，八个电阻，阻值选择 200 Ω。

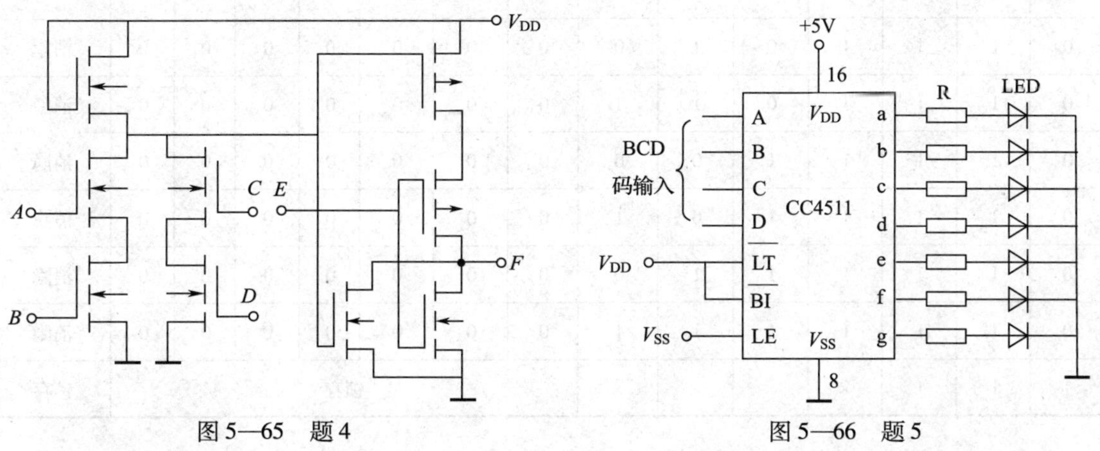

图 5—65　题 4　　　　图 5—66　题 5

（2）按如图 5—66 所示线路连线：

1）将 BCD 拨码开关的输出 A_i、B_i、C_i、D_i 分别接至显示译码/驱动器 CC4511 的对应输入口 A、B、C、D。

2）CC4511 电路的 LE、BI、LT 接至三个逻辑开关的输出插口，并接上 +5 V 数码显示器的电源。

3）按功能表 5—14 输入的要求拨动数码的增减键，操作三个逻辑开关，观测码盘上的数字与 LED 数码管显示的对应数字是否一致，及译码显示是否正常。

表 5—14　　　　　　　　CC4511 真值表

输入							输出							
LE	*BI*	*LT*	*D*	*C*	*B*	*A*	*a*	*b*	*c*	*d*	*e*	*f*	*g*	显示字形
×	×	0	×	×	×	×	1	1	1	1	1	1	1	8
×	0	1	×	×	×	×	0	0	0	0	0	0	0	消隐
0	1	1	0	0	0	0	1	1	1	1	1	1	0	0
0	1	1	0	0	0	1	0	1	1	0	0	0	0	1
0	1	1	0	0	1	0	1	1	0	1	1	0	1	2
0	1	1	0	0	1	1	1	1	1	1	0	0	1	3
0	1	1	0	1	0	0	0	1	1	0	0	1	1	4
0	1	1	0	1	0	1	1	0	1	1	0	1	1	5
0	1	1	0	1	1	0	0	0	1	1	1	1	1	6
0	1	1	0	1	1	1	1	1	1	0	0	0	0	7
0	1	1	1	0	0	0	1	1	1	1	1	1	1	8
0	1	1	1	0	0	1	1	1	1	0	0	1	1	9
0	1	1	1	0	1	0	0	0	0	0	0	0	0	消隐
0	1	1	1	0	1	1	0	0	0	0	0	0	0	消隐
0	1	1	1	1	0	0	0	0	0	0	0	0	0	消隐
0	1	1	1	1	0	1	0	0	0	0	0	0	0	消隐
0	1	1	1	1	1	0	0	0	0	0	0	0	0	消隐
0	1	1	1	1	1	1	0	0	0	0	0	0	0	消隐
1	1	1	×	×	×	×	锁存							锁存

课题3　时序逻辑电路

学习目标

1. 掌握常用触发器的特点和原理。
2. 掌握时序逻辑电路原理、分析和设计的方法。
3. 熟练掌握计数器和寄存器的原理和应用。

在数字电路系统中，既要有能够进行逻辑运算和算术运算的组合逻辑电路，也需要具有记忆功能的时序逻辑电路。组合电路的基本单元是门电路，时序电路的基本单元是触发器。

本课题分析时序逻辑电路的基本工作原理和分析、设计方法。从电路结构和逻辑功能等方面概要地讲述时序逻辑电路的特点、分类及其逻辑功能的表示方法。详细介绍时序逻辑电路的具体分析方法和步骤，以及计数器、寄存器等各类常用中规模时序集成逻辑器件的工作原理和使用方法。

一、常用触发器

1. 触发器的种类和特点

触发器按类型可分为三大类：

（1）根据有无时钟脉冲触发可分为两种：基本无时钟触发器和时钟控制触发器。

（2）根据电路结构的不同可分为四种：同步 RS 触发器、主从触发器、维持阻塞触发器和边沿触发器。

（3）根据逻辑功能的不同可分为五种：RS 触发器、JK 触发器、D 触发器、T 触发器和 T′触发器。

触发器的特点：

（1）有两个互补的输出端 Q 和 $\overline{Q}$。

（2）有两个稳定状态。通常将 $Q=1$ 和 $\overline{Q}=0$ 称为“1”状态，把 $Q=0$ 和 $\overline{Q}=1$ 称为“0”状态。当输入信号不发生变化时，触发器状态稳定不变。

（3）在一定输入信号的作用下，触发器可以从 个稳定状态转移到另一个稳定状态。

在分析触发器的功能时，一般采用功能表、特性方程和状态图来描述其功能。研究触发方式时，主要是分析输入信号的加入与触发脉冲之间的时间关系。

2. 基本 RS 触发器

基本 RS 触发器是直接复位、置位触发器的简称，由于它是构成各种功能触发器的基本部件，故称为基本 RS 触发器。

基本 RS 触发器可以用两个与非门交叉联接而成。如图 5—67a 所示为基本 RS 触发器逻辑电路图，图 5—67b 是其逻辑符号。

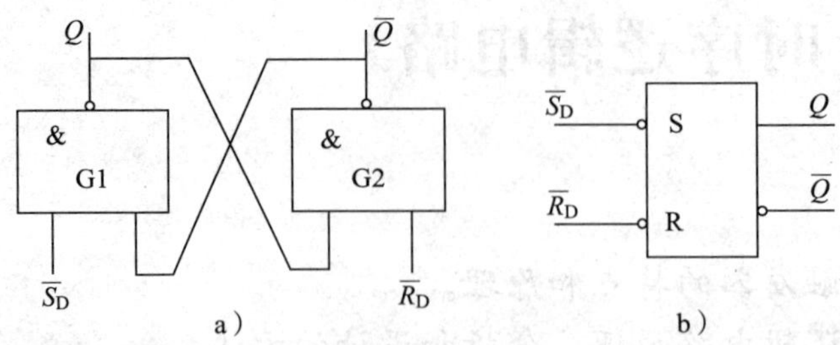

图 5—67　基本 RS 触发器

根据与非门的逻辑关系，基本 RS 触发器的逻辑表达式为：

$$\begin{cases} Q^{n+1} = S + \overline{R}Q^n \\ \overline{R} + \overline{S} = 1 \end{cases}$$

基本 RS 触发器有两个互补的输出端 Q 与 $\overline{Q}$，两者的逻辑状态在正常条件下保持反相。一般用 Q 端的状态表示触发器状态。$\overline{R}_D$、$\overline{S}_D$ 为触发器的两个输入端，根据输入信号 $\overline{R}_D$、$\overline{S}_D$ 状态的不同，输入信号有四种不同的组合。

（1）当 $\overline{S}_D=0$、$\overline{R}_D=1$ 时，$Q=1$，$\overline{Q}=0$，称触发器为置位状态，为“1”态。

（2）当 $\overline{S}_D=1$、$\overline{R}_D=0$ 时，G1 门与 G2 门的状态与（1）相反，$Q=0$，$\overline{Q}=1$，称其为复位状态或“0”态。

（3）当 $\overline{S}_D$、$\overline{R}_D=1$ 时，两个与非门原工作状态不受影响，触发器输出保持不变，相当于把 $\overline{S}_D$ 端某一时刻的电平信号存储起来了，这就是它具有的记忆功能。

（4）当 $\overline{S}_D$、$\overline{R}_D=0$ 时，两个与非门输出都为“1”，达不到 Q 与 $\overline{Q}$ 状态反相的逻辑要求，并且当两个输入信号负脉冲同时撤去（回到 1）后，触发器状态将不能确定是 1 还是 0。因此，使用时应禁止该情况的发生。

3. 时钟控制 RS 触发器

具有时钟脉冲控制的触发器称为“时钟控制触发器”或者“定时触发器”。

时钟脉冲控制触发器的工作特点：由时钟脉冲确定状态转换的时刻（即何时转换），由输入信号确定触发器状态转换的方向（即如何转换）。

时钟控制 RS 触发器的逻辑电路图和逻辑符号如图 5—68 所示。

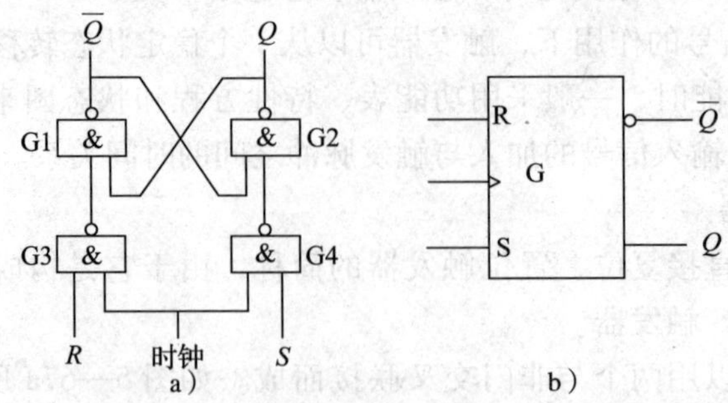

图 5—68　时钟控制 RS 触发器的逻辑电路图和逻辑符号

时钟控制 RS 触发器由四个与非门构成。其中，与非门 G1、G2 构成基本 RS 触发器；与非门 G3、G4 组成控制电路，通常称为控制门。

当时钟脉冲没有到来（即 $CP=0$）时，不管 R、S 端为何值，两个控制门的输出均为 1，触发器状态保持不变。当时钟脉冲到来（即 $CP=1$）时，输入端 R、S 的值可以通过控制门作用于上面的基本 RS 触发器。

当 $R=0$，$S=0$：控制门 G3、G4 的输出均为 1，触发器状态保持不变；

当 $R=0$，$S=1$：控制门 G3、G4 的输出分别为 1 和 0，触发器状态置成 1 状态；

当 $R=1$，$S=0$：控制门 G3、G4 的输出分别为 0 和 1，触发器状态置成 0 状态；

当 $R=1$，$S=1$：控制门 G3、G4 的输出均为 0，触发器状态不确定，这是不允许的。

由分析可知：时钟控制 RS 触发器的工作过程是由时钟信号 C 和输入信号 R、S 共同作用来实现的；时钟 C 控制转换时间，输入 R 和 S 确定转换后的状态。

时钟控制 RS 触发器虽然解决了对触发器工作进行定时控制的问题，而且具有结构简单等优点，但依然存在以下两点不足：

（1）输入信号依然存在约束条件，即 R、S 不能同时为 1。

（2）可能出现“空翻”现象。

所谓“空翻”是指在同一个时钟脉冲作用期间，触发器状态发生两次或两次以上变化的现象。

“空翻”产生的原因是：在时钟脉冲作用期间，输入信号直接控制着触发器状态的变化。即当时钟 CP 为 1 时，输入信号 R、S 发生变化，触发器状态会跟着变化，从而使得一个时钟脉冲作用期间引起多次翻转。

“空翻”将造成状态的不确定和系统工作的混乱，这是不允许的。因此，时钟控制 RS 触发器要求在时钟脉冲作用期间输入信号保持不变。

由于时钟控制 RS 触发器的上述缺点，导致它的应用受到很大限制。

4. JK 触发器

在时钟控制 RS 触发器中增加两条反馈线，将触发器的输出 Q 和 $\overline{Q}$ 交叉反馈到两个控制门的输入端，并把原来的输入端 S 改成 J，R 改成 K，即改进成 JK 触发器。JK 触发器的逻辑电路图和逻辑符号如图 5—69 所示。

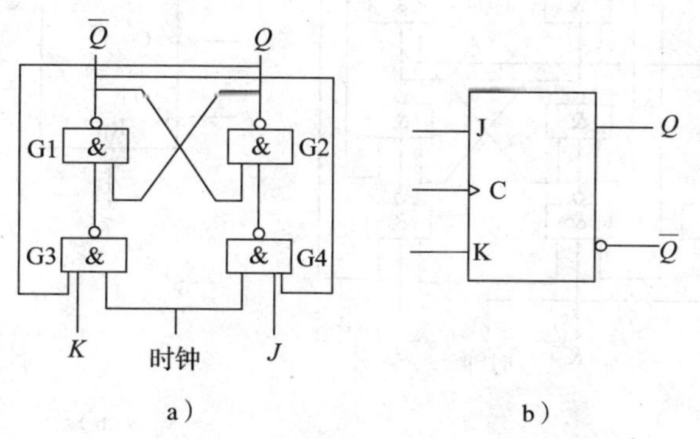

图 5—69　JK 触发器的逻辑电路图和逻辑符号

该触发器利用触发器两个输出端信号始终互补的特点，有效地解决了时钟控制 RS 触发器在时钟脉冲作用期间两个输入同时为 1 将导致触发器状态不确定的问题。

JK 触发器的工作原理分析如下：

（1）无时钟脉冲（$CP=0$）时，触发器保持原来的状态不变。

（2）时钟脉冲作用（$CP=1$）时，与 J、K 相关。

1）$J=0$，$K=0$：触发器状态不变；

2）$J=0$，$K=1$：若原来处于 0 状态，触发器保持 0 状态不变；若原来处于 1 状态，触发器状态置成 0。即 $JK=01$ 时，触发器次态一定为 0 状态；

3）$J=1$，$K=0$：若原来处于 0 状态，触发器状态置成 1；若原来处于 1 状态，触发器保持 1 态不变。即 $JK=10$ 时，触发器次态一定为 1 状态；

4）$J=1$，$K=1$：若原来处于 0 状态，触发器置成 1 状态；若原来处于 1 状态，触发器置成 0 状态。即 $JK=11$ 时，触发器的次态与现态相反。

根据 RS 触发器的特性方程，可得 JK 触发器的特性方程为：

$$Q^{n+1}=J\,\overline{Q^{n}}+\overline{K}Q^{n}$$

上述的 JK 触发器结构简单，且具有较强的逻辑功能，但会依然存在“空翻”现象。为了进一步解决“空翻”问题，实践中广泛采用主从 JK 触发器。

主从 JK 触发器的逻辑电路图及逻辑符号如图 5—70a 和图 5—70b 所示。

主从 JK 触发器由上、下两个时钟控制 RS 触发器组成，分别为从触发器和主触发器。主触发器的输出是从触发器的输入，而从触发器的输出又反馈到主触发器的输入。主、从两个触发器的时钟脉冲是反相的。图 5—70 中的 R_D 和 S_D 分别为直接置 0 端和直接置 1 端。逻辑符号中时钟端的小圆圈表示触发器状态的改变是在时钟脉冲后沿（下降沿）产生的。

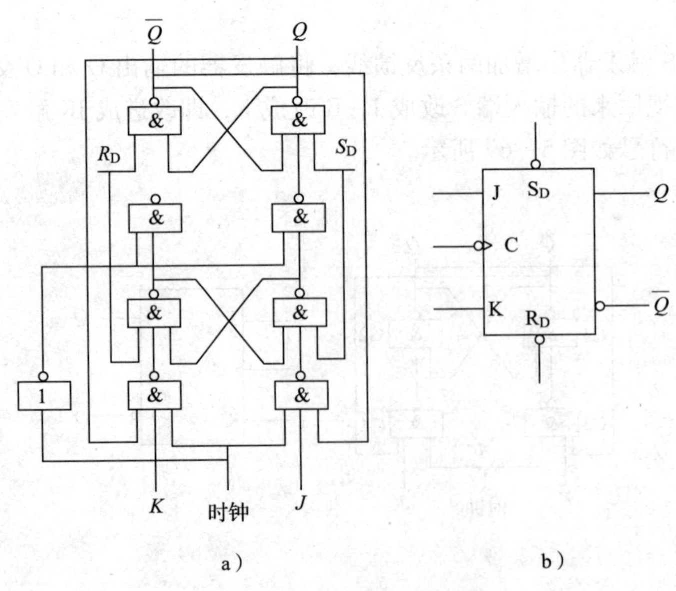

图 5—70　主从 JK 触发器逻辑电路图和逻辑符号

主从 JK 触发器的工作原理分析如下：

（1）无时钟脉冲时

主触发器被封锁，从触发器状态由主触发器状态决定，两者状态相同。

（2）有时钟脉冲作用时

在时钟脉冲的前沿（上升沿）接收输入信号并暂存到主触发器中，此时从触发器被封锁，保持原状态不变。

在时钟脉冲的后沿（下降沿），主触发器状态传送到从触发器，使从触发器输出（即整个触发器输出）变到新的状态，而此时主触发器本身被封锁，不受输入信号变化的影响。

即“前沿采样，后沿定局”。由于整个触发器的状态变化是在时钟脉冲的后沿发生的，因此，解决了“空翻”的问题。

主从 JK 触发器与前面所述 JK 触发器相比，仅进行了性能上的改进，逻辑功能完全相同。由于主从 JK 触发器具有输入信号 J 和 K 无约束、无空翻、功能全、使用方便等优点，因此，其应用比较广泛。

5. T 触发器

T 触发器又称为计数触发器。如果把 JK 触发器的两个输入端 J 和 K 连接起来，并把连接在一起的输入端用符号 T 表示，就构成了 T 触发器。相应的逻辑电路图和逻辑符号如图 5—71 所示。

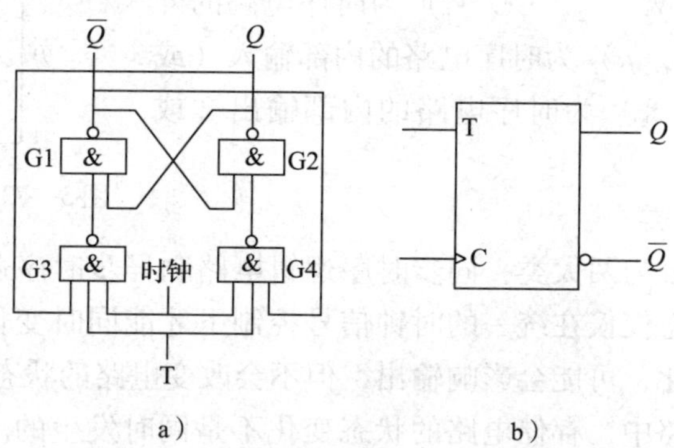

图 5—71　T 触发器逻辑电路图和逻辑符号

T 触发器的逻辑功能可直接由 JK 触发器的次态方程导出。JK 触发器的次态方程为：$Q^{n+1}=J\overline{Q^n}+\overline{K}Q^n$，将该方程中的 J 和 K 均用 T 代替后，即可得到 T 触发器的次态方程：$Q^{n+1}=T\overline{Q^n}+\overline{T}Q^n$。

当 $T=0$ 时，触发器状态保持不变；当 $T=1$ 时，在时钟脉冲作用下状态翻转，相当于一位二进制计数器。

上述 T 触发器也存在“空翻”现象，实际数字电路中使用的集成 T 触发器通常采用主从式结构，或者增加维持阻塞功能。

集成 T 触发器的逻辑符号如图 5—72 所示，它们除了在性能方面进行了改进外，逻辑功能与上述 T 触发器完全相同。

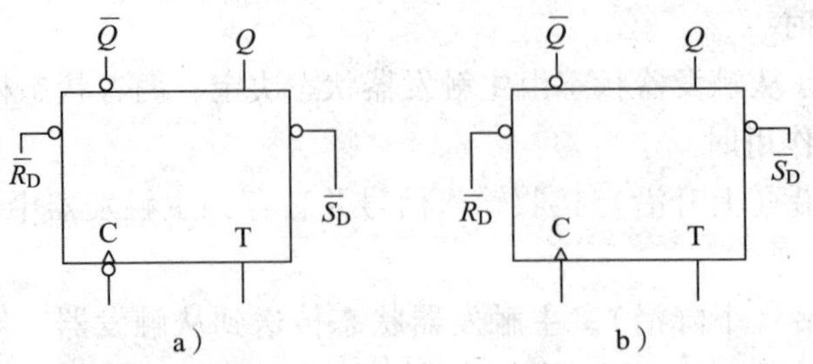

图 5—72　集成 T 触发器逻辑符号

二、时序逻辑电路的分析与设计

1. 时序逻辑电路的特点

时序逻辑电路是一种与时序有关的逻辑电路，它以组合电路为基础，又与组合电路不同。时序逻辑电路的特点是，在任何时刻电路产生的稳定输出信号不仅与该时刻电路的输入信号有关，而且还与电路过去的状态有关。所以，时序逻辑电路都是由组合电路和存储电路两部分组成的。

时序逻辑电路的结构如图 5—73 所示，它由组合逻辑和存储电路两部分构成。图中 X（x_1，x_2，…，x_i）为时序电路的外部输入；Y（y_1，y_2，…，y_j）为时序电路的外部输出；Q（q_1，q_2，…，q_l）为时序电路的内部输入（或状态）；Z（z_1，z_2，…，z_k）为时序电路的内部输出（或称驱动）。

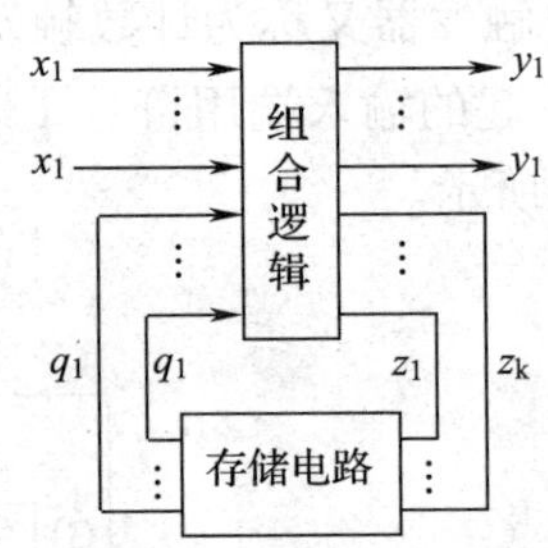

图 5—73　时序逻辑电路的结构

2. 时序逻辑电路分类

时序逻辑电路可以分为两大类：同步时序逻辑电路和异步时序逻辑电路。在同步时序逻辑电路中，电路的状态仅仅在统一的时钟信号控制下才能同时变化一次。如果没有时钟信号，输入信号发生变化，可能会影响输出，但不会改变电路的状态。

在异步时序逻辑电路中，存储电路的状态变化不是同时发生的。这种电路中没有统一的时钟信号。任何输入信号的变化都可能立刻引起异步时序逻辑电路状态的变化。

由于时序逻辑电路与组合逻辑电路在结构和性能上不同，因此，在研究方法上两者也有所不同。组合逻辑电路的分析和设计所用到的主要方法是真值表，而时序逻辑电路的分析和设计所用到的工具主要是状态转换表（以下简称状态表）和状态图。

3. 时序逻辑电路的分析

时序逻辑电路的分析，就是研究对于一个给定的时序逻辑电路，在一系列输入信号作用下，将会产生怎样的输出，进而说明该电路的逻辑功能。

（1）同步时序逻辑电路分析的一般步骤

1）写出电路输出、驱动及状态方程

时序逻辑电路的输出逻辑表达式（即输出方程）、各触发器输入端的逻辑表达式（即驱动方程）和时序逻辑电路的状态方程。

2）列出状态转换真值表

将电路现状的各种取值带入状态方程和输出方程中进行计算，求出相应的次态和输出，从而列出状态转换真值表。

3）说明逻辑功能。根据状态转换真值表来说明电路的逻辑功能。

4）画出状态图和时序图

（2）分析举例

例题 6：分析如图 5—74 所示的时序逻辑电路。

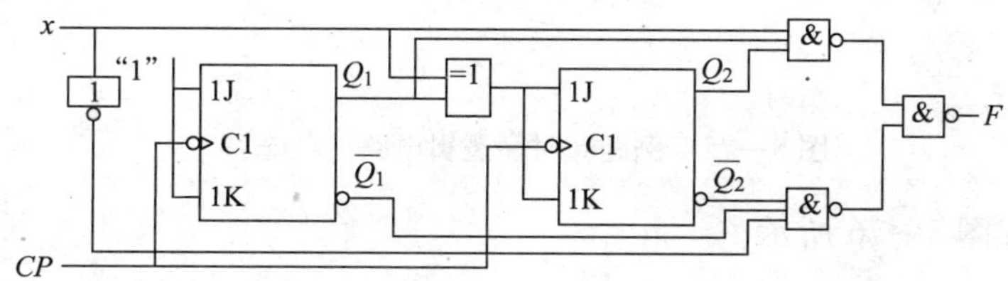

图 5—74　例题 6 的时序逻辑电路图

解：该时序逻辑电路由两个 JK 触发器和门电路构成，为同步时序电路，时钟脉冲 *CP* 方程可以省略。

1）由给定电路图写出驱动方程：

驱动方程：$\begin{cases} J_1 = K_1 = 1 \\ J_2 = K_2 = x \oplus Q_1 \end{cases}$

2）将驱动方程代入相应触发器的特性方程，求各触发器的状态方程：

$$\begin{cases} Q_1^* = J_1 \cdot \overline{Q}_1 + \overline{K}_1 \cdot Q_1 = \overline{Q}_1 \\ Q_2^* = J_2 \cdot \overline{Q}_2 + \overline{K}_2 \cdot Q_2 = x \oplus Q_1 \oplus Q_2 \end{cases}$$

3）根据逻辑电路图写出输出方程为：

$$F = \overline{\overline{x \cdot Q_1 \cdot Q_2} \cdot \overline{\overline{x} \cdot \overline{Q}_1 \cdot \overline{Q}_2}} = x \cdot Q_1 \cdot Q_2 + \overline{x} \cdot \overline{Q}_1 \cdot \overline{Q}_2$$

4）为便于画出电路的状态图，由状态方程和输出方程列出状态表，见表 5—15。

表 5—15　　**例题 6 电路的状态表**

$Q_2^*Q_1^*/F$ \ Q_2Q_1 \ x	00	01	11	10
0	01/1	10/0	00/0	11/0
1	11/0	00/0	10/1	01/0

根据表 5—15 可以画出对应的状态图，如图 5—75 所示。

5）由状态图可以看出，该时序逻辑电路是一个模 4 的可逆计数器。当 $X=0$ 时，实现模 4 加法计数，在时钟脉冲 *CP* 的作用下，Q_2Q_1 从 00 到 11 递增又返回 00，每经过四个时钟脉冲后，电路的状态循环一次。同时，在输出端 F 输出一个进位脉冲。当 $X=1$ 时，电路进行减 1 计数，实现模 4 减法计数器功能，F 是借位输出信号。

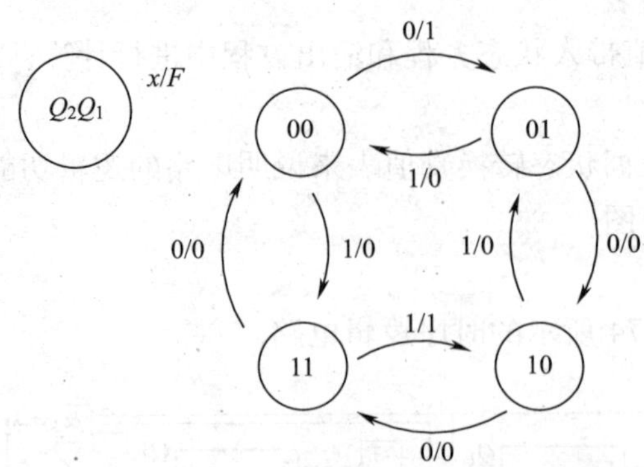

图 5—75　例题 6 时序逻辑电路的状态图

电路的时序如图 5—76 所示。

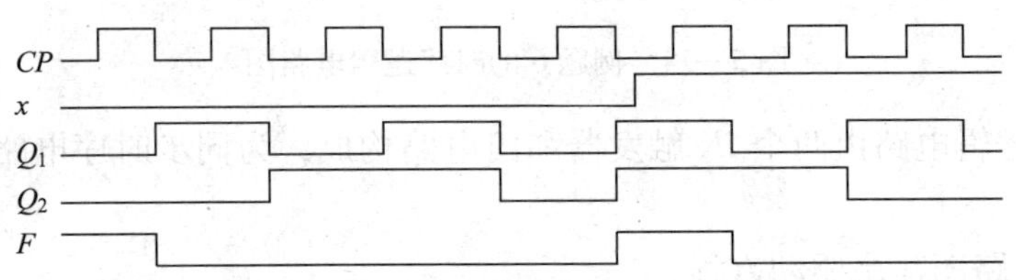

图 5—76　例题 6 时序逻辑电路的时序图

4. 同步时序逻辑电路的设计

时序逻辑电路的设计过程是分析的逆过程，就是要求设计者根据给出的具体逻辑功能，求出实现这一逻辑功能的逻辑电路。所得到的设计结果应力求最简，即电路所使用的触发器和门电路的数目及输入端的数目最少，或集成电路数目、种类最少，且互相连线也较少。

（1）一般时序逻辑电路的设计可按下列步骤进行

1）根据逻辑问题的描述，建立原始状态表。进行这一步时，可借助原始状态图，再构成原始状态表。

建立原始状态图的具体做法是：首先分析给定的逻辑功能，确定输入变量和输出变量，以及有多少种输入信息需要“记忆”，并对每一种需“记忆”的输入信息用规定的一种状态来表示；其次分别以上述状态为现态，考察在每一个可能的输入组合作用下，现态应转入哪个状态及相应的输出，便可求得符合题意的状态图。

这一步得到的状态图和状态表是原始的，其中可能包含多余的状态。

2）采用状态化简方法，将原始状态表化为最简状态表。状态化简的规则是：若两个电路状态在相同输入下有相同的输出，并且可转换到同一个次态去，则这两个状态为等价状态，两个状态可以合并为一个状态，而不改变输入与输出的关系。通过合并等价状态可以达到状态简化的目的。

3）在得到简化的状态图后，要对每一个状态指定一组二进制代码，称为状态分配（或状态编码）。时序逻辑电路的状态是用触发器状态的不同组合来表示的。状态分配就是给这些触发器指定状态，每个触发器的状态组合都是一组二进制代码。如果编码方案得当，设计结果可以很简单。一般选用的状态编码都遵循一定的规律，如自然二进制码、移存码、循环码等。编码方案确定后，根据简化的状态图，画出编码形式的状态图及状态表。

4）选定触发器类型。根据编码后的状态表及触发器的特性方程，求得电路的输出方程和各触发器的驱动方程。

5）根据驱动方程和输出方程画出所要求的逻辑图。

6）检查电路能否自启动，如不能自启动，则需采取措施加以解决。

（2）设计举例

例题 7：设计一自动销售饮料机的逻辑电路，它的投币口每次只能投入一枚五角或一元的硬币。投入一元五角的硬币后，机器自动给出一杯饮料；投入两元（两枚一元）硬币后，机器在给出饮料的同时找回一枚五角的硬币。

解：1）设投币信号为输入逻辑变量。投入一枚一元硬币用 $A=1$ 表示，未投入用 $A=0$ 表示；投入一枚五角硬币用 $B=1$ 表示，未投入用 $B=0$ 表示。给出饮料和找钱为两个输出变量，分别以 Y、Z 表示。给出饮料时 $Y=1$，不给时 $Y=0$；找回一枚五角硬币时 $Z=1$，不找时 $Z=0$。

假定通过传感器产生的投币信号（$A=1$ 或 $B=1$）在电路转入新状态的同时也会随之消失，否则将被误认作是又一次投币信号。

2）设未投币前电路的初始状态为 S_0，投入五角硬币以后状态为 S_1，投入一元硬币（包括投入一枚一元硬币和投入两枚五角硬币的情况）以后状态为 S_2。再投入一枚五角硬币后电路返回 S_0，同时输出为 $Y=1$，$Z=0$；如果投入的是一枚一元硬币，则电路也应该返回 S_0，同时输出为 $Y=1$，$Z=1$。因此，电路的状态数 $M=3$ 已足够。根据以上分析，可得自动销售饮料机的逻辑电路状态如图 5—77 所示。

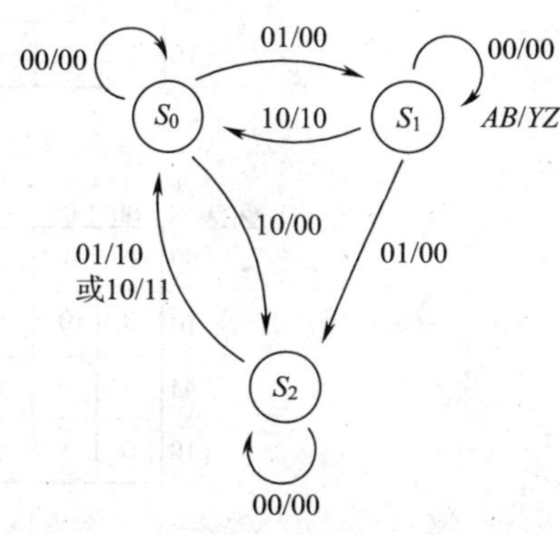

图 5—77　例题 7 的初步设计状态图

3）根据状态图可得表 5—16 所列的状态表。因为正常工作中不会出现 $AB=11$ 的情况，所以这时的次态和输出均作无关项处理。又因该状态表已为最简形式，所以不必再进行化简。

表 5—16　例题 7 的状态表

状态	AB			
	00	01	11	10
S_0	$S_0/00$	$S_1/00$	×/××	$S_2/00$
S_1	$S_1/00$	$S_2/00$	×/××	$S_0/10$
S_2	$S_2/00$	$S_0/10$	×/××	$S_0/11$

4）由于状态表中有三个状态，取触发器的位数 $n=2$，即 Q_1Q_0 就满足要求。令 Q_1Q_0 的 00、01、10 分别代表 S_0、S_1、S_2，$Q_1Q_0=11$ 作为无关状态，则依据状态图和状态表即可画出表示电路次态/输出（$Q_1^*Q_0^*/YZ$）的卡诺图，如图 5—78 所示。

Q_1Q_0 \ AB	00	01	11	10
00	00/00	01/00	××/××	10/00
01	01/00	10/00	××/××	00/10
11	××/××	××/××	××/××	××/××
10	10/00	00/10	××/××	00/11

图 5—78　例题 7 电路次态/输出的卡诺图

将图 5—78 中的卡诺图分解，分别画出表示 Q_1^*、Q_0^*、Y 和 Z 的卡诺图，如图 5—79 所示。

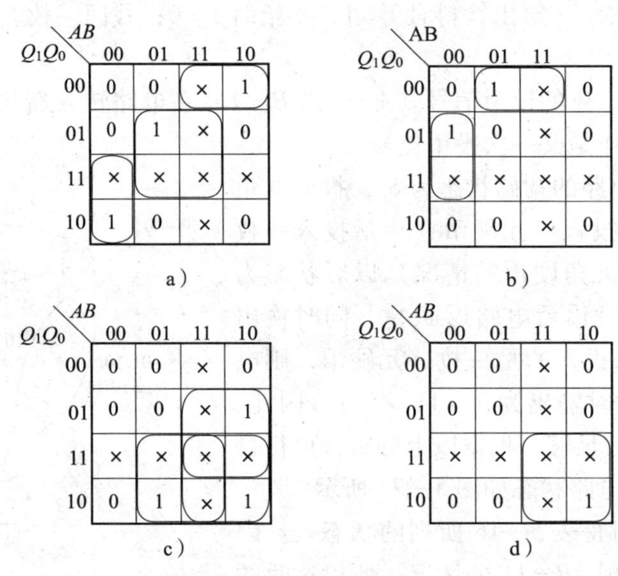

图 5—79　例题 7 卡诺图的分解

a）Q_1^*　b）Q_0^*　c）Y　d）Z

若电路选用 D 触发器，则依照图 5—79 所示的卡诺图可写出电路的状态方程、驱动方程和输出方程，分别为：

$$\begin{cases} Q_1^* = Q_1\overline{A}\,\overline{B} + \overline{Q_1}\,\overline{Q_0}A + Q_0B \\ Q_0^* = \overline{Q_1}\,\overline{Q_0}B + Q_0\overline{A}\,\overline{B} \end{cases} \text{和} \begin{cases} D_1 = Q_1\overline{A}\,\overline{B} + \overline{Q_1}\,\overline{Q_0}A + Q_0B \\ D_0 = Q_0^* = \overline{Q_1}\,\overline{Q_0}B + Q_0\overline{A}\,\overline{B} \end{cases} \text{和} \begin{cases} Y = Q_1B + Q_1A + Q_0A \\ Z = Q_1A \end{cases}$$

5）根据驱动方程和输出方程可得如图 5—80 所示的逻辑图，该逻辑图的实际状态如图 5—81 所示。

从图 5—81 中可看出，当电路进入无效状态 11 后，在无输入信号的情况下（即 AB = 00）不能自行返回有效循环，所以不能自启动。当 AB = 01 或 AB = 10 时，电路虽然在时钟信号的作用下能返回到有效循环中去，但收费结果是错误的。因此，在开始工作时，应在异步置零端 R_D'上加入低电平信号，将电路置为 00 状态。

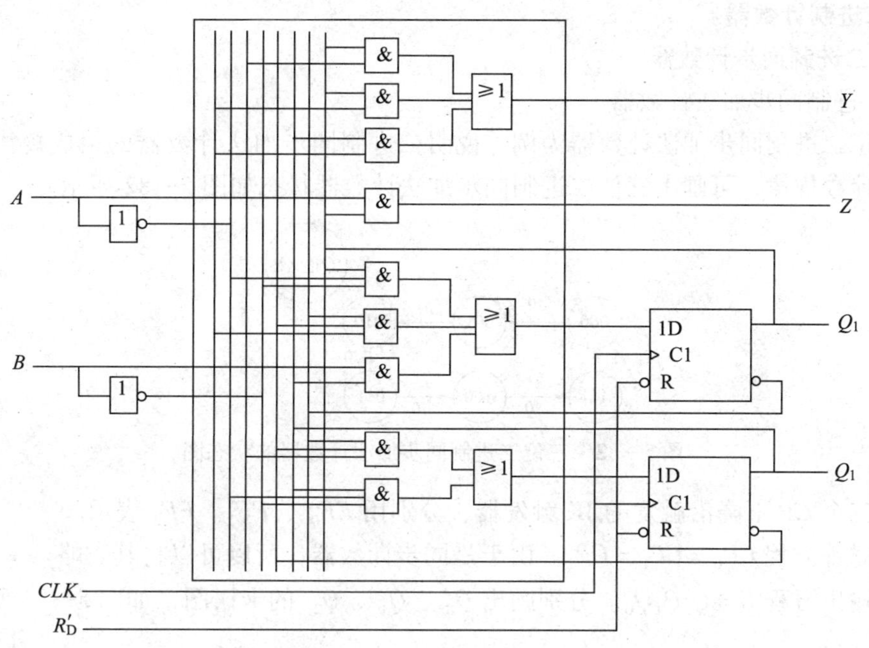

图 5—80　例题 7 的逻辑图

三、计数器

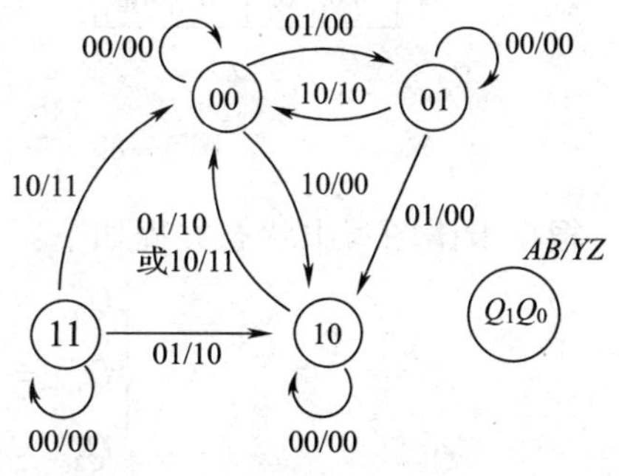

图 5—81　例题 7 的最终状态图

计数器是一种对输入脉冲进行计数的时序逻辑电路。计数器不仅可以计数，还可以实现分频、定时、产生脉冲和执行数字运算等功能，是数字系统中用途最广泛的基本部件之一。

计数器的种类很多，可以按照多种方式进行分类。

（1）按计数器中进位模数分类，可以分为二进制计数器、十进制计数器和任意进制计数器。当输入计数脉冲到来时，按二进制规律进行计数的电路叫作二进制计数器；十进制计数器是按十进制规律进行计数的电路；除了二进制和十进制计数器之外其他进制的计数器都称为任意进制计数器。

（2）按计数器中的触发器是否同步翻转分类，可以把计数器分为同步计数器和异步计数器。在同步计数器中，各个触发器的计数脉冲相同，即电路中有一个统一的计数脉冲。在异步计数器中，各个触发器的计数脉冲不同，即电路中没有统一的计数脉冲控制电路状态的变化，电路状态改变时，电路中要更新状态的触发器翻转有先有后，是异步进行的。

（3）按计数增减趋势分类，还可以把计数器分为加法计数器、减法计数器和可逆计数器。当输入计数脉冲到来时，按递增规律进行计数的电路叫作加法计数器；按递减规律进行计数的电路称为减法计数器。在加减信号控制下，既可以递增计数又可以递减计数的电路称为可逆计数器。

1. 二进制计数器

(1) 二进制同步计数器

1) 二进制同步加法计数器

以三位二进制同步加法计数器为例，说明二进制同步加法计数器的组成规律。根据二进制递增计数规律，可画出三位二进制同步加法计数器状态如图 5—82 所示。

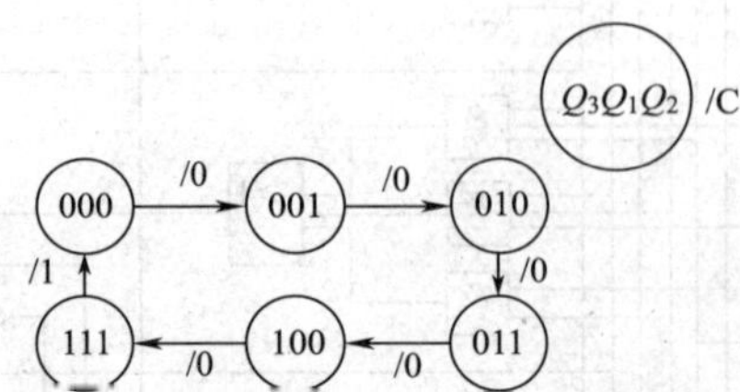

图 5—82　三位二进制同步加法计数器的状态图

选用三个 CP 下降沿触发的 JK 触发器，分别用 FF_0 、FF_1、FF_2 表示。

写出时钟方程 $CP_0 = CP_1 = CP_2$。由于是同步计数器，所以可以将其省略。

写出输出方程 $C = Q_2Q_1Q_0$。分别画出 Q_0^* 、Q_1^* 、Q_2^* 的卡诺图，如图 5—83 所示。

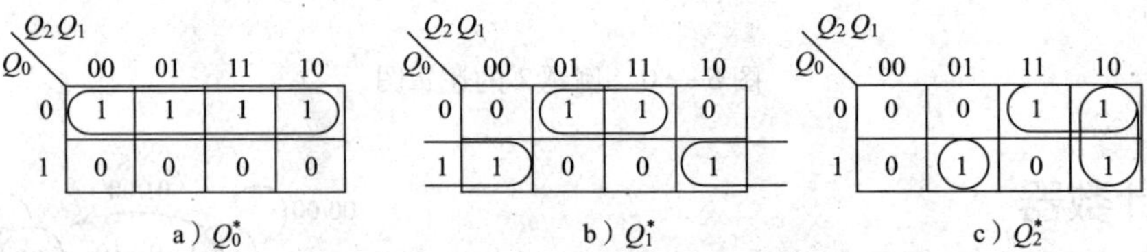

图 5—83　三位二进制同步加法计数器的卡诺图

根据卡诺图写出状态方程如下：

$$\begin{cases} Q_0^* = \overline{Q_0} \\ Q_1^* = Q_1\overline{Q_0} + \overline{Q_1}Q_0 \\ Q_2^* = Q_2\overline{Q_0} + Q_2\overline{Q_1} + \overline{Q_2}Q_1Q_0 \end{cases}$$

与 JK 触发器的特性方程比较，得到下列驱动方程：

$$\begin{cases} J_0 = K_0 = 1 \\ J_1 = K_1 = Q_0 \\ J_2 = K_2 = Q_1Q_0 \end{cases}$$

根据所选触发器的时钟方程、输出方程和驱动方程，可得三位二进制计数器的逻辑电路和时序图分别如图 5—84 和图 5—85 所示。

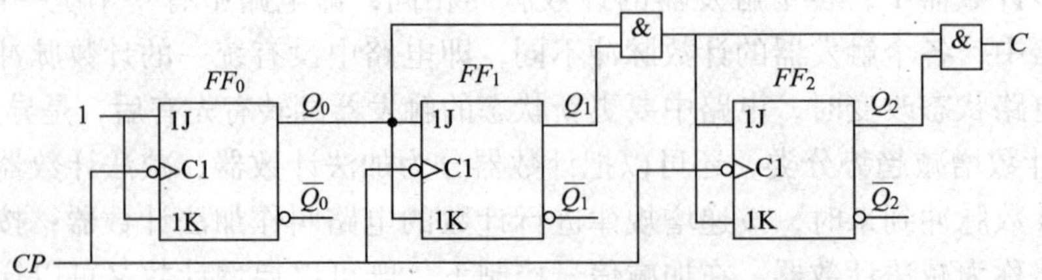

图 5—84　三位二进制同步加法计数器逻辑电路

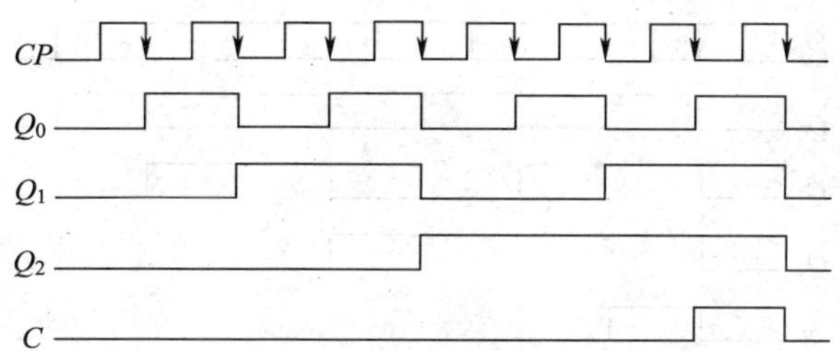

图 5—85　三位二进制同步加法计数器时序图

从图 5—85 中可以看出，每当 CP 下降沿到来时，FF_0 翻转一次；$Q_0=1$ 时，FF_1 在 CP 下降沿翻转；$Q_0=Q_1=1$ 时，FF_2 在 CP 下降沿翻转。

用 JK 触发器实现 n 位同步加法计数器，其各级驱动方程如下：

$$\begin{cases} J_0 = K_0 = 1 \\ J_1 = K_1 = Q_0 \\ J_2 = K_2 = Q_1Q_0 \\ J_3 = K_3 = Q_2Q_1Q_0 = J_2Q_2 \\ \cdots \\ J_{n-1} = K_{n-1} = Q_{n-2}Q_{n-3}\cdots Q_1Q_0 \end{cases}$$

输出方程：$C=Q_{n-1}Q_{n-2}\cdots Q_2Q_1Q_0$

如果把 JK 触发器换成 T 触发器，公式可写成：

$$\begin{cases} T_0 = 1 \\ T_1 = Q_0 \\ T_2 = Q_1Q_0 \\ \cdots \\ T_{n-1} = Q_{n-2}Q_{n-3}\cdots Q_1Q_0 \end{cases}$$

2）二进制同步减法计数器

以三位二进制同步减法计数器为例，说明减法计数器的组成规律。

根据二进制递减计数规律，可画出三位二进制同步减法计数器状态图如图 5—86 所示。

二进制同步减法计数器是按照二进制减法运算规则进行计数的，其工作原理为：在 n 位二进制减法计数器中，只有当第 i 位以下各位同时为 0，低位需向高位借位时，在时钟脉冲的作用下第 i 位状态才会翻转。最低位触发器当每来一个时钟脉冲时，就翻转一次。

根据图 5—86 所示的状态图，可以画出三位二进制同步减法计数器的时序图，如图 5—87 所示。

从图 5—87 中可以看出，每当 CP 下降沿到来，FF_0 翻转一次；当 $Q_0=0$ 时，CP 下降沿到来 FF_1 翻转；当 $Q_0=Q_1=0$ 时，CP 下降沿到来 FF_2 翻转。

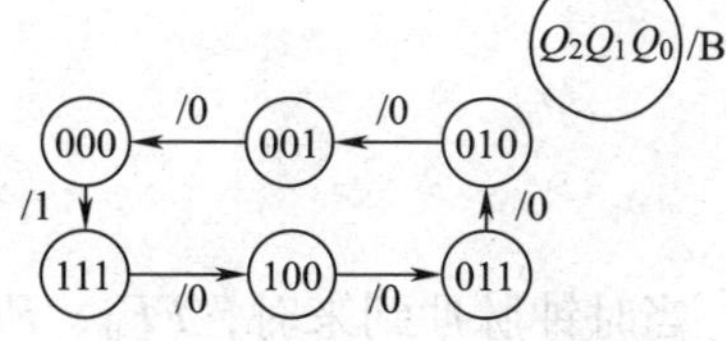

图 5—86　三位二进制同步减法计数器的状态图

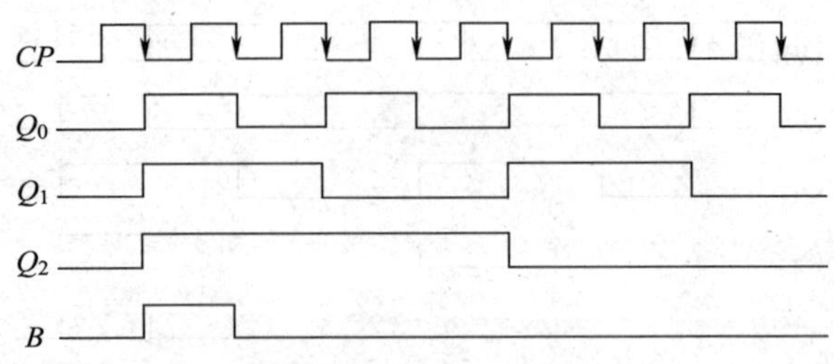

图 5—87　三位二进制同步减法计数器时序图

如果用 JK 触发器构成 n 位二进制同步减法计数器，其各级触发器的驱动方程应写成：

$$\begin{cases} J_0 = K_0 = 1 \\ J_1 = K_1 = \overline{Q}_0 \\ J_2 = K_2 = \overline{Q}_1\,\overline{Q}_0 \\ \cdots \\ J_{n-1} = K_{n-1} = \overline{Q_{n-2}}\,\overline{Q_{n-3}}\cdots\overline{Q}_1\,\overline{Q}_0 \end{cases}$$

输出方程：$B = \overline{Q_{n-1}}\,\overline{Q_{n-2}}\cdots\overline{Q}_2\,\overline{Q}_1\,\overline{Q}_0$。

因此，只要将图 5—84 所示的二进制加法计数器的输出端由 Q 端改为 $\overline{Q}$ 端，便可构成三位二进制同步减法计数器。其逻辑电路如图 5—88 所示。

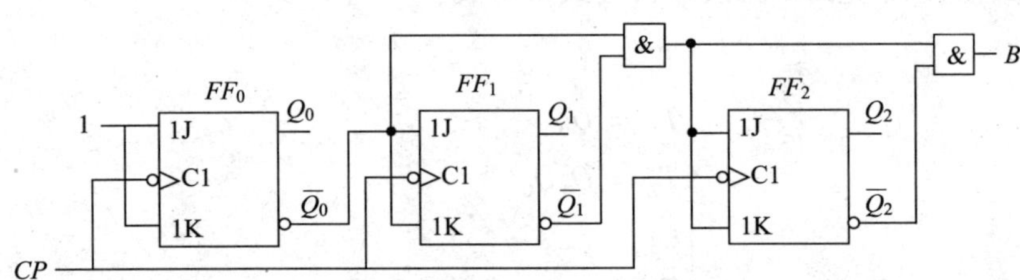

图 5—88　三位二进制同步减法计数器逻辑电路

（2）二进制异步计数器

1）二进制异步加法计数器

以三位二进制异步加法计数器为例，说明异步加法计数器的组成规律。

选用三个 CP 下降沿触发的 JK 触发器，分别用 FF_0、FF_1、FF_2 表示。因为是异步工作方式，因此可得时钟方程：

$$\begin{cases} CP_0 = CP \\ CP_1 = Q_0 \\ CP_2 = Q_1 \end{cases}$$

当时钟脉冲到来时，FF_0、FF_1 和 FF_2 均实现翻转功能，由于选用的是时钟脉冲下降沿触发的边沿 JK 触发器，只要取 $J = K = 1$ 即可。根据这个原理，可接成如图 5—89 所示的三位二进制异步加法计数器。

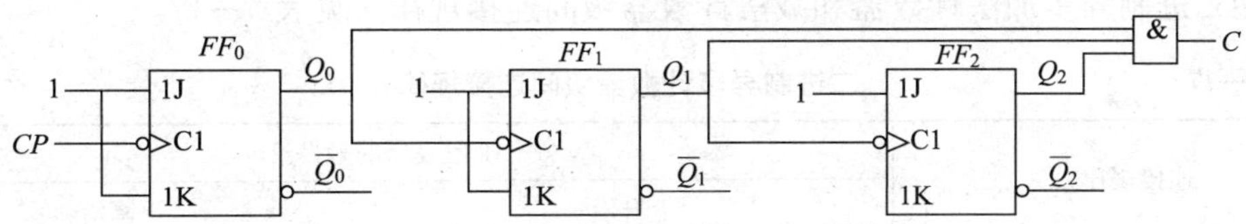

图 5—89　三位二进制异步加法计数器逻辑电路

2）二进制异步减法计数器

根据二进制减法计数规则，若低位触发器已经为 0，当计数脉冲到来时，不仅该位应翻转成 1，同时还需向高位发出借位信号，使高位翻转。所以将低位触发器的 $\overline{Q}$ 端接到高位触发器的 CP 输入端，则可构成异步二进制减法计数器，如图 5—90 所示。

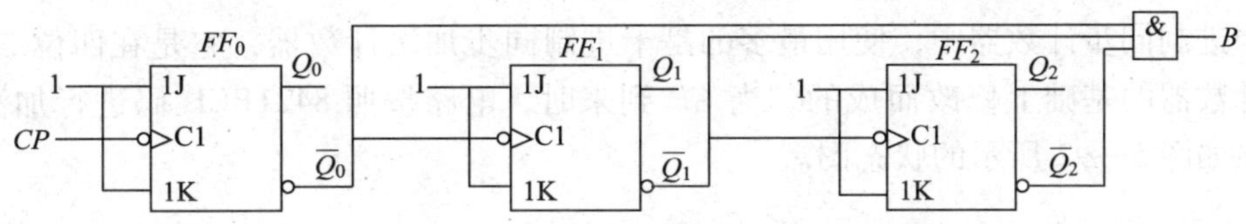

图 5—90　三位二进制异步减法计数器逻辑电路

如果选用 T′触发器来构成三位二进制异步减法计数器，选用下降沿触发的触发器，应取：

$$\begin{cases} CP_0 = CP \\ CP_1 = \overline{Q_0} \\ CP_2 = \overline{Q_1} \end{cases}$$

若选用的是上升沿触发的触发器，应取：

$$\begin{cases} CP_0 = CP \\ CP_1 = Q_0 \\ CP_2 = Q_1 \end{cases}$$

画出逻辑电路，如图 5—91 所示。

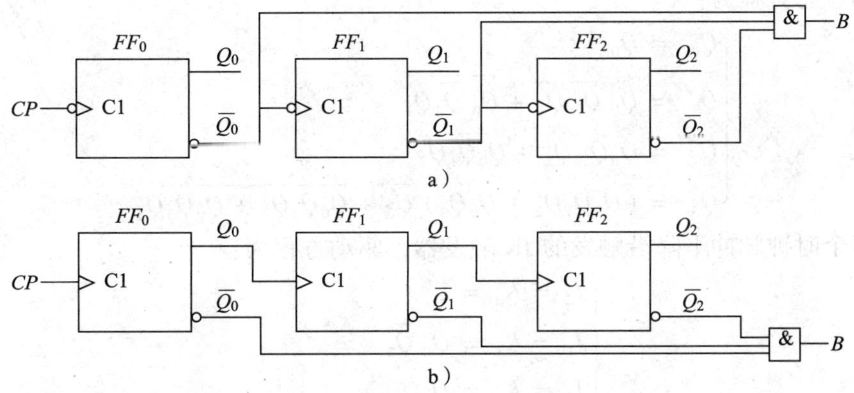

图 5—91　T′触发器构成的三位二进制异步减法计数器

a）下降沿触发　b）上升沿触发

归纳二进制异步加法计数器和减法计数器级间连接规律，见表 5—17。

表 5—17　　二进制异步计数器级间连接规律

连接规律	T′触发器的触发沿	
	上升沿	下降沿
加法计数	$CP_i = \overline{Q}_{i-1}$	$CP_i = Q_{i-1}$
减法计数	$CP_i = Q_{i-1}$	$CP_i = \overline{Q}_{i-1}$

2. 十进制计数器

常见的十进制计数器是按照 8421BCD 码进行计数的电路。

（1）十进制同步计数器

在十进制同步计数器中，使用最多的是十进制同步加法计数器，它是在四位二进制同步加法计数器的基础上修改而成的。当 *CP* 到来时，电路按照 8421BCD 码进行加法计数，可以画出如图 5—92 所示的状态图。

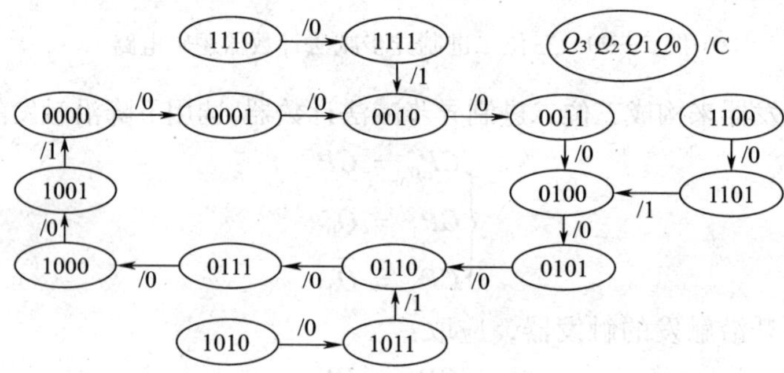

图 5—92　十进制同步加法计数器的状态转换图

由状态图可以看出，从 0000 开始计数，*CP* 每到来一次，状态增 1，输入第 9 个脉冲，进入 1001 状态，输入第 10 个脉冲返回 0000 状态，同时产生进位输出信号 *C*。

电路的状态方程为：

$$\begin{cases} Q_0^* = \overline{Q}_0 \\ Q_1^* = Q_0\overline{Q}_3\overline{Q}_1 + \overline{Q_0\overline{Q}_3}Q_1 \\ Q_2^* = Q_0Q_1\overline{Q}_2 + \overline{Q_0Q_1}Q_2 \\ Q_3^* = (Q_0Q_1Q_2 + Q_0Q_3)\overline{Q}_3 + \overline{Q_0Q_1Q_2 + Q_0Q_3}Q_3 \end{cases}$$

选用四个时钟脉冲下降沿触发的 JK 触发器，驱动方程为：

$$\begin{cases} J_0 = K_0 = 1 \\ J_1 = K_1 = Q_0\overline{Q}_3 \\ J_2 = K_2 = Q_0Q_1 \\ J_3 = K_3 = Q_0Q_1Q_2 + Q_0Q_3 \end{cases}$$

输出方程为：$C = Q_3Q_0$。

根据驱动方程和输出方程，按照选择的触发器，画出十进制同步加法计数器的逻辑电路图，如图 5—93 所示。

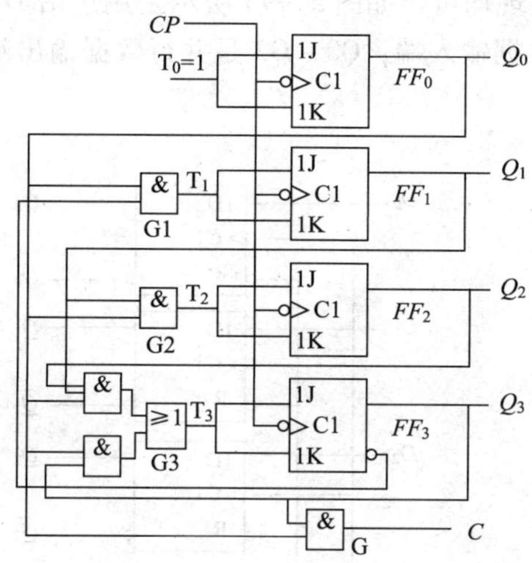

图 5—93　十进制同步加法计数器的逻辑电路

将无效状态 1010～1111 分别代入状态方程和输出方程进行计算，验证在 CP 脉冲作用下都能回到有效状态，电路能够自启动。状态图如图 5—92 所示。

（2）十进制异步计数器

十进制异步加法计数器是在四位二进制异步加法计数器的基础上修改得到的。它在计数过程中跳过了 1010 到 1111 这六个状态。图 5—94 为十进制异步加法计数器的逻辑电路图。

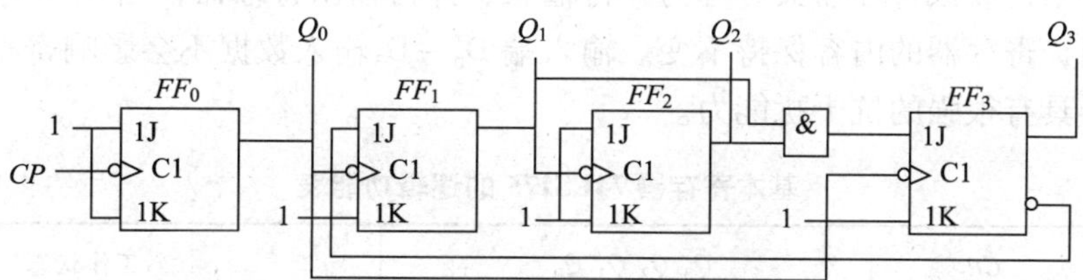

图 5—94　十进制异步加法计数器的逻辑电路

四、寄存器

寄存器用于存储数据，是由一组具有存储功能的触发器构成。一个触发器可以存储一位二进制数，要存储 n 位二进制数需要 n 个触发器。无论是电平触发的触发器还是边沿触发的触发器都可以组成寄存器。

按照功能的不同，可将寄存器分为基本寄存器和移位寄存器两类。基本寄存器只能并行输入数据，需要时也只能并行输出。移位寄存器具有数据移位功能，在一位脉冲作用下，存储在寄存器中的数据可以依次逐位右移或左移。数据输入、输出方式有并行输入并行输出、串行输入串行输出、并行输入串行输出、串行输入并行输出四种。

1．基本寄存器

基本寄存器中的触发器只具有置 1 和置 0 功能，因此，用基本触发器、同步触发器、主从触发器和边沿触发器实现均可。如图 5—95 所示是用边沿 D 触发器组成的四位寄存器 74LS175。D0 ~ D3 是并行数据输入端，Q0 ~ Q3 是并行数据输出端，$\overline{R}_D$是清零端，CP 是时钟控制端。

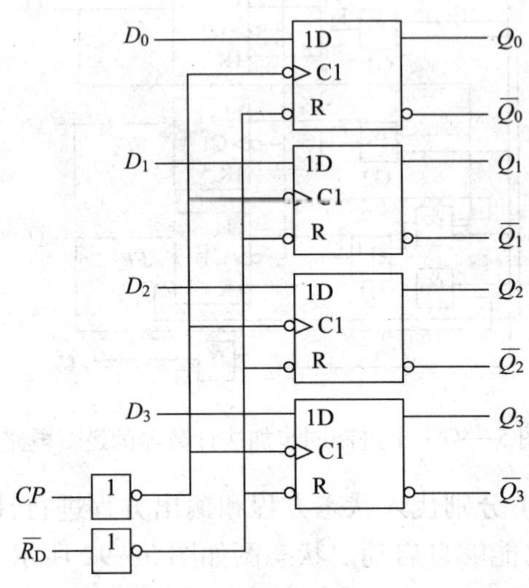

图 5—95　4 位寄存器 74LS175

由表 5—18 可知，当 $\overline{R}_D=0$，寄存器异步清零；当 $\overline{R}_D=1$，在 CP 上升沿到来时，D0 ~ D3 被并行输入到四个触发器中，寄存器的输出 $Q_3Q_2Q_1Q_0=D_3D_2D_1D_0$，数据被锁存直至下一个上升沿到来，故该寄存器又可称为并行输入、并行输出寄存器；当 $\overline{R}_D=1$，在 CP 上升沿以外的时间，寄存器的内容保持不变。输入端 D_0 ~ D_3输入数据不会影响寄存器输出，所以这种寄存器具有很强的抗干扰能力。

表 5—18　　基本寄存器 74LS175 的逻辑功能表

$\overline{R}_D$	CP	$Q_3^*\,Q_2^*\,Q_1^*\,Q_0^*$	工作状态
0	×	0000	异步清零
1	↑	$D_3D_2D_1D_0$	并行送数
1	0/1/↓	$Q_3Q_2Q_1Q_0$	保持

2．移位寄存器

移位寄存器不仅具有存储功能，而且存储的数据能够在时钟脉冲控制下逐位左移或者右移。根据移位方式的不同，移位寄存器可分为单向移位寄存器和双向移位寄存器两大类。

（1）单向移位寄存器

单向移位寄存器又可分为左移位寄存器和右移位寄存器，如图 5—96 所示。

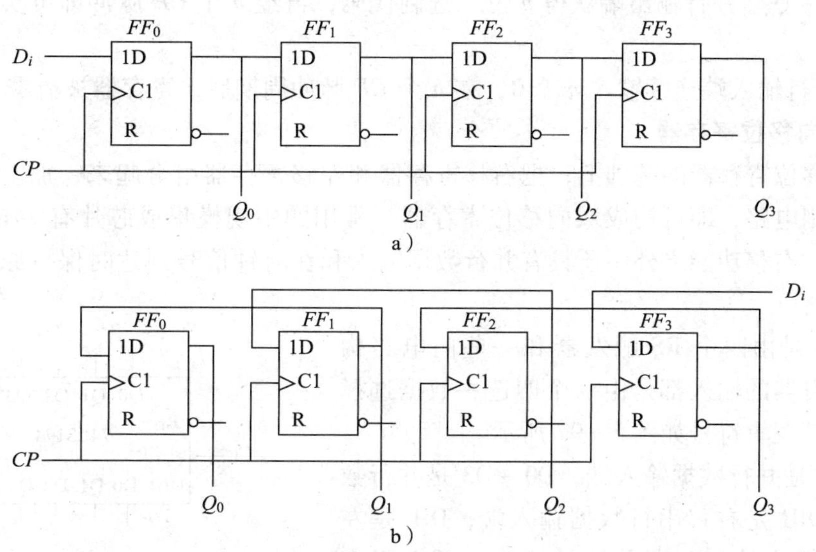

图 5—96　移位寄存器

a）右移位寄存器　b）左移位寄存器

以图 5—96a 中的右移寄存器为例，当 CP 上升沿到来时，串行输入端 D_i 送数据入 FF_0 中，$FF_1 \sim FF_3$ 接受各自左边触发器的状态，即 $FF_0 \sim FF_2$ 的数据依次向右移动一位，经过四个时钟信号的作用，四个数据被串行送入到寄存器的四个触发器中，此后可从 Q0 ~ Q3 获得四位并行输出，实现串并转换；再经过四个时钟信号的作用，存储在 $FF_0 \sim FF_3$ 的数据依次从串行输出端 Q3 移出，实现并串转换。

由表 5—19 可见，在四个时钟周期内依次输入 4 个 1，经过四个 CP 脉冲，寄存器变成全 1 状态，再经过四个时钟脉冲连续输入 4 个 0，寄存器被清零。

表 5—19　　　　四位右移寄存器的状态表

输入		现态				次态				输出
D_i	CP	Q_0	Q_1	Q_2	Q_3	Q_0^*	Q_1^*	Q_2^*	Q_3^*	Q_3
1	↑	0	0	0	0	1	0	0	0	0
1	↑	1	0	0	0	1	1	0	0	0
1	↑	1	1	0	0	1	1	1	0	0
1	↑	1	1	1	0	1	1	1	1	1
0	↑	1	1	1	1	0	1	1	1	1
0	↑	0	1	1	1	0	0	1	1	1
0	↑	0	0	1	1	0	0	0	1	1
0	↑	0	0	0	1	0	0	0	0	0

单向移位寄存器的特点如下：

1）在时钟脉冲 CP 的作用下，单向移位寄存器中的数据可以依次左移或右移。

2）n 位单向移位寄存器可以寄存 n 位二进制代码。n 个 CP 脉冲即可完成串行输入工作，并从 $Q_0 \sim Q_{n-1}$ 并行输出端获得 n 位二进制代码，再经 n 个 CP 脉冲即可实现串行输出工作。

3）若串行输入端连续输入 n 个 0，在 n 个 CP 脉冲周期后，寄存器被清零。

（2）双向移位寄存器

在单向移位寄存器的基础上，把右移寄存器和左移寄存器组合起来，加上移位方向控制信号和控制电路，即可构成双向移位寄存器。常用的中规模集成芯片有 74LS194，它除了具有左移、右移功能之外，还具有并行数据输入和在时钟信号到达时保持原来状态不变等功能。

74LS194 是由四个 RS 触发器和一些门电路构成，每个触发器的输入都是由一个四选一数据选择器给出的。其逻辑符号如图 5—97 所示。

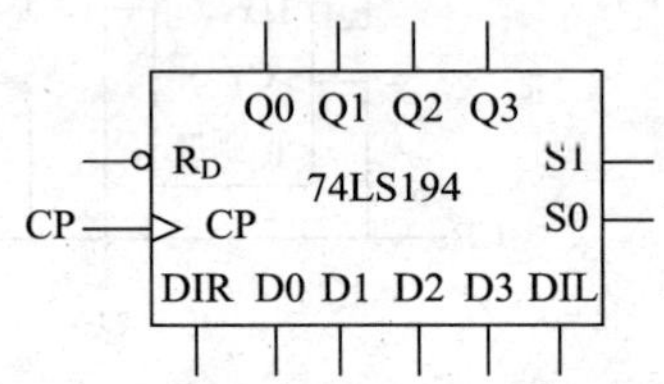

图 5—97　四位双向移位寄存器 74LS194

D0 ~ D3 是并行数据输入端，D0 ~ D3 是并行数据输出端，DIR 是右移串行数据输入端，DIL 是左移串行数据输入端，$\overline{R}_D$ 是异步清零端，低电平有效。S1、S0 是工作方式选择端，其选择功能是：$S_1S_0=00$ 为状态保持，$S_1S_0=01$ 为右移，$S_1S_0=10$ 为左移，$S_1S_0=11$ 为并行送数。可列出 74LS194 的功能表，见表 5—20。

表 5—20　　双向移位寄存器 74LS194 的功能表

R_D'	S_1S_0	CP	DIL	DIR	$D_0\ D_1\ D_2\ D_3$	$Q_0^*\ Q_1^*\ Q_2^*\ Q_3^*$	说明
0	× ×	×	×	×	× × × ×	0 0 0 0	异步清零
1	× ×	0	×	×	× × × ×	$Q_0\ Q_1\ Q_2\ Q_3$	保持
1	1 1	↑	×	×	$D_0\ D_1\ D_2\ D_3$	$D_0\ D_1\ D_2\ D_3$	并行送数
1	0 1	↑	×	0	× × × ×	0 $Q_1\ Q_2\ Q_3$	右移
1	0 1	↑	×	1	× × × ×	1 $Q_1\ Q_2\ Q_3$	右移
1	1 0	↑	×	0	× × × ×	$Q_0\ Q_1\ Q_2$ 0	左移
1	1 0	↑	×	1	× × × ×	$Q_0\ Q_1\ Q_2$ 1	左移
1	0 0	×	×	×	× × × ×	$Q_0\ Q_1\ Q_2\ Q_3$	保持

五、实训操作

1. 时序电路如图 5—98 所示，分析其功能，并绘制出时序图。

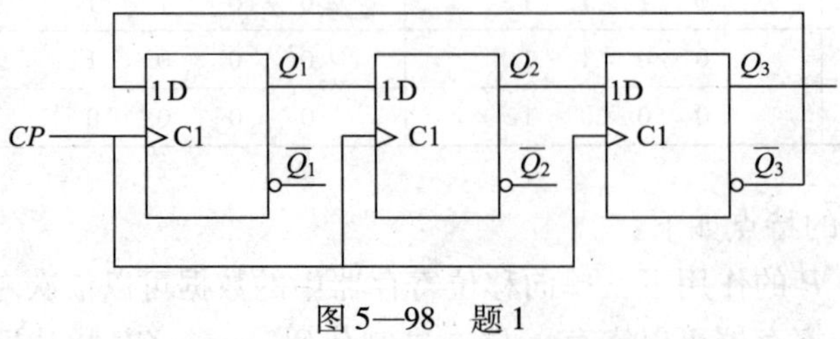

图 5—98　题 1

2．用两片十进制同步计数器 74LS160 实现一百进制计数器。

3．绘制用 74LS194 组成串行输入转换为并行输出的电路图，并列出状态表。

4．如图 5—99 所示为用四个 D 触发器构成的四位二进制异步加法计数器，它的连接特点是每个 D 触发器接成 T′触发器，再由低位触发器的$\overline{Q}$端与高一位的 CP 端相连接而组成，计数脉冲只加到最低位的触发器 CP_0端。

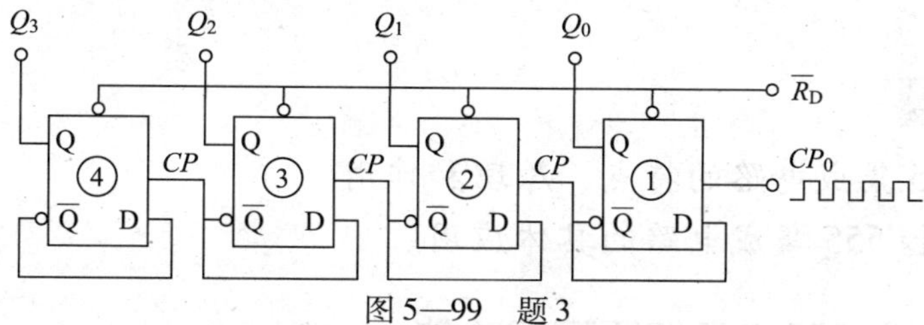

图 5—99 题 3

（1）选用两片 CC4013 双 D 触发器，以及 16 脚的插座两个，将集成块插入插座。

（2）按照图 5—99 的要求连接电路，$\overline{R}_D$连接至逻辑开关输出接口，将低位 CP_0端连接单次脉冲源，作为计数脉冲，各个触发器的输出端 Q3、Q2、Q1、Q0 分别连接到 0－1 逻辑电平显示器输入接口。各个 SD 端接高电平。

（3）在$\overline{R}_D$端输入清零脉冲后，再逐个输入单次脉冲，观察 Q3、Q2、Q1、Q0 的状态，并将结果记录在表 5—21 中。

表 5—21

计数脉冲 CP 序号	计数器状态			
	Q_3	Q_2	Q_1	Q_0
0				
1				
2				
3				
4				
5				
6				
7				
8				
9				
10				
11				
12				
13				
14				
15				
16				

将单次脉冲改为 1 Hz 的连续脉冲，观察 Q3 ~ Q0 状态。

（4）根据结果分析该电路为多少进制加法器。

课题 4　555 集成电路及其应用

学习目标

1. 掌握 555 集成电路的特点、原理和作用。
2. 熟练掌握 555 集成电路的具体应用。

一、555 集成电路的工作原理和功能

1. 555 定时器简介

555 集成时基电路称为集成定时器，是一种数字、模拟混合型的中规模集成电路，应用十分广泛。它是一种可以产生时间延迟和多种脉冲信号的电路，由于内部电压标准使用了三个 5 kΩ 的电阻，故取名 555 电路。其电路类型有双极型和 CMOS 型两大类，二者结构与工作原理类似。CMOS 产品最后四位数码都是 7555 和 7556，双极型产品最后三位数码都是 555 和 556，它们的逻辑功能和引脚排列完全相同。555 和 7555 是单定时器，556 和 7556 是双定时器。双极型电源电压 +5 ~ +15 V，CMOS 电源电压 +3 ~ +18 V。

555 定时器主要应用在：

（1）构成施密特触发器，用于 TTL 系统的接口、整形电路或脉冲鉴幅等。

（2）构成多谐振荡器，组成信号产生电路。

（3）构成单稳态触发器，用于定时、延时、整形及一些定时开关中。

555 应用电路采用这三种方式中的一种或多种组成各种实用的电子电路，如定时器、分频器、元件参数检测电路、玩具游戏机电路、音响报警电路、电源交换电路、频率变换电路、自动控制电路等。

2. 555 定时器的电路结构与工作原理

（1）电路的结构

555 定时器的功能主要由两个比较器决定，如图 5—100 所示。两个比较器的输出电压控制 RS 触发器和放电管的状态。在电源与地之间加上电压，当 5 脚悬空时，则电压比较器 C1 的同相输入端电压为 $2V_{CC}/3$，C2 的反相输入端电压为 $V_{CC}/3$。若触发输入端 TR 的电压小于 $V_{CC}/3$，则比较器 C2 的输出为 0，可将 RS 触发器置 1，使输出端 OUT = 1。如果阈值输入端 TH 的电压大于 $2V_{CC}/3$，同时 TR 端的电压大于 $V_{CC}/3$，则 C1 的输出为 0，C2 的输出为 1，可将 RS 触发器置 0，使输出为 0 电平。

它的各个引脚功能如下：

1 脚：外接电源负端 V_{SS} 或接地，一般情况下接地。

8 脚：外接电源 V_{CC}，双极型时基电路 V_{CC} 的范围是 4.5 ~ 16 V，CMOS 型时基电路 V_{CC} 的范围为 3 ~ 18 V。一般用 5 V。

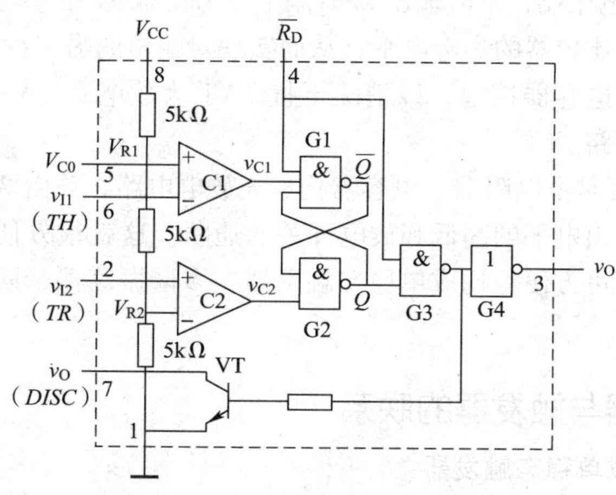

图 5—100 555 定时器的电路结构

3 脚：输出端 Vo。

2 脚：低触发端。

6 脚：TH 高触发端。

4 脚：直接清零端。当此端接低电平，则时基电路不工作，此时不论 TR、TH 处于何电平，时基电路输出为“0”，该端不用时应接高电平。

5 脚：V_C为控制电压端。若此端外接电压，则可改变内部两个比较器的基准电压，当该端不用时，应将该端串入一只 0.01 μF 电容接地，以防引入干扰。

7 脚：放电端。该端与放电管集电极相连，用作定时器时电容的放电。

在 1 脚接地，5 脚未外接电压，两个比较器 C_1、C_2基准电压分别为 $2V_{CC}/3$、$V_{CC}/3$ 的情况下，555 时基电路的功能表见表 5—22。

表 5—22 **555 时基电路的功能表**

<table>
<tr><th>清零端</th><th>高触发端 TH</th><th>低触发端</th><th>Q</th><th>放电管 VT</th><th>功能</th></tr>
<tr><td>0</td><td>x</td><td>x</td><td>0</td><td>导通</td><td>直接清零</td></tr>
<tr><td>1</td><td>0</td><td>1</td><td>x</td><td>保持上一状态</td><td>保持上一状态</td></tr>
<tr><td>1</td><td>1</td><td>0</td><td>x</td><td>保持上一状态</td><td>保持上一状态</td></tr>
<tr><td rowspan="2">1</td><td>0</td><td>0</td><td>1</td><td rowspan="2">导通截止</td><td>置 1</td></tr>
<tr><td>1</td><td>1</td><td>0</td><td>清零</td></tr>
</table>

（2）电路的工作原理

1）输入信号自 6 脚输入，当输入电压超过参考电平 $2/3V_{CC}$时，触发器复位，555 的 3 脚输出低电平，同时放电管导通。当输入信号自 2 脚输入并低于 $1/3V_{CC}$时，触发器置位，555 的 3 脚输出高电平，同时放电管截止。

2）$\overline{R}_D$是复位端，当$\overline{R}_D=0$ 时，555 输出低电平。平时$\overline{R}_D$端开路或接 V_{CC}。

3）5 脚 V_C是控制电压端，平时输出 $2/3V_{CC}$作为比较器 A1 的参考电平，当 5 脚外接一个输入电压，就改变了比较器的参考电平，从而实现对输出的另一种控制。不接外电压时，通常接一个 0.01 μF 的电容器接地，以消除干扰。VT 为放电管，VT 导通时，将给接于 7 脚的电容器提供放电通路。

4）555 定时器主要是由电阻器、电容器构成充放电电路，并由两个比较器来检测电容器上的电压，以确定输出电平的高低和放电开关的通断。这就很方便地构成从数微秒到数十分钟的延时电路，也可方便地构成单稳态触发器、多谐振荡器、斯密特触发器等脉冲产生和波形变换电路。

二、555 定时器与触发器的联系

1. 555 定时器构成单稳态触发器

图 5—101 为由 555 定时器和外接定时元件 R、C 构成的单稳态触发器。VD 为钳位二极管，稳态时 555 电路输入端处于电源电平，内部放电开关管 VT 导通，输出端 V_o 输出低电平。当有一个外部负脉冲触发信号加到 V_i端，并使 2 端电位瞬时低于 $1/3V_{CC}$，低电平比较器动作，单稳态电路即开始一个暂态过程，电容器 C 开始充电，V_c按指数规律增长。当 V_c充电到 $2/3V_{CC}$时，高电平比较器动作，比较器 C_1翻转，输出 V_o从高电平返回低电平，放电开关管 VT 重新导通，电容器 C 上的电荷经放电开关管放电，暂态结束，很快恢复稳定，为下个触发脉冲的来到做好准备。波形如图 5—101 所示。

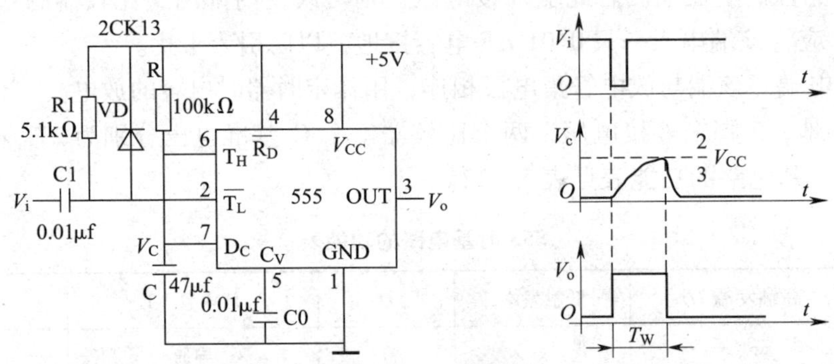

图 5—101　由 555 定时器构成的单稳态触发器电路和波形图

暂稳态的持续时间 T_W（即为延时时间）取决于外接元件 R、C 的大小，$T_W = 1.1RC$。

通过改变 R、C 的大小，可使延时时间在几个微秒到几十分钟之间变化。当这种单稳态电路作为计时器时，可直接驱动小型继电器，并可采用复位端接地的方法来终止暂态，重新计时。此外需用一个续流二极管与继电器线圈并接，以防继电器线圈反电势损坏内部功率管。

2. 555 定时器接成多谐振荡器

多谐振荡器又称为无稳态触发器，它没有稳定的输出状态，只有两个暂稳态。在电路处于某一暂稳态后，经过一段时间可以自行触发翻转到另一暂稳态。两个暂稳态自行相互转换而输出一系列矩形波。多谐振荡器可用作方波发生器，如图 5—102 所示。

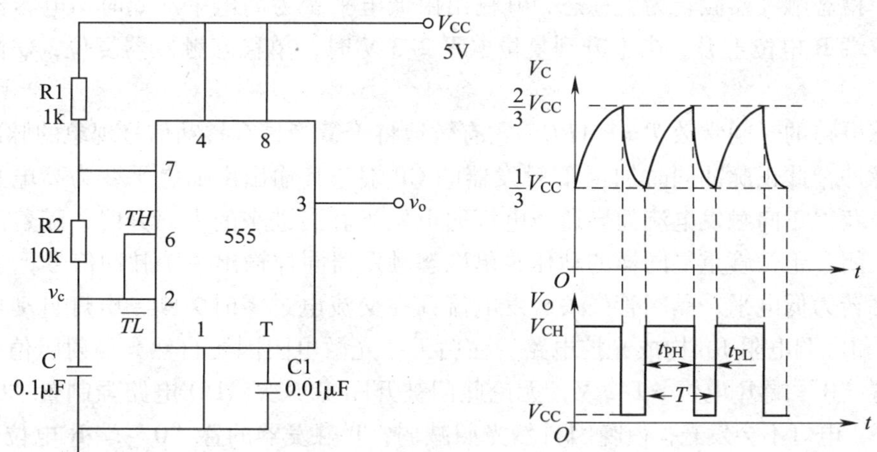

图 5—102　多谐振荡器和工作波形

接通电源后，假定是高电平，则 VT 截止，电容 C 充电。充电回路是 V_{CC}—R1—R2—C—地，按指数规律上升，当上升到 2/3 V_{CC}时，输出翻转为低电平。假定是低电平，VT 导通，C 放电，放电回路为 C—R2—VT—地，按指数规律下降，当下降到 1/3 V_{CC}时，输出翻转为高电平，放电管 VT 截止，电容再次充电，如此周而复始，产生振荡。

3. 555 定时器在现实生活中的应用实例

如图 5—103 所示为门控灯开关。

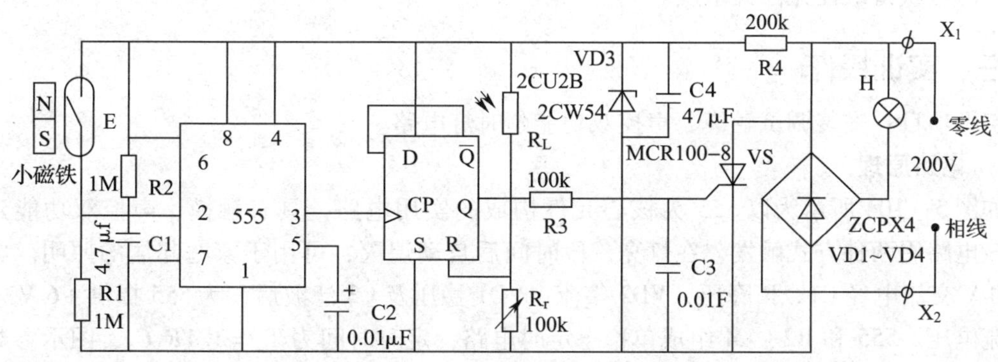

图 5—103　门控灯开关电路图

该控制电路的核心是 555 定时器和 D 型触发器。555 定时器接成单稳态触发器，消除触点跳动对电路工作的影响，D 型触发器接成 T′触发器形式，利用其输出控制晶闸管开通和关闭，从而控制电灯的亮灭。当房门关闭时，安装在门扇边缘的小磁铁正好靠在干簧管旁边，干簧管的两个常开触点受外磁力作用吸合，单稳态电路因输入脉冲为高电平而处于待触发状态，此时双稳态电路的输出为低电平，晶闸管因无触发电流而阻断，灯不亮。当有人推门时，小磁铁会随门扇离开干簧管一次，干簧管的常开触点会因暂时失去外磁力作用而靠自身弹力张开、吸合一次。实际上，由于干簧管触点的抖动，要重复几次这种张开、吸合的过程。单稳态触发器的 CP 端能够在干簧管的触点第一次张开时获得一负脉冲触发信号，使单稳态触发器翻转为暂稳态，其输出由低电平变为高电平。此时，电容器 C 经 R 充电，复位端 R 电位上升。当上升到复位电平 2/3 V 时，单稳态触发器复位，Q 恢复为低电平。

单稳态电路的时间常数 $T=1.1RC$，它有效地将干簧管具有抖动信号现象的脉冲信号展宽为单个脉冲，此正脉冲同时加至 T′触发器的 CP 端，其输出由低电平变为高电平，晶闸管的控制极获得正向触发电流而导通，电灯通电发光。当进来的人离开时，随着门的再一次打开、关闭，干簧管重复同样的动作，单稳态触发器同样输出一正脉冲信号，于是 T′触发器再次翻转为低电平，晶闸管失去触发电流并在交流电过零时关断，电灯自动熄灭。光敏电阻 R_l 和可调电阻 Rp 构成光控电路。在白天，光敏电阻因受自然光照射阻值很小，T′触发器的置“0”端 R 电位 >1/2 V，无论此门被开闭多少次，DD 电路强制置“0”，Q 始终为低电平，电灯不会发光；夜晚因自然光照减弱，T′触发器的置“0”端 R 电位 <1/2 V，强制复位自动解除。

在实际应用时，将开关盒安装在门框顶上，小磁铁则固定在正对着盒内底部放置的干簧管的门扇顶沿上。仔细调整小磁铁和干簧管的相对位置，使干簧管能够随门扇的开闭可靠地动作。

然后，根据“火线接开关，地线进灯头，接通开关和灯头”的照明灯接线原则，将开关盒内接头外引线不分顺序串入电灯火线回路即可。

最后，用小螺丝刀将 R_L 调至阻值最小的位置，在夜晚需要开灯的时候，打开门扇使灯点亮，然后由小到大调节 R_L 阻值，直到电灯刚好熄灭，再将 R_L 阻值回调一点即可。反复细调，即可获得最佳光控灵敏度。

三、实训操作

实训项目：安装调试触摸、声控双功能延时灯电路。

1. 电路原理

如图 5—104 所示为以 555 为核心元件构成的实用电路，具有触摸、声控双功能延时灯。该电路用两种方式触发，在灯亮一段时间后自动熄灭，可用于家庭起居的照明。电路中 220 V 交流电经 C1、R 降压、VD2 整流、VD1 稳压及 C3 滤波后，为 555 提供 +6 V 左右的直流电压。555 和 R2、C4 组成单稳态定时电路，定时时间为 $T_w=1.1R_2C_4$，图示参数的定时时间约为 1 min。双向晶闸管 SCR 构成控制电路，其门极由 555 的输出来触发。VT1、VT2 构成两级放大电路。

当击掌声传至话筒时，话筒将声音信号转换成电脉冲经 VT1、VT2 放大触发 555，使 555 电路置位，输出端 3 脚高电平触发晶闸管 SCR 导通，灯点亮。同样，若触摸金属片 A，人体感应的交流信号经 R4、R5 加到 VT1 的基极，也使 VT1 导通，触发 555 置位。经过 1 min 左右，555 又回到 0 态，3 脚为低电平，SCR 关断，灯熄灭。

2. 安装调试电路

(1) 按电路图要求选择元器件，对元器件进行检测，设计印制电路板，在印制电路板上焊接元器件以及 8 脚的插座，插入 555 元件。

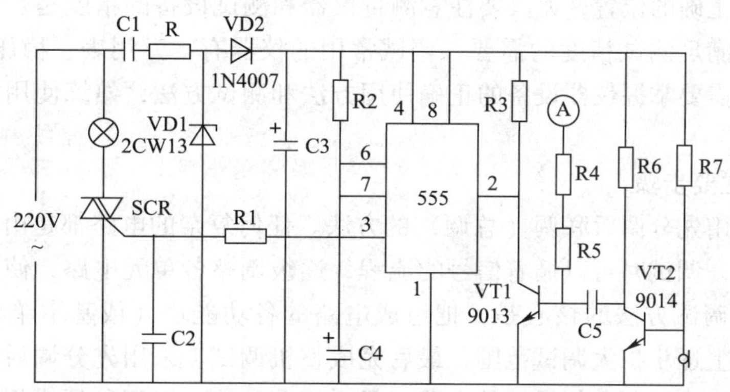

图 5—104　触摸、声控双功能延时灯电路

（2）检查电路正确后，连接电源，用手触摸 A 点（可以焊接一个金属片），灯应该点亮 1 min 左右，再击掌观察，灯也应该点亮 1 min 左右。

本电路电源未经变压器降压，所以调试时要小心。为了安全起见，也可以采用隔离变压器。

（3）调节定时时间，制作电路时可以用一个电位器 W 串联一个电阻来代替电路中的 R2，通过调节 W 来调节时间。

课题 5　电子线路的调试与检修

1. 了解电子线路调试前的准备工作。
2. 熟练掌握电子线路故障检修的方法和技术。

由于各种原因（如设计原理错误、焊接安装错误、元器件参数的分散性、装配工艺等），安装完毕的电子线路需要通过测试来发现、纠正、弥补各种错误或缺陷，并进行参数调整。通过一系列的“测量—判断—调整—再测量”的反复过程，使其达到预期的功能和性能指标，这就是电子线路的调试和检修。为了使调试和检修过程顺利进行，设计的电路图上应当标明各点的电位值、相应的波形图以及其他主要数据。

一、电子线路调试前的准备工作

1. 技术文件的准备

电路原理图、方框图、印制电路板图、调试工艺（参数表和程序）、器件手册或说明书等文件的准备。要求掌握上述各技术文件的内容，了解电路的基本工作原理、主要技术性能指标、各参数的调试方法和步骤等。明确电路调试的目的和要求达到的技术性能指标。

2. 仪器设备的准备

要准备好测量仪器和测试设备，检查其是否处于良好的工作状态，功能选择开关、量程挡位是否处于正确的位置，尤其要注意测量仪器和测试设备的精度是否符合技术文件规定的要求，能否满足测试精度的需要。调试常用的仪器有：万用表、稳压电源、示波器、信号发生器等，需要掌握仪器设备的正确使用方法和测试方法，熟练使用测量仪器和测试设备。

3. 调试的主要步骤

调试通常采用先分调后联调（总调）的方法。任何复杂的电路都是由一些基本单元电路组成的，因此，调试时可以循着信号的流程，逐级调整各单元电路，使其参数基本符合设计指标。这种调试方法的核心是，把组成电路的各功能块（或基本单元电路）先调试好，并在此基础上逐步扩大调试范围，最后完成整机调试。采用先分调后联调的优点是能及时发现问题和解决问题。新设计的电路一般采用此方法。对于包括模拟电路、数字电路和微机系统的电子装置，更应采用这种方法进行调试。因为只有把三部分分开调试，分别达到设计指标，并经过信号及电平转换电路后才能实现整机联调。否则，由于各电路要求的输入、输出电压和波形不符合要求，盲目进行联调，就可能造成大量的器件损坏。

除了上述方法外，对于已定型的产品和需要相互配合才能运行的产品也可采用一次性调试。

按照上述调试电路原则，具体调试步骤如下：

（1）通电前检查

调试前要检查被调试电路是否按电路设计要求正确安装连接，有无虚焊、脱焊、漏焊等现象，检查元器件的好坏及其性能指标，检查被调试设备的功能选择开关、量程挡位和其他面板元器件是否安装在正确的位置。经检查无误后方可按调试操作程序进行通电调试。

对被调试电路的准备具体分为以下几点：

1）连线是否正确

检查电路连线是否正确，包括是否有错线、少线和多线。查线的方法通常有以下两种。

按照电路图检查安装的线路。这种方法的特点是，根据电路图连线，按一定顺序逐一检查安装好的线路。因此，可比较容易查出错线和少线。

按照实际线路对照原理电路进行查线。这是一种以元件为中心进行查线的方法。把每个元件（包括器件）引脚的连线一次查清，检查每个引脚的去处在电路图上是否存在，这种方法不但可以查出错线和少线，还容易查出多线。为了防止出错，对于已查过的线通常应在电路图上做出标记，最好用指针式万用表“Ω×1”挡或数字式万用表“Ω挡”的蜂鸣器来测量，而且直接测量元器件引脚，这样可以同时发现接触不良的地方。

2）元器件安装情况

检查元器件引脚之间有无短路，连接处有无接触不良，二极管、三极管、集成电路和电解电容极性等是否连接有误。

3）电源、信号源检查

检查供电电压是否相符，直流极性是否正确，信号线是否连接正确。

4）电源端对地是否存在短路

在通电前，断开一根电源线，用万用表检查电源端对地是否存在短路。检查直流稳压电源对地是否短路。

若电路经过上述检查，并确认无误后，就可通电调试。

（2）通电观察

断开信号源，把经过准确测量的电源接入电路，观察有无异常现象，包括有无冒烟，是否有异常气味，元器件是否发烫，电源是否有短路现象等。如果出现异常，应立即切断电源，待排除故障后才能再通电。然后测量各路总电源电压和各器件的引脚的电源电压，以保证元器件正常工作。通过通电观察，认为电路初步工作正常，就可转入正常调试。

在这里，需要指出的是，一般实验室中使用的稳压电源是一台仪器，它不仅有一个“+”端，一个“-”端，还有一个“地”接在机壳上。当电源与实验板连接时，为了能形成一个完整的屏蔽系统，实验板的“地”一般要与电源的“地”连起来，而实验板上用的电源可能是正电压，也可能是负电压，还可能正、负电压都有，所以电源是“+”端接“地”还是“-”端接“地”，使用时应先考虑清楚。如果要求电路浮地，则电源的“+”与“-”端都不与机壳相连。

另外，应注意一般电源在开与关的瞬间往往会出现瞬态电压上冲的现象，集成电路最怕过电压的冲击，所以一定要养成先开启电源，后接电路的习惯，在实验中途也不要随意将电源关掉。

（3）静态检测与调试

交流、直流并存是电子电路工作的一个重要特点。一般情况下，直流为交流服务，直流是电路工作的基础。因此，电子电路的调试有静态调试和动态调试之分。静态调试一般是指在没有外加信号的条件下所进行的直流测试和调整过程。例如，通过静态测试模拟电路的静态工作点、数字电路的各输入端和输出端的高低电平值及逻辑关系等，可以及时发现已经损坏的元器件，判断电路工作情况，并及时调整电路参数，使电路工作状态符合设计要求。

对于运算放大器，静态检查除了测量正、负电源是否接上外，主要检查在输入为零时，输出端是否接近零电位，调零电路起不起作用。当运放输出直流电位始终接近正电源电压值或负电源电压值时，说明运放处于阻塞状态，可能是外电路没有接好，也可能是运放已经损坏。如果通过调零电位器不能使输出为零，除了其运放内部对称性差外，也可能是运放处于振荡状态，所以实验板直流工作状态的调试，最好用示波器观察是否有自激发生。

（4）动态检测与调试

动态调试是在静态调试的基础上进行的。调试的方法是在电路的输入端接入适当频率和幅值的信号，并循着信号的流向逐级检测各有关点的波形、参数和性能指标。

调试的关键是善于对实测的数据、波形和现象进行分析和判断。这需要具备一定的理论知识和调试经验。发现电路中存在的问题和异常现象，应采取不同的方法缩小故障范围，最后设法排除故障。因为电子电路的各项指标互相影响，在调试某一项指标时往往会影响另一项指标。实际情况错综复杂，出现的问题多种多样，处理的方法也是灵活多变的。

动态调试时，必须全面考虑各项指标的相互影响，要用示波器监视输出波形，确保在不失真的情况下进行调试。作为“放大”用的电路，要求其输出电压必须如实地反映输入电压的变化，即输出波形不能失真。

常见的失真现象：一是晶体管本身的非线性特性引起的固有失真，仅用改变电路元件参数的方式很难克服；二是由于电路元件参数选择不当使工作点不合适，或由于信号过大引起的失真，如饱和失真、截止失真、饱和兼有截止的失真。

测试过程中不能凭感觉和印象，要始终借助仪器观察。使用示波器时，最好把示波器的信号输入方式置于“DC”挡，通过直流耦合的方式可同时观察被测信号的交、直流成分。通过调试，最后检查功能块和整机的各项指标（如信号的幅值、波形形状、相位关系、增益、输入阻抗和输出阻抗等）是否满足设计要求。如有必要，再进一步对电路参数提出合理的修正。

4. 调试注意事项

（1）正确使用测量仪器的接地端，仪器的接地端与电路的接地端要可靠连接。

（2）在信号较弱的输入端，尽可能使用屏蔽线连线，屏蔽线的外屏蔽层要接到公共地线上。在频率较高时要设法隔离连接线分布电容的影响，例如用示波器测量时应该使用示波器探头连接，以减少分布电容的影响。

（3）测量电压所用仪器的输入阻抗必须远大于被测处的等效阻抗。

（4）测量仪器的带宽必须大于被测量电路的带宽。

（5）正确选择测量点和测量量。

（6）认真观察记录实验过程，包括条件、现象、数据、波形、相位等。

（7）出现故障时要认真查找原因。

二、电子线路故障检查的一般方法

故障产生的原因很多，情况也很复杂，有的是由一种原因引起的简单故障，有的是由多种原因相互作用引起的复杂故障。因此，引起故障的原因很难简单分类，需要运用电子线路的基础理论分析处理测试数据和排除调试中的故障。对于新设计组装的线路来说，常见的故障原因有：

（1）实验电路与设计的原理图不符，元件使用不当或损坏。

（2）设计的电路本身就存在某些严重缺陷，不能满足技术要求，连线发生短路或开路。

（3）焊点虚焊，接插件接触不良，可变电阻器等接触不良。

（4）电源电压不合要求，性能差。

（5）仪表仪器使用不当。

（6）接地处理不当。

（7）相互干扰引起的故障等。

检查故障的方法一般有：直接观察法、静态检查法、信号寻迹法、对比法、部件替换法、旁路法、短路法、断路法、暴露法等。下面介绍几种常用的方法。

1. 直接观察法和信号检查法

与前面介绍的调试前直观检查和静态检查相似，只是更具有针对性。

2. 信号寻迹法

在输入端直接输入一定幅值、频率的信号，用示波器由前级到后级逐级观察波形及幅值，如果哪一级出现异常，则故障就在该级；对于各种复杂的电路，也可将各单元电路前后级断开，分别在各单元输入端加入适当信号，检查输出端的输出是否满足设计要求。

3. 对比法

将存在问题的电路参数与工作状态相同的正常电路中的参数（或理论分析和仿真分析的电流、电压、波形等参数）进行比对，判断故障点，找出原因。

4. 部件替换法

用同型号的好器件替换可能存在故障的器件。

5. 加速暴露法

有时故障不明显，或时有时无，或要较长时间才能出现，可采用加速暴露法。如通过敲击元件或电路板检查是否接触不良、虚焊等，用加热的方法检查是否热稳定性差等。

三、检修时的安全注意事项

在调试的过程中，应当认真注意安全问题，有许多安全注意事项是普遍适用的。有的是针对人身安全的，以保护操作人员的安全；有的是针对电子设备的，以避免测试仪器和被检测设备受到损坏。对于有些专用的精密设备，还要特别注意的事项是需要在使用前引起注意的。

1. 许多电子设备的机壳与内电路的地线相联，测试仪器的地应与被测电子电路的地相联。

2. 检修带有高压危险的电子设备（如电视机显像管），在打开其后盖板时应特别注意。

3. 在连接测试线到高压端子之前，应切断电源。如果做不到这点，应特别注意避免碰及电路和接地物体。用一只手操作并站在有适当绝缘的地方，可减少电击的危险。

4. 滤波电容可能存有足以伤人的电荷。在检修电路前，应使滤波电容充分放电。

5. 绝缘层破损可以引起高压危险。在用这种导线进行测试前，应检查测试线是否被划破。

6. 注意仪表的使用规则和方法，以免损坏表头。

7. 应该使用带屏蔽的探头。当用探头触及高压电路时，绝对不能用手去碰及探头的金属端。

8. 大多数测试仪器对允许输入的电压和电流最大值都有明确规定，不要超过这一最大值。

9. 防止振动和机械冲击。

10. 测试前应研究待测电路，尽可能使电路与仪器的输出信号相匹配。

11. 在一些测试仪器上可以见到两个国际标准告警符号。一个符号是内有惊叹号的三角形，告诫操作员在使用一个特别端口或控制旋钮时，应按规程去做。另一个符号是表示电击的图形符号，告诫操作人员在某一位置上有高压危险或使用这些端口或控制旋钮时，应考虑安全。

四、实训操作

1. 与非门 CC4011 组成的半加器调试

（1）半加器的电路如图 5—105 所示，是由五个与非门组成的组合逻辑电路。A、B 是半加器的输入端，S 表示半加和，C 表示进位，Z_1、Z_2、Z_3是中间结果。

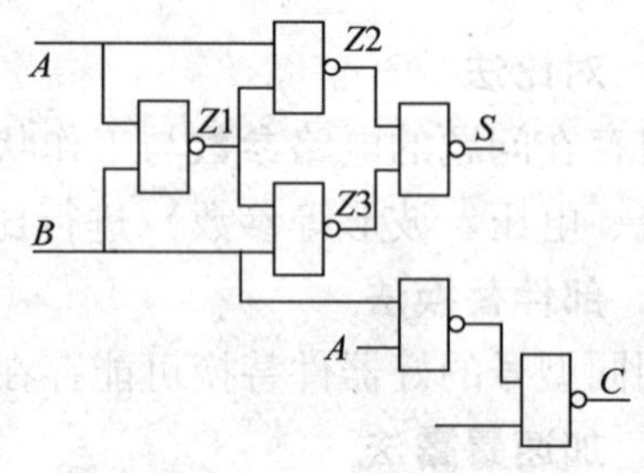

图 5—105 由与非门组成的半加器电路

（2）理论分析法判断半加器的逻辑功能，写出图 5—105 的逻辑表达式。

1）根据表达式列出真值表，分析结果填入表 5—23 中。

表 5—23 分析结果记录表

A	B	Z1	Z2	Z3	S	C
0	0					
0	1					
1	0					
1	1					

2）画出卡诺图，填入图 5—106 中，判断能否简化。

3）简化卡诺图。

（3）测量法判断逻辑功能

根据图 5—105，选定两个 14 脚插座，插好两片 CC4011，并接好连线，A、B 两输入端接至逻辑开关的输出插口。S、C 分别接至 0 - 1 逻辑电平显示器输入插口。按表 5—24 的要求进行逻辑状态的测试，并将结果填入表中，同时与上面分析的结果进行比较，两者是否一致。

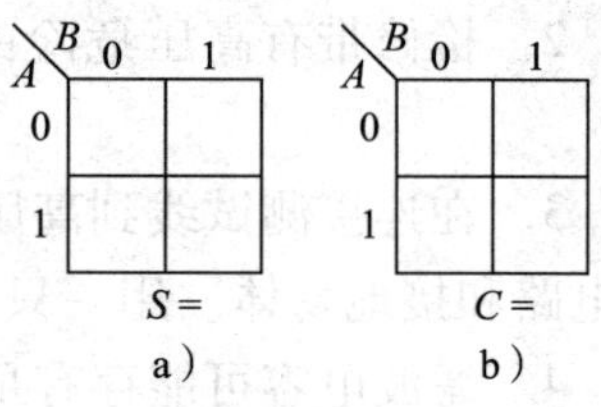

图 5—106 卡诺图

表 5—24 分析结果记录表

A	B	Z1	Z2	Z3	S	C
0	0					
0	1					
1	0					
1	1					

2. 显示译码/驱动器 CC4511 的调试

（1）根据图 5—107，选定一个 16 脚的插座，插好一片 CC4511，安装一个共阴极的 LED 数码管，七个电阻，阻值选择 200 Ω。

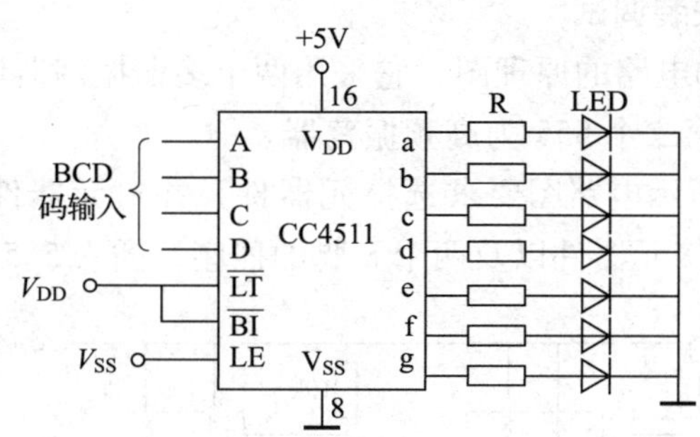

图 5—107　CC4511 驱动一位 LED 数码管

（2）按图 5—107 接好电路

1）将 BCD 拨码开关的输出 A_i、B_i、C_i、D_i分别接至显示译码/驱动器 CC4511 的对应输入口 A、B、C、D。

2）CC4511 电路的 LE、BI、LT 接至三个逻辑开关的输出插口，接上 +5 V 的数码显示器电源。

3）按功能表 5—14 的输入要求拨动数码的增减键，操作三个逻辑开关，观测码盘上的数字与 LED 数码管显示的对应数字是否一致，以及查看译码显示是否正常。

3. 单脉冲发生器的调试

如图 5—108a 所示是用 JK 触发器构成的单脉冲发生器，主要用于消除由于机械开关触点抖动所造成的单脉冲波形所出现的毛刺现象。

该电路的工作原理如下：

将频率为 1 kHz 的信号脉冲作为触发器的 CP 脉冲输入。只要手控触发脉冲送出一个脉冲，单脉冲发生器就送出一个脉冲，该脉冲与手控触发脉冲的时间长短无关。其波形如图 5—108b 所示。

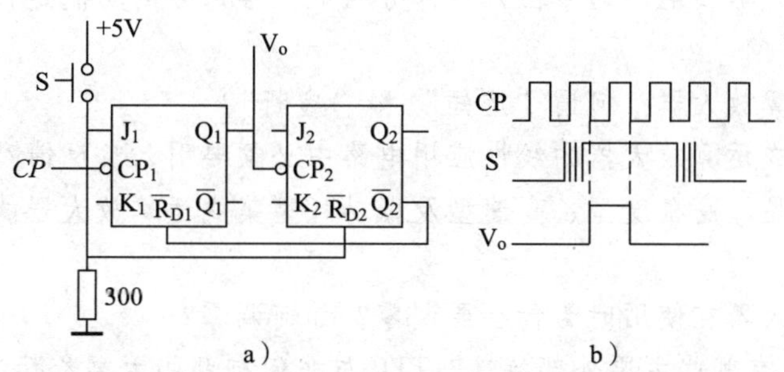

图 5—108　JK 触发器构成的单脉冲发生器

a）电路图　b）波路图

（1）按照如图 5—108a 所示电路选择电子元器件，进行调试。选用 16 脚的插座，以及 CC4027 集成 JK 触发器。

（2）按照图 5—108a 连接电路，检查无误后，接通电源。

（3）输入端 J_1 和输出端 Q_1 分别接双踪示波器的 CH1、CH2 通道，拨动开关 S，观察输入、输出波形。

4. 模拟声响电路的安装调试

图 5—109 为模拟声响电路的原理图，它采用两个多谐振荡器调节定时元件，使第一个 555 输出比较低的频率，第二个 555 为高频振荡器。

(1) 按如图 5—109 所示电路图要求选择元器件，并对元器件进行检测，设计印制电路板，在印制电路板上焊接元器件以及两个 8 脚的插座，插入 555 元件。

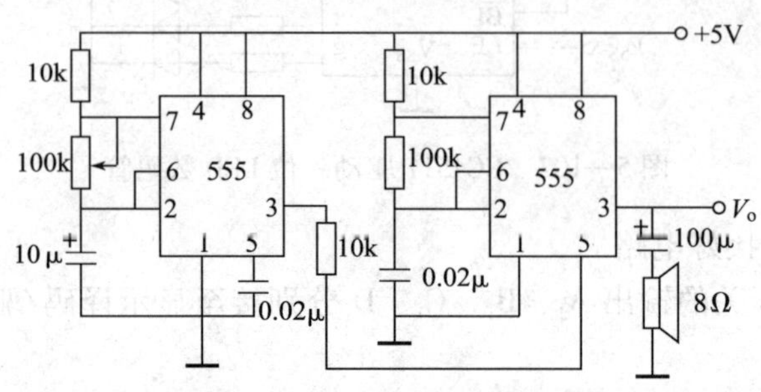

图 5—109 模拟声响电路

(2) 检查电路的正确性，接通电源，试听音响效果。调换外接阻容元件，再试听音响效果。

课后练习

1. 什么是零点漂移？产生零点漂移的主要原因是什么？

2. 差分放大电路为什么能很好地抑制零点漂移？

3. 差分放大管的发射极接恒流源后有什么好处？

4. 模拟集成电路与分立元件放大电路相比较有哪些特点？

5. 集成运算放大器内电路通常由哪四部分组成？各部分的功能是什么？对各部分电路有什么要求？

6. 何谓理想运算放大器？何谓“虚短”和“虚断”？

7. 为什么在集成运算放大器的线性应用电路中必须要引入负反馈？

8. 高输入阻抗型、高精度型、高速型及低功耗型集成运算放大器的主要性能指标是什么？

9. 集成运算放大器在使用时为什么要调零？如何调零？

10. TTL 与非门有哪些主要外部特性？TTL 与非门有哪些主要参数？

11. OC 门、三态输出门各有什么特点？什么是线与？什么是总线结构？如何用三态输出门实现数据双向传输？

12. CMOS 反相器的电路结构是怎样的？CMOS 反相器有哪些特点？

13. CMOS 传输门的电路结构是怎样的？如何实现高、低电平的传输？

14. CMOS 集成门电路与 TTL 集成门电路相比各有什么特点？

15. CMOS 集成门和 TTL 集成门在使用时应注意哪些问题？多余输入端应如何正确处理？

16. 差分放大电路如图 5—110 所示，已知 $\beta_1=\beta_2=60$，$U_{BEQ1}=U_{BEQ2}=0.7\ V$，试求：①电路的静态工作点；②差模电压放大倍数 A_{ud}；③差模输入电阻 r_{id} 和差模输出电阻 r_{od}；④共模抑制比 K_{CMR}。

17. 差分放大电路如图 5—111 所示，已知 $u_{i1}=3\ mV$，$u_{i2}=1\ mV$，$\beta_1=\beta_2=50$，试求：①电路的静态工作点。

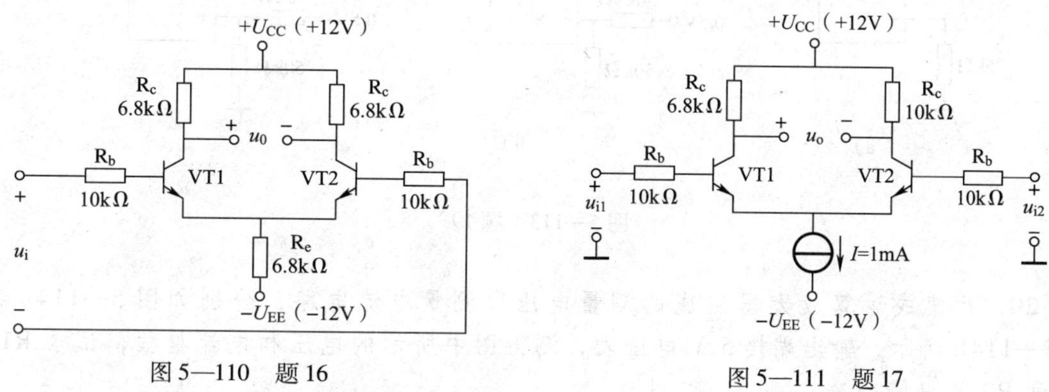

图 5—110　题 16　　　图 5—111　题 17

②差模输入电压 u_{id}，共模输入电压 u_{ic}。

③差模电压放大倍数 A_{ud}，输出电压 u_o。

18. 三级放大电路如图 5—112 所示。

①各级放大电路有何特点？

②估算各级放大管的静态电流（提示：先计算 VT3 的电流）。

③R_P 电位器的作用是什么？

④写出各级电压放大倍数表达式。

⑤当 $u_i=0$ 时，欲使 $u_o=0\ V$，R12 的阻值应选多大？

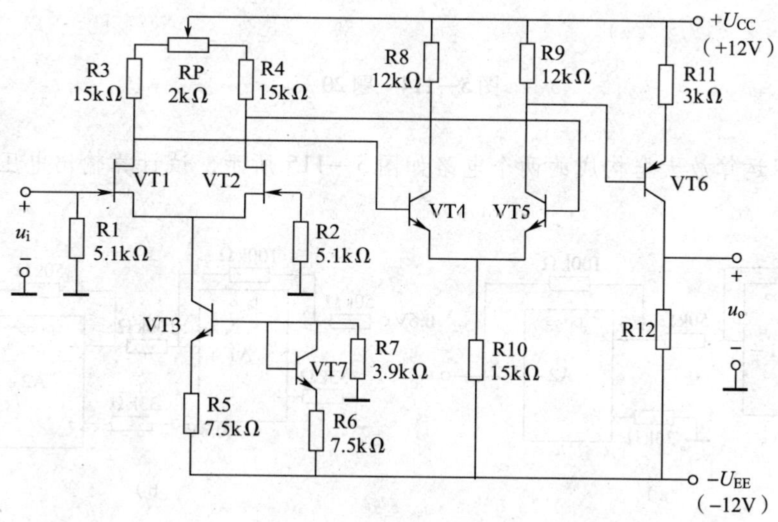

图 5—112　题 18

19. 由理想运算放大器构成的三个电路如图 5—113 所示，试计算输出电压 u_o 的值。

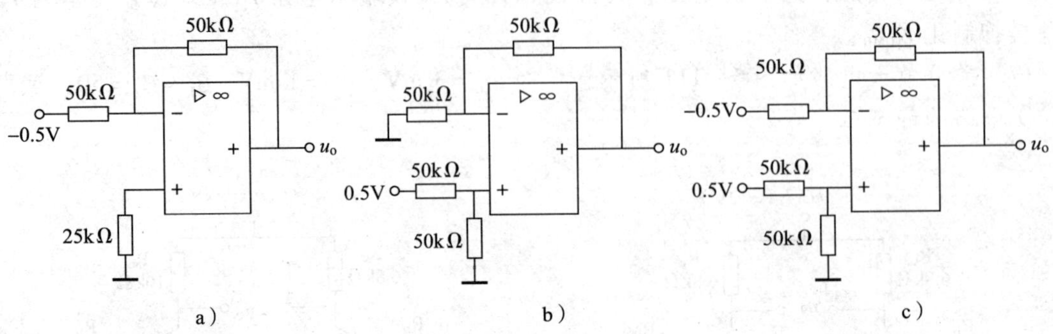

图 5—113　题 19

20. 由集成运算放大器组成的测量电压和测量电流电路，分别如图 5—114a 和图 5—114b 所示，输出端接 5 V 电压表，测得图中所示的电压和电流量程，试求 R1、R2 和 R3 的阻值。

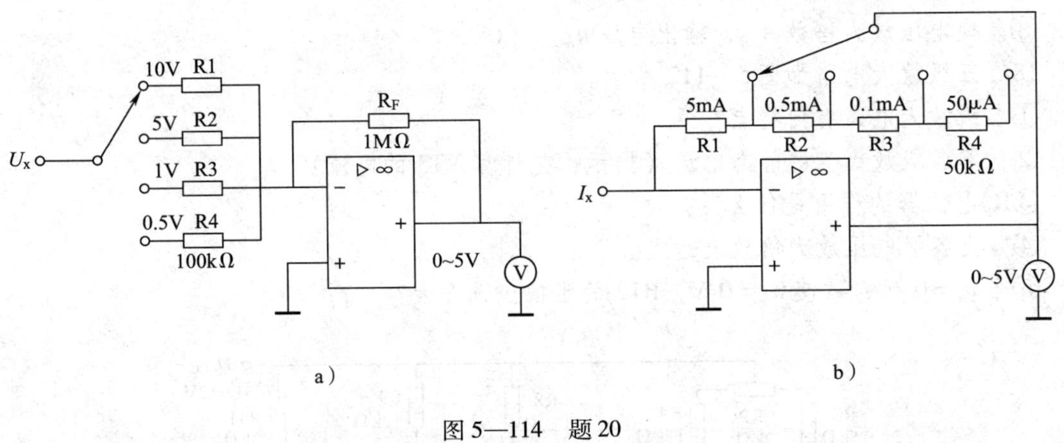

图 5—114　题 20

21. 由理想运算放大器构成的两个电路如图 5—115 所示，试计算输出电压 u_o 的值。

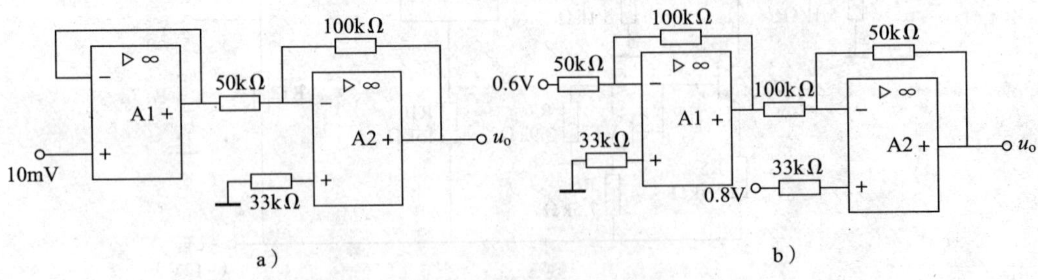

图 5—115　题 21

22. 由理想运算放大器构成的电路如图5—116所示，已知 $u_i = 10$ mV，求 u_{o1}、u_{o2} 及 u_o 的值。（提示：根据虚短概念，R1两端电压就是 u_i）

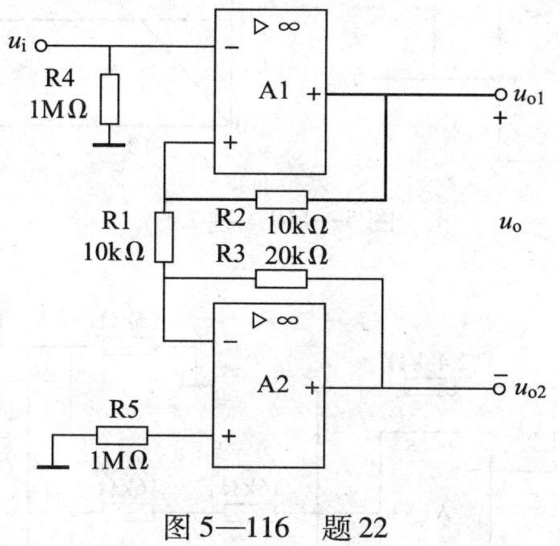

图5—116　题22

23. 由理想运算放大器构成的两个电路如图5—117所示，试计算输出电压 u_o 的值。

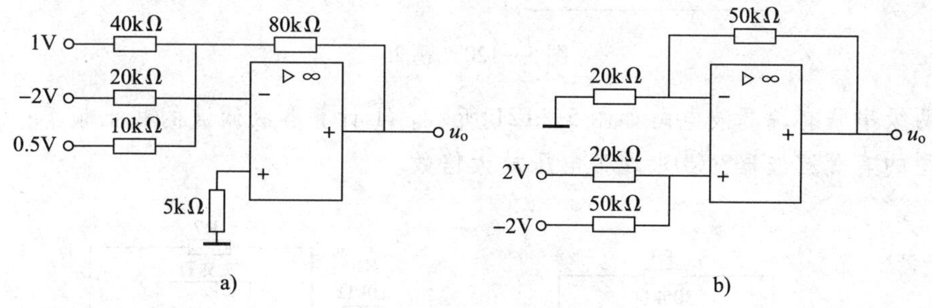

图5—117　题23

24. 积分电路及输入波形如图5—118所示，已知 $t = 0$ 时，$u_c = 0$，试画出 u_o 波形。

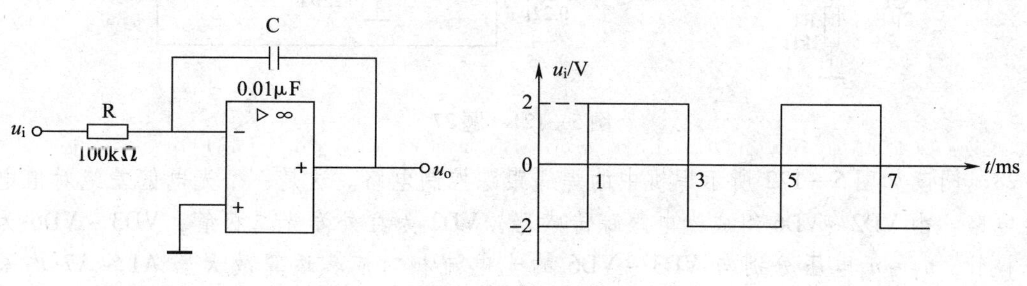

图5—118　题24

25. 微分电路及输入波形如图5—119所示，试画出 u_o 波形，标出 u_o 幅值。（提示：先计算出0～10 μs、10～30 μs及30～40 μs三个时间段的 u_o 值，然后画出波形）

26. 如图5—120所示是两级串联有源滤波电路。①它属于什么类型的滤波电路？阶数是多少？②各级通带电压放大倍数 A_{um} 为多大？③各级特征频率 f_0 为多大？

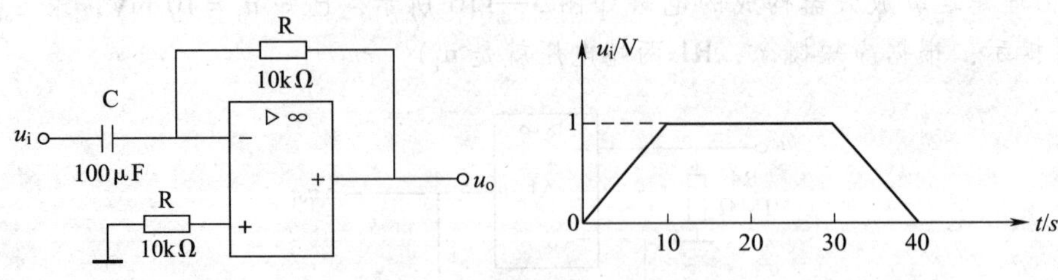

图 5—119　题 25

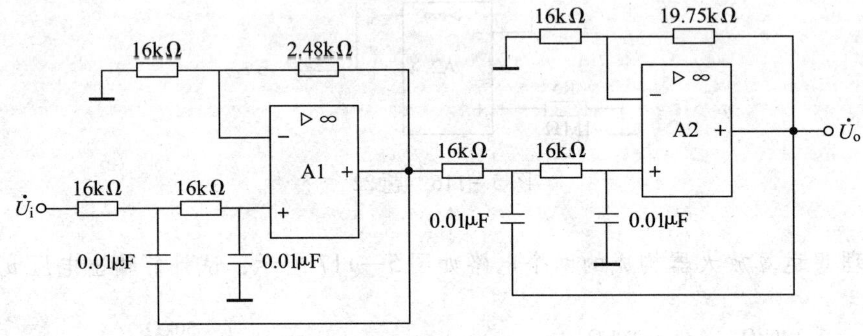

图 5—120　题 26

27．两级串联有源滤波电路如图 5—121 所示。①计算各级滤波的截止频率；②判别这是什么类型的有源滤波器？③求通带电压放大倍数。

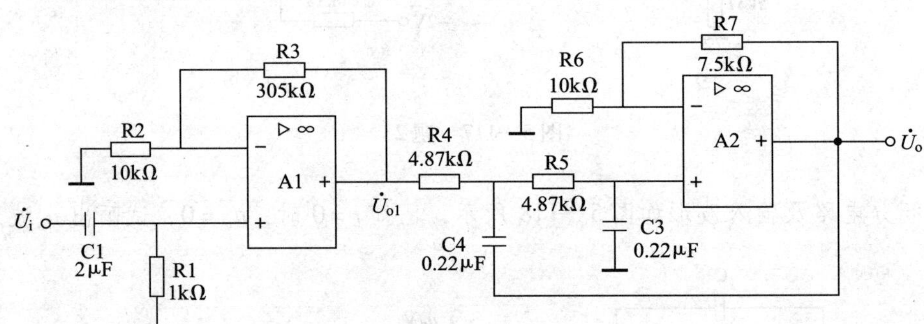

图 5—121　题 27

28．阅读如图 5—122 所示焊机中的焊缝跟踪控制电路。这是一个光电偏差绝对值电压产生电路。由 VD2 ~ VD6 组成光电跟踪传感器，VD2 为红外发光二极管，VD3 ~ VD6 为光敏二极管，u_1 ~ u_4 电压分别与 VD3 ~ VD6 的光电流相对应。运算放大器 A1 ~ A7 均采用 LM324。

①A1 ~ A4 是什么电路？电压放大倍数多大？

②A5 是什么电路？写出 A5 输出 u_o' 与输入 u_1、u_2、u_3 及 u_4 之间的关系式。

③A6 是什么电路？调节 R_{P1} 可改变什么？

④A7、VD7 及 VD8 等元件组成绝对值电路，无论 u_o'' 是正或是负，u_o 均为正。试分析其原理。

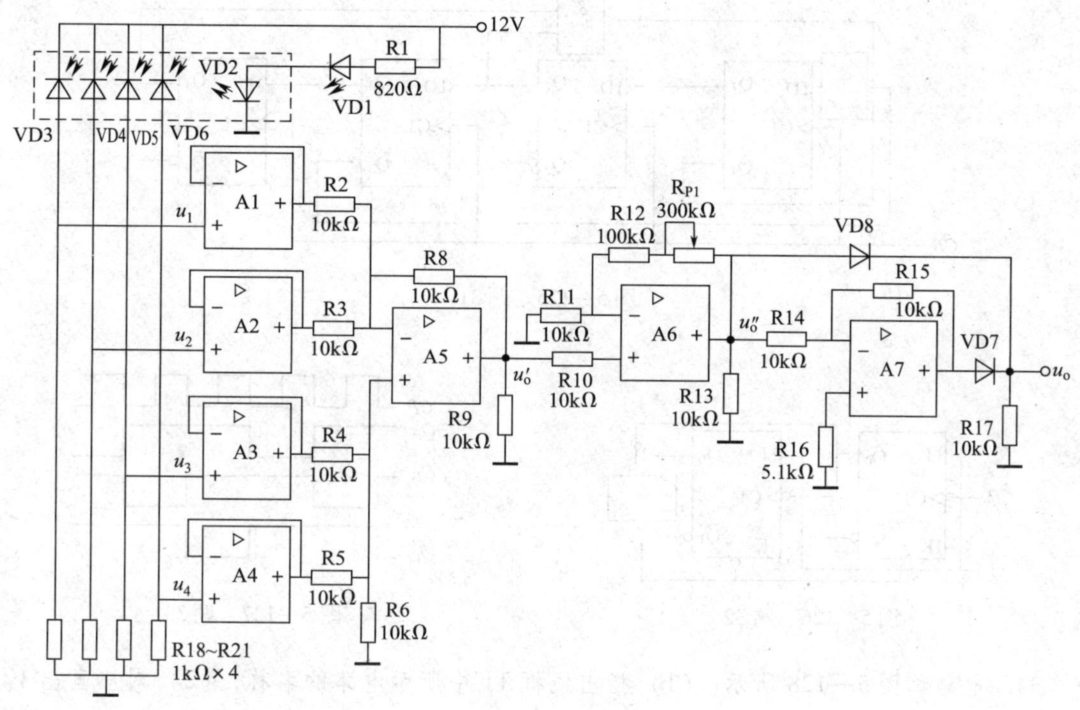

图 5—122　题 28

29. 电路如图 5—123 所示，试分析其功能。（1）写出驱动方程、次态方程和输出方程；（2）列出状态表，并画出状态图和时序波形。

30. 时序电路如图 5—124 所示。（1）写出该电路的状态方程、输出方程；（2）列出状态表，画出状态图。

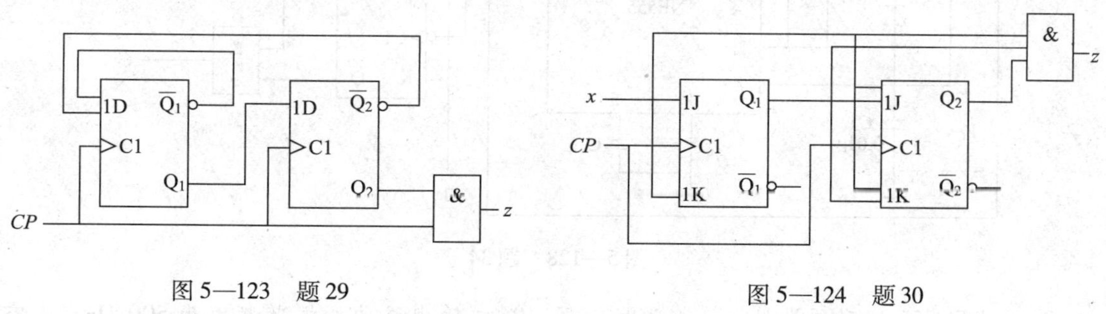

图 5—123　题 29　　　　图 5—124　题 30

31. 分析如图 5—125 所示的同步时序电路。

32. 异步时序逻辑电路如图 5—126 所示，设各触发器初态为 0，试分析其逻辑功能。要求写出驱动方程、状态方程，画出状态图和时序图。

33. 试设计一满足如图 5—127 所示时序波形要求的同步时序逻辑电路，要求电路最简且具有自启动功能。

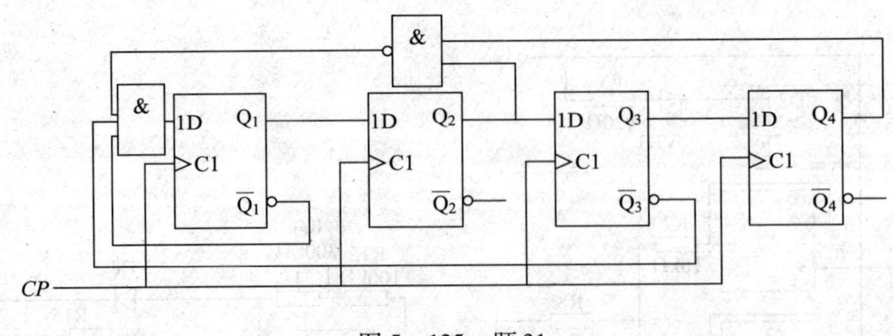

图 5—125　题 31

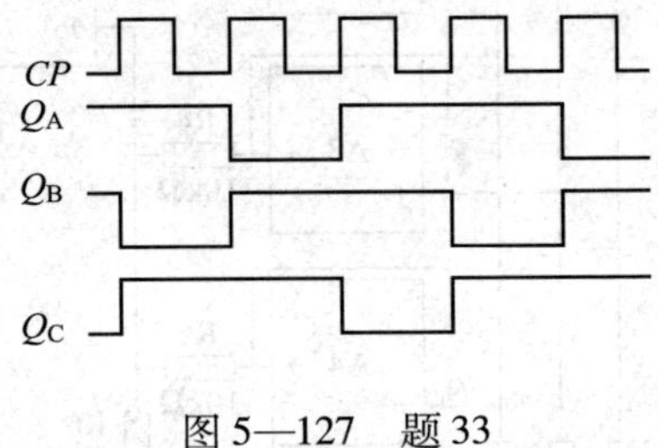

图 5—126　题 32　　图 5—127　题 33

34．电路如图 5—128 所示。(1) 指出线框 T1 中所示电路的名称；(2) 对应画出 V_C、V_{01}、A、B、C 的波形；(3) 计算出 V_{01} 波形的周期 T。

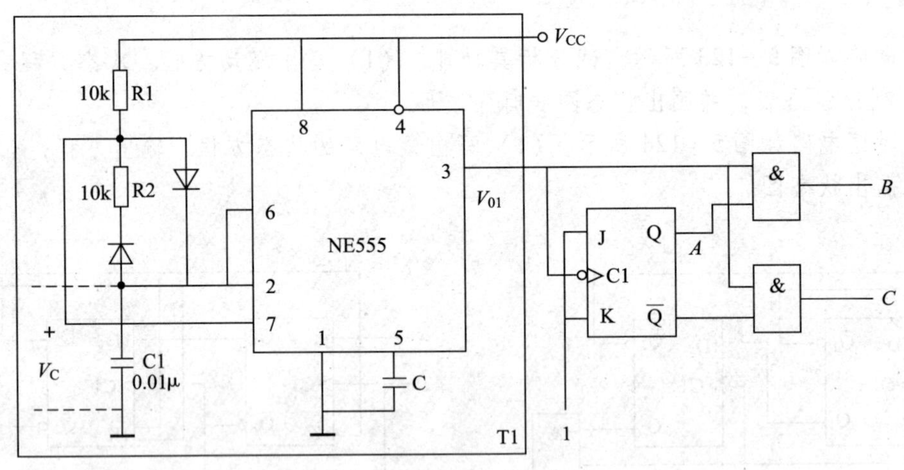

图 5—128　题 34

35．试用 555 定时器设计一个多谐振荡器，要求输出脉冲的振荡频率为 500 Hz，占空比等于 60%，积分电容器等于 1 000 pF。(1) 画出电路连接图；(2) 画出工作波形图；(3) 计算 R1、R2 的电阻值。

模块六 电力电子线路的装调与维修

电子设备在人们的生活中随处可见，如调光台灯、变频空调、电动车以及旅行时乘坐的动车组等。这些电子设备的电源大部分都用到了电力电子技术。

在电力设备或电力系统中，电力电子器件直接承担电能变换和控制任务的电路称为电力电子线路。这些线路能对供给其的电能进行变换与控制，以获得所希望输出的波形等。

课题1 晶闸管触发电路

1. 熟悉晶闸管触发电路的组成和原理。
2. 掌握晶闸管触发电路的装调方法。

一个完整的电力电子装置基本上都是由两个部分组成，即主电路和触发电路。主电路实现电力电子装置的电能变换功能，触发电路为主电路晶闸管的导通提供触发信号。

常用的触发电路有单结晶体管触发电路、晶体管触发电路、集成触发电路、计算机控制数字触发电路等。本课题将介绍几种常用的晶闸管触发电路。

一、晶闸管对触发信号的要求

1. 触发信号应有足够的功率（电压、电流）

在触发信号为脉冲形式时，只要触发信号功率不超过规定值，触发脉冲的电压、电流的幅值在短时间内可以大大超过额定值。不该触发时，触发电路的漏电压应小于0.2 V，防止误触发。

2. 触发脉冲信号前沿要陡，同时触发脉冲应有一定的宽度

一般晶闸管的导通时间为6 μs，所以触发脉冲的宽度至少应在6 μs以上，最好为20～50 μs。

3. 触发脉冲信号要有一定的移相范围

为使电路能在给定范围内工作，必须保证触发脉冲能在相应范围内进行移相。

4. 触发脉冲信号必须与主电路电源同步

触发信号必须与主电路电源同步，即触发信号的同步电压与电源电压必须保持固定的相位关系。

二、单结晶体管触发电路

单结晶体管又叫双基极晶体管，它有两个基极和一个发射极。由单结晶体管组成的触发电路，输出的触发信号是尖脉冲，具有前沿陡、抗干扰能力强，运行可靠、温度补偿性能好的优点，在可控整流电路中被广泛应用。

1. 单结晶体管自激振荡电路

利用单结晶体管的负阻特性和 RC 电路的充放电特性，可以组成单结晶体管自激振荡电路，产生频率可变的尖脉冲。如图 6—1 所示。

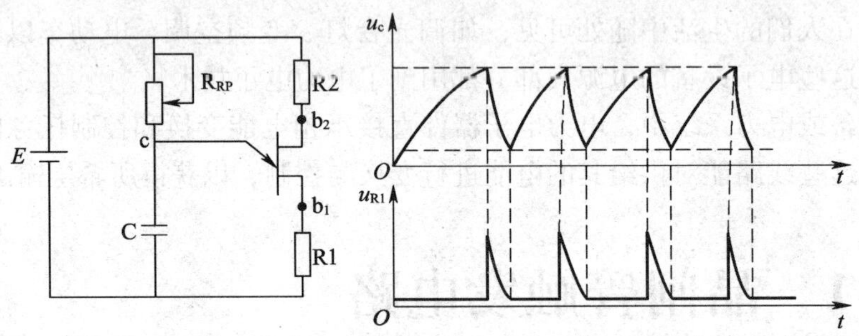

图 6—1　单结晶体管自激振荡电路和波形图

当直流电源 E 通过电阻 R_{RP} 对电容器 C 充电时，充电时间常数为 $R_{RP}C$。发射极电压 U_e 即为电容器两端电压 U_C，其按指数规律上升。当 U_C 小于峰点电压 U_P 时，单结晶体管 e、b_1 之间处于截止状态。

随着电容电压 U_C 的增大，在 U_C 达到峰点电压瞬间，单结晶体管导通，电阻 R_{b1} 的电压迅速变小，管子导通，电容器上的电荷通过 e、b_1 迅速向 R1 放电，在电阻 R1 上得到很窄的尖脉冲。

当 U_C 电压下降到谷点电压 U_V 时，单结晶体管由导通又变为截止，电容器 C 又开始充电，电路不断充放电振荡，在电容上形成锯齿波电压。

电路中 R1 上脉冲电压的宽度取决于电容器的放电时间常数，电容器 C 的容量不能太小，一般 C 为 0.1 ~ 1.0 μF。R1 上脉冲的幅值取决于 R1 阻值的大小，R1 阻值越大输出脉冲的幅值越高，但是 R1 阻值不能太大，否则会导致晶闸管误触发，一般 R1 的阻值取 50 ~ 100 Ω 为宜。

2. 具有同步环节的单结晶体管振荡电路

具有同步环节的单结晶体管振荡电路如图 6—2 所示。

单结晶体管振荡电路的电源与所触发的晶闸管的主电路电源为同一电源。在梯形波过零点时，单结晶体管的电压 U_{bb} 也降为零，电容器 C 上的电荷经单结晶体管放电到零。这样就保证了电容器 C 能在主电路晶闸管开始承受正向电压时从零开始充电，从而每个周期产生的第一个触发脉冲相对于过零点的时间都是一样的（即移相角 α 一样），即触发电路与主电路取得了同步，这样主电路输出的波形 U_d 就是有规则的。

单结晶体管触发电路的特点：结构简单，易于调试。由于它的参数差异较大，对于多相触发时不易一致。其输出功率较小，脉冲较窄，控制线性度差，可用移相范围一般小于 150°。不加放大环节只可触发 50 A 以下的晶闸管。多用于控制精度要求不高的单相晶闸管控制系统中。

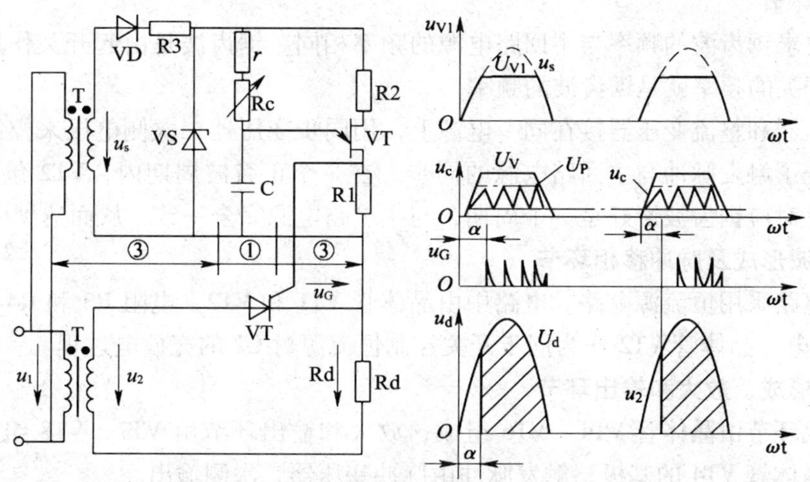

图 6—2　单结晶体管同步触发电路和波形图

三、同步电压为锯齿波的触发电路

同步电压为锯齿波的触发电路，由五个基本环节组成：同步环节，锯齿波形成及脉冲移相环节，脉冲形成、放大和输出环节，强触发环节和双窄脉冲形成及脉冲封锁环节。如图 6—3 所示。

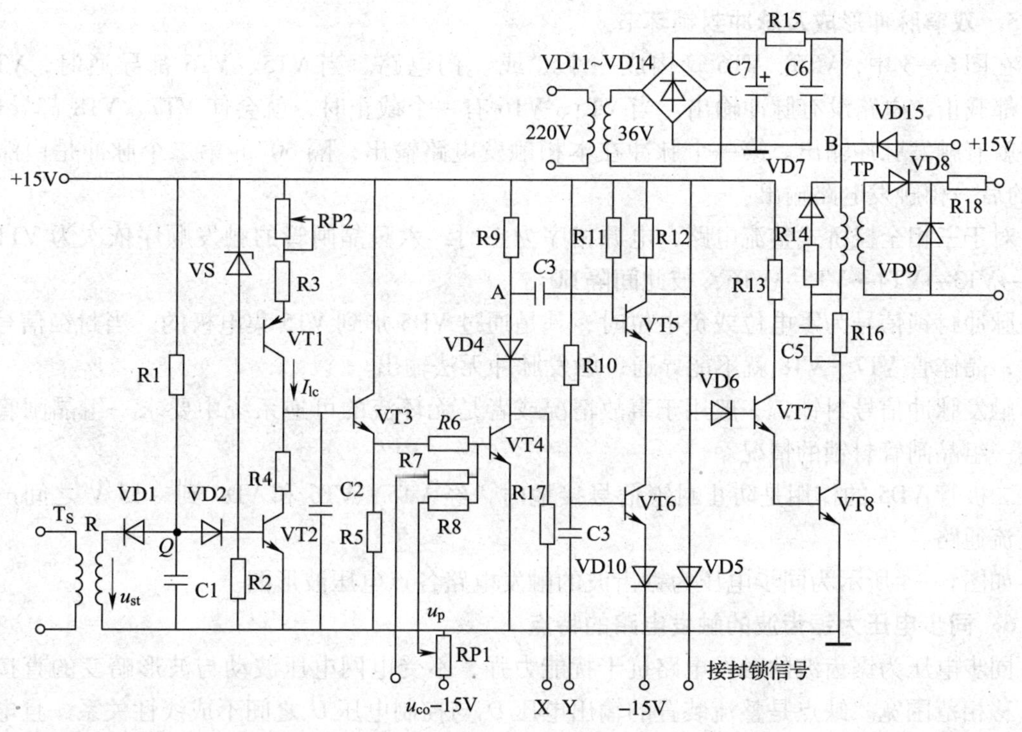

图 6—3　同步电压为锯齿波的触发电路

1. 同步环节

同步即要求锯齿波的频率与主回路电源的频率相同。锯齿波是由起开关作用的 VT2 控制的。VT2 开关的频率就是锯齿波的频率。

同步变压器和整流变压器接在同一电源上，用同步变压器二次侧电压来控制 VT2 的通断，这就保证了触发脉冲与主回路电源的同步。在一个正弦波周期内，VT2 包括截止和导通两个状态，对应锯齿波恰好是一个周期，与主电路电源完全一致，从而达到同步的目的。

2. 锯齿波形成及脉冲移相环节

本环节电路采用恒流源电路。电路中由晶体管 VT1 和 VT2、电阻 R3 和 R4 组成恒流源向电容 C2 充电，晶体管 VT2 作为同步开关控制恒流源对 C2 的充放电过程。

3. 脉冲形成、放大和输出环节

脉冲形成环节由晶体管 VT4 ~ VT6 组成；放大和输出环节由 VT7、VT8 组成。同步移相电压加在晶体管 VT4 的基极，触发脉冲由脉冲变压器二次侧输出。

输出脉冲产生的时刻是 VT4 管导通的瞬间，也就是 VT5 管截止的瞬间。VT5 截止的时间即为输出脉冲的宽度，因此，脉冲的宽度由 C3 反向充电的时间常数 $\tau_3 = C_3R_{14}$ 来决定。

4. 强触发环节

在晶闸管串、并联使用或全控桥式等大、中容量系统中，为了缩短晶闸管开通的时间，保证被触发的晶闸管同时导通，提高系统的可靠性，常采用输出幅值高、前沿陡的强脉冲触发电路。

5. 双窄脉冲形成及脉冲封锁环节

在图 6—3 中，VT5、VT6 管构成一个“或”门电路。当 VT5、VT6 都导通时，VT7、VT8 都截止，电路没有脉冲输出。当 VT5、VT6 有一个截止时，就会使 VT7、VT8 都导通，电路就有触发脉冲输出。第一个脉冲在本相触发电路输出，隔 60°的第二个脉冲是由滞后 60°的后一相触发电路输出。

对于三相全控桥式整流电路，电源相序为正时，六只晶闸管的触发顺序依次为 VT1→VT2→VT3→VT4→VT5→VT6，彼此间隔 60°。

脉冲封锁信号为零电位或负电位时，其是通过 VD5 加到 VT5 集电极的。当封锁信号接入时，晶体管 VT7、VT8 就不能导通，触发脉冲无法输出。

触发脉冲信号封锁，一般用于事故情况或者是无环流的可逆系统中要求一组晶闸管工作另一组晶闸管封锁的情况。

二极管 VD5 的作用是防止封锁信号接地时，经 VT5、VT6 和 VD4 到 -15 V 之间产生大电流通路。

如图 6—4 所示为同步电压为锯齿波的触发电路各点电压波形图。

6. 同步电压为锯齿波的触发电路的特点

同步电压为锯齿波的触发电路抗干扰能力强，不受电网电压波动与波形畸变的直接影响，移相范围宽。缺点是整流装置的输出电压 U_d 与控制电压 U_c 之间不成线性关系，且电路较复杂。

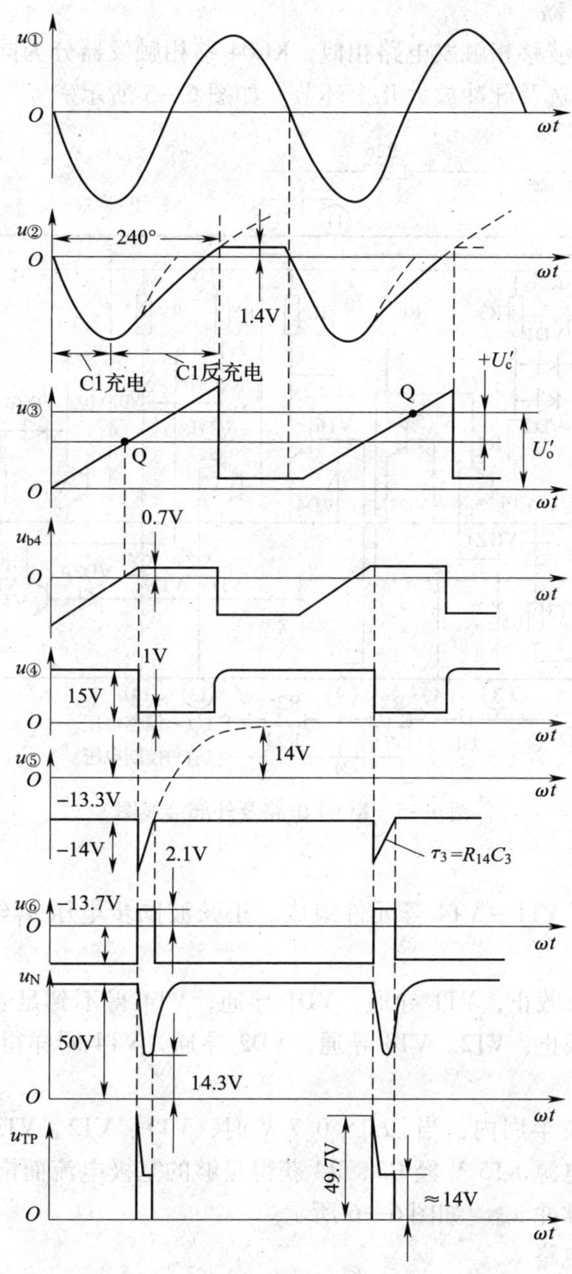

图 6—4 锯齿波触发电路各点电压波形图

四、集成触发电路

集成触发电路具有可靠性高，技术性能好，体积小，功耗低，调试方便等优点。晶闸管触发电路的集成化已逐渐普及，并逐步取代了分立元件式电路。现以 KC04 集成移相触发器和 KC41C 六路双脉冲形成器所组成的三相全控桥式集成触发器为例，介绍其结构和工作过程。

1. KC04 移相触发器

与分立元件的锯齿波移相触发电路相似，KC04 移相触发器分为同步、锯齿波形成、移相、脉冲形成、脉冲分选及脉冲放大几个环节。如图 6—5 所示。

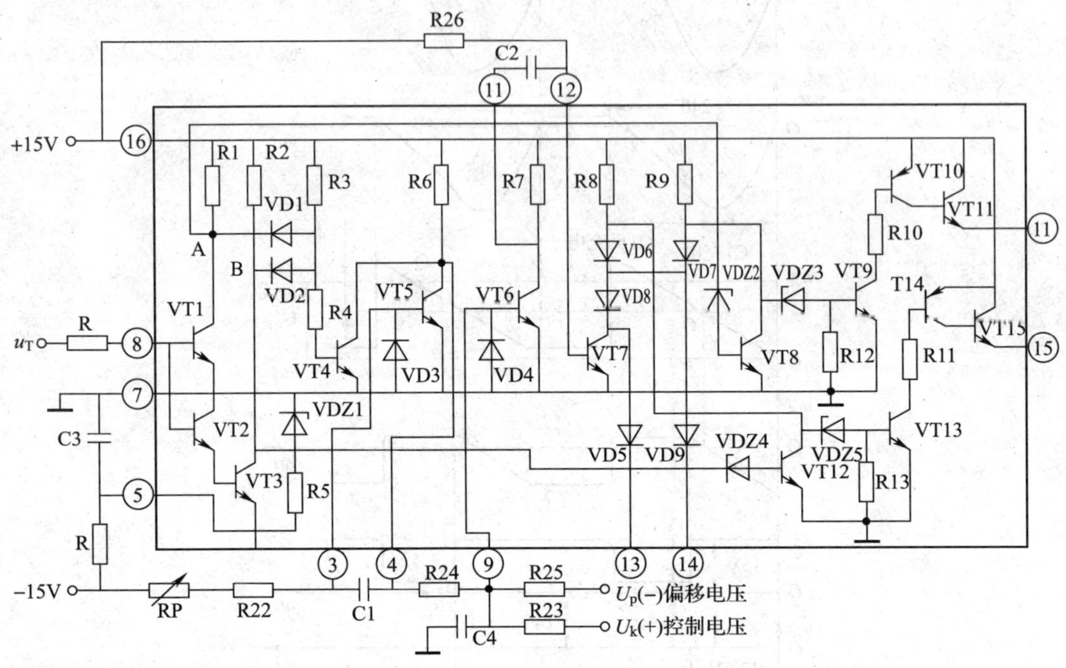

图 6—5 KC04 电路及外部接线图

（1）同步电路

同步电路由晶体管 VT1 ~ VT4 等元件组成。正弦波同步电压 u_T 经限流电阻加到 VT1、VT2 的基极。

在 u_T 正半周，VT2 截止，VT1 导通，VD1 导通，VT4 得不到足够的基极电压而截止。在 u_T 的负半周，VT1 截止，VT2、VT3 导通，VD2 导通，VT4 同样得不到足够的基极电压而截止。

在上述 u_T 的正、负半周内，当 $|u_s| < 0.7$ V 时，VT1、VT2、VT3 均截止，VD1、VD2 也截止，于是 VT4 从电源 +15 V 经 R3、R4 获得足够的基极电流而饱和导通，形成与正弦波同步电压 u_T 同步的脉冲 u_{c4}。如图 6—6 所示。

（2）锯齿波形成电路

锯齿波发生器由三极管 VT5、电容 C1 等组成。

当 VT4 截止时，+15 V 电源通过 R6、R22、Rw、−15 V 对 C1 充电。当 VT4 导通时，C1 通过 VT4、VD4 迅速放电，在 KC04 的第④脚（也就是 VT5 的集电极）形成锯齿波电压 u_{c5}，锯齿波的斜率取决于 R22、Rw 与 C1 的大小，锯齿波的相位与 u_{c4} 相同。如图 6—6 所示。

（3）移相电路

晶体管 VT6 与外围元件组成移相电路。锯齿波电压 u_{c5}、控制电压 U_k、偏移电压 U_p 分别通过电阻 R24、R23、R25 在 VT6 的基极叠加成 u_{be6}。当 $u_{be6} > 0.7$ V 时，VT6 导通，即 $u_{c5} + U_p + U_k$ 控制了 VT6 的导通与截止时刻，也就是控制了脉冲的移相。如图 6—6 所示。

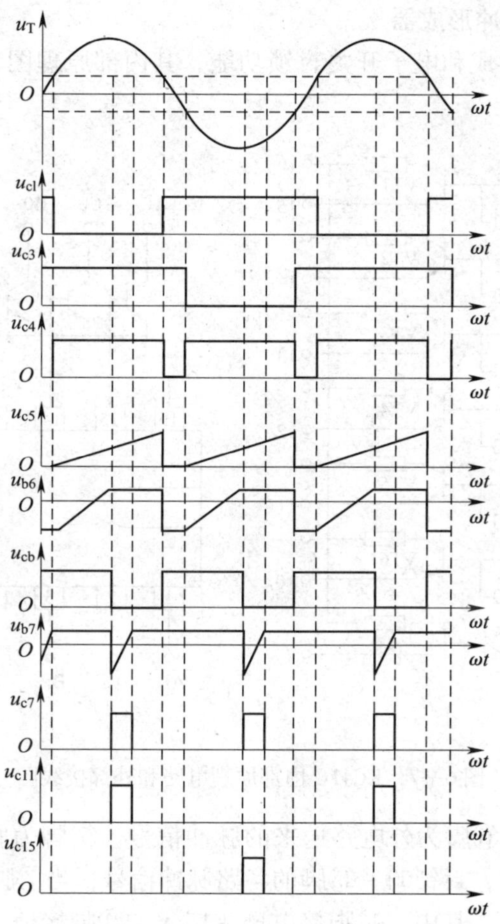

图 6—6　由 KC04 组成的移相触发电路的电压波形图

（4）脉冲形成电路

VT7 与外围元件组成脉冲形成电路。

当 VT6 截止时，+15 V 电源通过 R7、VT7 的 b－e 对 C2 充电（左正右负），同时 VT7 经 R26 获得基极电流而导通。当 VT6 导通时，C2 上的充电电压成为 VT7 的 b－e 结的反偏电压，VT7 截止。此后 +15 V 经 R26、VT6 对 C2 充电（左负右正），当反向充电电压大于 1.4 V 时，VT7 又恢复导通。这样在 VT7 的集电极得到了脉冲 u_{c7}，其脉宽由时间常数 R26 和 C2 的大小决定。如图 6—6 所示。

（5）脉冲输出电路

VT8～VT15 组成脉冲输出电路。在同步电压 u_T的一个周期内，VT7 的集电极输出两个相位差 180°的脉冲。

在 u_T的正半周，VT1 导通，A 点为低电位，B 点为高电位，使 VT8 截止，VT12 导通。VT12 的导通使 Dz4 截止，由 VT13、VT14、VT15 组成的放大电路无脉冲输出。VT8 的截止，使 Dz3 导通，VT7 集电极的脉冲经 VT9、VT10、VT11 组成的电路放大后由①脚输出。在 u_T的负半周，同理可知，VT8 导通，VT12 截止，VT7 的正脉冲经 VT13、VT14、VT15 组成电路放大后由⑮脚输出。如图 6—6 所示。

2. KC41C 六路双脉冲形成器

KC41C 具有双脉冲形成和电子开关封锁功能，其内部原理图和外部接线图如图 6—7a 和 6—7b 所示。

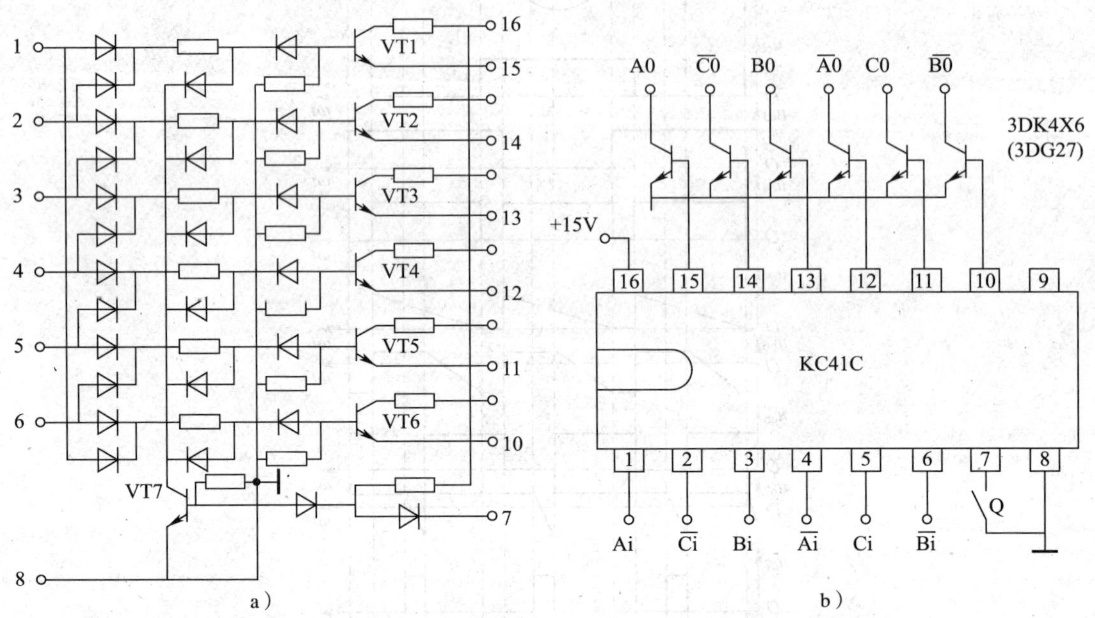

图 6—7　KC41C 内部原理电路和外部接线图

在图 6—7a 中，①～⑥脚为外电路送来的脉冲信号，⑦脚为脉冲封锁信号。当⑦脚输入信号为高电位或悬空时，封锁⑩～⑮脚的各路脉冲信号；当⑦脚输入为低电平或接地时，脉冲信号经⑩～⑮脚输出。其中，⑯脚接电压 +15 V，⑧脚接地，⑨脚悬空。KC41C 可外接 3DK4 或者 3DG27 作为功放管，使脉冲信号进一步放大输出。

3. 三相全控桥式集成触发电路

如图 6—8 所示的电路是由三块 KC04 和一块 KC41C 组成的三相全控桥式双窄脉冲集成触发电路。把三块 KC04 移相触发器的①脚与⑮脚产生的六个脉冲分别接到 KC41C 的①～⑥脚，经 KC41C 内部二极管的“或”功能，形成双窄脉冲，再经内部六个集成三极管放大后从⑩～⑮脚输出，并外接到 VT1～VT6 三极管的基极进一步放大，以供触发大功率的晶闸管使用。

五、实训操作

1. 触发电路与主电路的同步与调试

(1) 同步的概念

一是触发脉冲的频率与主电路电压频率必须一致；

二是输出触发脉冲的相位应满足主电路相位的要求。

(2) 触发电路与主电路电压的同步

所谓同步，是指把一个与主电路晶闸管所受电源电压保持合适相位关系的电压提供给触发电路，使得触发脉冲的相位出现在被触发晶闸管承受正向电压的区间，确保主电路各晶闸管在每一个周期中按相同的顺序和触发控制角被触发导通。

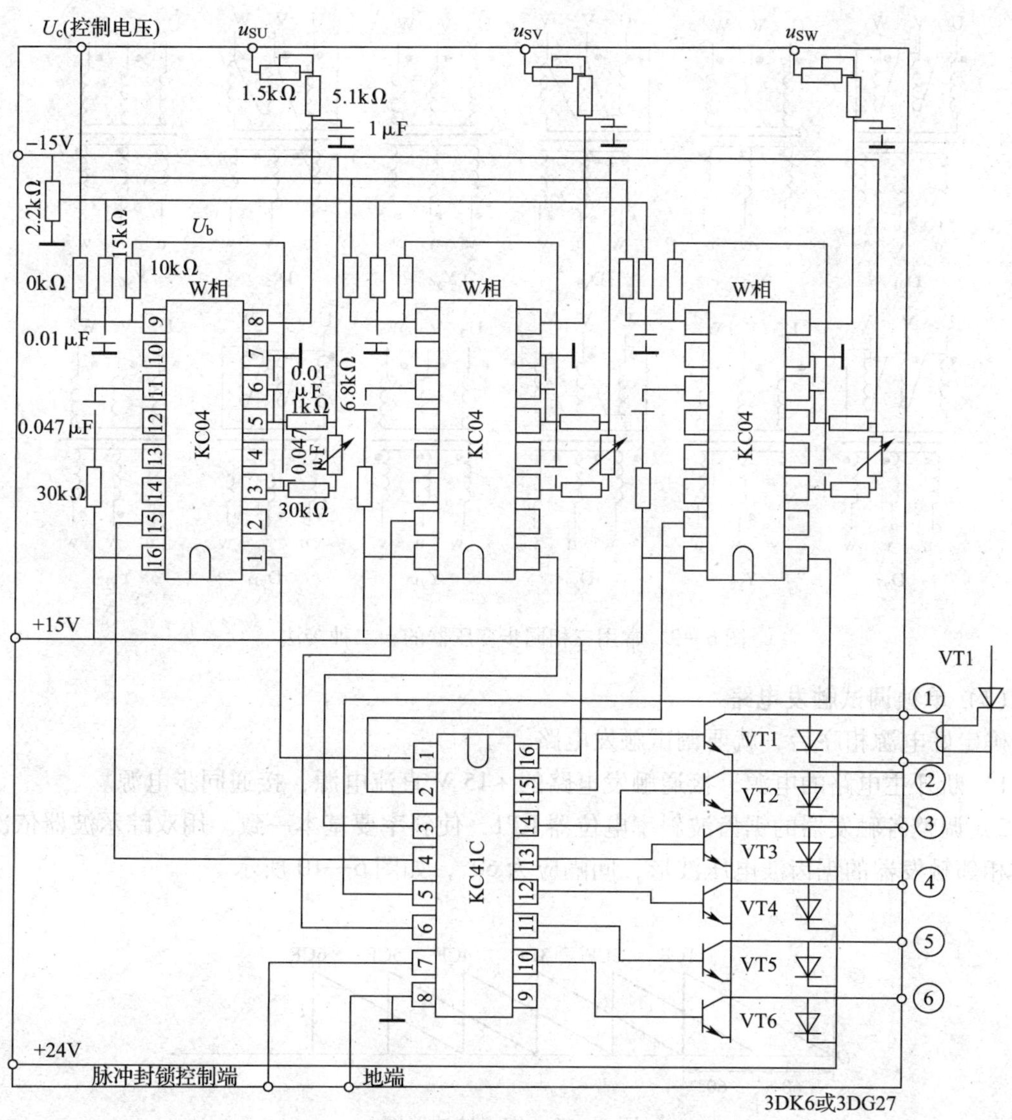

图 6—8　三相全控桥式双窄脉冲集成触发电路

人们将提供给触发电路合适相位的电压称为同步信号电压，正确选择同步信号电压与晶闸管主电路电压的相位关系称为同步或定相。

2. 同步电压的相位选择

由于触发电路的同步电压由同步变压器二次侧提供，而各触发电路有公共接地端，所以同步变压器二次侧不允许采用三角形联结，只能采用星形联结，只有 D_y 和 Y_y 两种联结形式，即三相同步变压器共有十二种接法。如图 6—9 所示。

3. 触发电路的调试

（1）确定电源相序

三相全控桥式整流触发电路中，同步电压的相序必须和主电路的相序保持一致，否则触发脉冲的相位与晶闸管阳极电压的相位不能同步，就会造成整流电压的波形混乱，整流失败。一般使用双踪示波器可检测电源的相序。

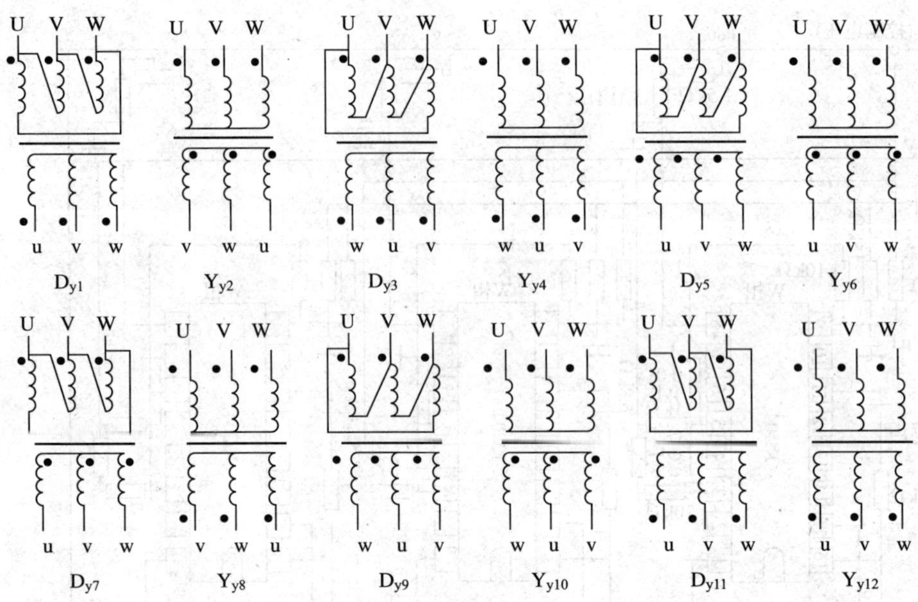

图 6—9 常用三相同步变压器的十二种接法

（2）单独调试触发电路

确定好电源相序后，就要调试触发电路。

1）断开主电路的电源，接通触发电路的 +15 V 直流电源，接通同步电源。

2）调整各触发器的锯齿波斜率电位器 RP1，使斜率要基本一致。用双踪示波器依次测量两相邻触发器的锯齿波电压波形，间隔应为 60°，如图 6—10 所示。

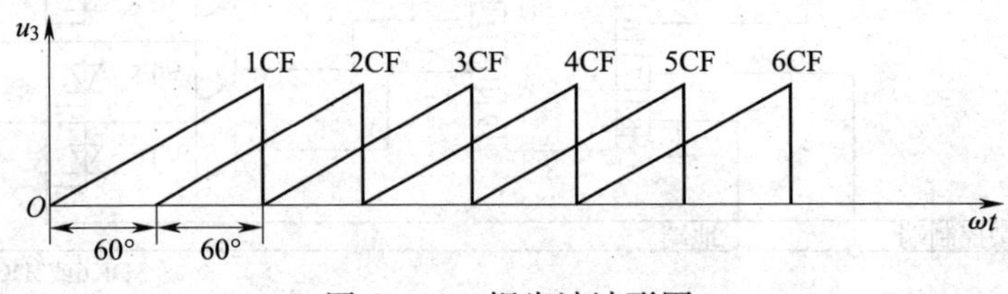

图 6—10 锯齿波波形图

3）用示波器测量各个触发器的输出脉冲，各输出双窄脉冲波形应如图 6—11 所示。

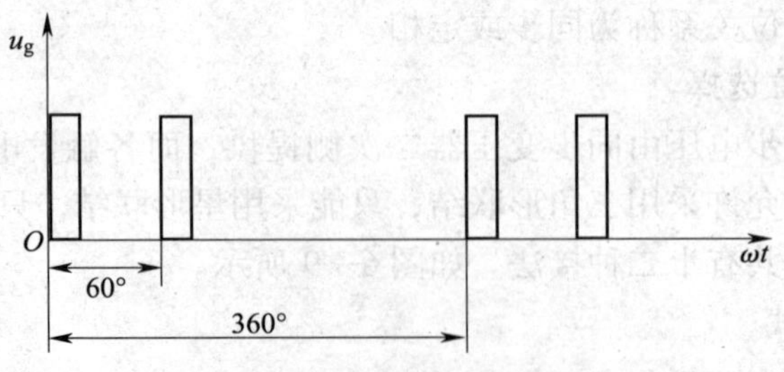

图 6—11 触发脉冲的波形图

4）偏移电压 U_b 的调节。触发电路正常后，调节 RP2，使控制电压 $U_C = 0$ V 时，初始脉冲前沿对应 $\alpha = 120°$ 处。从 0 调大控制电压 U_C，使 $\alpha = 0°$，则 α 角在 0° ~ 120°范围内变化。

(3) 带负载调试

触发电路调试完成后，可以接通主电路并带负载进行调试。由于负载的性质不同，调试的方法也有所不同。

当负载为电阻性负载时，使控制电压 $U_C=0$ V，接通主电路和触发电路使整个电路工作。逐渐加大 U_C，通过观察输出电压、电流的大小和控制角 α 的变化情况，进一步调试偏移电压 U_b 和 RP3，使控制电压 $U_C=0$ V 时，输出的电压、电流为 0；U_C 最大时，输出电压为负载的额定电压。

当负载为电动机，在控制电压 $U_C=0$ V 时，电动机不能爬行。

4. 晶闸管的保护与防止误触发的措施

晶闸管的主要弱点是承受过电流和过电压的能力较差，即使短时间的过电流和过电压，也有可能导致晶闸管的损坏，所以必须采取适当的保护措施。

(1) 晶闸管的过流保护

1）由于整流电路内部的原因，造成无法正常换流，因而产生线间短路引起过电流。对于此类的过电流，即整流桥内部原因，以及逆变器负载回路接地时引起的过电流，可以采用接入快速熔断器的方式来保护，如图 6—12 所示。

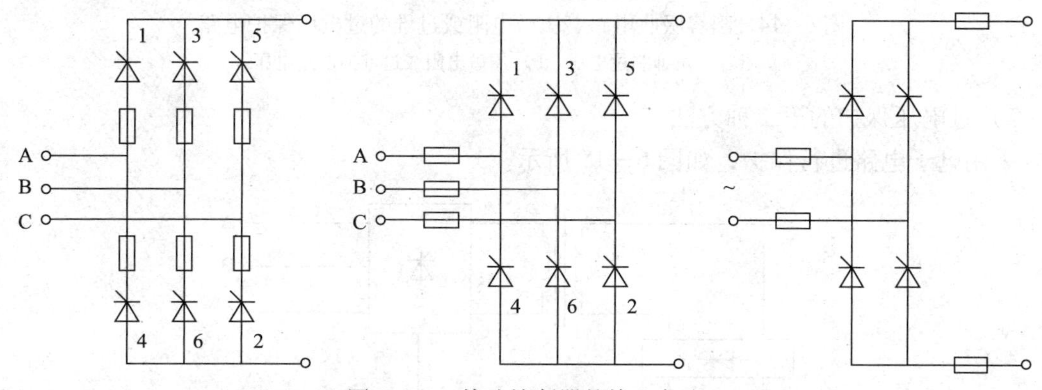

图 6—12 快速熔断器的接入方法

2）由于整流电路外部发生短路而引起的过电流，则应当采用电子电路进行保护。如图 6—13 所示。

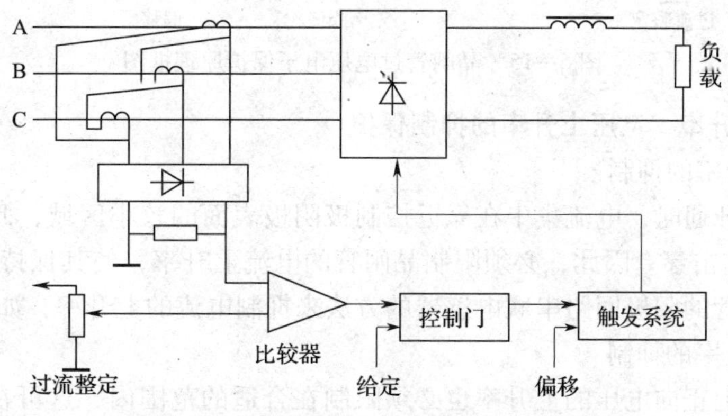

图 6—13 晶闸管过电流电子保护原理框图

（2）晶闸管的过压保护

1）过电压保护的第一种方法

并接 R－C 阻容吸收回路，以及用压敏电阻或硅堆等非线性元件加以抑制。如图 6—14 所示。

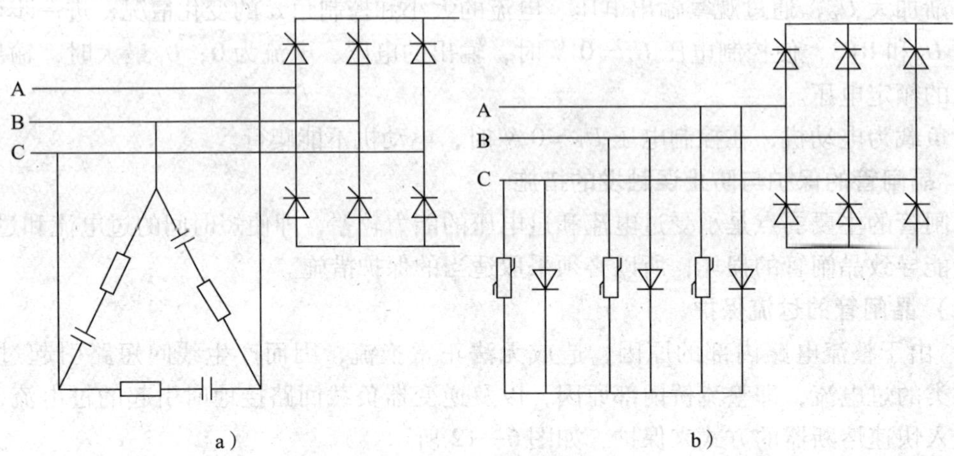

图 6—14　阻容吸收电路、压敏电阻或过堆的过电压保护电路

a）阻容三角抑制过电压　b）压敏电阻或过堆抑制过电压

2）过电压保护的第二种方法

采用电子电路进行保护，如图 6—15 所示。

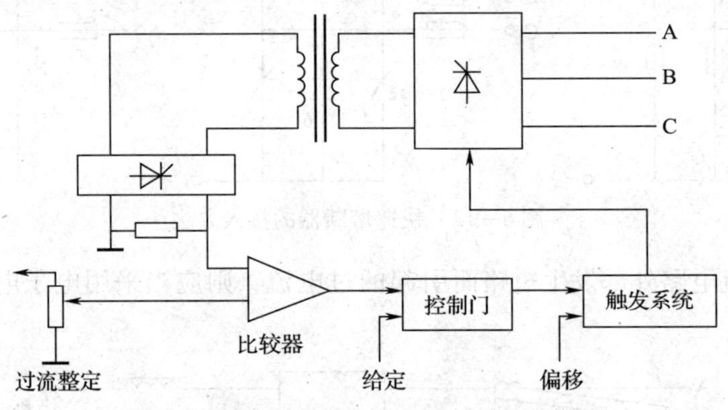

图 6—15　晶闸管过电压电子保护原理框图

（3）电流上升率、电压上升率的抑制保护

1）电流上升率的抑制

晶闸管初始开通时，电流集中在靠近控制极阴极表面的较小区域，此时若电流上升较大，会导致 PN 结击穿。因此，必须限制晶闸管的电流上升率，使其保持在合适的范围内。通常采用在晶闸管的阳极回路串联电感器的方法来抑制电流的上升率，如图 6—16 所示。

2）电压上升率的抑制

加在晶闸管上正向电压的上升率也必须限制在合适的范围内，这可在晶闸管两端并联 R－C 阻容吸收回路来达到，如图 6—17 所示。

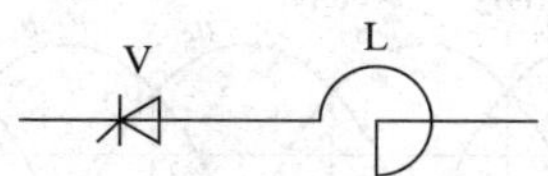

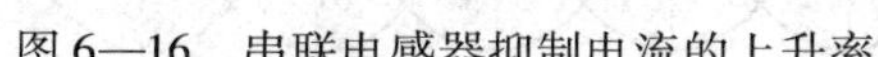

图 6—16　串联电感器抑制电流的上升率

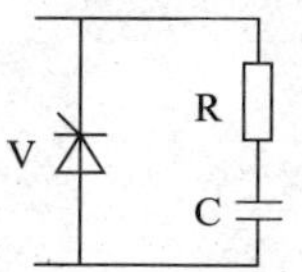

图 6—17　并联 R－C 阻容吸收回路

(4) 防止误触发的措施

1) 控制极回路导线用金属屏蔽线，且屏蔽层接地。

2) 控制极回路导线单独敷线，远离主电路或大电流的导线，同时避免电感元件靠近控制极回路。

3) 触发电路的电源采用由静电屏蔽的变压器供电；同步变压器也采用由静电屏蔽的变压器。必要时在同步变压器输入端加滤波环节，以消除电网的高频干扰，也可在脉冲变压器一、二次绕组间加设静电屏蔽。

4) 选用触发电流较大的晶闸管。

5) 在晶闸管的控制极和阴极之间并接 0.01 ~ 0.1 μF 的小电容器，以有效地吸收高频干扰。

6) 在控制极与阴极间加反向偏置电压，一般为 3.0 V 左右。偏置电压可以是固定负压，也可以是二极管串联的正向压降产生的反压，当然也可以用稳压管代替二极管。

课题 2　三相可控整流电路

学习目标

1. 掌握三相可控整流电路的组成和原理。
2. 熟练掌握三相半控桥式和全控桥式整流电路的装调方法。

晶闸管广泛应用于各种变流装置中，而变流装置由整流部分和触发控制部分组成。晶闸管可控整流电路结构简单、控制方便、性能稳定，是目前获得直流电能的主要方法。三相半波可控整流电路是最基本的电路，其他的三相整流电流电路都是以此为基础的。

一、三相半波可控整流电路

1. 电阻性负载

(1) 工作原理

三相半波可控整流电路如图 6—18 所示。为了得到零线，变压器二次侧必须接成星形，而一次侧接成三角形，避免三次谐波电流流人电网。三个晶闸管分别接入 U、V、W 三相电源，它们的阴极连接在一起，称为共阴极接法。这种接法的触发电路有公共端，连线方便。

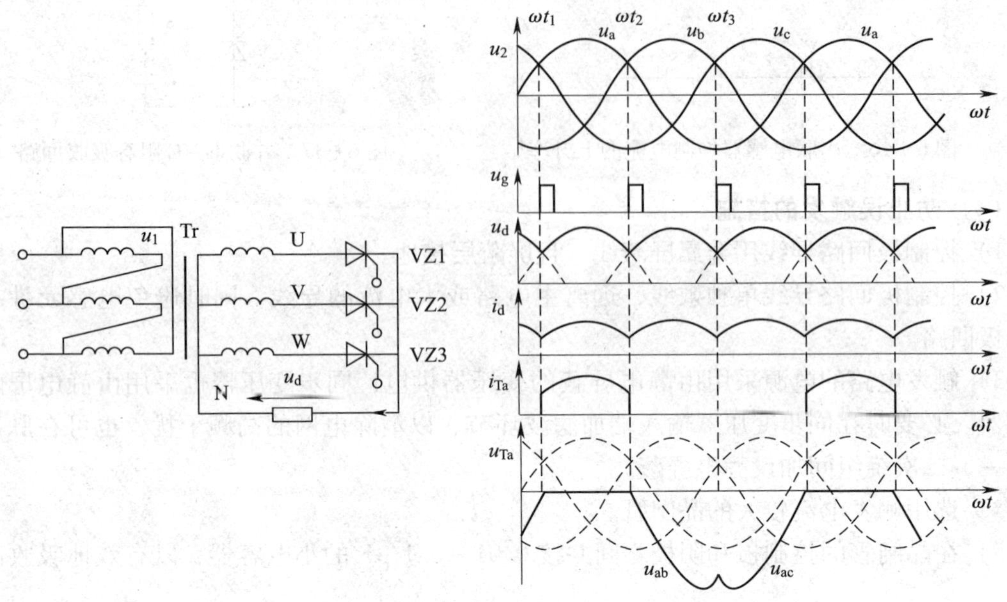

图 6—18　三相半波可控整流电路共阴极接法及 $\alpha=0°$ 时的波形图

假设将电路中的晶闸管换作二极管，并用 VD 表示，那么该电路就成为三相半波整流电路。此时，三个二极管对应的相电压中哪一个的值最大，则该相所对应的二极管就导通，并使另两相的二极管承受反压而关断，输出的整流电压即为该相的相电压。波形图如图 6—18 所示。

在一个周期中，$\omega t_1 \sim \omega t_2$ 期间，U 相电压最高，VD1 导通，$u_d=u_U$；在 $\omega t_2 \sim \omega t_3$ 期间，V 相电压最高，VD2 导通，$u_d=u_V$；在 $\omega t_3 \sim \omega t_4$ 期间，W 相电压最高，VD3 导通，$u_d=u_W$。此后，在下一周期相当于 ωt_1 的位置即 ωt_4 时刻，VT1 又导通，重复前一周期的工作情况。如此，一周期中 VD1、VD2、VD3 轮流导通，每管各导通 120°。u_d 的波形为三个相电压在正半周期的包络线。

在相电压的交点 ωt_1、ωt_2、ωt_3 处，均出现了二极管换相，即电流由一个二极管向另一个二极管的转移，称这些交点为自然换相点。

对三相半波可控整流电路而言，自然换相点是各相晶闸管能触发导通的最早时刻，将其作为计算各晶闸管触发角 α 的起点，即 $\alpha=0°$ 的位置。要改变触发角只能是在此基础上增大，即沿时间坐标轴向右移。若在自然换相点处触发相应的晶闸管导通，则电路的工作情况与以上分析的二极管整流工作情况一样。由单相可控整流电路可知，各单相可控整流电路的自然换相点是变压器二次电压 u_2 的过零点。

1）当 $\alpha=0°$ 时，变压器二次侧 U 相绕组和晶闸管 VT1 的电流波形如图 6—18 所示，另两相电流的波形形状相同，相位依次滞后 120°，可见变压器二次绕组电流有直流分量。

VT1 两端的电压波形，由三段组成：第一段，VT1 导通期间，为一管压降，可近似为 $u_{VT1}=0$ V；第二段，在 VT1 关断后，VT2 导通期间，$u_{VT1}=u_U-u_V=u_{UV}$ 为一段线电压；第三段，在 VT3 导通期间，$u_{VT1}=u_U-u_W=u_{UW}$ 为另一段线电压。即晶闸管电压由一段管压降和两段线电压组成。由图可见，$\alpha=0°$时，晶闸管承受的两段线电压均为负值，随着α的增大，晶闸管承受的电压中正的部分逐渐增多。其他两管上的电压波形形状相同，相位依次差120°。

增大α的值，将脉冲后移，整流电路的工作情况相应地也发生变化。

2）图6—19是当$\alpha=30°$时的波形。从输出电压、电流的波形可看出，这时负载电流处于连续和断续的临界状态，各相依次差120°。

3）如果$\alpha>30°$，例如$\alpha=60°$时，整流电压的波形如图6—20所示。当导通一相的相电压过零变负时，该相晶闸管关断。此时下一相晶闸管虽承受正电压，但它的触发脉冲还未到，不会导通，因此，输出电压、电流均为零，直到触发脉冲出现为止。这种情况下，负载电流断续，各晶闸管导通角为90°，小于120°。

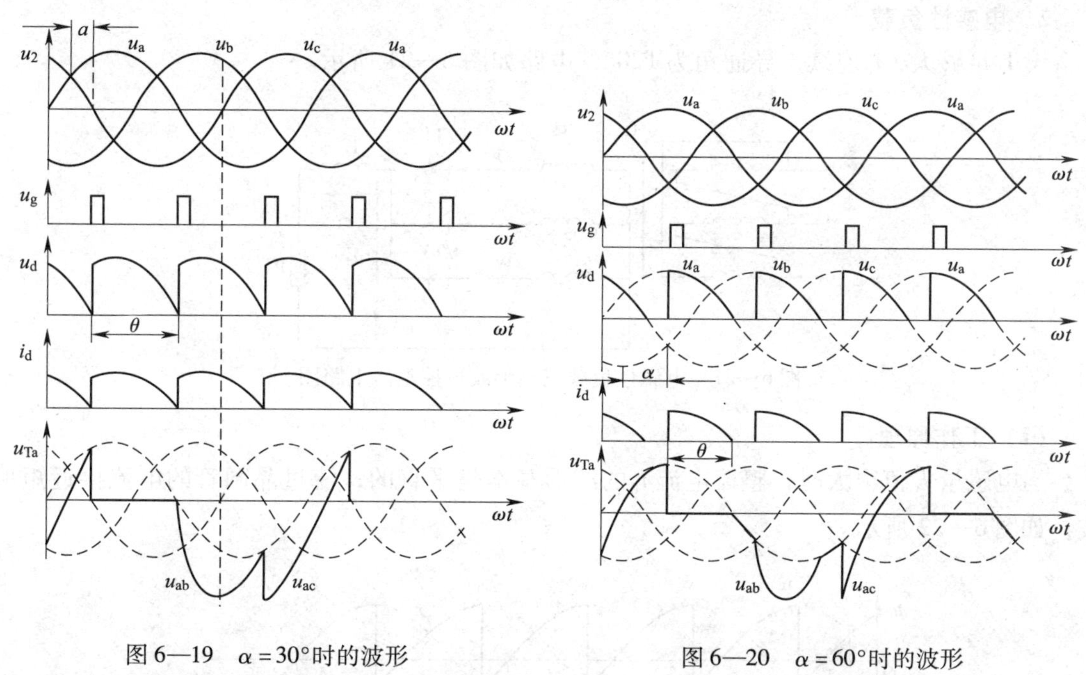

图6—19　$\alpha=30°$时的波形　　　　图6—20　$\alpha=60°$时的波形

4）若α角继续增大时，整流电压将越来越小，当$\alpha=150°$时，整流输出电压为零。故电阻性负载时，α的移相范围为0°~150°。

（2）电量关系

整流电压平均值的计算分两种情况。

1）当$\alpha\leqslant30°$时，负载电流连续，则

$$U_d=1.17U_2\cos\alpha$$

当$\alpha=0°$时，U_d最大，即$U_d=1.17U_2$。

流过晶闸管的电流即为变压器二次侧的电流，即

$$I_2=I_T=\frac{U_2}{R_d}\sqrt{\frac{1}{2\pi}\left(\frac{2}{3}\pi+\frac{\sqrt{3}}{2}\cos2\alpha\right)}$$

2）当$\alpha>30°$时，负载电流断续，晶闸管导通角减小，则

$$U_d = 0.675U_2\left[1+\cos\left(\frac{\pi}{6}+\alpha\right)\right]$$

负载电流平均值为

$$I_d = \frac{U_d}{R_d}$$

不难看出，晶闸管承受的最大反向电压为变压器二次线的电压峰值，即

$$U_{RM} = \sqrt{2}\times\sqrt{3}U_2 = \sqrt{6}U_2 = 2.45U_2$$

由于晶闸管阴极与零线间的电压即为整流输出电压 u_d，其最小值为零，而晶闸管阳极与阴极间的最大正向电压等于变压器二次相电压的峰值，即

$$U_{FM} = \sqrt{2}U_2$$

2. 电感性负载

设 L 足够大，i_d连续，导通角为 120°，电路如图 6—21 所示。

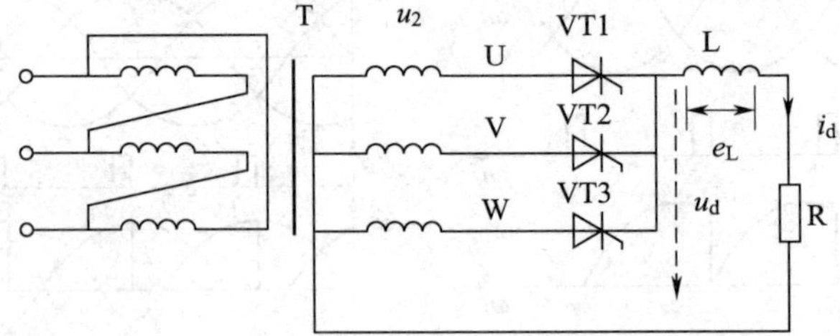

图 6—21　电感性负载三相半波可控整流电路图

（1）工作原理

当电感量 L 值很大时，整流电流 i_d的波形基本是平直的，流过晶闸管的电流接近矩形波，如图 6—22 所示。

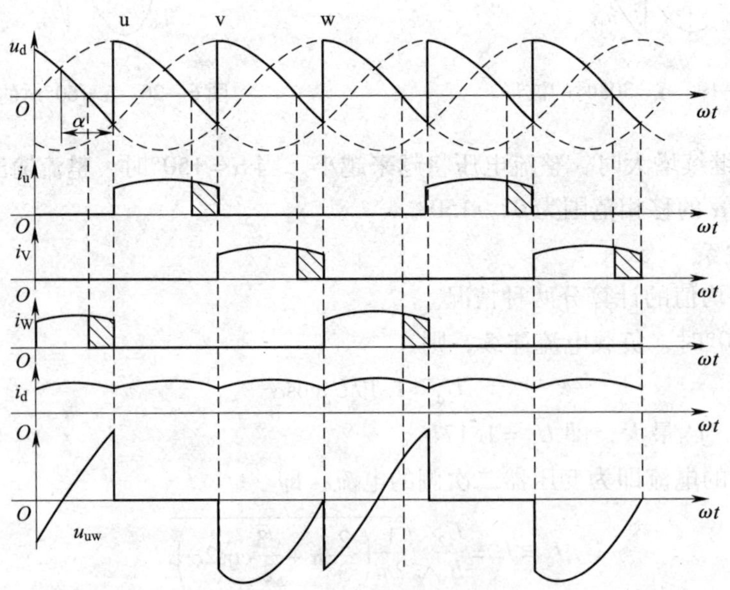

图 6—22　电感性负载三相半波可控整流电路波形

当 $\alpha \leqslant 30°$ 时，整流电压波形与电阻负载时相同，负载电流连续。

当 $\alpha > 30°$，u_2 过零时，由于电感的存在，阻止电流的下降，因而 VT1 继续导通，直到下一相晶闸管 VT2 的触发脉冲到来，才发生换流。VT2 导通向负载供电，同时向 VT1 施加反压使其关断。当 $\alpha = 90°$ 时，U_d 的平均值为 0。所以在电感性负载的情况下，α 的移相范围为 0°～90°。

（2）电量关系

1）由于负载电流连续，所以输出电压 U_d 的平均值为

$$U_d = 1.17U_2\cos\alpha$$

2）流过晶闸管的电流 I_T 为

$$I_2 = I_T = \frac{1}{\sqrt{3}}I_d = 0.577I_d$$

晶闸管的额定电流 $I_{VT(AV)}$ 为

$$I_{VT(AV)} = \frac{I_T}{1.11}(1.5 \sim 2)$$

3）晶闸管的最大正、反向电压峰值 U_{FM}、U_{RM} 均为变压器二次线电压峰值

$$U_{FM} = U_{RM} = 2.45U_2$$

三相半波可控整流电路的主要缺点在于其变压器二次电流中含有直流分量，为此其应用较少。

（3）大电感负载接续流二极管

三相半波可控整流电路接大电感负载时，可以接续流二极管。如图 6—23 所示是接续流二极管且 $\alpha = 60°$ 时的波形图。由图可见，接续流二极管后 u_d 的波形和计算公式与电阻性负载一样，i_d 的波形与电感性负载一样。

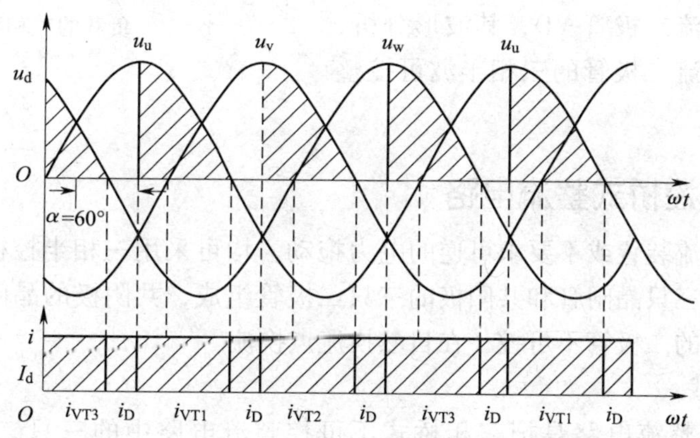

图 6—23　$\alpha = 60°$ 时大电感性负载接续流二极管的波形

当 $\alpha \leqslant 30°$ 时，u_d 均大于 0，续流二极管受反向电压，与不接续流二极管一样。当 $\alpha >$ 30°时，晶闸管的导通角 $\theta_T = 150° - \alpha$，由于续流管一周期内续流三次，故续流二极管的导通角 $\theta_D = 3(\alpha - 30°)$。

晶闸管与续流二极管电流的平均值与有效值分别如下所示。

1）晶闸管电流的平均值为

$$I_{dt}=\frac{150^\circ-\alpha}{360^\circ}I_d$$

2）晶闸管电流的有效值为

$$I_T=\sqrt{\frac{150^\circ-\alpha}{360^\circ}}I_d$$

3）续流二极管电流的平均值为

$$I_{dD}=\frac{\alpha-30^\circ}{360^\circ}I_d$$

4）续流二极管电流的有效值为

$$I_D=\sqrt{\frac{\alpha-30^\circ}{360^\circ}}I_d$$

3. 反电动势负载

三相半波可控整流带平波电抗器的反电动势负载电路如图 6—24 所示。

为了使电枢电流 i_d 连续平稳，故在电枢回路中串入电感量足够大的平波电抗器 L_d。这样三相半波可控整流电路所带负载是含有反电动势的大电感负载，其波形分析、各电量计算与电感性负载相同，仅负载电流 I_d 的计算改为 $I_d=\frac{U_d-E}{R_d}$ 即可。

为了扩大移相范围，并使 i_d 的波形平稳，在负载两端并联续流二极管 VD，其波形分析、各电量计算与接续流二极管的三相半波可控整流大电感负载相同。

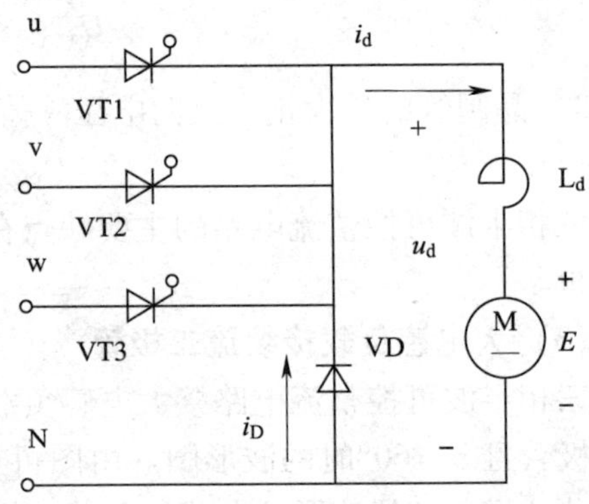

图 6—24　带平波电抗器的反电动势负载的三相半波可控整流电路

二、三相半控桥式整流电路

中等容量的整流装置或不要求可逆的电力拖动，均可采用三相半控桥式整流电路。该电路是由共阴极的三只晶闸管和共阳极的三只二极管组成，共阴极的晶闸管在触发脉冲到来时换流，共阳极的二极管不可控，在自然换流点换流。

1. 电阻性负载

三相半控桥式整流电路是把三相桥式不可控整流电路中的三只二极管 VD1、VD3、VD5 换为晶闸管 VT1、VT2、VT3，并把它们的阴极连在一起。由于电路中的整流元件，一半是晶闸管，另一半是二极管，故称为三相半控桥式整流电路。三相半控桥式整流电路如图 6—25 所示。

三只晶闸管每只导通 T/3（T 为交流电源的周期），因此，每隔 T/3 就有一个脉冲去触发晶闸管，即可保证晶闸管导通角度的要求。

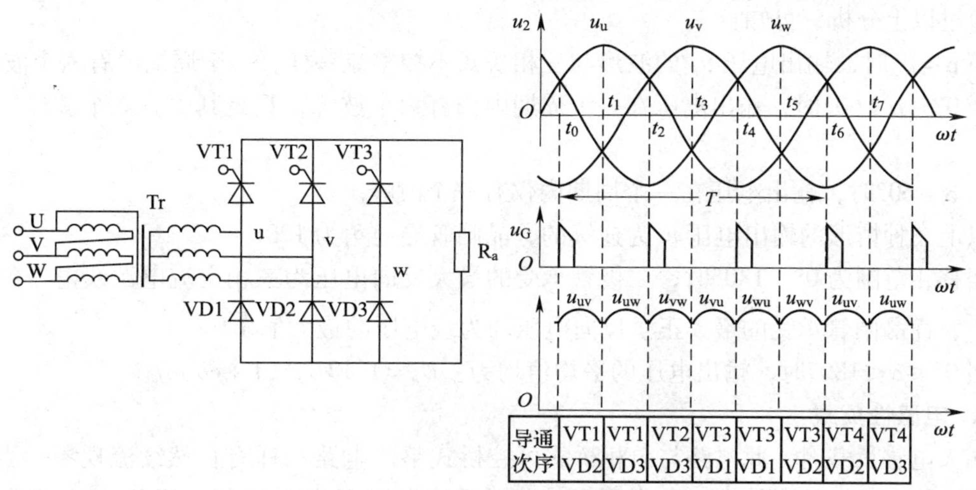

图 6—25　三相半控桥式整流电路及 $\alpha=0°$ 时的波形

（1）图 6—25 波形图为 $\alpha=0°$ 时的三相半控桥式整流电路输出波形。

（2）当 $\alpha=30°$ 时，三相半控桥式整流电路的输出波形如图 6—26 所示。

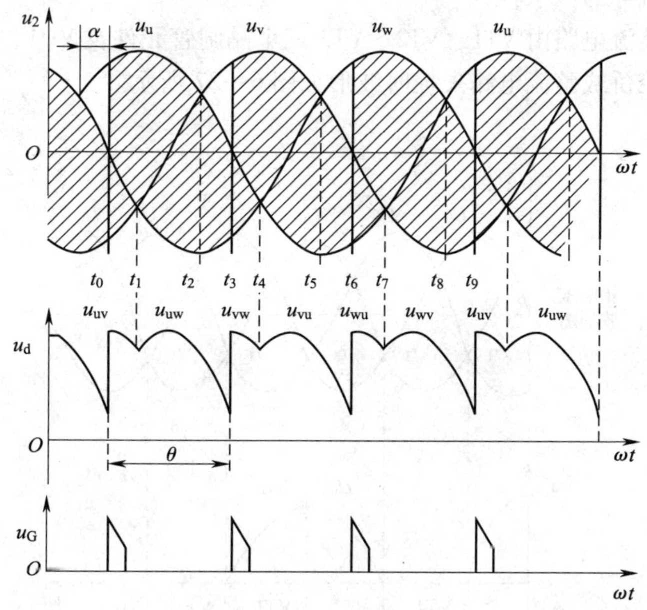

图 6—26　$\alpha=30°$ 时的波形

（3）当 $\alpha=60°$ 时，导通角 $\theta=120°$，输出电压只剩下三个波峰，脉动率增大。

（4）当 $\alpha=90°$ 时，导通角 $\theta<120°$，所有整流元件处于阻断状态，输出电压出现断续状态。

（5）当 $\alpha=120°$ 时，导通角 $\theta=60°$，输出电压断续比较严重。

（6）当 $\alpha=150°$ 时，导通角 θ 仅有 30°，输出电压仅有很小的尖波了。

（7）当 $\alpha=180°$时，输出电压 $u_d=0$ V，$i_d=0$ A。

通过以上分析，可知：

当 $\alpha=0°$时，输出电压 u_d 的波形与三相桥式不控整流一样，一个周期内有六个波峰；

当 $0°\leqslant\alpha<60°$时，输出电压在一个周期内仍有六个波峰，只是其中有三个波峰缺少一块；

当 $\alpha=60°$时，输出电压在一个周期内仅有三个波峰。

以上三种情形的输出电压 u_d 为连续的，晶闸管导通角为120°。

当移相范围为0°～180°时，二极管承受的最大反向电压为三相交流电源线电压的最大值$\sqrt{6}U_2$，而晶闸管承受的最大正、反向电压均为线电压的最大值$\sqrt{6}U_2$。

当 $0°\leqslant\alpha\leqslant180°$时，输出电压的平均值均为：$U_d=1.17U_2$（$1+\cos\alpha$）。

2. 电感性负载

在大电感负载时，此电路与单相桥式可控桥式整流电路一样有自然续流现象。当电感很大时，输出电流波形接近一条水平线。此时平均电压 U_d 的计算与电阻负载时相同，即：$U_d=1.17U_2$（$1+\text{COS}\alpha$）。

3. 主电路失控

当出现晶闸管的控制角突然增大到180°，原来已导通的晶闸管一直导通而不能关断的现象时，这种现象就称为“失控”。

三相半控桥式整流电路由VT1、VT2、VT3三个晶闸管元件及VD1、VD2、VD3三个二极管组成。三相半控桥式整流电路失控时波形如图6—27所示。

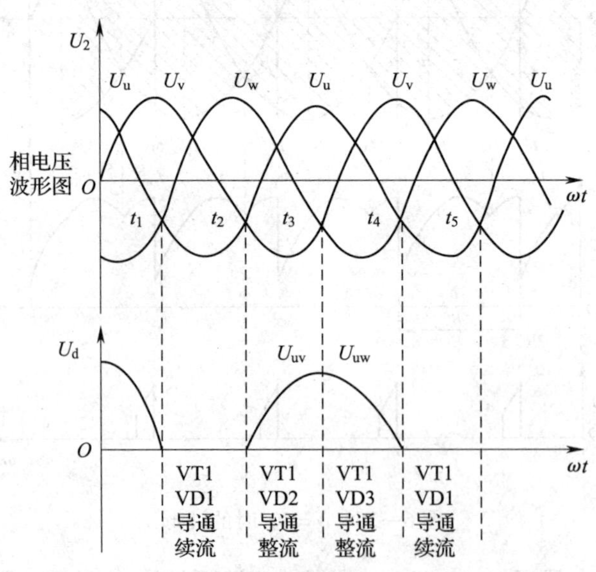

图6—27　三相半控桥式整流电路失控时波形

电路正常运行时，三相半控整流电路的三只晶闸管是轮流导通的，一个周期内每只晶闸管流过的平均电流为总励磁电流的1/3。但发生失控后，只有一只晶闸管导通，其他两只晶闸管均无电流流过，因此，已经导通的晶闸管会因过载而损坏。

解决三相半控桥式整流主电路失控的办法主要有以下两种。

(1) 在整流电路的输出端加装续流二极管 VD4，如图 6—28 所示

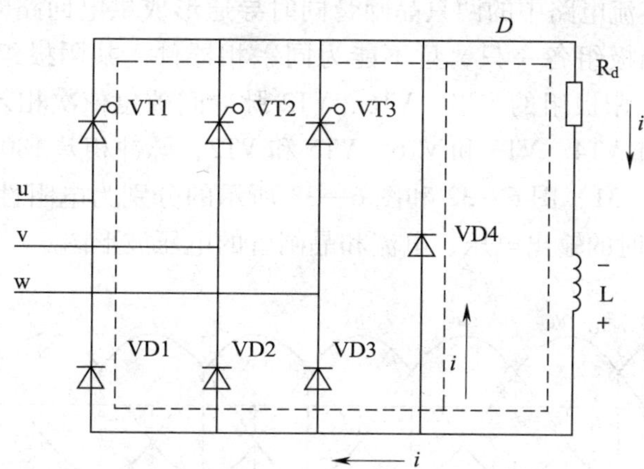

图 6—28 三相半控桥式整流接续流二极管电路

(2) 留有足够的开放角，即稳定裕度

晶闸管最大控制角 α 的选取原则如下。

1）从有效地防止失控来看，晶闸管最大控制角 α 越小越好（即留有的开放角越大越好），但 α 选的过小，则整流电压就过高。

2）晶闸管最大控制角 α 又不宜过大，若控制角 α 过大，则加于已导通的晶闸管上的反向电压就低，这不利于晶闸管的关断。

故晶闸管最大控制角 α 的选择可按经验取值，也可以按理论分析取值。

三、三相全控桥式整流电路

在三相全控桥式整流电路中，三个共阴极的晶闸管称为共阴极组；三个共阳极的晶闸管称为共阳极组。共阴极组中与 U、V、W 三相电源相接的三个晶闸管分别为 VT1、VT3、VT5，共阳极组中与 U、V、W 三相电源相接的三个晶闸管分别为 VT4、VT6、VT2。三相全控桥式整流电路如图 6—29 所示。

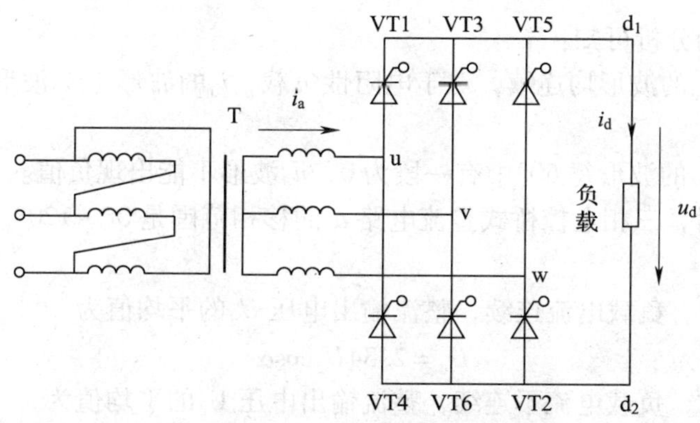

图 6—29 三相全控桥式整流电路

1. 电阻性负载

(1) 工作原理

由三相全控桥式整流电路中的两只晶闸管同时导通形成供电回路时，两晶闸管的选取必须是共阴极组和共阳极组各一只，且不能为同一相器件。共阴极组的 VT1、VT3、VT5 脉冲间隔相差 120°，共阳极组的 VT4、VT6、VT2 脉冲间隙也依次相差 120°，同一相的上下两个桥臂，即 VT1 和 VT4、VT3 和 VT6、VT5 和 VT2，脉冲相差 180°。

如图 6—30、图 6—31、图 6—32 和图 6—33 所示的分别为电阻性负载在 $\alpha=0°$、$\alpha=30°$、$\alpha=60°$和 $\alpha=90°$时的输出电压、电流和晶闸管的电压波形图。

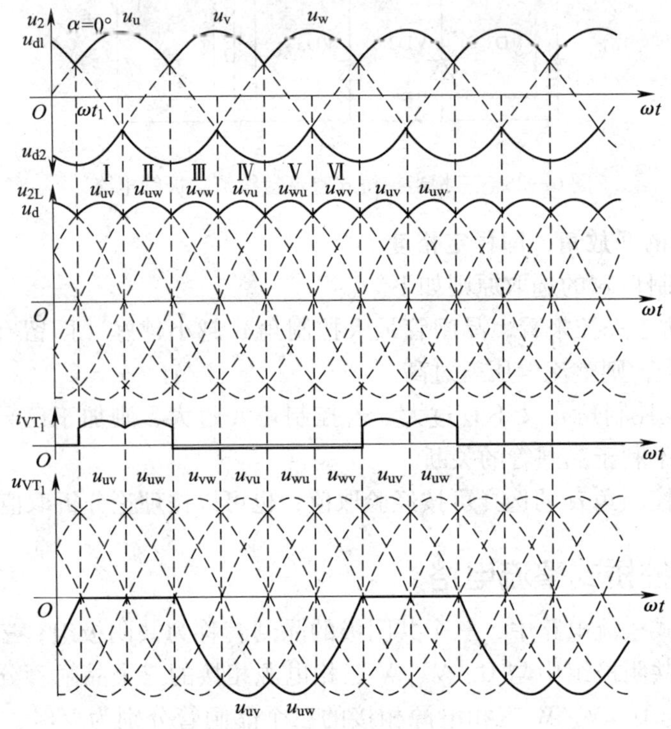

图 6—30 $\alpha=0°$时的输出波形图

从以上波形图的分析可知：

当 $\alpha\leqslant60°$时，u_d的波形均连续，对于电阻性负载，i_d的波形与 u_d波形的形状是一样的，也连续；

当 $\alpha>60°$时，u_d的波形每 60°中有一段为 0，u_d波形不能出现负值。

带电阻性负载时，三相全控桥式整流电路 α 的移相范围是 0° ~120°。

(2) 电量关系

1）当 $\alpha<60°$时，负载电流连续，整流输出电压 U_d的平均值为

$$U_d=2.34U_2\cos\alpha$$

2）当 $\alpha>60°$时，负载电流不连续，整流输出电压 U_d的平均值为

$$U_d=2.34U_2\left[1+\cos\left(\frac{\pi}{3}+\alpha\right)\right]$$

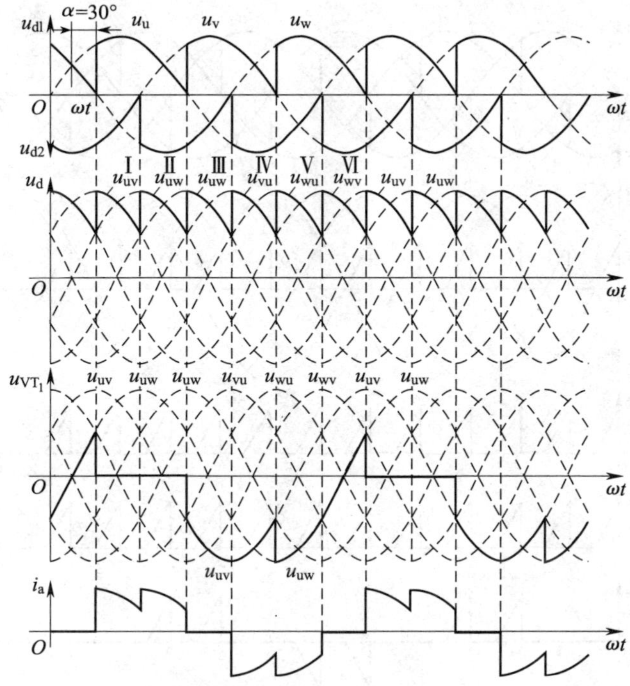

图 6—31　$\alpha=30°$时的输出波形图

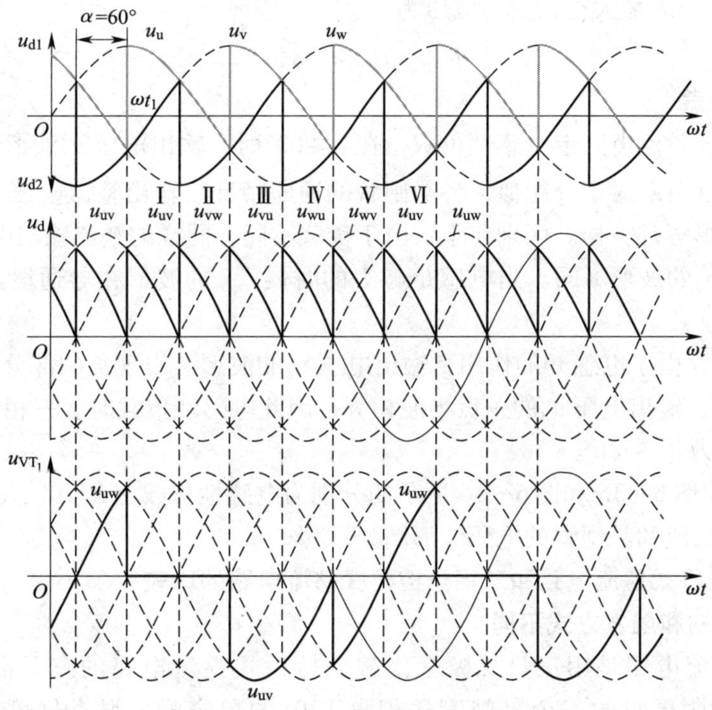

图 6—32　$\alpha=60°$时的输出波形图

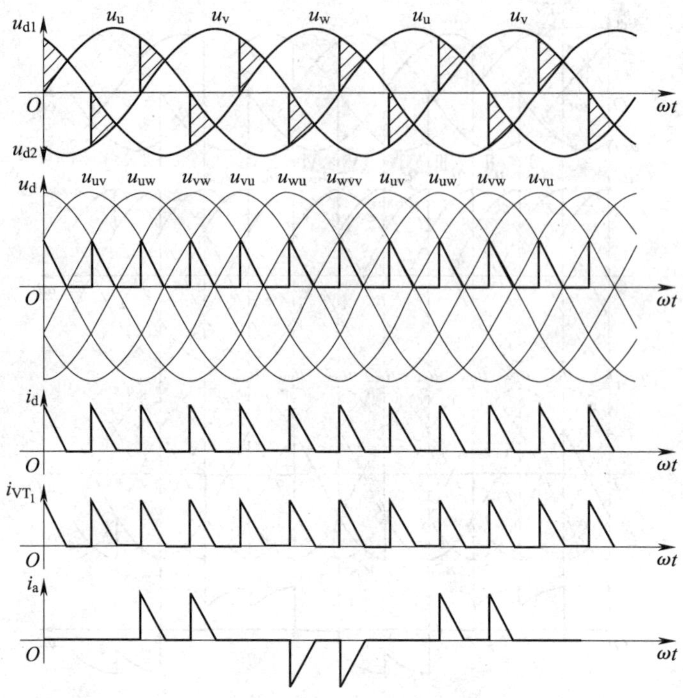

图 6—33　$\alpha=90°$时的输出波形图

3）晶闸管承受的最大正、反向电压为

$$U_{FM}=U_{RM}=\sqrt{6}U_2$$

2. 电感性负载

三相全控桥式整流电路带电感性负载，在 $\alpha\leqslant60°$时，输出电压 u_d波形连续，电路的工作情况与带电阻性负载时十分相似，各晶闸管的通断情况、输出整流电压 u_d的波形、晶闸管承受的电压波形等都一样。区别在于：由于负载不同，同样的整流输出电压加到负载上，得到的负载电流 i_d的波形不同。当电感足够大的时候，i_d的波形在导通段都可近似为一条水平线。

当 $\alpha>60°$时，由于电感 L 的作用，输出电压 u_d的波形会出现负的部分。

当 $\alpha=90°$时，输出电压 u_d的正负半波相等，因此电感性负载时，三相全控桥式整流电路 α 的移相范围为 0°～90°。

如图 6—34、图 6—35 和图 6—36 所示的分别为电感性负载在 $\alpha=0°$、$\alpha=30°$和 $\alpha=90°$时的输出电压、电流和晶闸管的电压波形图。

3. 三相半控桥式整流电路和三相全控桥式整流电路的比较

（1）电路结构和触发方式不同

半控桥式整流电路是用三只二极管代替全控桥式整流电路的三只晶闸管。其触发电路只需要给共阴极组的三个晶闸管送相隔 120°的单窄触发脉冲即可，而全控桥式整流电路需要给六只晶闸管提供相隔 60°的单宽脉冲或双窄脉冲。所以半控桥式整流电路简单。

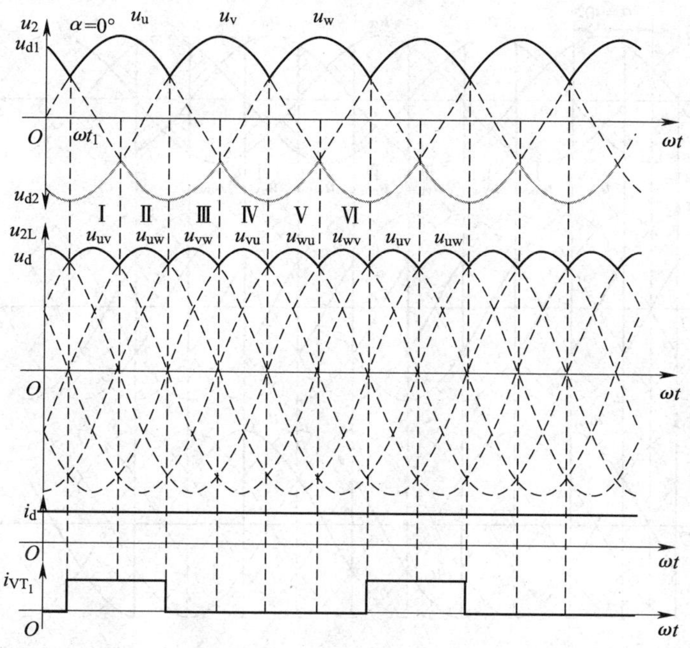

图 6—34 $\alpha=0°$时的波形图

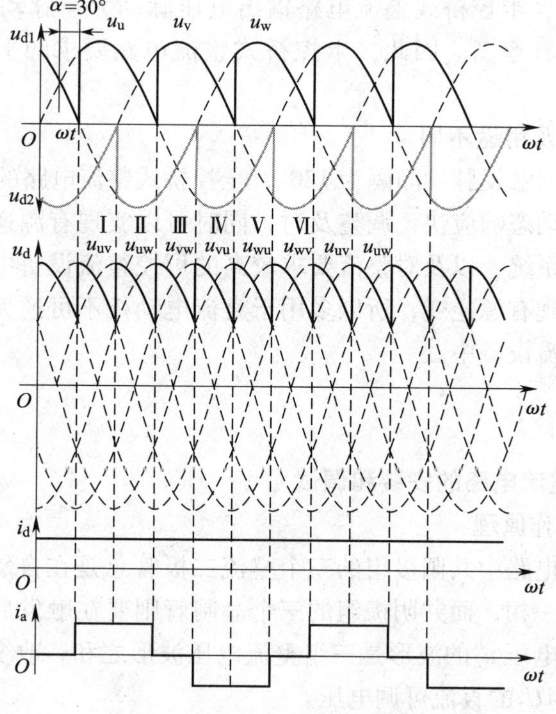

图 6—35 $\alpha=30°$时的波形图

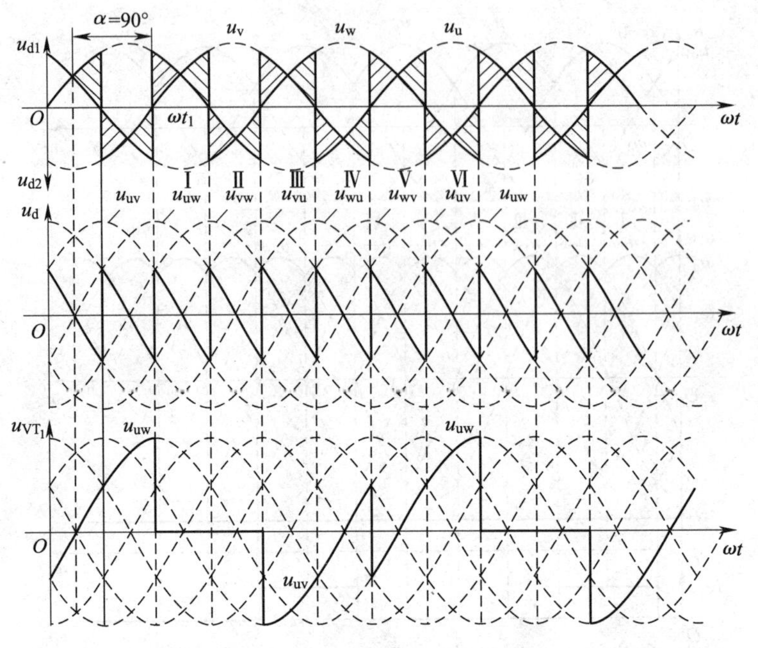

图 6—36　$\alpha=90°$时的波形图

(2) 输出电压的脉动、平波电抗器的电感量不同

在控制角 α 较大时，半控桥式整流电路输出电压脉动大，脉动频率低，而全控桥式整流电路脉动小，脉动频率高。因此，半控桥式整流电路要求的平波电抗器的电感量要大。

(3) 控制滞后时间及用途不同

半控桥式整流电路的触发脉冲间隔为 120°，全控桥式整流电路的触发脉冲间隔为 60°，所以全控桥式整流电路动态响应快，调整及时，同时可以实现有源逆变，常用于大功率直流电动机可逆无级调速系统，以及对整流要求较高的可控整流设备中。半控桥式整流电路因为有二极管，无法实现有源逆变，所以多用于直流电动机不可逆无级调速系统，以及一般电阻性负载的可控整流设备中。

四、实训操作

1. 三相半控桥式整流电路的安装和调试

(1) 实训线路及工作原理

三相半控桥式整流电路中共阳极组的三个整流二极管总是在自然换流点换流，使电流换到比阴极电位更低的一相，而共阴极组的三个晶闸管则要在触发后才能换到比阳极电位更高的一相。输出整流电压 u_d的波形是三组整流电压波形之和，改变共阴极组晶闸管的控制角 α，可获得 0 ~ 2. 34U_2的直流可调电压。

具体电路如图 6—37 所示。其中三个晶闸管和三个二极管在 DJK04 面板上，三相触发电路在 DJK02 面板上，给定在 DJK04 面板上，直流电压表、电流表以及电感 L_d从 DJK02 面板上获得，负载电阻 RP 用 450 Ω 的可调电位器。

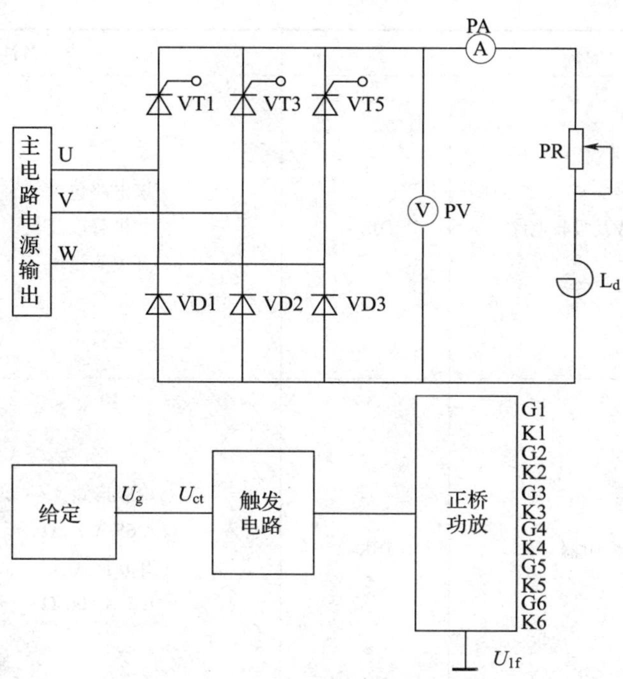

图 6—37 三相半控桥式整流电路

（2）实训设备

使用的实训设备见表 6—1。

表 6—1 **实 训 设 备**

序号	设备名称	型号	备注
1	电源控制屏	DJK01	该控制屏包含三相电源、励磁电源等模块
2	三相桥式整流电路	DJK02	该电路包含触发电路、正桥功放、三相全控桥等模块

续表

序号	设备名称	型号	备注
3	给定、负载及吸收电路	DJK04	该电路包含二极管以及开关等模块 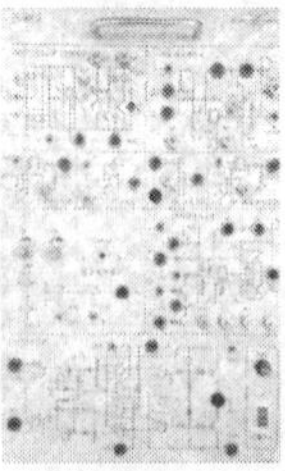
4	滑线变阻器	DJK42	串联形式：0.65 A 2 kΩ 并联形式：1.3 A 500 Ω 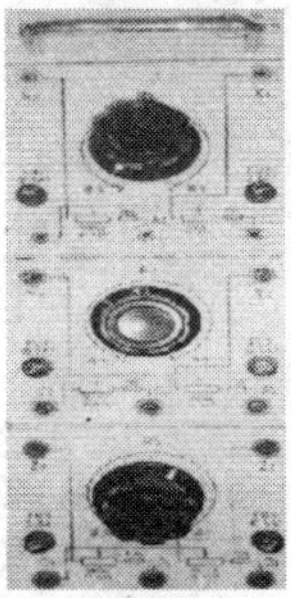
5	双踪示波器	YB43020B	
6	万用表	UT39E	

（3）调试步骤

1）在 DJK02 上调试“触发电路”

①打开 DJK01 总电源开关，操作“电源控制屏”上的“三相电网电压指示”开关，观察输入的三相电网电压是否平衡。

②将 DJK01“电源控制屏”上“调速电源选择开关”拨至“直流调速”侧。

③打开 DJK02 电源开关，拨动“触发脉冲指示”按钮开关，使“窄”发光管发亮。

④观察U、V、W三相锯齿波，并调节U、V、W三相锯齿波的斜率调节电位器（在各观测孔左侧），使三相锯齿波斜率尽可能一致。

⑤将DJK04上的“给定”输入U_g直接接到DJK02上的移相控制电压U_{ct}上，将“给定”开关S2拨到接地位置（即$U_{ct}=0$ V时），调节DJKO2上的偏移电压电位器，用双踪示波器观察U相锯齿波和“双脉冲触发观察孔”的u_{vt1}波形，使$\alpha=150°$。

⑥适当增加给定U_{ct}的正电压输出，观测DJK02上“触发脉冲观察孔”的波形，此时应观察到双窄脉冲。

⑦将DJK02面板上的U_{1r}端接地，并将“正桥触发脉冲”的六个开关拨至“通”，观察正桥VT1～VT6晶闸管控制极和阴极之间的触发脉冲是否正常。

2）三相半控桥式整流电路供电给电阻性负载时的特性测试

按图6—33完成电路的连接。

观察α在0°、30°、60°、90°、120°等不同移向范围内，整流电路的输出电压u_d，输出电流i_d以及晶闸管端电压u_{VT}的波形，记录在表6—2中。

表6—2 **特性调试记录**

α	u_d的波形	i_d的波形	u_{VT}的波形
0°			
30°			
60°			
90°			
120°			

3）三相半控桥式整流电路供电给带电感性负载时的特性测试

将电感量为700 mH的电抗器L_d接入，重复2）的测试步骤并记录。

4）三相半控桥式整流电路供电给带反电动势负载时的特性测试

断开主电路，将负载改为直流电动机，不接平波电抗器L_d，调节DJK02面板上的“给定”输出U_g，使输出由0逐渐上升，直到电动机的电压达到额定值，用示波器观察并记录不同α时输出电压u_d和电动机电枢两端电压u_a的波形。

2. 三相全控桥式整流电路的安装和调试

（1）实训线路及工作原理

实训线路如图6—38所示。主电路由三相全控整流电路组成，触发电路为DJK02中的集成触发电路，由KC04、KC41、KC42等集成芯片组成，可输出经高频调制后的双窄脉冲列。

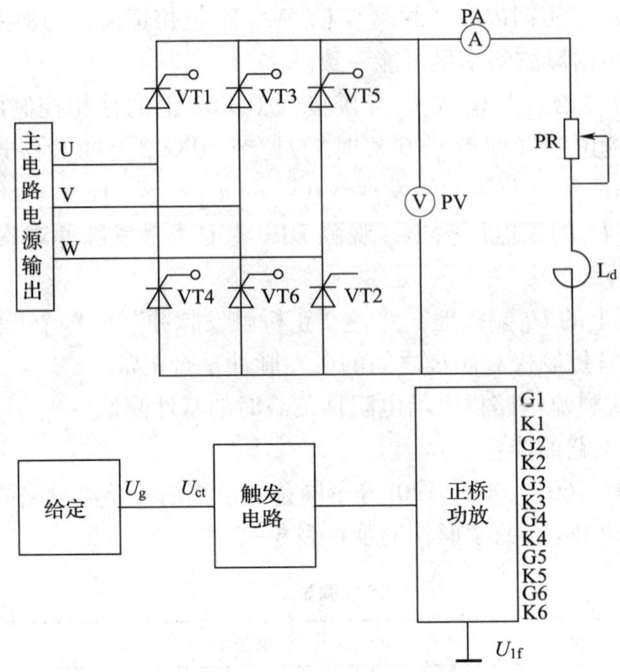

图 6—38　三相全控桥式整流电路

在图中，负载电阻 RP 是阻值为 900 Ω 的可调电位器；电感 L_d 在 DJK02 面板上，为 700 mH；直流电压表、电流表使用 DJK02 上的电压表和电流表。

（2）实训设备

使用的实训设备见表 6—1。

（3）调试步骤

1）DJK02 上“触发电路”的调试（与实训操作 1 中的相同）

2）装接三相全控桥式整流电路

按图 6—34 电路接线，将 DJK04 上的“给定”输出调到零（逆时针旋到底），负载电位器 RP 调至最大阻值处，按下“启动”按钮，调节给定电位器，增加移相电压，使 α 角在 30°～150°范围内变化。同时，根据需要不断调整负载电位器 RP，使得负载电流 I_d 保持在 0.6 A 左右（注意 I_d 不得超过 0.65 A）。用示波器观察并记录 $\alpha=30°$、$\alpha=60°$ 和 $\alpha=90°$ 时的整流电压 U_d 和晶闸管两端电压 u_{VT} 的波形，并把波形记录在表 6—3 中，把相应的 U_d 数值记录于表 6—4 中。

表 6—3　　特性调试波形记录

α	u_d 的波形	u_{VT} 的波形
0°		
30°		

续表

α	u_d的波形	u_{VT}的波形
60°		
90°		
120°		

表 6—4　　　　调试数据记录

α	30°	60°	90°
U_2（V）			
U_d（记录值，V）			
U_d/U_2			
U_d（计算值，V）			

课题 3　有源逆变电路

1. 掌握有源逆变电路的工作原理。
2. 熟练掌握常用晶闸管有源逆变电路的调试方法和技术。

有源逆变是指将直流电转变为交流电的方法。在电力、通信行业的直流系统中应用较为广泛，具有安全、易控、节能、准确度高等优点。目前，我国正在大力发展的高压直流输电线路装置，在大容量远距离输送电能方面起着重要的作用。而在输电线路的接收端，就需要用到将直流电转变为交流电的设备，因此，逆变同样不可缺少。

一、有源逆变电路的工作原理

1. 无源逆变和有源逆变

将交流电变为直流电的过程称为整流。而将直流电变为交流电的过程，即直流电→逆变器→交流电→用电器，称为逆变。

逆变电路分为有源逆变和无源逆变两种。

（1）有源逆变

有源逆变是指将直流电变成和电网同频率的交流电，并将其返送到交流电网去的过程。

（2）无源逆变

无源逆变是指将直流电变成某一频率的交流电，直接供给负载应用的过程。

2. 有源逆变的工作原理

（1）逆变的产生条件

现以单相桥式可控整流电路代替发电机给电动机供电，说明有源逆变的工作原理。电路如图6　39所示。

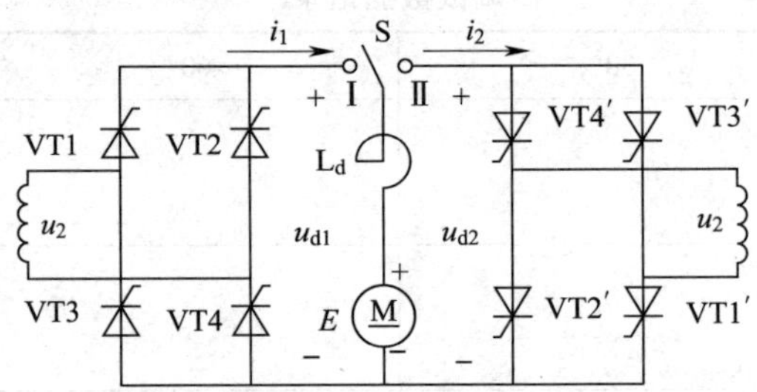

图6—39　单相桥式可控整流有源逆变原理图

1）开关S置于位置Ⅰ，并使Ⅰ组晶闸管的控制角 $\alpha_1 < 90°$。此时输出电压 U_{d1} 为上正下负，电动机处于电动运行状态，吸收晶闸管整流装置提供的能量并将其变为机械能。其波形如图6—40a所示。

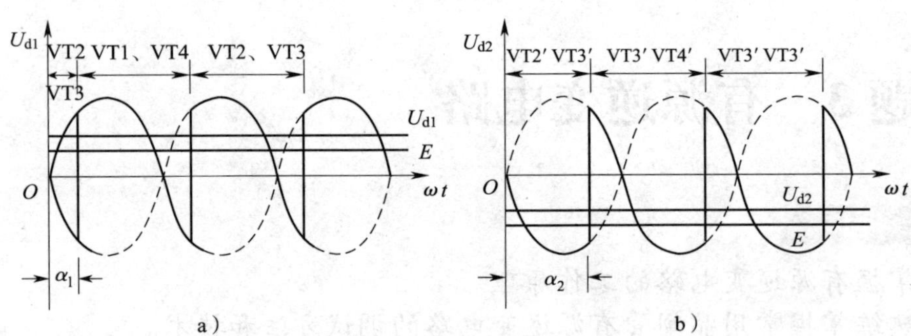

图6—40　有源逆变波形图

2）开关S置于位置Ⅱ，并使Ⅱ组晶闸管的控制角 $\alpha_2 > 90°$。此时输出电压 U_{d2} 为上正下负，由于电动机的惯性，其转向未改变，反电动势 E 也未变，此时电动机处于发电制动状态，供出能量。这就是有源逆变。如果S置于位置Ⅱ，并且Ⅱ组晶闸管的控制角 $\alpha_2 < 90°$，此时输出电压 U_{d2} 为上负下正，相当于 E 和 U_{d2} 反极性串联，都供出能量，消耗在回路电阻上。由于回路电阻的阻值很小，因此会产生很大的回路电流，即相当于短路状态，造成事故。

通过以上分析，可知实现有源逆变必须同时满足两个条件。

一是要有直流电动势，其极性和晶闸管导通方向需一致，且其值需大于变流器直流侧的平均电压，才能提供逆变能量；

二是晶闸管的控制角 $\alpha>90°$，使 U_d 为负值，才能把直流功率逆变为交流功率返送至电网。

（2）逆变角

变流器工作在逆变状态时，控制角 $\alpha>90°$，$\cos\alpha<0$，平均输出电压 U_d 为负值。为便于计算，令 $\beta=\pi-\alpha$，称其为逆变角。

α 和 β 是从两个方向表示晶闸管的触发导通时刻，表示的是同一个点。当 $\beta=0$ 时，即 $\alpha=\pi$，所以计算 β 的起点在 $\alpha=\pi$ 处。

如图 6—41 所示为三相逆变电路的控制角 α，标出对应的逆变角 β。

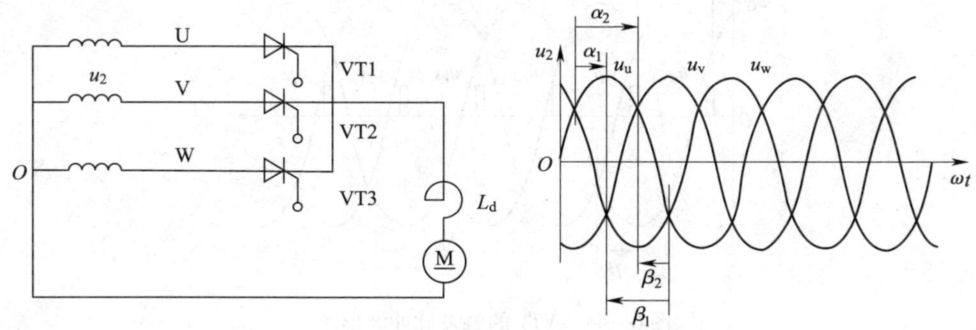

图 6—41　三相逆变电路逆变角 β 的表示方法

如图 6—42 所示为单相逆变电路的控制角 α，标出对应的逆变角 β。

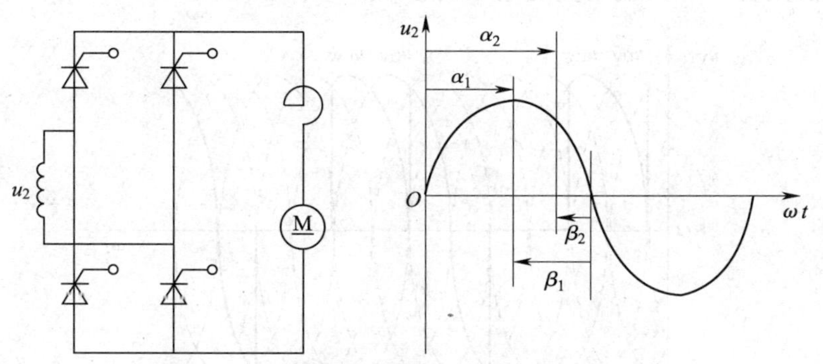

图 6—42　单相逆变电路逆变角 β 的表示方法

二、常用的晶闸管有源逆变电路

1. 三相半波有源逆变电路

三相半波有源逆变电路如图 6—43 所示。分析逆变角 $\beta=60°$时的工作过程。

当 $\beta=60°$时，VT1 的触发脉冲如图 6—40 所示，此时 U 相电压大于 0，晶闸管 VT1 导通，而之前导通的 VT3 因承受反压而关断，这与整流时的状态是一样的。按照三相电源的相序依次换相，每个晶闸管导通 120°，u_d 的波形如图 6—44 所示。

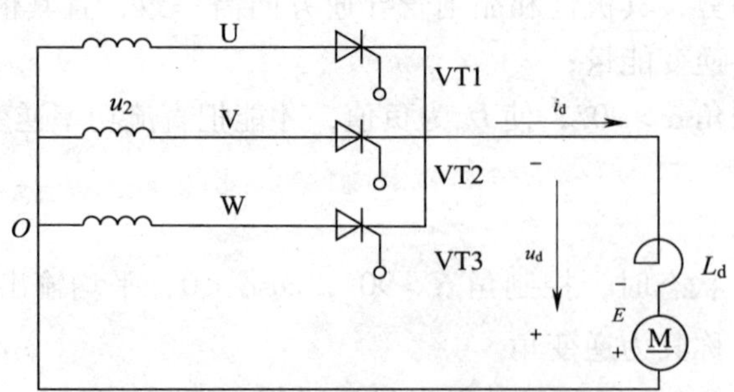

图 6—43　三相半波有源逆变电路

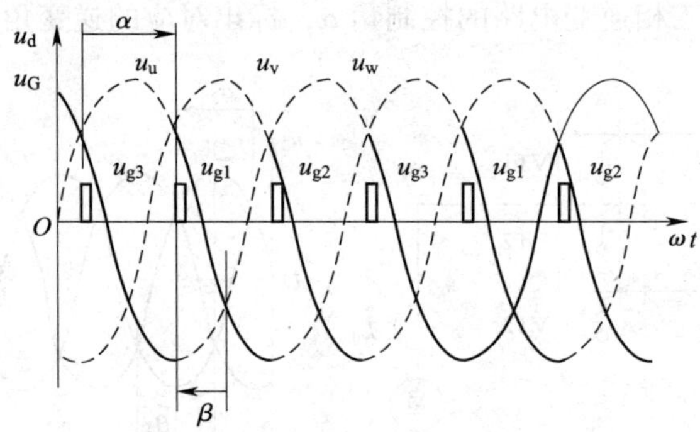

图 6—44　VT1 的触发脉冲波形图

在 VT1 导通期间，忽略管压降，其两端电压为 0 V。当 U_{G2}脉冲到来时，VT2 导通，VT1 两端承受的电压是线电压 u_{UV}。当 U_{G3}脉冲到来时，VT3 导通，VT1 两端承受的电压是线电压 u_{UW}。晶闸管 VT1 两端承受的电压波形如图 6—45 所示。

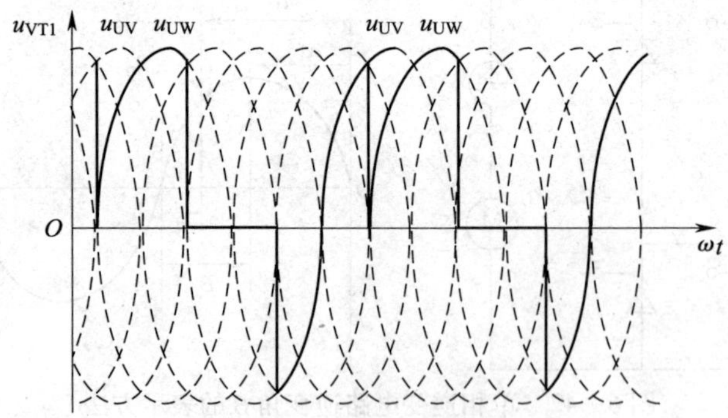

图 6—45　VT1 两端承受的电压波形

三相半波有源逆变电路中各电量的关系如下：

输出电压的平均值为

$$U_d = -1.17U_2\cos\beta$$

输出电流的平均值为

$$I_d = \frac{U_d - E}{R_\Sigma}$$

流过晶闸管电流的平均值为

$$I_{dT}=\frac{1}{3}I_d$$

流过晶闸管电流的有效值为

$$I_T=\frac{I_d}{\sqrt{3}}=0.577I_d$$

流过变压器二次侧电流的有效值为

$$I_2=\sqrt{\frac{1}{3}}I_d=0.577I_d$$

由晶闸管的单向导电性可知，逆变时电流的方向与整流时电流方向一样。

通过电流的方向和电源的极性可以看出，电动机反电动势 E 供出能量，变压器吸收直流电能，把由晶闸管变换得来的与电源同频率的交流能量中的一部分送到电网中去，另一部分消耗在回路电阻上。

2. 三相全控桥式有源逆变电路

三相全控桥式有源逆变电路如图 6—46 所示。以 $\beta=30°$ 为例分析三相桥式有源逆变电路的工作过程，分析方法与三相半波有源逆变电路的分析方法基本相同。

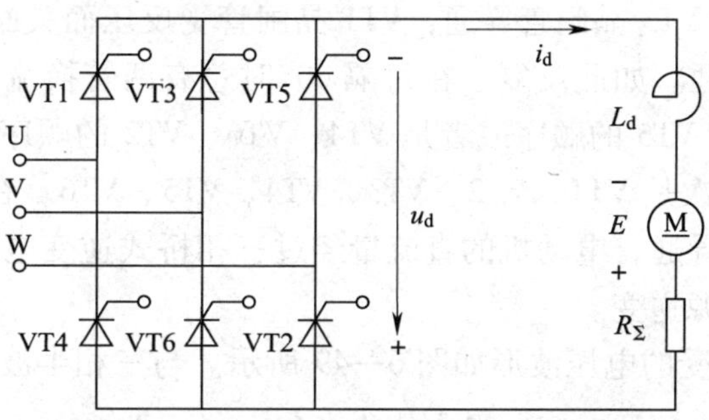

图 6—46 三相全控桥式有源逆变电路

当 $\beta=30°$ 时，给 VT1 ~ VT6 加触发脉冲，如图 6—47 所示。图中标注的 1 ~6 表示对应标号晶闸管逆变角的初始位置，即 $\beta=0°$ 的位置。

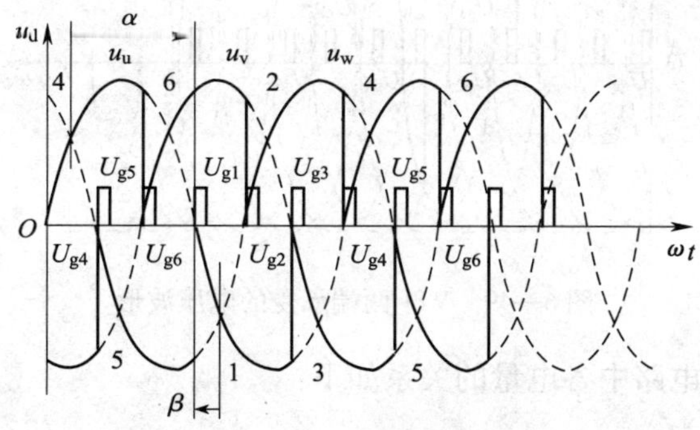

图 6—47 VT1 ~ VT6 触发脉冲波形图

从 U_{g1} 脉冲处分析，由于加到晶闸管上的为双窄脉冲，所以 VT1、VT6 同时导通。加到 u_d 两端的波形为由 u_U 和 u_V 组成的线电压 u_{UV}，其为负值，如图 6—44 所示。

当 U_{g2} 脉冲到来时，VT2 晶闸管导通，VT6 晶闸管受反压而关断，VT6、VT2 间完成换流，而 VT1 晶闸管仍然有双窄脉冲的第二个补脉冲，且因电动机反电动势 E 的存在，使其仍受到正压。所以此时输出的电压是由 VT1 和 VT2 晶闸管导通而组成的线电压 u_{UW}，如图 6—48 所示。

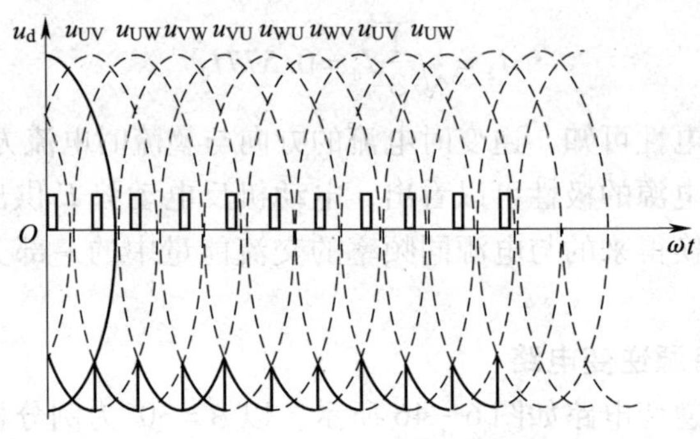

图 6—48　u_d 两端的波形图

当 U_{g3} 脉冲到来时，VT3 晶闸管导通，VT1 晶闸管受反压而关断，VT1、VT3 间完成换流，VT2 晶闸管仍然导通。如此反复。在每隔 60°时总有两管换流，换流是在同一组晶闸管之间按照 VT1、VT3、VT5 的顺序或者是 VT4、VT6、VT2 的顺序进行。每个晶闸管轮流导通 120°，导通顺序依次是 VT1、VT2、VT3、VT4、VT5、VT6。在每个换流瞬间总有上、下两组中的晶闸管保持导通，电动机的直流量经过三相桥式逆变电路转换成交流并将其送到电网中去，实现了有源逆变。

晶闸管 VT1 两端承受的电压波形如图 6—49 所示。与三相半波有源逆变一样，承受正向电压的时间大于反向电压的时间，最大值为 $\sqrt{6}U_2$。

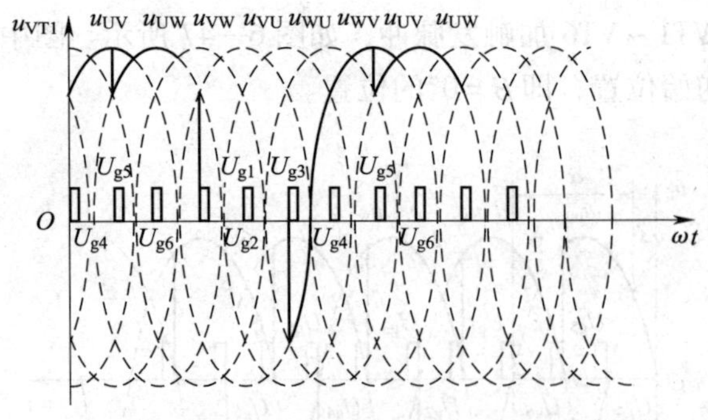

图 6—49　VT1 两端承受的电压波形

三相桥式有源逆变电路中各电量的关系如下：

输出电压的平均值为

$$U_d = -2.34U_2\cos\beta$$

输出电流的平均值为

$$I_d = \frac{U_d - E}{R_\Sigma}$$

流过晶闸管电流的平均值为

$$I_{dT} = \frac{1}{3} I_d$$

流过晶闸管电流的有效值为

$$I_T = \frac{I_d}{\sqrt{3}} = 0.577 I_d$$

流过变压器二次侧电流的有效值为

$$I_2 = \sqrt{\frac{2}{3}} I_d = 0.816 I_d$$

三、逆变失败和逆变角的限制

晶闸管变流电路工作在整流状态时，如果出现晶闸管损坏、触发电路脉冲丢失、主电路熔断器熔断等，均会造成缺相，使输出的直流电压减小。但是，当晶闸管变流电路工作在逆变状态时，电路将会出现很大的短路电流流过晶闸管和负载。这种现象称为逆变失败或逆变颠覆。

1. 逆变失败的原因

(1) 触发电路脉冲丢失

如图 6—50a 所示为三相半波逆变电路。在正常情况下，U_{g1}、U_{g2}、U_{g3} 间隔为 120°，VT1、VT2、VT3 轮流导通。如果 U_{g2} 时刻没有脉冲，那么 VT1 晶闸管就不会关断而继续导通，到 U_{g3} 脉冲到来时，由于此时 U 相电压变大，W 相电压变小，VT3 晶闸管承受反压也不能导通，故 VT1 晶闸管继续导通。U 相出现的正半周，输出电压 u_d 的极性颠倒，与电动势 E 反极性串联，形成短路，逆变失败。其波形图如图 6—50b 所示。

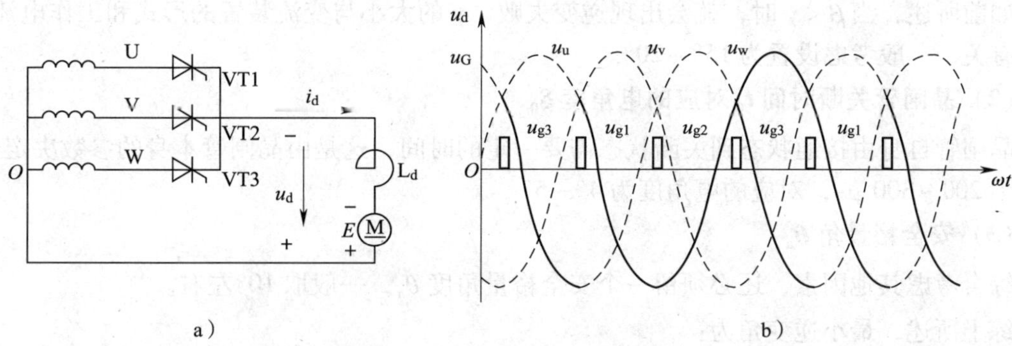

图 6—50　三相半波逆变电路和逆变失败的波形图

(2) 逆变角 β 太小

在电路中，换相过程不是瞬间完成的，整个换相过程持续的时间所对应的电角度，就

是换相重叠角 γ。

如图 6—51 所示，当 $\beta<\gamma$ 时，在 ωt_1 时触发 VT2 晶闸管，由于 β 角太小，在过 ωt_2 时刻时（$\beta=0°$）换流仍未结束，此时 U 相电压 u_U 已大于 V 相电压 u_V，这样 VT1 晶闸管仍继续导通，VT2 晶闸管在换相重叠角 γ 范围内导通短时间后又关断，相当于 U_{g2} 脉冲丢失，造成逆变失败。

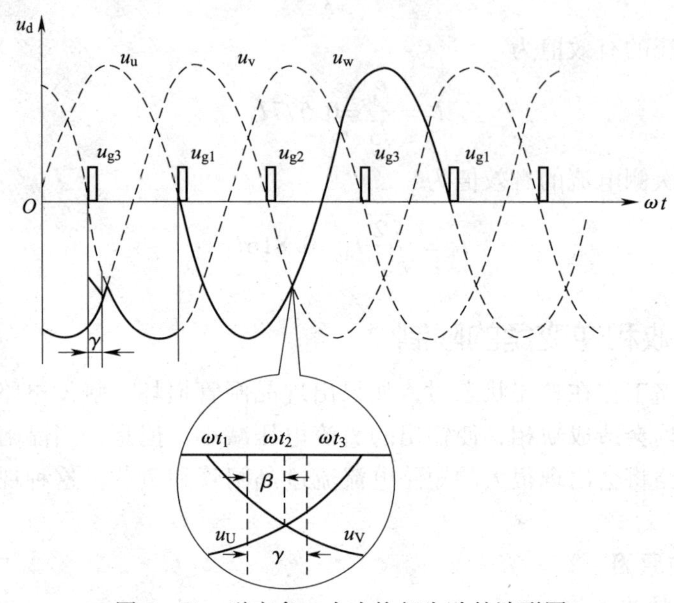

图 6—51　逆变角 β 太小换相失败的波形图

（3）晶闸管自身的原因

电路中，晶闸管发生故障，应断开时不断开，应导通时不导通，都会造成逆变失败。

2. 最小逆变角的确定

为了保证电路逆变的正常进行，除了要选用可靠的触发电路外，还要严格地限制触发脉冲的最小逆变角 γ_{min}。最小逆变角 γ_{min} 的选择一般要考虑以下因素。

（1）换相重叠角 γ

如前所述，当 $\beta<\gamma$ 时，就会出现逆变失败。γ 的大小与变流装置的形式和工作电流的大小有关，一般考虑设置为 15°～20°。

（2）晶闸管关断时间 t_G 对应的电角度 δ_0

晶闸管自身由接通状态到关断状态需要一定的时间，这是由晶闸管本身的参数决定的，一般为 200～300 μs，对应的电角度为 4°～5°。

（3）安全裕量角 θ_a

综合考虑其他因素，还必须留一个安全裕量角度 θ_a，一般取 10°左右。

综上所述，最小逆变角为：

$$\beta_{min}=\gamma+\delta_0+\theta_a\approx 30°\sim 35°$$

四、实训操作

实训项目：三相半波有源逆变电路的调试。

1. 实训线路及工作原理

实训线路如图 6—52 所示。晶闸管选用 DJK02 上的正桥，电感用 DJK02 上的 L_d = 300 mH，电位器 RP 选用 DK06 滑线变阻器，接成并联形式。直流电源用 DJK01 上的励磁电源，其中 DJK10 上的心式变压器用作升压变压器使用，变压器接成 Y/Y 联结。逆变输出的电压接心式变压器的中压端 Um、Vm、Wm，返回电网的电压从高压端 U、V、W 输出。直流电压表、电流表均在 DJK02 上。

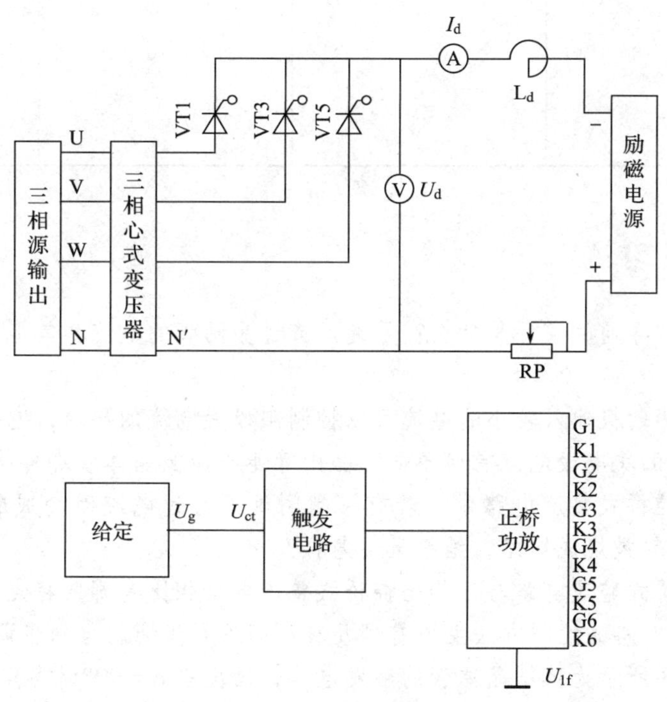

图 6—52　三相半波有源逆变电路

2. 实训设备

使用的实训设备见表 6—1。

3. 调试步骤

（1）DJK02 上“触发电路”的调试（与课题 2 的实训操作 1 相同）。

（2）装接三相半波有源逆变电路。

按实训图 6—48 所示的电路接线，将负载电阻 RP 放在最大阻值处，使输出给定调到零。

按下“启动”按钮，此时三相半波处于逆变状态 $\alpha=120°$，用示波器观察电路输出电压 U_d的波形，缓慢调节给定电位器，升高输出给定电压。观察电压表的指示，其值由负的电压值向零靠近，当到零电压的时候，也就是 $\alpha=90°$，继续升高给定电压，输出电压由零向正的电压升高，进入整流区。在这过程中记录 $\alpha=30°$、$\alpha=60°$、$\alpha=90°$、$\alpha=120°$时的电压值以及波形，并把电压值和波形记录在表 6—5 中。

表 6—5　　调试 U_d 记录

α	30°	60°	90°	120°
U_d				
波形				

课后练习

1. 晶闸管正常导通的条件是什么？导通后流过晶闸管的电流和其他两端的电压各由什么决定？

2. 在晶闸管的门极通入较小的电流可以控制阳极大电流的导通，它与晶闸管用较小的基极电流控制较大的集电极电流有何不同？晶闸管能不能像晶体管那样构成放大器？

3. 在单相全控桥式整流电路中，若有一晶闸管因为过电流而烧成断路，结果会怎么样？如果这只晶闸管被烧成短路，结果又会怎样？

4. 三相半控桥式整流电路与三相全控桥式整流电路相比有哪些特点？

5. PWM 逆变电路的控制方法主要有哪几种？简述异步调制与同步调制各有哪些优点？

6. 如图 6—53 所示为单结晶体管的触发电路，画出当 $\alpha=90°$ 时各点的波形图。

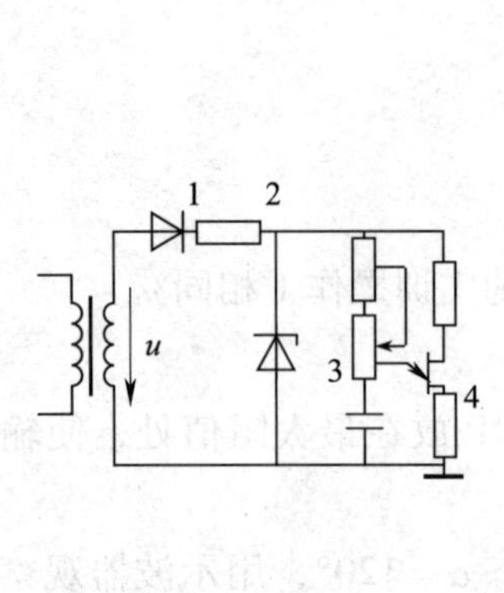

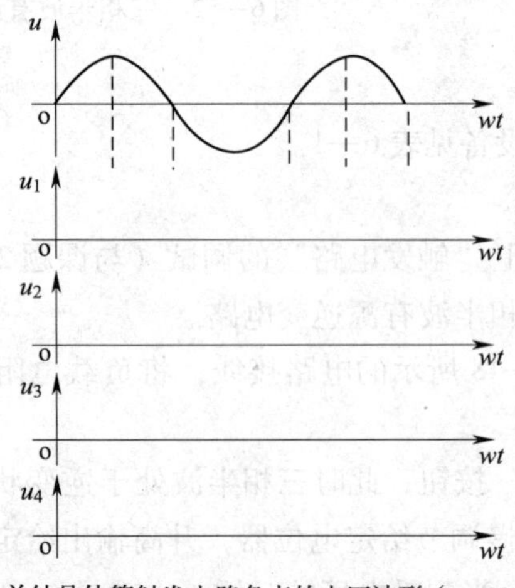

单结晶体管触发电路各点的电压波形（$\alpha=90°$）

图 6—53　题 6

7. 脉冲变压器的作用是什么？同步变压器的作用是什么？
8. 一般在电路中采用哪些措施来防止晶闸管产生误触发？
9. 用单结晶体管触发的晶闸管电路，如何调节移向角 α 的大小？
10. 具用同步环节的单结晶体管触发电路时如何实现触发脉冲的主电路同步？
11. 以三相全控桥式整流电路的锯齿波触发电路为例，简述触发电路调试的基本步骤。
12. 指出图 6—54 中①～⑦各保护元件及 VD、L_d 的名称和作用。

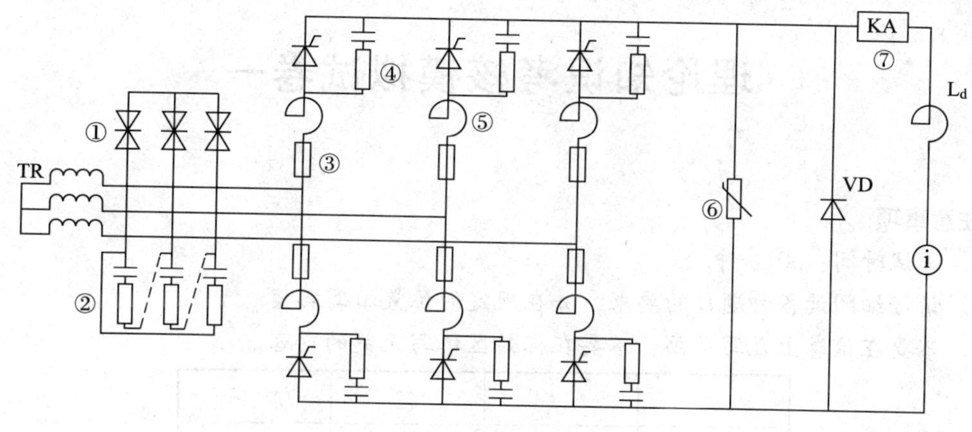

图 6—54　题 12

13. 在图 6—55 中，一个工作在整流电动机状态，另一个工作在逆变发电机状态。
(1) 标出 U_d、E_D 及 i_d 的方向。
(2) 说明 E 与 U_d 的大小关系。
(3) 当 α 与 β 的最小值均为 30°时，控制角 α 的移向范围为多少？

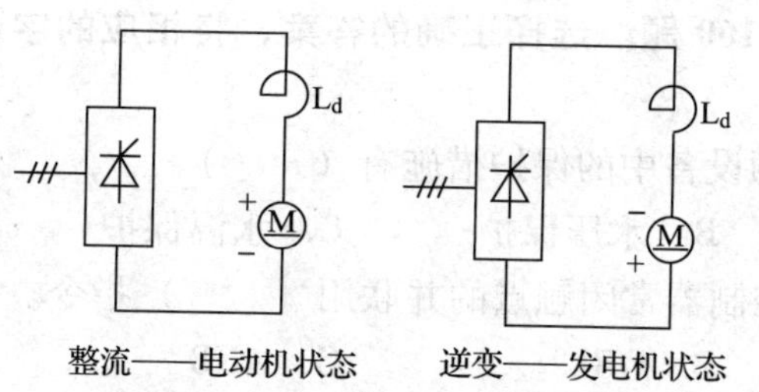

图 6—55　题 13

14. 实现有源逆变必须满足哪两个条件？
15. 什么是逆变失败？逆变失败后有什么后果？其形成的原因是什么？

模块七 职业技能鉴定维修电工高级考核模拟试卷

理论知识考核模拟试卷一

注意事项

1. 考试时间：60 分钟。
2. 请仔细阅读各种题目的要求，并在规定的位置填写答案。
3. 不要在试卷上乱写乱画，不要在标封区填写无关的内容。

	一	二	总　分
得　分			

得　分	
评分人	

一、选择题（第 1～160 题。选择正确的答案，将相应的字母填入题内的括号中。每题 0.5 分，满分 80 分）

1. GP—100C 型高频设备中的保护措施有（　　）。

A. 过电流保护　　B. 水压保护　　C. 水温保护　　D. 以上都是

2. FX 系列可编程控制器常闭触点的并联用（　　）指令。

A. AND　　B. ORI　　C. ANB　　D. ORB

3. 当 LC 并联电路的固有频率 $f_0=\dfrac{1}{2\pi\sqrt{LC}}$ 等于电源频率时，并联电路发生并联谐振，此时并联电路具有（　　）的特性。

A. 阻抗适中　　B. 阻抗为零　　C. 最小阻抗　　D. 最大阻抗

4. 高频大功率三极管（PNP 型锗材料）用（　　）表示。

A. 3BA　　B. 3AD　　C. 3DA　　D. 3AA

5. 端面铣刀铣平面的精度属于数控机床的（　　）精度检验。

A. 切削　　B. 定位　　C. 几何　　D. 联动

6. 各位的段驱动及其位驱动可分别共用一个锁存器。每秒扫描次数大于（　　）次，靠人眼的视觉暂留现象，便不会感觉到闪烁。

A. 20　　B. 30　　C. 40　　D. 50

7. $FX_{2N}-48MT$ 可编程控制器表示（　　）的类型。

A. 继电器输出　　B. 晶闸管输出　　C. 晶体管输出　　D. 单晶体管输出

8. 数控机床的几何精度检验包括（　　）。

A. 主轴的轴向窜动

B. 主轴箱沿 Z 坐标方向移动时主轴轴心的平行度

C. X、Z 坐标方向移动时工作台面的平行度

D. 以上都是

9. 与放大器获得最大效率的条件一样，当（　　）时，负载上可获得最大功率。

A. $R'=R_i$　　B. $R'\neq R_i$　　C. $R'>R_i$　　D. $R'<R_i$

10. 晶体管用（　　）挡测量基极和集电极、发射极之间的正向电阻值。

A. R×10 Ω　　B. R×100 Ω　　C. R×1 kΩ　　D. R×10 kΩ

11. 在外部环境检查中，当湿度过大时应考虑装（　　）。

A. 风扇　　B. 加热器　　C. 空调　　D. 除尘器

12. 电子管水套内壁的圆度，要求公差不超过（　　）mm。

A. ±0.25　　B. ±0.5　　C. ±0.75　　D. ±1

13. 用双踪示波器依次检查三相可控整流电路中各晶闸管（VT1～VT6）的触发脉冲是否按规定顺序依次相差（　　）。

A. 60°　　B. 90°　　C. 120°　　D. 180°

14.（　　）属于有源逆变。

A. 中频电源　　B. 交流电动机变速调速

C. 直流电动机可逆调速　　D. 不停电电源

15. 车床已经使用多年，可能存在控制箱线路混乱，导线绝缘老化，继电器、（　　）触点严重烧损现象。

A. 热继电器　　B. 接触器　　C. 中间继电器　　D. 按钮

16. 数控系统地址线无时序时，可检查地址线驱动器、地址线逻辑、（　　）、振荡电路等。

A. 振荡电路　　B. 后备电池　　C. 存储器周边电路　　D. CPU 及周边电路

17. 机床电器大修是工作量最大的一种计划修理。大修时，将对电气系统全部或大部分的元器件进行（　　）、修理、更换和调整，从而全面消除机床存在的隐患、缺陷，恢复电气系统达到所规定的性能和精度。

A. 检查　　B. 检测　　C. 解体　　D. 调试

18. 运行指示灯是当可编程控制器某单元运行、（　　）正常时，该单元上的运行指示灯一直亮。

A. 自检　　B. 调节　　C. 保护　　D. 监控

19. 调节电动机磁场调速系统的方法就是当（　　）不变时，用减小磁通 Φ 使电动机转速升高的方法来进行调速。

A. 电枢电压　　B. 电枢电流　　C. 电动机功率　　D. 电动机转矩

20. 根据工件松开的控制梯形图判断下列指令正确的是（　　）。

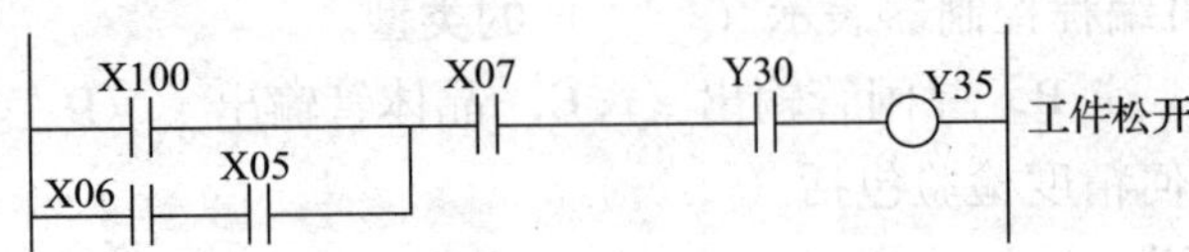

A. LD X100　　B. AND X100　　C. OR X100　　D. ORI X100

21. 企业生产经营活动中，促进员工之间平等尊重的措施是（　　）。

A. 互利互惠，平均分配　　B. 加强交流，平等对话

C. 只要合作，不要竞争　　D. 人心叵测，谨慎行事

22. 数控装置工作基本正常后，可开始对各项（　　）进行检查、确认和设定。

A. 参数　　B. 性能　　C. 程序　　D. 功能

23. 变压器是将一种交流电转换成同频率的另一种（　　）的静止设备。

A. 直流电　　B. 交流电　　C. 大电流　　D. 小电流

24. 常见的可逆主电路连接方式有（　　）两种。

A. 反并联和交叉连接　　B. 并联和交叉连接

C. 并联和反交叉连接　　D. 反并联和反交叉连接

25. 启动按钮优先选用（　　）色按钮；急停按钮优先选用（　　）色按钮，停止按钮优先选用（　　）色按钮。

A. 绿、黑、红　　B. 白、红、红　　C. 绿、红、黑　　D. 白、红、黑

26. 环流抑制回路中的电容 C1，对环流控制起（　　）作用。

A. 抑制　　B. 平衡　　C. 减慢　　D. 加快

27. 瞬间过电压也是瞬时的尖峰电压，可用（　　）加以保护。

A. 阻容吸收电路　　B. 电容接地

C. 阀式避雷器　　D. 非线性电阻浪涌吸收器

28. 直流快速开关的动作时间仅 2 ms，全部分断电弧的时间也不超过（　　）ms，适用于中、大容量整流电路的严重过载和直流侧短路保护。

A. 15 ~ 20　　B. 10 ~ 15　　C. 20 ~ 25　　D. 25 ~ 30

29. 根据液压的控制梯形图判断下列指令正确的是（　　）。

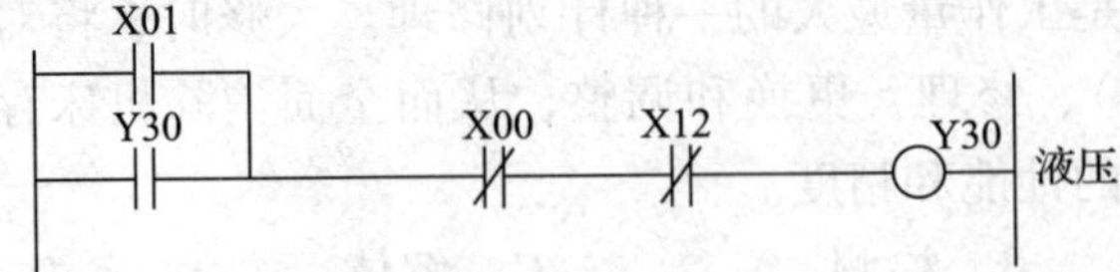

A. AND X00　　B. ANI X00　　C. LD X00　　D. LD XI00

30. 下列选项中属于职业道德作用的是（　　）。

A. 增强企业的凝聚力　　B. 增强企业的离心力

C. 决定企业的经济效益　　D. 增强企业员工的独立性

31. I/O 接口芯片 8255 A 有（　　）个可编程（选择其工作方式的）通道。

A. 一　　B. 二　　C. 三　　D. 四

32. 对于每个职工来说，质量管理的主要内容有岗位的质量要求、（　　）、质量保证措施和质量责任等。

A. 信息反馈　　B. 质量水平　　C. 质量记录　　D. 质量目标

33. 通电导体在磁场中所受的作用力称为电磁力，用（　　）表示。

A. F　　B. B　　C. I　　D. L

34. 三相六拍脉冲分配逻辑电路由 FF1、FF2、FF3 三位（　　）触发器组成。

A. D　　B. JK　　C. RS　　D. 脉冲

35. 定时器相当于继电控制系统中的延时继电器。F-40 系列可编程控制器可设定时间为（　　）。

A. 0.1 ~ 9.9 s　　B. 0.1 ~ 99 s　　C. 0.1 ~ 999 s　　D. 0.1 ~ 9 999 s

36. JWK 系列经济型数控机床的通电前检查不包括（　　）。

A. 输入电源电压和频率的确认　　B. 直流电源的检查

C. 确认电源相序　　D. 检查各熔断器

37. （　　）不是运行指示灯不亮的原因。

A. 输入回路有故障　　B. 单元内部有故障

C. 远程 I/O 站的电源未通　　D. 程序错误

38. 各种绝缘材料机械强度的各种指标是指（　　）等。

A. 抗张、抗压、抗弯　　B. 抗剪、抗撕、抗冲击

C. 抗张、抗压　　D. 含 A、B 两项

39. MPU 与外围设备之间进行数据传输有（　　）方式。

A. 程序控制　　B. 程序中断控制

C. 选择直接存储器存取（DMA）　　D. 以上都是

40. 停车（　　）是产生爬行的根本原因。

A. 振荡　　B. 反馈　　C. 剩磁　　D. 惯性

41. 数控机床的切削精度检验包括（　　）。

A. 侧面铣刀铣侧面的直线精度

B. 侧面铣刀铣圆弧的圆度精度

C. 回转工作台转 90°侧面铣刀铣削的直角精度

D. 以上都是

42. 每个驱动器配备一套判频电路，它的作用是当步进电动机运行频率高于 740 步/s 时，将自动把电动机绕组上的电压由（　　）换成 +120 V，使步进电动机在高频运行时具有较强的驱动力矩。

A. +12 V　　B. +24 V　　C. +36 V　　D. +40 V

43. 为了方便编程和减少加工程序的执行时间，（　　）应设在靠近工件的地方，在换刀前让刀架先退出一段距离以便刀架转位，转位完毕后，再按相同距离返回。

A. 参考点　　B. 换刀点　　C. 坐标原点　　D. 其他位

44. MOSFET 适用于（　　）的高频电源。

A. 8 ~ 50 kHz　　B. 50 ~ 200 kHz　　C. 50 ~ 400 kHz　　D. 100 kHz 下

45. JWK 系列经济型数控机床通电试运行已包含（　　）内容。

A. 数控系统参数核对　　B. 手动操作

C. 接通强电柜交流电源　　D. 以上都是

46. 从控制或扰动作用于系统开始，到被控制量 n 进入（　　）稳定值区间为止的时间称作过渡时间 T。

A. ±2　　B. ±5　　C. ±10　　D. ±15

47.（　　）适用于单机拖动，频繁加、减速运行，并需经常反向的场合。

A. 电容式逆变器　　B. 电感式逆变器　　C. 电流型逆变器　　D. 电压型逆变器

48. 备用的闸流管每月应以额定的电压加热（　　）h。

A. 1　　B. 2　　C. 2.5　　D. 3

49.（　　）反映了在不含电源的一段电路中，电流与这段电路两端的电压及电阻的关系。

A. 欧姆定律　　B. 楞次定律

C. 部分电路欧姆定律　　D. 全欧姆定律

50. S 功能设定有两种输出方式供选择，分别是（　　）。

A. 编码方式和数字方式　　B. 逻辑方式和数字方式

C. 编码方式和逻辑方式　　D. 编制方式和数字方式

51. 在一定阳极电压的作用下，若栅极（　　），电子就难以越过栅极而达到阳极，阳极电流就越小。

A. 电位越正，对电子的排斥作用越弱　　B. 电位越正，对电子的排斥作用越强

C. 电位越负，对电子的排斥作用越弱　　D. 电位越负，对电子的排斥作用越强

52. 先利用程序的查找功能确定并读出要删除的某条指令，然后按下（　　）键，随删除指令之后步序将自动加 1。

A. INSTR　　B. INS　　C. DEL　　D. END

53. 语法检查键操作中代码 1－2 显示的输出指令 OUT T 或 C 后面的漏掉设定常数为（　）。

A. X　　B. Y　　C. C　　D. K

54. 更换电池之前，先接通可编程控制器的交流电源约（　　）s，为存储器备用电源的电容器充电（电池断开后，该电容器对存储器做短时供电）。

A. 3　　B. 5　　C. 10　　D. 15

55. 若固定栅偏压低于截止栅压，当有足够大的交流电压加在电子管栅极上时，管子导电时间小于半个周期，这样的工作状态叫（　　）类工作状态。

A. 甲　　B. 乙　　C. 甲乙　　D. 丙

56. 整流状态时（　　）。

A. $0° < \alpha < 45°$　　B. $0° < \alpha < 90°$　　C. $90° < \alpha < 180°$　　D. $60° < \alpha < 120°$

57. JWK 型经济型数控机床按照程序的输入步骤输入零件加工程序，检查（　　），正常后方可联机调试。

A. 各种功能　　B. 程序　　C. 轴流风机　　D. 电动机

58. 铌电解电容器的型号用（　　）表示。

A. CJ　　B. CD　　C. CA　　D. CN

59. 如果发电机的电流达到额定值而其电压不足额定值，则需（　　）线圈的匝数。

A. 减小淬火变压器一次　　B. 增大淬火变压器一次

C. 减小淬火变压器二次　　D. 增大淬火变压器二次

60. KC41C 内部的 1 ~ 6 端输入（　　）块 KC04 来的六个脉冲。

A. 一　　B. 二　　C. 三　　D. 四

61. 启动电动机组后工作台高速冲出不受控，产生这种故障的原因是（　　）。

A. 交磁放大机控制绕组接反　　B. 发电机励磁绕组 WE—G 接反

C. 发电机旋转方向相反　　D. 以上都是

62. 高压设备室内不得接近故障点（　　）以内。

A. 1 m　　B. 2 m　　C. 3 m　　D. 4 m

63. 励磁发电机空载电压过高。如果电刷在中性线上，一般是调节电阻 Rt—L 与励磁发电机性能配合不好导致的。可将励磁发电机的电刷（　　）。

A. 整理线路逆旋转方向移动 2 ~ 4 片　　B. 清扫线路逆旋转方向移动 1 ~ 2 片

C. 局部更新顺旋转方向移动 2 ~ 4 片　　D. 顺旋转方向移动 1 ~ 2 片

64. 从机械设备电器修理质量标准方面判断，下列（　　）不属于电器仪表的标准。

A. 表盘玻璃干净、完整　　B. 盘面刻度、字码清楚

C. 表针动作灵活，计量正确　　D. 垂直安装

65. 下列控制声音传播的措施中（　　）不属于消声措施。

A. 使用吸声材料　　B. 采用声波反射措施

C. 电气设备安装消声器　　D. 使用个人防护用品

66. 按图样要求在管内重新穿线并进行绝缘检测（注意管内不能有接头），进行（　　）。

A. 整理线路　　B. 清扫线路　　C. 局部更新　　D. 整机电气接线

67. 将可能引起正反馈的各元件或引线远离且互相（　　）放置，以减少它们的耦合，破坏其振幅平衡条件。

A. 平行　　B. 交叉　　C. 垂直　　D. 重叠

68. 并联谐振式逆变器的换流（　　）电路并联。

A. 电感与电阻　　B. 电感与负载　　C. 电容与电阻　　D. 电容与负载

69. 通过两种不同方式的输出指定主轴（可变速电动机并配置相应的强电电路）转速叫（　　）功能。

A. 主轴变速　　B. 帮助　　C. 准备　　D. 辅助

70. 电流流过负载时，负载将电能转换成（　　）。

A. 机械能　　B. 热能　　C. 光能　　D. 其他形式的能

71. 数控系统的刀具功能又叫（　　）功能。

A. T　　B. D　　C. S　　D. Q

72. 调整时，工作台上应装有（　　）以上的额定负载进行工作台自动交换运行。

A. 50%　　B. 40%　　C. 20%　　D. 10%

73. r 是电动机绕组的电阻值，L 是电动机绕组电感，R0 为限流电阻，当 VT 突然导通时，绕组电流按指数规律上升，其时间常数 $\tau_1 =$（　　）。

A. $L/(R_0-r)$　　B. $L/(R_0+r)$　　C. $L/(R_0-r/2)$　　D. $L/(R_0+r/2)$

74. 转矩极性鉴别器常常采用运算放大器经正反馈组成的（　　）电路检测速度调节器的输出电压。

A. 多沿振荡　　B. 差动放大　　C. 施密特　　D. 双稳态

75. 微处理器一般由（　　）、程序存储器、内部数据存储器、接口和功能单元（如定时器、计数器）以及相应的逻辑电路所组成。

A. CNC　　B. PLC　　C. CPU　　D. MPU

76. 反电枢可逆电路由于电枢回路（　　），适用于要求频繁启动而过渡过程时间短的生产机械，如可逆轧钢机、龙门刨等。

A. 电容小　　B. 电容大　　C. 电感小　　D. 电感大

77. JWK 经济型数控机床通过编程指令可实现的功能有（　　）。

A. 直线插补　　B. 圆弧插补　　C. 程序循环　　D. 以上都是

78. 脉动环流产生的原因是整流电压和逆变电压的（　　）不等。

A. 平均值　　B. 瞬时值　　C. 有效值　　D. 最大值

79. 电容两端的电压滞后电流（　　）。

A. 30°　　B. 90°　　C. 180°　　D. 360°

80. 由一组逻辑电路判断控制整流器触发脉冲通道的开放和封锁，这就构成了（　　）可逆调速系统。

A. 逻辑环流　　B. 逻辑无环流　　C. 可控环流　　D. 可控无环流

81.（　　）的工频电流通过人体时，就会有生命危险。

A. 0.1 mA　　B. 1 mA　　C. 15 mA　　D. 50 mA

82. 逆变桥工作调整是将 0.8 Ω 的生铁电阻串联在直流电路里。这里串入限流电阻的作用是为了在（　　）保护未调整好的情况下，当逆变失败时将主电路的电流限制在一定范围内。

A. 过压过流　　B. 过压欠流　　C. 欠压过流　　D. 欠压欠流

83.（　　）不是调节异步电动机转速的参数。

A. 变极调速　　B. 开环调速　　C. 转差率调速　　D. 变频调速

84. 逻辑保护电路一旦出现（　　）的情况，与非门立即输出低电平，使 u'_R 和 u'_F 均被箝位于“0”，将两组触发器同时封锁。

A. $u_R=1$、$u_F=0$　　B. $u_R=0$、$u_F=0$　　C. $u_R=0$、$u_F=1$　　D. $u_R=1$、$u_F=1$

85. 振荡回路中电流大，且频率较高。在此回路中所采用的紧固件最好为（　　）。

A. 电磁材料　　B. 绝缘材料　　C. 非磁性材料　　D. 磁性材料

86. 凡工作地点狭窄、工作人员活动困难，周围有大面积接地导体或金属构架，因而存在高度触电危险的环境以及特别的场所，使用时的安全电压都为（　　）。

A. 9 V　　B. 12 V　　C. 24 V　　D. 36 V

87. F 系列可编程控制器中的 ORB 指令用于（　）。

A. 串联连接　B. 并联连接　C. 回路串联连接　D. 回路并联连接

88. 晶体管的集电极与发射极之间的正反向阻值都应大于（　　），如果两个方向的阻值都很小，则可能被击穿了。

A. 0.5 kΩ　B. 1 kΩ　C. 1.5 kΩ　D. 2 kΩ

89. PLC 其他检查主要有求和校验检查和（　）检查。

A. 双线圈　B. 单线圈　C. 继电器　D. 定时器

90. FX_{2N} -48MR 系列可编程控制器由（　）个辅助继电器构成一个移位寄存器。

A. 2　B. 4　C. 8　D. 16

91. 三极管的三个静态参数之间的关系是（　）。

A. $S = \mu \times R_i$　B. $\mu = S \times R_i$　C. $R_i = S \times \mu$　D. $\mu = S/R_i$

92. 工频电源输入端接有两级 LB-300 型电源滤波器是为了阻止（　　）的电器上去。

A. 工频电网馈送到高频设备以内

B. 工频电网馈送到高频设备以外

C. 高频设备产生的信号通过工频电网馈送到高频设备机房以内

D. 高频设备产生的信号通过工频电网馈送到高频设备机房以外

93. 为避免程序和（　　）丢失，可编程控制器装有锂电池，当锂电池的电压降至相应的信号灯亮时，要及时更换电池。

A. 地址　B. 程序　C. 指令　D. 数据

94. 数控机床的定位精度检验包括（　）。

A. 回转运动的定位精度和重复分度精度　B. 回转运动的反向误差

C. 回转轴原点的复归精度　D. 以上都是

95. RST 指令用于（　　）和计数器的复位。

A. 特殊继电器　B. 辅助继电器　C. 移位寄存器　D. 定时器

96. 电阻器的阻值及精度等级一般用文字或数字直接印于电阻器上，无色允许偏差为（　）。

A. ±5%　B. ±10%　C. ±15%　D. ±20%

97. 对于小容量的晶闸管，在其控制极和阴极之间加一并联（　　），也可对电压上升率过大引起晶闸管误导通起到良好的抑制作用。

A. 电阻　B. 电抗　C. 电感　D. 电容

98. 下列关于勤劳节俭的论述中，不正确的选项是（　　）。

A. 勤劳节俭能够促进经济和社会发展

B. 勤劳是现代市场经济需要的，而节俭则不宜提倡

C. 勤劳和节俭符合可持续发展的要求

D. 勤劳节俭有利于企业增产增效

99. 稳压管虽然工作在反向击穿区，但只要（　　）不超过允许值，PN 结就不会过热而损坏。

A. 电压　B. 反向电压　C. 电流　D. 反向电流

100. 刀具补偿量的设定是（ ）。

A. 刀具功能　B. 引导程序　C. 程序延时　D. 辅助功能

101.（　）指令为复位指令。

A. NOP　B. END　C. S　D. R

102. 回转运动的反向误差属于数控机床的（　）精度检验。

A. 切削　B. 定位　C. 几何　D. 联动

103. 主轴回转轴心线对工作台面的垂直度属于数控机床的（　）精度检验。

A. 定位　B. 几何　C. 切削　D. 联动

104. FX_{2N} -48MR 可编程控制器中 E 表示（　）。

A. 基本单元　B. 扩展单元　C. 单元类型　D. 输出类型

105. 可用交磁电动机扩大机作为 G—M 系统中直流发电机的励磁，从而构成(　)。

A. G—M 系统　B. AG—M 系统

C. AG—G—M 系统　D. CNC—M 系统

106. 实践证明，在高于额定灯丝电压（　）的情况下长期工作，管子的使用寿命几乎减少一半。

A. 3%　B. 5%　C. 10%　D. 15%

107. 组合机床电磁阀和信号灯采用直流（　）电源。

A. 6 V　B. 12 V　C. 24 V　D. 36 V

108. 金属材料的性能中属于工艺性能的是（　）。

A. 铸造性能　B. 切削性能　C. 热处理性能　D. 以上都是

109.（　）阶段把逻辑解读的结果，通过输出部件输出给现场的受控元件。

A. 输出采样　B. 输入采样　C. 程序执行　D. 输出刷新

110. 数控机床的几何精度检验包括（　）。

A. 工作台的平面度

B. 各坐标方向移动的垂直度

C. X 坐标方向移动时工作台面 T 型槽侧面的平行度

D. 以上都是

111. 根据滑台向后的控制梯形图判断下列指令正确的是（　）。

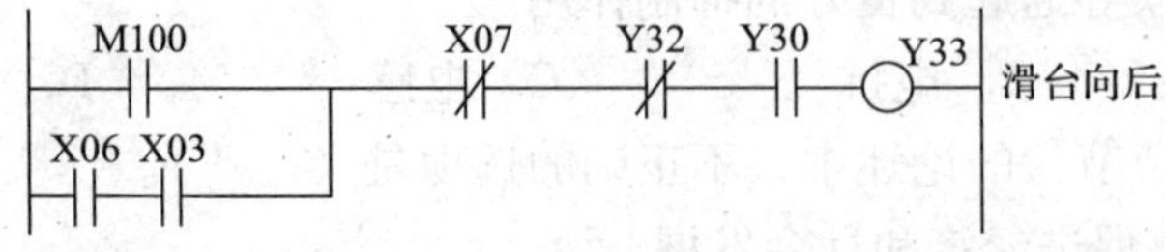

A. LD X06、ANI X03　B. LD X06、AND X03

C. LD M100、ORI X06　D. LD M100、0R X06

112. 在感性负载（或电抗器）之前并联一个二极管，其作用是（　）。

A. 防止负载开路　B. 防止负载过电流

C. 保证负载正常工作　D. 保证了晶闸管的正常工作

113. 为了保护零件加工程序，数控系统有专用电池作为存储器（　　）芯片的备用电源。当电池电压小于4.5 V时，需要换电池，更换时应按有关说明书的方法进行。

A. RAM　　B. ROM　　C. EPROM　　D. CPU

114. FX系列可编程控制器常开触点的串联用（　　）指令。

A. AND　　B. ANI　　C. ANB　　D. ORB

115. 用双踪示波器观察逆变桥相邻两组晶闸管（V1、V2或V3、V4）的触发脉冲相位差是否为（　　）。

A. 60°　　B. 90°　　C. 120°　　D. 180°

116. 步进电动机的驱动电源必须经过（　　）放大器才能得到步进电动机所需的脉冲电流。

A. 运算　　B. 功率　　C. 电流　　D. 电压

117. （　　）可分为开环控制、半闭环控制和闭环控制。

A. 数控装置　　B. 伺服系统　　C. 测量反馈装置　　D. 控制器

118. 为避免电网中出现的操作过电压和其他故障可能产生的浪涌电压危害晶闸管，应采用如下（　　）措施。

A. 空心电感器　　B. 快速熔断器

C. 实心电感器　　D. C. R组成的阻容吸收装置

119. 晶闸管中频电源可能对电网50 Hz工频电压波形产生影响，因此必须在电源进线中采取（　　）措施来减小其影响。

A. 耦合　　B. 隔离　　C. 整流　　D. 滤波

120. FX_{2X} -24MR可编程控制器输入的点数是（　　）。

A. 5　　B. 8　　C. 12　　D. 16

121. 直流侧过电压保护中直流侧不宜采用（　　）容量的阻容吸收装置。

A. 较小　　B. 中等　　C. 较大　　D. 中、小

122. 经济型数控系统常用的有后备电池法和采用非易失性存储器，如电可改写只读存储器（　　）。

A. EEPROM　　B. NVRAM　　C. FLASHROM　　D. EPROM

123. 在对模拟量信号采样时，经过多次采样，得到一个（　　）转换的数据序列，经过某种处理后，得到逼近真值的数据。

A. D/A　　B. A/D　　C. 放大　　D. 滤波整形

124. 当程序需要（　　）接通时，全部输出继电器的输出自动断开，而其他继电器仍继续工作。

A. M70　　B. M71　　C. M72　　D. M77

125. 电动机是使用最普遍的电气设备之一，一般在70%～95%额定负载下运行时（　　）。

A. 效率最低　　B. 功率因数小

C. 效率最高，功率因数大　　D. 效率最低，功率因数小

126. （　　）控制的伺服系统在性能要求较高的中、小型数控机床中应用较多。

A. 闭环　　B. 半闭环　　C. 双闭环　　D. 开环

127. 设计者给定的尺寸，用（　　）表示轴。

A. H　　B. h　　C. D　　D. d

128. 准备功能又叫（　　）。

A. M 功能　　B. G 功能　　C. S 功能　　D. T 功能

129. 如果只有 CJP 指令而无 EJP 指令时，程序将执行（　　）指令。

A. NOP　　B. END　　C. OUT　　D. AND

130. 下列污染形式中不属于生态破坏的是（　　）。

A. 森林破坏　　B. 水土流失　　C. 水源枯竭　　D. 地面沉降

131. 使接口发出信号后自动撤除，信号持续时间可由程序设定；如果程序未设定，系统默认持续时间为（　　）s。

A. 1　　B. 0.8　　C. 0.6　　D. 0.4

132. 根据主轴的控制梯形图判断下列指令正确的是（　　）。

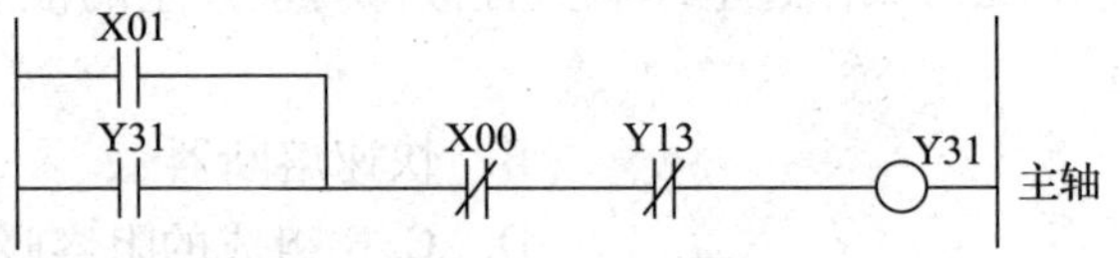

A. AND X13　　B. LD X13　　C. ANI X13　　D. LDI X13

133. 短路棒用来设定短路设定点，短路设定点由（　　）完成设定。

A. 维修人员　　B. 机床制造厂　　C. 用户　　D. 操作人员

134. 公差带出现了交叠时的配合称为（　　）配合。

A. 基准　　B. 间隙　　C. 过渡　　D. 过盈

135. 在系统中加入了（　　）环节以后，不仅能使系统得到下垂的机械特性，而且也能加快过渡过程，改善系统的动态特性。

A. 电压负反馈　　B. 电流负反馈

C. 电压截止负反馈　　D. 电流截止负反馈

136. 串联谐振逆变器电路每个桥臂由（　　）组成。

A. 一只晶闸管　　B. 一只二极管

C. 一只晶闸管和一只二极管并联　　D. 一只晶闸管和一只二极管串联

137. 钻夹头的松紧必须用专用（　　）操作，不准用锤子或其他物品敲打。

A. 工具　　B. 扳子　　C. 钳子　　D. 钥匙

138. 游标卡尺测量前应清理干净，并将两量爪合并，检查游标卡尺的（　　）。

A. 贴合情况　　B. 松紧情况　　C. 精度情况　　D. 平行情况

139. （　　）是经济型数控机床按驱动和定位方式划分的。

A. 闭环连续控制式　　B. 变极控制式　　C. 步进电动机式　　D. 直流点位式

140. JWK 经济型数控机床通过编程指令可实现的功能有（　　）。

A. 返回参考点　　B. 快速点定位　　C. 程序延时　　D. 以上都是

141. （　　）是数控系统的执行部分。

A. 数控装置　　B. 伺服系统　　C. 测量反馈装置　D. 控制器

142. 二极管与门电路、二极管与门逻辑关系中，下列正确的表达式是（　）。

A. A=1、B=0、Z=1　　B. A=0、B=1、Z=1

C. A=0、B=0、Z=1　　D. A=1、B=1、Z=1

143. SP100－C3 型高频设备接通电源加热后阳极电流为零，这种情况多半是（　）的问题。

A. 栅极电路

B. 阳极槽路电容器

C. 栅极电路上旁路电容器

D. 栅极回馈线圈到栅极这一段有断路的地方

144. 穿越线圈回路的磁通发生变化时，线圈两端就产生（　）。

A. 电磁感应　　B. 感应电动势

C. 磁场　　D. 电磁感应强度

145. 用（　）指令可使 LD 点回到原来的公共线上。

A. CJP　　B. EJP　　C. MC　　D. MCR

146. 辅助继电器、计时器、计数器、输入和输出继电器的触点可使用（　）次。

A. 一　　B. 二　　C. 三　　D. 无限

147. 岗位的质量要求，通常包括操作程序、（　）、工艺规程及参数控制等。

A. 工作计划　　B. 工作目的　　C. 工作内容　　D. 操作重点

148. 可编程控制器是一种专门为工业环境下应用而设计的（　）操作的电子装置。

A. 逻辑运算　　B. 数字运算　　C. 统计运算　　D. 算术运算

149. 下列金属的电阻率最低的是（　）。

A. 铅　　B. 铜　　C. 铁　　D. 银

150. 检查电源电压波动范围是否在数控系统允许的范围内，否则要加（　）。

A. 直流稳压器　　B. 交流稳压器　　C. UPS 电源　　D. 交流调压器

151. KC42 就是（　）电路。

A. 脉冲调制　　B. 脉冲列调制　　C. 六路双脉冲　　D. 六路单脉冲

152. 伺服驱动过载可能是负载过大，或加减速时间设定过小，或（　），或编码器故障（编码器反馈脉冲与电动机转角不成比例地变化，有跳跃）。

A. 使用环境温度超过了规定值　　B. 伺服电动机过载

C. 负载有冲击　　D. 编码器故障

153. 正常时每个输出端口对应的指示灯应随该端口有输出或无输出而亮或熄，否则就是有故障。其原因可能是（　）。

A. 输出元件短路　　B. 输出元件开路　C. 输出元件烧毁　D. 以上都是

154. 对液压系统需进行手控检查各个（　）部件运动是否正常。

A. 电气　　B. 液压驱动　　C. 气动　　D. 限位保护

155. 程序检查过程中如发现有错误就要进行修改，包括（　）。

A. 线路检查　　B. 其他检查　　C. 语法检查　　D. 以上都是

156. 直线运动坐标轴的定位精度和重复定位精度属于数控机床的（　　）精度检验。

A. 几何　　B. 定位　　C. 切削　　D. 联动

157. 检查可编程控制器电柜内的温度和湿度不能超出要求范围（（　　）和35% ~ 85% RH 不结露），否则需采取措施。

A. −5 ~ 50℃　　B. 0 ~ 50℃　　C. 0 ~ 55℃　　D. 5 ~ 55℃

158. FX 系列可编程控制器计数器用（　　）表示。

A. X　　B. Y　　C. T　　D. C

159. 三相半波可控整流电路其最大移相范围为 150°，每个晶闸管的最大导通角为（　　）。

A. 60°　　B. 90°　　C. 120°　　D. 150°

160. 可编程控制器编程具有灵活性。编程语言有梯形图、布尔助记符、（　　）、功能模块图和语句描述。

A. 安装图　　B. 原理图　　C. 功能表图　　D. 逻辑图

得　分	
评分人	

二、判断题（第 161 ~ 200 题。将判断结果填入括号中。正确的填"√"，错误的填"×"。每题 0.5 分，满分 20 分）。

161. FX 系列可编程控制器系统是由基本单元、扩展单元、编程器、用户程序、显示器和程序存入器等组成。（　　）

162. 数字键用以写入、修改、删除、插入程序以及搜索或显示已输入程序中的某一个逻辑功能。（　　）

163. 将三块 KC04 输出的触发脉冲，送到 KC02 的输入端 2、4、12，调制成 5 ~ 10 Hz 脉冲列。（　　）

164. 线电压的幅值为相电压幅值的$\sqrt{3}$倍，同时线电压的相位超前相电压 120°。（　　）

165. 移位寄存器每当时钟的后沿到达时，输入数码移入 C0，同时每个触发器的状态也移给了下一个触发器。（　　）

166. LD 和 LDI 分别取常开和常闭触点，并且都是从输入公共线开始。（　　）

167. 普通螺纹的牙形角是 55°，英制螺纹的牙形角是 60°。（　　）

168. 允许尺寸的变动量用 C 表示。（　　）

169. 铁芯柱上绕有谐振线圈 L，当 L 接上电容 C 并使线圈电感和电容的参数匹配，使之在电源频率 50 Hz 下发生谐振时，线圈内便产生很大的谐振电压（LC 串联谐振）。（　　）

170. 在数字电路中，门电路是用得最多的器件，它可以组成计数器、分频器、寄存器、移位寄存器等多种电路。（　　）

171. 可编程控制器的程序由编程器送入处理器中的控制器，可以方便地将其读出、检

查与修改。（ ）

172. 职业道德是人事业成功的重要条件。（ ）

173. 创新既不能墨守成规，也不能标新立异。（ ）

174. 员工在职业交往活动中，尽力在服饰上突出个性是符合仪表端庄要求的。（ ）

175. 职业道德不倡导人们的谋利最大化观念。（ ）

176. FX 系列可编程控制器的地址是按八进制编制的。（ ）

177. 在职业活动中一贯地诚实守信会损害企业的利益。（ ）

178. 职业道德具有自愿性的特点。（ ）

179. 由三极管组成的放大电路，主要作用是将微弱的电信号放大成为所需要的较强的电信号。（ ）

180. 读图的基本步骤有：图样说明，看电路图，看安装接线图。（ ）

181. 影响人类生活环境的电磁污染源，可分为自然的和人为的两大类。（ ）

182. 轴端键槽应画出剖视图，因为各轴段的尺寸用标注即可表达清楚，所以其他视图必须画剖视图。（ ）

183. 地址总线用以传送存储器和 I/O 设备的地址。（ ）

184. 如有自诊断功能，故障会自动显示报警信息，此时可按“SCH”键。（ ）

185. 锡的熔点比铅的熔点高。（ ）

186. 装置通电后，应先观察显示屏上显示的数据，并检查数控装置内有关指示灯等信号是否正常，有无异常气味等。（ ）

187. 触电的形式是多种多样的，但除了因电弧灼伤及熔融的金属飞溅灼伤外，可大致归纳为三种形式。（ ）

188. 当可编程控制器输出的额定电压值和额定电流值小于负载时，可加装中间继电器过渡。（ ）

189. 键盘部分有单功能键和双功能键。（ ）

190. 对于三相全控桥式整流电路，要求脉冲信号是间隔 120°的双窄脉冲。（ ）

191. 企业文化的功能包括娱乐功能。（ ）

192. JK 触发电路中，当 $J=1$、$K=1$、$Q\mathrm{n}=1$ 时，触发器的状态为置 1。（ ）

193. 数字式触发电路中 V/F 为电压—频率转换器，将控制电压 U_{K} 转换成频率与电压成反比的脉冲信号。（ ）

194. 拆卸前必须熟悉机械部件的构造，了解各零件、部件的相互关系、作用，不要盲目拆卸。（ ）

195. 定子绕组串电阻的降压启动是指电动机启动时，把电阻串接在电动机定子绕组与电源之间，通过电阻的分压作用来提高定子绕组上的启动电压。（ ）

196. 变压器的“嗡嗡”声属于机械噪声。（ ）

197. 代号“H”表示基轴制。（ ）

198. 弱磁调速是从 n_0 向下调速，调速特性为恒功率输出。（ ）

199. 电阻器反映导体对电流起阻碍作用的大小，简称电阻。（ ）

200. 逻辑代数的基本公式和常用公式中同互补律：$A+\overline{A}=1$ 和 $A\cdot\overline{A}=1$。（ ）

理论知识考核模拟试卷二

注意事项

1. 考试时间：60 分钟。
2. 请仔细阅读各种题目的回答要求，并在规定的位置填写答案。
3. 不要在试卷上乱写乱画，不要在标封区填写无关的内容。

	一	二	总 分
得 分			

得 分	
评分人	

一、选择题（第 1～160 题。选择正确的答案，将相应的字母填入题内的括号中。每题 0.5 分，满分 80 分）

1. 若被测电流超过测量机构的允许值，就需要在表头上（　　）一个称为分流器的低值电阻。

A. 正接　　B. 反接　　C. 串联　　D. 并联

2. 检查完全部线路后拆除主轴电动机、液压电动机和电磁阀（　　）线路并包好绝缘。

A. 主电路　　B. 负载　　C. 电源　　D. 控制

3. 数控系统由（　　）组成。

A. 数控装置　　B. 伺服系统　　C. 测量反馈装置　　D. 以上都是

4. 公差带出现了交叠时的配合称为（　　）配合。

A. 基准　　B. 间隙　　C. 过渡　　D. 过盈

5. 根据滑台向前的控制梯形图判断下列指令正确的是（　　）。

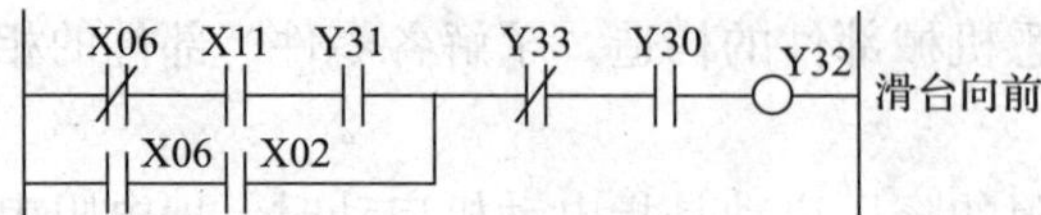

A. ANI X11　　B. AND X11　　C. LD X11　　D. LDI X11

6. 高频大功率三极管（NPN 型硅材料）用（　　）表示。

A. 3DD　　B. 3AD　　C. 3DA　　D. 3CT

7. 对液压系统进行手控检查各个（　　）部件的运动是否正常。

A. 电气　　B. 液压驱动　　C. 气动　　D. 限位保护

8. 数控机床的几何精度检验包括（　　）。

A. 主轴的轴向窜动

B. 主轴箱沿 Z 坐标方向移动时主轴轴心的平行度

C. X、Z 坐标方向移动时工作台面的平行度

D. 以上都是

9. 在步进电动机驱动电路中，脉冲信号经（　　）放大器后控制步进电动机励磁绕组。

A. 功率　　B. 电流　　C. 电压　　D. 直流

10. 非独立励磁控制系统在基速以下的调速是用提高电枢电压来提升的，电动机的反电动势随转速的上升而增加，在励磁回路中由励磁调节器维持励磁电流为（　　）不变。

A. 额定值　　B. 有效值　　C. 最大值　　D. 瞬时值

11. 数控单元是由双 8031（　　）组成的 MCS－51 系统。

A. PLC　　B. 单片机　　C. 微型机　　D. 单板机

12. 当 LC 并联电路的固有频率 $f_0 = \frac{1}{2\pi\sqrt{LC}}$ 等于电源频率时，并联电路发生并联谐振，此时并联电路具有（　　）的特性。

A. 阻抗适中　　B. 阻抗为零　　C. 最小阻抗　　D. 最大阻抗

13. 伺服驱动过载可能是负载过大，或加减速时间设定过小，或（　　），或编码器故障（编码器反馈脉冲与电动机转角不成比例地变化，有跳跃）。

A. 使用环境温度超过了规定值　　B. 伺服电动机过载

C. 负载有冲击　　D. 编码器故障

14. 刀具补偿量的设定是（　　）。

A. 刀具功能　　B. 引导程序　　C. 程序延时　　D. 辅助功能

15. 三相六拍脉冲分配逻辑电路由 FF1、FF2、FF3 三位 D 触发器组成。其脉冲分配顺序是（　　）。

A. A→B→C→⋯　　B. AB→BC→CA→⋯

C. A→AC→C→CB→B→BA→A→⋯　　D. A→AB→B→BC→C→CA→A→⋯

16. 数控机床的几何精度检验包括（　　）。

A. 工作台的平面度

B. 各坐标方向移动的垂直度

C. X、Z 坐标方向移动时工作台面的平行度

D. 以上都是

17. 计数器就是对数字电路中的脉冲进行计数的部件。它是由（　　）构成的。

A. 寄存器　　B. 触发器　　C. 放大器　　D. 运算器

18. 晶体三极管属于（　　）控制型。

A. 可逆　　B. 功率　　C. 电压　　D. 电流

19. 下列金属及合金的熔点最低的是（　　）。

A. 铝　　B. 铜　　C. 铁　　D. 锡

20. （　　）可分为开环控制、半闭环控制和闭环控制。

A. 数控装置　　B. 伺服系统　　C. 测量反馈装置　　D. 控制器

21. 直流电动机调压调速就是在（　　）恒定的情况下，用改变电枢电压的方法来改变电动机的转速。

A. 励磁　　B. 负载　　C. 电流　　D. 功率

22. JWK 系列经济型数控机床通电试运行不包含（　　）的内容。

A. 检查各熔断器数控　　B. 手动操作

C. 接通强电柜交流电源　　D. 系统参数核对

23. 线路检查键操作中代码 2－1 表示在一个逻辑行里（　　）可使用次数超过八次。

A. ANI 或 AND　　B. OR 或 ORI　　C. LD 或 LDI　　D. ANB 或 ORB

24. JWK 经济型数控机床通过编程指令可实现的功能有（　　）。

A. 返回参考点　　B. 快速点定位　　C. 程序延时　　D. 以上都是

25. I/O 接口芯片 8255A 有（　　）个可编程（选择其工作方式的）通道。

A. 一　　B. 二　　C. 三　　D. 四

26. 游标卡尺（　　）应清理干净，并将两量爪合并，检查游标卡尺的精度情况。

A. 测量后　　B. 测量时　　C. 测量中　　D. 测量前

27. 环流抑制回路中的电容 C1，对环流控制起（　　）作用。

A. 抑制　　B. 平衡　　C. 减慢　　D. 加快

28. （　　）适用于 50～200 kHz。

A. IGBT　　B. SIT　　C. MOSFET　　D. MOSFET

29. 在外部环境检查中，当湿度过大时应考虑装（　　）。

A. 风扇　　B. 加热器　　C. 空调　　D. 除尘器

30. 将波段开关指向（　　），即显示将运行的加工程序号。

A. 编辑　　B. 自动　　C. 空运行　　D. 回零

31. S 功能设定有两种输出方式供选择，分别是（　　）。

A. 编码方式和数字方式　　B. 逻辑方式和数字方式

C. 编码方式和逻辑方式　　D. 编制方式和数字方式

32. 辅助继电器、计时器、计数器、输入和输出继电器的触点可使用（　　）次。

A. 一　　B. 二　　C. 三　　D. 无限

33. 电器柜中各导电部分对地的绝缘阻值不应小于（　　）MΩ。

A. 0.5　　B. 1　　C. 2　　D. 4

34. 如图所示，不计电压表和电流表的内阻对电路的影响。开关接 1 时，电流表中流过的短路电流为（　　）。

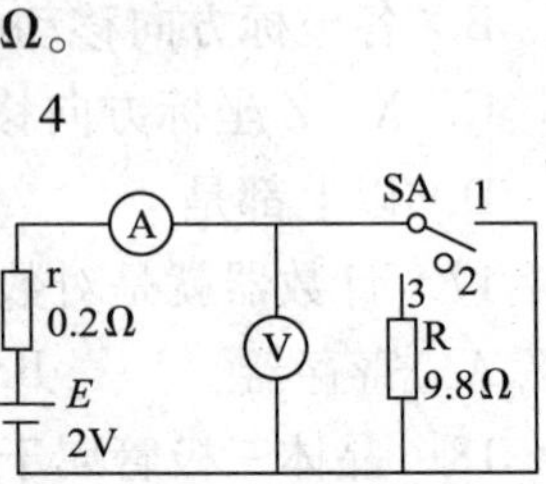

A. 0 A　　B. 10 A

C. 0.2 A　　D. 约等于 0.2 A

35. 雷击引起的交流侧过电压从交流侧经变压器向整流元件移动时，可分为两部分，其中一部分是电磁过渡分量，能量相当大，必须在变压器的一次侧安装（　　）。

A. 阻容吸收电路　　B. 电容接地

C. 阀式避雷器　　　　D. 非线性电阻浪涌吸收器

36. (　　) 逆变器适用于负载性质变化不大（如热加工、热锻等），需频繁启动和工作频率较高的场合。

A. 有源　　B. 串联谐振式　　C. 并联谐振式　　D. 谐振式

37. 对于每个职工来说，质量管理的主要内容有岗位的质量要求、质量目标、质量保证措施和（　　）等。

A. 信息反馈　　B. 质量水平　　C. 质量记录　　D. 质量责任

38. 为使振荡管真空度保持正常，可以将备用管子定期在设备上轮换使用。经验证明，每隔（　　）个月轮换使用一次管子，对于延长其工作寿命是有益的。

A. 一、二　　B. 三、四　　C. 四、五　　D. 五、六

39. 铁磁饱和式稳压器的基本结构与变压器相似，由硅钢片叠成二心柱式铁芯，而铁芯柱工作在磁化曲线的（　　）段。

A. 饱和　　B. 未饱和　　C. 过饱和　　D. 起始

40. 企业生产经营活动中，要求员工遵纪守法是（　　）。

A. 约束人的体现　　B. 保证经济活动正常进行所决定的

C. 领导者人为的规定　　D. 追求利益的体现

41. 对触发脉冲要求有（　　）。

A. 一定的宽度，且达到一定的电流　　B. 一定的宽度，且达到一定的功率

C. 一定的功率，且达到一定的电流　　D. 一定的功率，且达到一定的电压

42. 逻辑保护电路一旦出现（　　）的情况，与非门立即输出低电平，使u'_R和u'_F均被箝位于“0”，将两组触发器同时封锁。

A. $u_R=1$、$u_F=0$　　B. $u_R=0$、$u_F=0$

C. $u_R=0$、$u_F=1$　　D. $u_R=1$、$u_F=1$

43. 定时器相当于继电控制系统中的延时继电器。F－20 系列可编程控制器的最小设定单位为（　　）。

A. 0. 1s　　B. 0.2 s　　C. 0.3 s　　D. 0.4 s

44. 整流状态时（　　）。

A. $0°<\alpha<45°$　　B. $0°<\alpha<90°$　　C. $90°<\alpha<180°$　　D. $60°<\alpha<120°$

45. RS 触发器特性方程是（　　）。

A. $\begin{cases} Q^{n+1}=S+\overline{R}Q^n \\ S\cdot R=0\ (\text{约束条件}) \end{cases}$　　B. $\begin{cases} Q^{n+1}=S+\overline{R}Q^n \\ S\cdot \overline{R}=0\ (\text{约束条件}) \end{cases}$

C. $\begin{cases} Q^{n+1}=S+RQ^n \\ S\cdot R=0\ (\text{约束条件}) \end{cases}$　　D. $\begin{cases} Q^{n+1}=S+\overline{R}Q^n \\ S\cdot \overline{R}=0\ (\text{约束条件}) \end{cases}$

46. 振荡回路中电流大，且频率较高。在此回路中所采用的紧固件最好为（　　）。

A. 电磁材料　　B. 绝缘材料

C. 非磁性材料　　D. 磁性材料

47. 采用模拟量输入输出可实现转速、电流、位置三环的随动系统（PID）反馈或其

他模拟量的（　　）。

A. 逻辑运算　B. 算术运算　C. 控制运算　D. A/D 转换

48. 数控装置工作基本正常后，可开始对各项（　　）进行检查、确认和设定。

A. 参数　B. 性能　C. 程序　D. 功能

49. F 系列可编程控制器的计数器用（　　）表示。

A. X　B. Y　C. T　D. C

50. F 系列可编程控制器中的 ANB 指令用于（　　）。

A. 串联连接　B. 并联连接　C. 回路串联连接　D. 回路并联连接

51. 仔细分析电路原理，判断故障所在。要测试必要点的（　　），多做一些实验，以便于分析。

A. 电流或波形　B. 电压或波形　C. 电压或电流　D. 电阻或电流

52. RC 电路在晶闸管串联电路中还可起到（　　）的作用。

A. 静态均压　B. 动态均压　C. 静态均流　D. 动态均流

53.（　　）不是 CPU 和 RAM 的抗干扰措施。

A. 人工复位　B. 掉电保护　C. 软件陷阱　D. 接地技术

54. 在要求零位附近快速频繁改变转动方向，位置控制要准确的生产机械，往往用可控环流可逆系统，即在负载电流小于额定值（　　）时，让 $\alpha<\beta$，人为地制造环流，使变流器电流连续。

A. 1% ~5%　B. 5% ~10%　C. 10% ~15%　D. 15% ~20%

55. 设计者给定的尺寸，用（　　）表示孔。

A. H　B. h　C. D　D. d

56. 停机时产生振荡的原因常常由于（　　）环节不起作用。

A. 电压负反馈　B. 电流负反馈

C. 电流截止负反馈　D. 桥型稳定

57. KC41C 六路双脉冲形成器是（　　）触发电路中的必备组件。

A. 两相全控桥式　B. 两相半控桥式

C. 三相半控桥式　D. 三相全控桥式

58. 由一组逻辑电路判断控制整流器触发脉冲通道的开放和封锁，这就构成了（　　）可逆调速系统。

A. 逻辑环流　B. 逻辑无环流　C. 可控环流　D. 可控无环流

59. 下列污染形式中不属于生态破坏的是（　　）。

A. 森林破坏　B. 水土流失　C. 水源枯竭　D. 地面沉降

60. F－20MS 可编程控制器表示（　　）类型。

A. 继电器输出　B. 晶闸管输出　C. 晶体管输出　D. 单晶体管输出

61. 根据工件松开的控制梯形图判断下列指令正确的是（　　）。

X100　X07　Y30　Y35　工件松开
X06　X05

A. AND X07、LD Y30　　B. LD X07、AND Y30
C. LDI X07、AND Y30　　D. AND X07、AND Y30

62. KC41 的输出端 10 ~ 15 是按后相给前相补脉冲的规律，经 VT1 ~ VT6 放大，可输出驱动电流为（　　）的双窄脉冲列。

A. 100 ~ 300 μA　　B. 300 ~ 800 μA
C. 100 ~ 300 mA　　D. 300 ~ 800 mA

63. 交流电压的量程有 10 V、100 V、500 V 三挡。用毕应将万用表的转换开关转到（　　），以免下次使用不慎而损坏电表。

A. 低电阻挡　B. 高电阻挡　C. 低电压挡　D. 高电压挡

64. 凡工作地点狭窄、工作人员活动困难，周围有大面积接地导体或金属构架，因而存在高度触电危险的环境以及特别的场所，则使用时的安全电压为（　　）。

A. 9 V　B. 12 V　C. 24 V　D. 36 V

65. 当检测信号超过预先设定值时，装置中的过电流、过电压保护电路工作，把移相控制端电压降为 0 V，使整流触发脉冲控制角自动移到（　　），三相全控整流桥自动由整流区快速拉到逆变区。

A. 60°　B. 90°　C. 120°　D. 150°

66. 反电枢可逆电路由于电枢回路（　　），适用于要求频繁启动而过渡过程时间短的生产机械，如可逆轧钢机、龙门刨等。

A. 电容小　B. 电容大　C. 电感小　D. 电感大

67. 以最高进给速度运转时，应在全行程进行，分别往复（　　）。

A. 一次和五次　B. 两次和四次　C. 三次和两次　D. 四次和一次

68. 岗位的质量要求，通常包括操作程序、工作内容、（　　）及参数控制等。

A. 工作计划　B. 工作目的　C. 工艺规程　D. 操作重点

69. 启动电容器 CS 上所充的电加到由电感 L 和补偿电容 C 组成的并联谐振电路两端，产生（　　）电压和电流。

A. 正弦振荡　B. 中频振荡　C. 衰减振荡　D. 振荡

70. 工频电源输入端接有两级 LB – 300 型电源滤波器是为了阻止（　　）的电器上去。

A. 工频电网馈送到高频设备以内
B. 工频电网馈送到高频设备以外
C. 高频设备产生的信号通过工频电网馈送到高频设备机房以内
D. 高频设备产生的信号通过工频电网馈送到高频设备机房以外

71. 可编程控制器采用可以编制程序的存储器，用来在其内部存储执行逻辑运算、（　　）和算术运算等操作指令。

A. 控制运算、计数　　B. 统计运算、计时、计数
C. 数字运算、计时　　D. 顺序控制、计时、计数

72. 逆变桥工作调整是将 0.8 Ω 生铁电阻串联在直流电路里。这里串入限流电阻的作用是为了在（　　）保护未调整好的情况下，当逆变失败时将主电路的电流限制在一定范

围内。

A. 过压过流　B. 过压欠流　C. 欠压过流　D. 欠压欠流

73. 备用的闸流管每月应以额定的灯丝电压加热（　）h。

A. 1　B. 2　C. 2.5　D. 3

74. 将变压器的一次侧绕组接交流电源，二次侧绕组与（　）连接，这种运行方式称为（　）运行。

A. 空载　B. 过载　C. 满载　D. 负载

75. FX_{2N}－36MR 系列可编程控制器由（　）个辅助继电器构成一个移位寄存器。

A. 两　B. 四　C. 八　D. 十六

76. 为避免（　）和数据丢失，可编程控制器装有锂电池，当锂电池电压降至相应的信号灯亮时，要及时更换电池。

A. 地址　B. 指令　C. 程序　D. 序号

77. 电路的作用是实现能量的传输和转换、信号的（　）和处理。

A. 连接　B. 传输　C. 控制　D. 传递

78. 对于可编程控制器电源干扰的抑制，一般采用隔离变压器和（　）来解决。

A. 直流滤波器　B. 交流滤波器　C. 直流发电机　D. 交流整流器

79. 在系统中加入了（　）环节以后，不仅能使系统得到下垂的机械特性，而且也能加快过渡过程，改善系统的动态特性。

A. 电压负反馈　B. 电流负反馈

C. 电压截止负反馈　D. 电流截止负反馈

80. 经济型数控系统常用的有后备电池法和采用非易失性存储器法，如闪速存储器（　）。

A. EEPROM　B. NVRAM　C. FLASHROM　D. EPROM

81. 剩磁消失而不能发电应重新充磁。直流电源电压应低于额定励磁电压（一般取 100 V 左右），充磁时间约为（　）。

A. 1～2 min　B. 2～3 min　C. 3～4 min　D. 4～5 min

82. 先利用程序查找功能确定并读出要删除的某条指令，然后按下（　）键，随删除指令之后步序将自动加 1。

A. INSTR　B. INS　C. DEL　D. END

83. （　）控制的伺服系统在性能要求较高的中、小型数控机床中应用较多。

A. 闭环　B. 半闭环　C. 双闭环　D. 开环

84. 为了保证三相桥式逆变电路运行，必须用间隔（　）的双窄脉冲或双窄脉冲列触发。

A. 30°　B. 60°　C. 90°　D. 120°

85. 工作台运行速度过低的原因是（　）。

A. 发电机励磁回路电压不足　B. 控制绕组 2WC 中有接触不良

C. 电压负反馈过强等　D. 以上都是

86. JWK 经济型数控机床系统电源被切断后，必须等待（　）s 以上方可再次接通电源，不允许连续开、关电源。

A. 10　B. 20　C. 30　D. 40

87. 转矩极性鉴别器常常采用运算放大器经正反馈组成的（　　）电路检测速度调节器的输出电压 u_n。

A. 多沿振荡　B. 差动放大　C. 施密特　D. 双稳态

88. 运行指示灯是当可编程控制器某单元运行、（　　）正常时，该单元上的运行指示灯一直亮。

A. 自检　B. 调节　C. 保护　D. 监控

89. 晶闸管中频电源可能对电网 50 Hz 工频电压波形产生影响，必须在电源进线中采取（　　）措施来减小其影响。

A. 耦合　B. 隔离　C. 整流　D. 滤波

90. 各种绝缘材料（　　）的指标是指抗张、抗压、抗弯、抗剪、抗撕、抗冲击等。

A. 接绝缘电阻　B. 击穿强度　C. 机械强度　D. 耐热性

91. 组合机床电磁阀和信号灯采用直流（　　）电源。

A. 6 V　B. 12 V　C. 24 V　D. 36 V

92. 在感性负载（或电抗器）之前并联一个二极管，其作用是（　　）。

A. 防止负载开路　B. 防止负载过电流

C. 保证负载正常工作　D. 保证晶闸管正常工作

93. 为了方便编程和减少加工程序的执行时间，（　　）应设在靠近工件的地方，在换刀前让刀架先退出一段距离以便刀架转位，转位完毕后，再按相同距离返回。

A. 参考点　B. 换刀点　C. 坐标原点　D. 其他位

94. 读图的基本步骤有：看图样说明、（　　）、看安装接线图。

A. 看主电路　B. 看电路图　C. 看辅助电路　D. 看交流电路

95. 在一定阳极电压的作用下，若栅极（　　），电子就难以越过栅极而达到阳极，阳极电流就越小。

A. 电位越正，对电子的排斥作用越弱

B. 电位越正，对电子的排斥作用越强

C. 电位越负，对电子的排斥作用越弱

D. 电位越负，对电子的排斥作用越强

96. MPU 对外围设备的联系是通过（　　）来实现。

A. 功能单元　B. 接口　C. 中央处理器　D. 储存器

97. 逆变桥由晶闸管 VT7 ~ VT10 组成。每个晶闸管均串有空心电感以限制晶闸管导通时的（　　）。

A. 电流变化　B. 电流上升率　C. 电流上升　D. 电流

98. 控制盘的控制回路选择（　　）mm^2 的塑料铜芯线，敷设控制盘和两个电动机、限位开关和直流电磁阀之间的管线。

A. 0.75　B. 1　C. 1.5　D. 2.5

99. 职业道德与人的事业的关系是（　　）。

A. 有职业道德的人一定能够获得事业成功

B. 没有职业道德的人不会获得成功

C. 事业成功的人往往具有较高的职业道德

D. 缺乏职业道德的人往往更容易获得成功

100. 下列控制声音传播的措施中（　　）不属于消声措施。

A. 使用吸声材料　　B. 采用声波反射措施

C. 电气设备安装消声器　　D. 使用个人防护用品

101. 检查变压器上有无（　　）、电路板上有无 50/60 Hz 频率转换开关供选择。

A. 熔断器保护　B. 接地　C. 插头　D. 多个插头

102. F 系列可编程控制器中的 ORB 指令用于（　　）。

A. 串联连接　B. 并联连接　C. 回路串联连接　D. 回路并联连接

103. 准备功能又叫（　　）。

A. M 功能　B. G 功能　C. S 功能　D. T 功能

104. 使接口发出信号后自动撤除，信号持续时间可由程序设定；如果程序未设定，系统默认持续时间为（　　）s。

A. 1　B. 0.8　C. 0.6　D. 0.4

105. 如果只有 EJP 指令而无 CJP 指令时，则作为（　　）指令处理。

A. NOP　B. END　C. OUT　D. AND

106. 在一定电源电压 E_a 作用下，当负载等效电阻 R′的阻值相对于 R_i 的阻值较小时，振荡电路上交流电压 U' 就较小，这种状态称为（　　）。

A. 过压状态　B. 欠压状态　C. 临界状态　D. 过零状态

107. 在供电为短路接地的电网系统中，人体触及外壳带电设备的一点同站立地面一点之间的电位差称为（　　）。

A. 单相触电　B. 两相触电　C. 接触电压触电　D. 跨步电压触电

108. 正常时每个输出端口对应的指示灯应随该端口有输出或无输出而亮或熄，否则就是有故障。其原因可能是（　　）。

A. 输出元件短路　　B. 输出元件开路

C. 输出元件烧毁　　D. 以上都是

109.（　　）不是输入全部不接通而是输入指示灯均不亮的原因。

A. 公共端子螺钉松动　　B. 单元内部有故障

C. 远程 I/O 站的电源未通　　D. 未加外部输入电源

110. 锉刀很脆，（　　）当撬棒或锤子使用。

A. 可以　B. 许可　C. 能　D. 不能

111. SP100 - C3 型高频设备接通电源加热后阳极电流为零，这种情况多半是（　　）的问题。

A. 栅极电路　　B. 阳极槽路电容器

C. 栅极电路上旁路电容器　　D. 栅极回馈线圈到栅极这一段有断路的地方

112. 不属于程序检查的是（　　）。

A. 线路检查　　B. 其他检查　　C. 代码检查　　D. 语法检查

113. 逆变状态时（　　）。

A. $0° < \alpha < 45°$　　B. $0° < \alpha < 90°$　　C. $90° < \alpha < 180°$　　D. $60° < \alpha < 120°$

114. 机床电气设备应有可靠的接地线，其截面积应与相线截面积相同或不小于（　　）mm^2。

A. 1.5　　B. 2.5　　C. 4　　D. 10

115. 高压设备室外不得接近故障点（　　）以内。

A. 5 m　　B. 6 m　　C. 7 m　　D. 8 m

116. 定子绕组串电阻的降压启动是指电动机启动时，把电阻串接在电动机定子绕组与电源之间，通过电阻的分压作用来（　　）定子绕组上的启动电压。

A. 提高　　B. 减少　　C. 加强　　D. 降低

117. 相线与相线间的电压称线电压。它们的相位相差（　　）。

A. 45°　　B. 90°　　C. 120°　　D. 180°

118. （　　）是经济型数控机床按驱动和定位方式划分的。

A. 闭环连续控制式　　B. 变极控制式

C. 步进电动机式　　D. 直流点位式

119. 各直线运动坐标轴机械原点的复归精度属于数控机床的（　　）精度检验。

A. 定位　　B. 几何　　C. 切削　　D. 联动

120. 小电容可用万用表量出（　　）则无法直接测出。

A. 开路，但短路和容量变化　　B. 短路，但开路和容量变化

C. 短路和开路，但容量变化　　D. 开路和容量，但开路变化

121. 金属材料的性能中属于实用性能的是（　　）。

A. 物理性能　　B. 化物性能　　C. 力学性能　　D. 以上都是

122. 根据加工完成的控制梯形图判断下列指令正确的是（　　）。

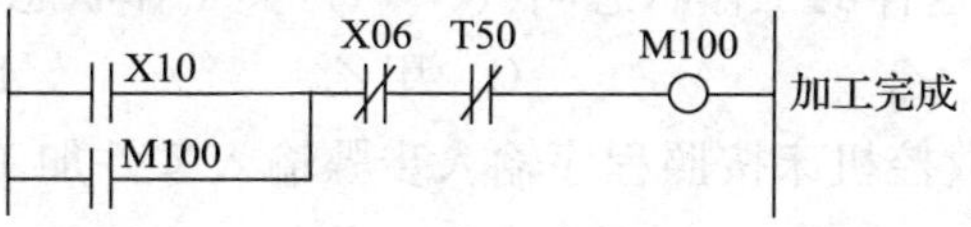

X10　X06　T50　M100
M100
加工完成

A. LD T50　　B. AND T50　　C. ANI T50　　D. LDI T50

123. 三相半波可控整流电路的最大移相范围为150°，每个晶闸管最大导通角为（　　）。

A. 60°　　B. 90°　　C. 120°　　D. 150°

124. （　　）逆变器的换流电容与负载电路并联。

A. 并联谐振式　　B. 串联谐振式　　C. 谐振式　　D. 有源

125. 编程器的显示内容包括地址、数据、工作方式、（　　）情况和系统工作状态等。

A. 位移储存器　　B. 参数　　C. 程序　　D. 指令执行

126. GP—100C 型高频设备中的保护措施有（　　）。

A. 过电流保护　　B. 水压保护　　C. 水温保护　　D. 以上都是

127. JWK 系列经济型数控机床通电前检查不包括（　　）。

A. 输入电源电压和频率的确认　　B. 直流电源的检查

C. 确认电源相序　　D. 检查各熔断器

128. 拆卸零件采取正确的拆卸方法。应按照（　　）的顺序进行。

A. 先拆外部、后拆内部；先拆上部、后拆下部

B. 先拆外部、后拆内部；先拆下部、后拆上部

C. 先拆内部、后拆外部；先拆上部、后拆下部

D. 先拆内部、后拆外部；先拆下部、后拆上部

129. r 是电动机绕组的电阻值，L 是电动机绕组电感，R0 为限流电阻，当 VT 突然导通时，绕组电流按指数规律上升，时间常数 τ_1 =（　　）。

A. $L/(R_0-r)$　B. $L/(R_0+r)$　C. $L/(R_0-r/2)$　D. $L/(R_0+r/2)$

130. 非编码键盘接口一般通过（　　）或 8255、8155 等将并行 I/O 接口和 MPU 相连。

A. 与门　B. 与非门　C. 或非门　D. 三态缓冲器

131. 可编程控制器的特点是（　　）。

A. 不需要大量的活动部件和电子元件，接线大大减少，维修简单，维修时间缩短，性能可靠

B. 统计运算、计时、计数采用了一系列可靠性设计

C. 数字运算、计时编程简单，操作方便，维修容易，不易发生操作失误

D. 以上都是

132. 办事公道是指从业人员在进行职业活动时要做到（　　）。

A. 追求真理，坚持原则　　B. 有求必应，助人为乐

C. 公私不分，一切平等　　D. 知人善任，提拔知已

133. 若固定栅偏压低于截止栅压，当有足够大的交流电压加在电子管栅极上时，管子导电时间小于半个周期，这样的工作状态叫（　　）类工作状态。

A. 甲　B. 乙　C. 甲乙　D. 丙

134. JWK 型经济型数控机床按照程序输入步骤输入零件加工程序，检查（　　），正常后方可联机调试。

A. 各种功能　B. 程序　C. 轴流风机　D. 电动机

135. 变压器具有改变（　　）的作用。

A. 交变电压　B. 交变电流　C. 变换阻抗　D. 以上都是

136. FX 系列可编程控制器常闭触点的并联用（　　）指令。

A. AND　B. ORI　C. ANB　D. ORB

137. 在语法检查键操作时，（　　）用于显示出错步序号的指令。

A. CLEAR　B. STEP　C. WRITE　D. INSTR

138. 异步电动机的转速表达式错误的是（　　）。

A. $n=n_0(1-s)=(1-s)\cdot 60f/p$　B. $n=n_0(1-s)$

C. $n=(1-s)\cdot 60f/p$　D. $n_0=n(1-s)=(1-s)\cdot 60f/p$

139. 回转运动的定位精度和重复分度精度属于数控机床的（　　）精度检验。

A. 切削　　B. 几何　　C. 定位　　D. 联动

140. 双窄脉冲的脉宽在（　　）左右，在触发某一晶闸管的同时，再给前一晶闸管补发一个脉冲，作用与宽脉冲一样。

A. 120°　　B. 90°　　C. 60°　　D. 18°

141. 数控系统的刀具功能又叫（　　）功能。

A. T　　B. D　　C. S　　D. Q

142. 下列不属于大修工艺内容的是（　　）。

A. 主要电气设备、电气元件的检查、修理工艺以及应达到的质量标准

B. 试运行程序及需要特别说明的事项

C. 施工中的安全措施

D. 外观质量

143. 可编程控制器编程具有灵活性。编程语言有布尔助记符、功能表图、（　　）和语句描述。

A. 安装图　　B. 逻辑图　　C. 原理图　　D. 功能模块图

144. 数控机床是应用了数控技术的机床，数控系统是它的控制指挥中心，是用数字信号控制机床运动及其加工过程的。目前比较多的是采用微处理器数控系统，称为（　　）系统。

A. CPU　　B. CNC　　C. CAD　　D. RAM

145. F 系列可编程控制器中的 AND 指令用于（　　）。

A. 常闭触点的串联　　B. 常闭触点的并联

C. 常开触点的串联　　D. 常开触点的并联

146. F 系列可编程控制器系统是由基本单元、（　　）、编程器、用户程序、写入器和程序存入器等组成。

A. 键盘　　B. 鼠标　　C. 扩展单元　　D. 外围设备

147. 根据滑台向后的控制梯形图判断下列指令正确的是（　　）。

M100　X03　X06　X07　Y32　Y30　Y33　滑台向后

A. ANI M100　　B. AND M100　　C. ORI M100　　D. OR M100

148. 采用电压上升率 du/dt 限制办法后，电压上升率与桥臂交流电压的（　　）成正比。

A. 有效值　　B. 平均值　　C. 峰值　　D. 瞬时值

149. 触发脉冲信号应有一定的宽度，脉冲前沿要陡。电感性负载的脉冲信号宽度一般是（　　）ms，相当于 50 Hz 正弦波的 18°。

A. 0.1　　B. 0.5　　C. 1　　D. 1.5

150. 如果把实际的输出量反馈回来与输入的给定量进行比较，得到它们的差值，控制

器根据这个差值随时修改对控制对象的控制，以使输出量紧紧跟随输入的给定量，这种控制方式叫（　　）。

A. 闭环控制　　B. 开环控制　　C. 顺序控制　　D. 程序控制

151.（　　）指令为复位指令。

A. NOP　　B. END　　C. S　　D. R

152. 电流型逆变器的中间环节采用电抗器滤波，其（　　）。

A. 电源阻抗很小，类似于电压源　　B. 电源呈高阻，类似于电流源

C. 电源呈高阻，类似于电压源　　D. 电源呈低阻，类似于电流源

153. 微处理器一般由（　　）、程序存储器、内部数据存储器、接口和功能单元（如定时器、计数器）以及相应的逻辑电路所组成。

A. CNC　　B. PLC　　C. CPU　　D. MPU

154. 检查可编程控制器电柜内的温度和湿度不能超出要求范围（（　　）和35%～85%RH不结露），否则需采取措施。

A. －5～50℃　　B. 0～50℃　　C. 0～55℃　　D. 5～55℃

155. 检查机床回零开关是否正常，运动有无爬行情况，各轴运动极限的（　　）工作是否起作用。

A. 软件限位和硬件限位　　B. 软件限位或硬件限位

C. 软件限位　　D. 硬件限位

156. 更换电池之前，从电池支架上取下旧电池，装上新电池，从取下旧电池到装上新电池的时间要尽量短，一般不允许超过（　　）min。

A. 3　　B. 5　　C. 10　　D. 15

157. 检查电源电压波动范围是否在数控系统允许的范围内，否则要加（　　）。

A. 直流稳压器　　B. 交流稳压器　　C. UPS电源　　D. 交流调压器

158.（　　）阶段把逻辑解读的结果，通过输出部件输出给现场的受控元件。

A. 输出采样　　B. 输入采样　　C. 程序执行　　D. 输出刷新

159. 如果发电机的端电压达到额定值而其电流不足额定值，则需（　　）线圈的匝数。

A. 减小淬火变压器一次　　B. 增大淬火变压器一次

C. 减小淬火变压器二次　　D. 增大淬火变压器二次

160. 高频电源设备的直流高压不宜直接由（　　）整流器提供。

A. 晶闸管　　B. 晶体管　　C. 硅高压管　　D. 电子管

得　分	
评分人	

二、判断题（第161～200题。将判断结果填入括号中。正确的填“√”，错误的填“×”。每题0.5分，满分20分）

161. 来自三块KC04触发器13#端子的触发脉冲信号，分别送入KC42的2、4、12端。

VT1、VT2、VT3 构成与非门电路。只要任何一个触发器有输出，S 点就是低电平，VT4 截止，使 VT5、VT6、VT8 组成的环形振荡器停振。（ ）

162. 轴端键槽应画出剖视图，因为各轴段的尺寸用标注即可表达清楚，所以其他视图必须画剖视图。（ ）

163. 市场经济时代，勤劳是需要的，节俭则不宜提倡。（ ）

164. $FX_{2N}-16MR$ 可编程控制器计数器的点数是 12。（ ）

165. 传统的驱动电源有单电源驱动电路和双电源驱动电路，新型电源有高压电流斩波电源。（ ）

166. 电压的方向规定由低电位点指向高电位点。（ ）

167. 随着科学技术的不断提高、高科技产品的应用周期越来越长。（ ）

168. 逻辑代数的基本公式和常用公式中同互补律：$A+\overline{A}=1$ 和 $A\cdot\overline{A}=1$。（ ）

169. 钻夹头用来装夹直径 12 mm 以下的钻头。（ ）

170. 电容量单位之间的换算关系是：1 F（法拉）$=10^6$ μF（微法）$=10^{10}$ pF（皮法）。（ ）

171. FX 系列可编程控制器的输出继电器输出指令用 OUT 表示。（ ）

172. 交磁电动机扩大机是一种具有很高放大倍数、较小惯性、高性能、特殊构造的直流发电机。（ ）

173. 职业道德是指从事一定职业的人们，在长期职业活动中形成的操作技能。（ ）

174. 无源逆变器的电源电压是交流。（ ）

175. 发电机发出的“嗡嗡”声，属于气体动力噪声。（ ）

176. 电动机是使用最普遍的电气设备之一，一般在 70% ~95% 额定负载下运行时，效率最高，功率因数大。（ ）

177. 四色环的电阻器，第四环表示倍率。（ ）

178. 地址总线用以传送存储器和 I/O 设备的地址。（ ）

179. 职业道德不倡导人们的谋利最大化观念。（ ）

180. 对于加工中心，还必须调整机械手与主轴、刀库的相对位置，以及托板与交换工作台面的相对位置，以保证换刀和交换工作台时的准确、平稳、可靠。（ ）

181. 通过两种相同方式输出的指定主轴（可变速电动机并配置相应的强电电路）转速叫主轴变速。（ ）

182. 市场经济条件下，应该树立多转行多学知识多长本领的择业观念。（ ）

183. 接通主轴驱动系统电源，检查主轴正、反转、停止及调速是否正常。（ ）

184. 企业文化对企业具有整合的功能。（ ）

185. 向企业员工灌输的职业道德太多了，容易使员工产生谨小慎微的观念。（ ）

186. 机床的几何精度是一项综合精度。（ ）

187. 铜的线膨胀系数比铁的小。（ ）

188. 主轴回转轴心线对工作台面的垂直度要求属于数控机床的定位精度检验。（ ）

189. 三极管放大区的放大条件为发射结反偏或零偏，集电结反偏。 （ ）

190. 电伤伤害是造成触电死亡的主要原因，是最严重的触电事故。 （ ）

191. CA6140 型车床使用多年，对车床电气大修应对电动机进行大修。 （ ）

192. 当二极管外加电压时，反向电流很小，且不随反向电压变化。 （ ）

193. 灵敏过电流继电器可安装在交流侧或直流侧，整定值必须与晶闸管相串联的快速熔断器过载特性相适应。其动作时间约为 0.2 s，对电流大、上升快、时间短的短路电流有保护作用。 （ ）

194. 电阻器反映导体对电压起阻碍作用的大小，简称电阻。 （ ）

195. 变压器的“嗡嗡”声属于机械噪声。 （ ）

196. CMOS 逻辑门电路也称为互补型 CMOS 逻辑门电路。它的特点是具有工作电压范围宽（通常为 3 ~ 10 V）、噪声容限大、扇出系数大、开头速度快，在大、中、小规模集成电路中更显示出其优势。 （ ）

197. RST 指令优先执行，当 RST 输入有效时，可以接收计数器和移位寄存器的输入信号。 （ ）

198. M72 产生脉冲时间为 100 ms 的时钟脉冲。 （ ）

199. 压敏电阻器用 RG 表示。 （ ）

200. 创新既不能墨守成规，也不能标新立异。 （ ）

理论知识考核模拟试卷三

注意事项

1. 考试时间：60 分钟。
2. 请仔细阅读各种题目的回答要求，并在规定的位置填写答案。
3. 不要在试卷上乱写乱画，不要在标封区填写无关的内容。

	一	二	总 分
得 分			

得 分	
评分人	

一、选择题（第 1 ~ 160 题。选择正确的答案，将相应的字母填入题内的括号中。每题 0.5 分，满分 80 分）

1. 在线路工作正常后，通以全电压、全电流（ ），以考核电路元件的发热情况和整流电路的稳定性。

A. 0.5 ~ 1 h　B. 1 ~ 2 h　C. 2 ~ 3 h　D. 3 ~ 4 h

2. 职业道德对企业起到（ ）的作用。

A. 增强员工独立意识　　B. 模糊企业上级与员工关系
C. 使员工规规矩矩做事情　　D. 增强企业凝聚力

3. JWK 系列经济型数控机床通电前检查不包括（　　）。
A. 输入电源电压和频率的确认　　B. 直流电源的检查
C. 确认电源相序　　D. 检查各熔断器

4. 检查电源电压波动范围是否在数控系统允许的范围内，否则要加（　）。
A. 直流稳压器　B. 交流稳压器　C. UPS 电源　D. 交流调压器

5. 伺服驱动过载可能是负载过大，或加、减速时间设定过小，或（　　），或编码器故障（编码器反馈脉冲与电动机转角不成比例地变化，有跳跃）。
A. 使用环境温度超过了规定值　　B. 伺服电动机过载
C. 负载有冲击　　D. 编码器故障

6. 在商业活动中，不符合待人热情要求的是（　　）。
A. 严肃待客，表情冷漠　　B. 主动服务，细致周到
C. 微笑大方，不厌其烦　　D. 亲切友好，宾至如归

7. 对液压系统需进行手控检查各个（　　）部件的运动是否正常。
A. 电气　B. 液压驱动　C. 气动　D. 限位保护

8. 在 CNC 中，数字地、模拟地、交流地、直流地、屏蔽地、小信号地和大信号地要合理分布。数字地和（　）应分别接地，然后仅在一点将两种地连起来。
A. 模拟地　B. 屏蔽地　C. 直流地　D. 交流地

9. 逻辑保护电路中如果 uR、uF 不同时为 1，则（　　）输出高电平 1。
A. 或门　B. 与门　C. 与非门　D. 或非门

10. 电子管作为放大器工作时，若固定栅偏压高于截止栅压，而且在栅极输入整个变化过程中电子管都处于导电状态，这样的工作状态叫（　　）类工作状态。
A. 甲　B. 乙　C. 甲乙　D. 丙

11. 晶体管用（　　）挡测量基极和集电极、发射极之间的正向电阻值。
A. R×10 Ω　B. R×100 Ω　C. R×1 kΩ　D. R×10 kΩ

12. （　　）六路双脉冲形成器是三相全控桥式触发电路中的必备组件。
A. KC41C　B. KC42　C. KC04　D. KC39

13. 回转工作台转 90°侧面铣刀铣削的直角精度属于数控机床的（　　）精度检验。
A. 切削　B. 定位　C. 几何　D. 联动

14. 数控机床的几何精度检验包括（　　）。
A. 主轴的轴向窜动
B. 主轴箱沿 Z 坐标方向移动时主轴轴心的平行度
C. 主轴箱沿 X、Z 坐标方向移动时工作台面的平行度
D. 以上都是

15. r 是电动机绕组的电阻值，L 是电动机绕组电感，R0 为限流电阻，当 VT 突然导通时，绕组电流按指数规律上升，时间常数 τ_1 =（　　）。
A. $L/(R_0-r)$　B. $L/(R_0+r)$　C. $L/(R_0-r/2)$　D. $L/(R_0+r/2)$

16. 公差带出现了交叠时的配合称为（　　）配合。

A. 基准　　B. 间隙　　C. 过渡　　D. 过盈

17. 工频电源输入端接有两级 LB－300 型电源滤波器是为了阻止（　　）的电器上去。

A. 工频电网馈送到高频设备以内

B. 工频电网馈送到高频设备以外

C. 高频设备产生的信号通过工频电网馈送到高频设备机房以内

D. 高频设备产生的信号通过工频电网馈送到高频设备机房以外

18. 积分电路 Cl 接在 V15 的集电极，它是（　　）的锯齿波发生器。

A. 电感负反馈　　B. 电感正反馈　　C. 电容负反馈　　D. 电容正反馈

19. 电容两端的电压滞后电流（　　）。

A. 30°　　B. 90°　　C. 180°　　D. 360°

20. 逆变电路为了保证系统能够可靠换流，安全储备时间 t_β 必须大于晶闸管的（　　）。

A. 引前时间　　B. 关断时间　　C. 换流时间　　D. $t_f - t_r$

21. 由一组逻辑电路判断控制整流器触发脉冲通道的开放和封锁，这就构成了（　）可逆调速系统。

A. 逻辑环流　　B. 逻辑无环流　　C. 可控环流　　D. 可控无环流

22. 可逆电路从控制方式可分为（　　）可逆系统。

A. 并联和无并联　B. 并联和有环流　　C. 并联和无环流　　D. 环流和无环流

23. 在（　　）之前并联一个二极管，保证了晶闸管的正常工作。

A. 电热负载　　B. 照明负载　　C. 感性负载　　D. 容性负载

24. 下列控制声音传播的措施中（　　）不属于个人防护措施。

A. 使用耳塞　　B. 使用耳罩　　C. 使用耳棉　　D. 使用隔声罩

25. 噪声可分为气体动力噪声、（　　）和电磁噪声。

A. 电力噪声　　B. 水噪声　　C. 电气噪声　　D. 机械噪声

26. （　　）作为存放调试程序和运行程序的中间数据之用。

A. 27256EPROM　B. 62256RAM　　C. 2764EPROM　　D. 8255A

27. 当流过人体的电流达到（　　）时，就足以使人死亡。

A. 0.1 mA　　B. 1 mA　　C. 15 mA　　D. 100 mA

28. 并联谐振式逆变器的换流（　　）电路并联。

A. 电感与电阻　B. 电感与负载　　C. 电容与电阻　　D. 电容与负载

29. S 功能设定有两种输出方式供选择，分别是（　　）。

A. 编码方式和数字方式　　B. 逻辑方式和数字方式

C. 编码方式和逻辑方式　　D. 编制方式和数字方式

30. 励磁发电机空载电压过高。如果电刷在中性线上，一般是调节电阻 Rt—L 与励磁发电机性能配合不好导致的。可将励磁发电机的电刷（　　）。

A. 整理线路逆旋转方向移动 2～4 片

B. 清扫线路逆旋转方向移动 1 ~2 片

C. 局部更新顺旋转方向移动 2 ~4 片

D. 顺旋转方向移动 1 ~2 片

31. 市场经济条件下，职业道德最终将对企业起到（　　）的作用。

A. 决策科学化　B. 提高竞争力　C. 决定经济效益　D. 决定前途与命运

32. 如果发电机的端电压达到额定值而其电流不足额定值，则需（　　）线圈的匝数。

A. 减小淬火变压器一次　B. 增大淬火变压器一次

C. 减小淬火变压器二次　D. 增大淬火变压器二次

33. 对参数的修改要谨慎，有些参数是数控装置制造厂家自己规定的，它属于一种（　　）参数。

A. 可变功　B. 设置　C. 基本　D. 保密

34. 不是将逆变的交流电能反馈到交流电网中去，而是供给负载使用，因此也称为（　　）逆变。

A. 无源　B. 有源　C. 无环流可逆　D. 反并联可逆

35. （　　）可逆电路由于电枢回路电感小，适用于要求频繁启动而过渡过程时间短的生产机械，如可逆轧钢机、龙门刨等。

A. 反磁场　B. 反电枢　C. 反电动势　D. 反磁场

36. FX 系列可编程控制器常闭点用（　　）指令。

A. LD　B. LDI　C. OR　D. ORI

37. 正常时，每个端口所对应的指示灯随该端口（　　）。

A. 有输入而亮或熄　B. 无输入而亮或熄

C. 有无输入而亮或熄　D. 有无输入均亮

38. 可编程控制器编程具有灵活性。编程语言有梯形图、布尔助记符、（　　）、功能模块图和语句描述。

A. 安装图　B. 原理图　C. 功能表图　D. 逻辑图

39. N 型硅材料整流二极管用（　　）表示。

A. 2CP　B. 2CW　C. 2CZ　D. 2CL

40. 工作台运行速度过低的原因是（　　）。

A. 发电机励磁回路电压不足　B. 控制绕组 2WC 中有接触不良的地方

C. 电压负反馈过强等　D. 以上都是

41. 数字式触发电路中 V/F 为电压—频率转换器，其作用是将控制电压 U_K 转换成频率与电压成正比的（　　）信号。

A. 电压　B. 电流　C. 脉冲　D. 频率

42. 可编程控制器采用可以编制程序的存储器，用来在其内部存储执行逻辑运算、（　　）和算术运算等操作指令。

A. 控制运算、计数　B. 统计运算、计时、计数

C. 数字运算、计时　D. 顺序控制、计时、计数

43. 从控制或扰动作用于系统开始，到被控制量 n 进入（　　）稳定值区间为止的时间称作过渡时间 T。

A. ±2　　B. ±5　　C. ±10　　D. ±15

44. 微处理器一般由（　　）、程序存储器、内部数据存储器、接口和功能单元（如定时器、计数器）以及相应的逻辑电路所组成。

A. CNC　　B. PLC　　C. CPU　　D. MPU

45. Y－△降压启动是指电动机启动时，把定子绕组联结成 Y 形，以降低启动电压，限制启动电流。待电动机启动后，再把定子绕组改成（　　），使电动机全压运行。

A. YY　　B. Y形　　C. △△形　　D. △形

46. 快速熔断器是防止晶闸管损坏的最后一种保护措施，当流过（　　）倍额定电流时，熔断时间小于 20 ms，且分断时产生的过电压较低。

A. 4　　B. 5　　C. 6　　D. 8

47. 可编程控制器的接地线截面一般大于（　　）。

A. 1 mm^2　　B. 1.5 mm^2　　C. 2 mm^2　　D. 2.5 mm^2

48. 晶闸管中频电源可能对电网 50 Hz 工频电压波形产生影响，因此必须在电源进线中采取（　　）措施来减小其影响。

A. 耦合　　B. 隔离　　C. 整流　　D. 滤波

49. F 系列可编程控制器中的 ANI 指令用于（　　）。

A. 常闭触点的串联　　B. 常闭触点的并联

C. 常开触点的串联　　D. 常开触点的并联

50. 现场了解设备状况和存在的问题以及生产、工艺对电气的要求包括：操作系统的可靠性；各仪器、仪表、安全联锁装置、（　　）是否齐全可靠；各器件的老化和破损程度以及线路的缺损情况。

A. 限位保护　　B. 过载保护　　C. 短路保护　　D. 以上所有保护

51. 在一个程序中，同一地址号的线圈（　　）次输出，且继电器线圈不能串联只能并联。

A. 只能有一　　B. 只能有二　　C. 只能有三　　D. 无限

52. JK 触发电路中，当 $J=0$、$K=1$、$Qn=0$ 时，触发器的状态（　　）。

A. 不变　　B. 置 1　　C. 置 0　　D. 不定

53. 转矩极性鉴别器常常采用运算放大器经（　　）组成的施密特电路检测速度调节器的输出电压 u_n。

A. 负反馈　　B. 正反馈　　C. 串联负反馈　　D. 串联正反馈

54. 如果只有 EJP 指令而无 CJP 指令时，则作为（　　）指令来处理。

A. NOP　　B. END　　C. OUT　　D. AND

55. 根据加工完成的控制梯形图判断下列指令正确的是（　　）。

X10　X06　T50　M100　加工完成
M100

A. AND X06　B. ANI X06　C. LD X06　D. LDI X06

56. 逻辑代数和普通代数一样，也是用字母做变量，但逻辑代数的变量取值只有两个，它们用（　）表示两种不同的逻辑状态。

A. 0 和 1　B. 0 和 A　C. 0 和 B　D. 1 和 A

57. 车床已经使用多年，可能存在控制箱线路混乱，导线绝缘老化，（　）、继电器触点严重烧损现象。

A. 接触器　B. 按钮　C. 中间继电器　D. 热继电器

58.（　）属于无源逆变。

A. 绕线式异步电动机串极调速　B. 高压直流输电
C. 交流电动机变速调速　D. 直流电动机可逆调速

59. 更换电池之前，从电池支架上取下旧电池，装上新电池，从取下旧电池到装上新电池的时间要尽量短，一般不允许超过（　）min。

A. 3　B. 5　C. 10　D. 15

60.（　）阶段根据读入的输入信号状态，解读用户程序逻辑，按用户逻辑得到正确的输出。

A. 输出采样　B. 输入采样　C. 程序执行　D. 输出刷新

61. 经济型数控系统常用的有后备电池法和采用非易失性存储器，如闪速存储器（　）。

A. EEPROM　B. NVRAM　C. FLASHROM　D. EPROM

62. 调频信号输入到方波变换器变成两组互差 180°的方波输出，经微分电路后产生尖脉冲，传送至双稳态触发电路形成两组互差 180°的（　）脉冲。

A. 尖脉冲　B. 矩形　C. 梯形　D. 三角波

63. 仔细分析电路原理，判断故障所在。要测试必要点的（　），多做一些实验，以便于分析。

A. 电流或波形　B. 电压或波形　C. 电压或电流　D. 电阻或电流

64.（　）指令为结束指令。

A. NOP　B. END　C. S　D. R

65. JWK 经济型数控机床系统电源被切断后，必须等待（　）s 以上方可再次接通电源，不允许连续开、关电源。

A. 10　B. 20　C. 30　D. 40

66. 可编程控制器通过编程，灵活地改变其控制程序，相当于改变了继电器控制的（　）线路。

A. 主控制　B. 控制　C. 软接线　D. 硬接线

67. 检查机床回零开关是否正常，运动有无爬行情况，各轴运动极限的（　）工作是否起作用。

A. 软件限位和硬件限位　B. 软件限位或硬件限位
C. 软件限位　D. 硬件限位

68. 根据工件松开的控制梯形图判断下列指令正确的是（　）。

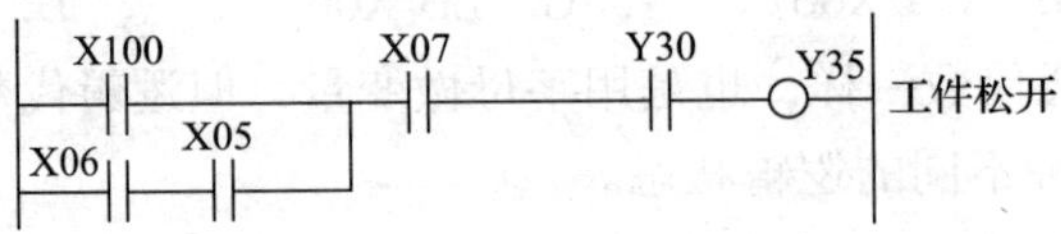

A. LD X100　B. AND X100　C. OR X100　D. ORI X100

69. 将可能引起正反馈的各元件或引线远离且互相（　）放置，以减少它们的耦合，破坏其振幅平衡条件。

A. 平行　B. 交叉　C. 垂直　D. 重叠

70. 可编程控制器是一种工业控制计算机，有很强的自检功能。可通过其自检功能，诊断出许多（　）。

A. 自身故障　B. 外围设备的故障

C. 自身故障或外围设备的故障　D. 程序故障或自身故障

71. 当 LC 并联电路的固有频率 f_0 =（　）等于电源频率时，并联电路发生并联谐振，此时并联电路具有最大阻抗。

A. $\frac{2\pi}{\sqrt{LC}}$　B. $\frac{\sqrt{LC}}{2\pi}$　C. $\frac{1}{2\pi\sqrt{LC}}$　D. $2\pi\sqrt{LC}$

72. 三极管的三个静态参数之间的关系是（　）。

A. $S = \mu \times R_i$　B. $\mu = S \times R_i$　C. $R_i = S \times \mu$　D. $\mu = S/R_i$

73.（　）是经济型数控机床按驱动和定位方式划分的。

A. 闭环连续控制式　B. 变极控制式

C. 步进电动机式　D. 直流点位式

74.（　）控制方式的优点是精度高、速度快，其缺点是调试和维修比较复杂。

A. 闭环　B. 半闭环　C. 双闭环　D. 开环

75. 国家标准规定了基孔制的（　）。代号为“H”。

A. 上偏差为零，下偏差大于零　B. 上偏差为零，下偏差小于零

C. 下偏差为零，上偏差大于零　D. 下偏差为零，上偏差小于零

76. 电动机是使用最普遍的电气设备之一，一般在（　）额定负载下运行时效率最高，功率因数大。

A. 70% ~95%　B. 80% ~90%　C. 65% ~70%　D. 75% ~95%

77. 电容器并联时的总电荷等于各电容器上的电荷量（　）。

A. 相等　B. 倒数之和　C. 成反比　D. 之和

78. 企业创新要求员工努力做到（　）。

A. 不能墨守成规，但也不能标新立异

B. 大胆地破除现有的结论，自创理论体系

C. 大胆地试大胆地闯，敢于提出新问题

D. 激发人的灵感，遏制冲动和情感

79. 回转运动的反向误差属于数控机床的（　）精度检验。

A. 切削　B. 定位　C. 几何　D. 联动

80. 外部环境检查，当湿度过大时应考虑装（　　）。

A. 风扇　　B. 加热器　　C. 空调　　D. 除尘器

81. FX_{2N}－32MR 可编程控制器，表示 M 系列（　　）。

A. 基本单元　　B. 扩展单元　　C. 单元类型　　D. 输出类型

82. 职业道德与人的事业的关系是（　　）。

A. 有职业道德的人一定能够获得事业成功

B. 没有职业道德的人不会获得成功

C. 事业成功的人往往具有较高的职业道德

D. 缺乏职业道德的人往往更容易获得成功

83. 可编程控制器简称是（　　）。

A. PLC　　B. PC　　C. CNC　　D. F—20MF

84. 通过两种不同方式的输出指定主轴（可变速电动机并配置相应的强电电路）转速叫（　　）功能。

A. 主轴变速　　B. 帮助　　C. 准备　　D. 辅助

85. 根据滑台向前的控制梯形图判断下列指令正确的是（　　）。

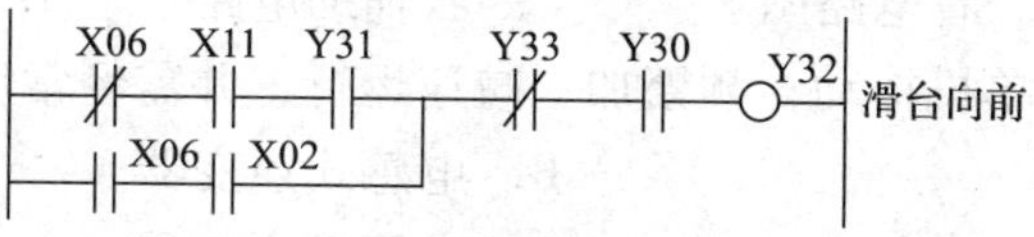

X06 X11 Y31 Y33 Y30 Y32 滑台向前
X06 X02

A. LD X06、AND X02、OR Y33　　B. LDI X06、AND X02、OR Y33

C. LD X06、AND X02、ANI Y33　　D. LD X06、AND X02、AN Y33

86. F 系列可编程控制器系统由（　　）、写入器和程序存入器等组成。

A. 基本单元、编程器、用户程序　　B. 基本单元、扩展单元、用户程序

C. 基本单元、扩展单元、编程器　　D. 基本单元、扩展单元、编程器、用户程序

87. 非独立励磁控制系统在（　　）的调速是用提高电枢电压来提升速度的，电动机的反电动势随转速的上升而增加，在励磁回路由励磁调节器维持励磁电流为最大值不变。

A. 低速时　　B. 高速时　　C. 基速以上　　D. 基速以下

88. 绘图时，特征符号 $\phi 12_{-0.018}^{\ 0}$ 表示（　　）。

A. 表面粗糙度　　B. 直径的尺寸公差等级

C. 圆柱面、轴线的同轴度　　D. 基准

89. 三相六拍脉冲分配逻辑电路由 FFl、FF2、FF3 三位 D 触发器组成。其脉冲分配顺序是（　　）。

A. A→B→C→⋯　　B. AB→BC→CA→⋯

C. A→AC→C→CB→B→BA→A→⋯　　D. A→AB→B→BC→C→CA→A→⋯

90. （　　）适用于 50～200 kHz。

A. IGBT　　B. SIT　　C. MOSFET　　D. MOSFET

91. 交磁电动机扩大机是一种旋转式的（　　）放大装置。

A. 电压　　B. 电流　　C. 磁率　　D. 功率

92. 引导程序包括（　　）。

A. 参考点工件号设定和快进速度设定

B. 间隙补偿量的设定和刀具补偿量的设定

C. 换刀偏置量的设定和机械原点设定

D. 以上都是

93. 在主轴（　　）调速范围内选一适当转速，调整切削量使之达到最大功率，机床工作正常，无颤振现象。

A. 恒转矩　B. 恒功率　C. 恒电流　D. 恒电流

94. 按图样要求在管内重新穿线并进行绝缘检测（注意管内不能有接头），进行（　　）。

A. 整理线路　B. 清扫线路　C. 局部更新　D. 整机电气接线

95. MPU 与外围设备之间进行数据传输有（　　）方式。

A. 程序控制　B. 控制中断控制

C. 选择直接存储器存取（DMA）　D. 以上都是

96. 读图的基本步骤有：看图样说明、（　　）、看安装接线图。

A. 看主电路　B. 看电路图　C. 看辅助电路　D. 看交流电路

97. （　　）适用于单机拖动，频繁加、减速运行，并需经常反向的场合。

A. 电容式逆变器　B. 电感式逆变器

C. 电流型逆变器　D. 电压型逆变器

98. 如图所示，不计电压表和电流表的内阻对电路的影响。开关接 2 时，电流表的电流为（　　）。

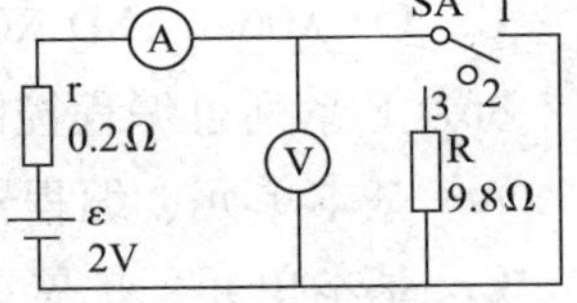

A. 0 A　B. 10 A

C. 0.2 A　D. 约等于 0.2 A

99. 为了促进企业的规范化发展，需要发挥企业文化的（　　）功能。

A. 娱乐　B. 主导　C. 决策　D. 自律

100. 检查可编程控制器电柜内的温度和湿度不能超出要求范围（（　　）和 35% ~ 85% RH 不结露），否则需采取措施。

A. −5 ~ 50℃　B. 0 ~ 50℃　C. 0 ~ 55℃　D. 5 ~ 55℃

101. 根据主轴的控制梯形图判断下列指令正确的是（　　）。

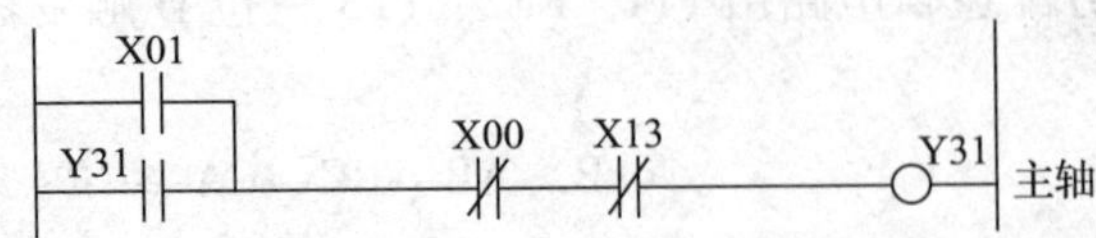

A. AND X00　B. ANI X00　C. LD X00　D. LDI X00

102. 用（　　）指令可使 LD 点回到原来的公共线上。

A. CJP　B. EJP　C. MC　D. MCR

103. 为避免电网中出现的操作过电压和其他故障可能产生的浪涌电压危害，晶闸管采用了如下（　　）措施。

A. 空心电感器　　B. 快速熔断器
C. 实心电感器　　D. C、R 组成的阻容吸收装置

104. 根据（　　）分析和判断故障是诊断所控制设备故障的基本方法。

A. 原理图　　B. 逻辑功能图　　C. 指令图　　D. 梯形图

105. 不属于传统步进电动机驱动电源的是（　　）。

A. 单电源驱动电路　　B. 双电源驱动电路
C. 低压电流斩波电源　　D. 高压电流斩波电源

106. 用双踪示波器观察逆变桥相邻两组晶闸管（VT1、VT2 或 VT3、VT4）的触发脉冲相位差是否为（　　）。

A. 60°　　B. 90°　　C. 120°　　D. 180°

107. FX_{2N}－48MR 系列可编程控制器由（　　）个辅助继电器构成一个移位寄存器。

A. 两　　B. 四　　C. 八　　D. 十六

108. 高压设备室外不得接近故障点（　　）以内。

A. 5 m　　B. 6 m　　C. 7 m　　D. 8 m

109. 逆变桥工作调整是将 0.8 Ω 的生铁电阻串联在直流电路里。这里串入限流电阻的作用是为了在（　　）保护未调整好的情况下，当逆变失败时将主电路的电流限制在一定范围内。

A. 过压过流　　B. 过压欠流　　C. 欠压过流　　D. 欠压欠流

110. （　　）逆变器适用于负载性质变化不大（如热加工、热锻等），需频繁启动和工作频率较高的场合。

A. 有源　　B. 串联谐振式　　C. 并联谐振式　　D. 谐振式

111. 可编程控制器的特点是（　　）。

A. 不需要大量的活动部件和电子元件，接线大大减少，维修简单，维修时间缩短，性能可靠
B. 统计运算、计时、计数采用了一系列可靠性设计
C. 数字运算、计时编程简单，操作方便，维修容易，不易发生操作失误
D. 以上都是

112. 将需要用人造逆弧方法进行老练的管子装在高频设备上，为限制逆弧产生的短路电流，应在电路里接入（　　）。

A. 过流继电器　　B. 过压继电器　　C. 限流电阻　　D. 熔断器

113. 异步电动机的转速表达式错误的是（　　）。

A. $n=n_0(1-s)=(1-s)\cdot 60f/p$　　B. $n=n_0(1-s)$
C. $n=(1-s)\cdot 60f/p$　　D. $n_0=n(1-s)=(1-s)\cdot 60f/p$

114. 短路棒用来设定短路设定点，短路设定点由（　　）完成设定。

A. 维修人员　　B. 机床制造厂　　C. 用户　　D. 操作人员

115. 数控机床的几何精度检验包括（　　）。

A. 工作台的平面度

B. 各坐标方向移动的垂直度

C. X 坐标方向移动时工作台面 T 型槽侧面的平行度

D. 以上都是

116. 高频电源设备的直流高压不宜直接由（ ）整流器提供。

A. 晶闸管 B. 晶体管 C. 硅高压管 D. 电子管

117. 回转运动的定位精度和重复分度精度属于数控机床的（ ）精度检验。

A. 切削 B. 几何 C. 定位 D. 联动

118. 当电源电压波动时，铁芯柱中的（ ）变化幅度很小，故二次线圈的端电压 u_2 变化很小，起到稳定作用。

A. 磁动势 B. 磁阻 C. 磁通 D. 磁场

119. 停车（ ）是产生爬行的根本原因。

A. 振荡 B. 反馈 C. 剩磁 D. 惯性

120. 数控系统由（ ）组成。

A. 数控装置 B. 伺服系统 C. 测量反馈装置 D. 以上都是

121. FX 系列可编程控制器常闭触点的并联用（ ）指令。

A. AND B. ORI C. ANB D. ORB

122. 将可能引起正反馈的各元件或引线远离且互相垂直放置，以减少它们的耦合，破坏其（ ）平衡条件。

A. 条件 B. 起振 C. 相位 D. 振幅

123. 金属材料的性能中属于实用性能的是（ ）。

A. 物理性能 B. 化学性能 C. 力学性能 D. 以上都是

124. 工作台的平面度属于数控机床的（ ）精度检验。

A. 几何 B. 定位 C. 切削 D. 联动

125. 三相桥式逆变电路电压脉动小，变压器利用率高，晶闸管工作电压低，电抗器比三相半波电路小，在（ ）容量可逆系统中被广泛应用。

A. 小 B. 中、小 C. 大 D. 大、中

126. 双线圈检查是当指令线圈（ ）使用时，会发生同一线圈接通和断开的矛盾。

A. 两次 B. 八次 C. 七次 D. 两次或两次以上

127. 真空三极管具有阳极、阴极和（ ）。

A. 发射极 B. 栅极 C. 控制极 D. 基极

128. FX 系列可编程控制器中回路并联连接用（ ）指令。

A. AND B. ANI C. ANB D. ORB

129. 端面铣刀铣平面的精度属于数控机床的（ ）精度检验。

A. 切削 B. 定位 C. 几何 D. 联动

130. JWK 经济型数控机床通过编程指令可实现的功能有（ ）。

A. 直线插补 B. 圆弧插补 C. 程序循环 D. 以上都是

131. FX 系列可编程控制器中回路串联连接用（　　）指令。

A. AND　　B. ANI　　C. ORB　　D. ANB

132. F－20MS 可编程控制器表示（　　）的类型。

A. 继电器输出　B. 晶闸管输出　C. 晶体管输出　D. 单晶体管输出

133. 定子绕组串电阻的降压启动是指电动机启动时，把电阻串接在电动机定子绕组与电源之间，通过电阻的分压作用来（　　）定子绕组上的启动电压。

A. 提高　　B. 减少　　C. 加强　　D. 降低

134. FX_{2N}－16MR 可编程控制器输入的点数是（　　）。

A. 5　　B. 8　　C. 12　　D. 16

135. 每个驱动器配备一套判频电路，它的作用是当步进电动机运行频率高于（　　）步/s 时，将自动把电动机绕组上的电压由 +40 V 换成 +120 V。

A. 240　　B. 740　　C. 940　　D. 1140

136. 将变压器的一次侧绕组接交流电源，二次侧绕组与负载连接，这种运行方式称为（　　）运行。

A. 空载　　B. 过载　　C. 负载　　D. 满载

137. 检查变压器上有无（　　）、电路板上有无 50/60 Hz 频率转换开关供选择。

A. 熔断器保护　B. 接地　　C. 插头　　D. 多个插头

138. 逆变状态时（　　）。

A. $0° < \alpha < 45°$　B. $0° < \alpha < 90°$　C. $90° < \alpha < 180°$　D. $60° < \alpha < 120°$

139. 将波段开关指向（　　），即显示将运行的加工程序号。

A. 编辑　　B. 自动　　C. 空运行　　D. 回零

140. RST 指令用于移位寄存器和（　　）的复位。

A. 特殊继电器　B. 计数器　　C. 辅助继电器　D. 定时器

141. 先利用程序查找功能确定并读出要删除的某条指令，然后按下（　　）键，随删除指令之后步序将自动加 1。

A. INSTR　　B. INS　　C. DEL　　D. END

142. 编程器的数字键由 0～9 共 10 个键组成，用以设置地址号、计数器、（　　）的设定值等。

A. 顺序控制　B. 参数控制　C. 工作方式　D. 定时器

143. 数控系统的辅助功能又叫（　　）功能。

A. T　　B. M　　C. S　　D. G

144. 振荡回路中的电容器要定期检查，检测时应采用（　　）进行检查。

A. 万用表　　B. 兆欧表

C. 接地电阻测量仪　　D. 电桥

145. 根据液压的控制梯形图判断下列指令正确的是（　　）。

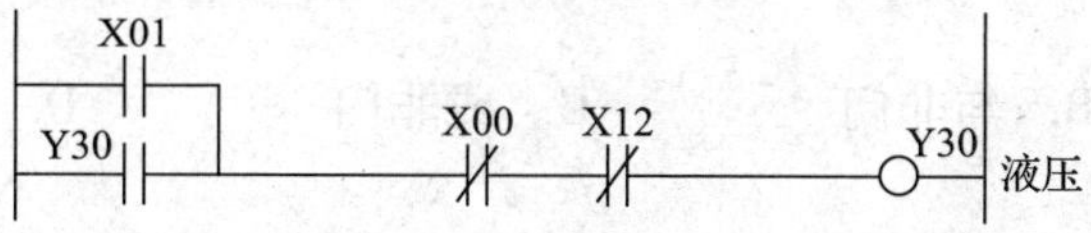

A. ORI Y30　B. LD Y30　C. LDI Y30　D. OR Y30

146. 电位是（　），随参考点的改变而改变，而电压是绝对量，不随参考点的改变而改变。

A. 衡量　B. 变量　C. 绝对量　D. 相对量

147. 直流侧过电压保护中直流侧不宜采用（　）容量的阻容吸收装置。

A. 较小　B. 中等　C. 较大　D. 中、小

148. JWK 经济型数控机床通过编程指令可实现的功能有（　）。

A. 返回参考点　B. 快速点定位　C. 程序延时　D. 以上都是

149. 不属于程序检查的是（　）。

A. 线路检查　B. 其他检查　C. 代码检查　D. 语法检查

150. KC41 的输出端 10～15 是按后相给前相补脉冲的规律，经 VT1～VT6 放大，可输出驱动电流为（　）的双窄脉冲列。

A. 100～300 μA　B. 300～800 μA　C. 100～300 mA　D. 300～800 mA

151. 触发脉冲信号应有一定的宽度，脉冲前沿要陡。电感性负载一般是（　）ms，相当于 50 Hz 正弦波的 18°。

A. 0.1　B. 0.5　C. 1　D. 1.5

152. 整流状态时（　）。

A. $0° < \alpha < 45°$　B. $0° < \alpha < 90°$　C. $90° < \alpha < 180°$　D. $60° < \alpha < 120°$

153. 准备功能又叫（　）。

A. M 功能　B. G 功能　C. S 功能　D. T 功能

154. GP—100C 型高频设备中的保护措施有（　）。

A. 过电流保护　B. 水压保护　C. 水温保护　D. 以上都是

155. 下列金属及合金的熔点最高的是（　）。

A. 铅　B. 钨　C. 铬　D. 黄铜

156. 在语法检查键操作时，（　）用于显示出错步序号的指令。

A. CLEAR　B. STEP　C. WRITE　D. INSTR

157. 环流抑制回路中的电容 C1，对环流控制起（　）作用。

A. 抑制　B. 平衡　C. 减慢　D. 加快

158. 各种绝缘材料机械强度的各种指标是指（　）等。

A. 抗张、抗压、抗弯　B. 抗剪、抗撕、抗冲击

C. 抗张，抗压　D. 含 A、B 两项

159. 爱岗敬业的具体要求是（　）。

A. 看效益决定是否爱岗　B. 转变择业观念

C. 提高职业技能　D. 增强把握择业的机遇意识

160. 非编码键盘接口一般通过（　）或 8255、8155 等并行 I/O 接口和 MPU 相连。

A. 与门　B. 与非门　C. 或非门　D. 三态缓冲器

得 分	
评分人	

二、判断题（第 161 ~ 200 题。将判断结果填入括号中。正确的填“√”，错误的填“×”。每题 0.5 分，满分 20 分）

161. 生态破坏是指由于环境污染和破坏，对多数人的健康、生命、财产造成的公共性危害。（　）

162. 弱磁调速是从 n_0 向下调速，调速特性为恒功率输出。（　）

163. 普通螺纹的牙形角是 55°，英制螺纹的牙形角是 60°。（　）

164. 同一个加工零件往往需要使用不同的刀具，每把刀具转至切削方位时，其刀尖所处的位置并不相同，而系统要求切削前应处于同一点。刀具补偿功能使程序容易编制。（　）

165. 铜的线膨胀系数比铁的小。（　）

166. 岗位的质量要求是每个领导干部都必须做到的最基本的岗位工作职责。（　）

167. 各位的段驱动及其位驱动可分别共用一个锁存器。（　）

168. 从某种意义上讲振荡器相当于一个直流放大器。（　）

169. 连接活动部位的导线（如箱门、活动刀架等部位）应采用硬线。（　）

170. 流过电阻的电流与电阻两端的电压成正比，与电路的电阻成反比。（　）

171. 用左手握住通电导体，让拇指指向电流方向，则四指弯曲的方向就是磁场方向。（　）

172. 所谓应用软件就是用来使用和管理计算机本身的程序。它包括操作系统、诊断系统、开发系统和信息处理等。（　）

173. 测量电流时应把电流表串联在被测电路中。（　）

174. 启动按钮优先选用绿色按钮；急停按钮优先选用红色按钮，停止按钮优先选用红色按钮。（　）

175. 连接时必须注意负载电源的极性和可编程控制器输入、输出的有关技术资料。（　）

176. 随着科学技术的不断提高、高科技产品的应用周期越来越长。（　）

177. 轴主要指圆柱形的外表面，也包括其他外表面中由单一尺寸确定的部分，如键槽等。（　）

178. 非线性电阻元件，具有正反向相同的很陡的伏安特性。正常工作时，漏电流极小。遇到浪涌电压时反应快，可通过数安培的放电电流，因此抑制过电压能力强。（　）

179. 为使振荡管真空度保持正常，可以将备用管子定期在设备上轮换使用。经验证，每隔三四个月轮换使用一次管子，对于延长其工作寿命是有益的。（　）

180. 为了防止发生人身触电事故和设备短路或接地故障，带电体之间、带电体与地面之间、带电体与其他设施之间、工作人员与带电体之间必须保持的最小空气间隙，称为安

全距离。 (   )

181．装置通电后，先观察显示屏上显示的数据，并检查数控装置内有关指示灯等信号是否正常，有无异常气味等。 (   )

182．三极管放大区的放大条件为发射结反偏或零偏，集电结反偏。 (   )

183．四色环的电阻器，第三环表示倍率。 (   )

184．TTL 逻辑门电路也称为晶体管—晶体管逻辑电路，它们的输入端和输出端都采用了晶体管的结构形式，因此也称为双极型数字集成电路。 (   )

185．语法检查键操作中代码 1－3 表示设定常数值 K 不正确。 (   )

186．电压负反馈自动调速系统在一定程度上起到了自动稳速的作用。 (   )

187．在数字电路中，触发器是用得最多的器件，它可以组成计数器、分频器、寄存器、移位寄存器等多种电路。 (   )

188．触电的形式是多种多样的，但除了因电弧灼伤及熔融的金属飞溅灼伤外，可大致归纳为三种形式。 (   )

189．职业道德是指从事一定职业的人们，在长期职业活动中形成的操作技能。 (   )

190．质量管理是企业经营管理的一个重要内容，是企业的生命线。 (   )

191．企业活动中，师徒之间要平等和互相尊重。 (   )

192．为了保护零件加工程序，数控系统有普通电池作为存储器 RAM 芯片的备用电源。当电池电压小于 4.5 V 时，需要换电池，更换时应按有关说明书的方法进行。 (   )

193．RS 触发器有两个输入端，S 和 R；两个输出端，Q 和 $\bar{Q}$。 (   )

194．在职业活动中一贯地诚实守信会损害企业的利益。 (   )

195．发电机发出的“嗡嗡”声，属于气体动力噪声。 (   )

196．直线运动时各轴的正向误差属于数控机床的几何精度检验。 (   )

197．测量电压时，电压表应与被测电路串联。电压表的内阻远大于被测负载的电阻。多量程的电压表是在表内备有可供选择的多种阻值倍压器的电压表。 (   )

198．允许尺寸的变动量用 C 表示。 (   )

199．当锉刀拉回时，应稍微抬起，以免磨钝锉齿或划伤工件表面。 (   )

200．压敏电阻器用 RG 表示。 (   )

技能操作考核模拟试卷一

注意事项

1．本试卷依据 2009 年颁布的《维修电工国家职业标准》命制。

2．本试卷试题如无特别注明，则为全国通用。

3．请考生仔细阅读试题的具体考核要求，并按要求完成操作以及进行笔答或口答。

4．操作技能考核时要遵守考场纪律，服从考场管理人员指挥，以保证考核安全顺利进行。

一、按图改、安装 C6140 车床的 PLC 控制线路

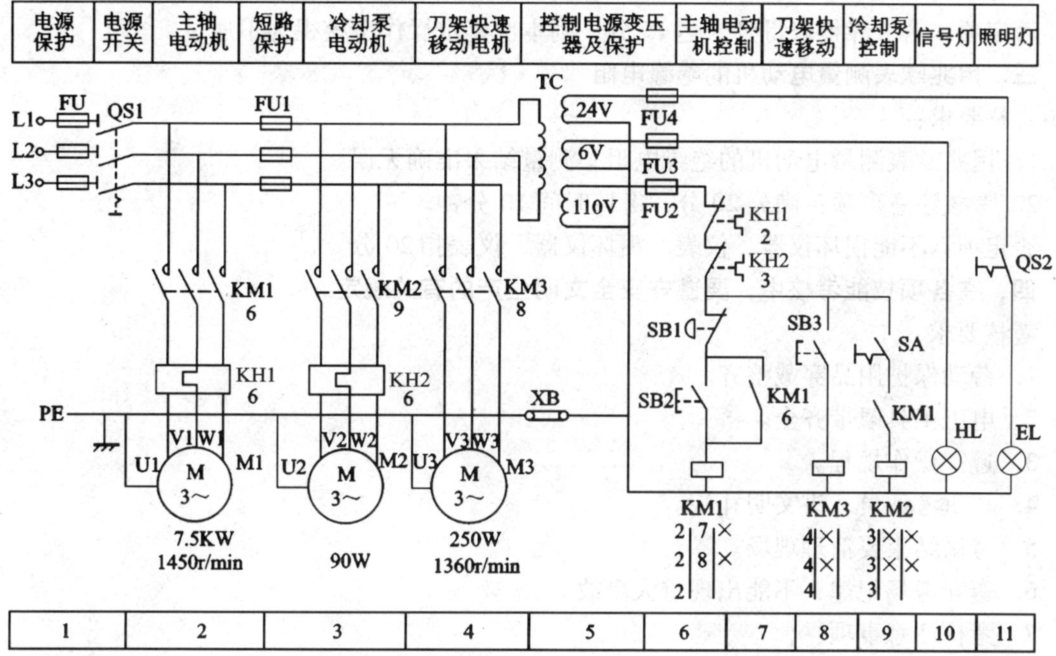

考核要求：

1．按图样的要求进行正确熟练的安装；元件在配线板上布置要合理，安装要正确、紧固，配线要求紧固、美观，导线要进行线槽布线、正确使用工具和仪表。

2．按钮盒不固定在板上，电源和电动机配线、按钮接线要接到端子排上，进出线槽的导线要有端子标号，引出端要用别径压端子。

3．在 PLC 程序中添加时间控制，当车床通电 10 s 后无任何操作，则车床被禁止操作，需重新断开电源，再次接通电源后方能启动。绘制出 I/O 分配表、PLC 接线图和程序清单。

4．安全文明操作。

5．考核注意事项：满分 40 分，考试时间 180 分钟。

二、检修 Y—△控制电路

在其电路板上，设隐蔽故障两处。考生向考评员询问故障现象时，考评员可以将故障现象告诉考生，考生必须单独排除故障。

考核要求：

1．从设故障开始，考评员不得进行提示。

2．根据故障现象，在电气控制线路图上分析故障可能产生的原因，确定故障发生的范围。

3．排除故障过程中如果扩大故障，在规定时间内可以继续排除故障。

4．正确使用工具和仪表。

5．考核注意事项：

（1）满分 30 分，考试时间 30 分钟。

（2）在考核过程中，要注意安全。

否定项：若故障检修得分未达 15 分，则本次鉴定操作考核视为不通过。

三、用兆欧表测量电动机的绝缘电阻

考核要求：

1. 用兆欧表测量电动机的绝缘电阻，测量结果准确无误。

2. 考核注意事项：满分 20 分，考核时间 10 分钟。

否定项：不能损坏仪器、仪表，损坏仪器、仪表扣 20 分。

四、在各项技能考核中，要遵守安全文明生产的有关规定

考核要求：

1. 劳动保护用品穿戴整齐。

2. 电工工具佩带齐全。

3. 遵守操作规程。

4. 尊重考评员，讲文明礼貌。

5. 考试结束要清理现场。

6. 遵守考场纪律，不能出现重大事故。

7. 考核注意事项：

（1）本项目满分 10 分。

（2）安全文明生产贯穿于整个技能鉴定的全过程。

（3）考生在不同的技能试题中，违反安全文明生产考核要求同一项内容的，要累计扣分。

否定项：若出现严重违犯考场纪律或发生重大事故，则本次技能考核视为不合格。

技能操作考核模拟试卷二

注意事项

1. 本试卷依据 2009 年颁布的《维修电工国家职业标准》命制。

2. 本试卷试题如无特别注明，则为全国通用。

3. 请考生仔细阅读试题的具体考核要求，并按要求完成操作以及进行笔答或口答。

4. 操作技能考核时要遵守考场纪律，服从考场管理人员指挥，以保证考核安全顺利进行。

一、PLC 控制电镀生产线的设计，并进行安装与调试

1. 任务：

电镀生产线采用专用行车，行车架装有可升降的吊钩；行车和吊钩各有一台电动机拖动；行车进退和吊钩升降由限位开关控制；生产线定为三槽位；工作循环为：工件放入镀槽→电镀 5 min 后提起停 30 s→放入回收液槽浸 32 min 提起后停 16 s→放入清水槽清洗 32 s 提起后停 16 s→行车返回原点。

2. 要求：

（1）工作方式设置为自动循环。

（2）有必要的电气保护和联锁。

（3）自动循环时应按上述顺序动作。

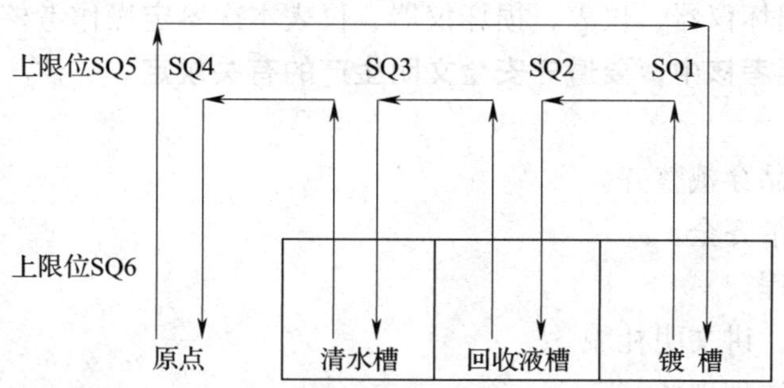

考核要求：

1. 电路设计：根据任务，设计主电路图，列出 PLC 控制 I/O 口（输入/输出）元件地址分配表；根据加工工艺，设计梯形图及 PLC 控制 I/O 口（输入/输出）接线图；根据梯形图，列出指令表。

2. 安装与接线：

（1）将熔断器、接触器、继电器、转换开关、PLC 装在一块配线板上，而将方式转换开关、行程开关、按钮等装在另一块配线板上。

（2）按 PLC 控制 I/O 口（输入/输出）接线图在模拟配线板上正确安装，元件在配线板上布置要合理，安装要准确、紧固，配线导线要紧固、美观，导线要进行线槽布线，导线要有端子标号，引出端要用别径压端子。

3. PLC 键盘操作：熟练操作 PLC 键盘，能正确地将所编程序输入 PLC；按照被控设备的动作要求进行模拟调试，达到设计要求。

4. 通电试验：正确使用电工工具及万用表，进行仔细检查，最好通电试验一次成功，并注意人身和设备安全。

5. 满分 40 分，考试时间 180 分钟。

二、检修双速电动机控制线路

1. 任务：检修双速电动机控制线路的辅助控制线路。

2. 任务要求：在辅助控制线路设置隐蔽故障两处。考生单独进行通电试运行，观察故障现象，在电气控制线路图中画出故障的最小范围，必须独自排除故障。

3. 考核要求：

（1）正确使用电工工具、仪表仪器。

（2）根据故障现象，在电气控制线路图上分析故障可能产生的原因，确定故障发生的最小范围。

（3）考核过程中，带电进行调试和检修时，要注意人身和设备安全。

（4）满分 30 分，考试时间 30 分钟。

否定项：若故障检修得分未达 15 分，则本次鉴定操作考核视为不通过。

三、用单臂电桥测量交流电动机绕组的电阻

考核要求：

1. 用单臂电桥测量交流电动机绕组的电阻，测量结果准确无误；

2. 考核注意事项：满分20分，考核时间10分钟。

否定项：不能损坏仪器、仪表，损坏仪器、仪表本次鉴定操作考核视为未通过。

四、在各项技能考核中，要遵守安全文明生产的有关规定

考核要求：

1. 劳动保护用品穿戴整齐。

2. 电工工具佩带齐全。

3. 遵守操作规程。

4. 尊重考评员，讲文明礼貌。

5. 考试结束要清理现场。

6. 遵守考场纪律，不能出现重大事故。

7. 考核注意事项：

（1）本项目满分10分。

（2）安全文明生产贯穿于整个技能鉴定的全过程。

（3）考生在不同的技能试题中，违反安全文明生产考核要求同一项内容的，要累计扣分。

否定项：若出现严重违反考场纪律或发生重大事故，则本次技能考核视为不合格。

技能操作考核模拟试卷三

注意事项

1. 本试卷依据2009年颁布的《维修电工国家职业标准》命制。

2. 本试卷试题如无特别注明，则为全国通用。

3. 请考生仔细阅读试题的具体考核要求，并按要求完成操作以及进行笔答或口答。

4. 操作技能考核时要遵守考场纪律，服从考场管理人员指挥，以保证考核安全顺利进行。

一、PLC控制机械手转送工件的设计，并进行安装与调试

1. 任务：

如下图左上方为原点，工件按下降、夹紧、上升、右移、下降、松开、上升、左移的顺序依次从左向右转送。下降/上升、左移/右移中使用接触器控制双螺线管的电磁阀，夹紧使用接触器控制单螺线管的电磁阀。（电磁阀用中间继电器控制。）

2. 要求：

（1）工作方式设置为自动循环。

（2）有必要的电气保护和联锁。

（3）自动循环时应按上述顺序动作。

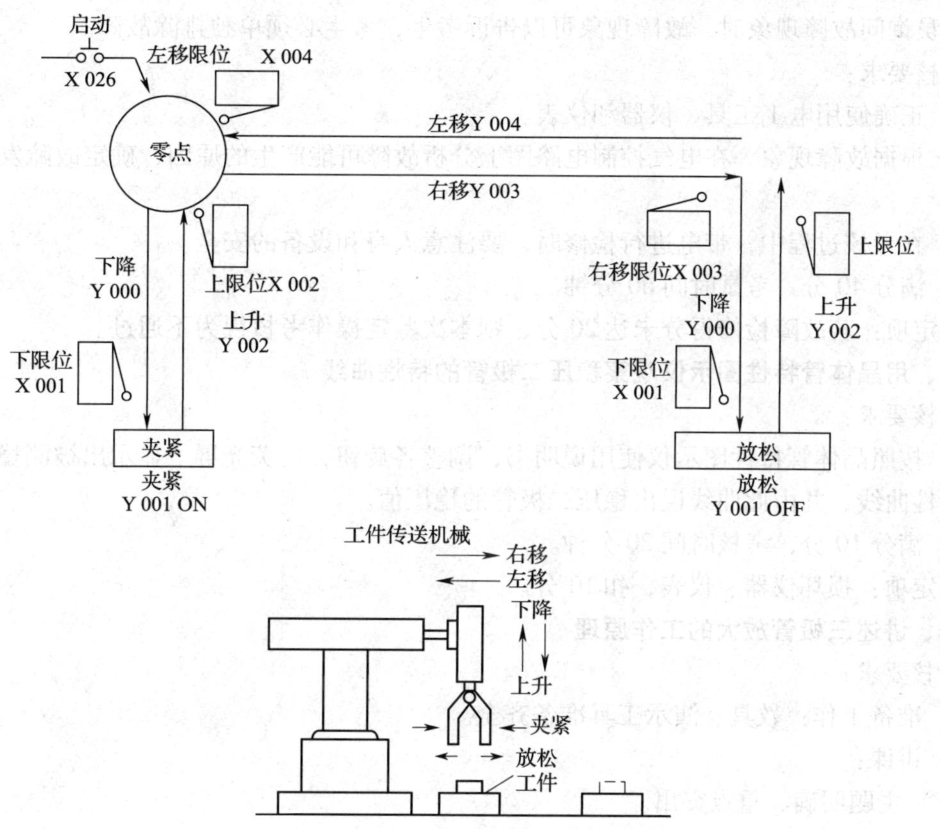

考核要求：

1. 电路设计：根据任务，设计主电路电路图，列出 PLC 控制 I/O 口（输入/输出）元件地址分配表；根据加工工艺，设计梯形图及 PLC 控制 I/O 口（输入/输出）接线图；根据梯形图，列出指令表。

2. 安装与接线：

（1）将熔断器、接触器、继电器、转换开关、PLC 装在一块配线板上，而将方式转换开关、行程开关、按钮等装在另一块配线板上。

（2）按 PLC 控制 I/O 口（输入/输出）接线图在模拟配线板上正确安装，元件在配线板上布置要合理，安装要准确、紧固，配线导线要紧固、美观，导线要进行线槽布线，导线要有端子标号，引出端要用别径压端子。

3. PLC 键盘操作：熟练操作 PLC 键盘，能正确地将所编程序输入 PLC；按照被控设备的动作要求进行模拟调试，达到设计要求。

4. 通电试验：正确使用电工工具及万用表，进行仔细检查，最好通电试验一次成功，并注意人身和设备安全。

5. 满分 40 分，考试时间 240 分钟。

二、检修继电—接触控制的大型设备局部电气线路

检修龙门刨床的局部电气线路故障。在龙门刨床主拖动电气线路（包括：主交流电动机Y—△启动控制线路和电动机扩大机调速控制电路）的控制回路设隐蔽故障两处。考生向考评员询问故障现象时，故障现象可以告诉考生，考生必须单独排除故障。

考核要求：

1. 正确使用电工工具、仪器和仪表。

2. 根据故障现象，在电气控制电路图上分析故障可能产生的原因，确定故障发生的范围。

3. 在考核过程中，带电进行检修时，要注意人身和设备的安全。

4. 满分40分，考试时间60分钟。

否定项：若故障检修得分未达20分，则本次鉴定操作考核视为不通过。

三、用晶体管特性图示仪观察稳压二极管的特性曲线

考核要求：

1. 按照晶体管特性图示仪使用说明书，调整各旋钮，使荧光屏上显示出被测稳压二极管的特性曲线，并由此曲线说出稳压二极管的稳压值。

2. 满分10分，考核时间20分钟。

否定项：损坏仪器、仪表，扣10分。

四、讲述三极管放大的工作原理

考核要求：

1. 准备工作：教具、演示工具准备齐全。

2. 讲课：

（1）主题明确、重点突出。

（2）语言清晰、自然，用词正确。

3. 满分10分，考核时间15分钟。

否定项：指导内容不正确或不能正确表达其内容，扣10分。

理论知识考核模拟试卷参考答案

试卷一

一、选择题

1. D	2. B	3. D	4. D	5. A	6. D	7. C	8. D	9. A
10. A	11. C	12. A	13. A	14. C	15. B	16. D	17. C	18. D
19. A	20. C	21. B	22. A	23. B	24. A	25. D	26. D	27. A
28. D	29. B	30. A	31. C	32. D	33. A	34. A	35. C	36. C
37. A	38. D	39. D	40. C	41. D	42. D	43. A	44. D	45. D
46. B	47. C	48. A	49. C	50. A	51. D	52. C	53. D	54. D
55. D	56. B	57. A	58. D	59. B	60. C	61. B	62. D	63. D
64. D	65. D	66. D	67. C	68. D	69. A	70. D	71. A	72. A

73. B 74. C 75. C 76. C 77. D 78. B 79. B 80. B 81. D
82. A 83. B 84. D 85. C 86. B 87. D 88. D 89. A 90. D
91. B 92. D 93. D 94. D 95. C 96. D 97. D 98. B 99. D
100. B 101. D 102. B 103. B 104. B 105. C 106. B 107. C 108. D
109. D 110. D 111. B 112. D 113. A 114. A 115. D 116. B 117. A
118. D 119. D 120. C 121. C 122. A 123. B 124. D 125. C 126. B
127. D 128. B 129. A 130. D 131. D 132. C 133. B 134. C 135. D
136. C 137. D 138. C 139. C 140. D 141. B 142. B 143. A 144. B
145. D 146. D 147. C 148. B 149. D 150. B 151. B 152. C 153. D
154. B 155. D 156. B 157. C 158. D 159. C 160. C

二、判断题

161. × 162. × 163. × 164. × 165. × 166. √ 167. × 168. × 169. ×
170. × 171. × 172. √ 173. × 174. × 175. × 176. √ 177. × 178. ×
179. × 180. √ 181. √ 182. × 183. × 184. × 185. × 186. × 187. √
188. √ 189. √ 190. × 191. × 192. × 193. × 194. √ 195. × 196. ×
197. × 198. × 199. √ 200. ×

试卷二

一、选择题

1. D 2. C 3. D 4. C 5. B 6. C 7. B 8. D 9. A
10. C 11. B 12. D 13. C 14. B 15. D 16. D 17. B 18. D
19. D 20. A 21. A 22. A 23. C 24. D 25. C 26. D 27. D
28. B 29. C 30. C 31. A 32. D 33. B 34. B 35. C 36. B
37. D 38. B 39. A 40. B 41. B 42. D 43. A 44. B 45. A
46. C 47. C 48. A 49. D 50. C 51. B 52. B 53. D 54. C
55. C 56. D 57. D 58. B 59. D 60. B 61. D 62. D 63. D
64. B 65. D 66. C 67. A 68. C 69. C 70. D 71. D 72. A
73. A 74. D 75. D 76. C 77. D 78. B 79. D 80. C 81. B
82. C 83. B 84. B 85. D 86. C 87. C 88. D 89. D 90. C
91. C 92. D 93. A 94. B 95. D 96. B 97. B 98. C 99. C
100. D 101. D 102. D 103. B 104. D 105. B 106. B 107. C 108. D
109. B 110. D 111. A 112. C 113. C 114. C 115. D 116. D 117. C
118. C 119. A 120. B 121. D 122. C 123. C 124. A 125. D 126. D
127. C 128. A 129. B 130. D 131. D 132. A 133. D 134. A 135. B
136. B 137. D 138. A 139. C 140. D 141. A 142. D 143. D 144. B
145. C 146. C 147. D 148. C 149. C 150. A 151. D 152. B 153. C
154. C 155. A 156. A 157. B 158. D 159. A 160. A

二、判断题

161. × 162. × 163. × 164. × 165. √ 166. × 167. × 168. × 169. ×
170. × 171. × 172. √ 173. × 174. × 175. × 176. √ 177. × 178. ×
179. × 180. √ 181. × 182. × 183. √ 184. √ 185. × 186. × 187. ×
188. × 189. × 190. × 191. × 192. √ 193. × 194. × 195. × 196. ×
197. × 198. √ 199. × 200. ×

试卷三

一、选择题

1. A 2. D 3. C 4. B 5. C 6. A 7. B 8. A 9. C
10. A 11. A 12. A 13. A 14. D 15. B 16. C 17. D 18. C
19. B 20. B 21. B 22. D 23. C 24. D 25. D 26. B 27. D
28. D 29. A 30. D 31. B 32. A 33. D 34. A 35. B 36. B
37. C 38. C 39. C 40. D 41. C 42. D 43. B 44. C 45. D
46. B 47. C 48. D 49. A 50. A 51. A 52. C 53. B 54. B
55. B 56. A 57. A 58. C 59. A 60. C 61. C 62. B 63. B
64. B 65. C 66. D 67. A 68. C 69. C 70. C 71. C 72. B
73. C 74. A 75. C 76. A 77. D 78. C 79. B 80. C 81. A
82. C 83. A 84. A 85. C 86. D 87. D 88. B 89. D 90. B
91. D 92. D 93. B 94. D 95. D 96. B 97. C 98. A 99. D
100. C 101. B 102. D 103. D 104. D 105. C 106. D 107. D 108. D
109. A 110. B 111. D 112. C 113. A 114. B 115. D 116. A 117. C
118. C 119. C 120. D 121. B 122. D 123. D 124. A 125. D 126. D
127. B 128. D 129. A 130. D 131. D 132. B 133. D 134. D 135. B
136. C 137. D 138. C 139. C 140. B 141. C 142. D 143. B 144. B
145. D 146. D 147. C 148. D 149. C 150. D 151. C 152. B 153. B
154. D 155. B 156. D 157. D 158. D 159. C 160. D

二、判断题

161. × 162. × 163. × 164. √ 165. × 166. × 167. √ 168. × 169. ×
170. √ 171. × 172. × 173. √ 174. × 175. × 176. × 177. × 178. ×
179. √ 180. √ 181. × 182. × 183. √ 184. √ 185. √ 186. √ 187. √
188. √ 189. × 190. √ 191. √ 192. × 193. √ 194. × 195. × 196. ×
197. × 198. × 199. √ 200. ×